LA

VIE DES ANIMAUX

ILLUSTRÉE

Les Mammifères

★★

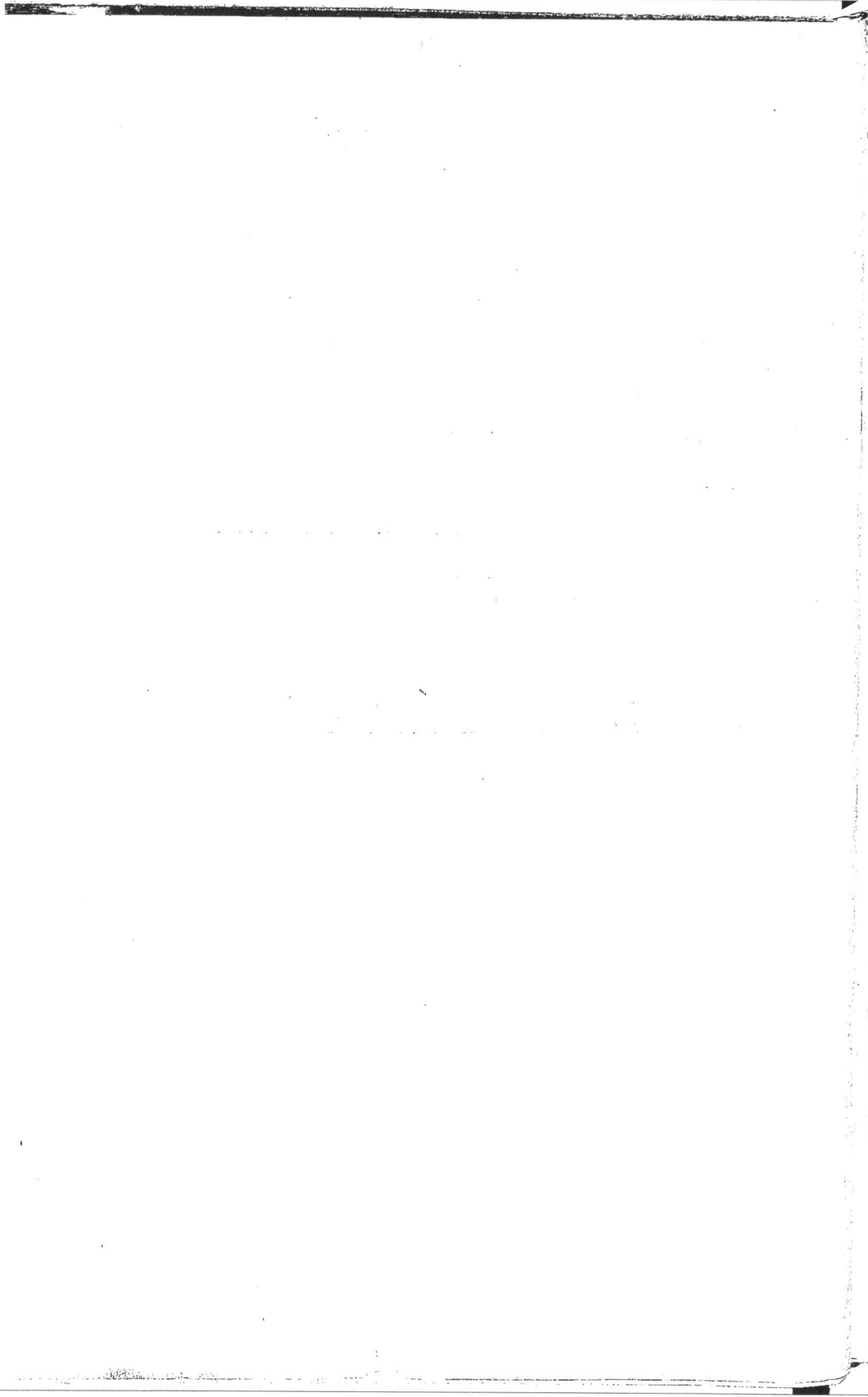

LA
VIE DES ANIMAUX
ILLUSTRÉE

SOUS LA DIRECTION DE

EDMOND PERRIER

DIRECTEUR DU MUSÉUM D'HISTOIRE NATURELLE, MEMBRE DE L'ACADÉMIE DES SCIENCES

Les Mammifères

PAR

A. MENEGAUX

ASSISTANT AU MUSÉUM D'HISTOIRE NATURELLE
DOCTEUR ET AGRÉGÉ DES SCIENCES NATURELLES

80 PLANCHES EN COULEURS ET NOMBREUSES PHOTOGRAVURES

D'après les Aquarelles et les Dessins originaux de

W. KUHNERT

PARIS

LIBRAIRIE J.-B. BAILLIÈRE ET FILS

19, RUE HAUTEFEUILLE, PRÈS DU BOULEVARD SAINT-GERMAIN

★★

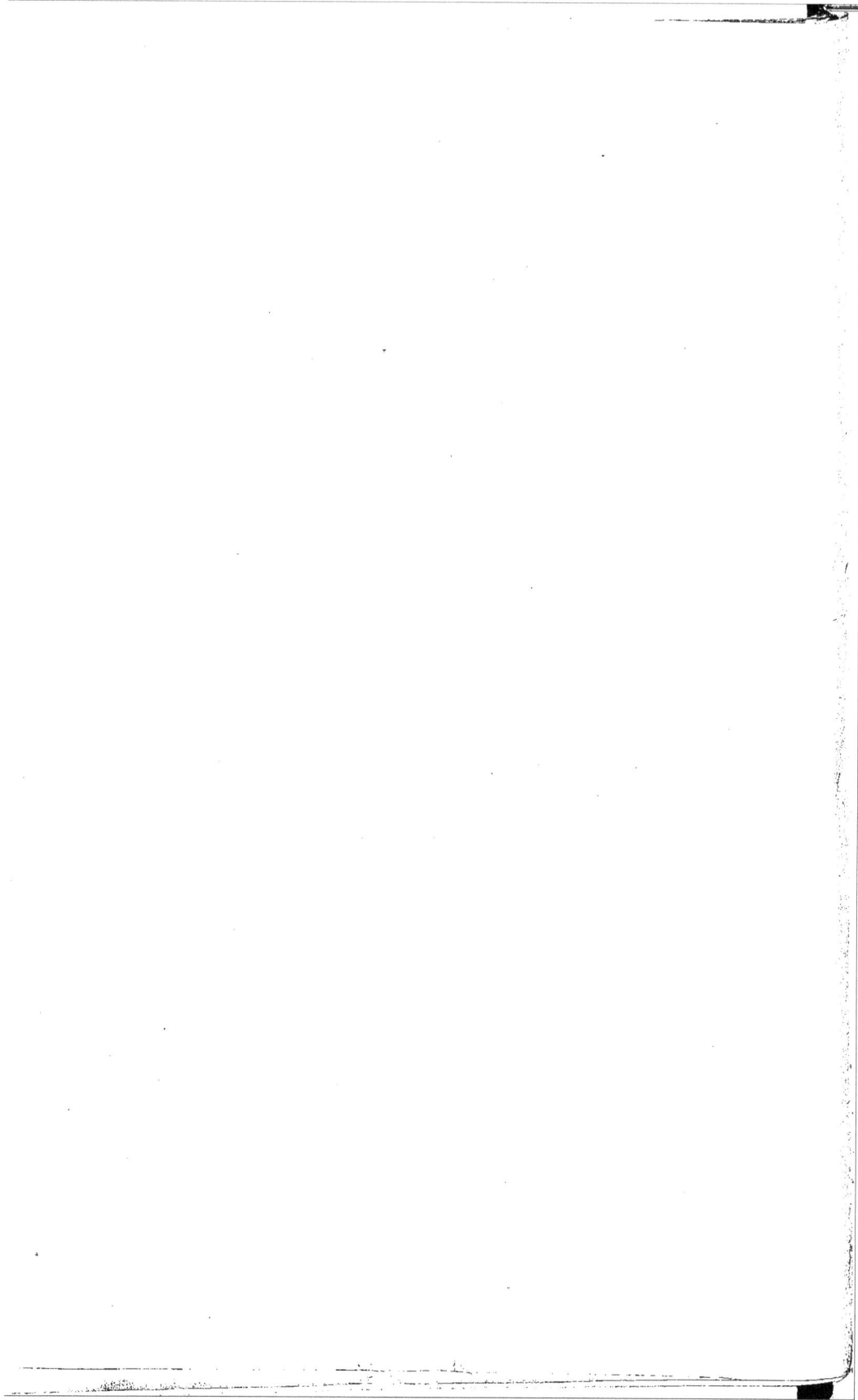

LA
VIE DES ANIMAUX
ILLUSTRÉE

Les Pinnipèdes
Phoques et Morses

Les Pinnipèdes sont des Carnassiers qui se distinguent tellement des Carnivores vrais par leur dentition et leur adaptation à la vie aquatique qu'il faut les regarder comme les représentants d'un ordre distinct.

Caractères. — Leur corps en fuseau aminci en arrière se termine par une très courte queue. Il porte des pattes qui ont la forme de rames natatoires. La tête est petite, arrondie ; le cou est court, mais net ; les lèvres, très charnues, portent des soies souvent tordues en spirale et formant moustache. Les narines étroites sont fermées par un jeu de cartilages, mais peuvent s'ouvrir grâce à des muscles antagonistes ; comme elles conduisent dans des fosses nasales à cornets compliqués, on en conclut que ces animaux jouissent d'un odorat délicat.

L'oreille externe n'est souvent indiquée que par un rebord peu élevé, et peut s'obturer pendant les plongeons de l'animal. Les yeux sont gros, saillants, protégés par une cornée plane.

Le crâne, globuleux et élargi, ne présente jamais, excepté chez les Otaries, les crêtes osseuses que porte celui des Carnivores vrais. Il contient un cerveau volumineux, pourvu de nombreuses circonvolutions superficielles avec des lobes olfactifs grêles ressemblant à ceux de l'homme et des Singes.

La dentition présente une variabilité beaucoup plus grande du type Carnassier, non seulement dans le nombre, mais encore dans la forme des dents. Les incisives ne sont jamais au nombre de six paires ; généralement, il n'y en a que deux paires en bas, parfois même aussi en haut. Les canines sont toujours présentes, elles sont assez fortes chez les Otaries ; mais, à la mâchoire supérieure des Morses, elles atteignent leur maximum de développement. Jamais il n'existe de carnassières ; les molaires ne présentent pas de différences assez notables pour qu'on puisse avec certitude les diviser en prémolaires et en grosses molaires. On admet pourtant quatre dents du premier groupe suivies d'une du second. La mâchoire porte toujours un condyle transversal. Le cæcum est très court, les reins sont divisés en un grand nombre de lobules distincts, et les mamelles, au nombre de deux ou quatre paires, sont abdominales. La présence de poumons force l'animal à venir respirer à la surface.

Le corps est couvert d'un duvet court, serré, entremêlé de jarres brillants.

Les membres ont la forme de nageoires, ce qui a valu son nom au groupe. Ils sont très courts, mais constitués sur le plan général ; pourtant, la clavicule n'existe pas. L'humérus et le fémur sont gros et courts ; les os de l'avant-bras et de la jambe sont séparés. Les jambes, à peu près complètement incluses dans les chairs, cachent presque la queue.

Les mains et les pieds sont allongés ; les cinq doigts, à ongles plus ou moins forts, bien distincts sur le squelette, sont réunis jusqu'à la dernière phalange, par des expansions tendineuses qui peuvent dépasser les doigts surtout aux pattes postérieures, où, de plus, le premier et le cinquième doigt sont ordinairement plus forts et plus longs. Ce caractère ne se trouve chez aucun Carnivore terrestre. Les membres antérieurs sont plus dégagés et plus latéraux, la paume est tournée du côté de l'axe du corps. Les membres postérieurs ne servent que de gouvernail, car ils sont fixés parallèlement à la colonne vertébrale, le pouce devenant inférieur. Les Otaries présentent une disposition un peu différente.

Les restes fossiles de Pinnipèdes sont assez rares et n'ont pas été rencontrés avant le tertiaire moyen. L'origine de ce type reste donc douteuse.

Habitat. — Ils habitent tous les côtes des Océans, à part quelques espèces qui préfèrent les eaux saumâtres des embouchures des fleuves ou les eaux douces de quelques grands lacs intérieurs, comme la mer Caspienne, les lacs Aral et Baïkal. Les deux premiers n'ont été séparés de la mer que par un soulèvement assez récent. Quant au troisième, qui est à 600 mètres d'altitude et est séparé de la mer par de hauts sommets, on n'a pu expliquer la présence dans ses eaux d'un Phoque ressemblant à celui du Groënland.

Mœurs. — Ces animaux vivent constamment dans l'eau, à part le temps de la reproduction et celui du repos qu'ils passent sur la terre ferme, où ils se meuvent avec difficulté. Dans l'eau, leur vivacité est étonnante, soit qu'ils jouent, soit qu'ils chassent. Ils engloutissent d'énormes quantités de Poissons, de Mollusques et de Crustacés.

Les uns, comme les Morses et les Otaries, où le mâle est d'une taille supérieure à celle de la femelle, pratiquent la polygamie, et choisissent des endroits déterminés pour la reproduction. Les autres, à l'exception des Macrorhines, sont monogames et ne quittent l'eau que temporairement.

Chasse. — Pour les peuplades du Nord, les produits que fournissent ces animaux sont regardés comme la base de l'existence. Aussi leur font-elles une chasse active, soit avec le harpon, soit sur terre avec des bâtons.

Leur chasse donne lieu à une branche importante de l'industrie maritime.

Captivité. — Ces animaux sont très intelligents, et quelques-uns peuvent se laisser domestiquer. En leur donnant de l'eau en quantité suffisante, du poisson très frais à leur goût, on a pu conserver des Phoques de la Méditerranée pendant des années en captivité. On les aime pour leur douceur et leur obéissance, on les apprécie pour l'élégance de leurs évolutions dans leur bassin. On en montre dans les foires, et leur cri, qui rappelle les syllabes *pa-pa*, fait dire aux barnums qu'ils exhibent des Phoques ayant appris à parler. G. Cuvier s'étonnait que les peuples pêcheurs n'aient pas dressé le Phoque à la pêche, comme les peuples chasseurs ont dressé le Chien à la chasse.

Classification. — Les Pinnipèdes se divisent en trois familles comprenant onze genres et trente-six espèces : 1° les *Otaries* ou *Otariidés*, ou Phoques à oreilles, à soles nues; 2° les *Phoques* proprement dits, ou *Phocidés*, avec les plantes et les membranes palmaires poilues; 3° les *Morses* ou *Trichéchidés*, à défenses, sans oreilles.

LES OTARIES OU PHOQUES A OREILLES

La famille des Otaries ne comprend qu'un seul genre, en y réunissant le sous-genre Arctocéphale.

Caractères. — Les Otaries (*Otaria* Péron, 1816) se distinguent à première vue par leur cou allongé, par leurs petites oreilles très visibles, auxquelles elles doivent leur nom, et par la forme de leurs pattes dont les doigts sont dirigés en avant, les soles nues, et qui peuvent leur servir dans la locomotion terrestre. Les quatre pieds ont la même longueur, et ont les doigts réunis par une membrane noire qui les dépasse beaucoup et se sépare ensuite en lanières. Les doigts antérieurs sont pourvus de petits ongles, et augmentent de longueur du premier au cinquième. Parmi ceux des pattes postérieures, le premier et le cinquième dépassent beaucoup les trois autres, qui sont nuls.

Dans la denture, la sixième molaire n'est souvent développée que d'un côté.

$$i\,\frac{3}{3},\, c\,\frac{1}{1},\, pm\,\frac{4}{4},\, M\,\frac{1\ \text{ou}\ 2}{1} = 34 \text{ ou } 36 \text{ dents.}$$

Les onze espèces de ce genre se divisent en deux groupes : celui des *Lions de mer* ou *Otaries poilues* et celui des *Ours marins* ou *Otaries à fourrure*. Les premiers ont un pelage qui ne comprend que des jarres sans duvet; les deuxièmes sont caractérisés par la possession d'un sous-poil duveteux abondant. Le premier groupe renferme les plus gros animaux; ils sont jaunâtres ou brun rougeâtre et parfois noir brunâtre, comme l'espèce californienne. Les Ours marins sont entièrement noirs dans leur jeunesse, puis, avec l'âge, leur pelage s'éclaircit, car aux poils noirs s'associent des poils jaunâtres ou grisâtres en plus ou moins grande quantité. Ceux du Sud sont toujours plus clairs que ceux du Nord. La coloration présente de grandes variations individuelles. Les diverses espèces peuvent vivre dans les mêmes baies, mais elles forment des sociétés séparées. Les mâles sont toujours de taille plus forte que les femelles.

Habitat. — Les Otaries sont inconnues dans le nord de l'Atlantique. Trois espèces n'habitent que le Pacifique : l'*Otarie à crinière*, l'*Otarie de Steller* et l'*Otarie de Californie*. A l'exception de l'*Otarie ourson* des îles Prybilov, les autres espèces, assez difficiles à distinguer les unes des autres, appartiennent aux mers australes. Ce sont :

L'Otarie d'Australie (*O. lobata* Gray), plus spéciale à la baie du Roi Georges et au détroit de Bass (mâles, 2ᵐ,40 à 2ᵐ,70);

L'Otarie de Hooker (*O. Hookeri* Gray) des îles Auckland, dont le museau est très long et les moustaches bien développées. Elle a sept paires de molaires supérieures;

L'Otarie sud-américaine (*O. australis* Zimm.), qui habite les côtes de l'Amérique depuis le Chili jusqu'à Rio de Janeiro, ainsi que les îles Galapagos, Falkland, Shetland du Sud (mâles, 2 mètres; femelles, 1ᵐ,50);

L'Otarie sud-africaine (*O. antarctica* Thunb. ou *pusilla* Schreb.), qui paraît limitée aux îles voisines du Cap;

L'Otarie de Forster (*O. Forsteri* Lesson) de la Nouvelle-Zélande et des îles Chatham, dont le pelage coquet est très estimé;

L'Otarie Gazelle (*O. gazella* Peters) des îles Kerguélen.

Mœurs. — Ces diverses espèces ont à peu près les mêmes mœurs. Au moment de la reproduction, qui est l'époque la plus curieuse de leur existence, elles se réunissent en bandes dans des endroits de prédilection ou *rookeries*. Les hécatombes de plusieurs centaines de milliers qu'exige le commerce, chaque année, ont amené une diminution rapide du nombre des individus, car leur graisse, leur peau et leur fourrure sont très estimées. Dans la pelleterie, la peau des Otaries est connue sous le nom de *loutre de mer*. A Londres, en mars 1902, il en a été vendu 78367 contre 84475 en 1901. Le prix le plus élevé a été de 160 schellings la pièce.

L'OTARIE A CRINIÈRE. — L'Otarie à crinière (*O. jubata* Forster) ou *Lion marin*, connue depuis Magellan (1579), se distingue de tous ses congénères par le poil de son cou qui est plus long et qui forme une crinière très visible surtout sur les dépouilles. Le crâne n'est pas surélevé au-dessus du plan de la face; le museau, large et comme tronqué, présente une plage nue en arrière du nez, et il porte sur la lèvre supérieure un assez grand nombre de soies épaisses, longues et pendantes. Son pavillon est court.

Les vieux mâles présentent une coloration brun vif avec des extrémités plus foncées. Les femelles en diffèrent parce qu'elles sont grises, et les jeunes, qui ont déjà les pieds de couleur foncée, sont brun-chocolat, mais pâlissent dès la première année. Les mâles, qui à notre époque ne dépassent pas 2 mètres, paraissent avoir pu atteindre une taille bien supérieure au temps du capitaine Cook.

Habitat. — Cette Otarie habite le voisinage des îles Galapagos, des côtes de l'Amérique du Sud : Pérou, Chili, Patagonie, Rio de la Plata. On la trouve aussi aux îles Falkland, à la Terre de Feu et dans quelques îles australes.

Mœurs. — Ces animaux étaient jadis très nombreux sur les côtes de la Patagonie et aux Malouines; ils avaient coutume, d'après Lecomte, de vivre par sociétés de six à vingt individus ; celles-ci fusionnaient d'ailleurs entre elles pour former dans une seule baie des groupements de quarante à cinquante, gardés par un vieux mâle, comme sentinelle.

A marée basse, ils se tiennent et se reposent sur le rivage, tandis qu'à marée haute, ils se rendent à l'eau, aussi bien le jour que la nuit, pour aller dans les embouchures des rivières chercher leur nourriture habituelle, consistant en Poissons et Crustacés qu'ils avalent en élevant la tête hors de l'eau. Lecomte assure que, pour aider à la mastication, ils ont la précaution d'avaler quelques galets, car il en trouva dans tous les estomacs qu'il examina, excepté dans celui d'un jeune. Par contre, il paraît qu'ils ne boivent jamais d'eau, car le premier que le Lecomte amena, en 1866, au Jardin zoologique de Londres n'eut pendant une année d'autre eau que celle qui mouillait les Poissons qu'on lui donnait.

A l'époque de la reproduction, les mâles se livrent des combats terribles en poussant continuellement des grognements prolongés. Les femelles paraissent être des spectatrices désintéressées de ces batailles. Pendant cette période les mâles sont très méchants et se défendent énergiquement contre toute attaque. En juillet et en août, les animaux qui habitent plus au nord viennent en villégiature sur les îles Falkland. Les petits naissent vers la fin de l'année, par conséquent au milieu de l'été austral. Il n'y en a qu'un par portée.

Captivité. — Ces animaux se signalent non seulement par leur extraordinaire légèreté dans l'eau, mais aussi par leur docilité et leur intelligence.

L'OTARIE DE STELLER. — L'Otarie de Steller (*O. Stelleri* Lesson), ou *Lion marin arctique*, est la plus grande espèce du genre.

Caractères. — Son corps énorme ne porte pas de crinière, mais une tête assez grosse avec un museau étroit et pointu, et des oreilles relativement longues. Sa coloration est variable avec l'âge. Lorsqu'elle est jeune, elle est châtain vif, mais chez les adultes, au moment de la reproduction, la robe tourne au brun roux clair, elle est plus foncée en dessous. Avec la saison, la couleur vire au rouge doré ou ocre et puis au brun sépia, en novembre, avec une teinte plus foncée en dessous. Les femelles sont remarquablement plus claires.

La longueur peut atteindre 4 mètres dans le sexe mâle, avec une circonférence de 2^m,50 à 3 mètres et un poids de 500 à 650 kilogrammes.

Habitat. — Cette Otarie, découverte en 1741 pendant le premier voyage de Bering et décrite par Steller, habite tous les rivages du nord du Pacifique depuis les îles de Bering jusqu'à la Californie d'une part et au Japon d'autre part ; on la trouve dans les îles Prybilov et Aléoutiennes, dans l'Alaska.

Mœurs. — Sa marche diffère de celle des autres Otaries, bien que ses pieds ne paraissent pas autrement conformés. L'Ours marin peut faire en vingt-quatre heures environ 2 à 3 kilomètres, tandis que l'Otarie de Steller ne peut guère avancer que d'un kilomètre, et ceci parce qu'à chaque mouvement des pattes postérieures elle lève le cou et jette la tête de côté et d'autre. Elle se traîne presque avec les pattes antérieures sur le sable, l'herbe et les rochers, et souvent elle s'arrête pour regarder les environs et les rabatteurs avec une figure féroce et sauvage. Aussi, à l'époque de la reproduction, évite-t-elle de dépasser le bord des plus grandes marées. Elle choisit les mêmes plages que l'Otarie ourson qu'elle refoule et chasse sans que cet animal ose résister à ce puissant ennemi.

Comme cet animal est très farouche, il est très vigilant, et s'il voit s'approcher un être humain, il se précipite dans la mer, suivi par les femelles et les jeunes que le mâle surveille et tient réunis, jusqu'à ce qu'une nouvelle descente à terre soit possible. Tout ce monde remplit l'air de ses grognements, de ses beuglements pour intimider le trouble-fête.

Le mâle paraît se donner peu de peine pour la formation et la protection de son harem. Les mâles arrivent les premiers, en mai, dans les lieux de rassemblement. Les femelles les y suivent, trois ou quatre semaines après. Les plus forts choisissent leurs femelles et restent en famille jusqu'à la fin de septembre. Ils permettent des promenades et des parties de plaisir en mer à leurs dix ou quinze femelles qui portent leurs petits sur leur nuque. Les Otaries de Steller ne s'éloignent jamais beaucoup des îles Prybilov; mais pendant la mauvaise saison, depuis janvier jusqu'à la disparition des glaces, on ne les trouve qu'en petits groupes.

Les Otaries des îles Prybilov ne sont plus très nombreuses; on estime le nombre de celles qui visitent l'île Saint-Paul à 25 000, pendant que 7 000 à 8 000 seulement préfèrent la seconde île du groupe, l'île Saint-Georges. Dans l'île Saint-Paul, les animaux sont chassés jusqu'au village, distant de 4 à 5 kilomètres environ, où ils doivent être sacrifiés. Ce long voyage prend cinq jours.

Quand ils sont habitués à la vue de l'homme, ils se laissent assez facilement diriger vers la tuerie. A la fin de chaque journée de marche, on leur permet de se baigner dans les mares et de se reposer en étendant leurs quatre membres, car leur fatigue est extrême. Mais leur repos n'est jamais complet, car souvent l'un d'eux, redevenu vif, fait gaiement la culbute par-dessus les autres, comme pour chercher une meilleure place, et il met ainsi tout le troupeau en émoi. Pendant ce temps, tous jettent des cris lamentables, si forts que si on essayait de les effrayer par des coups de fusil, ceux-ci ne seraient pas entendus. Peu à peu ils s'habituent si bien à leurs conducteurs qu'ils ne se sauvent plus.

Pour mettre le troupeau en marche, un homme s'approche lentement et doucement de la queue de cette épaisse colonne, et brusquement, il ouvre un parapluie et se met à courir le long du troupeau, pour revenir ensuite en arrière. Il n'en faut pas plus pour effrayer les animaux et provoquer une bousculade qui amène la progression des premiers rangs. Cette tactique doit être renouvelée toutes les cinq minutes, jusqu'à ce que tout le troupeau soit mis en marche, et on maintient le mouvement en agitant des drapeaux à la queue et sur les flancs de la colonne jusqu'à une nouvelle place de repos.

Quand la troupe est arrivée à la tuerie, on n'occit à coups de fusil que les adultes mâles qui sont trop vigoureux pour qu'on ose se servir d'une massue. Le reste est égorgé à la lance.

L'OTARIE DE CALIFORNIE. — *Caractères.* — L'Otarie de Californie (*O. Californiana* Less. ou *Gillespii* M'Bain) se reconnaît à son crâne remarquable par son étroitesse et sa longueur, par son front fortement bombé et par la cassure nasale qui lui donne une certaine ressemblance avec le Papion. Ses soies sont courtes. Sa couleur, malgré des variations individuelles et saisonnières, reste en général d'un brun châtain foncé, qui en dessous vire au brun foncé. La taille est plus faible que celle du Lion marin du Nord. Les mâles adultes mesurent 2 mètres à 2^m,5o, de la pointe du museau jusqu'à l'extrémité des membres postérieurs étendus en arrière.

Habitat. — Cette Otarie habite les côtes de la Californie, de la Basse-Californie et du Mexique, depuis San-Francisco jusqu'aux îles Tres Marias. Elle a été signalée aussi dans les nombreuses îles voisines des côtes : San Nicolas, Santa Barbara, Cedros, etc.

Mœurs. — L'Otarie de Californie et celle du Nord, dont les aires d'habitat se confondent dans les îles Farallone, près de San-Francisco, se distinguent à leur voix. L'Otarie de Steller pousse un mugissement profond, sourd et prolongé, tandis que l'Otarie de Californie n'émet qu'une sorte d'aboiement aigu, désagréable, ressemblant parfois à un glapissement. Aussi l'approche des îles Farallone, où elles vivent en grands troupeaux, est-elle signalée par une sorte de fracas rappelant les mugissements de la mer en fureur.

Les Otaries mâles arrivent en grandes troupes à la fin de mai dans les îles Santa Barbara et remplissent l'air de leurs cris assourdissants. Leur agilité et leur vitesse dans l'eau sont étonnantes. On les voit sauter hors de l'eau, plonger pour réapparaître l'instant d'après à la crête des vagues et se précipiter ensuite sur le sable où elles se dandinent la tête haute, ou bien elles vont aller grimper sur un rocher couvert d'algues. Là quelques individus dorment en plein soleil, en tenant la tête appuyée sur leurs membres allongés, pendant que d'autres passent leur temps à jouer.

Mais ces jeux innocents et aquatiques ne durent pas longtemps. La zizanie se met dans le camp dès que les femelles sont signalées, et des combats homériques se livrent entre mâles. On ne voit plus que lèvres déchirées, membres cassés, plaies ouvertes, yeux arrachés des orbites. La moindre place est occupée, et les cris s'entendent à plusieurs kilomètres.

Après cette période d'agitation qui dure trois mois environ, les deux sexes retournent dans leur élément aqueux pour vagabonder de tous côtés à la recherche de leur ration quotidienne, et beaucoup doivent même s'éloigner de ces lieux, car la nourriture y serait insuffisante pour tous ces affamés. Ils se contentent de Poissons, de Mollusques et d'Oiseaux de mer. La quantité de Poissons détruite est énorme, car on a calculé que chacune des 25 000 Otaries vivant près de San-Francisco consomme par jour de 10 à 20 kilos de Poissons.

La chasse des Mouettes procure à l'Otarie l'occasion d'exercer sa ruse innée. Quand elle aperçoit l'une d'elles dans son voisinage, elle plonge très profondément, nage une certaine longueur, puis, sortant avec précaution le bout de son nez hors de l'eau, lui donne une sorte de mouvement giratoire, afin d'exciter la convoitise de l'Oiseau qui croit à une proie facile. Mais dès que l'Oiseau est assez près, l'Otarie plonge et à l'instant le happe et l'avale.

Captivité. — La plupart des Otaries qui vivent dans les jardins zoologiques appartiennent à cette espèce. C'est celle que possède le Jardin des Plantes.

A Chicago, on a remarqué que les femelles, qui mettent bas en captivité, répandent une substance graisseuse et l'étalent sur le sol avec leur corps afin que le jeune, avant de se rendre à l'eau pour la première fois, puisse se rouler dans cette graisse et huiler son corps pour se protéger du contact de l'eau (*).

L'OTARIE OURSON. — *Caractères*. — L'Otarie ourson (*O. ursina* L.) ou Ours marin du Nord, ou Otarie à fourrure, a un museau très court, un cou court, des oreilles relativement longues, des pattes bien développées, couvertes d'une peau molle et noire, et qui lui permettent de soulever son corps pour faire des pas entiers. Ses mandibules, relativement faibles, ne portent que six paires de molaires supérieures. Son pelage est doux, soyeux, très serré, entremêlé de jarres. Chez les adultes mâles, la peau est gris brun, et le pelage est dans les parties supérieures, à l'exception des épaules, d'un noir présentant une teinte plus ou moins grise ou rougeâtre. Les épaules sont grises, les parties latérales du nez et les lèvres brunes, la poitrine brun orange, tandis que le dessous et les jambes sont brun rougeâtre. Les femelles, assez variables, à cause de la proportion de gris que présente leur pelage, portent une robe plus claire, assez uniformément grise en dessus, et brune ou rouge ocre en dessous. Les jeunes sont toujours d'un noir brillant pendant trois mois, avec un sous-poil plus clair, mais moins abondant que chez les vieux.

La taille est plus faible que celle du Lion marin arctique. Celle du mâle dépasse beaucoup celle de la femelle. Le premier, qui atteint ses dimensions maxima vers l'âge de six ans, a de 2^m,10 à 2^m,40 de long, un tour de taille, de 1^m,80 à 2^m,10, et il pèse de 350 à 400 kilos. Les femelles ont toute leur longueur à cinq ans ; elles n'ont que 1^m,20, un poids de 40 à 50 kilos, mais leur taille est d'une sveltesse remarquable, car elle ne dépasse pas 0^m,76 de tour.

Habitat. — Cet Ours marin habite dans l'océan Pacifique aussi bien les rivages américains que les rives de l'Asie.

Jadis son aire d'habitat atteignait la Californie méridionale, les îles San Benito et Cedros, tandis qu'en Asie, en 1854, on le rencontrait encore au sud de l'île Sakhaline, aux îles Kouriles, et au Kamtschatka. Actuellement il se tient surtout dans le groupe des îles Prybilov, et non pas dans l'île des Loutres et dans celle des Morses, mais seulement dans les îles Saint-Paul et Saint-Georges où le nombre de ces animaux, pendant la période de reproduction, est si grand qu'on ne peut l'estimer avec quelque précision. Dans l'été de 1872, on évalue à 3 millions le nombre de ces Otaries qui visitèrent Saint-Paul et à 163000 celles qui arrivèrent l'année suivante dans l'île Saint-Georges.

A part ces deux îles, aucun endroit de la mer de Bering ne paraît remplir les conditions requises par elles pour y séjourner. En effet, elles aiment les côtes en pente douce, ou bien formées de rochers unis ou de galets. Elles évitent les côtes coupées d'étangs, les plages sablonneuses, car pour leurs gros yeux très sensibles elles craignent les grains de sable chassés par le vent.

Mœurs. — L'Otarie ours marin craint la chaleur à terre. Une température

---

(*) Pl. XXXIII. — L'Otarie de Californie.

de 9° lui est déjà désagréable et une de 12° à 15° la fait souffrir, la fatigue et l'oblige à s'éventer avec ses larges membres et à changer constamment la position de son corps.

Dans l'eau, elle est extraordinaire de vivacité, elle atteint la vitesse d'un Oiseau; ses pattes postérieures ne lui servent que de gouvernail, tandis que ses pattes antérieures forment son appareil propulseur.

Des observations complètes sur ses mœurs et habitudes ont pu être faites dans les îles Prybilov. En hiver ces îles ne sont pas habitées par elles, car elles

L'Otarie ourson.

émigrent alors vers le sud avec les Poissons qui leur servent de nourriture. Ce n'est qu'au commencement de mai que les premiers mâles arrivent, et comme ils sont encore très peureux et craintifs, ils se tiennent tout près du rivage (Beachmasters); ce sont les plus vigoureux, capables de tenir tête aux futurs arrivants qui voudraient leur disputer leurs droits de premiers occupants. La masse du troupeau n'arrive qu'en juin, pendant l'été si humide et si brouillardeux du nord; les femelles se font attendre encore deux ou trois semaines.

C'est l'époque des combats entre mâles. Ils défendent la place qu'ils ont choisie avec la plus grande énergie et ne cèdent, pour aller dans l'intérieur de l'île, que s'ils sont épuisés par les combats successifs qu'ils ont dû livrer à de nouveaux adversaires non fatigués. Pendant la lutte, ils poussent des cris continuels et ne se servent que de leurs mâchoires; ils se font alors des déchirures épouvantables sur le corps et les nageoires. Aussi les mâles sont-ils complètement épuisés vers le 15 juillet, époque à laquelle arrivent les dernières femelles.

Les mâles les plus forts et les plus favorisés forment quinze à seize rangs le long du rivage ; ils conquièrent souvent jusqu'à quarante-cinq compagnes, les autres onze à quinze, ceux qui sont plus à l'intérieur de l'île de cinq à neuf, et enfin les plus faibles et les plus vieux sont relégués loin de la mer sans compagnes. Ces sultans, ne pouvant suspendre un instant leur surveillance étroite sur leur harem, sont épuisés de fatigue et de faim à la fin d'août. Leur couche de graisse leur a suffi jusqu'alors, mais s'ils sont maigres pour retourner à la mer, ils reviennent gras et dodus, ornés d'une nouvelle fourrure l'année suivante, sans que ce long jeûne ait eu pour eux des conséquences graves.

Les femelles quittent les rivages plus tard que les mâles ; elles sont douces, ne se querellent jamais et ne poussent pas de cris, quand même elles sont mordues et blessées par les mâles. Reçues par les mâles les plus rapprochés du rivage, elles sont conquises ou dérobées par d'autres qui les transportent comme des petits Chats par la peau du cou.

Les mâles leur permettent quelques excursions dans les régions de l'île non occupées et bien sèches. Les petits naissent peu après l'arrivée; ils ont o^m,35 et pèsent environ 2 kilos ; les mères se rendent alors souvent à la mer, mais au retour elles retrouvent leur petit avec la plus grande facilité et le reconnaissent à son cri ou bêlement sans jamais se tromper. Et pourtant elles ne prodiguent pas les preuves d'une vive affection à leur progéniture : la mort du petit survenue devant leurs yeux les laisse, paraît-il, assez indifférentes.

Les premières leçons de natation sont données aux petits, dès le commencement d'août. Elles leur sont très nécessaires, car leur inhabileté est telle qu'ils se noieraient facilement ; mais en un mois ils deviennent d'excellents nageurs.

Pendant cette longue période, les jeunes (Bachelors) et les vieux mâles se tiennent à un demi-kilomètre du rivage, d'où, dans l'intervalle de leurs jeux, ils se rendent à la mer soit pour chercher leur nourriture, soit pour prendre leurs ébats pendant les jours trop ensoleillés. Les journées nuageuses et peu chaudes les engagent, au contraire, au repos sur la terre ferme.

Chasse. — Dans les îles Prybilov, à la suite du rapport d'Elliott, chargé d'étudier leurs mœurs et leur reproduction, afin de réglementer l'exploitation de ce capital vivant, il n'est permis de tuer que les mâles âgés de un à six ans, et encore un certain nombre chaque année. Le droit de chasse a été octroyé par les États-Unis à une Compagnie commerciale, et on lui a permis de tuer 25 000 jeunes à Saint-Georges et 75 000 à Saint-Paul, soit en tout 100 000 individus. On assure qu'en vingt ans d'exploitation, de 1869 à 1889, la Compagnie a encaissé de ce fait, sans grande peine, 33 millions de dollars.

Quand, en juin, les Otaries sont réunies en troupes sur la plage, des indigènes leur coupent la retraite vers la mer et les chassent du côté de l'intérieur. Sur un sol ferme et couvert de gazon, elles peuvent parcourir un kilomètre en une demi-heure, à condition qu'on leur laisse faire de nombreuses pauses ; souvent les plus jeunes ne peuvent résister à la fatigue : elles restent en arrière, sinon elles périssent.

Quand tout le troupeau est arrivé au campement, éloigné de 2 à 3 kilomètres de la côte, on le sépare en groupes de 50 à 100 individus qui sont menés à la tuerie où on les assomme à coups de gros et lourds gourdins de chêne. Le dépouillement se fait ensuite et avec la plus grande facilité, puisque, en 1872, quarante-cinq personnes purent conduire, tuer et dépouiller 72 000 Otaries en quatre semaines.

Malgré les défenses, on croit que le nombre des animaux tués dépasse 100 000 par an. A ce nombre il faut ajouter ceux qui, par une tolérance des États-Unis, sont tués au large dans la mer de Bering par les cinquante schooners équipés par la Colombie britannique. Leurs dépouilles ne peuvent entrer aux États-Unis. D'aucuns assurent que la conséquence de ces poursuites est la diminution des Ours marins dans la mer de Bering et dans les îles Prybilov. Mais cette assertion ne paraît pas fondée.

En tout cas, la chasse en pleine mer est plus humaine que celle qui est pratiquée dans les îles.

Lorsque la vigie du bateau a signalé des Otaries nageant dans le voisinage, on lance à leur poursuite une petite barque portant trois matelots : deux rameurs et un chasseur ayant à sa disposition deux fusils chargés de petit plomb et un à balle. La barque s'approche aussi près et aussi doucement que possible, mais, neuf fois sur dix, l'Otarie l'a aperçue et disparaît sous l'eau. Le chasseur ne doit tirer que s'il est sûr de son coup; car, dès qu'il est atteint, l'animal s'enfonce; il est donc nécessaire que le bateau se hâte d'approcher du cadavre, afin de le gaffer et le hisser à bord. Les animaux blessés échappent rarement. On affirme que les vieux apprennent par expérience ce que signifient les bateaux et les coups de fusil, et qu'ils prennent des précautions pour leur sécurité. Les jeunes se laissent plus facilement tuer.

Usages et produits. — Les peaux ne sont que salées sur les lieux de capture. On préfère les Bachelors de trois ans, qui donnent les fourrures les plus fines après qu'on les a débarrassés de la graisse et des jarres (*écharnage* et *éjarrage*). On en fait des pelisses, des cols de pardessus. L'huile est utilisée par les Aléoutes, malgré sa forte odeur, ainsi que la viande.

LES PHOQUES PROPREMENT DITS OU PHOCIDES

Les Phocidés sont les Pinnipèdes les mieux adaptés à la vie aquatique.

Caractères. — Comme les Baleines, leur cou très court est à peine distinct. Le pavillon de l'oreille manque complètement. Leur corps, couvert de poils raides, ne porte pas de sous-poil laineux, et la plante des quatre pattes est très poilue. Les vrais Phoques, dont le gros orteil du membre antérieur est toujours le plus long, ont des doigts qui sont tous munis d'ongles. Dans les membres postérieurs, ce sont les doigts extrêmes, le premier et le cinquième, qui sont les plus longs. En outre, ils ne sont pas recouverts par des membranes natatoires qui se prolongent dans la direction des membres.

Habitat. — Ce groupe comprend seize ou dix-sept formes réparties en neuf genres n'ayant que peu d'espèces. Ils habitent les parties froides des deux hémisphères, et sont peu représentés dans la zone intermédiaire.

Les Phoques antarctiques sont tous différents des Phoques arctiques et assez proches parents des Phoques moines.

Mœurs. — Ces animaux sont extrêmement vifs et agiles dans l'eau. Les membres postérieurs sont placés longitudinalement et vers l'arrière; comme ils ne peuvent s'étendre latéralement, ils constituent seulement un gouvernail qui ne joue aucun rôle dans la locomotion terrestre. Les Phoques doivent donc, sur le sol et la glace, se mouvoir d'une tout autre façon que les autres animaux. Ils ne peuvent progresser que par les ondulations ou les mouvements en bloc du corps. Ils se soulèvent sur leurs membres antérieurs, qui restent appliqués contre les flancs, et projettent leur corps en avant. Il n'y a que le Phoque de Groënland, le Cystophore à capuchon et le Phoque moine tropical qui se rapprochent plus des autres Mammifères dans leur marche, et savent utiliser leurs membres antérieurs.

Sur la glace, leur vitesse peut atteindre 2 kilomètres à l'heure. On cite le cas d'un Halichère qui, en 1829, effectua en Norvège un trajet de 56 kilomètres sur la neige en une semaine.

Ils se nourrissent d'énormes quantités de Poissons, de Crustacés et de Mollusques. Les vrais Phoques ne se soumettent jamais, excepté les Macrorhines, à de longs jeûnes, bien qu'ils passent une bonne partie de leur temps sur les plages sablonneuses ou sur les glaces pour se chauffer au soleil. Leur cri est chez les uns une sorte de glapissement, chez les autres un bêlement, ou bien, ailleurs, il ressemble au cri d'un enfant.

Leur instinct de sociabilité, l'amour de la mère pour son petit sont caractéristiques.

Chasse. — Les Esquimaux chassent les Phoques dans de petits esquifs légers, de 5 à 6 mètres de long, et s'en approchent à 6 ou 7 mètres pour leur lancer un harpon qui par une corde est attaché à un flotteur. Quand l'animal blessé vient respirer à la surface, on le tue à coups de lance. Les trous que l'animal sait se ménager dans la glace pour respirer lui sont aussi souvent fatals.

En Scandinavie, on les prend dans des trappes dans leurs lieux de repos, ou au moyen de pièges qui leur lancent un harpon quand les animaux viennent à toucher le déclic. Dans le golfe de Bothnie, on se sert de grands filets pour les capturer, ainsi que dans la mer Caspienne. Dans le lac Baïkal, les filets sont placés sous leurs trous à air. On les tue aussi avec des fusils ou des massues quand on peut les surprendre dans leurs lieux de repos. A Terre-Neuve et à l'île Jean Mayen, de grands bateaux à vapeur vont les poursuivre jusque sur les icebergs et les banquises.

Ennemis. — Outre l'homme, les Phoques ont un ennemi terrible, c'est l'Orque épaulard que les Groënlandais appellent *Maître des Phoques.* L'Épaulard leur inspire plus de terreur que l'homme. L'Ours blanc leur fait aussi la guerre et sait s'en rendre maître.

Produits. — Les peuplades du Nord utilisent le Phoque tout entier : non seulement son huile et sa peau, comme nous, ou sa viande noire et coriace, comme les Suédois et les Norvégiens, mais encore ses boyaux, qui sont consommés ou employés à la confection de vitres, d'habits, de rideaux ; son sang, qui sert à faire d'excellente soupe. Les côtes servent de clous, les tendons de cordes d'arc, les omoplates de bêches. Les Esquimaux utilisent son huile comme moyen de chauffage et d'éclairage, mais aussi comme combustible interne : ils la boivent avec plaisir. Ils se vêtent de sa peau. A Londres, en 1902, on a vendu 4 084 dépouilles de ces animaux sous la dénomination générale de *veaux marins.*

LES HALICHÈRES

Les Halichères (*Halichœrus* Nillson, 1820) forment un genre qui ne comprend qu'une espèce, l'*Halichère gris* (*H. gryphus* Fabr.).

Caractères. — La tête est renflée, à la région frontale, avec un museau élargi ; les dents, assez fortes, comprennent trois paires d'incisives en bas et deux en haut, des molaires assez grosses à couronne aiguë et à racine unique, sauf aux deux dernières paires supérieures et à la dernière paire inférieure. Tous les doigts portent des ongles, les postérieurs ont à peu près la même longueur. L'Halichère type ou gris a le pelage ordinaire des Phoques, c'est-à-dire un fond blanc d'argent, gris cendré jaunâtre, gris de fer ou gris noir avec des taches noires ou noirâtres, irrégulières et plus ou moins nettes. Elles sont plus confluentes chez le mâle que chez la femelle. Les jeunes naissent avec une fourrure molle, blanchâtre ou jaunâtre qui ne tarde pas à tomber. Les moustaches sont blanches.

Chez le mâle, la taille atteint de 2^m,40 à 2^m,70, de la pointe du nez jusqu'à l'extrémité des pattes postérieures, et il pèse au moins 200 kilogrammes.

Habitat. — Cette espèce appartient à la partie septentrionale de l'hémisphère boréal. Elle habite les côtes de l'océan Atlantique septentrional, et ne descend pas loin au sud. Elle visite parfois les côtes du Pas-de-Calais, de l'Allemagne, de la Scandinavie et de la Finlande, celles de l'Islande, mais il paraît qu'elle ne se rencontre pas dans les parages du Spitzberg et dans la portion européenne de la mer Glaciale du nord. Elle ne se trouve pas sur la côte est du Groënland, mais bien sur la côte ouest, près de l'île Disko, sur la côte nord-américaine, où on la voit plus rarement qu'en Europe, et près de la Nouvelle-Écosse, à l'île du Sable.

Mœurs. — L'Halichère est moins intelligent et moins éducable que le Phoque commun. Aussi ne peut-on l'apprivoiser. Il est très craintif, car, avant d'aborder sur le rivage, il a la précaution de nager un instant en soulevant la tête hors de l'eau pour explorer les environs avec les yeux, les oreilles et le nez, et dans le voisinage immédiat du rivage, il retourne la tête vers la haute mer afin de pouvoir fuir plus rapidement en cas de danger pressant. Il choisit toujours des rochers peu élevés au-dessus de l'eau ou au voisinage desquels il trouve une eau assez profonde pour la fuite. Il change d'ailleurs suivant la direction et la force du vent. Pendant les tempêtes, il est encore plus prudent et généralement il n'ose aborder.

Plus la journée est gaie et le vent léger, plus il aborde volontiers, et alors on les voit souvent par paires se chauffer pendant des heures étendus au soleil.

On les trouve fréquemment dans les parties les plus septentrionales des îles Shetland, où les femelles mettent bas leur petit dans les mois de septembre, octobre et novembre, c'est-à-dire en automne, ce qui n'arrive que pour le Phoque barbu.

LES PHOQUES

Caractères. — Les Phoques (*Phoca* L., 1758) ou *Veaux marins* se reconnaissent à leur tête grosse, subarrondie, à leur nez large, à leur corps assez ramassé et à leurs membres courts ; les ongles sont plus forts aux antérieurs. Ils ont la même formule dentaire que les Halichères ; leurs dents, au nombre de trente-quatre, sont petites et pointues. Les molaires, sauf celles de la première paire, en haut et en bas, sont à deux racines. Leur couronne est formée par trois ou quatre denticules pointus, comprimés latéralement, bien séparés et placés sur une ligne, le plus gros étant au milieu. Les dents ne laissent aucun espace entre elles.

Dans le Phoque commun, les molaires sont plus larges et plus épaisses, et les dents forment une ligne oblique, ce qui le distingue du Phoque du Groënland et du Phoque annelé.

Habitat. — Les Phoques habitent les régions septentrionales des océans et quelques mers intérieures comme la mer Caspienne et le lac Baïkal.

LE PHOQUE COMMUN. — Le Phoque commun (*P. vitulina* L.), appelé encore *Veau marin* ou *Chien de mer*, est l'espèce la plus connue.

Caractères. — Son pelage est nuancé de noir, de blanc et de gris brun ou de jaune brun. Le dos est généralement de couleur gris jaune avec des taches irrégulières brun foncé ou noirâtres. Le ventre est blanc jaunâtre. Les yeux sont entourés d'un cercle pâle ; les moustaches courtes, blanches, sont marquées de brun. La couleur et les dessins varient d'ailleurs beaucoup, comme dans les autres espèces. Le jeune, qui naît jaune blanc, rejette son duvet dès le second jour pour prendre le pelage de l'adulte. La taille de ce Phoque est de 1^m,50 à 1^m,80 ; elle atteint rarement 2 mètres.

Habitat. — Il habite le nord de l'Atlantique et du Pacifique et une partie de la mer Glaciale, tout autour du pôle. Dans l'océan Atlantique, il descend rarement jusqu'à la Méditerranée et à New-Jersey. Dans l'océan Pacifique, il erre jusqu'au sud de la Californie, jusqu'à l'île Sakhaline et au Japon septentrional. Il est très commun au Spitzberg et au Groënland, mais rare sur les côtes de la mer du Nord.

On ne le rencontre jamais sur les banquises en pleine mer, mais toujours près des côtes, d'où il pénètre parfois dans les fleuves ; ainsi en Amérique, par le Saint-Laurent, il arrive jusque dans les grands lacs.

Mœurs. — Il préfère aux promontoires les détroits protégés et les golfes, avec une eau peu profonde et beaucoup de Poissons. Il choisit toujours, comme lieux de repos, des rochers et des bancs de sable isolés de la côte. On peut l'y rencontrer à chaque marée et pendant toute l'année, car le Phoque commun n'est pas une espèce migratrice. Il s'élève souvent entre eux des disputes très bruyantes pour la possession de la meilleure place. Le plus fort précipite ses adversaires en bas des rochers pour pouvoir se coucher et attendre à son aise.

Sur terre, ils sont lourds et maladroits. L'animal s'appuie sur ses pattes de devant et lance son corps en avant ; puis il retire ses pattes antérieures, les applique contre sa poitrine, courbe le dos, ramène son train de derrière, s'appuie dessus et se rejette de nouveau en avant. Mais ce n'est que dans l'eau qu'ils déploient toute leur agilité ; ils nagent et plongent à merveille ; ils se servent de leurs pattes antérieures comme le Poisson de ses nageoires. Qu'ils soient sur le dos ou sur le ventre, à la surface ou au fond de l'eau, ils avancent et se retournent avec la plus grande rapidité. Ils peuvent même rester immobiles, endormis, près d'une heure à la même place.

Quand ils plongent, ils réapparaissent environ toutes les minutes ; s'ils sont poursuivis, ils peuvent rester plus longtemps immergés, mais jamais un quart d'heure, comme le disaient les anciens naturalistes. Sur terre, ils respirent toutes les cinq ou huit secondes.

Les Phoques dorment dans l'eau, mais d'ordinaire dans les eaux basses. De temps en temps, grâce à quelques coups de pattes, ils arrivent à la surface les yeux fermés, ils respirent, s'enfoncent de nouveau pour réapparaître au bout de quelques instants. Ces mouvements paraissent inconscients.

Le Phoque consomme d'énormes quantités de Poissons, mais aussi des Crustacés, et spécialement certains Gammares pélagiques, des Mollusques et des Échinodermes.

Sa voix est un aboiement rauque ou un hurlement, un mugissement.

Sa vue est excellente, son ouïe fine et son odorat relativement subtil. Les narines et les oreilles peuvent être fermées pendant la natation. Toute émotion fait verser aux Phoques d'abondantes larmes.

La mise bas du petit se fait en mai ou en juin dans un endroit désert. Le jeune perd rapidement sa toison épaisse, molle et blanche, pour prendre le pelage de l'adulte, et se rendre à l'eau. La mère ne l'allaite que peu de temps, mais paraît l'aimer énormément. Sa croissance est rapide.

Captivité. — Le Phoque est un animal très doux et intelligent, il se laisse facilement apprivoiser et peut apprendre à effectuer certains tours. Il est si dévoué et si soumis à son maître, qu'il le suit comme un Chien, et qu'il revient au logis s'il en a été éloigné par force. Il se laisse attirer par la musique : est-ce passion ou curiosité ?

Produits. — La viande, la peau et l'huile de l'animal sont utilisées. Aussi la chasse en est-elle rémunératrice. Il y a quelques années, au voisinage des possessions danoises du Groënland, on en tuait encore 700000 par an, parmi lesquels un certain nombre de Phoques annelés (*).

LE PHOQUE DU GROENLAND. — *Caractères.* — Le Phoque du Groënland (*Ph. groenlandica* Fabric.), ou *Phoque à selle*, a la tête longue et plus mince que les autres Phoques; le front est plat, le museau court, le corps allongé; le deuxième doigt de la main surpasse les autres en longueur. Ses moustaches sont ondulées et il n'a pas de duvet. Le pelage du nouveau-né est mou, brillant, blanc de neige. Il ne prend celui de l'adulte qu'après quelques semaines. Pendant la première année, il est d'un gris pâle uniforme, avec le dos un peu plus foncé que le ventre. Les taches apparaissent la seconde année et augmentent les années suivantes. L'adulte a la tête noire jusqu'au front et porte ordinairement une tache noire à la gorge et à la poitrine. Le corps, d'un fond blanc ou blanc jaunâtre, porte des taches noires, dont l'une, sur le dos, est particulière et rappelle la forme d'une selle. Elle est constituée par deux bandes réunies sur les épaules, courbées en demi-cercle et descendant le long des flancs, presque jusqu'à la queue, en avant de laquelle elles se réunissent. Elles forment ainsi une tache dorsale, ovale et plus claire. Parfois, pourtant, les bandes noires peuvent être interrompues sur les flancs. La coloration n'est d'ailleurs définitive qu'à l'âge de cinq ans. Les états intermédiaires sont désignés, chez les Esquimaux, par des noms spéciaux. Les poils deviennent clairs en vieillissant.

Chez la femelle, les taches sont moins nettes que chez le mâle. La taille de celui-ci varie de 1^m,70 à 1^m,90; parfois elle atteint 2 mètres.

Habitat. — Son aire d'habitat s'étend sur tous les rivages de l'océan Arctique circumpolaire. On le rencontre parfois jusque dans la mer du Nord et près de Terre-Neuve.

Mœurs. — Ses mouvements sur le sol rappellent ceux de l'Otarie. Il se tient toujours sur les icebergs et très rarement sur les glaces côtières; il ne se rend jamais au rivage et n'a pas l'habitude de se ménager, comme le Phoque barbu et le Phoque annelé, des trous d'air dans la glace.

Ces animaux se rassemblent en troupes, dont les cris s'entendent à plusieurs milles de distance. Leurs endroits préférés pour la reproduction se trouvent à Terre-Neuve et dans le voisinage de l'île Jean Mayen. Ils s'y réunissent en mars, époque à laquelle naissent les petits. Sur les côtes de Groënland, le Phoque apparaît au printemps et en automne, en troupes innombrables, après avoir effectué de longues migrations.

Chasse. — Cette circonstance explique pourquoi cet animal est l'objet d'une chasse active dans les parages du nord de l'océan Atlantique. On le poursuit près de la Nouvelle-Zemble, dans la mer de Kara, près du Groënland occidental, près de Terre-Neuve et près de l'île Jean Mayen.

Le Groënland fournissait jadis annuellement 33 000 dépouilles, Terre-Neuve plus de 500 000, et Jean Mayen 30 000. Et ces résultats étaient obtenus si facilement et si rapidement qu'un équipage, en quelques jours, pouvait occire

---

(*) Pl. XXXIV. — Le Phoque commun.

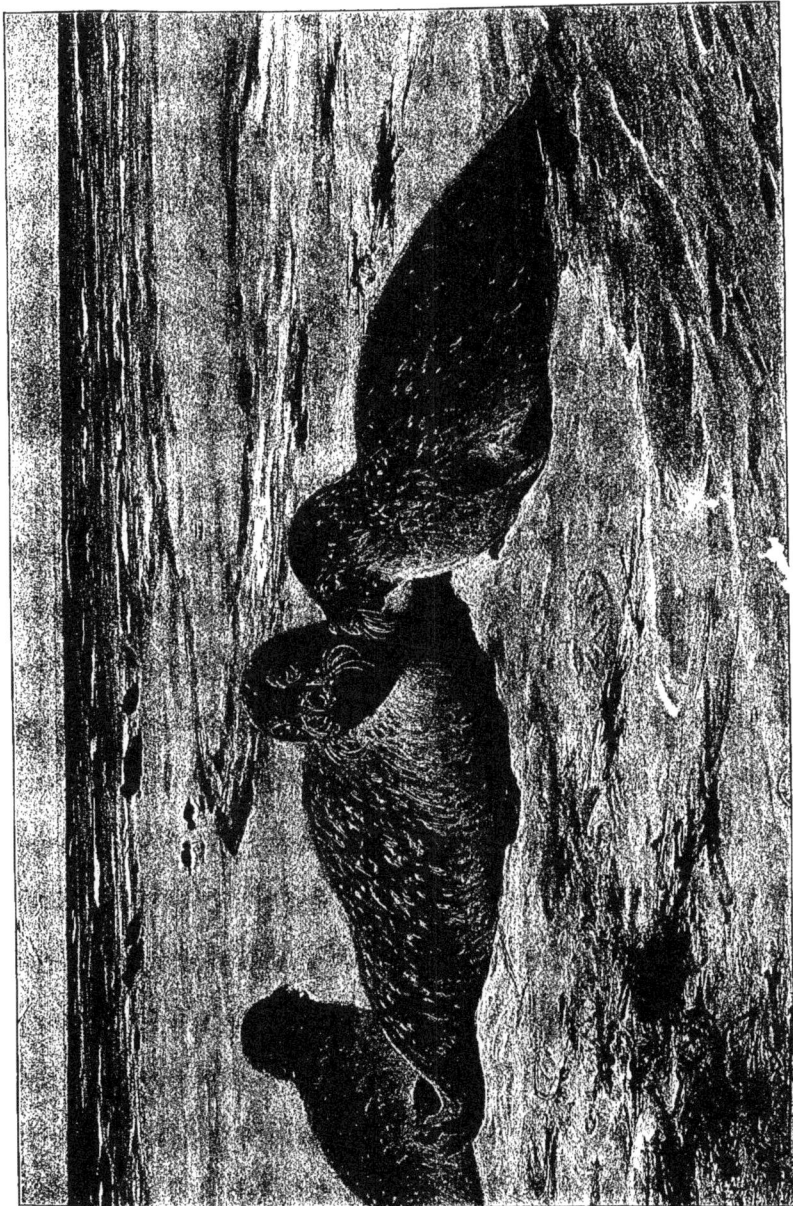

5oo à 8oo adultes et 2000 jeunes. On cite le cas d'un seul vapeur qui, en 1866, captura en neuf jours 22000 Phoques.

Mais cette destruction continue, cette extermination a amené la diminution du nombre de ces animaux à un tel point que déjà, en 1871, on a dû prendre des mesures pour sauvegarder l'espèce. Le gouvernement anglais a interdit, dès 1876, à ses sujets la pêche du Phoque à selle, et cet exemple a été suivi par les autres nations.

LE PHOQUE ANNELÉ. — Le Phoque annelé ou fétide (*P. fœtidus* Fabric.)

Le Macrorhine léonin (texte, p. 21).

est très voisin du Phoque commun, mais il est plus petit, car il ne dépasse pas 1^m,5o à 1^m,7o.

Caractères. — Cet animal est coloré en gris noirâtre dans les parties supé- rieures, et est marqué d'anneaux blanchâtres allongés; en dessous il est blan- châtre. Il se reconnaît à ce que le premier doigt des pattes antérieures est plus long que les autres. Ce caractère le distingue du Phoque commun et de celui de Groënland, de même que son corps plus svelte, ses membres plus allongés, sa tête plus petite, son museau plus pointu, et enfin une queue plus longue.

Habitat. — C'est un habitant des mers du nord. Il vit dans la mer Arctique, au nord de l'océan Atlantique et de l'océan Pacifique : Islande, Nouvelle- Zemble, détroit de Bering, mais il ne descend pas vers le sud aussi loin que le

Phoque commun, car on le trouve rarement à la latitude des îles Britanniques et du Labrador. On l'a pourtant signalé dans le golfe de Bothnie, le lac Ladoga et les lacs scandinaves.

Mœurs. — De même que le Phoque commun, il se tient volontiers dans les baies, les fjords, tant qu'il y trouve de la glace. Mais si elle forme des îlots flottants, le Phoque s'y réfugie, et c'est là que ses petits viennent au monde.

Cette espèce n'est pas migratrice; quand la glace se forme, cet animal a la précaution de se ménager des trous de respiration par lesquels il pourra à volonté quitter l'eau.

Le Phoque de Sibérie (*P. sibirica* Gmel.) vit dans les eaux douces du lac Baïkal et du lac Oron.

Le Phoque de la Caspienne (*P. caspica* Gmel.) vit dans les eaux à demi salées de cette mer. Tous deux sont très proches parents du Phoque commun et encore plus du Phoque annelé. Ils sont intéressants à signaler, parce qu'ils n'habitent pas la mer libre, mais les mers intérieures.

LE PHOQUE BARBU. — Ce Phoque (*P. barbatus* Fabric.) est la plus grande espèce, car les mâles atteignent assez souvent une longueur de 3 mètres.

Caractères. — Il se distingue de toutes les autres espèces par son large museau et sa barbe fournie, par son front bombé, par ses dents très petites et faibles, qui chez l'adulte tombent en partie, ainsi que par la longueur du troisième doigt des pattes antérieures, qui dépasse de beaucoup les autres.

Sa coloration est grise, plus foncée sur le milieu du dos, mais très variable suivant les individus. Les jeunes ont le dos bleuâtre, le ventre blanc; une large bande blanche descend des épaules jusqu'aux reins.

Habitat. — Il vit dans les mers circumpolaires, et il ne descend vers le sud que sur les champs de glace. Il est assez rare sur les côtes du Groënland, et il ne paraît pas descendre au-dessous de la latitude de l'Islande. En Amérique, on le trouve parfois près du Labrador, mais pas sur les côtes de Terre-Neuve.

Mœurs. — Il ne forme jamais de grands troupeaux. Les Esquimaux le chassent pour sa peau qui leur sert à fabriquer les attaches de leurs harpons, et pour sa chair et son huile qui ont très bon goût.

LES PHOQUES MOINES

Les Phoques moines (*Monachus* Fleming, 1822) ont la tête médiocrement allongée, et par conséquent le crâne; leurs pattes ressemblent à celles des Phoques, mais tous leurs ongles sont petits et très arqués. Leur dentition ne comprend que trente-deux dents, par suite de la réduction à deux paires des incisives supérieures. Les cinq paires de molaires sont grosses, leur couronne est large à la base, excavée du côté interne, conique, et porte deux tubercules accessoires, antérieur et postérieur. La première et la dernière molaire supérieure, ainsi que la première molaire inférieure, sont plus petites que les autres.

Ce genre ne comprend que deux espèces.

LE PHOQUE MOINE A VENTRE BLANC. — *Caractères*. — Le Phoque moine à ventre blanc (*M. albiventer* Bodd.) a un pelage court, une coloration brun foncé mêlée de gris en dessus et blanchâtre en dessous, avec un grand nombre de taches irrégulières et indistinctes. La taille du mâle peut atteindre 2^m,40. Il était déjà connu des Anciens.

Habitat. — Il se rencontre dans la Méditerranée, la mer Noire et surtout la mer Adriatique et l'Archipel grec, ainsi que près des îles Madère et Canaries.

Mœurs. — Ses mœurs sont peu connues.

Captivité. — Il s'apprivoise facilement et on l'exhibe généralement dans les foires sous le nom de *Phoque parleur*.

LE PHOQUE MOINE TROPICAL. — Ce Phoque (*M. tropicalis* Gray) fut découvert en 1494 par les marins de Christophe Colomb qui avaient fait l'ascension de l'île Alta Vela pour chercher à apercevoir leurs vaisseaux disparus. A leur descente, ils trouvèrent sur le rivage une société de ces Phoques qu'ils prirent pour des « Loups marins », et sans aucune raison ils en tuèrent huit. C'est ainsi que ces animaux firent connaissance avec la civilisation.

Caractères. — Ce Phoque est d'un brun lavé de gris, mais plus clair sur les côtés et en dessous, et même, chez les adultes, plus ou moins jaunâtre. Les nouveau-nés sont d'un noir brillant, et la coloration change peu à peu avec l'âge. Par leur couleur et leur squelette, ils rappellent les Otaries, de même que par leur façon de progresser sur le sol, car en bombant leur corps vers le haut, ils réussissent à projeter leurs membres postérieurs en avant.

Habitat. — Cet animal vit dans la mer des Antilles, au voisinage de la Jamaïque, de Pedro Kays, de Cuba, des îles Alacranes, Bahamas, près des côtes du Yucatan et de la Floride méridionale.

Mœurs. — Sa forte dentition fait supposer qu'il peut broyer les coquilles des Mollusques et les Poissons, mais on ne sait pas quelles sont les proies dont il se nourrit. Bien qu'on le connaisse depuis 1494, ce ne fut qu'en 1883 qu'un sujet complet parvint au Muséum national des États-Unis à Washington, où il put être étudié. On fit à ces animaux une chasse si acharnée pour en obtenir de l'huile à brûler qu'ils semblaient avoir disparu dès 1843.

Les quatre genres suivants, ne comprenant chacun qu'une espèce, habitent les mers australes tempérées et froides. Ce sont :

L'Ogmorhine a petits ongles (*Ogmorhina leptonyx* Blainv.), qui est appelé *Léopard de mer* à cause de la bigarrure de sa robe. Taille : 3^m,50 ;

Le Lobodonte carcinophage (*Lobodon carcinophaga* Homb. et Jacq.), qui a des molaires à cinq denticules, dont les trois derniers étagés les uns sur les autres ;

Le Leptonychote de Weddell (*Leptonychotes Weddelli* Less.), qui est plus spécial aux Orcades du Sud et au continent antarctique, et dont les pattes antérieures sont de vraies nageoires, car elles sont dépourvues d'ongles, comme chez le précédent. Taille : 3 mètres ;

L'Ommatophoque de Ross (*Ommatophoca Rossi* Gray), connu par des échantillons incomplets rapportés par Ross (voyage au pôle Sud en 1844).

LES CYSTOPHORES

Les Cystophores (*Cystosphora* Nills., 1820), dont le nom signifie *Porte-vessie*, ont été séparés des autres Phoques, à cause de la présence, chez le mâle, d'une ampoule dilatable placée au-dessus du nez, et qui forme une sorte de capuchon ou de casque divisé en deux par un sillon. Ce sac, dont la significa-tion est inconnue, n'apparaît que longtemps après la naissance et manque tota-lement chez les femelles. Il atteint 0ᵐ,33 de long sur 0ᵐ,25 de large.

L'existence de cet organe rapproche ce genre des Macrorhines, qui eux aussi n'ont que trente dents (deux paires d'incisives en haut et une seule en bas, une paire de canines et cinq paires de molaires petites et simples), des pattes dont les membranes interdigitales s'étendent au delà des ongles sous forme de lobes arrondis. Les trois doigts internes postérieurs ne portent pas d'ongles.

L'unique espèce est le Cystophore à crête ou *Phoque à capuchon (C. cristata* Erxl.).

Caractères. — Le pelage du jeune est laineux et d'un blanc pur, et il reste fréquemment gris blanc chez les adultes quand même il porte des dessins formés par des taches brun foncé ou noirâtres. Pourtant, fréquemment, il est d'un noir uniforme sur la tête et les membres, noirâtre sur le dos, plus clair sur les flancs et en dessous, avec des taches irrégulières blanchâtres.

La taille du mâle est de 3 mètres, celle de la femelle 2ᵐ,10.

Habitat. — On peut considérer le Cystophore comme représentant dans les mers du nord le gigantesque Macrorhine du sud. Son aire de dispersion est limitée à certaines régions de l'océan Atlantique septentrional, de la mer Gla-ciale, depuis le Groënland à l'ouest jusqu'en Islande, à l'île Jean Mayen et au Spitzberg. Au sud, on le trouve rarement à la latitude de la Norvège et de Terre-Neuve. Il n'est abondant nulle part, excepté peut-être dans le golfe du Saint-Laurent.

Mœurs. — Cet animal de haute mer vit non seulement de Poissons, mais aussi de Seiches et autres Céphalopodes. Leurs petites sociétés sont composées d'un mâle et de plusieurs femelles. Les mâles se livrent des combats furieux pour la possession des femelles, en faisant entendre à plusieurs milles de dis-tance des cris retentissants. Il effectue des migrations annuelles : ainsi il est très abondant dans le détroit de Davis du mois de septembre au mois de mai, puis il se dirige vers le sud pour revenir en juillet.

La mise bas se fait en avril sur un glaçon flottant. Le petit est unique et déjà développé, car il a les yeux ouverts. La mère reste jusqu'en juin avec lui et les deux parents savent le défendre au péril de leur vie.

Le Cystophore est plus hardi et plus courageux que les vrais Phoques, et il sait si bien se défendre contre l'homme, que les Esquimaux qui le poursuivent dans leurs canots en peau de Phoque s'exposent à des dangers réels, car à cause de son casque l'animal ne peut être assommé à coups de massue. On estime à trois mille le nombre des individus tués chaque année.

LES MACRORHINES

Les Macrorhines (*Macrorhinus* F. Cuv., 1823), ou *Phoques à trompe* ou *Éléphants marins*, sont les plus géants de la famille des Phocidés.

Caractères. — Ils ont la dentition des Cystophores, mais leurs molaires sont plus simples et toutes unicuspides. Les mâles à partir de la troisième année ont un aspect très curieux. En effet, leur nez se prolonge en une trompe mobile de 0m,30 sur laquelle s'ouvrent les narines. Cette trompe se gonfle quand l'animal est excité. Leurs membres sont forts et vigoureux. Les pattes de devant se terminent par cinq ongles petits, mais forts; dans celles de derrière, les deux doigts extrêmes sont les plus grands, et les cinq doigts sont dépourvus d'ongles. La queue est courte et épaisse. Le corps est couvert de poils rudes, grossiers et luisants, sans duvet.

La couleur varie avec l'âge et le sexe. Elle est grise, lavée de noirâtre ou d'olive et toujours plus foncée sur le dos.

La taille des Macrorhines atteint, depuis la pointe du nez jusqu'à celle du corps, 4m,50 à 5 mètres, et, jusqu'à l'extrémité des membres postérieurs, 6 mètres à 6m,70. Sa circonférence peut aller jusqu'à 4m,50 ou 5m,50. Les femelles, toujours plus petites, dépassent rarement 2 ,70 à 3 mètres.

Ce genre compte deux espèces :

Le Macrorhine léonin (*M. leoninus* L.) ou austral, qui ne se trouve plus qu'au voisinage de l'île Kerguelen, et le Macrorhine de Californie (*M. angustirostris* Gill.), dont les derniers représentants paraissent avoir été tués en 1884 dans la baie de San-Cristobal (fig. p. 17).

Mœurs. — Leurs mœurs sont identiques, elles se rapprochent de celles des Otaries. Ils vivent en troupeaux, divisés en familles de deux à cinq individus, qui dorment ensemble dans la vase ou dans les roseaux, et qui, dit-on, savent se rafraîchir en se jetant sur le dos du sable mouillé. En été, ils préfèrent la mer; en hiver, ils se rendent à terre, où d'ailleurs ils sont très maladroits. Ils s'avancent plus par les mouvements du corps que par celui des pattes, et l'on voit leur corps gros et dodu trembloter à chaque mouvement comme le ferait une vessie pleine de gelée. Dans l'eau, grâce à leur vivacité et à leur agilité, ils peuvent chasser avec succès les Poissons, les Céphalopodes et même les Oiseaux.

C'est un animal qui paraît stupide, étant donné qu'il est difficile de le faire sortir de son inertie.

On le dit doux et pacifique, car on ne l'a jamais vu fondre sur un homme sans avoir été longuement excité On peut se baigner sans aucun risque au milieu d'un de leurs troupeaux. Pernetty assure même que les matelots montaient sur des Éléphants marins comme sur des Chevaux et qu'ils accéléraient leur allure à coups de couteaux.

La saison des amours, qui dure du mois de septembre au mois de janvier, apporte un peu d'animation parmi ces animaux. Les mâles se livrent des combats acharnés en poussant des grognements terribles. Ils gonflent leur trompe et se mordent jusqu'à ce qu'ils soient épuisés. Ils font preuve de la plus grande insensibilité. Leurs blessures guérissent d'ailleurs très vite. Tous les vieux mâles ont la peau couverte de cicatrices. Les petits naissent ordinairement en juillet ou en août, un mois après l'arrivée des animaux à terre. Ils sont presque noirs. Ils ont 1^m,5o de long et pèsent environ 35 kilogrammes. A huit jours, le petit s'est allongé de plus d'un mètre et son poids a augmenté de moitié. A quinze jours les premières dents apparaissent; à quatre mois, la dentition est complète. Plus le petit grandit, plus la mère maigrit, car elle reste à terre durant tout ce temps sans manger. A six ou sept semaines les petits sont menés à l'eau. Toute la troupe s'éloigne lentement du rivage et chaque jour elle s'avance plus loin vers la pleine mer pour accoutumer les jeunes à la fatigue et à la nage.

Au bout de quelques mois, les vieux chassent les jeunes de leur société.

Chasse. — La chasse se fait avec de longues lances d'environ 5 mètres qui servent à transpercer le cœur de l'animal quand celui-ci lève le pied gauche. Les mâles se défendent parfois, les femelles jamais. Péron assure que, lorsqu'elles se voient perdues, elles regardent autour d'elles avec désespoir et versent d'abondantes larmes.

Usages et produits. — La viande du Macrorhine est indigeste, mais le foie et la langue sont estimés des pêcheurs. La peau, avec ses poils raides et courts, peut servir de fourrure. La graisse que fournit un animal est abondante, elle est de 700 à 750 kilogrammes, et elle se vend assez cher.

LES MORSES OU TRICHÉCHIDÉS

Avec la forme générale des Phoques, les Morses ont des caractères différentiels qui justifient parfaitement leur place dans une famille distincte, celle des *Trichéchidés*. Elle ne comprend d'ailleurs que le seul genre Morse (*Trichechus* Linné, 1766), avec deux espèces.

Caractères. — Les Morses ont le corps allongé, épais, s'amincissant vers l'arrière, le cou plus long que chez les Phoques et plus court que chez les Otaries; les membres courts sont saillants en bas et en dehors. Les pattes ont cinq doigts ornés d'ongles courts et obtus. La plante est nue, et les doigts peuvent être dirigés en avant et servir à la locomotion terrestre. Les deux doigts externes sont plus longs que les autres et les doigts postérieurs portent de longues membranes comme chez les Otaries.

La tête des Morses est surtout caractéristique. Elle est relativement petite, ronde et épaisse. Le museau est très court, large et obtus. La lèvre supérieure charnue, échancrée, porte des moustaches formées de poils disposés sur onze ou douze rangs, et dont les plus gros atteignent l'épaisseur d'une plume de corbeau et une longueur de 0^m,o5 à 0^m,o8. Ces poils vont en augmentant d'avant en arrière et de haut en bas. Les narines sont semi-circulaires; les yeux petits, brillants, à pupille ronde; ils sont placés très en arrière. Les oreilles sans pavillon s'ouvrent à la partie postérieure de la tête. La dentition est remar-

quable et diffère tout à fait de celle des autres Pinnipèdes. La mâchoire supérieure du mâle porte deux énormes canines qui font saillie hors de la bouche
et se dirigent vers le bas. Elles pouvaient jadis atteindre $0^m,80$ de longueur et
un poids de 4 kilogrammes ; mais actuellement elles dépassent rarement $0^m,60$
et un poids de 2 kilogrammes. De telles défenses ne mesurent que $0^m,55$ hors
du maxillaire. Celles de la femelle sont toujours plus petites et les plus grosses
atteignent rarement $0^m,50$. Ces défenses sont massives, comprimées latéralement et usées obliquement à la face antérieure, car elles lui servent à se hisser
hors de l'eau sur les rochers et elles l'aident à progresser sur le sol. Le
nombre des autres dents est très réduit chez les adultes, par suite de pertes
que subit la dentition de lait. On ne trouve deux incisives qu'à la mâchoire
supérieure, tandis qu'en haut comme en bas, il existe une paire de canines et
trois paires de molaires. Celles-ci sont plates, à couronne usée et à racine
simple. Les deux incisives persistantes, avec l'âge, reculent entre les canines et
même entre les premières molaires, pendant que les canines supérieures, par
leur développement extraordinaire, produisent un élargissement énorme de
la face. La dentition de lait est conforme au type carnassier et rappelle celle de
l'Otarie. Elle comprend trente dents, dont quelques-unes se perdent et ne sont
pas représentées dans la dentition définitive ; en sorte que, suivant l'âge, on
peut trouver tous les états intermédiaires entre les deux formules dentaires :

Dentition de lait :

$$i\,\frac{2}{2},\ c\,\frac{1}{1},\ pm \text{ et M } \frac{5}{4} = 30 \text{ dents.}$$

Dentition de l'adulte :

$$i\,\frac{1}{0},\ c\,\frac{1}{1},\ pm\,\frac{3}{3},\ \text{M}\,\frac{0}{0} = 18 \text{ dents.}$$

C'est donc un carnivore qui a perdu une partie de ses dents et les a modifiées
par adaptation à un régime particulier.

Le squelette ne présente rien de très particulier, sinon que l'humérus $(0^m,31)$
et le fémur $(0^m,20)$ sont courts et très forts. L'avant-bras n'a que $0^m,27$, et la
patte antérieure $0^m,30$; la jambe a $0^m,36$ et la patte $0^m,42$.

La femelle porte quatre mamelles inguinales.

Les Morses sont recouverts d'une peau très épaisse, qui a environ $0^m,03$; au
cou, son épaisseur est même plus grande. Dans la jeunesse, elle est couverte de
poils soyeux, courts, d'un brun jaunâtre, mais plus courts, plus minces dans
les parties inférieures et qui tirent sur le brun châtain. Avec l'âge, les poils blanchissent, diminuent, et il se dessine des places plus ou moins nues, pendant
que la peau forme de gros plis et des rides sur les épaules, associés à de nombreuses cicatrices provenant des combats que se livrent ces animaux au moment de la reproduction. Chez les très vieux individus, la peau est presque nue.

La taille de ces animaux atteint habituellement 3 mètres, depuis la pointe
du museau jusqu'à celle de la queue ; on cite de rares individus de 4 et
5 mètres. Leur poids n'est pas connu d'une façon exacte : de bons observateurs admettent qu'un mâle adulte peut peser de 1 100 à 1 500 kilogrammes.
Leur circonférence, autour des épaules, varie de $3^m,30$ à 4 mètres ; leur tête
paraît donc relativement petite et disproportionnée.

LE MORSE CHEVAL MARIN. — Le Morse Cheval marin (*T. rosmarus* L.)
habite le nord de l'Atlantique, où il est connu depuis le ixe siècle. Il n'a été
épargné ni en Europe ni en Amérique, et ses défenses, estimées au double du
plus bel ivoire, amenèrent dès 1534 la formation de compagnies qui en tuèrent
de telles quantités que pendant longtemps leurs ossements formèrent de véritables collines sur le littoral.

Il vit encore au Groënland et sur les îles voisines, sur les côtes d'Islande,
sur les côtes occidentales de la Sibérie, dans la mer de Kara et près de la Nouvelle-Zemble. En Amérique, son aire d'habitat s'étend depuis la Nouvelle-Écosse
jusqu'au 80e degré de latitude nord. Il était jadis fréquent dans le golfe du
Saint-Laurent et sur l'île de Sable.

LE MORSE OBÈSE. — Le Morse obèse (*T. obesus* Illig.), séparé de l'espèce
précédente à cause de son museau plus large, de ses moustaches plus courtes
et de ses défenses plus longues et moins épaisses, habite le nord du Pacifique
depuis le 55e degré et la mer Glaciale : à l'est, il ne dépasse pas la pointe Barrow
et à l'ouest la baie de la Kolyma et le cap Tschelatskoï.

Mœurs des Morses. — Le genre de vie des Morses rappelle à beaucoup d'égards
celui des Phoques. Comme ceux-ci, ils sont sociables et se réunissent en bandes.
Ils passent leur temps dans l'eau lorsqu'ils sont éveillés, mais, pour dormir et
pour se reposer, ils abordent sur les plages plates ou sur les glaçons flottants,
où ils dorment, couchés sur le flanc, d'un sommeil profond et sonore, ou bien ils
veillent appuyés sur leurs pattes de devant. Dans la mer, le Morse nage avec
une très grande agilité ; sur terre, il est lourd et maladroit. Il avance en ramassant et en allongeant alternativement son corps, ou bien en se tournant d'un
côté, puis de l'autre. Ses défenses lui sont alors d'un grand secours. Elles lui
servent à gravir les collines et les montagnes de glace. Il les fixe solidement aux
fentes et aux crevasses ; puis, contractant son corps sur un point d'appui, il
enfonce de nouveau ses dents un peu plus loin. Il arrive ainsi à l'endroit qu'il
a choisi pour se reposer. Mais il use ses défenses et les détériore à ce travail,
en sorte qu'elles perdent toute leur beauté, lorsqu'elles ne sont pas détruites.
Quand la faim le pousse, il se laisse rouler des hauteurs dans la mer.

Les Morses se nourrissent d'Étoiles de mer, de Crabes, de Crevettes et de
Mollusques bivalves : entre autres, la Mye tronquée et la Saxicave rugueuse, très
abondantes dans les mers arctiques. Avec leurs défenses, ils arrachent les
coquillages qui adhèrent aux rochers, et les avalent. Scoresby a trouvé dans
leur estomac des Crabes, des Homards et des débris de jeunes Phoques.
D'autres naturalistes ont rencontré, parmi les substances ingérées, des pierres
et des galets. Leurs crottins ressemblent à ceux du Cheval.

Tant que le Morse n'est pas excité, il est paresseux et indifférent. Là où il n'a
pas encore appris à connaître l'homme, il laisse arriver les canots sans bouger.
Mais toujours quelques sentinelles, par leurs hurlements, avertissent les
compagnons de l'approche d'un danger. Leur voix rappelle tantôt le mugissement de la Vache, tantôt l'aboiement du Chien. Parfois c'est une sorte de hurlement terrible, qui a quelque ressemblance avec le hennissement du Cheval. On

les entend d'assez loin pour que le capitaine Cook et ses gens aient été avertis
à temps, au milieu de la nuit et du brouillard, de la proximité des glaces.

Scoresby raconte que si on attaque l'un d'eux, les autres accourent tous pour
le défendre. Ils entourent le canot, en percent les flancs avec leurs canines, se
soulèvent jusqu'au bord et menacent de le renverser. Le meilleur moyen de
s'en défendre est de leur jeter du sable dans les yeux, on les force ainsi sûrement
à s'éloigner, car les armes à feu ne les effrayent pas ; les balles peuvent s'aplatir

Le Morse Cheval marin.

contre les os du crâne. Les individus blessés sont emportés et soutenus par
leurs compagnons. Ces derniers font preuve d'une grande intelligence en ce
sens qu'ils amènent leur camarade de temps en temps au-dessus de l'eau pour
lui permettre de respirer.

Tous les voyageurs assurent que le mâle vit avec une femelle et l'accompagne
fidèlement. Les Morses se tiennent sur le rivage ou les rochers, pendant l'époque
de la reproduction, qui a lieu en avril, mai ou juin. Cette période dure quinze
jours, pendant lesquels ces animaux jeûnent complètement et les mâles se
livrent de terribles et sanglants combats. Aussi, est-il rare d'en trouver un dont
la peau ne soit pas couverte de cicatrices. Au printemps suivant, la femelle met

bas un petit, rarement deux. Les jeunes sont soignés tendrement par leur mère, allaités au moins deux ans, et protégés avec courage dans l'eau comme sur terre. A la moindre apparence de danger elle s'élance avec son petit dans la mer, en le tenant entre ses pattes de devant ou le portant sur son dos. Si on la tue, la capture du petit est facile, mais si c'est le petit qui est tué le premier, on ne peut s'emparer du cadavre sans de rudes combats. On a vu des mères l'enlever aux matelots, tandis que ceux-ci étaient occupés à le hisser dans la chaloupe, et l'emporter au loin. On dit qu'à ce moment-là les femelles forment des troupeaux spéciaux.

Chasses. — A cause des profits que procure la capture des Morses, l'homme les chasse avec acharnement depuis le x° siècle sur les côtes de Finlande. Au xvii° siècle, ils étaient si abondants à l'île des Ours, située à environ 80 milles au nord du cap Nord qu'un équipage en sept heures put en tirer de 900 à 1000. Sur les côtes du Groënland et des îles voisines des troupeaux évalués à 3000 ou 4000 individus purent être décimés, en 1852, par quelques hommes en quelques heures. En mer on les harponne, mais sur terre on les tue à coups de lance ou de massue, en cherchant à les pousser dans l'intérieur des terres. Mais parfois ils s'irritent, se fâchent et se défendent avec furie, en dédaignant le danger. Ils se dressent, hurlent, frappent la glace avec leurs dents et roulent des yeux effrayants. Ils attaquent même les canots des chasseurs.

On enlève les dents, la peau et la graisse. Un individu ne livre que 250 kilogrammes d'huile, donc beaucoup moins qu'un Phoque. La peau, employée en Russie et en Suède pour les harnachements, les semelles et les courroies de rame, est épaisse de 2 centimètres et demi à 4 centimètres, et une demi-peau coûte en Amérique de 2 à 4 dollars.

Les défenses ont plus de valeur, quoique leur ivoire soit moins bon que celui de l'Éléphant. On ne les vendait en Amérique, en 1879, que 40 à 45 cents la livre; en 1880, déjà 1 dollar à 1 dollar et demi, et en 1883, 4 dollars à 4 dollars et demi.

Les Morses obèses qui sont dans les parages fréquentés par les Baleines sont devenus très rares, même dans la baie de Kolioutchin, près des îles Prybilov, des Morses, mais sont encore abondants dans la baie de Bristol, au nord de la presqu'île d'Alaska. Bien que leur existence dans ces régions fût connue dès 1640, on ne commença à les poursuivre régulièrement et méthodiquement qu'en 1860 pour suppléer à la diminution du nombre des Baleines. De 1870 à 1880, 8 millions environ de litres d'huile et 298868 livres de défenses de ces Morses furent apportés sur le marché, ce qui correspond à 100000 individus tués. De 1880 à 1890, on estime que leur nombre a diminué de moitié.

Les
Sirènes ou Sirénides

Le nom de *Sirènes* rappelle les êtres fantastiques de l'ancienne mythologie, moitié femmes, moitié Poissons, dont les chants enchanteurs, les gestes singuliers, les inclinaisons de tête, et les regards brûlants engageaient les pauvres mortels à s'approcher, à les caresser et à se perdre. Une association aussi hétérogène de parties empruntées à des êtres si différents, ne peut exister dans la nature, où tout montre une harmonie et une corrélation parfaites. Il a fallu une imagination bien vive et un peu déréglée pour faire de ces animaux les charmantes vierges de l'Océan. Il est certain que c'est l'un d'eux, et probablement le Dugong de la mer Rouge, qui, à cause de ses mamelles pectorales, a donné lieu à cette fable.

Caractères. — Les Sirènes ou *Vaches de mer* se rapprochent des Cétacés par leur forme extérieure, par l'absence de membres postérieurs, par leur queue, par leurs rames natatoires antérieures qui ne montrent aucune séparation des doigts, par leurs petits yeux et par le manque de pavillon. Pourtant leur tête est conformée tout autrement. Elle est de grosseur moyenne, sphérique ; le museau, épais et cylindrique, porte toujours des narines séparées, et une petite bouche. Les Sirènes ont deux sortes de dents : des incisives et des mâchelières, ainsi que des plaques cornées servant à la mastication, et qui recouvrent non seulement le palais, mais encore sont fixées à la mâchoire inférieure. Certaines formes fossiles, comme les Halithériums de l'oligocène, sont plus nettement hétérodontes et ont une dentition de lait.

Les os sont épais et lourds ; les doigts, au nombre de cinq, ne portent que rarement des traces d'ongles. Deux os, isolés de la colonne vertébrale, représentent un bassin rudimentaire. Les poils sont rares, courts, soyeux.

L'examen plus attentif de la structure des Vaches marines nous les montre si différentes des Baleines, avec lesquelles on les réunissait jadis, qu'on ne peut trouver entre ces deux groupes aucun lien de parenté.

Habitat. — On ne les trouve plus que dans les mers tropicales et les embouchures des fleuves de l'Asie, de l'Afrique et de l'Amérique.

Mœurs. — Leurs mœurs sont très différentes de celles des Cétacés.

Jamais les Sirènes ne se tiennent dans la haute mer, mais elles vivent dans les eaux tièdes des baies et des embouchures des fleuves. Leur nourriture consiste en herbes aquatiques.

Classification. — Cet ordre comprend trois genres, dont les deux premiers sont encore vivants et ont chacun trois espèces :

Les LAMANTINS de l'Atlantique ; les DUGONGS de l'Asie; les RHYTINES.

LES LAMANTINS

Caractères. — Les Lamantins (*Manatus* Storr, 1780) se distinguent par un corps fusiforme terminé par un museau large, arrondi, horizontal, portant deux narines qui peuvent s'obturer quand l'animal plonge, par une lèvre supérieure tronquée, très mobile, par des nageoires pectorales arrondies munies de trois petits ongles. La peau, finement plissée, est gris foncé; elle porte, au moins chez les jeunes, des poils rares, excepté sur le museau où les soies sont épaisses. Ils ne possèdent que six vertèbres cervicales. Chez les adultes, les poils tombent ainsi que les petites incisives qui étaient cachées sous des plaques cornées. Les premières molaires disparaissent avant que celles qui sont placées en arrière puissent fonctionner. La série complète, par mâchoire, peut être de dix paires, mais il y en a rarement plus de six paires en usage à la fois. La taille des adultes peut atteindre 3 mètres et le poids 250 à 400 kilogrammes.

Habitat. — Ces animaux, plutôt fluviatiles que marins, habitent les fleuves et les embouchures des rivières qui se jettent dans l'Atlantique, dans les deux mondes, entre le 5e et le 15° degré de latitude méridionale.

LE LAMANTIN D'AMÉRIQUE. — *Caractères.* — Le Lamantin d'Amérique à museau large (*M. latirostris* Harlan) est d'un gris bleuté, le dos est plus foncé que les parties inférieures. Les soies sont jaunâtres et les molaires sont ordinairement au nombre de neuf. La taille peut atteindre 3 mètres.

Habitat. — On le trouve sur le littoral de l'océan Atlantique et de la mer des Antilles, depuis la Floride jusqu'au cap Orange au Brésil.

Le LAMANTIN SANS ONGLES (*M. inunguis* Natt.), qui a été séparé de l'espèce précédente, habite les fleuves Orénoque et Amazone où il remonte jusqu'aux sources.

Le LAMANTIN D'AFRIQUE (*M. senegalensis* Desm.) est un peu plus petit (2m,50). Il est gris noir et possède dix molaires. Il vit à l'embouchure de tous les fleuves, depuis le Sénégal jusqu'au Congo. On l'a signalé au lac Tchad.

Mœurs. — Le Lamantin ne paît que les herbes aquatiques, il les cueille en les serrant avec l'articulation du poignet et les pousse ensuite entre ses deux lèvres. La lèvre supérieure est assez mobile pour que l'animal puisse brouter avec elle seule sans l'aide de la lèvre inférieure. Elle est formée de deux lobes qui, se mouvant latéralement, peuvent saisir les objets et rappellent les mouvements des mandibules d'une chenille. Quand l'animal est rassasié, il se couche à un endroit peu profond, le museau hors de l'eau, pour n'avoir pas continuellement à monter à la surface pour respirer. Tout son être est paresseux. Sur le sol, il peut se rouler, mais il lui est impossible d'avancer.

La femelle met bas un seul petit à la fois, et elle l'allaite en le tenant, avec une seule nageoire, élevé hors de l'eau et appliqué contre la mamelle ; c'est à cette particularité que ces animaux doivent leur nom latin.

Chasse. — On les poursuit avec un bateau et on leur envoie une flèche munie d'un flotteur, afin de savoir l'endroit où se trouve l'animal blessé.

Captivité. — Les mouvements du corps, de la main et des lèvres ont été observés sur des sujets captifs. Le premier arriva à Londres en 1875 ; le deuxième, en 1889 ; un troisième vécut seize mois dans un aquarium à Brighton.

Le Dugong (p. 30).

Le Lamantin s'apprivoise ; Martyr raconte qu'il en connut un qui venait quand on l'appelait, mangeait le pain dans la main, se laissait caresser et portait des personnes sur son dos sans plonger afin de les conduire à l'autre rive. Ce moyen de locomotion peu ordinaire n'a pas pu être mis en pratique depuis Martyr.

Produits. — La valeur que le commerce attribue à sa peau et à son huile a amené la diminution rapide de ces bêtes si inoffensives ; aussi est-il maintenant difficile de les observer en liberté.

LES DUGONGS

Caractères. — Les Dugongs (*Halicore* Illiger, 1811) ont un museau obtus, aplati en avant et garni d'un grand nombre de soies courtes et rudes; leur bouche est presque inférieure; les nageoires pectorales seules existent, elles sont ovales et complètement dépourvues d'ongles; leur nageoire caudale, échancrée au milieu, porte deux lobes latéraux, en sorte qu'elle affecte plus ou moins la forme d'un croissant et rappelle celle des Dauphins et des Baleines. La peau est épaisse, tout entière d'un gris bleuâtre ou parfois plus blanche dans les parties inférieures; elle est parsemée de soies courtes et minces. Les nageoires sont entièrement nues.

Le crâne est remarquable par la réduction des dents et par le grand développement des intermaxillaires qui sont presque à angle droit sur la ligne du front. Ils logent, chez les mâles, une paire de fortes canines atteignant 0^m,20 à 0^m,25, mais dont on ne voit que la pointe, le reste étant caché dans les alvéoles et les gencives. Chez le jeune, il y a une seconde et petite incisive qui est caduque.

La mâchoire inférieure porte une plaque cornée qui recouvre sa forte symphyse. Au-dessous existent quatre paires d'alvéoles logeant chacun une dent grêle qui n'apparaît pas au dehors et se résorbe. Dans les deux mâchoires, les incisives sont séparées des molaires par un intervalle considérable.

On a constaté la présence de cinq ou parfois de six paires de molaires à une seule racine, qui apparaissent successivement, de telle sorte qu'il n'y en a généralement que deux paires en activité simultanée.

Entre tous les Mammifères, les Dugongs sont remarquables par la conformation de leur cœur, dont les deux ventricules ont leurs deux pointes distinctes.

LE DUGONG VULGAIRE. — **Caractères.** — Le Dugong vulgaire (*H. dugung* Erxleb.) a une tête qui ressemble à celle d'un Hippopotame ou d'un Bœuf. Son cou est court et net, son corps va s'amincissant depuis le cou jusqu'à la queue. La lèvre supérieure est découpée en avant. Ses yeux sont petits. Sa taille atteint 1^m,50 à 2^m,50 de longueur et parfois davantage.

Habitat. — Le Dugong vulgaire habite les rivages de l'océan Indien depuis l'Inde jusqu'au détroit de Mozambique; les îles Ceylan, Andaman, Mergui, de la Malaisie, les Philippines, et l'île Maurice. Il est remplacé dans la mer Rouge et le littoral de l'Afrique orientale septentrionale par le DUGONG DE LA MER ROUGE (*H. tabernaculi* Rupp. et Soemm.) et dans les régions de l'Australie occidentale et orientale, de la Nouvelle-Guinée à la baie de Moreton, près Brisbane, par le DUGONG AUSTRAL (*D. australis* Owen). Dans la mer Rouge, les Arabes l'appellent *Naekhe el bahhr*, ce qui signifie la *Chamelle de mer*. Ces différentes espèces diffèrent à peine les unes des autres.

Mœurs. — Cet animal recherche les récifs où il trouve des herbes marines, mais jamais il ne vient volontairement à terre, car s'il est échoué sur le rivage, il est trop paresseux pour essayer de se rendre à la mer, il attend que le flot vienne lui faciliter le retour.

Il se trouve parfois près des promontoires situés à l'embouchure des fleuves, mais jamais il ne remonte les cours d'eau. Il préfère les baies peu profondes, tranquilles et chaudes. Ses mouvements sont lents et très lourds; pourtant il effectue certaines migrations déterminées par le régime des tempêtes.

Il vit par paires, dit-on, sur les côtes d'Arabie, mais, dans l'Inde, on en a vu jadis de grands troupeaux si confiants qu'on pouvait presque les toucher. On raconte qu'ils se soutiennent entre eux en cas de danger, et si l'un des deux est tué, l'autre revient au même endroit, jusqu'à ce qu'il ait perdu l'espoir de retrouver son compagnon. Sa voix se réduit à des soupirs, et à de sourds gémissements qui trahissent sa présence la nuit.

La femelle met au monde un seul petit qu'elle sait très bien soutenir au sein avec une de ses nageoires.

L'intelligence du Dugong est en rapport avec sa lourdeur et sa massivité.

Produits. — On lui a fait, avec le harpon, une chasse active à cause de sa chair, qui est consommée, et de sa peau qui, séchée, sert à faire des sandales.

LES RHYTINES OU STELLÈRES

Les Rhytines (*Rhytina* Illiger, 1811) ne comprennent qu'une espèce, la Rhytine géante ou de Steller (*R. gigas* Zimm. ou *R. Stelleri* Ozeret.), découverte en 1741 par Bering, et dont le dernier représentant a été tué en 1767 ou 1768 dans l'île de Bering, où l'on trouve encore de ses restes fossiles dans le Pleistocène. Elle existait aussi dans les îles Aléoutiennes et l'île de Cuivre.

Caractères. — Les Stellères avaient le corps allongé, la queue fortement échancrée, les nageoires petites, sans traces d'ongles ni de phalanges, une tête relativement petite, des lèvres doubles garnies de soies courtes et grossières, des yeux petits. Les adultes, à l'inverse des Lamantins, manquaient complètement de dents; ces organes étaient remplacés par une plaque cornée au palais, qui correspondait à une plaque identique portée par la mâchoire inférieure, comme chez les Dugongs. La peau, par sa conformation, formait une sorte de passage entre celle des Lamantins et des Éléphants; elle était de couleur foncée, si épaisse, si rude et si ridée, qu'elle fut comparée, par Steller, à une écorce d'arbre. Son épaisseur était de 27 millimètres en certains endroits, mais la partie transformable en cuir n'avait que 4 millimètres. Sa dureté était si grande qu'il fallait une hache pour la couper.

Le Stellère surpassait en grandeur les animaux du même groupe, car il pouvait atteindre de 7^m,50 à 9 mètres de long, un pourtour ventral de 5^m,50 à 6 mètres et un poids de 4800 kilos.

Mœurs. — Tout ce que nous savons sur les Rhytines, nous le devons au naturaliste Steller qui, en 1741, par suite d'un naufrage, dut passer dix mois épouvantables sur ces côtes inhospitalières.

« Ces Vaches de mer vivent réunies en troupeaux, comme les Bœufs. Le mâle et la femelle sont l'un près de l'autre; les petits jouent devant eux, près du rivage. Ils ne s'inquiètent de rien que de leur nourriture. Ils ont continuellement le dos et la moitié du corps hors de l'eau. Comme les Mammifères terrestres, ils mangent en se mouvant lentement. A l'aide de leurs pattes, ils détachent les herbes des pierres sur lesquelles elles croissent et les mâchent sans cesse. La structure de leur estomac m'a cependant montré qu'ils ne ruminent pas. En mangeant, ils remuent le cou et la tête, comme le font les Bœufs; toutes les minutes ils sortent la tête de l'eau et font une aspiration bruyante, à la manière des Chevaux. Lorsque l'eau baisse, ils s'éloignent de la terre; quand elle monte, ils se rapprochent du rivage et assez près pour que nous puissions les frapper depuis la terre avec nos bâtons.

« Ils n'ont nulle crainte de l'homme; ils ne paraissent pas non plus avoir l'ouïe très fine, comme l'a dit Hernandez. Je ne puis voir chez eux la moindre trace d'une intelligence remarquable; par contre, ils se témoignent l'un à l'autre beaucoup d'attachement. Quand l'un était blessé, tous les autres s'efforçaient de le sauver. Les uns formaient un cercle pour empêcher leur camarade blessé d'être entraîné au rivage; les autres cherchaient à renverser la yole; d'autres encore se couchaient sur le flanc et cherchaient à écarter le harpon, ce à quoi ils réussirent plusieurs fois. Ce ne fut pas sans étonnement que nous vîmes un mâle revenir deux jours de suite auprès du cadavre de sa femelle pour s'assurer de son état. Quoique nous en eussions blessé et tué un grand nombre, ils restèrent toujours au même endroit.

« Lorsque ces animaux veulent se reposer à terre, ils se couchent sur l'eau et se laissent porter par les flots comme des morceaux de bois. »

Les récits de Steller sur la richesse de ces pays en fourrures enflammèrent les esprits et dès son retour, de 1743 à 1763, on compte, aux îles de Bering, dix-neuf expéditions de 3o à 5o hommes chacune qui toutes ne vécurent que de la chair de cet animal et détruisirent les plus beaux individus. La chasse se faisait au moyen d'yoles à huit rameurs et de harpons.

Cet acharnement amena une disparition si rapide et si complète de cette espèce intéressante qu'en 1754, neuf ans après la découverte, l'île de Cuivre n'en nourrissait plus aucun spécimen, et, en 1763, il en restait si peu à l'île de Bering que la chasse dut en être abandonnée.

Jusqu'en 1883, les musées ne possédaient que deux squelettes de Stellère, l'un au Musée impérial de Saint-Pétersbourg, l'autre au Musée de l'Académie d'Helsingfors, et deux côtes conservées au British Museum de Londres.

C'est à cette époque que les États-Unis envoyèrent Stejneger aux îles Bering pour récolter des squelettes de Rhytines. En deux ans, il découvrit dans le sable, en y enfonçant des tiges de fer, de nombreux ossements. Beaucoup même furent trouvés loin du rivage, et un squelette gisait à l'intérieur de l'île. Ce qui prouve que l'île s'est exhaussée.

On put reconstituer des squelettes entiers, mais on ne put vérifier l'assertion de Steller qui affirme que les mains sont sans os. Les os du poignet existaient.

Les Cétacés

Caractères. — Les Cétacés sont des Mammifères conformés pour une vie exclusivement aquatique. La forme de leurs membres et leur taille gigantesque indiquent qu'ils ne peuvent se mouvoir que dans l'eau, et que ce n'est qu'en mettant à contribution les richesses zoologiques de la mer qu'ils peuvent trouver l'énorme quantité de nourriture qui leur est nécessaire pour vivre.

Malgré leur forme de Poisson, ils ont, comme les Mammifères, du sang chaud (39°), une respiration pulmonaire, un cerveau bien développé; ils sont aussi vivipares et allaitent leurs petits. Le peuple et les marins les appellent pourtant des « Poissons ».

Leur corps en fuseau porte en avant une tête massive sans cou ; en arrière, il se termine par une queue musculo-cutanée dont l'axe est formé par le corps des vertèbres coccygiennes et qui s'élargit transversalement et horizontalement avec une échancrure plus ou moins marquée.

Les membres antérieurs seuls existent et sont de larges rames natatoires, sans ongles, mais avec de nombreuses phalanges (six à quatorze), tandis que les membres postérieurs manquent totalement à l'extérieur; ils ne sont représentés chez quelques Baleines que par des rudiments du bassin, du fémur et du tibia, souvent sans connexions avec la colonne vertébrale. La nageoire dorsale, quand elle existe, augmente leur ressemblance avec les Poissons, mais elle n'est formée que de tissu adipeux.

La bouche est largement fendue et dépourvue de lèvres; elle renferme des dents toutes semblables, en nombre très variable, et parfois des fanons. La cavité nasale est verticale, et les narines sont disposées en évent simple ou double, au sommet de la tête. Les pavillons auditifs manquent, ainsi que les poils, sauf parfois à la lèvre supérieure, surtout chez les jeunes. Les yeux sont petits, sans appareil lacrymal. Les deux mamelles sont placées très en arrière. Le tissu cellulaire sous-cutané est imprégné d'une telle masse de graisse plus ou moins liquide, que la couche peut atteindre 0ᵐ,40 à 0ᵐ,50 ; c'est ce lard qui les préserve du refroidissement.

Le crâne, très grand, a souvent une forme toute différente de la tête, à cause de crêtes qui forment des cavités pleines de graisse. Les os sont spongieux, aussi imprégnés de graisse. Les vertèbres cervicales sont toujours au nombre de sept, mais elles sont réduites à des anneaux minces, aplatis, souvent soudés entre eux. Le nombre des côtes varie d'une paire chez les vraies Baleines a six. Les fausses côtes sont toujours plus nombreuses. La ceinture scapulaire n'est formée que par l'omoplate ; l'humérus est gros et court, le radius et le cubitus sont séparés. Le sacrum et le bassin manquent.

L'estomac est généralement formé de plusieurs loges.

L'encéphale est relativement petit et atteignait 2 kilos pour une Baleine de 6 mètres et du poids de 5 500 kilos. Chez les petites espèces, il est plus développé.

Les poumons, dont le volume est considérable, sont en rapport avec des vaisseaux offrant des dilatations où peut s'accumuler le sang. Ces faits expliquent la résistance de ces animaux à l'asphyxie dans l'eau.

Habitat. — On trouve les Cétacés dans toutes les mers du globe : les uns ont un habitat très limité, les autres sont cosmopolites. Quelques-uns vivent dans les fleuves de l'Inde orientale et de l'Amérique du Sud.

Mœurs. — Tous évitent le voisinage des côtes, car, dans une eau peu profonde, il leur est impossible de se remettre à flot ; ils s'échouent sur la plage et meurent asphyxiés. L'extrême flexibilité de leur corps leur permet de nager avec la plus grande facilité et la plus grande aisance. Ordinairement ils se tiennent au voisinage de la surface, se suivant à la queue leu leu, en sorte qu'on peut les voir évoluer à de longues distances, faire des plongeons, des culbutes et se jouer des obstacles. « Une série de Dauphins se suivant ainsi en rang serré produit l'apparence trompeuse d'un grand Serpent de mer qui nagerait par ondulations verticales à la surface de l'eau. » (Vogt.)

Ils peuvent franchir de très grandes distances. On les voit émerger le sommet de la tête où sont placés les évents et à ce moment effectuer un mouvement respiratoire. Le larynx présente en effet une disposition assez curieuse. Il s'allonge en cône et peut ainsi s'introduire dans les arrière-narines, pour permettre à l'animal de respirer sans que l'air entraîne dans les poumons l'eau ou les aliments déglutis. L'air chargé d'humidité est rejeté par les *évents*, de façon à constituer de petits nuages plus ou moins élevés, tantôt simples ou doubles. Ce ne sont donc pas des jets d'eau. A cette expiration fait suite une inspiration courte et bruyante, et parfois plusieurs inspirations successives sans expiration. Puis la tête plonge et le dos et la queue émergent à leur tour.

Tous les Cétacés sont carnivores, très voraces ; ils mangent d'énormes quantités de Poissons, des Céphalopodes et des petits Crustacés pélagiques.

La plupart sont sociables, et le mâle et la femelle se témoignent entre eux et à leurs petits une grande affection. Généralement les femelles ne mettent bas qu'un petit à la fois qui s'abrite sous la nageoire pectorale de la mère.

Pêche et produits. — Depuis bien des siècles on leur fait une chasse acharnée dans toutes les mers pour l'huile qu'ils fournissent, le blanc de Baleine et l'ambre gris. Les petites espèces, dont on ne tire pas de produits utiles, sont très redoutées des pêcheurs, car elles déchirent leurs filets.

Classification. — Cet ordre comprend : 1° les *Mysticètes*, qui ont des fanons chez l'adulte ; 2° les *Denticètes* ou *Cétodontes*, qui sont pourvus de dents.

LES MYSTICÈTES

Le sous-ordre des Mysticètes ne renferme qu'une seule famille, celle des Balénidés, dans laquelle sont inclus cinq genres.

Caractères. — Ce sont tous des animaux gigantesques, à tête énorme pouvant avoir le tiers de la longueur du corps, à langue grande, immobile, adipeuse. L'œsophage étroit peut laisser passer un Poisson de la grandeur d'un hareng, l'estomac est à trois compartiments. La main seule existe, avec un nombre de doigts variable. Les évents sont doubles, les oreilles cachées, et les yeux très petits.

Mais ce qui caractérise surtout ce groupe, c'est la présence dans la bouche d'appendices cornés, appelés *fanons*.

Chez les jeunes Baleines, on a trouvé dans les mâchoires de petits corps osseux qui restent à l'état de germes dentaires. Les fanons, qui apparaissent plus tard, sont implantés non sur les mâchoires, mais sur le palais, et ne sont donc pas directement articulés avec les os de la tête. Ce sont des formations épidermiques, qui sont composées chacune d'une lame cornée, quadrangulaire ou triangulaire, constituée par des lamelles minces et imbriquées, bordées de fibres parallèles libres. A leur racine, les fanons sont réunis par des lamelles cornées, recourbées; ils reposent sur une membrane très vasculaire de $0^m,02$ d'épaisseur qui leur fournit les matériaux de leur nutrition. La voûte palatine, par une saillie longitudinale, est divisée en deux parties où se trouvent logés les fanons disposés transversalement, serrés les uns contre les autres; mais plus espacés en arrière. Leurs extrémités apparaissent au bord externe des mâchoires comme les dents d'un peigne; vers le milieu des maxillaires, ils deviennent plus étroits, plus pointus. Leur nombre varie de 3oo à 1 ooo.

La colonne vertébrale des Baleines est formée de 7 vertèbres cervicales très minces, 14 ou 15 dorsales, 14 ou 15 lombaires et 21 caudales ou plus. Une seule paire de côtes s'articule directement avec le sternum, les autres ne sont que des fausses côtes. Les mâchoires sont recourbées en arc et allongées, les deux branches inférieures ne sont pas soudées; elles sont très grandes relativement à la boîte cranienne qui est très petite. Il n'y a qu'un rudiment de bassin.

Une Baleine adulte peut atteindre une longueur de 18 à 25 mètres et peser jusqu'à 150 ooo kilos. Ce sont les plus grands animaux du globe.

Habitat. — La plupart habitent les mers Glaciales et ne s'éloignent pas souvent des anses limitées par des bancs de glaces. D'autres cependant vivent dans les mers plus chaudes.

Mœurs. — Ils sont généralement solitaires. Malgré leur grande taille, ils sont très agiles et très vifs dans l'eau, et dorment à la surface ballottés par les vagues. La femelle, la *Vache* comme disent les Groënlandais, ne met au monde qu'un petit qui, chez les grosses espèces, atteint 6 mètres de long. Quand le Baleineau a saisi le mamelon, la mère, un peu penchée de côté, grâce à de forts muscles qui compriment la mamelle, lui lance un jet de lait dans la bouche. Il n'y a donc pas succion.

LES BALEINES

Caractères. — Les Baleines (*Balaena* Linné, 1766) se distinguent par leur corps lourd, ramassé, lisse, par l'absence de nageoire dorsale et de sillons ventraux, par leur tête énorme portant un museau aminci recourbé en bas, par la courbure des lèvres, la grande longueur des fanons qui ont une couleur noire, par les nageoires pectorales courtes et larges avec cinq doigts, tandis que la nageoire caudale est grande et profondément échancrée.

La taille des adultes atteint 25 mètres.

Habitat. — Ce genre comprend quatre espèces habitant les océans arctique et antarctique.

LA BALEINE FRANCHE. — La Baleine franche (*B. mysticetus* L.) ou boréale, ou du Groënland, à cause de son aspect extraordinaire et de sa masse, a donné lieu à de nombreuses histoires de pure fantaisie. C'est Scoresby, qui, ayant assisté à la capture de plus de trois cents Baleines, nous a donné sur elles les premiers renseignements précis et certains.

Caractères. — Cet animal massif et informe est mal proportionné. La tête gigantesque représente environ le tiers de sa longueur totale. La bouche a de 5 à 6 mètres de long, et de 3 à 4 mètres de large : un canot avec son équipage y serait à l'aise. Le corps est cylindrique et se continue insensiblement avec la tête. Les nageoires pectorales sont longues de 2 à 3 mètres, larges de $1^m,3o$ à $1^m,6o$; elles sont allongées, ovales, très flexibles et mobiles. La nageoire caudale, qui sert de gouvernail, est énorme : elle a $1^m,6o$ à 2 mètres de long et de 6 à 8 mètres de large. Chez l'adulte, les évents sont à environ 3 mètres du bout du museau, à la partie la plus élevée de la tête. Ce sont deux fentes en forme de S, ayant environ $o^m,5o$ de long. Les yeux ne sont pas plus grands que ceux du Bœuf, et s'ouvrent sur les faces latérales de la tête, au-dessus et en arrière de l'angle buccal. Le conduit auditif est si étroit que l'on peut à peine y introduire le petit doigt; l'animal peut le fermer à volonté.

La Baleine a de chaque côté de trois cents à trois cent cinquante fanons. Les plus longs sont ceux du milieu, ils atteignent rarement 4 à 5 mètres, tandis que leur largeur est de 27 à 3o centimètres. La langue est immobile, elle adhère à la mâchoire par toute sa face inférieure. Elle est très grande et très molle; la plus faible pression y produit un trou profond, car elle n'est formée que d'un tissu cellulaire rempli de graisse plus ou moins liquide. La peau est relativement mince. Elle recouvre une couche de graisse de $o^m,2o$ à $o^m,5o$ d'épaisseur qui entoure tout le corps et le préserve du refroidissement par l'eau, car sa température interne atteint 39°; au-dessous se trouvent les muscles, qui sont rouges et tendres chez les jeunes sujets, et presque noirs chez les vieux. Le dos et les flancs, les nageoires pectorales et caudale sont ordinairement d'un noir foncé; les lèvres, la mâchoire inférieure, le ventre sont blancs à reflets jaunâtres. Quelques soies se montrent à la partie antérieure des lèvres, le reste du corps est complètement nu.

Habitat. — La Baleine boréale habite l'océan arctique : une variété (*B. m. Roysii*) la représente dans la mer de Bering et la mer d'Ochotsk. Elle se tient sur la bordure de la calotte des glaces polaires, dans la région des glaces flottantes, dont elle ne dépasse jamais la limite méridionale ; en été, dès qu'elle le peut, elle remonte vers le nord. Les limites septentrionales de son habitat ne sont pas connues, mais au sud elle s'aventure dans l'Atlantique du nord suivant une ligne partant du 70ᵉ degré sur la côte de la Laponie, qui toucherait l'Islande et se terminerait sur la côte du Labrador vers le 55ᵉ degré.

La Baleine franche.

Mœurs. — Les Baleines vivent solitaires, par deux ou par trois. Leurs mouvements sont adroits et rapides, leur vitesse est de 8 kilomètres à l'heure, mais peut atteindre le double quand elles sont affolées par une poursuite ou une blessure. On les voit bondir hors de l'eau et faire quelques inspirations rapides pour plonger à nouveau en soulevant la queue en l'air et frappant l'eau avec une force étonnante. Ordinairement elles ne restent que deux à trois minutes sans respirer, ce qui leur est facile, étant donné qu'elles se tiennent vers la surface de l'eau pour chercher leur nourriture. Leur présence se trahit alors par des jets de vapeur mélangée de gouttelettes d'eau, qui peuvent s'élever à plus de 13 mètres, dit-on. Pourtant quand l'une d'elles est blessée, elle peut rester beaucoup plus longtemps sans venir respirer à la surface, mais jamais cinquante minutes comme on l'admettait jadis. Par les temps calmes, la Baleine dort couchée comme un cadavre à la surface de l'eau, dans une immobilité complète, mais ses nageoires pectorales maintiennent son équilibre.

La Baleine se nourrit d'animaux pélagiques, surtout de petits Crustacés flottant à la surface de l'eau et de Mollusques ptéropodes dont elle avale des quantités considérables, plusieurs nectolitres, en ouvrant son énorme bouche.

L'eau qui les accompagne est rejetée à l'extérieur à travers le tamis constitué par les fanons, la lèvre inférieure formant un large bourrelet tout autour de leur base, car les fanons, quand la bouche est fermée, se replient vers l'arrière. La langue sert à la déglutition des animaux qui sont retenus.

En mars ou en mai, la Baleine met au monde un petit qui a environ 6 mètres de long, 5 mètres de circonférence et qui pèse de 5 000 à 6 000 kilogrammes. Les Baleineaux restent environ un an avec leur mère, jusqu'à ce que leurs fanons soient assez grands pour qu'ils puissent se nourrir eux-mêmes. La mère allaite, soigne son petit avec sollicitude, et elle ne l'abandonne pas dans le danger. On se sert même du petit pour attirer la mère à la surface.

Chasses. — Les Requins, les Orques la poursuivent et la dépècent vivante ; des légions de poux de Baleines (Cyames) trouvent asile sur sa peau, des Cirrhipèdes même s'y fixent, mais aucun ennemi n'est plus terrible que l'homme.

Ce sont les Basques qui, au XIIIe et au XIVe siècle, équipèrent les premiers bateaux pour la pêche de la Baleine non loin de leurs rivages. Au XVIIe siècle, les Anglais et plus tard les Hollandais leur succédèrent. Ceux-ci armaient chaque année deux cent soixante navires montés par 14 000 marins. De 1814 à 1817, les Anglais en capturèrent plus de 5 000 dans le détroit de Davis, la baie d'Hudson et la mer de Baffin.

Mais, dès 1830, la diminution du nombre de ces Baleines se faisait déjà sentir et, en 1891, les Baleiniers écossais du port de Dundee, le seul qui arme encore pour cette pêche, ne capturèrent que dix-sept de ces « Poissons » n'ayant pas atteint leur taille maxima, puisque leurs fanons ne dépassaient pas 2 mètres. En 1901, ce nombre tomba à 13. Et pourtant, dans cette même année, on a aperçu des troupes de ces Cétacés errant dans les passages les plus septentrionaux, en sorte qu'on se demande si la nouvelle manière de les chasser n'aurait pas eu pour effet d'effaroucher ces animaux et de les refouler plus au nord. Jadis on se servait de harpons lancés d'un bateau qui avait pu s'approcher assez près du Cétacé, mais actuellement on emploie des canons qui, d'un bateau à vapeur assez éloigné, lancent un harpon portant des crochets appliqués le long de la tige. L'animal étant atteint cherche à s'enfuir, les crochets se relèvent pour empêcher la sortie du harpon, et par un déclenchement font exploser une charge de poudre qui le foudroie.

Produits. — Un animal fournit de 500 à 1 500 kilogrammes de fanons, appelés *baleines* dans le commerce, et qui valaient 27 500 francs la tonne en 1881 et 62 500, même 70 000 francs en 1891. Une Baleine de 20 mètres de longueur peut fournir environ 30 000 kilogrammes d'huile.

Les peuples du Nord mangent sa chair et utilisent ses os pour construire leurs canots et leurs cabanes.

La Baleine australe (*B. australis* Desmoul.), dont les fanons sont courts, la tête plus petite, le museau plus large et les pectorales plus grandes que chez la Baleine boréale, habite les mers australes. Elle avale d'immenses quantités d'un petit Crustacé pélagique (*Cetochilus australis*).

La Baleine de Biscaye (*B. biscayensis* Eschr.) habite le nord de l'Atlantique, la Méditerranée et les côtes correspondantes de l'Asie, de l'Afrique et de l'Amérique.

La Baleine du Japon ou de Siebold (*B. Sieboldii* Gray) se tient dans le nord du Pacifique, jusqu'aux îles Aléoutiennes et à la Californie.

Les différents caractères morphologiques et anatomiques qui ont servi à distinguer ces espèces sont variables suivant les individus.

La Néobaleine marginée (*Neobalaena marginata* Gray) de la Nouvelle-Zélande est caractérisée par une petite nageoire dorsale et des fanons blancs, fins et longs. Taille : 6 mètres.

Le Rachianecte glauque (*Rachianectes glaucus* Cope), ou Baleine grise du nord du Pacifique, est un terme de passage aux Balénoptères. Elle hiverne près des côtes de la Californie. Taille : de 11 à 14 mètres.

LES MÉGAPTÈRES

Caractères. — Les Mégaptères (*Megaptera* Gray, 1846) se distinguent par leurs pectorales, très longues et très étroites, atteignant le quart de la longueur de l'animal ; elles sont tétradactyles ; les métacarpes ainsi que les doigts sont très longs avec de nombreuses phalanges. La tête est de grandeur moyenne ; les fanons sont noirs, courts, larges, élastiques, et la poitrine porte des plis parallèles longitudinaux.

LA MÉGAPTÈRE BOOPS OU LONGIMANE. — *Caractères.* — La Mégaptère boops (*M. boops* L.) ou Keporkak, appelée encore *Baleine à bosse, Jubarte, Gibbar* ou *Poisson de Jupiter*, peut atteindre des dimensions considérables, 35 mètres, dit-on. Son corps a la forme d'un fuseau très allongé, sa dorsale est petite et falciforme. Il est noir en dessus, blanc en dessous avec des plis ventraux noirs. Elle doit son nom à une bosse dorsale.

Habitat. — Elle vit dans l'océan Arctique et dans l'océan Atlantique où elle descend parfois jusque dans le golfe de Gascogne et sur les côtes du Canada. L'une d'elles s'est même échouée à Saint-Tropez dans le Var.

Elle est représentée dans le golfe Persique par la Mégaptère Indienne (*M. indica* Gerv.), dans l'Atlantique du sud par la Mégaptère de De Lalande (*M. Lalandii* Gray), dans la mer de Bering par la Mégaptère Kuzira (*M. Kuzira* Gray) et dans le nord du Pacifique par la Mégaptère changeante (*M. versabilis* Cope).

Mœurs. — Ces espèces vivent de Poissons. Le Boops est le plus rapide de tous les Balénidés ; il distance les bateaux à vapeur et aime à jouer dans les flots : il tourne, se retourne, se met sur le dos, s'élance hors de l'eau et y retombe avec le bruit d'un coup de tonnerre, ou bien il se laisse balancer par les flots et se chauffe au soleil. Il s'approche très près des côtes, et pénètre même dans les fjords de Norvège.

La femelle met bas un ou peut-être deux petits qu'elle allaite et défend courageusement. Aussi sa chasse offre-t-elle de réels dangers.

Produits. — Ses fanons sont peu estimés et la quantité d'huile qu'elle fournit est très faible : 4 à 5 tonnes pour un adulte.

LES BALÉNOPTÈRES

Caractères. — Les Balénoptères (*Balaenoptera* Lacépède, 1804) ou *Rorquals* se reconnaissent à leur corps fusiforme, dont la tête occupe le quart ou le cinquième, aux nombreux plis longitudinaux que porte la gorge, à leur nageoire dorsale basse, arquée en arrière, à leurs pectorales petites, étroites, pointues, n'ayant que quatre doigts, à leurs fanons courts et grossiers.

Habitat. — Les Rorquals habitent toutes les mers. Quand on examine les spécimens du nord et ceux du sud du Pacifique, des mers de l'Australie et ceux de l'océan Indien, on est toujours frappé de la ressemblance qui existe avec l'un ou l'autre type de l'Atlantique, en sorte que beaucoup de cétologistes n'admettent que quatre espèces, tandis que les autres en comptent à peu près autant que d'individus capturés, soit quinze, avec de nombreuses variétés.

Les espèces de l'hémisphère boréal effectuent des migrations ; en été, elles visitent les eaux de la Norvège, de l'Islande et du Groënland, tandis qu'en hiver elles se rendent dans des mers plus chaudes.

On leur fait une chasse active et rémunératrice sur la côte nord de la Norvège et aux îles Faeroer. En 1901, 1 931 individus ont été capturés.

Les formes fossiles voisines sont nombreuses. Le *Cethotherium* du Miocène est allié au *Plesiocetus* du Pliocène de l'Italie, à l'*Heterocetus* et à l'*Amphicetus* du Pliocène de la Belgique.

LE RORQUAL A ROSTRE (*). — **Caractères.** — Le Rorqual à rostre (*B. rostrata* Müll.) est l'animal le plus petit de ce groupe, car il n'excède jamais 10 mètres. Les pectorales ont le huitième de la longueur du corps, la dorsale est placée très en avant. Sa couleur est en dessus d'un gris noirâtre, mais blanche en dessous, en y comprenant la face inférieure de la caudale. Ce qui le distingue de tous les autres, c'est la présence, sur la face supérieure des pectorales, d'une large bande transversale blanche, se détachant du fond noirâtre. Il a des fanons blancs et quarante-huit vertèbres, dont onze portent des côtes.

Habitat. — Il habite la partie nord de l'océan Atlantique et dans l'océan Glacial. En été, il est fréquent dans les fjords de la Norvège, mais rare au large des côtes britanniques ; on l'a vu parfois dans la Méditerranée. En Amérique, on le trouve dans le détroit de Davis, sur les côtes du Labrador et même des États-Unis. Un squelette de Rorqual (*R. Edeni* Anders.) trouvé dans l'océan Indien paraît appartenir à un animal très voisin du Rorqual à rostre.

Mœurs. — Cette Baleine naine joue entre les icebergs de son habitat ; et dans la haute mer, on la rencontre rarement par paires ; elle nage solitaire et s'approche en jouant des navires. Aussi les marins la prennent-ils pour un jeune

---

(*) Pl. XXXV. — Le Rorqual à rostre (en haut). — Le Dauphin commun (en bas) (texte, p. 54).

de plus grosses espèces, car en émergeant, elle lance, comme celles-ci, une petite colonne de vapeur. « Le Rorqual rostré se nourrit de Poissons et même de ceux de la taille du Saumon. On ne trouve dans son estomac ni Mollusques, ni Céphalopodes, ni Algues. »

Quand l'un d'eux est signalé dans un fjord, les Norvégiens en ferment la sortie par un filet et le tuent à coups de lance.

Le Rorqual boréal (*B. borealis* Lesson) ou de Rudolphi ne dépasse pas

Le Cachalot macrocéphale.

15 mètres. Il se reconnaît à ses courtes pectorales et à sa petite dorsale. Il vit de petits Crustacés (*Calamus finmarchicus* et *Euphausia inermis*) et se tient par troupes au voisinage du cap Nord, où on en a capturé 771 dans le seul été de 1885. La valeur vénale d'un individu peut atteindre 800 francs.

Le Rorqual de Sibbald (*B. Sibbaldi* Gray), ou Baleine bleue, l'un des plus grands animaux connus, habite l'océan Atlantique septentrional, tant du côté de l'Europe que du côté de l'Amérique. Son corps immense (26 mètres), ses larges nageoires pectorales (un septième du corps), ses mâchoires allongées, lui donnent, quand il accompagne les navires en marche et joue au milieu des flots, l'apparence d'un monstre fantastique sorti des profondeurs de la mer.

Le Rorqual commun (*B. musculus* L.) atteint de 18 à 20 mètres. Il est gris d'ardoise en dessus et blanc en dessous. Il est dissymétrique, car le gris descend à gauche sur la mâchoire inférieure, et le blanc remonte à droite sur la mâchoire supérieure. C'est le Rorqual le plus commun dans le nord de l'Atlantique. Il se passe rarement un hiver sans que l'un d'eux échoue sur les rivages du sud. Il a été signalé dans la Méditerranée. Ses troupes composées de quinze à vingt individus suivent les bancs de Harengs. Ses inspirations sont bruyantes.

LES DENTICÈTES OU CÉTODONTES

Les Cétodontes forment le deuxième sous-ordre des Cétacés. Ce groupe renferme de nombreux genres répandus dans toutes les mers.

Caractères. — Le caractère commun est la présence de dents coniques sur les deux mâchoires ou sur une seule. Ces dents, qui tombent facilement avec l'âge, ne se renouvellent pas.

La tête est de grosseur variable, pas très large ; le palais ne porte pas de fanons bien développés. L'orifice respiratoire est simple, en forme de croissant et placé au sommet de la tête, car les deux narines sont réunies en une seule. Les nageoires pectorales sont pentadactyles, avec le premier et le cinquième doigt peu développé. En général, il existe une dorsale. Tous n'ont pas de cæcum, excepté les Platanistes. Le sternum est formé de plusieurs pièces placées longitudinalement, s'articulant avec la partie sternale des côtes ossifiée ou non.

Ce groupe comprend trois familles : les *Physétéridés* ou *Cachalots*; les *Platanistidés* ou *Platanistes* ou *Dauphins d'eau douce*, et les *Delphinidés* ou *Dauphins*.

LES CACHALOTS OU PHYSÉTÉRIDÉS

Les Physétéridés se séparent des autres Cétodontes par l'absence de dents fonctionnelles à la mâchoire supérieure. Les dents inférieures sont implantées dans une longue fente divisée en alvéoles incomplets par de courts septa et sont maintenues en place par une gencive épaisse et fibreuse. Leur tête est énorme.

LES CACHALOTS PROPREMENT DITS

Les Cachalots (*Physeter* Linné, 1766) comptent parmi les plus gros des Cétacés. Leur taille colossale, leur tête énorme, aussi renflée en avant qu'à l'occiput et qui atteint le quart des dimensions du corps, leur donnent un aspect tout particulier. Ce genre ne comprend qu'une espèce, car toutes les formes connues ont été rapportées à l'espèce décrite par Linné.

LE CACHALOT MACROCÉPHALE. — **Caractères.** — Le Cachalot macrocéphale (*P. macrocephalus* L.) est le plus massif de tous les animaux. Sa tête longue, large, presque quadrangulaire, n'est pas séparée du corps par un cou. Sa face antérieure est verticale et porte à l'extrémité, un peu à gauche, une fente recourbée en S, c'est l'évent. La bouche est grande et fendue jusqu'aux yeux. La mâchoire inférieure est plus courte et plus étroite que la mâchoire supérieure qui la recouvre. Les yeux sont petits et placés un peu au-dessus des oreilles sans pavillon.

Le corps est cylindrique, ses deux tiers antérieurs sont larges et plats ; le tiers postérieur est arrondi et va en s'amincissant d'avant en arrière. Il porte une petite nageoire dorsale, formée d'un amas de graisse, paraissant comme tronquée en arrière et se confondant insensiblement avec le reste du corps. Les nageoires pectorales sont courtes, larges, épaisses, placées en arrière des yeux; elles présentent, sur leur face supérieure, cinq sillons allongés, correspondant aux doigts; leur face supérieure est lisse. La nageoire caudale est profondément fendue et bilobée; chez les jeunes animaux, son bord est entaillé; il est lisse chez les vieux individus. De petites saillies en forme de bosse se trouvent sur le dos, depuis la nageoire dorsale jusqu'à la nageoire caudale.

Le dessus du crâne, aplati en avant et excavé en arrière, forme une cavité en cirque limitée dans la région occipitale par le redressement en carène de la moitié supérieure des os maxillaires. C'est là qu'est logé le spermaceti. Les maxillaires inférieurs, allongés, présentent une longue symphyse et un grand nombre de dents séparées, sans racines (quarante à cinquante), placées dans une rainure incomplètement divisée en alvéoles. Très pointues chez les jeunes, elles s'émoussent avec l'âge. Les dents supérieures sont moins fortes, caduques et enfermées dans la gencive.

Toutes les vertèbres cervicales, excepté l'atlas, sont soudées en une seule masse. L'estomac est divisé en quatre compartiments, et l'intestin a quinze fois la longueur du corps.

La couleur des parties supérieures est noire, et celle des parties inférieures grise, avec un passage graduel de l'une à l'autre.

Les dimensions du mâle atteignaient jadis 3o mètres en longueur et 9 mètres de pourtour, tandis que celles de la femelle ne sont que de moitié. On conserve au British Museum une dent qui a o^m,24 de long et o^m,23 de circonférence et un poids de 1^{kg},5o. On ne trouve plus de pareilles dents, car la taille des Cachalots actuels ne dépasse pas 18 mètres.

Habitat. — Le Cachalot à grosse tête est un animal cosmopolite, qui se rencontre dans toutes les mers chaudes, mais qui est rare au delà de 6o° de latitude nord et sud, dans les mers Glaciales. Cet animal de haute mer passe parfois d'un océan dans l'autre, car on en a tué dans l'Atlantique qui portaient sur leur corps des lances provenant de l'océan Pacifique. Il est devenu rare dans le golfe du Bengale et près de Ceylan, par suite de la chasse active qu'on lui a faite.

Mœurs. — Les Cachalots parcourent les mers en troupes nombreuses comme les Dauphins; ils aiment à se tenir près des côtes escarpées, dans les endroits profonds; ils évitent les plages en pente douce. Les baleiniers assurent que chaque troupe a à sa tête un mâle vigoureux qui défend les femelles et les jeunes contre leurs ennemis. Les vieux mâles sont solitaires ou forment entre eux de petites bandes. A certains moments, plusieurs troupeaux se réunissent en un seul, composé alors de centaines d'individus.

Par ses mouvements, le Cachalot rappelle plus le Dauphin que la Baleine. Quand il nage tranquillement à la surface, il parcourt 4 à 6 kilomètres à l'heure, mais quand il se hâte, sa vitesse devient très grande. Il rivalise alors de rapidité avec les navires. On le voit frapper de tels coups avec sa queue que sa tête s'élève tantôt bien au-dessus de l'eau, tantôt s'enfonce profondément.

Souvent il se tient dans une position verticale, la tête ou la queue en l'air ; il fait même parfois deux ou trois bonds au-dessus des flots, puis il plonge pour longtemps. D'ordinaire, les membres d'une même troupe se rangent en une longue file, l'un derrière l'autre, plongent en même temps, lancent tous à la fois leurs jets d'eau et disparaissent de nouveau presque au même moment. Ils sont rarement immobiles ; ce n'est que pendant leur sommeil, qu'ils se montrent étendus sans mouvement à la surface de l'eau.

La langue et l'intérieur de la bouche sont d'un blanc éclatant ; on assure que le Cachalot se sert de cette particularité pour attirer ses proies, les Céphalodes, en ouvrant la bouche et laissant pendre la langue. Il n'est pas sûr que cette supposition soit exacte, car le Cachalot cherche sa nourriture dans les eaux profondes, où il peut rester cinquante à soixante-quinze minutes. La fréquence des mouvements respiratoires varie d'ailleurs avec l'âge. L'animal reste à la surface douze minutes, pendant lesquelles il effectue soixante à soixante-quinze mouvements respiratoires. L'inspiration est très rapide, de même que l'expiration. Celle-ci est caractérisée par un petit nuage lancé sans bruit et assez haut pour qu'on puisse l'apercevoir, depuis le grand mât d'un navire, à plus de 10 kilomètres.

La femelle met bas parfois deux petits, mais le plus souvent un seul qui a de 3^m,5o à 4^m,5o de longueur. Ils sont vifs et nagent joyeusement au voisinage de leur mère qui les allaite en se penchant de côté. Le petit saisit le mamelon non avec la pointe, mais avec l'angle des mâchoires.

Pêche. — Les Baleiniers poursuivent les Cachalots depuis longtemps, surtout dans les mers du sud. Cette chasse est coûteuse, incertaine et surtout dangereuse, car le Cachalot, quand il est attaqué, non seulement se défend courageusement, mais encore fonce avec fureur sur les navires ennemis, avec sa tête et sa terrible queue, et réussit souvent à les couler. On cite même le *Waterloo* qui fut attaqué sans cause aucune et coulé bas par un Cachalot dans la mer du Nord. D'autres fois, ces monstres se montrent timides et s'enfuient à la vue d'un navire ou d'une bande de Dauphins.

Produits. — Les produits, huile, spermaceti et ambre gris, que livre le Cachalot sont d'assez grande valeur. Le poids du spermaceti récolté en l'année 1831 fut de 7605 tonnes, mais cette quantité a beaucoup diminué.

L'huile du Cachalot est d'excellente qualité ; elle atteint 85 à 100 barils pour un seul individu.

Le *spermaceti* est renfermé dans la cavité placée au-dessus du crâne, dont la paroi supérieure est une dépendance fibro-cartilagineuse de la peau et qui est divisée en deux loges superposées par un plan horizontal. D'après Georges Pouchet et Beauregard, ce réservoir du blanc, ou *case des Anglais*, est la *narine droite* transformée, bien qu'elle reste pourtant ouverte à ses deux extrémités. En arrière, à partir du point de réunion des deux chambres, elle se prolonge par un « conduit qui s'enfonce sous la fosse nasale osseuse, plus étroite de ce côté, et va s'ouvrir avec l'autre narine au-dessus du voile du palais, tandis qu'en avant elle communique avec un canal nasal qui s'ouvre lui-même dans l'évent par un orifice où l'on peut, chez l'adulte, passer la main ». Le liquide gras de ces réservoirs se forme de la même manière que les graisses dans le tissu conjonctif. Il tient en dissolution une substance cristallisable qu'il abandonne à l'air libre et qu'on peut séparer par filtration dans des sacs de laine sous pression. Pour purifier, enlever les principes colorants et les matières étrangères, on traite par une solution faible de potasse caustique, puis on lave à l'eau bouillante. Par refroidissement dans des cuves carrées, on obtient les pains de blanc de baleine du commerce du poids de 15 à 20 kilos. Cette substance solide, onctueuse, formée de petites écailles nacrées, est à odeur faible ; elle fond à 44° ; c'est surtout de la *cétine* ou éther palmitique (palmitate de cétyle).

Le blanc de baleine sert à la fabrication des *bougies diaphanes*, des cérats, des pommades (pommade à la Sultane) et des cosmétiques (cold-cream).

L'*ambre gris* est un produit plus estimé, surtout en Orient, et beaucoup plus cher que le précédent. On le vend jusqu'à 5 francs le gramme. On le trouve flottant en pleine mer en masses ovoïdes, irrégulières, de 1 kilogramme et plus. L'ambre frais est chamois à l'intérieur, d'une consistance telle que le couteau peut y pénétrer facilement, et d'une odeur d'excrément désagréable. Dans les échantillons anciens, la dureté augmente et l'odeur est devenue celle de l'ambre, par suite de l'oxydation à l'air. Quand on fragmente les morceaux, cette odeur devient fine et agréable. Il est formé, en effet, par une matière balsamique et par de longues aiguilles d'ambréine (analogue à la cholestérine), associée à un pigment noir. Dans la masse on trouve toujours des becs de Céphalopodes, des écailles et des arêtes de Poissons provenant des animaux dont se nourrissent les Cachalots.

On croyait jadis que ces masses étaient des concrétions de la vessie urinaire, on admet maintenant que ce sont des calculs intestinaux (Servat, Morel) formés dans la première portion du rectum. D'ailleurs, l'odeur d'ambre appartient à tous les organes du Cachalot, à cause de sa nourriture.

L'ambre gris, qu'on trouve aussi déposé sur certaines côtes : Madagascar, Japon, Brésil, Antilles, n'est plus guère utilisé que dans la parfumerie. Il entre dans la confection des pastilles du sérail et de certaines pastilles indiennes.

Les dents du Cachalot, dures, compactes, faciles à polir, sont estimées. Elles auraient la valeur de l'ivoire, si elles en avaient la blancheur.

Le Cogia a tête courte (*Cogia breviceps* Blainv.) ou petit Cachalot, qui n'a que 3 mètres, vit dans l'océan Indien et le sud du Pacifique.

LES HYPÉROODONS

Caractères. — Les Hypéroodons (*Hyperoodon* Lacépède, 1804) ont une paire de dents terminales assez grosses à la mâchoire inférieure, les autres étant rudimentaires et caduques. Le front est renflé par l'accumulation d'une grande quantité de graisse, contenue dans une cavité, en avant des narines, et formée par une double crête osseuse des maxillaires. Le museau est assez long et la nageoire dorsale, arquée, est rejetée très en arrière. Les vertèbres cervicales sont soudées entre elles par leurs corps et leurs apophyses épineuses.

L'HYPÉROODON A ROSTRE (*H. rostratus* Müll.), ou *Butzkopf* du nord de l'Atlantique, est un des Cétacés qu'on trouve le plus fréquemment sur les côtes d'Europe jusqu'à la Manche. Le mâle, dont les dents sont plus fortes, atteint 9 mètres, la femelle ne dépasse pas 7^m,3o. La couleur, d'un gris noirâtre, est plus foncée sur le dos.

Mœurs. — Ces animaux sont sociables, car ils vivent en troupes nombreuses. Leur nourriture consiste en Céphalopodes, qu'ils chassent dans les eaux profondes.

Chasse. — On les chasse assez activement pour leur blanc de baleine, qui est d'une qualité supérieure et peut se mélanger à celui du Cachalot. Un individu en fournit environ 100 kilos et, de plus, deux tonneaux d'huile. Souvent les pêcheurs réussissent à capturer tout le troupeau, car ces animaux ont l'habitude de rester auprès d'un blessé jusqu'à ce que la mort arrive.

Les ZIPHIUS (*Ziphius* G. Cuv., 1823), dont on a trouvé des exemplaires plus ou moins complets, rejetés sur les rivages de presque tous les océans, se reconnaissent à leurs deux dents bien développées, placées à l'extrémité du maxillaire inférieur, et à la soudure des trois premières vertèbres cervicales.

Les MÉSOPLODONS (*Mesoplodon* Gervais, 1850) ont un rostre solide, dur, une mâchoire inférieure singulière, pourvue en son milieu d'une ou deux paires de fortes dents, parfois accompagnées de quelques autres petites et caduques.

Le MÉSOPLODON DE SOWERBY ou BIDENT (*M. bidens* Low.), dont le conduit auditif n'a que le diamètre d'une soie, atteint 4^m,5o et habite toutes les côtes atlantiques de l'Europe et la Méditerranée. Il est remplacé dans les mers du sud par le MÉSOPLODON DE LAYARD (*M. Layardi* Gray). Les deux dents du maxillaire inférieur croissent longtemps et viennent entourer la mâchoire supérieure et s'opposent ainsi presque totalement à l'ouverture de la bouche.

La BÉRARDIE D'ARNOUX (*Berardius Arnuxi* Duv.) est intermédiaire, par ses caractères et ses dimensions, entre les Ziphius et les Hypéroodons; son maxillaire inférieur porte à son extrémité deux paires de fortes dents rappelant celles des Cachalots. Elle habite les environs de la Nouvelle-Zélande.

LES PLATANISTIDÉS

Caractères. — Les Platanistidés diffèrent des Physétéridés et des Delphinidés. Extérieurement, on les reconnaît à leur corps allongé, à leur rostre aminci, étroit, mais solide, à leur cou nettement dessiné, à leurs pectorales larges et tronquées et à leur petite dorsale. Les vertèbres cervicales sont libres, et la symphyse de la mâchoire dépasse la moitié de la longueur du maxillaire. Les dents sont nombreuses. Les six à huit dernières côtes ne s'articulent plus qu'avec les apophyses transverses, et non avec le corps de la vertèbre.

Mœurs. — Ils ne vivent jamais dans la mer, mais se tiennent à l'embouchure des fleuves. Ils détruisent une très grande quantité de Poissons.

Les PLATANISTES (*Platanista* G. Cuvier, 1824) ont un long rostre, renflé en avant, portant trente paires de dents en haut et en bas implantées dans les maxillaires par des racines qui grossissent d'avant en arrière. Le crâne est renflé par deux prolongements des maxillaires formant casque.

Le Platanisте du Gange (*P. gangetica* Lebeck) est le Dauphin à bec ou *Sousouc* des Hindous. Il a le dos noir, le ventre gris blanc, et les pectorales en éventail. Taille : 2^m,5o à 3^m,5o. Il habite dans les fleuves de l'Inde et les estuaires. Il nage lentement, et se tient de préférence dans les endroits où la marée se fait sentir, sans descendre dans la mer. Il vit solitaire dans les bas-fonds.

Comme son œil est très petit, sans cristallin, il est aveugle, et il doit fouiller la vase avec son long bec pour y chercher les petits Poissons et les Crustacés qui vivent dans les fonds bourbeux.

Les jeunes se tiennent avec leur bouche aux nageoires pectorales de la mère.

Pêche. — Les indigènes le pêchent pour sa graisse et sa chair, au moyen de filets ou de harpons.

Les Sténodelphes (*Stenodelphis* Gervais, 1847, ou *Pontoporia* Gray), de petite taille (1^m,5o), tiennent le milieu entre les Cétacés marins et ceux d'eau douce. Ils ne vivent qu'à l'embouchure du Rio de la Plata.

Les Inies (*Inia* d'Orbigny, 1834), avec leur corps épais, noir bleuâtre en dessus et rougeâtre en dessous, avec leur museau long et *velu*, caractère exceptionnel chez les Cétacés, avec leurs yeux bien développés, se séparent des Platanistes.

L'Inie de Geoffroy (*I. geoffroyensis* Blainv.) est le *Bonto* des Brésiliens. Le mâle atteint 2^m,1o, la femelle la moitié. Il habite l'Orénoque, le Para, et les fleuves du haut bassin de l'Amazone.

C'est un animal inoffensif qu'on voit nager lentement par paires, et venir souvent respirer à la surface. Il est très bruyant et incommode, car un feu sur le rivage les attire en telles quantités qu'il faut l'éteindre pour que le voyageur puisse goûter quelques heures de repos. Il se nourrit de petits Poissons. On ne le chasse que rarement.

LES DELPHINIDES

Les animaux de cette famille sont les vrais Dauphins caractérisés par leur tête peu volumineuse, mais assez allongée, parfois prolongée en rostre, par leurs dents nombreuses portées par les maxillaires dont la symphyse n'excède pas le tiers de leur longueur et par leurs évents dont l'ouverture unique forme un croissant transversal avec les pointes dirigées vers l'avant et qui est placée sur le milieu de la tête.

Ce sont les moins gros de tous les Cétacés et les plus nombreux en espèces.

On peut les diviser en deux groupes : le premier comprend ceux qui ont la tête arrondie sans rostre net. Dans le deuxième ne rentrent que les *Dauphins*, les *Tursiops*, les *Sotalies* et les *Sténos*, dont la tête se prolonge en un rostre distinct, séparé de la saillie qui porte les évents par une rainure en chevron.

Le Narval.

LES NARVALS

Caractères. — Les Narvals (*Monodon* Linné, 1766) se reconnaissent à leur tête sphérique portant une petite bouche, à leur corps épais, et à l'absence de nageoire dorsale représentée par un simple repli cutané. Les nageoires pectorales sont courtes et arrondies.

Ce genre ne comprend qu'une seule espèce, le Narval monocéros (*M. monoceros* L.), caractérisé par de petites dents qui tombent de bonne heure, tandis qu'il ne persiste en avant que deux canines supérieures, rudimentaires chez la femelle, et cachées dans l'alvéole, mais dont celle de gauche, chez le mâle, peut atteindre 2 mètres à 2^m,5o. Cette défense, sans émail, d'un blanc jaunâtre, forme une sorte de cône allongé, de 20 centimètres de diamètre à la base, et présente une surface cannelée en spirale de gauche à droite. Elle lui a valu le nom de *Licorne de mer*. Cette disposition existe même dans celle de droite, quand elle se développe aussi. Le corps est blanc en dessous et d'un gris brun en dessus, avec de nombreuses petites taches plus claires et plus brunes.

La taille de ce Narval peut atteindre 4 mètres.

Habitat. — C'est un habitant des mers polaires, descendant rarement au-dessous du cercle polaire. D'après Nordenskiold, on ne le trouve plus dans le voisinage de la Nouvelle-Zemble. Il est encore abondant près du Spitzberg, mais plus rare sur les côtes sibériennes voisines du détroit de Bering. En un siècle, on signale quatre apparitions près des côtes d'Angleterre, et pourtant les dépôts de pliocène de ce pays en renferment des restes.

Mœurs. — Le Narval vit en petites troupes de quinze à vingt individus qui nagent serrés les uns contre les autres et évitent la terre. Ils se nourrissent de petits Poissons, de Seiches et de divers Crustacés.

La fonction de leur dent n'est pas connue. On supposait que le Narval s'en servait pour attaquer les navires, transpercer ses ennemis. Scoresby admet qu'il l'utilise pour casser la glace afin de respirer, mais il est plus probable qu'elle

Le Marsouin commun.

sert d'arme aux mâles dans les combats qu'ils se livrent entre eux pour la possession des femelles.

La femelle met bas un seul petit, rarement deux.

Produits. — On fait à cet animal une chasse des plus actives, car sa dent, bien que creuse à l'intérieur, est très estimée, ainsi que l'huile qu'il fournit. La dent de la Licorne de mer valait jadis des prix fabuleux, pour fabriquer des sceptres et des crosses. On cite celle de la collection de l'Électeur de Saxe, à Dresde, qui était suspendue à une chaîne d'or et estimée à 100 000 ducats.

LES DELPHINAPTÈRES

Caractères. — Les Delphinaptères (*Delphinapterus* Lacépède, 1804) sont remarquables par leur museau court, leur corps massif et l'absence de nageoire dorsale (d'où leur nom). Les dents, au nombre de neuf à dix paires à chaque mâchoire, se perdent avec l'âge à la mâchoire supérieure. Les vertèbres cervicales sont libres.

Toutes les formes qui ont été décrites ont été rapportées au *Belouga*, l'espèce décrite par Pallas (1776) sous le nom de *Dauphin blanc* (*D. leucas* Pall.). En effet, si les jeunes sont brunâtres, ou gris bleuâtre, les vieux sont d'un blanc de lait, sans aucune tache, ni ride de la peau. C'est le ventre qui change le premier, puis des taches apparaissent sur le dos. La taille des adultes atteint 5 mètres.

Habitat. — Ce bel animal, un des ornements des mers du nord, se trouve jusqu'au 81ᵉ degré ; il est fréquent depuis la baie d'Hudson et le détroit de Davis, jusqu'à la mer de Bering. Il apparaît parfois isolément sur les côtes du Massachusets et de l'Écosse. Des espèces fossiles ont été trouvées dans le quaternaire des États-Unis et le pliocène de l'Italie.

Mœurs. — Il vit par grandes troupes, nageant à la queue leu leu, près des côtes du Groënland et de la Nouvelle-Zemble, où il fait une chasse acharnée aux Poissons et surtout aux grands Flétans et aux Flets, dans les endroits où la profondeur de l'eau lui permet à peine de nager. Il s'empare aussi des Seiches et des Crustacés.

Produits. — On le chasse activement pour son huile (450 litres), sa viande et sa peau. En 1871, les baleiniers de Tromsoe en capturèrent 2167, d'une valeur commerciale chacun de 75 francs. On le tue avec des harpons et des lances, ou on le prend dans des filets.

Sa graisse est considérée comme une friandise. Sa viande, séchée, est mangée en hiver au Groënland. Sa peau, sous le nom de *peau de Marsouin*, sert, en Angleterre, à fabriquer des harnais.

Captivité. — Il s'apprivoise facilement, mais ne vit pas longtemps en captivité.

LES MARSOUINS

Caractères. — Les Marsouins (*Phocœna* Cuvier, 1817) sont les plus connus de tous les Cétacés et les plus fréquents sur les côtes d'Europe. Ils se reconnaissent à leur museau court et arrondi, à leur front en pente douce, à leur nageoire dorsale peu élevée et à leurs dents nombreuses, vingt-cinq paires à chaque mâchoire, comprimées latéralement et dilatées en palettes, mais ne se touchant pas.

LE MARSOUIN COMMUN. — **Caractères.** — Le Marsouin commun (*P. communis* Cuv.) a un corps fusiforme, épais en son milieu ; les nageoires pectorales sont obtuses au bout, la dorsale est triangulaire. La peau est luisante, le dos est brun noir foncé ou noir, à reflets verdâtres ; la couleur devient plus claire vers l'arrière ; le ventre est blanc. Son estomac est formé de plusieurs cavités.

Sa taille est en moyenne de 1ᵐ,50.

Habitat. — C'est, de tous les Delphinidés, celui qui a l'aire de dispersion la plus vaste. On le trouve dans l'Atlantique septentrional et occidental. Il préfère les côtes à la pleine mer. Il est abondant sur les côtes de l'Europe, dans la Méditerranée, la mer Noire, la mer d'Azow, sur les côtes d'Amérique jusqu'au

Mexique. Dans le Pacifique, il traverse le détroit de Bering (*P. vomerina* Gill.) et arrive jusqu'au Japon. Il remonte souvent dans l'embouchure des fleuves : c'est ainsi qu'on l'a capturé dans le Rhin, l'Elbe, la Tamise, dans la Seine à Paris. Dans l'Amérique du Sud, il est représenté par le Marsouin spinipenne (*P. spinipennis* Burm.), fréquent à l'embouchure de la Plata. Sur les côtes de l'Alaska, on trouve encore le Marsouin de Dall (*P. Dalli* True).

Mœurs. — Cet animal est très sociable; il vit en troupes nombreuses, dont les évolutions forment l'un des passe-temps des passagers se rendant en Algérie. Il excelle dans l'art de la natation, joue dans l'eau, bondit, se tourne et se retourne avec rapidité, abaisse et élève alternativement la tête et la queue et recourbe son corps en arc. Parfois il file avec la vitesse d'une flèche, et s'approche si près des barques qu'on pense involontairement à une attaque, et qu'on pourrait l'atteindre avec une gaffe, mais un brusque plongeon le fait passer au-dessous avec la même vitesse. Sa curiosité lui fait recommencer cet exercice plusieurs fois de suite. Il est plus confiant envers les navires à voiles qu'envers les bateaux à vapeur, dont le bruit paraît l'intimider.

Le Marsouin est très vorace; il est détesté des pêcheurs, dont il détruit les filets et en dévore le Poisson. Il suit les bancs de Harengs, poursuit les Maquereaux, les Aloses, les Saumons.

C'est en mai que naît le petit, qui a une longueur de 55 centimètres et un poids de 5 kilogrammes.

Captivité. — Il ne vit pas longtemps en captivité.

Produits. — On le chasse moins pour sa chair, qui, assez délicate chez les jeunes, est dure, filamenteuse et huileuse chez les vieux, que pour son cuir et son huile. Certaines tribus américaines vivent uniquement de sa chasse et de ses produits. Un chasseur, après cinq ou six années d'exercice constant, arrive à en tuer cent à cent cinquante par an.

Le Marsouin de l'Inde ou Néoméris phocénoïde (*Neomeris phocœnoïdes* Cuv.) se distingue par sa couleur noire, par l'absence de dorsale, par la réduction du nombre de ses dents (dix-huit paires par mâchoire) et par sa faible taille, qui ne dépasse pas $1^m,20$. Il habite les mers situées du Cap au Japon, entre les récifs coralliens et les attolls. Ses mouvements sont lents.

Les Céphalorhynques (*Cephalorhynchus* Gray, 1850), d'assez petite taille, comprennent trois espèces des mers australes. De couleur noire, ils portent en dessous une large tache blanche, qui se termine en arrière par trois branches.

Les Orcelles (*Orcella* Gray, 1866) vivent uniquement dans l'eau douce, dans les fleuves qui se jettent dans le golfe du Bengale (*O. fluminalis* Anders. et *brevirostris* Owen). Ce dernier est le *Lomba-Lomba* des Malais. Taille : 2 mètres.

LES ORQUES

Caractères. — Les Orques (*Orca* Gray, 1846) forment un genre caractérisé par une nageoire dorsale et un rostre qui porte, dans toute sa longueur, de onze à douze paires de dents par mâchoire. Ces dents, courtes et fortes, sont coniques avec la pointe dirigée vers l'arrière, et sont maintenues par de fortes racines. La dorsale est très longue, large à la base, amincie vers le haut et recourbée vers la queue, ce qui a valu à cet animal le nom de *Poisson-épée*.

Le nombre des formes est assez grand, aussi les naturalistes ne sont-ils pas d'accord sur leur valeur spécifique. Beaucoup n'admettent qu'une espèce qui, alors, se trouve distribuée dans toutes les mers du globe, du Groënland au nord, à l'Australie au sud. On cite parfois des cas d'individus qui remontent les fleuves.

L'ORQUE ÉPAULARD. — *Caractères.* — L'Orque épaulard (*O. gladiator* Bonnat.) est un Dauphin vigoureux et trapu. Sa tête est petite, son dos élevé, ses pectorales larges et longues; sa caudale, forte et large, se termine par une courbe en forme d'S. Les corps des deux premières vertèbres cervicales sont soudés entre eux.

Son dos est noir brillant, le ventre est blanc de porcelaine, à reflets jaunâtres, et est séparé du dos par une ligne nette, mais irrégulière. Au-dessus de l'œil, mais en arrière, se trouve une tache blanche allongée. En arrière, la coloration blanche du ventre se termine par trois pointes, dont les deux latérales remontent sur les côtés. Souvent une tache bleu pâle ou pourpre dessine la base de la nageoire dorsale.

Sa taille atteint rarement 10 mètres. Généralement elle est de 5 à 6 mètres; alors les pectorales ont 66 centimètres de long et 1^m,48 de large, tandis que la dorsale a 63 centimètres et la caudale une largeur de 1^m,52.

Mœurs. — Les Orques vivent par petites troupes, nageant de concert, la tête et la queue recourbées vers le bas, tandis que la dorsale, sortant de la mer, donne l'illusion d'un sabre. Leur vitesse est énorme, et leur vigilance extrême. Ce sont les plus grands, les plus courageux et les plus carnassiers de tous les Dauphins. Aussi se nourrissent-ils, non seulement de Poissons, mais encore de Phoques, de petits Dauphins, de Marsouins. Eschricht dit qu'ils peuvent dévorer cinq ou six Marsouins à la suite, et, dans un Orque de 5 mètres, il trouva jusqu'à quatorze Phoques communs; il peut donc en dévorer un nombre représentant trois fois sa longueur en mètres.

Mais sa voracité le conduit à attaquer même la Baleine ordinaire, sans être effrayé par l'énormité de sa taille. Ils se mettent à plusieurs pour l'attaquer. Ils lui mordent les lèvres, le corps et lui enlèvent des lambeaux de chair, car la Baleine est tellement effrayée qu'elle est incapable d'aucun mouvement de fuite. Puis, après l'avoir torturée pendant une heure, quand elle est fatiguée, harassée, épuisée, les Orques lui arrachent la langue et la Baleine tombe au fond, où ses assassins affamés la dépècent. Pourtant, Pontoppidan et Steller affirment que c'est une simple haine de nature qui pousse les Orques à agir ainsi, et que jamais ils ne dévorent aucune partie du cadavre de leurs victimes.

Chasse. — Malgré sa graisse, nulle part on ne fait une chasse méthodique à cet animal. Les baleiniers le harponnent à l'occasion. Presque tous les peuples, qui connaissaient ses habitudes, l'ont désigné par les noms de *bourreau* et d'*assassin*. Ce n'est que depuis 1841 que l'on a une bonne description de

L'Orque épaulard.

cette espèce, faite d'après un individu échoué sur la plage près d'un village hollandais.

Le Pseudorque a dents épaisses (*Pseudorca crassidens* Owen), d'un noir uniforme, est une espèce cosmopolite, qui tient le milieu entre les Orques et les Globicéphales. Taille : 4ᵐ,5o.

LES GLOBICÉPHALES

Les Globicéphales (*Globicephalus* Lesson, 1828), dont la tête est globuleuse, sans rostre, la dorsale allongée, basse et épaisse, les pectorales étroites et longues, sont répandus dans toutes les mers.

LE GLOBICÉPHALE NOIR. — *Caractères.* — Le Globicéphale noir (*G. melas* Traill.) ou *Grinde* ou *Dauphin noir*, qui atteint 5 à 6 mètres, est entièrement noir, sauf une tache blanche sur la poitrine.

Habitat. — Il est plus spécial aux mers qui baignent l'Europe, le nord de l'Amérique, et au Pacifique méridional. En 1812, soixante-dix individus échouèrent en une fois sur les côtes, près de Paimpol (Côtes-du-Nord).

Mœurs. — Ces animaux pacifiques se nourrissent principalement de Seiches et, à l'occasion, de Poissons. Ils se réunissent en troupes immenses, qui peuvent compter parfois de mille à deux mille individus, suivant aveuglément un seul conducteur. Cette particularité est mise à profit pour leur capture par les habitants de l'Islande, des îles Færoer, Shetland et Orcades. Quand une troupe est signalée, toute la flottille des pêcheurs, formant un arc de cercle en arrière, cherche à empêcher la fuite vers la haute mer et à chasser à coups de pierres ces animaux dans une baie, où, dès que l'un d'eux est échoué, tous les autres se précipitent avec impétuosité. L'hécatombe commence alors. Dans l'hiver de 1809 à 1810, en Islande, on tua ainsi 1110 de ces animaux, et, en six mois, en 1845, aux îles Færoer, 2080 individus succombèrent sous les coups des pêcheurs.

Le GRAMPE DE RISSO ou GRIS (*Grampus griseus* Cuv.) a la tête moins globuleuse, les pectorales moins longues, la dorsale plus élevée ; les dents supérieures, caduques, n'existent pas chez l'adulte, sa mâchoire inférieure est en retrait par rapport à la supérieure ; il habite toutes les mers. D'assez nombreux échantillons ont été capturés sur les côtes de France et d'Angleterre. Taille : 4 mètres.

Les LAGÉNORHYNQUES (*Lagenorhynchus* Gray, 1846), des mers tempérées et chaudes, tiennent le milieu entre les Dauphins sans bec et les Dauphins à bec.

Leur coloration est noire en dessus et blanche en dessous ; sur les flancs se trouvent des bandes sombres irrégulières et obliques.

Des dix espèces dont se compose le genre, deux seulement ont été capturées sur les côtes de l'Europe. Ce sont le LAGÉNORHYNQUE à bec pointu (*L. acutus* Gray) (2 mètres) et le LAGÉNORHYNQUE A ROSTRE BLANC (*L. albirostris* Gray) ($2^m,5o$) qui visitent les côtes du Groenland, îles Færoer, des Orcades et les rivages de la mer du Nord.

LES DAUPHINS PROPREMENT DITS

Caractères. — Les vrais Dauphins (*Delphinus* Linné, 1758), sur lesquels les anciens ont raconté tant de fables, sont caractérisés par une taille moyenne, un corps bien proportionné, un museau étroit et allongé, séparé du crâne par une dépression marquée, un grand nombre de dents fines (quarante à soixante-cinq paires à chaque mâchoire) et soixante-treize à soixante-quinze vertèbres dont les deux premières sont soudées. Leur taille n'excède pas $3^m,5o$.

Mœurs. — Ils vivent dans toutes les mers, en sociétés nombreuses, et se nourrissent principalement de Poissons, mais quelques espèces y ajoutent des Crustacés et des Mollusques.

LE DAUPHIN COMMUN (*). — Le Dauphin commun (*D. delphis* L.) ou vulgaire, que les pêcheurs nomment *Bec d'Oie* ou *Oie de mer*, à cause de son rostre, est la forme typique et la plus connue de ce groupe.

Caractères. — Le Dauphin commun a les nageoires pectorales et la dorsale allongées et falciformes, tandis que la caudale est semi-circulaire. Le nombre des dents varie de quatre-vingt-deux à cent sur la mâchoire supérieure, et de quatre-vingt-dix à cent deux sur l'inférieure. Ces dents pointues sont séparées les unes des autres latéralement, de façon à s'engrener mutuellement. Le dos est gris noir foncé, à reflets verdâtres, se confondant peu à peu sur les

---

(*) Pl. XXXV. — Le Dauphin commun (en bas) (Planche, p. 40).

flancs avec la teinte plus claire du ventre. Sa taille ne dépasse pas 2ᵐ,5o.

Habitat. — Le Dauphin se rencontre dans toutes les mers tempérées et tropicales du globe, aussi a-t-il reçu un grand nombre de noms.

Mœurs. — Très enclin à jouer et capricieux, il est tantôt en pleine mer, loin de toutes les côtes, tantôt il remonte les fleuves. On le trouve partout.

Le plus souvent on le rencontre en troupes de six à dix individus. Ils arrivent auprès des navires et folâtrent autour d'eux avant de prendre une autre direction. Ils plongent et remontent sans cesse, et chaque fois que l'on aperçoit à la surface des ondes leur dos foncé, on entend un bruit de soufflet et l'on voit un jet s'élever dans l'air.

Le seul aspect de la dentition indique déjà que ce Dauphin est un des carnassiers marins les plus terribles. Il se nourrit exclusivement de Poissons, de Crustacés, de Céphalopodes et d'autres animaux de mer. Il poursuit surtout les Sardines, les Harengs et les Poissons volants. C'est lui qui fait s'élancer hors de l'eau ces derniers; souvent on le voit lui-même bondir après eux et les suivre à toute vitesse. Après qu'ils ont pris trois ou quatre essors, les Poissons volants sont épuisés et ils deviennent la proie du Dauphin.

La femelle ne met bas qu'un petit à la fois, elle le soigne avec la plus grande sollicitude.

Pêche. — L'Orque est pour le Dauphin un ennemi plus terrible que l'homme, car celui-ci ne le pourchasse que s'il manque de viande fraîche. Quand il est pris, le Dauphin fait entendre, dans son angoisse, de profonds soupirs.

Sa chair était jadis assez estimée en Europe, ainsi que son foie et son huile.

L'intelligence de cet animal, sa forme, ses habitudes bizarres, ont attiré de tout temps l'attention. Aussi joue-t-il un grand rôle dans la mythologie, et le trouve-t-on fréquemment figuré sur des médailles. Pline raconte même l'histoire d'un Dauphin qui, très reconnaissant de ce qu'un jeune garçon venait lui donner du pain, portait l'enfant sur son dos à travers le lac Lucrin, jusqu'à son école, et le ramenait chez lui de la même façon. La mort du garçon produisit un tel chagrin au Dauphin qu'il en mourut.

Parmi les treize autres espèces, quelques-unes sont imparfaitement connues. Les principales sont :

Le DAUPHIN DE DUSSUMMIER (*D. Dussummieri* Blanf.), de la côte de Malabar ;

Le DAUPHIN A VENTRE ROSE (*D. roseiventris* Wagn.), des îles Moluques et du détroit de Torrès, qui atteint à peine 1ᵐ,3o ;

Le DAUPHIN ATTÉNUÉ (*D. attenuatus* Gray), de l'Atlantique et du cap de Bonne-Espérance, dont les flancs sont tachetés ;

Le DAUPHIN MALAIS (*D. malayanus* Len.), de la Malaisie et de l'embouchure du Gange, qui est d'un gris cendré uniforme.

LES TURSIOPS

Les Tursiops (*Tursiops* Gervais, 1855), comprennent cinq espèces, qui ont un rostre plus court et plus pointu, ainsi qu'un corps plus trapu que les vrais

Dauphins. Le nombre des dents varie de vingt-deux à vingt-six paires à chaque mâchoire. On en a trouvé des restes dans le miocène et le pliocène de l'Italie.

LE TURSIOPS NÉSARNAK. — Le Tursiops nésarnak (*T. tursio* Fabr.) ou Tursion, appelé encore le *Grand Dauphin* ou le *Souffleur*, est l'espèce la plus connue du genre, dont les quatre autres vivent dans toutes les mers chaudes et tempérées du globe.

Caractères. — Sa coloration est généralement, sur le dos et les côtés, d'un gris rouge bleuté, tandis qu'elle est blanche sous le ventre, et que les côtés offrent un passage graduel entre ces deux couleurs. Sa taille peut dépasser $3^m,5o$.

Habitat. — Il est plus rare que le Dauphin commun. Il vit dans l'océan Atlantique, sur les côtes de l'Europe et de l'Amérique, dans la Méditerranée, dans le golfe du Bengale, près des îles Seychelles et près des côtes de l'Afrique orientale.

Mœurs. — Il vit en troupes nombreuses, composées uniquement de mâles de même taille, pendant la plus grande partie de l'année. Mais, au printemps et en été, dans le nord, les troupes sont composées de mâles et de femelles de tout âge. Au printemps, ils émigrent vers le nord ; en automne, ils redescendent vers le sud. Pourtant on en trouve toute l'année, près du cap Hatteras, dans la Caroline septentrionale, car on a établi là une pêcherie qui est très prospère. Un matin, on en a pêché 14 d'un coup de filet, dans l'après-midi 66, et entre le 15 mai 1884 et le 15 mai 1885, on en captura 1268 ; les adultes de l'été donnent environ 110 litres d'huile, ceux de l'hiver en donnent moins.

Le TURSIOPS ABUSALAM (*T. abusalam* Rupp.) est plus spécial à la mer Rouge, et au golfe d'Aden. Le TURSIOPS A PETITES NAGEOIRES (*T. parvimanus* V. Bun.) n'a été trouvé que dans la mer Adriatique.

Les SOTALIES (*Sotalia* Gray, 1866) comprennent dix espèces qui habitent les fleuves de l'Amérique tropicale, ceux de la Chine et de l'Afrique occidentale. La SOTALIE TUCUXI (*S. tucuxi* Gray), dont les individus vivent isolément, est spéciale à l'Amazone ; la SOTALIE de la Guyane (*S. guianensis* V. Bun.) habite l'embouchure des fleuves de cette région. Quant à la SOTALIE DE TEUSZ (*S. Teuszi* Kück), du Cameroun, elle paraît se distinguer de tous les Cétacés parce qu'elle se nourrit exclusivement de végétaux.

Le STÉNO LONG-BEC (*Steno rostratus* Denn. ou *frontatus* Cuv.) est un animal des mers d'Europe (côtes de France, d'Angleterre), de la mer Rouge et de l'océan Indien. Sa taille est plus grande que celle du Dauphin vulgaire. C'est un carnassier terrible qui vit de Mollusques et de petits Poissons. Dans son estomac, on a trouvé des restes de plus d'un millier de ces animaux.

Les CÉTACÉS FOSSILES. — A part les fossiles faisant partie des familles actuelles, il est intéressant de citer les *Squalodontidés* et les *Zenglodontidés*, qui dépassaient en taille les plus grands Cétacés vivants et s'en distinguaient par leurs trois sortes de dents. Les premiers, du tertiaire de l'Europe, avaient un crâne ressemblant à celui des Denticites ; les seconds, de l'éocène des États-Unis, sont voisins des Physétéridés. Leur long rostre portait des molaires denticulées à deux racines.

Les Rongeurs

Les Rongeurs sont des Mammifères de taille généralement petite, pourvus de quatre pattes onguiculées, propres à la marche, au saut ou au fouissement, et de deux sortes de dents seulement : deux incisives en haut et deux en bas (excepté chez les Léporidés), séparées des molaires par un espace vide appelé *barre*.

Caractères. — Cet ordre, le plus nombreux en espèces, forme un groupe très naturel, malgré une grande diversité de formes due à des adaptations diverses, et des différences de taille assez grandes. A part le Cabiai, le Castor, le Mara et le Porc-Épic, on peut regarder la Marmotte et le Lièvre comme des représentants de grande taille. L'Écureuil, le Rat, le Surmulot nous donnent une idée des dimensions moyennes des animaux de ce groupe. D'autres sont encore plus petits, comme le Mulot et la Souris, mais ils sont toujours supérieurs en volume aux plus petites espèces de Musaraignes, et en particulier à celle de Madagascar, le plus petit Mammifère connu. Bien que plusieurs détails rappellent les Marsupiaux, on peut pourtant établir un certain parallélisme entre les formes des Insectivores et celles des Rongeurs, et l'on constate que l'avantage de la taille reste toujours aux Rongeurs. La presque identité dans la structure anatomique rend encore le rapprochement plus probant. Malgré cela, la dentition seule suffit pour éloigner ceux dont la physionomie est la même.

Les incisives, dont il y a toujours au moins une paire par mâchoire, sont longues, arquées et revêtues en avant d'un large ruban d'émail qui peut parfois présenter des cannelures et une coloration jaune ou orangée. Ces dents, à croissance continue, s'insèrent fortement dans les maxillaires, et s'enfoncent parfois au-dessous des molaires. Comme elles s'usent constamment par l'usage, la face postérieure plus que l'antérieure, elles ont la forme d'un ciseau et conservent à peu près toute la vie les mêmes dimensions ; ce qui n'a plus lieu si l'une des dents vient à manquer : la dent antagoniste se développe outre mesure et acquiert une longueur gênante pour l'animal. Elle peut sortir de la bouche ou se replier en dedans. Le condyle du maxillaire, longitudinal, facilite les mouvements d'avant en arrière, nécessités par le rongement.

Dans la famille des Lièvres, on trouve en outre, sur les os incisifs, deux petites dents qui sont placées en arrière des incisives fonctionnelles.

Les canines font toujours défaut, même dans la première dentition.

Les molaires sont généralement au nombre de trois ou quatre paires, mais chez les Hydromys ce nombre descend à deux, tandis qu'il s'élève à cinq chez les Lagomys et même à six en haut chez les Lièvres et les Lapins. Quel que soit leur nombre, ces dents sont à peu près uniformes et ne peuvent être distinguées en prémolaires et molaires. Seule, l'étude du développement permet de constater qu'il y a toujours *trois* vraies molaires placées en arrière, et que celles qui sont en avant sont des prémolaires puisqu'elles sont représentées dans la dentition de lait. Seulement, dans certains cas, comme chez le Cobaye, elles peuvent tomber avant la naissance et ne sont pas remplacées. Les Rongeurs à quatre molaires ne remplacent qu'une dent de lait comme chez les Marsupiaux, et les Rongeurs qui en ont cinq en échangent deux.

La structure des molaires est très variée, depuis la dent du Cabiai jusqu'à celle des Rats. Les relations entre l'émail, l'ivoire et le cément ont permis de faire des coupures importantes dans ce groupe et d'établir de nouveaux genres. Souvent l'émail forme dans la masse des replis rubanés pour en assurer la solidité, et les contours doivent être examinés avec soin pour les déterminations génériques et spécifiques. Il s'ensuit que l'âge modifie souvent les figures coronales, parce que l'usure donne des dessins différents suivant la hauteur. Dans les Campagnols, la surface latérale est flexueuse, plissée, en sorte que la couronne paraît être en zigzag. Enfin les dents peuvent être tuberculeuses chez les granivores, comme les Rats, et les frugivores, comme les Loirs.

En somme, on peut dire qu'il existe chez les Rongeurs des dents simples, tuberculeuses, plissées et lamelleuses. Si l'on considère d'une part la dentition de l'Aye-Aye, d'autre part celle du Daman, on comprend comment certaines réductions ou disparitions peuvent conduire à la dentition si particulière des Rongeurs. La formule dentaire varie de :

$$i\frac{2}{1}, c\frac{0}{0}, pm\frac{3}{2}, M\frac{3}{3} = 28 \text{ dents chez les Léporidés,}$$

à

$$i\frac{1}{1}, c\frac{0}{0}, pm\left(\frac{0-1}{0-1}\right), M\frac{3}{3} = 16 \text{ dents, chez la plupart des autres Rongeurs.}$$

La cavité buccale, grâce au tégument qui s'y enfonce, est divisée en deux loges communiquant par un orifice étroit, l'antérieure ne contenant que les dents rongeuses, et la seconde renfermant les molaires. Cette disposition s'oppose évidemment à l'entrée, dans la bouche, des copeaux de bois que fait l'animal quand il ronge. Dans les Lièvres et les Pacas, le côté interne de la peau est poilu, et, dans beaucoup de cas, il existe des poches ou abajoues qui s'ouvrent au voisinage de la bouche et s'étendent jusqu'à l'oreille. Dans les Géomyidés, ces poches s'ouvrent même sur le côté de la joue.

La physionomie générale des Rongeurs varie suivant les espèces. Leur corps est allongé ou ramassé ; leur cou court et gros ; leurs yeux saillants ; leurs lèvres mobiles, fendues en avant, portent des moustaches; leur queue et leurs oreilles sont très variables. Leurs membres sont disposés pour la marche, le saut ou la natation. Les pattes postérieures ont des caractères moins fixes que les antérieures. Le nombre des doigts, de cinq chez les Écureuils et les Rats, est de quatre chez les Lièvres, et de trois chez les Cabiais, les Viscaches et les Agoutis. Dans les Sauteurs, le nombre des doigts varie de trois à cinq, les métatarsiens sont allongés et même soudés, comme chez les Gerboises. Quelques types acquièrent un aspect curieux, par la présence d'une membrane formant parachute, qui s'attache aux flancs et aux membres.

Le pelage, souvent doux et moelleux, devient dur et épineux dans quelques cas ; d'autres fois, il se compose de piquants longs et forts chez le Porc-Épic, plus faible chez l'Echimys. Parfois le duvet n'existe pas, alors les animaux habitent les pays où la température est élevée et s'acclimatent difficilement chez nous (Cochon d'Inde). Les autres, qui habitent les pays du nord ou les lieux élevés, sont recherchés par le commerce des pelleteries, comme les Écureuils, les Chinchillas ; quelques espèces même sont aquatiques, comme le Castor, l'Ondatra, le Coypou.

Les Rongeurs sont en général très féconds et pulluleraient rapidement partout, s'ils n'avaient de nombreux ennemis. Les jeunes naissent sans poils et avec les yeux fermés, à l'exception des Levrauts et des jeunes Cobayes qui courent déjà fort bien et broutent dès le premier jour. Le nombre des mamelles varie de deux chez le Cochon d'Inde, malgré le grand nombre de ses petits, à dix chez l'Écureuil. Elles sont inguinales, pectorales ou abdominales ; elles sont même placées très haut sur les flancs chez les Myopotames.

L'intestin, muni d'un grand cæcum, excepté chez les Myoxidés qui en sont dépourvus, est remarquable par ses dimensions, surtout chez les Lièvres (dix fois les dimensions de l'estomac), où il est aussi cloisonné intérieurement. L'estomac, qui est un sac simple chez les Écureuils, peut devenir aussi complexe que chez les Ruminants, chez les Lemmings, et porter, au cardia et au pylore, des masses glandulaires comme chez le Lophiomys et le Castor. Les hémisphères cérébraux sont petits et les circonvolutions peu marquées, ce qui indique une intelligence assez bornée.

Le squelette présente une clavicule chez les animaux dont les membres antérieurs ont des fonctions compliquées à remplir, tandis que cet os est rudimentaire ou nul chez ceux dont les membres antérieurs sont surtout aptes à la course. Les doigts sont libres, armés de griffes plus ou moins acérées.

Le groupe des *Subongulés* sud-américains, les Cobayes, les Maras, les Agoutis, doit son nom à la présence de vrais sabots au lieu d'ongles, et fait le passage aux Ongulés vrais.

L'odeur particulière des Rongeurs est due à des glandes spéciales situées à l'arrière du corps.

Habitat. — La distribution géographique des Rongeurs semble démontrer l'existence de divers centres de dispersion d'où les animaux auraient rayonné. Les mille quatre cents espèces de ce groupe habitent les deux hémisphères ; seuls les

Muridés, adaptés à tous les climats, sont répandus sur le monde entier ; les Lièvres et les Écureuils ne sont exclus que de Madagascar et de l'Australie. L'Amérique du Sud, avec ses trente-sept genres, paraît être leur séjour de prédilection.

Mœurs. — Les Rongeurs, ayant les genres de vie les plus divers, vivent sous tous les climats et à toutes les altitudes. On les trouve sur terre et dans des terriers, sur les arbres et dans l'eau. Ils ont des sens fins, sont vifs, éveillés, actifs, joueurs, mais toujours craintifs. Pourtant quelques-uns, comme les Rats, sont méchants et féroces.

La plupart vivent par paires et se nourrissent de végétaux : racines, écorces, feuilles, fleurs, fruits, bois, et parfois de substances animales. Beaucoup amassent des provisions pour l'hiver, tandis que d'autres entreprennent des migrations très longues, à des époques indéterminées, et d'autres ont un sommeil hibernal. Quelques-uns aiment à habiter sous leurs constructions, qui ont fait de tous temps l'admiration des hommes.

A cause de leur fécondité, les Rongeurs seraient les ennemis les plus redoutables pour nos champs et nos jardins, s'ils n'avaient un nombre considérable d'ennemis et s'ils n'étaient sujets à de nombreuses maladies. Les Rongeurs ne sont guère outillés pour se défendre, ils sont essentiellement fuyards. Aussi, pour échapper à leurs ennemis, sont-ils très aptes à se dissimuler, grâce à leur petite taille, à leur couleur terne et à leurs habitudes nocturnes ; à se rendre inaccessibles grâce à leurs épines, à leur habitat dans des terriers, dans l'eau, dans les arbres, et à fuir, grâce à leur agilité.

Usages. — Peu de Rongeurs méritent d'être apprivoisés. Seules quelques espèces fournissent des fourrures fines et estimées.

Classification. — La classification des Rongeurs laisse encore beaucoup à désirer. On s'accorde à distinguer dans ce groupe quatre types de structure, qui comprennent chacun un certain nombre de familles :

A. Les Rongeurs ressemblant à l'Écureuil ou *Sciuromorphes* :

    1° Les *Anomalures* ou *Anomaluridés* ;

    2° Les *Écureuils* ou *Sciuridés* ;

    3° Les *Castors* ou *Castoridés*, avec les *Haplodontes.*

B. Les Rongeurs ressemblant au Rat ou *Myomorphes* :

    4° Les *Loirs* ou *Myoxidés* ;

    5° Les *Rats* ou *Muridés* (Gerbilles, Cricets, Arvicoles, Murins) ;

    6° Les *Rats-taupes* ou *Spalacidés* ;

    7° Les *Rats à poches buccales* ou *Géomyidés* ;

    8° Les *Rats sauteurs* ou *Dipodidés.*

C. Les Rongeurs ressemblant au Porc-Épic ou *Hystricomorphes* :

    9° Les *Pseudo-Rats* ou *Octodontidés* ;

    10° Les *Porcs-Épics* vrais ou *Hystricidés* ;

    11° Les *Chinchillas* ou *Chinchillidés* ;

    12° Les *Subongulés* (Cobayes, Cabiais, etc.).

D. Les Rongeurs ressemblant au Lièvre ou *Lagomorphes* :

    13° Les *Lagomyidés* ;

    14° Les *Lièvres* ou *Léporidés.*

Les Écureuils
et les Marmottes

LES ANOMALURES

Les Anomalures (*Anomalurus* Waterhouse, 1842) forment une famille curieuse, ne comprenant qu'un genre avec neuf espèces habitant toutes l'Afrique, au sud du Sahara.

Caractères. — Extérieurement, ils ressemblent aux autres Écureuils volants, car, comme eux, ils sont pourvus sur les côtés, entre les membres, d'expansions aliformes, mais elles sont supportées par un cartilage partant de l'olécrâne, au coude. Seulement, cette membrane reliant aussi les deux cuisses, il s'ensuit que la queue y est incluse à sa racine. Les cinq ongles sont forts et comprimés, excepté celui du pouce; la queue forme un panache dans sa partie libre, et porte en des-

L'Anomalure
de
Fraser.

sous de grosses écailles cornées imbriquées, qui probablement jouent un rôle quand ils grimpent sur les arbres. Les moustaches sont fort longues et les oreilles moyennes et en partie nues. Le pelage est doux et souple sur tout le corps.

Les quatre paires de molaires présentent une couronne avec quatre cercles ovalaires d'émail entourés par un cercle flexueux. Les particularités du crâne, celles du squelette, qui, entre autres, présente seize vertèbres dorsales, d'où seize paires de côtes, ont fait classer ce genre dans une famille à part.

L'ANOMALURE DE FRASER (*A. Fraseri* Waterh.), le plus anciennement connu, a le pelage roux tiqueté avec la base des poils brune ; le dessus de la tête et le nez sont roux gris. Le dessous du corps est d'un jaunâtre plus foncé vers le cou et le tronc. Il a dix écailles sous-caudales.

Il habite depuis la Gambie jusqu'à l'île de Fernando-Po et au Gabon, où il en existe une variété (*A. F. Beldeni*).

L'ANOMALURE DE PELE (*A. Pelei* Temm.) est brun noirâtre en dessus, plus clair en dessous et sous la membrane aliforme. Sa belle queue grise et en panache porte quinze écailles. Ce joli animal habite la côte occidentale de l'Afrique, ainsi que l'ANOMALURE DE BEECROFT (*A. Beecroftii* Fraser).

L'ANOMALURE ÉCLATANT (*A. fulgens* Gray), ou du Gabon, a une robe orangé vif, montrant une tache blanche entre les oreilles et une autre sur chaque joue.

Sa longueur est o^m,535, dont un tiers pour la queue.

. **Mœurs**. — Les dispositions squelettiques de ces animaux indiquent une grande aptitude à grimper le long des arbres ; leur vol est plus étendu que celui des Ptéromys et des Polatouches. Les écailles caudales leur servent probablement à s'arc-bouter quand ils s'arrêtent, car leurs allures vives sont éminemment gracieuses. Leur vol est toujours oblique vers le bas ; ils savent proportionner leur effort à la distance à parcourir et prendre la direction exacte pour arriver juste au point qu'ils désirent atteindre.

LES ÉCUREUILS OU SCIURIDÉS

Les Sciuridés, caractérisés par un corps élancé, à pelage mou, une queue souvent floconneuse, toujours poilue, ont un front large et plat, des yeux gros et saillants, des oreilles plus ou moins grandes portant souvent un pinceau de poils, des membres postérieurs pentadactyles, plus longs que les antérieurs, ceux-ci n'ayant que quatre doigts et un rudiment de pouce, parfois protégé par un ongle plat. La lèvre supérieure est fendue, et l'extrémité du museau nue présente un sillon séparant les deux narines. La mâchoire inférieure porte quatre molaires radiculées et tuberculeuses ; la supérieure cinq, dont la première est toujours petite et parfois caduque. Les clavicules existent et la queue renferme seize à vingt-cinq vertèbres.

Habitat. — De nombreux Sciuridés habitent toute la terre, même les régions arctiques et tropicales, à l'exception de l'Australie et de Madagascar.

Mœurs. — Ils se tiennent de préférence dans les forêts, car la plupart sont arboricoles; d'autres se creusent des terriers. Leurs mouvements sont partout rapides et gracieux, seuls les Écureuils volants sont embarrassés sur le sol. Pour dormir, ils se roulent en boule dans un nid approprié à cet effet; quelques-uns s'endorment en hiver.

Il y a plusieurs portées par an, et les petits, nus et aveugles, ont besoin d'un lit bien chaud et de beaucoup de soins de la part de leur mère.

Ils s'apprivoisent facilement, sauf les Écureuils volants.

Ce sont des animaux plutôt utiles que nuisibles, dont la fourrure est appréciée dans le commerce.

LES ÉCUREUILS PROPREMENT DITS

Les Écureuils (*Sciurus* Linné, 1666) proprement dits ont le corps allongé, la queue aussi longue que le corps, touffue, relevée en panache, le long de laquelle les poils sont parfois placés sur deux rangs, les oreilles assez longues. Le rudiment de pouce porte un ongle plat, le quatrième doigt est le plus long, comme dans les Tamias. Ils ont :

$$i\frac{1}{1}, pm\frac{2}{1}, M\frac{3}{3} = 22 \text{ dents.}$$

Habitat. — « Le nombre des espèces de ce genre est d'environ soixante-quinze, dont trois vivent dans la région paléarctique, quinze dans la région éthiopienne, quarante dans la région orientale et seize dans les régions néarctiques et néotropicales. » (Thomas.)

L'ÉCUREUIL COMMUN. — L'Écureuil commun (*S. vulgaris* L.) est le type du genre et de toute la famille. C'est un compagnon agréable, qu'on aime à voir évoluer dans la forêt, et que les Grecs avaient déjà caractérisé en lui donnant le beau nom que la science a conservé pour le groupe, et qui signifie : « celui qui s'ombrage avec la queue ».

Caractères. — Sa queue est touffue et distique, ses oreilles surmontées d'un pinceau de poils longs; la plante de ses pieds est nue. Son pelage change avec les climats et les saisons. En été, toutes les parties supérieures sont toujours d'un brun roux, mêlé de gris sur la tête; la gorge, la poitrine et le ventre sont blancs. En hiver, dans nos climats, le pelage est gris avec un léger reflet brun, la queue noire, et les pattes rousses, tandis que dans le nord et en Sibérie, il est d'un beau gris franc, sans reflet roux. On en trouve parfois qui sont tout noirs dans les Alpes, le Harz et les Carpathes, ou bien tout blancs, ou tachetés de blanc avec la queue blanche. Sa taille est de $0^m,25$, et la queue atteint presque cette longueur ($0^m,22$).

Habitat. — Il ne manque dans aucune forêt, et s'avance au nord et dans les montagnes jusqu'à la disparition des arbres. Il se trouve dans toute l'Europe, de la Grèce et du Caucase à la Laponie, dans la Sibérie jusqu'au Pacifique, et dans l'Asie centrale. L'Écureuil alpin, celui de Perse (*S. persicus* Erxl.) et celui du Japon (*S. lis* Temm.) lui ressemblent beaucoup (*).

Mœurs. — L'Écureuil est sans contredit un des ornements de nos forêts. Aucun animal européen ne le surpasse en agilité, en grâce et en gentillesse. Il court, il glisse sur les arbres, grâce à ses ongles longs et aigus, saute de branche en branche, et même à terre, s'il est poursuivi. Sur le sol, il s'avance par bonds si rapides qu'un Chien a de la peine à l'attraper. Ses sauts atteignent 4 à 5 mètres ; jamais il ne tombe à terre, ni ne fait un faux pas. Il fuit l'humidité et le trop grand jour ; aussi aime-t-il les forêts sombres, sèches et composées d'arbres verts ; il s'éloigne peu de son canton, quoique ses troupes effectuent parfois de grands voyages, comme on a pu le constater en Laponie. Il traverse alors fleuves et rivières, car il nage très bien, mais, en temps ordinaire, il n'aime pas l'eau.

Les bourgeons, les fruits, les graines, les cônes forment le fond de sa nourriture. Il visite les buissons de coudriers, choisit le fruit le plus mûr dans un chaton, le dépouille, le saisit entre ses pattes de devant, en perce la coquille de quelques coups de ses dents rongeuses, le tourne rapidement entre ses pattes, jusqu'à ce qu'il se fende en deux, puis il en retire l'amande et la broie longuement entre ses molaires, car il ne possède pas d'abajoues. A-t-il détaché un cône de pin, il s'assied sur son train de derrière, porte le cône à sa bouche, le tourne, le retourne, et en coupe les bractées pour s'emparer des graines placées à leur base. Il aime aussi les fraises, les noix, les glands, les samares de l'érable. Dans les drupes et les baies, il ne prend que le noyau et les pépins et rejette la chair. Brehm affirme que deux amandes amères suffisent pour le tuer. Il ne s'attaque aux bourgeons, aux feuilles de myrtille, aux écorces que s'il y est forcé par la faim. Tschudi assure même qu'il aime les champignons et les truffes. Les œufs sont pour lui une friandise : il pille les nids et dévore les Oisillons, s'il ne s'attaque pas aux parents.

Quand la nourriture abonde, son instinct de prévoyance le pousse à amasser des provisions dans des greniers qu'il place dans des fentes, des creux d'arbres, sous les pierres, les ruines, les buissons et parfois dans l'un de ses nids. Dans les temps de pluie, il sait retrouver ces amas pour son usage, car si pendant les grandes chaleurs il ne quitte son nid que le matin et le soir, il craint encore plus la pluie et les orages. Une demi-journée avant le changement de temps, il est déjà inquiet, puis, aux premiers signes de l'orage, chacun d'eux se retire dans sa demeure où il s'enroule sur lui-même et attend tranquillement pendant plusieurs jours que la pluie cesse, ou que la faim le chasse à l'un de ses greniers d'abondance.

Un automne pluvieux et un hiver rigoureux sont fatals aux Écureuils. Beaucoup périssent de faim et de froid, car ils ne s'endorment pas pour l'hiver, ils ont donc besoin de provisions.

Ce gracieux animal a toujours plusieurs retraites. Souvent il se loge temporairement dans les nids abandonnés des Corbeaux et des Oiseaux de proie,

---

(*) Pl. XXXVI — L'Écureuil commun.

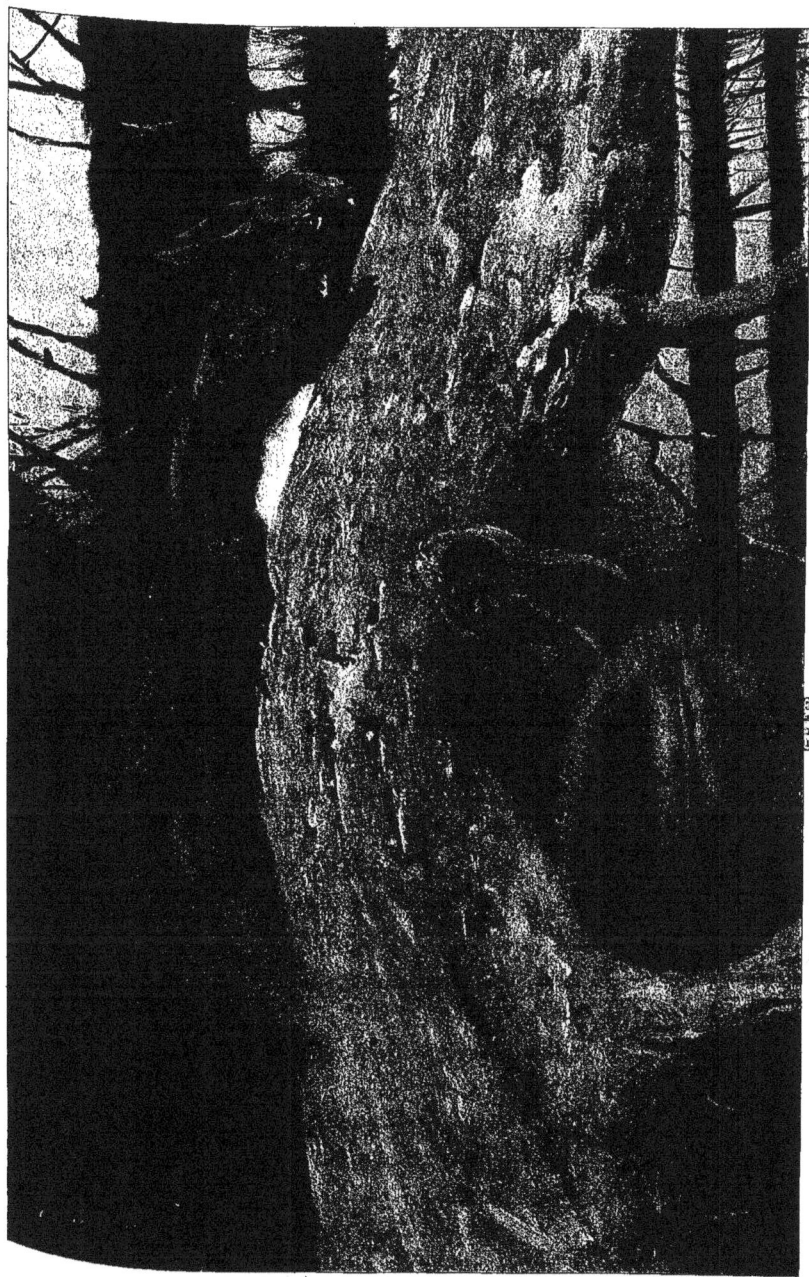

dans les trous des arbres, mais l'habitation familiale où il passe la nuit, où les petits viennent au monde, il l'édifie de toutes pièces avec des matériaux souvent empruntés à des nids d'Oiseaux. Ce nid est intelligemment et assez artistement construit. Le fond est disposé comme celui d'un nid d'Oiseau, mais il est surmonté d'un dôme de bûchettes, légèrement conique, assez épais pour s'opposer au passage de l'eau de pluie, en sorte que, dans son ensemble, il a une assez grande analogie avec un nid de Pie. L'entrée principale se trouve à la partie inférieure, du côté du soleil levant, tandis que vers l'extrémité opposée, dans l'épaisseur du dôme, par conséquent, est ménagée une petite ouverture pour la fuite de l'animal en cas de surprise. L'intérieur est mollement rembourré avec de la mousse. Au dehors, se trouvent des branches solidement entrelacées. Si l'Écureuil rencontre un vieux nid de Pie, comme la besogne est en partie faite, il l'adopte et ne lui fait subir que quelques modifications pour l'approprier à ses goûts.

C'est là que naissent les petits en avril. Ils sont au nombre de trois à sept, et restent aveugles pendant neuf jours. La mère les soigne avec tendresse, et les transporte dans un autre nid, si elle prévoit quelque danger. Une deuxième mise bas a lieu en juin.

Ennemis. — L'Écureuil, dont l'intelligence et les sens sont très développés, sait dérouter ses ennemis avec beaucoup de ruse. Lorsqu'il cherche un refuge sur un arbre, il a la précaution de grimper du côté opposé à celui par lequel arrive son ennemi, il se glisse dans les branches, se tapit et montre à peine sa tête. Il échappe facilement à la dent du Renard, plus difficilement au Milan et à l'Épervier, mais c'est la Marte qui est son plus redoutable ennemi. L'Écureuil a beau fuir avec des sifflements d'angoisse, la Marte le poursuit partout, jusqu'à ce que de la cime d'un arbre il se décide à s'élancer à terre et à fuir dans une cachette.

Chasse. — Aux bords de la Léna, les paysans, à partir des premiers jours de mai, ne s'occupent que de la chasse des Écureuils. Ils dressent des pièges consistant en deux planchettes, entre lesquelles se trouve un morceau de bois vertical auquel ils attachent un peu de Poisson gâté. Si l'Écureuil vient à toucher à l'appât, il fait tomber le morceau de bois, et la planche supérieure l'assomme.

Les Tongouses le tuent avec des flèches émoussées, pour ne pas endommager sa peau.

Captivité. — La propreté de l'Écureuil est remarquable et le rend un des Rongeurs les plus agréables en captivité. Dès qu'il est tranquille, il se lisse et se nettoie sans cesse. En liberté, on ne trouve jamais ses excréments dans son nid, il les dépose toujours au pied d'un arbre. Quand on veut tenir des Écureuils dans une chambre, il faut capturer des petits au nid. On les nourrit d'abord avec du pain et du lait, ou on les donne à une jeune Chatte de bon caractère pour les allaiter.

Pendant le jeune âge, l'Écureuil est gai, vif, très inoffensif et se laisse volontiers caresser. Il reconnaît son maître, arrive à son appel. Mais, en vieillissant, il devient méchant, il mord.

On ne peut laisser un Écureuil librement courir dans la maison, il flaire, fouille, ronge, vole tout. Sa cage doit être doublée de fer-blanc, et il faut avoir soin, pour lui permettre d'user ses dents, de lui donner des objets à ronger : noix, cônes de pin, morceaux de bois même. Il prend sa nourriture entre ses pattes de devant, choisit l'endroit le plus convenable, s'y assied, ramène la queue par-dessus sa tête, regarde autour de lui pendant qu'il mange et ne manque jamais, lorsqu'il a fini, de s'essuyer le museau et les moustaches.

Produits. — Les peaux provenant de Laponie et de Sibérie sont estimées et vendues dans le commerce, sous le nom de *petit-gris*. Elles servent à confectionner des fourrures, douces au toucher, riches et simples. La Russie en exporte chaque année plus de 4 millions au prix de o fr. 60 à 2 fr. 50 la pièce. Des poils de sa queue on fait des pinceaux. Sa chair, tendre et délicate, est bonne à manger.

L'Afrique occidentale, depuis le Sénégal jusqu'au Gabon, nourrit diverses espèces, assez grandes, de vrais Écureuils, dont les plus connus sont : l'Écureuil a bras rouges (*S. rufobrachiatus* Waterh.), l'Écureuil annelé (*S. annulatus* Desm.) ou de la Gambie, dont la queue est annelée de noir et de blanc, et l'Écureuil ponctué (*S. punctatus* Temm.).

L'ÉCUREUIL DE L'INDE. — *Caractères.*

— L'Écureuil de l'Inde (*S. indicus* Erxl.), dont on a fait le type du genre *Funambulus*, a un pelage variable, et la taille du Chat domestique. Son port élégant et les belles colorations de son pelage en font un des plus beaux représentants de toute la famille. Son poil est long, mou et abondant. Sa queue est longue, épaisse et touffue; ses oreilles, courtes et arrondies, portent un fort pinceau de poils courts. Généralement le dos est noir, excepté le milieu et les flancs, qui passent au rouge-cerise foncé; le sommet de la tête, le cou, les pinceaux des oreilles et une raie qui descend de l'oreille sur le cou, sont d'un rouge vif; une bande jaune clair va d'une oreille à l'autre. Le ventre, la face externe des pattes antérieures et le museau sont jaune ocre. Le corps a o^m,45 de long et sa queue à peu près autant.

Habitat. — On le trouve dans toute la presqu'île indienne, au nord du Gange. Une variété de grande taille (*S. i maximus*) ou Écureuil roi, habite la côte de Malabar et les montagnes des Cardamomes.

Cet Écureuil est représenté dans les forêts du Sikkim, du Bhoutan, dans la presqu'île indo-chinoise, à Sumatra, à Bornéo et à Java, par l'Écureuil bicolore (*S. bicolor* Sparrm.), dont la couleur foncée du dos est nettement séparée de celle plus claire du ventre, et qui a les mêmes mœurs. Les variétés locales sont très nombreuses. Une espèce à grande queue (*S. macrourus*, Penn.) a été signalée dans les Nilghirries, les Ghatts et à Ceylan.

Mœurs. — Ce grand Écureuil est diurne et exclusivement arboricole. Il se plaît à la cime des arbres et y bâtit son nid fait de feuilles et de branches. Il peut faire des sauts de 6 mètres d'un arbre à l'autre. Il se nourrit de toute espèce de fruits et mange à toute heure de la journée. Ses fortes mâchoires lui permettent de percer les noix de coco dont il adore le lait, qu'il suce par le trou qu'il a pratiqué. Après quoi il abandonne le fruit, qui reste encore long-temps suspendu à l'arbre. Son cri est répété rapidement et assez fort.

Captivité. — Cet animal supporte facilement la captivité et a vécu en Europe. Il est doux, mais peu intelligent. Brehm affirme lui avoir vu relever sa queue sur son dos, ce qu'il n'a pas vu faire à l'Écureuil bicolore.

L'Écureuil a mains fauves (*S. flavimanus* Is. Geoff.) et à dos noir habite le nord du Ténasserim (corps, o^m,18; queue, o^m,215). Il est remarquable parce qu'il n'habite que les buissons et les haies situés au voisinage des villages, ainsi que les plantations de bambous et les fourrés, mais jamais les bois de haute futaie.

L'ÉCUREUIL PALMISTE. — Caractères.

— L'Écureuil palmiste (*S. palmarum* L.) a sur le dos une coloration d'un gris brun plus ou moins lavé de fauve, et il est orné de trois bandes d'un blanc isabelle allant de la nuque au croupion; les côtés sont plus clairs, le dessous est blanc. Il est plus petit que l'Écureuil ordinaire, son corps n'a que 13 à 15 centimètres, sa queue avec les poils est un peu plus longue.

Habitat. — Il habite l'Inde jusqu'au Bengale, à l'exception de la côte de Malabar, et le bassin du Sindh et le Belouchistan. On regarde comme une variété (*S. p. obscurus*) la forme qui habite les montagnes de Ceylan.

Mœurs. — C'est le plus commun, le plus connu et le plus confiant des animaux de l'Inde. Il est diurne et ne se tient ordinairement jamais dans les forêts, mais au voisinage des habitations, dans les vergers, les jardins, les allées, sur les gros figuiers des banyans, et sur les palmiers, mais sans prédilection particulière. Quand il mange sur le sol, c'est toujours auprès d'un arbre, dans les branches duquel il se réfugie à la moindre alerte. Il habite aussi sous les toits des maisons et visite sans crainte les chambres. On suppose que c'est une forme de l'Écureuil des jungles tristrié, qui s'est à demi domestiqué comme les Rats et la Souris.

Il mange des fruits, des grains, des bourgeons, des Insectes, et on assure même qu'il pille les nids d'Oiseaux. Son cri ressemble à un cri d'Oiseau aigu et son nid, fait d'herbe, de laine et de ramilles, est placé dans les branches des arbres ou sous les toits. La femelle y dépose de deux à quatre petits.

Captivité. — Ce petit Écureuil s'apprivoise d'autant plus facilement, qu'à l'état de liberté il craint à peine l'homme.

Dans l'Inde et la Birmanie, Blanford compte vingt espèces de ce genre. Celles de la Chine et de la Malaisie sont aussi très nombreuses.

L'Écureuil des jungles (*S. tristriatus* Waterh.) est plus petit que l'Écureuil palmiste, mais lui ressemble beaucoup. Il se tient dans les forêts de l'Inde, de Ceylan, du Sikkim et de la côte de Malabar. Là où l'Écureuil palmiste manque, il pénètre dans les maisons.

L'Écureuil de Mac Clelland (*S. Macclellandii* Horsf.), de même taille, est l'Écureuil strié de l'Himalaya. On le trouve aussi dans la presqu'île indo-chinoise, ainsi que l'Écureuil de Bedmore (*S. Bedmorei* Blyth).

L'ÉCUREUIL DU CANADA. — *Caractères.* — L'Écureuil du Canada [*S. (Macroxus) hudsonius* Erxl.], ou Tchikari dont le dos est ordinairement d'un gris lavé de jaunâtre ou de rougeâtre, est gris blanc en dessous, parfois avec des taches rousses. Sa queue est relativement courte et en hiver ses oreilles se terminent par de courts pinceaux. Sa longueur atteint 0ᵐ,30, dont 9 à 13 centimètres pour la queue.

Habitat. — Il vit dans l'Amérique boréale, l'Alaska et le Labrador, du Canada à la Caroline septentrionale, ainsi que dans les monts Alleghanys. Diverses formes, au nombre de six, ont été signalées sous des noms spéciaux dans le Maine, le Dakota, l'Arizona, la Californie, l'île de Vancouver et le Mexique.

Mœurs. — Il aime les forêts, car il est excellent grimpeur et saute gracieusement de branche en branche de l'aurore au crépuscule et même au clair de lune. Toujours gai, son caquetage continuel anime les solitudes où il vit.

Il se nourrit de toute sorte de fruits, d'œufs et de jeunes Oiseaux. C'est l'Écureuil américain le plus insensible au froid, car, malgré les températures excessives de ces hautes latitudes, il ne tombe pas dans le sommeil hibernal. Par les plus grands froids, on le voit sautiller et courir gaiement, disparaître subitement dans la neige fraîche pour s'y plonger et y progresser, puis se secouer à la sortie comme s'il venait de prendre un bain en été.

L'Écureuil de l'Inde
(texte p. 66).

Il se tient fréquemment sur le sol ou dans des terriers, et se creuse même sous les arbres, les tas de bois, des gîtes où il s'abrite en cas de danger. Il craint peu l'homme et se montre un des Écureuils les plus confiants.

La femelle, en avril, met bas quatre à six petits.

L'Écureuil de la Caroline, qui s'endort en hiver, préfère les forêts d'arbres à feuilles caduques et amasse dans le sol des provisions.

Les zoologistes nord-américains comptent en outre plusieurs espèces avec de très nombreuses variétés locales : ce sont les Écureuils noir ou Capistrate, gris, de la Louisiane, de l'Arizona, coquallin, des monts Nayarit qui ont une boîte cérébrale moins ample, et qui, presque tous, n'ont pas de pinceaux aux oreilles. L'Écureuil fossoyeur (*S. fossor* Peale), de l'ouest des États-Unis, a des ongles très forts et un nom qui rappelle ses habitudes.

Dans les forêts vierges de l'Amérique du Sud, les espèces les plus fréquentes sont : l'Écureuil variable, qu'on trouve déjà dans le Costa-Rica ; l'Écureuil de la Guyane (*S. æstuans* L.) ou Guerlinguet, dont l'aire d'habitat s'étend jusqu'au Pérou et au Brésil occidental ; l'Écureuil paillé (*S. stramineus* Eyd. et Soul.), de pelage très variable, du Pérou et de l'Équateur.

De nombreux restes fossiles du genre Écureuil ont été trouvés dans le Tertiaire de l'Europe et de la France (phosphorites) et dans le Miocène des États-Unis.

Les Rheithrosciures (*Rheithrosciurus* Gray, 1867), dont les incisives portent sur leur face antérieure sept à dix sillons longitudinaux et parallèles, n'ont que quatre prémolaires en tout, et leurs molaires sont plus simples que celles des Écureuils. Ce genre ne comprend qu'une espèce *à grandes oreilles* (*R. macrotis* Gray), confinée dans le Sarawak à Bornéo. Ce curieux animal est beaucoup plus grand que l'Écureuil d'Europe ; sa queue est énorme, ses longues oreilles portent un gros pinceau de poils ; ses flancs sont roussâtres, mais rayés longitudinalement de blanc. On n'en connaît que trois ou quatre spécimens, dont un aux galeries du Muséum.

LES XÉRUS

Les Xérus (*Xerus* Hempricht et Ehrenberg, 1832) forment un groupe à part à cause de leur crâne bombé, mais pourtant le front est plat et la face courte. Leurs oreilles sont courtes et manquent de pinceaux de poils ; leur queue est cylindrique, leurs griffes sont peu arquées, leur pelage est grossier et rude, d'où leur nom d'Écureuils-Hérissons. Ils ont le même nombre de prémolaires que l'Écureuil. Les mamelles ne sont qu'au nombre de deux.

Habitat. — Ce genre, avec vingt espèces, est limité à l'Afrique. Le vulgaire les range dans le genre Écureuil.

LE XÉRUS RUTILANT. — Caractères. — Le Xérus rutilant (*X. rutilus* Cretzschm.) ou *Schiler* des Abyssins est jaune roux avec les flancs et le ventre plus clairs, presque blanchâtres. Sa queue, blanche sur les côtés et au bout, est rousse, tachetée de blanc au milieu ; beaucoup de poils ont l'extrémité blanche. Sa longueur atteint o^m,50, dont o^m,23 pour la queue.

Habitat. — Cet animal habite l'Afrique orientale, les bords du Nil Blanc, l'Abyssinie, la Somalie et l'Est africain allemand. Le Xérus blond (*X. flavus*), décrit par A. Milne-Edwards, est plus spécial à la Somalie.

Mœurs. — Les Xérus vivent près des villages, seuls ou par paires. Leurs terriers, qu'ils creusent sous des blocs de rochers ou au milieu des racines sous des arbres, présentent des couloirs très étendus, et leur servent de refuge au moindre danger. A Mensa, Brehm cite même le cas d'une colonie qui avait élu domicile dans le cimetière et l'église.

Ils mangent les bourgeons, les feuilles, les Insectes, les œufs et les Oiseaux. Très vifs, insatiables et toujours en mouvement, ils furètent partout.

Captivité. — Ils ne peuvent s'apprivoiser, ils sont toujours colères, furieux et enclins à mordre. Les nègres seuls mangent leur chair.

La plupart des autres espèces sont un peu plus grandes que l'Ecureuil européen.

Le Xérus a pieds rouges (*X. erythropus* E. Geoff. ou *leucombrinus* Rupp.), ou Sabéra des Arabes, se distingue par ses petites oreilles, par deux bandes longitudinales, ainsi que par son immense aire de dispersion qui embrasse l'Afrique, du Sénégal au Zanzibar et à l'Abyssinie.

Le Xérus de Stanger (*X. Stangeri* Waterh.), qui habite l'Afrique occidentale, a un corps de 3o centimètres, une belle queue de 41, et le ventre presque nu,

Le Xérus, ou Écureuil de Saint-Paul (*X. Pauli* Matschie) est une espèce de l'Afrique orientale, dont la queue est légèrement plus longue que le corps (o^m,19 et o^m,2o). Le dos, d'un noir verdâtre, porte des poils dont la base est brun clair et dont l'extrémité, d'abord annelée de brun verdâtre, est noire. Le nez et les membres sont d'un rouge brun. Le dessous est gris; la queue noire porte de nombreuses jarres à pointe blanche. Le pelage est très doux et très serré (*).

Le Xérus sud-africain ou du Cap (*X. capensis* Kҫrr.) a des bandes longitudinales, mais pas de pavillons.

Le Xérus nord-africain ou Écureuil barbaresque (*X. getulus* Gessner) est une jolie espèce, qui vit au Maroc, en Algérie et en Tunisie. Il est gris brun lavé de roussâtre, plus foncé sur le dos et plus gris en dessous. Deux bandes blanchâtres, séparées par une bande brune, s'étendent de la nuque au croupion. Sa queue est en panache sans être distique. Par sa taille et son aspect, il rappelle l'Écureuil palmiste de l'Inde.

Le Xérus ou Écureuil toupaïoide ou a queue large [*X. (Rhinosciurus) tupaïoides* Gray ou *laticaudatus* Mull. et Schl.], qui vit dans la presqu'île de Malacca et dans les parties septentrionales et occidentales de Bornéo, est tellement semblable au Toupaïe, qu'on peut supposer qu'il tire avantage de cette similitude. Son museau est aussi pointu, sa taille identique, de même que son pelage avec ses dessins : il porte même sur les épaules les raies pâles que possèdent la plupart des Toupaïes.

LES TAMIAS

Les Tamias (*Tamia* Illiger, 1811) sont des Écureuils terrestres ou à abajoues. Ce sont des animaux de transition, car s'ils ont presque l'apparence des Écureuils, ils ressemblent déjà aux Spermophiles.

Caractères. — Leur queue peu touffue, leurs oreilles courtes, sans pinceaux, leur poil court et un peu rude, leurs bandes dorsales et surtout leurs abajoues, les différencient des groupes voisins. Leur dentition est celle des Écureuils.

Habitat. — Des vingt-six espèces connues une seule habite l'Asie septentrionale et centrale et les autres l'Amérique du Nord.

(*) Pl. XXXVII. — L'Écureuil de Saint-Paul (planche p. 72).

LE TAMIA ASIATIQUE. — Le Tamia asiatique (*T. asiaticus* Gm.) est l'*Écureuil terrestre strié* de la Sibérie ; il ressemble beaucoup au Tamia strié (*T. striatus* L.) de l'Amérique septentrionale, que Pallas et le Père Charlevoix appelaient *Écureuil suisse.*

Caractères. — La tête, le cou et les flancs sont jaunes, mêlés de poils longs à pointe blanche ; sur les côtés de la tête alternent des bandes claires, gris jaune et brun foncé. Le long du dos courent cinq bandes noires, inégalement espacées, la médiane suivant l'épine dorsale ; les deux suivantes vont de l'épaule à la cuisse et délimitent une bande jaune clair ; le ventre est gris blanc ; la queue, noire à la partie supérieure, est jaune à la partie inférieure ; les moustaches sont noires ; les ongles, bruns. Sa taille atteint 0^m,15, et sa queue 0^m,10.

Habitat. — Le Tamia asiatique habite les bords de la mer Blanche jusqu'au fleuve Amour, l'île Sakhaline, le Japon, les Kouriles, la Chine septentrionale et la Mongolie.

Mœurs. — Le Tamia strié vit exclusivement dans les forêts de bouleaux et de pins. Il est vif et leste ; il grimpe avec assez de facilité sur les arbres inclinés, car il se nourrit de graines et de baies, surtout de semences de pin. Il se construit contre les racines des arbres un terrier médiocrement grand, peu profond, relié à deux ou trois chambres de provisions et s'ouvrant à l'extérieur par un couloir long et sinueux. Grâce à ses abajoues, c'est là qu'en automne il pourra amasser ses provisions : on peut y trouver parfois non seulement 5 à 6 kilogrammes de graines de pin, mais aussi des faînes, des noisettes, des samares d'érable, du maïs, qu'il mettra à contribution quand les intempéries le forceront à l'inaction et à la réclusion. Son sommeil hibernal, qui commence en novembre, n'est pas continu, et le réveil est facile : c'est un simple assoupissement.

La femelle met bas deux fois l'an, en mai et en août.

Ennemis. — La Belette, le Chat domestique, l'Opossum, les Rapaces, les Serpents à sonnettes leur font une guerre acharnée, chacun dans son pays. Les Hurons, les jeunes Iakoutes font à ses dépens leur apprentissage cynégétique.

Captivité. — A cause de sa beauté, de sa légèreté et de sa grâce, le Tamia serait un agréable compagnon, s'il supportait plus longtemps la captivité : il meurt en quelques semaines.

Usages. — Les greniers des Tamias sont souvent pillés par l'homme.

Les peaux de l'animal sont vendues en Chine.

LES SPERMOPHILES

Les Spermophiles (*Spermophilus* Fr. Cuvier, 1822), dont le nom signifie amateur de graines, sont la transition entre les Tamias et les Marmottes.

Caractères. — Ils ont été séparés de ces dernières par leur taille plus petite, leur corps plus svelte, leur crâne allongé, leurs molaires différemment conformées, leur pupille ovale, et leurs abajoues bien développées. Leurs pattes antérieures ont quatre doigts et un pouce rudimentaire muni d'un ongle faible. Le troisième est le plus long. Il y a cinq doigts aux pattes de derrière. La queue assez courte, car elle n'égale que le quart de la longueur du corps, c'est touffue qu'à son extrémité et les poils en sont disposés sur deux rangs. Leur pelage est avec ou sans dessins.

$$i\,\frac{1}{1},\,pm\,\frac{2}{1},\,M\,\frac{3}{3} = 22 \text{ dents.}$$

Habitat. — On les rencontre en Europe, en Asie Mineure, au nord de l'Himalaya et dans l'Amérique du Nord. Les formes de l'ancien monde ont presque toutes des queues plus courtes que celles du nouveau. Des formes fossiles ont été rencontrées dans le Pleistocène de la France.

LE SPERMOPHILE SOUSLIK. — Le Souslik (*S. citillus* L.) est un animal charmant dont le corps est allongé, la tête jolie, les oreilles tronquées, cachées dans le poil et formées seulement d'un repli cutané. La peau des joues est pendante, la lèvre supérieure fortement fendue et l'œil est surmonté de quatre soies courtes. Les soles sont poilues depuis la racine des doigts. Son pelage est gris brun en dessus, taché de blanc jaune par gouttelettes ; le ventre est jaune roux, la gorge et le menton sont blancs. Les pattes sont d'un jaune roux avec l'extrémité plus claire. Le bout du museau, les moustaches et les ongles sont noirs. Les nouveau-nés sont plus clairs et ont des taches plus nettement marquées. La longueur de cette jolie espèce atteint 0ᵐ,20 à 0ᵐ,25 et sa queue a 0ᵐ,08, mais les poils la font paraître plus longue. Il pèse à peine un demi-kilogramme. La femelle est plus petite.

Habitat. — Le Souslik habite l'Europe méridionale orientale : la Pologne, la Bohême, la Silésie, l'Autriche, la Hongrie et la Russie du nord de la mer Noire. Assez fréquent en Silésie, on dit qu'il s'étend de plus en plus à l'ouest.

Mœurs. — Ces animaux charmants et élégants ont été bien étudiés par Blasius. Ils forment de nombreuses colonies dans les lieux secs découverts, où le sol est sablonneux ou argileux, car ils fuient les forêts et les marécages.

Quoiqu'ils vivent en troupes, chaque individu construit son terrier, le mâle à fleur du sol, la femelle plus profondément. Il est décelé par un petit tas de terre, près de l'ouverture. La chambre de repos ou donjon est à 1ᵐ,50 ou 2 mètres sous terre. Elle est ovale et son grand diamètre mesure environ 0ᵐ,30 ; des herbes sèches y forment une couche épaisse et molle. Il n'en part qu'un couloir assez étroit et tortueux, courant souvent parallèlement à la surface du sol. Ce couloir ne sert que pendant un an ; aux premiers froids, le Souslik le ferme et en creuse un autre, qui s'arrête près de la surface du sol ; il l'ouvre quand il sort de son sommeil hibernal. D'après le nombre des couloirs, on peut déterminer l'âge du terrier, mais non celui de l'animal, car il arrive souvent qu'un Souslik s'empare d'une habitation abandonnée. Le terrier renferme diverses chambres latérales où l'occupant enserre ses provisions d'hiver. Le compartiment dans lequel la femelle met bas est toujours plus profond que les autres, pour que la jeune famille y soit plus en sûreté.

La nuit, le Souslik dort dans son terrier, mais en été il le quitte dès le point

Pl. XXXVII. — L'Écureuil de Saint-Paul (texte p. 70).

du jour pour rôder toute la journée, en se dressant de temps en temps pour reconnaître les environs. Sa marche sautillante et peu rapide est silencieuse.

Quand il joue avec ses semblables, il fait souvent entendre son cri. Les sifflements du mâle sont plus forts que ceux de la femelle; celle-ci est d'ailleurs plus vive et a plus de tendance à mordre. Ce sont les mâles qui veillent au salut commun. A la moindre alerte, tout ce monde rentre précipitamment sous terre.

Des racines, du trèfle, du sainfoin, des grains, des pois, des légumes, des fruits de toute espèce forment la nourriture habituelle du Souslik. En automne, il en amasse des provisions et les transporte dans ses abajoues, comme le Hamster. Il mange aussi des Souris; il pille les nids placés à terre, prend même les parents, les tue et les dévore tout entiers en commençant par le cerveau. Il mange presque debout, assis sur son derrière, en tenant sa nourriture entre ses pattes de devant. Il s'essuie ensuite le museau et la tête, se lèche, se nettoie, et lisse son poil. Il boit peu et seulement après ses repas.

Comme chez tous les Rongeurs, la femelle est très féconde. Elle met bas en avril, de trois à huit petits nus et aveugles. Elle leur témoigne la plus grande tendresse, et lorsqu'ils peuvent sortir du terrier elle veille encore sur eux. Ils croissent très rapidement : au bout d'un mois, ils ont atteint la moitié de leur taille; à la fin de l'été, il est difficile de les distinguer des vieux; en automne, ils sont tout à fait adultes. Jusque-là ils avaient habité le terrier de leurs parents, mais alors chacun se creuse une demeure particulière et y enserre ses provisions.

Les dégâts que causent les Spermophiles ne deviennent importants que lorsqu'ils sont nombreux. Ainsi, en 1850, dans le gouvernement d'Ekaterinoslav, près de la mer d'Azov, les blés ravagés par les Sousliks fournirent à peine l'équivalent de la semence. Et pourtant leurs ennemis sont légion : Martes, Belettes, Fouines, Putois, Chats, Chiens, Rapaces diurnes et nocturnes, Corbeaux, Hérons, hommes leur font à l'envi une guerre acharnée. Le froid et l'humidité, en hiver, en tuent des quantités, malgré l'abondance de leurs provisions, quands ils sont enfermés solitaires dans leurs terriers.

Chasse. — L'homme les poursuit pour se procurer leur chair et leur peau. Il les prend dans des pièges à détente que l'on place à l'entrée des terriers. Parfois il évente leurs demeures à coups de bêche ou bien il les remplit d'eau pour les en chasser.

Captivité. — En captivité, les Sousliks sont d'agréables compagnons, qui s'apprivoisent en un jour pour les adultes ou quelques heures pour les jeunes. Très gracieux dans leurs mouvements, très gais et très propres,

Le Spermophile Souslik.

on les nourrit facilement avec des grains, des fruits, du pain, un peu de viande et surtout du lait, dont ils sont très friands.

Produits. — Leur chair est estimée et leur peau sert a faire des doublures, des bourses et des blagues à tabac.

Les espèces de l'ancien monde sont moins variées que celles du nouveau. Elles sont au nombre de quinze. Dans la Russie méridionale, près de la Volga, vit le Spermophile a gouttes (*S. guttatus* Pall.), dont le pelage présente comme des gouttes blanchâtres. Au sud des monts Ourals, et dans la Transcaspie se tient le Spermophile fauve (*S. fulvus* Licht.), ainsi que le Spermophile leptodactyle (*S. leptodactylus* Licht.), qui vit aussi dans les steppes du Turkestan. La Perse septentrionale et occidentale héberge le Spermophile concolore (*S. concolor* Is. Geoff.), qui est remplacé dans l'Asie centrale et les monts Altaï par le Spermophile a joues rouges (*S. erythrogenys* Brandt) et dans le nord de la Chine par le Spermophile de Mongolie (*S. mongolicus* A. M.-Edw.).

Le Spermophile d'Ewersmann (*S. Ewersmanni* Brandt) est spécial à la Sibérie méridionale et orientale, à la région de l'Amour et aux monts Altaï ; par la longueur de sa queue, il se rapproche des Spermophiles américains.

LE SPERMOPHILE A TREIZE BANDES. — Le gracieux Spermophile à treize bandes (*S. tridecemlineatus* Mitchell), ou de Hood est plus connu, dans son pays, sous le nom de Gopher strié.

Caractères. — Il a une queue atteignant les deux tiers de la longueur du corps, de petites oreilles et un pelage épais, mou et lisse, remarquable par sa beauté. Sur le dos, il est d'un roux foncé ou brun châtain, mêlé de poils noirs et marqué de sept bandes d'un blanc jaunâtre alternant avec six rangées de taches quadrangulaires jaunâtres. La tête est d'un brun roux, avec des taches jaunâtres ; le tour des yeux, les côtés des lèvres, la mandibule inférieure, la gorge, le côté interne des pattes sont blanchâtres. Le ventre et la moitié antérieure de la cuisse et de la jambe sont jaune ocre ; le bord interne des pattes est roux de rouille. Les poils sont bruns à la racine, noirs au milieu, jaune clair au bout.

La queue, noire en dessus, est bordée de blanc. L'animal a 0^m,25 de long, sa queue atteint 0^m,09 et ses pattes postérieures 0^m,33.

Habitat. — Cet élégant animal est spécial au centre de l'Amérique du Nord, du Michigan au Colorado et du Texas central jusqu'aux plaines du Saskatchewan. Il vit aussi dans les provinces du bassin du Mississipi qui s'étendent de l'Ohio au Minnesota.

Mœurs. — Il est remarquable autant par ses mœurs que par ses colorations. Il creuse dans les endroits plats et sablonneux des terriers moins étendus que ceux du Souslik, où il mène la même vie. Mais il est beaucoup plus carnivore que son confrère d'Europe. Il pille les nids et s'attaque aux jeunes Oiseaux, aux Souris, aux Taupes et même aux petits Écureuils, à tel point que ceux-ci ne peuvent vivre dans les régions où il est commun. Il se précipite comme l'éclair en grognant sur l'Écureuil, le mord, et s'est déjà retiré avant que celui-ci ait eu le temps de faire un mouvement de défense. Après plusieurs attaques, l'Écureuil est incapable de se défendre; le Spermophile le saisit à la nuque et le tue, puis lui dévore le cerveau et boit son sang.

Tous ses congénères américains s'attaquent aux jeunes Oiseaux, aux poussins, et l'on rapporte même qu'une espèce se nourrissait jadis des cadavres de Bisons abandonnés par les chasseurs dans les prairies du Farwest.

Les Spermophiles américains, dont beaucoup sont très gracieux et dont on compte soixante-huit espèces et variétés, n'habitent que l'ouest de l'Amérique du Nord et les régions les plus septentrionales, comme le Spermophile de Parry (*S. empetra* Pall.). Ceux de l'extrême nord ont un sommeil hibernal assez prolongé; mais pour ceux des régions plus tempérées ce repos dure moins longtemps, et il n'existe pas pour les individus du sud. A l'inverse des formes de l'ancien monde, si l'on en excepte le Spermophile d'Ewersmann, presque tous ont une longue queue et se rapprochent plus des Tamias. Le Spermophile a grandes oreilles (*S. grammurus* Say) a une queue longue et touffue, qui a 20 centimètres. Ses oreilles larges portent de longs poils sur leur pourtour.

LES CYNOMYS

Les Cynomys (*Cynomys* Rafinesque, 1817), ou Chiens-Rats, ont une taille et une forme intermédiaires entre les Spermophiles et les Marmottes.

Caractères. — Leur corps est trapu, leur tête grosse, leur pupille ronde comme chez les Marmottes; leurs oreilles sont larges, mais courtes, leur queue peu allongée, et leurs pattes antérieures, aussi bien que les postérieures, portent cinq doigts armés d'ongles forts, même au pouce. En outre, ils se rapprochent des Spermophiles pour s'éloigner des Marmottes par leurs petites abajoues. La couronne des molaires présente trois sillons transversaux, tandis que les deux genres cités n'en ont que deux. La disposition des dents est la même que chez les Marmottes.

Habitat. — Les cinq espèces de Cynomys sont spéciales aux plaines sèches de l'Amérique du Nord et du Mexique.

LE CYNOMYS DE LA LOUISIANE. — Le Cynomys de la Louisiane (*C. ludovicianus* Ord.) ou social est l'animal que les premiers trappeurs du Canada ont nommé *Chien des prairies* à cause de sa voix aboyante et que l'on connaît encore sous les noms d'*Écureuil jappant* ou *Marmotte des prairies.*

Caractères. — Il a le dos brun roux clair, mêlé de gris et de noir, le ventre blanc sale, le bout de la queue brun. La longueur de son corps ne dépasse guère $0^m,30$, et celle de la queue $0^m,11$ en y comprenant les poils.

Habitat. — Cet animal habite à l'est des montagnes Rocheuses, depuis le 49e degré de latitude jusqu'au Mexique. C'était la seule espèce admise jadis. Les deux suivantes en sont très voisines. Ce sont le Cynomys mexicain (*C. mexicanus* Merr.), signalé près de Mexico, qui est de taille plus grande et dont la queue, plus allongée, est marquée de noir à son extrémité sur une plus grande longueur; et le Cynomys a queue blanche (*C. leucurus* Merr.) du Wyoming, qui est plus petit et qui ne vit que dans les collines d'au moins 3oo mètres d'altitude.

Mœurs. — La Marmotte des prairies est un animal paisible qui vit en grandes sociétés, dans des terriers rassemblés sur de vastes étendues ou *villages* dans les prairies couvertes d'un tapis de gazon (buffalo-grass).

« On ne se fait une idée, dit Moellhausen, de l'étendue de leurs habitations qu'en cheminant pendant des journées entières entre les petits monticules qui indiquent les terriers où demeurent de deux à quinze individus. » Ces habitations, qui ont une ou deux ouvertures et qui sont reliées par des sentiers, sont généralement éloignées l'une de l'autre de 5 à 6 mètres. Leur entrée est en entonnoir chez le Cynomys de la Louisiane, car il tasse tout autour la terre rejetée. A cet effet il se sert de ses pieds antérieurs et même il attend la pluie pour continuer avec son museau. Les collines, qui ont o^m,6o de hauteur et 1^m,2o de large environ, présentent souvent, chez les autres espèces, trois ou quatre orifices à leur base.

Sur les hauts plateaux du Nouveau-Mexique, là où sur de grands espaces on ne trouve pas une goutte d'eau, à moins de creuser à plus de 3o mètres de profondeur, et où pendant plusieurs mois il ne tombe pas de pluie, on rencontre des colonies très étendues : il faut donc admettre qu'ils n'ont pas besoin d'eau ou qu'une forte rosée suffit pour les désaltérer.

La manière dont le Cynomys, disent Wood et Audubon, en temps ordinaire, pénètre dans son terrier est très curieuse. Il ne court pas, mais il saute, fait une culbute, agite ses pattes de derrière, remue la queue et s'évanouit comme par enchantement. Le spectateur n'est pas revenu de son étonnement que la tête de l'animal réapparaît déjà à l'entrée du terrier et que le même jeu recommence.

« Une colonie offre un spectacle curieux à celui qui peut s'en approcher sans être aperçu. La vie et la joie règnent partout ; sur chaque monticule est assis un individu dans la posture d'un Écureuil ; sa queue dressée est en mouvement continuel. Les aboiements se répondent et font concert. Au moindre avertissement tout disparaît. Puis bientôt on voit poindre à l'entrée d'un terrier la tête d'une sentinelle, dont les aboiements répétés préviennent ses compagnons si le danger a disparu et les jeux recommencent aussitôt. Ils se rendent des visites, aboient pour se communiquer leurs pensées, et quand ils se rencontrent, ils se donnent des témoignages évidents d'amitié.

« Ces animaux, qui courent sans crainte entre les pieds des buffles, sont effrayés par le moindre mouvement du chasseur; serait-il même éloigné, il fait disparaître sous terre toute la société. »

Les Cynomys n'amassent aucune provision; aussi, dans les régions froides de leur habitat, tombent-ils dans le sommeil hibernal, car sur le sol durci par la gelée, ils ne pourraient plus trouver leur nourriture quotidienne. A la fin d'octobre, chacun ferme toutes les ouvertures de son terrier et s'endort pour ne se réveiller qu'aux premières chaudes journées du printemps. Dans le Kansas, on assure qu'ils ne disparaissent que quelques jours pendant les mauvais temps.

« Le Chien des prairies, dit Wood, a un grand courage et montre beaucoup d'amitié à ses semblables. Un trappeur avait pu tirer un de ces animaux qui se trouvait en sentinelle devant son terrier et l'avait tué. Mais, à ce moment, apparut un compagnon de la victime qui s'était tenu caché jusque-là. Sans crainte de s'exposer au feu du chasseur, il saisit le cadavre de son compagnon et l'emporta dans son terrier. Le trappeur fut tellement saisi de cette marque de dévouement, qu'il refusa toujours, depuis, de chasser le Chien des prairies. »

Ennemis. — Leur chasse est très difficile à cause de leur circonspection, et ils sont perdus pour le chasseur s'ils peuvent, étant blessés, disparaître dans leurs galeries. Quoique leur chair soit très bonne, leur taille est assez petite pour que ce gibier tente peu le chasseur. Mais l'homme n'est pas l'ennemi qu'ils ont le plus à craindre. Leurs villages sont habités par des êtres autrement

Le Cynomys de la Louisiane.

dangereux pour eux, par des Hiboux (*Athene cunicularia*), des Serpents à sonnettes et, dit-on, des Grenouilles cornues, près du cours supérieur de l'Arkansas. Mais reste à savoir, dit Irving, si ce sont des hôtes bien accueillis ou des étrangers dangereux pour les véritables propriétaires.

Certains observateurs affirment que les Hiboux n'occupent que les terriers abandonnés par les Cynomys, à cause de leur extrême sensibilité, quand ils y ont perdu un parent. Pour d'autres, ils seraient les précepteurs apprenant à japper aux jeunes et qui déroberaient tout au plus de temps à autre quelque rejeton encore maladroit.

Le Serpent à sonnettes, au contraire, se nourrit presque exclusivement de ces animaux et détruit des villages entiers. Aussi les vieux mâles placés en sentinelles aux abords des terriers ne redoutent rien tant que l'approche de cet ennemi dangereux.

Captivité. — C'est un animal amusant en captivité, fréquent dans les jardins zoologiques, mais qui ne vit jamais enfermé, même s'il peut se livrer à ses exercices favoris.

LES MARMOTTES

Caractères. — Les Marmottes (*Arctomys* Schreber, 1791) ont le corps lourd et bas sur jambes, la tête grosse et arrondie, le cou court, les oreilles moyennes et rondes, les yeux gros et saillants, la queue relativement courte et touffue, un pouce rudimentaire aux pattes de devant, mais pourvu d'un ongle plat; leur pupille est ronde et elles n'ont pas d'abajoues. Les incisives sont fortes et les molaires tuberculeuses :

$$i\frac{1}{1},\ pm\frac{2}{1},\ M\frac{3}{3} = 22 \text{ dents.}$$

Elles sont confinées dans les zones paléarctique et néarctique.

LA MARMOTTE COMMUNE. — La Marmotte commune (*A. marmotta* L.) ou des Alpes était déjà connue de Pline.

Caractères. — Les pattes, fortes, ont quatre doigts en avant et cinq en arrière; la plante est garnie de semelles qui leur facilitent beaucoup la course sur les rochers; la lèvre, fendue dans le milieu et recouverte d'une moustache épaisse, laisse voir les dents rongeuses, longues (0ᵐ,02) et fortement recourbées; blanches chez les jeunes, elles deviennent jaunes chez les adultes. La fourrure, épaisse et grossière, est jaune ou gris roux sur le dos, d'un brun-rouille sur le cou et aux parties inférieures, et noirâtre sur le crâne. Les poils du nez et du museau sont à moitié noirs et à moitié blancs; ils sont longs sur les joues et jaunâtres, ainsi qu'aux pieds de devant. Le pelage de la queue est très épais, d'un roux brunâtre, et se termine au tiers postérieur par une grosse touffe noire. On trouve des variétés noires, albines ou tachetées.

Son corps a une longueur qui varie de 0ᵐ,37 à 0ᵐ,45 et une queue qui atteint 0ᵐ,18. Son poids en automne est de 6 à 8 kilos. Sur le dos, la fourrure est souvent très usée par le frottement contre les parois du terrier.

Habitat. — C'est un animal exclusivement européen. Elle habite les hautes cimes des Pyrénées, des Alpes et des Carpathes. Elle est très rare dans le Tyrol. Elle a été trouvée fossile dans les dépôts pleistocènes de l'Europe.

Mœurs. — Peu d'animaux indigènes ont été le sujet d'études aussi nombreuses que la Marmotte, malgré les difficultés, inhérentes à son habitat et à sa timidité, que présente l'observation de ses mœurs.

En effet, elle séjourne dans les endroits les plus inaccessibles à l'homme, sur les pics les plus élevés, à la limite des neiges persistantes, là où les arbres et l'herbe ne poussent plus. Elle se tient sur les petits îlots de rochers émergeant d'un glacier.

Elle aime le soleil et creuse pour l'été, sur les flancs ensoleillés, des couloirs d'un ou deux mètres, si étroits qu'on a peine à y passer le poing; ils conduisent à sa demeure proprement dite, ayant la forme d'un vaste bassin et qui est située à un mètre de profondeur. L'entrée se trouve quelquefois en plein gazon, mais le plus souvent elle est cachée au milieu des rochers, sous des pierres, là où il est impossible de la découvrir. Les galeries vont en montant ou en descendant, elles sont simples ou ramifiées; la terre y est si bien pressée et tassée que c'est à peine s'il a fallu en enlever pour les construire. En cas de danger, elle se réfugie même sous les pierres ou dans les crevasses des rochers.

Les allures de la Marmotte sont curieuses. Dans sa marche, elle dandine son corps, incline la tête, et son ventre touche à terre. Les jeunes balancent la tête en même temps que la queue quand ils jouent. Malgré son extérieur lourdaud, elle court avec vitesse et fait des bonds prodigieux. Elle grimpe dans les fissures à la façon des ramoneurs dans les cheminées. Elle est très plaisante à voir quand, arrivée en haut, elle s'assied, droite comme un cierge, la queue horizontale et les pattes de devant pendantes.

Les oreilles-d'ours, les gnaphales, les trèfles, les millepertuis, les asters, les plantains, l'oseille, l'acanthe, l'herbe font les frais de sa nourriture qu'elle broute comme le Lapin. Mais quand elle mange un fruit assez gros, elle s'assied pour le manger à la façon des Écureuils.

Elle boit rarement, mais beaucoup à la fois, avec bruit et en levant la tête à chaque gorgée.

Elle est toujours inquiète et explore à chaque instant les environs.

Si l'ennemi se cache ou s'arrête, les signaux cessent, mais pas la surveillance. A la première alerte, elles se précipitent toutes dans leur demeure et ne se hasardent à sortir que lorsque toute trace de danger a disparu. Leur vue perçante leur permet de découvrir un homme à une distance telle, dit Tschudi, que le meilleur télescope nous permettrait seul de l'apercevoir. « L'été, continue Tschudi, s'écoule gaîment pour les Marmottes. A la pointe du jour, les vieilles sortent de leurs terriers, avancent la tête avec précaution, prêtent l'oreille et guettent de tous côtés pour s'assurer s'il ne se passe rien d'extraordinaire dans le voisinage; elles se hasardent enfin à faire quelques pas et se mettent à déjeuner. Ce repas est promptement expédié; l'herbe verte et surtout les jolies fleurs des Alpes en font les principaux frais, et on les voit disparaître rapidement autour des établissements des Marmottes. Les jeunes suivent de près les parents. Dès qu'elles sont rassasiées, elles se rangent en cercle sur une pierre plate bien exposée au soleil et rapprochée autant que possible de leur demeure. Alors elles commencent leurs jeux et leurs plaisirs, qui consistent à se peigner, à se gratter, à faire leur toilette, à se taquiner les unes les autres et à faire les belles en se dressant sur les pattes de derrière. Pendant que les jeunes se livrent ainsi à leur humeur folâtre, les vieilles Marmottes font sentinelle, et dès que paraît quelque chose de suspect, un homme, un Oiseau de proie ou un Renard, fût-ce à des lieues de distance, le sifflet se fait entendre clair, fort, retentissant. Ce son, quoique aigu et perçant, a quelque chose de plaintif et de profond. Le reste de la troupe, n'ayant pas vu l'ennemi, ne répond pas au signal de la sentinelle, mais s'attache à suivre tous les mouvements de celle-ci, restant tant qu'elle reste, fuyant quand elle fuit. »

Les montagnards croient qu'elles pressentent et annoncent par des sifflements les variations atmosphériques. En tout cas, elles craignent beaucoup l'humidité qui les tue promptement. C'est à cette influence néfaste qu'on attribue le nombre restreint des Marmottes pendant les étés pluvieux (*).

A l'automne, lorsqu'elles sont très grasses et que les conditions climatériques deviennent défavorables, elles quittent leur séjour préféré à 3 000 mètres d'altitude et descendent dans les pâturages (2 300 à 1 900 mètres), après le départ des bergers, pour y édifier leur habitation d'hiver, vaste construction qui peut contenir une famille de quinze individus, entre lesquels règne toujours la bonne harmonie.

La grande avenue a souvent 8 à 10 mètres de long, elle conduit à l'habitation d'hiver, dont le diamètre varie de 1 à 2 mètres et la profondeur de 1 mètre à 1^m,20 au-dessous du sol.

C'est là qu'elles transportent de l'herbe et des plantes séchées, non pas, comme on croyait, en se couchant sur le dos et en se faisant traîner par la queue, mais entre leurs pattes.

Avec du foin, de la terre et des pierres, elles ferment les galeries à un ou deux pieds de profondeur et sur une étendue de plus d'un mètre. Puis, à la mi-octobre, elles s'enferment définitivement pour s'endormir et ne se réveiller qu'au printemps.

Elles se couvrent complètement de foin et se placent le front entre les pattes de derrière, de telle sorte que le nez touche au nombril, la queue est repliée sur le nez. Les jambes de derrière sont étendues de chaque côté de la tête, celles de devant sur celles de derrière, et le tout est recouvert par un large pli ventral de la peau, garni de graisse. La température interne s'abaisse vers 10 ou 12° et c'est la graisse qui sert de nourriture et de combustible. C'est le foie qui est chargé de fabriquer alors le calorique nécessaire à l'entretien de la vie, car si la température interne descendait au-dessous de zéro, la mort surviendrait infailliblement. Grasse elle s'était endormie, maigre elle se réveillera.

Pendant ce temps, les mouvements respiratoires diminuent de nombre et d'amplitude : 15 inspirations par heure; les pulsations cardiaques s'affaiblissent et l'animal ne se réveille temporairement que pour satisfaire dans un coin au besoin d'uriner ; jamais il ne rejette alors de déjections solides.

Seule, l'exposition à un froid vif peut le réveiller. Au printemps, parfois déjà en mars, la Marmotte se déroule d'abord, puis ouvre ses yeux, étend ses pattes et commence à marcher, pour courir chercher de la nourriture ; ses réserves étant totalement épuisées, il faut qu'elle en trouve dans les premières heures, sinon elle meurt d'inanition.

Les jeunes, au nombre de quatre à six, naissent deux mois plus tard, vers juin.

L'âge des jeunes Marmottes peut se reconnaître à la couleur des incisives; elles sont blanches la première année, jaune-citron la deuxième et orangé vif la troisième.

Plus tard, c'est la couleur du ventre qui donne des indications, car il devient d'un rouge orangé d'autant plus vif que l'animal est plus vieux.

(*) Pl. XXXVIII. — La Marmotte commune.

Ces animaux vivent de neuf à dix ans.

Ennemis. — L'Aigle, le Gypaète et le Renard en détruisent des quantités.

Chasses. — La chasse au fusil et au filet est difficile, car le chasseur ne peut passer inaperçu. Un coup de sifflet et toute la bande joyeuse disparaît. Pourtant, si elle est serrée de près, la Marmotte sait faire courageusement usage de ses dents et de ses griffes.

On la capture surtout dans ses retraites hivernales. Sacc raconte que dans certains cantons de la Suisse, où ces animaux constituaient le principal revenu, la chasse, interdite pendant la belle saison, sous peine de 400 francs d'amende, était communalisée. Les terriers repérés pendant l'été étaient ouverts en hiver, et on n'enlevait que les mâles âgés et bien gras qui étaient répartis entre les habitants de la commune.

Captivité. — Seules les jeunes, ayant acquis la moitié de leur croissance, peuvent être apprivoisées. Elles doivent toujours être tenues enfermées, car dans la maison elles rongent tout, et dans les jardins et les cours elles se creusent des terriers.

La Marmotte arrive à reconnaître la voix de son maître, à accourir à son appel, à grimper sur ses épaules. De plus, elle s'habitue facilement à prendre les postures les plus comiques, à marcher debout sur les pattes de derrière, à danser autour d'un bâton. Elle se sert de ses mains avec une adresse extraordinaire; elle peut, par exemple, embrasser le doigt qu'on lui tend et s'y suspendre, saisir le brin de paille le plus délié, fermer la main et lutter debout corps à corps avec ses semblables ainsi qu'on le voit faire aux Ours. Il n'est pas étonnant qu'avec toutes ces qualités un animal aussi inoffensif ait de nombreux amis.

Quand elle est contente, la Marmotte fait entendre un bruit intérieur analogue à celui d'un Chat qui file; lorsqu'on l'irrite, qu'on l'effraye ou qu'elle joue, elle pousse un sifflement aigu d'une violence extraordinaire, que les voyageurs qui ont franchi le col de la Furca entendent, paraît-il, souvent.

Ces animaux sont faciles à nourrir; s'ils mangent de préférence le pain, les fruits et les racines, ils se contentent aussi de trèfle, de luzerne, de feuilles de chou. Ils refusent la viande crue et cuite, ainsi que les œufs, mais boivent avidement le lait, qu'ils aiment beaucoup mieux que l'eau.

La Marmotte des Alpes, presque domestiquée, est devenue souvent le gagne-pain de plus d'un enfant des pauvres populations de la Savoie, faisant son tour de France avec elle, et la montrant, afin de vivre et de faire vivre les siens.

Produits. — C'est le Lapin des montagnes froides et élevées, dit Sacc, seulement la Marmotte a l'avantage de ne rien coûter pendant l'hiver et d'accumuler dans son épiploon une graisse estimée. Sa chair fraîche, salée ou fumée, vaut celle du Lapin. On ébouillante l'animal et on le racle comme le Porc. La graisse passait pour guérir toutes sortes de maux. La peau sert à confectionner des pelleteries grossières, mais durables.

LA MARMOTTE BOBAC. — *Caractères.* — Le Bobac (*A. bobac* Pall.), plus

connu sous le nom de Marmotte de Pologne, a le tour des yeux et le museau d'un brun jaune, le dos et le ventre d'un gris roussâtre uniforme; les incisives sont blanches. Sa longueur totale est de 0^m,46 sur lesquels 0^m,09 appartiennent à la queue dont le bout est brun noir.

Habitat. — Le Bobac se rencontre dans toute l'Europe orientale, depuis la Galicie et la Pologne, dans la Russie méridionale et dans toute la Sibérie jusqu'au fleuve Amour. Elle ne dépasse pas le 55e degré de latitude nord. Dans l'Altaï et la Mongolie occidentale, elle est représentée par la variété sibérienne (*A. b. Siberica*) et remplacée dans la Sibérie orientale par la Marmotte du Kamtchatka (*A. camtchatica* Brandt).

Mœurs. — Le Bobac aime les steppes nus, sans arbres et les collines peu élevées, pour établir ses immenses colonies.

Il creuse au midi, pour toute sa famille, un terrier composé de plusieurs compartiments avec plusieurs couloirs de 4 à 6 mètres de profondeur. Il sort dès l'aurore pour se chauffer au soleil et jouer avec ses semblables. En cas de danger un sifflement aigu prévient toute la bande qui se terre précipitamment. Sa nourriture consiste en racines et en herbes. Le foin lui sert à rembourrer son nid où toute la famille va dormir pendant l'hiver.

La femelle n'a généralement qu'un petit par portée, elle est donc moins féconde que les autres Marmottes.

Chasse. — On le prend dans des filets et des trappes, pour sa peau et sa chair. En captivité, il s'apprivoise très bien et s'habitue facilement à l'homme.

Les Marmottes du centre de l'Asie sont : la grande et la petite MARMOTTE DE L'HIMALAYA (*M. himalayanus* Hodgs. et *M. Hodgsoni* Blanf.) dont la première habite en outre le Thibet et la seconde ne se trouve que sur le versant indien de ce massif ; la MARMOTTE A LONGUE QUEUE (*M. caudatus* Is. Geoff.) qui s'élève à 4.000 mètres dans les montagnes du Cachemire, et qui vit aussi dans les monts Altaï ; la MARMOTTE DORÉE (*M. aureus* Blanf.) du Pamir (4.300 mètres).

Dans le Thibet et le Moupin, Alph. Milne-Edwards a signalé la MARMOTTE ROBUSTE (*A. robustus* A. M.-Edw.) qui est de taille plus forte que la Marmotte européenne, avec une coloration variable, mais à laquelle un pelage long et mou donne un aspect particulier.

LA MARMOTTE DE QUÉBEC. — *Caractères.* — La Marmotte de Québec (*M. monax* L. ou *empetra*) ou Monax a, dans les parties supérieures, une coloration où se mélangent le gris, le brun, le noir et le fauve pâle ; en dessous elle est d'un roux jaunâtre ou brunâtre. Quelques spécimens sont noirs. La longueur de son corps n'est que de 0^m,37, et celle de la queue environ la moitié.

Habitat. — Elle se rencontre des côtes atlantiques de l'Amérique du Nord jusqu'au Minnesota et du Manitoba, au nord, jusqu'à la Caroline, au sud.

La MARMOTTE PRUINEUSE (*A. pruinosus* Gm.) ou poudrée habite l'Amérique boréale, et la MARMOTTE A VENTRE FAUVE (*A. flaviventer* Aud. et Bach.), qui affectionne les hauts sommets, s'étend depuis la Californie jusqu'au 49e degré.

Mœurs. — Ses mœurs diffèrent de celles de la Marmotte d'Europe et se rapprochent de celles des Tamias. Les jeunes vivent dans les arbres creux et les tas de pierres, et les adultes s'établissent entre les racines, les rochers ; mais, pour s'amuser ou pour fuir, ils grimpent aussi souvent sur les arbres. En hiver, dans les monts Adirondack, ils préfèrent la lisière ou même l'intérieur des forêts.

En été, ils vivent solitaires ou par paires, dans les champs, les prairies, dans les collines rocheuses au voisinage des cultures, là où chacun pourra creuser son terrier propre et trouver des herbes et du trèfle.

Dans les prairies, ils sortent le jour et la nuit à diverses heures suivant la saison, le temps et les ennemis qui les menacent. Dans les champs cultivés, ils se montrent à l'aurore, à la brune ou pendant les nuits avec clair de lune. En automne, ils ne sortent que pendant le beau temps et les heures chaudes de l'après-midi, ils sont alors gras et dodus et enclins au sommeil.

Aux environs du 21 septembre, sans tenir compte ni du temps, ni de la température extérieure, ni de la profusion de nourriture, ils se retirent dans leurs terriers, qu'ils ne quitteront que dans la seconde moitié de mars, quand même le sol est encore couvert de neige.

Les jeunes naissent à la fin d'avril au nombre de quatre à six, et ne restent que quelques mois avec leurs parents.

Dans quelques régions du New-Hampshire, ces Marmottes sont si nuisibles que des primes ont été instituées pour leur destruction. Mais ces poursuites ont eu pour résultat de les rendre craintives et difficiles à approcher.

Usages. — En 1903, on a vendu à Londres 159 581 peaux à des prix variant de 2 à 20 francs, suivant qualité.

LES POLATOUCHES

Caractères. — Les Polatouches ou Sciuroptères (*Sciuropterus* F. Cuv., 1823) sont des Écureuils volants, pourvus d'une membrane aliforme velue, étendue sur leurs flancs entre leurs membres antérieurs et postérieurs. Elle se termine au poignet par un lobe arrondi. En outre, leur tête effilée, leurs yeux gros, expressifs, leur queue distique, aplatie, leur donnent un caractère spécial. Leurs dents molaires ont la forme de celles des Écureuils. On peut dire qu'ils sont un terme de passage entre les Spermophiles et les Tamias. Ils sont tous de petite taille.

Habitat. — Les vingt-trois espèces de ce genre, avec de nombreuses variétés, sont distribuées dans le nord de l'Europe, en Asie, dans les îles de la Sonde et dans le nord de l'Amérique. Différentes espèces fossiles ont été découvertes dans le Miocène de la France méridionale.

Mœurs. — Ces animaux nocturnes sautent d'un arbre à un autre en faisant entendre des cris perçants.

LE POLATOUCHE VOLANT. — Le Polatouche volant (*S. volans* L.) ou de Sibérie est la forme européenne et asiatique la plus anciennement connue. Son pelage est épais, doux et fin. En été, le dos est brun fauve, car les poils, noirs à leur base, ont leur pointe jaune fauve; la membrane aliforme et la face externe des pattes sont d'un gris brun foncé. Le ventre est blanc. La queue, très fournie et distique, est gris fauve à sa face supérieure et roux clair en dessous. En hiver, le poil s'allonge, s'épaissit et le dos devient plus clair. Ce petit animal atteint 0^m,16 de long, et sa queue 0^m,10. Il est donc plus petit que notre Écureuil indigène.

Habitat. — Cette charmante espèce, qu'on trouvait jadis fréquemment en Pologne, en Lithuanie, en Finlande et en Laponie, existe encore dans l'Europe septentrionale orientale jusqu'à Moscou et dans toute la Sibérie jusqu'à la région de l'Amour et à l'Asie centrale.

Mœurs. — Ce Polatouche vit seul ou par paires dans les forêts où les bouleaux sont nombreux. Son pelage ayant la couleur de leur écorce, il est difficile à apercevoir. Il dort toute la journée dans le creux d'un arbre, enroulé sur lui-même, la queue ramenée par-dessus la tête. Il en sort au crépuscule : c'est à ce moment que commence sa vie active. Il est aussi leste que l'Écureuil, il grimpe à merveille, saute de branche en branche et avec l'aide de sa membrane aliforme fait des bonds de 20 à 25 mètres d'étendue. Il s'élève jusqu'à la plus haute branche et s'élance de là sur les branches les plus basses d'un autre arbre voisin. A terre, il est très maladroit; sa marche chancelante est gênée par les plis de sa membrane aliforme.

Il se nourrit des bourgeons, des jeunes pousses et des chatons du bouleau, qu'il remplace parfois par ceux du pin. Il s'assied pour manger et porte sa nourriture à sa bouche avec ses pattes de devant, comme l'Écureuil, dont il a les habitudes. Il est très propre, se nettoie sans cesse et ne dépose ses ordures qu'à terre.

A l'entrée de l'hiver il s'endort, mais son sommeil est interrompu les jours où la température est un peu plus douce; il court alors pendant quelques heures pour chercher de la nourriture.

C'est dans son nid, approprié à cet effet, ou dans le nid d'un Oiseau bien capitonné, que la femelle met bas, en été, trois à cinq petits, nus et aveugles. Le jour, la mère les enveloppe de sa membrane pour les réchauffer et les allaiter facilement; quand elle sort la nuit, elle a soin de les recouvrir de mousse. Six jours après leur naissance, leurs incisives apparaissent, mais ce n'est que dix jours plus tard que leurs yeux s'ouvrent et que leur pelage se montre. Plus tard, la mère les emmène avec elle, mais pendant longtemps elle revient passer le jour dans le même nid et s'y reposer en toute sûreté. En hiver, ces animaux se réunissent parfois en grand nombre pour construire un grand nid dans lequel ils habitent en commun.

Chasse. — La peau mince, à poils mous, ne constitue qu'une médiocre fourrure, qui cependant est estimée, dit-on, des Chinois; on chasse pourtant activement le Polatouche, surtout en hiver. On le prend avec des lacets et dans des trappes. Ses excréments, amassés en grande quantité au pied d'un arbre, trahissent sa présence; sans cet indice, il serait difficile de l'apercevoir, parce que la teinte de son pelage se confond avec la couleur de l'écorce.

Captivité. — Le Polatouche de Sibérie ne supporte pas longtemps la captivité. On ne peut lui donner une nourriture qui remplace celle qu'il a en liberté. Il est en outre très délicat.

Dans la presqu'île indo-chinoise, on cite le POLATOUCHE BLANC NOIR (*S. albo-niger* Hodgs.), le POLATOUCHE FLÈCHE (*S. sagitta* L.), le POLATOUCHE SPADICÉE (*S. spadiceus* Blyth), qui est une des petites espèces, car le corps n'a que 0^m,125 et la queue un peu moins. Il est orangé en dessus et blanc en dessous.

Le plus connu des animaux de ce groupe, vivant dans l'Himalaya, est le POLATOUCHE FRANGÉ (*S. fimbriatus* Gray).

LE POLATOUCHE ASSAPAN. — Caractères. — Le Polatouche assapan (*S. volucella* Pall.) se distingue par sa grosse tête, ses grands yeux noirs et saillants. Son pelage est gris cendré sur les parties supérieures, plus clair sur les côtés du cou et les pattes, et blanc sur le ventre. Sa queue est d'un gris cendré à reflets bruns, et la membrane aliforme est bordée de noir et de blanc. C'est une petite espèce qui n'a que 0^m,14 de long et la queue 0^m,11.

Habitat. — Avec le Polatouche sabrin (*S. sabrinus* Shaw.), il représente en Amérique le genre Polatouche. Celui-ci est plus spécial à l'Amérique boréale,

Le Polatouche assapan.

au Canada et à la Nouvelle-Écosse, tandis que l'Assapan habite tous les États-Unis et l'Amérique centrale jusqu'au Guatémala.

Mœurs. — L'Assapan vit, comme le Polatouche volant, de noix, de graines et de bourgeons, sans qu'il dédaigne les Insectes et la viande. Il dort le jour et se rend le soir à la recherche de sa nourriture. Dans certaines régions, ces Rongeurs sont si nombreux qu'ils vivent en grand nombre dans des arbres creux, et en frappant sur l'arbre, on peut les faire se sauver à la cime, d'où par douzaines ils s'enfuient légèrement et gracieusement sur les arbres voisins, en étalant leur membrane et leur queue, et en glissant, pour ainsi dire, dans l'air. Quand l'animal est menacé, il s'enroule en une boule, sa queue enveloppant ses pieds, et se cache dans une enfourchure.

Son sommeil hibernal, s'il existe, ne dure pas longtemps, car les femelles mettent bas déjà en avril; les petits sortent assez tôt du nid.

Les jeunes s'apprivoisent plus facilement que les autres animaux et deviennent de charmants compagnons de chambre. On en a possédé autrefois, au Jardin des Plantes et à la Malmaison; ils ont même eu des petits.

LES PTÉROMYS

Les Ptéromys (*Pteromys* G. Cuv., 1880) font, avec les Polatouches, partie des Écureuils volants et se rapprochent des Écureuils nains, des Marmottes et des Écureuils vrais.

Caractères. — Leur tête, avec un museau court et obtus, ressemble à celle de la Marmotte, même dans son squelette; leurs oreilles sont plus grandes et leur queue plus longue et en panache. Les molaires, très flexueuses à la couronne et faiblement rubanées, sont au nombre de cinq en haut et de quatre en bas, avec la première très petite.

Sur les flancs, entre les membres, de chaque côté s'étend une large membrane formant parachute, qui se prolonge en pointe près du poignet et est soutenue par un éperon partant du carpe. En arrière, elle enchâsse partiellement la queue.

Habitat. — Ces animaux, représentés par douze espèces, habitent tous la région orientale et les îles qui en dépendent.

Mœurs. — Ils sont remarquables par la vivacité de leurs teintes et par leur agilité, car leur membrane leur donne la possibilité d'effectuer des bonds énormes vers le bas. Leur vie est nocturne et leur taille est en général égale à celle des Marmottes.

LE TAGUAN. — Le Taguan ou Ptéromys pétauriste (*P. petaurista* Pall. ou *oral* Tickell) est l'un des plus connus.

Caractères. — Son corps est allongé; ses pattes portent des ongles courts, recourbés, pointus; les antérieures sont les plus courtes et n'ont qu'un pouce rudimentaire. Son pelage est court, serré, grossier sur le corps, mais fin sur la membrane, qui est comme frangée. Derrière les oreilles se trouve une touffe de poils d'un brun foncé, les moustaches sont raides et l'œil est surmonté de longs cils. Les parties supérieures du corps sont mêlées de gris et de noir, la face est noire, les oreilles brun châtain et le ventre blanc gris sale. La membrane aliforme est brun châtain en dessus et d'un gris jaune en dessous, parfois blanche; elle est bordée de gris. Les pattes sont d'un roux tirant sur le noir, et la queue est noire, relevée en panache. Sa longueur atteint 0ᵐ,50 sans la queue qui mesure 0ᵐ,56.

Habitat. — Le Taguan habite l'Inde entière, Ceylan, la Birmanie jusqu'au Ténassérim et l'archipel Mergui.

Mœurs. — Il fréquente les forêts les plus épaisses, et vit seul ou avec sa femelle dans le creux des arbres où il dort tout le jour, couché en arc, ou étalé dans les jours chauds, car il ne sort qu'à la nuit pour chercher sa nourriture. Il ne craint pas le voisinage des villages, si les fruits cultivés et en particulier les mangues sont à sa convenance. Sa nourriture, comme celle de toute la famille, consiste en fruits, noix, écorces, Coléoptères et larves, mais non pas en grains. Son cri est profond, doux, uniforme et répété rapidement. Son agilité sur le sol et sur les arbres est bien moindre que celle de notre Écureuil. D'un bond il peut passer d'un arbre à un autre à une distance de 80 mètres. Quand il part, il tombe d'abord verticalement, son vol devient oblique et plus lent, puis quasi horizontal, pour se diriger vers le haut quand il est très près de la branche qu'il veut aborder. Donc l'animal peut modifier sa direction dans une certaine mesure, avec sa queue qui lui sert de gouvernail.

Il a moins d'intelligence, et il est plus méfiant et plus craintif que les autres Sciuridés. Le moindre bruit lui fait prendre la fuite, aussi échappe-t-il ainsi aux Carnassiers grimpeurs, mais il devient souvent la proie des Rapaces nocturnes. Il est assez rare. On croit qu'il met bas dans les arbres creux.

Captivité. — En captivité, il est ennuyeux, car il dort tout le jour et ne s'agite que la nuit, pour ronger les planches de sa cage. Il périt au bout de peu de temps, quels que soient les soins qu'on lui donne.

Le Ptéromys éclatant (*P. nitidus* Desm.) est marron foncé en dessus et roux brillant en dessous; sa belle queue est brun noir foncé. Son corps a $0^m,45$ et sa queue $0^m,55$. Il vit dans l'Indo-Chine, le Siam, à Formose, à Java, à Bornéo et aux îles Natuna.

Le Ptéromys simple (*P. inornatus* Is. Geoff.) se tient aux altitudes variant de 1 800 à 3 000 mètres dans les montagnes du Cachemire et du Népaul. Il s'endort, dit-on, en hiver. Sa fourrure est utilisée. Le Ptéromys magnifique (*P. magnificus* Hodgs.) est spécial aux altitudes moyennes de l'Himalaya.

Le Ptéromys mélanoptère (*P. melanopterus* A. M.-Edw.) appartient à la faune de la Chine, ainsi que le Ptéromys du Yunnan (*P. yunannensis* And.), qui descend jusqu'en Cochinchine.

Le Ptéromys a joues blanches (*P. leucogenys* Temm.) est spécial au Japon, il est blanc en dessous et porte une belle queue grise.

L'Eupetaure cendré (*Eupetaurus cinereus* Thomas), du district de Gilgit, dans le Cachemire, est une des plus grandes espèces. Son corps atteint $0^m,45$ et sa queue $0^m,60$. Il grimpe sur les rochers, au lieu de vivre sur les arbres.

LES NANNOSCIURES

Les Nannosciures (*Nannosciurus* Tst., 1880) ou Écureuils nains se séparent des autres Écureuils non seulement par leur faible taille ($0^m,08$ sans la queue), mais encore par des particularités de leur crâne et de leur dentition. Ces jolis nains comprennent six espèces, dont l'une est spéciale aux Philippines, trois à Bornéo et deux à l'Afrique.

Le Nannosciure de Whitehead (*N. Whitehead* Thomas), des monts Kina Balu, est le plus beau représentant de ce groupe. Il n'a que $0^m,08$ sans la queue. Il est d'un gris olive blanchâtre et porte aux oreilles des pinceaux d'une longueur anormale; on le voit souvent courir en haut et en bas des troncs d'arbres.

Le Petit Nannosciure (*N. minutus* du Chaillu) se rencontre dans les montagnes du Gabon.

Le Nannosciure grêle (*N. exilis* Müll. et Schleg.), qui a le dos brun, le ventre gris blanc, la queue noire et touffue, est plus petit qu'une Souris, car il ne mesure que 0^m,12, sur lesquels la queue prend 0^m,06. Il habite les montagnes de la région de Malacca, de Bornéo et de Sumatra.

LES CASTORIDES

Les Castoridés répandus dans les régions paléarctique et néarctique ne comprennent que le genre Castor (*Castor* L., 1766). Ils ne peuvent être rangés dans la même famille que les Coypous, les Hydromys et les Ondatras dont ils n'ont point l'organisation, mais, par la forme de leur crâne, ils doivent être rapprochés des Écureuils et des Marmottes.

Ils forment une famille bien distincte à cause de la palmature de leurs pieds postérieurs et de leur queue élargie en palette.

On trouve de nombreux restes de Castors dans le Pleistocène d'Europe.

Caractères. — Ils ont le corps lourd, vigoureux, plus large en arrière qu'en avant, le dos bombé; la tête large en arrière, aplatie au sommet, à museau court et obtus, le cou épais et court; les jambes fortes, peu allongées, sont munies de cinq doigts dont les postérieurs sont réunis par une membrane natatoire; l'ongle du quatrième orteil est comme doublé. La tête porte des yeux petits, munis d'une troisième paupière dite *nictitante*; les oreilles sont velues, arrondies, assez petites pour être cachées sous le pelage environnant, et peuvent être ramenées de façon à obturer le conduit auditif; les narines peuvent se fermer grâce à leurs fortes ailes. La queue, cylindrique à la base et poilue, aplatie de haut en bas, s'élargit en son milieu, et s'arrondit au bout. Elle est écailleuse, à bords presque tranchants, et compte vingt-quatre vertèbres.

Les incisives sont grandes, fortes, colorées en orangé en dehors; les prémolaires sont au nombre d'une paire par mâchoire, et les molaires de trois paires, avec des replis d'émail, un externe et deux internes. Leur formule dentaire est la suivante :

$$i\,\frac{1}{1},\ mp\,\frac{1}{1},\ \mathrm{M}\,\frac{3}{3} = 20 \text{ dents.}$$

Ils possèdent une clavicule.

Dans les deux sexes, deux paires de glandes, situées à la face inférieure de l'abdomen, sécrètent des substances odorantes et débouchent au-dessous de la queue. Les inférieures produisent une huile à odeur infecte, tandis que celles qui sont placées au-dessus sont plus volumineuses, pyriformes, longues de 0^m,08 à 0^m,13 et sécrètent le *castoréum*.

LE CASTOR COMMUN. — Caractères. — Le Castor (*C. fiber* L.) est couvert d'un duvet très épais, moelleux, floconneux, qui donne à la fourrure les

qualités supérieures qu'on lui connaît, et de jarres forts, raides et brillants, dont la longueur peut atteindre o^m,o5. Les moustaches sont épaisses, mais pas très longues. Le dos est brun châtain foncé, le ventre est plus clair, les pattes sont plus foncées que le reste du corps. Les poils du duvet sont gris à la racine et brun jaunâtre à la pointe. Le tiers basilaire de la queue est couvert de poils,

Castors du Canada abattant des arbres.

le reste porte des squames presque hexagonales, entre lesquelles passent des poils courts, raides et inclinés en arrière (*).

On trouve rarement des Castors blancs ou tapirés. La taille est d'environ 1 mètre dont o^m,3o pour la queue. Le poids d'un adulte est de 25 à 3o kilogrammes.

Chez les Castors de nos pays, les poches à castoréum sont plates et très peu odorantes, une fois sèches, ce qui tient à la nourriture composée surtout de saules et de peupliers ne contenant aucun principe aromatique.

Habitat. — Jadis le Castor a existé dans toute l'Europe, puisque les anciens auteurs le signalent en Espagne, en Italie, en Suisse, en Angleterre et en

----

(*) Pl. XXXIX. — Le Castor commun.

Allemagne. Il était très commun en France sur nos grands cours d'eau et leurs affluents.

Il reste même des traces de son séjour, car plusieurs rivières portent le nom de *Bièvre*, son ancien nom, entre autres l'affluent de la Seine, près de Paris, et celui du Beuvron en Sologne. Actuellement « le Castor est surtout localisé dans la partie du Petit-Rhône comprise entre Fourques et Sylvéréal (île de la Camargue); il y en a aussi dans le Rhône, depuis Avignon jusqu'à Port-Saint-Louis-du-Rhône. On le trouve encore dans un des affluents de ce fleuve, le Gardon, où il remonte jusqu'au Pont-du-Gard, localité située à environ 8 kilomètres de son embouchure dans le Rhône » (Mingaud). Sur le Gardon, M. Mingaud cite sept captures en 1895.

En Europe, on le signale encore sur les bords de l'Elbe et de la Mulde, entre Magdebourg et Wittenberg, ainsi que sur ceux de la Petchora et de la Dwina en Russie. Dans l'Anhalt, leur diminution a été enrayée grâce à des lois protectrices. En Sibérie, il n'était pas rare près de l'Obi, de l'Irtisch et de leurs affluents (Kouda), car cette région était le centre du commerce des peaux. Son aire d'habitat, fractionnée en îlots bien délimités, ne dépasse jamais le cercle polaire. Il a disparu du pays de Galles en 1188, de la Suisse au commencement du XIXᵉ siècle, de la Bohême et du centre de la Russie dès le XVIIIᵉ siècle, de la Lithuanie en 1841, des marais Pinsk en 1879, et tout récemment du Caucase, des monts Altaï et de la Sibérie orientale. Quelques individus existent encore en Mésopotamie, en particulier près d'Alep.

Mœurs. — Les mœurs du Castor, même dégagées de toutes les fables auxquelles elles ont donné lieu, sont des plus intéressantes et des plus instructives. Celles du Castor d'Europe, dans la suite des siècles, se sont transformées au fur et à mesure de la mise en culture du sol et du peuplement des espaces, qui jadis ne lui étaient pas disputés; il a perdu son instinct de construction pour ne rester qu'un animal fouisseur, dont le terrier, caché sur les berges, lui offre une plus grande sécurité. D'ailleurs, son congénère d'Amérique paraît déjà présenter un phénomène analogue, puisqu'on signale assez souvent des *Castors des terriers*, qui ne se construisent plus de huttes.

Dans l'ancien monde, le Castor vit isolé ou par paires dans les cantons tranquilles, où le va-et-vient sur le fleuve et la berge ne trouble pas à chaque instant sa quiétude. M. Mingaud décrit ainsi leurs terriers qu'il a étudiés dans les endroits les plus sauvages du delta du Rhône :

« Les terriers des Castors du Rhône, creusés dans la berge ou dans les digues élevées au bord de ce fleuve, ont deux issues. L'une est toujours située à 2 mètres environ sous les plus basses eaux; c'est celle par laquelle ils rentrent et sortent. L'autre, très petite, est pratiquée au sommet du terrier et ne sert que pour l'aérer. Son orifice extérieur est soigneusement dissimulé au milieu de touffes d'herbes et d'arbustes. Le haut de leurs habitations forme une voûte et n'a pas plus de 0ᵐ,15 à 0ᵐ,20 d'épaisseur; aussi arrive-il assez souvent qu'il est défoncé par les piétons parcourant les rives du Rhône.

« Les terriers présentent deux compartiments assez vastes, eu égard à la corpulence de ces animaux, et communiquant entre eux par un couloir. Dans le premier, le plus grand, qui constitue le magasin, le Castor entasse ses provisions de rondins de bois de o^m,10 à o^m,25 de diamètre et de o^m,30 à o^m,40 de longueur, dont l'écorce lui sert de nourriture. Quand il l'a rongée, il jette à l'eau le bois.

« Dans le second terrier, le plus élevé et à l'abri des petites crues, se trouve le logement de la famille. La femelle y met bas de fin mars à fin d'avril et sa nichée se compose de deux à trois petits, quelquefois davantage. Elle fait son nid au moyen de débris de feuillages et de bourre qu'elle s'arrache du ventre. »

Dans les cantons parfaitement tranquilles, il semblerait que le Castor n'a pas perdu son instinct de sociabilité, car, en 1822, près de la Nuthe, affluent de l'Elbe, en face de la ville de Barby, dans un endroit désert, couvert de roseaux, appelé la *Mare aux Castors* et parcouru par un ruisseau de 2 à 3 mètres de large, Meyerinck a pu voir des huttes de Castors et étudier pendant longtemps toute une colonie de ces animaux.

« Plusieurs paires de Castors y habitent dans des terriers ressemblant à ceux du Blaireau, longs de 30 à 40 pas ; ils sont à la hauteur du niveau de l'eau et ont plusieurs ouvertures du côté de la terre. Près de ces terriers les Castors établissent leurs huttes. Celles-ci ont de 2^m,50 à 3 mètres, elles sont construites en fortes branches que les Castors coupent aux arbres voisins et dont ils enlèvent l'écorce qu'ils mangent. En automne, ils les recouvrent de vase et de terre qu'ils détachent de la rive et qu'ils transportent entre leurs pattes de devant et leur poitrine. Ces huttes ressemblent à un four, les Castors ne les habitent pas, ils s'y réfugient lorsque les grandes eaux les chassent de leurs terriers. Pendant l'été, la colonie se composait de quinze à vingt sujets, on remarqua qu'ils construisaient des digues. A cette époque, la hutte était si basse que l'on voyait partout, sur la rive, les ouvertures des terriers à plusieurs centimètres au-dessus du niveau de l'eau. Les Castors avaient profité d'un petit barrage qui se trouvait au milieu de la rivière ; de chaque côté, ils avaient jeté dans l'eau de fortes branches, avaient comblé les intervalles avec de la vase et des roseaux, en sorte que le niveau de l'eau se trouvait de o^m,30 plus haut en amont de cette digue qu'en aval. La digue céda plusieurs fois, mais la nuit suivante elle était réparée. Quand les grandes eaux de l'Elbe remontaient, que les demeures des Castors étaient submergées, on pouvait voir ces animaux durant le jour. Ils se tenaient sur leurs huttes ou sur les saules environnants. »

C'est avec les dents que le Castor récolte ses matériaux : quelques coups donnés dans le même sens lui suffisent pour couper les petites branches ; quant aux grands troncs, il les abat ordinairement en les rongeant tout autour et plus profondément du côté de l'eau, à un mètre du sol et en les poussant avec ses pieds de devant. Les grands arbres ne sont pas plus épargnés que les petits. Il attaque quelquefois ceux dont le tronc a plus de o^m,30 de diamètre. Il n'est pas rare, dit Crespon, qu'une paire de Castors, dans une seule nuit, renverse une cinquantaine de jeunes saules de la grosseur du bras ou de la jambe. Lorsqu'ils en ont jonché le sol, ils choisissent les morceaux qui sont le plus de leur goût pour les charrier dans leurs terriers et les ronger à loisir et sans danger. Ils préfèrent les saules, les peupliers, les aunes, les frênes, les bouleaux, mais s'en prennent rarement à l'orme et au chêne, dont le bois leur paraît trop dur.

Le Castor est plutôt nocturne que diurne, aussi est-il très prudent et très craintif. Ses mouvements sont vifs et assurés dans l'eau. Il nage avec les pattes de derrière et sa queue fonctionne comme gouvernail, tandis que ses pattes de devant sont étendues généralement sous son menton. Mais à terre, il trotte assez lourdement. Il s'assied sur son train de derrière, pour ronger l'écorce des branches qu'il a abattues au préalable, et qu'il tient dans ses pattes de devant. Ordinairement, il tourne la face du côté de l'eau, de façon à pouvoir s'y précipiter au moindre danger. Quand ces animaux sont réunis en famille, il y a généralement une sentinelle qui veille au salut commun, et qui, placée sur un tertre, se jette dans l'eau à la première alerte, et frappe l'eau vivement avec sa large queue pour engager ses congénères à regagner rapidement leurs demeures et à chercher le calme et la sécurité (Mingaud).

Grâce à sa prudence et à ses fortes incisives, le Castor ne craint pas beaucoup les autres animaux. Seule la Loutre, nageant et plongeant mieux que lui, peut arriver à le surprendre même dans son terrier.

La femelle met bas deux à quatre petits, aveugles, qu'elle allaite un mois, puis elle leur apporte de jeunes pousses d'arbres. A six semaines, la mère sort avec eux. Adultes à trois ans, ce sont eux qui gardent la demeure des parents et ceux-ci vont s'en construire une autre dans le voisinage.

Le Castor peut vivre quarante à cinquante ans.

Chasse. — La chasse au Castor, dans le Midi, a lieu surtout à l'époque des crues printanières qui submergent leurs terriers. Ces animaux se tiennent alors cachés dans les broussailles et on arrive à les tuer la nuit à l'affût.

Quand le Rhône est bas et qu'on peut distinguer l'entrée du terrier, on se sert de filets très forts, lestés de plomb, placés devant l'ouverture et attachés par leurs extrémités à deux barques dans lesquelles se tiennent les chasseurs. Un Chien terrier chasse le Castor dans le filet. Aussitôt les barques se rapprochent de façon à former un arc de cercle et le Castor se trouve ainsi prisonnier.

On se servait aussi de pièges à Renards ou à Lapins, fixés avec une chaîne de fer et placés sur leur sentier à un ou deux mètres de l'eau.

On n'endommage pas la peau quand on emploie des trappes ou des tonneaux vides recouverts de branchages.

La femelle, accompagnée de ses petits, est plus facile à tuer que le mâle, à cause du soin qu'elle prend pour les conduire.

On peut évaluer à dix en moyenne, par année, le nombre des animaux tués dans le Midi et au même chiffre ceux qui sont tués sur l'Elbe.

Jusqu'en 1891, la tête du Castor était mise à prix par le Syndicat des digues du Rhône, de Beaucaire à la mer par le petit Rhône, qui en offrait 15 francs, sous le prétexte que la solidité des digues avait été compromise par leurs travaux. Mais ces digues sont protégées à leur base par des enrochements que le Castor ne peut attaquer. Il préfère les bords mêmes du fleuve, les *ségonneaux*, c'est-à-dire les terrains bas limoneux et non cultivés, qui séparent les digues du cours du fleuve et où croissent spontanément les saules et les peupliers (Mingaud).

Captivité. — Le Castor s'apprivoise facilement, il devient très familier. M. Mingaud cite même le cas de l'un d'eux qui vécut deux ans à Nîmes et qui répondait à l'appel de son nom, *Pierret*. Il était nourri de branches de saule qu'il décortiquait rapidement. Il était très friand de croûtons de pain frais.

Domesticité. — La domestication permettrait d'éviter la disparition d'une espèce intéressante. Des essais ont été faits sur la Moldau, en Bohême, et en Bavière, mais ils ne paraissent pas avoir réussi, et pourtant la *Castoriculture* pourrait devenir rémunératrice, étant donnée la diminution dans les envois de peaux d'Amérique et les demandes toujours croissantes de l'industrie. Il semble que dans certaines régions de la Camargue, qui se prêtent mal à toute culture, cet élevage serait praticable.

Usages. — Une peau brute, dans le Midi, vaut en moyenne 8 francs; mais quand elle a été tannée et éjarrée, quand elle est devenue une fourrure chaude et molle, sa valeur monte à 12 francs.

La chair du Castor passe pour être bonne, sa queue est regardée comme un mets délicat. L'usage de sa chair était autorisé jadis par l'Église en temps de carême.

LE CASTOR DU CANADA. — *Caractères.* — Le Castor du Canada (*C. canadensis* Kuhl.) est une forme qui ne se distingue guère de son frère européen que par son crâne plus large en arrière et son pelage plus foncé. Sa taille est un peu plus grande. Sa longueur totale est de 1ᵐ,13 dont 0ᵐ,41 appartiennent à la queue.

Habitat. — Le nombre de ses stations a diminué proportionnellement au nombre des individus. A l'époque de la découverte de l'Amérique, s'il manquait dans les prairies et les régions désertiques de l'intérieur, son aire de dispersion s'étendait de la baie d'Hudson jusqu'à l'Alaska. Le Hontan raconte qu'on ne pouvait, il y a deux cents ans, faire quatre à cinq lieues dans les forêts du Canada, sans rencontrer un étang à Castors. Il vivait aussi au nord de la Floride, le long du golfe du Mexique jusqu'au Rio Grande, au Texas et dans la région avoisinante du Mexique (Sonora) ainsi que dans l'espace compris entre l'Arizona et la Californie. En 1877, ces régions n'en renfermaient plus que de rares échantillons, de même que l'État du Maine, les monts Adirondack, l'Alabama et le Mississipi. Ils étaient encore assez nombreux en Virginie. Mais depuis cette époque, traqué par l'homme et le Glouton, le Castor a dû reculer encore. A partir de 1892, on ne signale plus guère aux États-Unis que quelques individus menant une vie précaire sur les flancs des montagnes Rocheuses, et quelques colonies habitant plus au nord, dans la Colombie britannique et le Canada, auprès de la ligne de partage des eaux du Frazer et de la rivière de la Paix, ainsi que dans les montagnes de la région. Ce sont les derniers refuges de cet animal, dont la disparition paraît être aussi certaine que celle de son frère d'Europe.

Mœurs. — Il choisit pour habitat les régions bien boisées coupées de nombreux petits cours d'eau, et construit des digues souvent rapprochées, capables de retenir de grosses masses d'eau et d'amener la submersion de plusieurs hectares de terre. Il s'est formé ainsi des « prairies de Castors », qui furent jadis très étendues, car Montréal est bâtie en grande partie sur l'une d'elles. Ces prairies aujourd'hui sont rares.

Les récits d'observateurs consciencieux, comme Sarrazin, de Hearne, de Kartwright, d'Audubon et le prince de Wied, nous apprennent comment ces animaux s'y prennent pour édifier leurs huttes. D'après ces naturalistes, les Castors choisissent un cours d'eau dont les rives pourront leur fournir de la nourriture et des matériaux de construction. En premier lieu, pour maintenir le niveau de l'eau à la hauteur du sol de leurs huttes, ils édifient un barrage épais de 3 à 4 mètres à la base, et large de 0^m,60 à la partie supérieure, et dont la longueur peut atteindre 250 mètres. Ils l'établissent avec des rondins de la grosseur de la cuisse ou du bras, de 1^m,50 à 2 mètres de long, qu'ils plantent dans le sol par une de leurs extrémités, et qu'ils serrent l'un contre l'autre. Ils remplissent les intervalles avec des branches plus petites, plus flexibles, et avec de la vase. Ils exhaussent leur travail jusqu'à ce que l'eau ait atteint le plancher de leurs huttes. Vers l'amont, la digue est en plan incliné; vers l'aval, elle est verticale. Elle est assez solide pour qu'un homme puisse s'y aventurer. Dès qu'un trou se montre, les Castors le bouchent avec de la vase qu'ils pétrissent dans leurs pattes de devant. Leur demeures s'ouvrent à 1^m,20 au moins au-dessous de la surface de l'eau, de telle façon que jamais elles ne soient fermées par les glaces. Quand le courant est faible, la digue est presque droite; quand il est fort, elle est arquée, sa convexité étant dirigée vers l'amont.

C'est sur le côté sud des îles qui se forment ainsi, ou au milieu même de la rivière, que les Castors bâtissent leurs huttes. Ils creusent un couloir oblique qui part de la rive, en haut de laquelle ils construisent un dôme en forme de four, de 1^m,30 à 2^m,30 de haut, de 3 à 4 mètres de diamètre, dont les parois épaisses sont formées par des rondins écorcés cimentés par du sable et de la vase. La chambre voûtée est couverte de débris de bois; près de l'ouverture se trouve un compartiment destiné à recevoir les provisions, consistant en gros amas de rhizomes de nénufars. La même demeure abrite souvent le même Castor trois ou quatre ans de suite.

Ces animaux préfèrent à tout les écorces de peuplier, de saule, d'aune, de magnolia glauque (*arbre au castor*), de liquidambar à odeur balsamique, de frêne et de sassafras.

Leur fourrure renferme, aussi bien en Amérique que sur l'Elbe et le Rhône (Mingaud), un curieux Coléoptère parasite, le Platypsylle du Castor (*Platypsyllus Castoris* Rits.).

Chasse. — Pour obvier à la diminution croissante du nombre des individus, la Compagnie de la baie d'Hudson a établi des cantonnements où l'on ne chasse que tous les trois ans et où l'on ne tue qu'un nombre fixe de Castors. On se sert de pièges en fer amorcés avec du castoréum. Cet appât les attire si bien qu'on a vu un Castor ayant rongé sa patte pour se délivrer d'un piège, venir se faire prendre dans un autre.

Les Indiens se servent encore de pièges en bois; ou, peu prévoyants, ils éventrent les constructions et recueillent les fuyards dans des filets.

Élevage. — Les essais d'élevage tentés à Anticosti par M. Menier, dans la Géorgie et au parc National de Washington, quoique assez récents, paraissent devoir réussir. Les huit paires introduites à Anticosti, il y a quelques années, ont déjà construit dans l'intérieur de l'île. Dans la ferme de la Géorgie, la colonie comprend environ deux cents individus, jeunes et vieux. Ils sont installés dans une vallée de 450 hectares, parcourue par un ruisseau, et pleine liberté leur est laissée pour leurs constructions. Les animaux du Parc national se sont déjà multipliés. On a constaté que la bonne harmonie ne règne entre les individus qu'à condition qu'ils proviennent tous d'une même troupe, sinon ils se tuent en se battant.

Mais les élevages faits en semi-domesticité, dans les ménageries ou les jardins zoologiques, n'ont pas donné de bons résultats, car les animaux deviennent paresseux et ont une fourrure beaucoup moins estimée.

Produits. — La chair du Castor est très appréciée par les Indiens, et ses dents implantées dans un manche de bois servaient de ciseaux aux anciennes populations. Leurs incisives, marquées de points et de ronds sur le côté plat, sont utilisées comme dés à jouer par les Indiens de la Colombie britannique.

Le castoréum est une matière sébacée, onctueuse, odorante, à goût amer et balsamique et de consistance sirupeuse chez l'animal vivant. On enlève les poches aussitôt après la mort, et l'intérieur se solidifie et prend une teinte jaunâtre. Ce produit contient de la castorine qui est un principe cristallisable, de l'acide benzoïque, une huile volatile, des matières grasses et des sels alcalins. La nature et le poids du contenu varient avec l'époque de l'année.

Dans le commerce, on le trouve sous le nom de *castoréum d'Amérique* et sous celui de *castoréum de Sibérie.*

Le premier, seul employé en France, dont l'odeur rappelle à la fois celle du Bouc et du musc, est jaune ou brunâtre et contenu dans des poches brun sale, pyriformes, comprimées latéralement, ridées et unies par deux à leur sommet.

Le deuxième est en poches courtes, plus arrondies et plus grosses. Son odeur rappelle celle du cuir de Russie, car les Castors sibériens se nourrissent surtout d'écorce de bouleau.

Le castoréum valait encore, dans les dernières années du xixe siècle, de 45 à 75 francs le kilogramme, et une peau brute de 7 à 9 francs. L'emploi du castoréum en thérapeutique, comme antispasmodique et emménagogue, diminue de jour en jour.

En 1891, on a vendu sur le marché de Londres 1 486 livres de castoréum et 63 419 peaux par les soins de la Compagnie de la baie d'Hudson, tandis que jadis ce chiffre atteignait 150 000. En 1902, on signale à Londres la vente de 51 359 dépouilles et en 1903, de 56 453.

LES APLODONTIES

Les Aplodonties (*Aplodontia* Richards, 1829) sont des Rongeurs remarquables de l'Amérique du Nord, qui par leur genre de vie sont moitié Castors, moitié Écureuils, ce qui leur a valu le nom de Castors-Écureuils, pendant que leur nom scientifique « Aplodontia » est tiré de particularités dentaires.

Caractères. — Leur structure est lourde et massive, leur tête courte et tronquée, leur tronc cylindrique, relativement gros, leur queue en moignon et leur crâne plat et large. Ils s'éloignent de tous les Rongeurs par leurs molaires sans racines, et par des premières prémolaires extraordinairement petites aux maxillaires supérieurs. Ils ont 22 dents.

$$i\,\frac{1}{1}, \quad c\,\frac{0}{0}, \quad pm\,\frac{2}{1}, \quad M\,\frac{3}{3} = 22 \text{ dents.}$$

L'APLODONTIE ROUSSE. — L'Aplodontie rousse (*A. rufa* Rafin.) ou léporine est un animal châtain ou brun roux en dessus et gris de plomb en dessous, avec des pieds et des oreilles blanchâtres, et une queue noire. Sa longueur atteint o^m,30 et la queue o^m,025.

Habitat. — Elle vit en sociétés dans l'est de l'État de Washington et dans l'Orégon. Le type de l'espèce provient des cascades de la rivière Colombia, qui se jette dans le Pacifique, après avoir traversé les montagnes des Cascades. Dans la Californie, elle est représentée par une forme plus grise (*A. Californica* Peters), de taille légèrement supérieure (corps, o^m,34) et qui vit dans la Sierra Nevada. C'est le Castor de montagne des colons.

Mœurs. — Ces animaux timides grimpent et rôdent sur les arbres peu élevés, grâce à leurs pieds appropriés à cet usage ; ils rappellent donc les Écureuils ; mais, d'autre part, ils se rapprochent des Castors, car ils se tiennent dans les endroits humides, coupés par de nombreux ruisseaux. Ils construisent leurs habitations au bas des talus, de telle sorte qu'elles sont partiellement parcourues par les eaux. Il les quittent au crépuscule ou à l'aurore, pour aller satisfaire leur faim.

Ils mangent des plantes aquatiques et surtout les tiges de nénufars qu'ils vont chercher le soir et le matin ; cette prédilection permet de les capturer assez facilement dans des pièges. Ils acceptent alors avec résignation leur nouveau sort, bien qu'à la vue de l'homme ils aient peur, car ils cherchent à se cacher. Si on les ennuie, ils deviennent méchants.

LES LOIRS OU MYOXIDÉS

Caractères. — Les Myoxidés sont des animaux élégants comme les Écureuils, de plus petite taille, de corps trapu, mais qui ont une tête plus semblable à celle de la Souris. Leur museau est pointu, avec une lèvre supérieure fendue, leurs oreilles grandes presque nues ; leur queue épaisse, touffue, atteint à peu près la longueur du corps ; leurs pattes postérieures ont cinq doigts, tandis que les antérieures, relativement courtes, n'ont qu'un rudiment de pouce recouvert d'un ongle plat. Bien que ces animaux soient arboricoles, les ongles sont petits. Ils ont seize molaires, à racines, dont la couronne plate est marquée de plis transversaux de l'ivoire. Ils n'ont pas de cæcum.

Habitat. — Cette famille peu nombreuse est spéciale à l'ancien monde : Europe, Afrique, Asie (Malaisie exceptée).

Mœurs. — Leurs mœurs rappellent celles des Écureuils. Ils sont nocturnes, frugivores et insectivores, et pendant six à sept mois ils tombent dans le sommeil hibernal, même en captivité.

Captivité. — Pris jeunes, ils s'apprivoisent facilement, mais ils n'aiment pas qu'on les touche ni qu'on les caresse.

LES LOIRS PROPREMENT DITS

Les Loirs (*Myoxus* Schreber, 1792) sont caractérisés surtout par leur queue longue, touffue, à poils distiques, par leur taille assez grande, leurs dents à couronne plate et marquées de plis d'émail, et par leur estomac simple.

LE LOIR COMMUN. — Le Loir commun (*M. glis* L.) est la seule espèce européenne de ce genre.

Caractères. — Il a le dos d'un gris plus ou moins clair avec des reflets noirâtres ; le ventre et la partie interne des pattes sont d'un blanc à reflets argentés ;

Le Loir commun

II. — 8

le dessus du museau est gris brun ; la partie inférieure du museau, les joues et la gorge sont blanches ; les moustaches sont noires ; les oreilles assez foncées sont bordées de clair, les yeux sont entourés d'un cercle brun foncé ; la queue est gris brun avec une bande longitudinale blanchâtre à la face inférieure. La longueur totale est de 0^m,3o, dont 0^m,14 appartiennent à la queue.

Habitat. — Il existe dans l'Europe moyenne et méridionale, surtout dans les forêts de chênes et de hêtres. Il manque en Danemark, en Suède et en Angleterre. Il est fréquent en Espagne, Italie, Grèce, dans l'Allemagne moyenne, en Autriche, et dans le sud de la Russie et la Syrie.

Mœurs. — Tout le jour il se tient caché dans des troncs d'arbres creux, dans des crevasses de rochers, de murs, dans des trous creusés entre des racines d'arbres, dans un terrier de Hamster abandonné, un nid de Pie ou de Corbeau. Le soir il sort de sa cachette et va à la recherche de sa nourriture, revient à son gîte pour digérer et se reposer, en ressort de nouveau pour manger encore, et le matin il regagne enfin sa demeure, accompagné de sa femelle ou d'un de ses semblables. Pendant ses promenades, il grimpe sur les arbres et les parois des rochers, avec toute l'adresse d'un Écureuil, il bondit de branche en branche, saute d'un arbre sur la terre où il court avec rapidité ; aussi est-il difficile de l'apercevoir, à cause de sa vivacité et de son agilité.

Peu de Rongeurs l'emportent sur le Loir en voracité. Il mange autant qu'il peut, surtout des glands, des faînes, des noisettes. Il ne dédaigne pas les noix, les châtaignes, les fruits doux et savoureux ; il se nourrit même d'animaux et pille les nids qu'il trouve. Il boit très peu d'eau ou pas du tout quand il a à sa disposition des fruits juteux. Durant tout l'été, il rôde chaque nuit, à moins que le temps ne soit trop mauvais. Il s'arrête à chaque instant, s'assied pour porter à sa bouche, avec ses pattes de devant, les fruits qu'il vient de rencontrer. On entend alors le craquement des noix qu'il brise, le bruit de la chute des fruits qu'il a dévorés à moitié.

En automne, il amasse dans un trou des provisions pour l'hiver. Bien qu'il soit à ce moment extrêmement gras, il mange encore beaucoup et songe à se préparer une retraite hivernale. Il l'établit dans un trou profond, dans une fente de rocher, d'un mur, dans un tronc d'arbre creux, et la tapisse d'une mousse fine. Il s'y couche enroulé, en compagnie de plusieurs de ses semblables, et s'endort avant les froids, en août dans les montagnes, en octobre dans les plaines. Il se réveille de temps en temps pour prendre de la nourriture. Ce long sommeil ne cesse que vers la fin d'avril ; il dure donc au moins sept mois, d'où l'expression : *dormir comme un Loir*.

La femelle met bas en juin, de trois à six petits nus et aveugles. Ils ne tètent que peu de temps. La multiplication des Loirs est en raison directe de la quantité de nourriture et cela malgré leurs nombreux ennemis.

Chasse. — On le chasse pour sa chair et sa fourrure. On le prend dans des pièges suspendus aux arbres et amorcés avec un fruit, ou dans des retraites hivernales artificielles, qu'on a munies de ses graines préférées.

Captivité. — On ne le voit pas souvent en captivité, malgré sa grande propreté, car il est toujours irrité et ne joue jamais. Les Romains, sous le nom de

Glis, l'estimaient beaucoup; pour ce favori, ils construisaient des parcs avec des buissons, des chênes et
des hêtres et là, dans ces garennes, ils les nourrissaient de glands et de faînes. On achevait de
les engraisser dans des vases de terre appelés *gliriaria*. Ces Loirs, servis rôtis,
étaient pour les riches gourmets un
mets des plus appréciés.

Le Loir DRYADE (*M. nitedula*
Pall.), qu'on considé-
rait comme une simple
variété du Lérot, est
gris fauve en dessus,
blanc sale en dessous,
et a une queue plus
courte que celle du
Lérot ($0^m,085$) ; elle
porte à sa base de
grands poils blancs. Il
habite l'Europe orien-
tale, depuis la Lithua-
nie, l'Autriche, jus-

Le Muscardin.

qu'au Caucase, aux monts Altaï, à la Perse   et à l'Asie Mineure.
Le Loir ÉLÉGANT (*M. elegans* Temm.)   est spécial aux îles Sikok
et Nippon, au Japon. Sa taille est celle du Muscardin ($0^m,10$) et sa queue
($0^m,04$) porte des poils longs et égaux.

LES MUSCARDINS

Les Muscardins (*Muscardinus* Kaup, 1829) ont des oreilles plus petites que
les précédents, une queue unicolore cylindrique, car elle est couverte de poils
assez courts et égaux, des molaires à couronne plate, dont la première supérieure présente deux saillies transversales, la seconde cinq, la troisième sept et
la quatrième six, tandis que la première molaire inférieure en présente trois et
les trois autres chacune six.

LE MUSCARDIN DES NOISETIERS. — Ce Muscardin (*M. avellanarius*, L.),
ou Croque-noix, est aussi agréable par sa vivacité, sa gracieuseté, l'élégance de ses formes, la beauté de son pelage que par sa propreté et sa
douceur.

Caractères. — Ce joli petit animal, de la taille d'une Souris (corps $0^m,075$,
queue $0^m,07$), est en dessus d'un beau fauve clair, un peu cendré et blanchâtre
en dessous, surtout à la gorge et à la poitrine. Le tour des yeux et les oreilles
sont d'un roux clair, la face supérieure de la queue est brun roux foncé, les

pattes sont rousses et les doigts blancs. En hiver, le dos prend un reflet noirâtre. Les jeunes sont d'un jaune roux vif.

Habitat. — On le rencontre en Suède et en Angleterre, où ne vivent ni le Loir ni le Lérot; en Toscane et dans le nord de la Turquie. A l'est, il ne dépasse pas la Transylvanie. Il est plus fréquent dans le sud que dans le nord.

Mœurs. — Ce qu'il préfère ce sont les buissons, les haies et les fourrés de noisetiers, au-dessous de 1 000 mètres au-dessus du niveau de la mer. Dormant le jour dans son nid, il ne cherche que la nuit sa nourriture qui consiste en noix, faînes, blé, cynorrhodons et baies de toutes sortes, entre autres celles du sorbier. Son mets de prédilection consiste en noisettes qu'il ouvre et vide avec adresse, en les tenant entre ses adroites pattes de devant.

Bien qu'ils vivent en petites bandes, chacun d'eux se construit dans un buisson épais un nid bien doux, bien chaud, fait avec de l'herbe, des feuilles, de la mousse, des racines, des poils. Quoique très agiles à terre, ce sont pourtant de véritables animaux arboricoles : ils grimpent et courent sur les branches minces comme les Écureuils et les Loirs, mais à la manière des Singes ; on les voit tantôt se suspendre à une branche par leurs pattes de derrière pour saisir et croquer une noisette placée plus bas, tantôt courir à la face inférieure de la branche avec autant de rapidité qu'à la face supérieure.

Vers la mi-octobre, chaque Muscardin, après avoir rempli ses greniers, se construit une loge sphérique avec de petites branches, des feuilles, des aiguilles de sapin, de la mousse, de l'herbe, s'y enroule en boule et s'endort d'un sommeil plus profond encore que celui des Loirs. On peut le prendre, le tourner dans sa main, le retourner sans qu'il donne le moindre signe de vie. Suivant la rigueur de la saison, il passe ainsi six à sept mois avec quelques réveils, jusqu'au printemps suivant. Les petits, au nombre de trois ou quatre, naissent en août, nus et aveugles, croissent rapidement et ont presque la taille des parents à la fin des beaux jours.

Captivité. — Ce n'est que par hasard que, pendant l'été, on peut prendre un Muscardin dans des pièges placés sur les noisetiers et amorcés par une noisette ou quelque autre fruit. Il se résigne immédiatement à son sort, se laisse emporter et se soumet à son maître ; jamais il n'essaie de mordre. Il ne tarde pas à perdre sa méfiance innée, mais il se montre toujours craintif, même quand on le caresse ou qu'on le prend dans sa main.

On peut facilement le tenir dans une cage à Oiseaux, en le nourrissant de noix, de noisettes, de noyaux, de fruits de toute espèce, de pain, de grains de blé. Il mange peu, et, au commencement de sa captivité du moins, il ne mange que la nuit. Il ne boit ni eau ni lait.

Sa grande propreté, sa gentillesse, sa douceur, la grâce de ses mouvements et son attachement à ses maîtres lui attirent toutes les sympathies. Aussi en Angleterre tient-on les Muscardins dans des volières, afin de les vendre au marché comme des Oiseaux. Comme ils ne sentent point mauvais, on peut les garder dans les appartements les mieux tenus.

LES LÉROTS

Caractères. — Les Lérots (*Eliomys* Wagner, 1843) diffèrent des Loirs par leurs molaires à couronne concave marquée de cinq saillies d'émail indistinctes, et par leur queue bicolore, couverte de poils courts et couchés dans sa première moitié, et de poils longs et touffus, distiques, vers l'extrémité.

Habitat. — Ce genre habite l'Europe, la Transcaspie, et l'Afrique.

LE LÉROT COMMUN. — Le Lérot commun (*E. quercinus* L. ou *nitela* Pall.), ou grand Muscardin ou Loir des jardins, est le type du genre.

Caractères. — Il est fauve brunâtre en dessus, ainsi que sur la face externe des cuisses et des bras; en dessous il est blanc, ainsi qu'aux quatre pattes, aux joues et aux épaules. Une grande tache noire entoure l'œil, se continue autour de l'oreille et s'élargit sur le cou. Tache blanche derrière l'oreille. La queue est fauve brun, puis noirâtre en dessus et enfin blanche. Longueur du corps, $0^m,14$; de la queue, $0^m,10$.

Habitat. — Le Lérot appartient à la zone tempérée de l'Europe centrale et occidentale, depuis les frontières de la Russie et les bords de la Baltique. Il est très fréquent en Allemagne, et surtout dans le Harz, assez commun en France et dans les jardins des environs de Paris.

Le Lérot commun.

Mœurs. — Le Lérot aime les jardins, les vergers, les buissons situés dans leur voisinage. En Suisse, il s'élève jusqu'à proximité des glaciers. Il est moins sauvage et plus carnivore que le Loir. Il pénètre dans les habitations pour y voler graisse, beurre ou lait; il pille les nids, qu'ils contiennent des œufs ou des jeunes. Vif et agile comme l'Écureuil, il se repose en été dans un nid à découvert sur un arbre et qu'il a construit lui-même, ou dans des murs, dans des trous du sol qu'il tapisse de mousse. En hiver, il cherche une cachette dans les fermes, les granges ou les taupinières et s'y endort pour six à sept mois à côté de ses

provisions, qu'il utilise quand la température se radoucit. Ordinairement on en trouve plusieurs entrelacés dans le même nid.

Le Lérot est détesté à cause des dégâts qu'il fait dans les vergers et les espaliers, car s'il préfère les fruits savoureux et bien mûrs, il entame aussi ceux qui n'ont pas atteint toute leur maturité. Il passe entre les mailles des filets, les ronge si les mailles sont trop étroites, se joue des toiles métalliques comme un larron éhonté. Seul un bon Chat suffit à l'éloigner. Pourtant la Marte, la Belette, l'Effraie en détruisent aussi beaucoup.

La femelle met bas en juin, dans un vieux nid d'Écureuil, de Corbeau ou de Grive bien rembourré, de quatre à six petits, nus, aveugles, débiles, qu'elle allaite longtemps. Si un indiscret s'approche de sa nichée, elle grogne, ses yeux étincellent, elle grince des dents et saute aux mains et à la figure de l'intrus et lui fait de profondes blessures. Son nid est très sale.

En captivité, il se conduit comme un forcené et se précipite avec rage sur tous les petits animaux qu'on introduit dans sa cage.

Les Graphiures, qui ont l'extérieur des Loirs, ont des molaires plus petites, sans cannelures transversales. Le Graphiure du Cap (*Graphiurus capensis* F. Cuv.) ou de Cattoire appartient à la faune sud-africaine, tandis que le Graphiure de Huet (*G. Hueti* Roch.) vit dans la Sénégambie. Le premier, qui a les proportions du Lérot, porte une large bande d'un noir brun sur les yeux, et possède une queue courte très épaisse, garnie de longs poils.

Le Platacanthomys a queue touffue (*Platacanthomys lasiurus* Blyth) ou Rat épineux de Malabar, qu'on rencontre au-dessous de 1 000 mètres dans les collines du sud de l'Inde, a de nombreux jarres plats et durs, qui font saillie hors du duvet. Sa ressemblance avec les Myoxidés est frappante. Sa queue et son corps ont chacun 0ᵐ,15 de long.

Il vit dans les fissures des rochers et les arbres creux.

LES RATS ET LES SOURIS OU MURIDÉS

La famille des Muridés, qui comprend quatre-vingt-six genres et sept cent vingt espèces, est la plus riche en espèces du règne animal. Elle ne renferme que de petits animaux, mais leur nombre compense la faiblesse de la taille. Ses représentants ont suivi l'homme partout et ont pris, avec lui, possession de tous les pays. L'Australie a des espèces indigènes, ainsi que Madagascar. En Europe, ils sont relativement peu nombreux, mais les types de ce groupe sont très variés sous les tropiques.

Caractères. — D'une façon générale, on peut dire qu'un museau pointu, des yeux grands, noirs, des oreilles larges, couvertes de poils rares, une queue longue poilue, ou plus souvent nue et écailleuse, des pattes effilées terminées par quatre doigts en avant, cinq en arrière, un pelage court et mou, la présence de trois molaires sont les caractères dominants de cette famille. Mais beaucoup de Muridés ont des traits communs avec d'autres groupes, et l'on peut dire qu'on a admis ici toutes les formes dont la place n'était pas bien définie. Cette famille ressemble donc, à ce point de vue, à celle des Antilopes parmi les Ruminants et à celle des Passereaux parmi les Oiseaux.

Les trois molaires, dont la grandeur diminue d'avant en arrière, portent des tubercules placés transversalement et à racines séparées, ou bien elles sont lamelleuses sans racines, ou présentent des encoches latérales; par l'usure, il se forme des plis avec ou sans dessins. Parfois le nombre des molaires descend à deux dans chaque branche de la mâchoire ou s'élève à quatre en haut seulement. Les clavicules existent; quelques-uns ont des abajoues. Le tibia et le péroné sont fusionnés vers le bas. Ce sont les seuls caractères que l'on puisse donner.

Habitat. — Les Muridés habitent les deux mondes sous tous les climats.

Mœurs. — Ils ont des habitudes nocturnes, sont lestes, agiles dans leurs mouvements, courent, sautent, grimpent, nagent à merveille. Ils sont prudents, mais impudents, rusés et courageux. Ils peuplent les maisons, les champs, les prairies et les forêts où leurs dégâts sont énormes, car ils se nourrissent de toute substance, qu'elle soit animale ou végétale. Ils ne respectent rien, et ce qu'ils ne peuvent manger, ils le détruisent en le rongeant, comme le bois et le papier. Quelques-uns excellent dans l'art de construire des nids; ils sont généralement peu nombreux. D'autres vivent dans des terriers, ont un sommeil d'hiver et amassent des provisions. D'autres encore, en légions innombrables, entreprennent des migrations. Leur fécondité est extrême. Ils ont par an plusieurs portées de six à vingt et un petits.

Usages. — Désagréables et toujours disposés à mordre, ils sont peu intéressants en captivité. Quelques-uns fournissent une peau utilisable et une chair comestible. Mais, en somme, ce sont des ennemis redoutables qui sont pour l'homme un vrai fléau. Aussi tous les moyens sont-ils bons pour les exterminer.

LES HYDROMYS ET LES XÉROMYS

Les Hydromys (*Hydromys* Ét. Geoff., 1805) et les Xéromys (*Xeromys* Thomas, 1889) forment un groupe de Muridés un peu aberrant par sa dentition, car ils n'ont, à chaque branche du maxillaire, que deux molaires radiculées et divisées en lobes transversaux.

Les Hydromys sont de grands Rats aquatiques d'Australie. Leur tête est allongée, leur museau obtus, leurs oreilles arrondies, leur queue longue. Ils ont des jambes courtes, terminées par cinq doigts, dont ceux de derrière sont palmés plus ou moins complètement et portent des ongles plus forts et plus larges que les antérieurs. Les moustaches sont fournies et longues; la pointe du museau est couverte de poils assez longs pour obturer les narines.

L'Hydromys a ventre jaune (*H. chrysogaster* Ét. Geoff.) a le dos d'un brun noir brillant, marqueté de fauve, les flancs et le ventre d'un gris fauve à reflets dorés. On admet une variété à ventre blanc. Les jarres sont noirs ou jaune doré, à pointe noire. Les pattes sont brun foncé et la queue est noire avec la pointe jaune. Il a 0^m,60, avec une queue de moitié moins longue.

Habitat. — Il est spécial à l'Australasie, Nouvelle-Galles du Sud, Victoria, et à la Tasmanie, tandis que l'Hydromys de Beccar (*H. Beccarii* Peters) habite les rives du fleuve Fly dans la Nouvelle-Guinée.

Mœurs. — Ses habitudes le rapprochent du Campagnol amphibie, car il fréquente le bord des fleuves et celui de la mer : il vit donc dans les eaux douces et salées, nage et plonge à merveille.

Le Xéromys myoïde (*X. myoïdes* Thomas) ou Rat du Queensland, qui a la forme et le double de la grosseur de la Souris domestique, est une espèce terrestre, bien qu'elle soit très voisine de son cousin aquatique, mais son crâne de Souris, ses pattes non palmées l'en éloignent, ainsi que sa queue écailleuse finement poilue.

Une deuxième espèce (*X. silaceus* Thomas) se trouve dans l'île de Luçon, qui renferme encore des formes curieuses, nouvellement connues, comme le Chrotomys de Whitead (*C. Whiteadi* Thom.), le Rhynchomys soricoïde (*R. soricoïds* Thom.) et le Phlæomys de Cuminge (*P. Cumingi* Waterh.). Ce dernier, qui est le Rat des Philippines qu'on serait tenté de rapprocher des Capromys, est un Muridé, dont les molaires rappellent celles des Gerbilles. Son museau est court, son front bombé, ses ongles gros et larges ; il a une queue recouverte de poils grossiers. Son pelage, assez long et rude, est plus foncé sur le museau, les joues et le sommet de la tête, les épaules et la partie antérieure du dos. Il vit de l'écorce des arbres, dans les montagnes. Il ne terre pas (de La Gironnière).

LES GERBILLES

Les Gerbilles, dont on compte plus de soixante espèces réparties dans différents genres et sous-genres, appartiennent toutes aux régions chaudes de l'ancien continent. Toutes se signalent par l'élégance de leurs formes, la légèreté de leur allure, leurs yeux grands et brillants, l'allongement de leurs pattes postérieures et de leur queue qui est poilue, et enfin par la forme de leurs dents. Les incisives sont étroites et sillonnées, et les molaires, au nombre de douze, sont formées de collines, trois pour la première, deux pour la seconde et une pour la troisième. Elles ont avec les Gerboises une certaine ressemblance dans la forme et les habitudes. Leur taille varie depuis celle du Surmulot jusqu'à celle du Mulot et du Rat nain.

LA GERBILLE DE L'INDE. — La Gerbille de l'Inde (*Gerbillus indicus* Hardw.), dite parfois Rat-Antilope, est d'un gris fauve, mélangé de noir sur les parties supérieures ; sa tête est plus pâle que le corps, le pinceau presque noir, et toutes les parties inférieures sont blanches. Son corps varie de 0ᵐ,12 à 0ᵐ,18 et sa queue de 0ᵐ,15 à 0ᵐ,21.

Habitat. — Elle est répandue dans l'Inde entière et à Ceylan, à l'est du golfe du Bengale ; à l'ouest, elle se rencontre jusque dans l'Afghanistan.

Mœurs. — Cet animal nocturne se tient dans les dépressions non cultivées et sablonneuses, où on le voit progresser par sauts qui peuvent atteindre 4 à 5 mètres, ce qui lui permet d'échapper aux Chiens. Souvent il se rapproche des champs cultivés, où des colonies construisent de grandes habitations ayant de nombreux couloirs et des donjons distants de 0ᵐ,15 à 0ᵐ,30 les uns des autres, tapissés d'herbe sèche. Il se nourrit d'herbes et de racines, mais plus volontiers de grains. En 1878-1879, dans le Deccan, sur une étendue de plusieurs kilomètres carrés, les Gerbilles détruisirent tout ; entre autres, elles coupèrent les épis de sorgho et dévorèrent les grains, dont une partie fut transportée dans leurs magasins. C'est un des Rongeurs les plus prolifiques, car la femelle met bas de huit à douze petits à la fois.

La GERBILLE D'ÉGYPTE (*G. gerbillus* Olivier) et la GERBILLE DES PYRAMIDES (*G. pyramidum* Is. Geoff.) habitent l'Égypte, la Nubie, l'Abyssinie ; la GERBILLE A PIEDS VELUS (*G. hirtipes* Lat.), le Sahara algérien et tunisien ; la GERBILLE CHAMPÊTRE (*G. campestris* Levaill.), le Tell et les hauts plateaux de l'Algérie.

Le PACHYUROMYS DE DUPRAS (*P. Duprasi* Lataste) se distingue des précédents par sa queue courte, charnue et renflée en massue. Il habite le Sahara algérien.

Le PSAMMOMYS OBÈSE (*P. obesus* Cretsch.), de la taille d'un Rat (corps, 0ᵐ,19 ; queue, 0ᵐ,14) et qui fait le passage aux Campagnols, est commun en Égypte dans les sables du désert et dans les ruines de cette contrée, ainsi que dans le Sahara septentrional et la Palestine. Ces animaux sont sociables et vivent dans des terriers d'où ils sortent le jour. Les dégàts qu'ils causent leur attirent la haine des indigènes, qui les détruisent par tous les moyens.

LES RATS VRAIS OU MURINÉS

Caractères. — Les Murinés se reconnaissent à leurs molaires avec racines, et tubercules à la couronne ; les supérieures en portent trois rangées longitudinales, tandis que celles des Cricétinés n'en ont que deux.

C'est le groupe des Rats et des Souris, auxquels on adjoint quelques autres genres. Leur corps est gracieux et agréable de forme, avec une coloration foncée. Le museau est très pointu, les yeux brillants et saillants, les oreilles grandes ; la queue, très longue, est écailleuse et ordinairement à peu près glabre.

Mœurs. — Ils sont vifs et agiles, et ils ont pour la plupart des habitudes fouisseuses et nocturnes.

Ils ne sont représentés en Amérique que par les espèces cosmopolites.

A B
Les trois molaires supérieures gauches : A. des Murinés ; — B. des Cricétinés. (La molaire antérieure est en bas.) (D'après Flower et Lydekker.)

LES RATS PROPREMENT DITS

Les Rats (*Mus* Linné, 1766) ont été divisés en plusieurs groupes, d'après divers caractères de peu de valeur.

Caractères. — Ils ont le museau pointu, poilu, le corps allongé, la queue écailleuse couverte de poils rares et épais. La fourrure est composée d'un duvet court et de jarres longs, raides, épars. Les couleurs prédominantes sont le noir brun et le blanc jaunâtre.

Le vulgaire distingue dans ce genre les Souris et les Rats. Les Rats sont plus lourds et plus laids que les Souris, ont deux cents à deux cent soixante écailles à la queue, des pattes épaisses, et atteignent o^m,33, tandis que les Souris sont gracieuses, légères, ont de cent vingt à cent quatre-vingts écailles et o^m,25 seulement. Les plis palatins du Rat sont tous fendus, tandis que le premier est entier chez la Souris. Comme on le voit, à part la taille, ces différences n'ont d'importance que pour un naturaliste de profession.

Leurs mœurs sont à peu près les mêmes.

LE RAT SURMULOT. — Le Surmulot (*M. decumanus* Pall.) est le plus grand, le plus destructeur et le plus méchant de tous les Rats vivant en Europe.

Caractères. — Il est nettement bicolore. Le dos est gris brun avec la partie médiane plus foncée ; le dessous est gris pâle. La séparation des deux couleurs est très franche sur les flancs. Les oreilles, qui ont le tiers de la tête, n'atteignent pas les yeux ; les plis du palais sont verruqueux et non lisses comme dans le Rat noir. Il a deux mamelles. Le corps peut atteindre o^m,24 et la queue o^m,19 ; celle-ci ne porte que deux cent dix écailles. Le Perchal de l'Inde, le Caraco de la Chine, et le Pilori des Antilles ont pourtant une taille supérieure à la sienne.

Habitat. — Les Surmulots nous sont arrivés au commencement du XVIIIe siècle de l'Asie occidentale, peut-être de la Chine ou de l'Inde. Pallas nous apprend qu'en 1827 des légions de ces Rats, venant de l'est, apparurent près de la Volga en si grande quantité que rien ne pouvait se soustraire à leurs atteintes. Ils traversèrent la Volga à la nage et peu à peu pénétrèrent vers l'ouest. En 1730, des navires les transportèrent des Indes en Angleterre ; en 1750, on les trouve dans la Prusse orientale ; en 1753, à Paris ; en 1780, ils étaient communs dans toute l'Allemagne ; vers 1809, en Suisse et en Danemark. Mais ils avaient déjà commencé leur tour du monde ; car on les signale en 1775 aux États-Unis, et en 1825 au Canada.

Répandus partout, dans les îles les plus arides et les plus désertes, ces Rats bruns se sont emparés de tous les domaines des Rats ordinaires et augmentent à mesure que ceux-ci diminuent. Une variété brun foncé (*M. maurus*) n'est pas rare à la Ménagerie du Jardin des Plantes.

Le Surmulot a fourni des races d'agrément, qui sont blanches ou pies, ou bien noires ou brunes, mais elles sont toujours moins bigarrées que les mêmes races de Souris. Le Rat dansant japonais rappelle la Souris dansante du même pays.

LE RAT NOIR. — *Caractères.* — Le Rat noir ou ordinaire (*M. rattus* L.) est d'une couleur assez uniforme. Le dos et la queue sont d'un brun noir foncé, passant peu à peu à la teinte cendré foncé du ventre ; les pieds sont gris brun. La queue est plus longue que le corps (o^m,22 et o^m,20) et porte deux cent cinquante à deux cent soixante écailles. Il porte douze mamelles. L'oreille atteint jusqu'à l'œil et les plis palatins ne sont pas divisés au milieu. Dans l'Inde, les Rats des habitations ont des colorations différentes, brun ou roux en haut, et blanc en dessous, avec des jarres épineux entremêlés dans le pelage. Leur taille varie aussi.

Habitat. — Ce Rat est probablement originaire de la Perse, où il existe en quantités innombrables. L'opinion la plus générale, c'est qu'il s'est introduit en Europe au retour des bandes qui avaient pris part aux Croisades.

Néanmoins on ne le trouve pas mentionné d'une façon certaine avant le XVIᵉ siècle. Depuis le XVIIIᵉ siècle, le Surmulot étant venu lui disputer la place, il ne se montre plus en bandes nombreuses, car ces deux espèces existent rarement côte à côte. Les vaisseaux l'ont apporté sur les diverses plages, et de là il a gagné l'intérieur des terres, en sorte que le Rat noir est répandu partout, dans les continents et les îles. Pourtant, en Allemagne, on trouve encore quelques régions où les Rats noirs existent sans leur ennemi, et parfois les deux espèces vivent sur le même navire.

Le Rat d'Alexandrie (*M. r. alexandrinus*) est regardé comme une variété du Rat ordinaire. Il est bicolore. Les parties supérieures sont d'un gris brun rougeâtre, et en dessous il est blanc jaunâtre. Son corps atteint 0ᵐ,16 et sa queue 0ᵐ,19. De sa patrie primitive, la Basse-Égypte et les parties méditerranéennes de l'Asie, il s'est répandu jusque dans l'Inde. Des navires l'ont apporté probablement en Italie; de là il a pénétré dans le sud-est de la France, puis dans la Suisse et le Wurtemberg. Actuellement il vit aussi en Amérique, et se répandra de plus en plus, si le Surmulot ne s'y oppose pas. En Italie, il vit surtout sous les toits.

Mœurs des Rats. — Ces deux espèces de Rats ont à peu près les mêmes mœurs. Pourtant le Surmulot préfère les étages inférieurs des habitations, les sous-sols, les égouts, le bord des rivières, tandis que le Rat noir habite les étages supérieurs, les greniers, et les granges, ce qui lui a valu son nom de Rat des toits (*M. tectorum*) en Italie.

Le Rat noir.

Tous deux cherchent à rester au voisinage des lieux habités, là où ils trouveront des détritus pour se repaître. A leur défaut, ils s'attaqueront à toute substance alimentaire, car leur voracité est extrême et tout leur est bon; ou à des animaux vivants ou morts : les charognes ne les rebutent pas, non plus que les ordures. Ils mangent le cuir, la corne, les écorces, ou les détériorent en les rongeant. On en a vu s'attaquer à des enfants endormis dans leur berceau et à des malades dans les hôpitaux mal tenus. Ils entament la peau des Cochons, dévorent la membrane palmaire des oies, entraînent les canetons dans l'eau, les noient, puis les retirent et les dévorent. Ils aiment les œufs. On assure avoir vu l'un d'eux, à Innsprück, qui, pour transporter un œuf, s'étendit sur le dos en tenant l'œuf entre ses pattes, et qui se fit traîner par la queue jusqu'à un lieu sûr. Si la nourriture vient à leur manquer, ils se livrent de terribles combats et s'entre-dévorent. Quand ils se sont aperçus que l'homme ne peut rien contre eux, ils deviennent d'une impudence sans égale.

Ils sont très adroits, très vifs, savent bien grimper, encore mieux nager et plonger. Le Surmulot sait même pêcher, pour son usage, les Poissons, les jeunes Anguilles, les Crevettes et autres Crustacés.

Leur fécondité est extrême, surtout chez le Surmulot; ainsi il n'est pas rare de trouver des nichées de douze à quatorze petits, aveugles, déposés dans un lit moelleux. Ils croissent rapidement, et lorsqu'ils ont à peine la moitié de leur taille ils sont déjà capables de se reproduire.

Aussi deviennent-ils une vraie plaie dans les abattoirs, les lieux d'équarrissage, les navires. Parent-Duchâtelet raconte qu'à Montfaucon, ils étaient si nombreux qu'ils dévorèrent en une seule nuit les cadavres de trente-cinq chevaux. Gervais rapporte qu'en décembre 1849, quelques jours suffi pour prendre 250,000 Rats dans les égouts de Paris. Et leur nombre certes n'a pas diminué!

Chasse. — Tous les moyens sont bons pour en détruire le plus grand nombre, car les ratières sont impuissantes. On prend des Surmulots vivants, la nuit, au moyen de sacs en toile, parfois jusque dans les rues de Paris où ils fréquentent les caniveaux des trottoirs. Ils servent à dresser des Chiens ratiers qu'on destine à leur poursuite, et les combats sanglants que se livrent ces animaux dans des arènes spéciales constituent un genre de sport fort en vogue, dans différents faubourgs de Paris. Quoique le Chat n'ose souvent pas s'attaquer à eux, sa présence seule suffit pour les éloigner. On leur donne aussi un mélange de malt et de chaux vive qui excite leur soif et qui les tue dès qu'ils ont bu, ou bien on les détruit avec la pâte phosphorée appelée « mort-aux-rats ».

Maladies. — Souvent un certain nombre se soudent par leur queue pour donner ce que l'on a appelé un *roi de Rats.*

Ils sont toujours infestés de parasites : trichines, ténias, microbe de la peste s'y donnent volontiers rendez-vous. Aussi a-t-on le plus grand intérêt à les détruire dans les navires. On emploie maintenant l'acide carbonique ou l'acide sulfureux pour les asphyxier à fond de cale.

Usages. — Leur chair n'est estimée que dans les temps de disette. Les Rats furent consommés pendant le siège de Paris en 1871, et antérieurement, aux célèbres sièges de Calais, de Melun, de Paris, de Mayence. Leur peau chamoisée a servi dans la fabrication des gants.

Le RAT ROUSSATRE (*M. r. rufescens*) de l'Inde, de Ceylan, de la Birmanie, du Yunnan et des îles Mergui, qui a les soles blanches, une queue très longue et un pelage souvent épineux, se tient surtout sur les arbres, et, dit-on, ne descend jamais sur le sol. Dans les îles Laquedives, ce Rongeur vit à la cime des cocotiers et, en dévorant les noix non mûres, il occasionne de grands dommages.

Le Rat a pieds bruns (*M. fuscipes* Waterh.), de l'Australie méridionale et de la Tasmanie, est remarquable parce que ses habitudes sont identiques à celles du Campagnol amphibie.

LA SOURIS ORDINAIRE. — La Souris ordinaire ou domestique (*M. musculus* L.) est l'espèce la plus connue et la plus fréquente de ce genre. Elle est plus élégante, plus petite (corps 9^{cm},5, queue 9^{cm},5) et mieux proportionnée que le Rat. Ses oreilles ont la moitié de la longueur de la tête et sa queue porte 180 anneaux d'écaillés. Elle a dix mamelles. Son pelage est uniformément gris noir, lavé de jaunâtre; cette teinte s'affaiblit un peu sur les flancs et le ventre; le bout des pattes est gris jaunâtre. Son talon n'est pas marqué d'une tache foncée.

Habitat. — La Souris, qui nous vient d'Asie, est un commensal de toutes les agglomérations humaines. C'est le fidèle compagnon de l'homme depuis les temps les plus reculés; elle l'a suivi partout, vers le pôle et vers les plus hauts sommets des montagnes. Elle est donc devenue cosmopolite; aussi distingue-t-on de nombreuses variétés. La Souris domestique de l'Himalaya (*M. m. homourus*) a un pelage plus long et plus mou. Sa présence a été signalée jusqu'à 2 400 mètres d'altitude. La Souris domestique de l'Inde (*M. m. urbanus*) en est assez différente, car on en a parfois fait une espèce spéciale.

Mœurs. — Elle est partout : chaque trou, chaque fente sert à la loger.

« Timide par sa nature, familière par nécessité, la peur ou le besoin font tous ses mouvements; elle ne sort de son trou que pour chercher à vivre; elle ne s'en écarte guère, y rentre à la première alerte, ne va pas, comme le Rat, de maisons en maisons, à moins qu'elle n'y soit forcée, fait aussi beaucoup moins de dégâts, a les mœurs plus douces, et s'apprivoise jusqu'à un certain point, mais sans s'attacher. Ces animaux ne sont point laids; ils ont l'air vif et même assez fin; l'espèce d'horreur qu'on a pour eux n'est fondée que sur les petites surprises et sur l'incommodité qu'ils causent (Buffon). »

En effet, la Souris est très éveillée, court avec une très grande rapidité, grimpe à merveille, saute souvent fort loin et marche parfois par bonds. Elle prend les positions les plus charmantes. Elle peut se dresser sur ses pattes de derrière, marcher quelques pas en se tenant debout et en s'appuyant légèrement sur la queue. Elle sait bien nager, quoiqu'elle n'aime pas l'eau. Ses sens sont excellents : elle voit bien, entend le moindre bruit, et a un odorat exquis.

Comme elle est douce, inoffensive et joyeuse, elle est aussi très prudente, car malgré sa curiosité, qui la porte à tout examiner, elle ne s'expose pas. Elle se rend facilement compte si on la ménage, et elle finit par s'habituer à la vue de l'homme et à courir sous ses yeux. Mais le revers de la médaille, c'est sa gourmandise : elle fait preuve du meilleur goût en s'attaquant toujours aux morceaux de choix : lait, viande, fromage, graines, fruits, sont ses mets préférés. Elle boit très peu d'eau, mais elle aime les boissons douces et les spiritueux.

Des personnes dignes de foi assurent qu'elles ont un grand amour pour la musique, et que certaines peuvent apprendre à chanter, à peu près comme les Canaris. D'autres affirment que leur chant serait dû à une maladie de la gorge.

La Souris commune se multiplie d'une manière extraordinaire. Elle a cinq ou six portées par an, et chaque fois de six à huit petits, qui à sept jours ont déjà des poils et dont les yeux s'ouvrent à treize jours. La mère place son nid n'importe où, même dans un livre dont elle ronge les feuillets en menus fragments. Elle soigne ses petits avec tendresse, car elle se laisse parfois prendre avec eux sans s'enfuir.

Le Chat, le Hibou, le Putois, la Belette, le Hérisson et la Musaraigne sont ses pires ennemis, sans compter l'homme avec ses souricières.

Les races de souris domestiques. — Les Souris ont donné diverses races à coloration variable, qui sont cultivées en Extrême-Orient pour la table et l'agrément, et qui depuis peu ont apparu dans nos pays occidentaux. On y reconnaît deux groupes : les Souris chinoises et les Souris japonaises.

Les Souris chinoises, dont on compte dix-neuf variétés différentes, ne se distinguent de la Souris ordinaire et de la Souris blanche que par leur coloration et les dessins du pelage. Il y a des Souris noires, des grises, des jaunes, d'autres brun-chocolat. Dans toutes, le blanc peut intervenir. Les races pâles ont les yeux rouges, comme les Souris albinos élevées chez nous.

Les Souris japonaises s'en distinguent par la petitesse de leur corps, par leurs formes plus gracieuses, leur tête plus pointue, et surtout par cette curieuse particularité qu'elles ne se rendent pas directement au but qu'elles veulent atteindre, mais qu'elles y vont en se dandinant à droite et à gauche, ce qui les amène souvent à tourner si rapidement sur elles-mêmes qu'on ne peut plus distinguer la tête de la queue. Elles dansent volontiers en rond autour d'un bâton fiché par le bout, d'où leur nom de *Souris dansantes*. On divise leurs dix-neuf variétés en deux groupes, suivant que c'est le noir ou le bleuté qui est associé au blanc.

LE MULOT. — *Caractères*. — Le Mulot ou Souris des bois *(M. sylvaticus* L.), dont l'oreille atteint la moitié de la longueur de la tête, comme chez la Souris domestique, est nettement bicolore. Tout l'animal est gris brun jaunâtre en dessus, tandis que le ventre et les pattes sont de couleur blanche ; à l'articulation du tarse on voit une tache foncée de la couleur du dos. Le Mulot possède six mamelles. Il a une longueur de o^m,12 et une queue de o^m,115 portant 150 anneaux d'écailles. Les tarses sont allongés.

Habitat. — C'est un habitant de toute l'Europe et de l'Asie septentrionale, du Caucase, de la Géorgie, de l'Asie Mineure et de la Palestine. Seules les régions les plus extrêmes du nord de l'Europe ne le possèdent pas. Dans les montagnes, il s'élève jusqu'à 2 000 mètres.

Mœurs. — Ce Rat-Sauterelle, comme on l'appelle parfois, vit dans les forêts ou sur leur lisière, dans les jardins, rarement dans les champs découverts. En hiver, il vient dans les maisons et se loge dans les greniers ou sous les toits. En liberté, il se nourrit d'Insectes, de Vers, de petits Oiseaux même, de fruits, de noyaux de cerises, de noix, de glands, de faînes et au besoin d'écorces d'arbres. Sans avoir de sommeil hivernal, il amasse des provisions d'hiver qui lui servent pour les jours de mauvais temps.

Dans les maisons, il cause souvent des dégâts sensibles. Il pénètre de nuit dans les cages et égorge les Serins ; il fait de même aux Alouettes, aux Pinsons.

Le Mulot a la curieuse habitude de recouvrir de débris de paille, de papier, les provisions qu'il ne peut emporter. Mais il se laisse souvent prendre à l'appât des liqueurs sucrées. Lenz raconte que sa sœur entendant un soir dans la cave un piaulement particulier, musical même, trouva assis, à côté d'une bouteille de Malaga, un Mulot qui ne témoigna pas la moindre crainte à sa vue. La jeune dame ayant appelé, plusieurs personnes entrèrent dans la cave, mais le Mulot continua tranquillement sa chanson, resta assis et parut fort surpris quand on le prit avec une pince. On trouva que le liquide suintait un peu, et à côté on vit tout un tas d'excréments, ce qui fait supposer que le Mulot surpris en état d'ivresse venait festoyer depuis longtemps.

Le Mulot met bas deux ou trois fois par an ; chaque portée est de quatre, six, même huit petits, qui naissent aveugles, croissent assez lentement et ne montrent que dans leur seconde année les beaux reflets jaune roux qui caractérisent cette espèce.

Le Mulot ordinaire.

La Souris arienne (*M. arianus* Blyth), du centre de l'Asie, visite les maisons en hiver et a le même genre de vie que le Mulot. Brune en dessus, elle est gris pâle en dessous. Son corps a 0^m,10 et sa queue beaucoup plus. Le Rat meltada (*M. meltada* Gray) vit en petites sociétés dans les champs cultivés de l'Inde occidentale. Le Rat de Gleadow (*M. Gleadowi* Murray), des déserts de la même région et du Coutch, est jaune fauve avec une taille un peu plus faible que le précédent (corps 0^m,09, queue plus courte). Le Buduga [*M. (Leggada) buduga* Gray] est la Souris des champs de l'Inde et de Ceylan, mais elle s'égare aussi dans les jardins et les maisons. Ses trous ne servent d'habitation qu'à un seul couple. Sa couleur est gris brun foncé en dessus et blanche en dessous, et sa taille de 0^m,06 à 0^m,07, comme la queue.

LA SOURIS AGRAIRE. — *Caractères.* — La Souris agraire (*M. agrarius* Pall.) est brun roux en dessus avec une bande longitudinale noire, le ventre et les pattes sont de couleur blanche. Son oreille n'a que le tiers de la longueur de la tête. Elle a huit mamelles. Sa longueur est de 10^{cm},5, celle de la queue 8^{cm},5, avec 120 anneaux d'écailles.

Habitat. — Elle n'habite que du Rhin au fleuve Iénisséi et du Holstein à la Lombardie. Son aire d'habitat est donc moins étendue que celle du Mulot.

Mœurs. — Elle se tient dans les buissons peu touffus en bordure des bois, dans les champs ; en hiver, elle se réfugie dans les meules de blé, dans les écuries ou dans des trous. Elle est plus maladroite, plus douce et plus sotte que ses cousines. Elle se nourrit de céréales ; aussi, pendant les moissons, on les voit parfois courir en bandes dans les sillons. Elle y ajoute des tubercules, des plantes, des Insectes et des Vers. Elle amasse des provisions. En été, elle met bas trois ou quatre fois, de quatre à huit petits, qui ne prennent la livrée des parents que l'année suivante. Quand elle s'enfuit, ses petits restent souvent suspendus à ses mamelles, quelque rapide que soit sa course.

Pallas dit qu'en Sibérie ces Souris entreprennent souvent des voyages, mais à des époques irrégulières.

LE RAT NAIN. — *Caractères.* — Le Rat nain [*M.* (*Micromys*) *minutus* Pall.), Souris naine ou Rat des moissons, est le plus petit de nos Mammifères d'Europe, car son corps n'a que 6^{cm},5 et sa queue autant. Les oreilles, arrondies et velues, dépassent un peu les poils de la tête ; les yeux sont proéminents. Sa cou-

Le Rat nain.

leur est variable. Il a le dessus du pelage d'un brun fauve jaunâtre, plus vif sur les joues et sur la croupe et qui s'éclaircit vers les flancs ; le dessus de la tête, la poitrine et le ventre sont d'un beau blanc ; sa queue et ses pieds sont jaune clair. La queue porte 150 anneaux d'écailels. Il a huit mamelles.

Habitat. — Il se tient dans tout le nord de l'Europe et de l'Asie, et au sud jusqu'à l'Italie septentrionale.

Mœurs. — On trouve la Souris naine en été dans les plaines cultivées, herbeuses, dans les jonchaies, dans les roseaux, dans les moissons où elle vit en compagnie du Mulot et de la Souris agraire. En hiver, elle se réfugie dans les tas de bois et dans les granges. Parfois elle passe l'hiver en pleine liberté, sans pourtant tomber en léthargie. Pendant l'été, elle amasse des provisions qu'elle utilisera quand la campagne ne fournit plus suffisamment à ses besoins. Sa nourriture est la même que celle des autres Souris.

Ses mouvements sont rapides. Elle nage et grimpe avec la plus grande agilité, court sur les branches les plus minces, sur les chaumes qui fléchissent sous son poids, en s'aidant de sa queue qui est prenante, et elle s'en sert avec autant d'adresse que les Singes. Son nid est une merveille de construction : aucun autre Mammifère ne sait faire un arrangement aussi artistique. On dirait que la Fauvette des roseaux ou le Roitelet lui ont donné des leçons. Ce nid solide, arrondi, est de la grosseur du poing. Il est placé sur vingt ou trente feuilles de graminées, réunies de manière à l'entourer de tous les côtés, ou bien, suspendu à près d'un mètre de terre, aux branches d'un buisson, à une tige de roseau, il se balance dans l'air. L'enveloppe extérieure est formée des feuilles des roseaux ou des graminées dont les tiges forment la base de l'édifice. Le petit architecte prend chaque feuille entre ses dents, la divise en six, huit ou dix lanières, qu'il entrelace et tisse de la manière la plus remarquable. L'intérieur est tapissé avec le duvet de certains joncs, avec des chatons, des pétales. L'ouverture est petite, latérale et peu visible, à cause de l'élasticité de l'ensemble. C'est là que, deux ou trois fois par an, sont déposés de cinq à huit petits, nus et aveugles.

Captivité. — Les jeunes Souris s'apprivoisent très facilement, mais en grandissant, si l'on ne s'occupe continuellement d'elles, elles deviennent craintives. Leur gentillesse dédommage de toutes les peines qu'on en prend.

LA SOURIS DE BARBARIE. — Le Rat ou Souris de Barbarie [*M.* (*Arvicanthis*) *barbarus* L.], ou Souris du désert des Arabes, est un des plus jolis Muridés. Son pelage est gris fauve et strié sur le dos de dix lignes longitudinales brunes, d'où son nom de *Rat strié*. Le ventre est blanc. Sa taille est de 0^m,10 et sa queue un peu plus longue. Elle habite le Maroc, l'Algérie, la Tunisie; elle est commune dans l'Atlas. Ses variétés se rencontrent dans l'Afrique intertropicale du Kilimandjaro à la Guinée.

Elle se creuse des terriers et amasse des provisions. C'est une véritable Souris, dont elle a l'adresse, l'agilité, la grâce et l'élégance, et la fécondité.

Elle est très amusante en captivité. On peut la conserver longtemps, même dans notre pays, en la nourrissant de blé et de pain.

Le RAT DU NIL (*M. niloticus* Ét. Geoff.), qui est plus grand, uniformément brun en dessus et gris jaunâtre en dessous, habite le bord des eaux en Égypte, en Abyssinie et en Nubie.

LES NÉSOCIES

Les Nésocies (*Nesocia* Gray, 1842) ont au moins la taille du Surmulot. Leur corps est comprimé, leur museau large et court, leurs oreilles rondes, leur queue longue écailleuse, presque nue, leurs pattes larges portant des griffes fortes, excepté au gros orteil. Les sept espèces habitent l'Asie centrale et l'Inde, l'Indo-Chine et les Philippines.

L'espèce la plus connue est le RAT BANDICOT (*N. bandicota* Bechst.) du Malabar, de Coromandel et de Ceylan. Son pelage, dont les jarres ont de 5 à 8 centimètres, est brun en dessus, jaune blanchâtre en dessous, avec les pieds noirs. Sa longueur est de 0^m,30 à 0^m,38 et celle de la queue de 0^m,27 à 0^m,32. Ce fouisseur est très désagréable dans les maisons, dans les champs de blé et les jardins. C'est le même que le *Rat Perchal* de Buffon. Dans ses promenades nocturnes, il grogne comme un Cochon.

Le RAT D'HARDWICKE (*N. Hardwickii* Gray) le représente dans l'Inde septentrionale, du Bengale au Belouchistan. Il vit jusqu'à 1200 milles d'altitude.

Le RAT DU BENGALE (*N. bengalensis* Gray) ou le Kok, du pied de l'Himalaya et des îles Mergui, est de taille un peu plus faible que le Bandicot (corps 0^m,15 à 0^m,23, queue 0^m,13 à 0^m,18). Il se tient près des fleuves et ses monticules décèlent les couloirs où il accumule des graines. La femelle met bas de huit à quatorze petits. En captivité, il apprend à venir à l'appel de son nom. Les indigènes le mangent avec plaisir.

LES ACOMYS

Les Acomys (*Acomys* Is. Geoff., 1840) sont des animaux de la taille de la Souris qui ressemblent à de petits Hérissons, à cause de la présence, vers l'arrière, de longs jarres raides, à sillons, faisant saillie hors du duvet. Ils n'habitent que l'Afrique jusqu'au Mozambique, la Palestine et le nord de l'Arabie. En Grèce, on a découvert des restes d'une espèce spéciale. Il est assez curieux de trouver une forme de ce genre à Célèbes, l'ACOMYS DE MUSSCHENBROCK, dont l'habitat est ainsi très éloigné de celui des quinze autres espèces.

L'ACOMYS DE L'ÉGYPTE (*A. dimidiatus* Rüpp), de l'Égypte, de la Palestine et de l'Arabie pétrée, est un animal couleur de sable en dessus, blanc en dessous et qui a 0^m,20 de long, dont la moitié pour la queue. L'ACOMYS DU CAIRE (*A. cahirinus* Ét. Geoff.), qui est de la taille de la Souris, avec des oreilles un peu plus grandes et une queue moins longue, habite les mêmes régions.

Les CRICÉTOMYS sont des Murins d'Afrique, de la taille du Surmulot. Ils ont la queue du Rat et des abajoues. Le CRICÉTOMYS DE LA GAMBIE (*Cricetomys gambianus* Waterh.), appelé par Rüppel *Rat Goliath*, habite toute l'Afrique intertropicale. Quoique vivant sous terre, il grimpe aussi sur les arbres pour en prendre les fruits. Sa chair est un morceau de choix pour les nègres.

LES GOLUNDAS

Les Golundas (*Golunda* Gray, 1837) ont des représentants africains et un représentant indien.

Le Golunda d'Elliot (*G. Ellioti* Gray) ou Rat des bois, a un pelage grossier, qui sur le dos est brun jaunâtre tiqueté finement de noir et de fauve, et qui en dessous est blanc brunâtre ou gris. Il habite exclusivement dans l'ouest et le sud de l'Inde ainsi qu'à Ceylan. Le Rat des bois vit solitaire dans les forêts; il se choisit un fourré épais pour y cacher plus ou moins haut, ou sur le sol, un nid sphérique ou ovale de o^m,15 à o^m,22 de diamètre, fabriqué avec des chaumes de graminées intriqués. Il sort en plein jour, et se nourrit presque exclusivement des racines de cette petite graminée, si répandue, appelée Dent-de-Chien (*Cynodon dactylon*). A Ceylan, il fait des dégâts dans les plantations de café, en dévorant les bourgeons et les feuilles. Ses mouvements sont assez lents.

Le Golunda de Dybowski (*G. Dybowskii* Depous.) vit au Congo, sur les bords du fleuve Kemo.

La Vandeleurie des jardins (*Vandeleuria oleracea* Benn.) à pelage mou, brun en dessus, blanc en dessous (corps o^m,04 à o^m,12, queue o^m,07 à o^m,08), vit dans l'Inde et jusqu'au Yunnan. Elle se tient sur les arbres et de préférence sur les palmiers et les bambous où elle fait son nid avec de l'herbe et des feuilles. La femelle y dépose trois petits.

Le joli Chiropodomys gliroïde (*Chiropodomys gliroïdes* Blyth), qui ressemble à un Myoxidé (corps o^m,076, queue o^m,11) se trouve dans la presqu'île indo-chinoise et la Sonde.

LES PITÉCHÉIRS

Les Pitéchéirs (*Pitecheir* F. Cuvier, 1833) sont des Rats curieux, nocturnes et arboricoles des montagnes de Java (mont Gédé) et de Sumatra. La seule espèce est le Pitéchéir a queue noire (*P. melanurus* F. Cuv.). Ces élégants animaux ont une tête arrondie, des yeux noirs, des oreilles petites frangées sur leur bord, des moustaches noires. Leurs membres sont courts, et portent cinq doigts, dont le premier est aplati, large et opposable comme chez les Singes.

Ils sont revêtus d'une fourrure douce et serrée, d'un beau roux-cannelle sur le dos, avec passage graduel au blanc pur sur le ventre. La queue, épaisse et poilue à sa base, est plus longue que le corps; entre les écailles brunes apparaissent des poils très fins. La longueur totale est de o^m,375, en y comprenant la queue.

A l'état sauvage, le Pitéchéir est végétarien; il affectionne particulièrement les patates et les ignames de son pays. Il grimpe avec facilité, se tapit et dort le jour dans le feuillage ou dans un trou : c'est ce qui explique qu'il est resté si longtemps inconnu des naturalistes.

Le Mastacomys brun (*M. fuscus* Thomas) de la Tasmanie diffère des Rats par la grandeur de ses molaires et la présence de quatre tétines seulement. Il ressemble au Campagnol amphibie malgré son pelage plus long et plus doux.

Les Hapalotides (*Hapalotis* Lichtenstein, 1821), ou Rats sauteurs d'Australie, sont les animaux les plus élégants de la sous-famille ; ils remplacent les Gerboises en Australasie et en Nouvelle-Guinée. Ils en ont l'aspect par leurs membres postérieurs, qui sont très allongés, leurs grandes oreilles et leur queue très longue et velue. Ces gracieux animaux habitent les déserts.

LES HAMSTERS OU CRICÉTINES

La sous-famille des Cricétinés comprend des Rongeurs ressemblant à des Souris, qui ont trois paires de molaires radiculées portant à leur couronne des tubercules disposés en deux rangées séparées par un sillon longitudinal. Ce groupe est cosmopolite ; avec celui des Murinés, c'est celui qui offre la plus grande dispersion. Les représentants qui habitent l'ancien monde ont une queue courte, tandis que chez ceux du nouveau (82 espèces), elle est notablement plus longue. L'Australie n'en possède pas. Les curieux Rongeurs de Madagascar appartiennent à ce groupe.

LES CRICETS

Les Cricets (*Cricetus* Lacépède, 1803) ont un corps lourd, ramassé, bas sur jambes, une tête conique, obtuse, des oreilles moyennes, presque nues, une queue courte, peu velue, et parfois des abajoues à l'intérieur de la bouche. Leurs pieds de derrière ont cinq doigts et leurs pieds de devant quatre avec un pouce rudimentaire. Ils ont seize dents ; la première molaire supérieure porte six tubercules et les incisives sont grandes, sans sillon.

LE CRICET HAMSTER. — Le Hamster (*C. cricetus* L. ou *frumentarius* Pall.), parmi les treize espèces du genre est celle qui est la plus connue et qui nous intéresse le plus. On l'appelle parfois Marmotte d'Allemagne ou de Strasbourg, Cochon de seigle.

Son pelage, formé d'un duvet court et mou et de jarres longs et raides, est en dessus d'un jaune brun clair virant au gris ; la partie supérieure du museau, le tour des yeux, le cou sont d'un brun roux ; les joues portent une tache jaune, la bouche est blanche et un trait noir coupe le front ; les parties inférieures sont de couleur noire, les pattes sont blanches. On trouve des individus complètement noirs ou blancs, ou noirs à gorge blanche, ou gris jaune clair, à ventre foncé et à tache scapulaire jaune pâle. Ce bel animal a environ $0^m,33$ dont $0^m,03$ seulement appartiennent à la queue.

Habitat. — Il se rencontre depuis le versant alsacien des Vosges et le Luxembourg jusqu'à l'Obi, en Sibérie et au Caucase, et du Danemark aux Alpes. Il est très commun en Thuringe et en Saxe, mais il manque dans le sud, le sud-ouest, l'est et l'ouest de la Prusse.

Mœurs. — Les lacunes dans son aire d'habitat tiennent aux conditions du sol, car bien qu'il aime les terrains secs et puisse établir son terrier dans un sol rocailleux, il évite les terres sablonneuses susceptibles de s'affaisser.

Son terrier est artistement construit et tenu en parfait état de propreté. Il consiste en une grande chambre de repos située à une profondeur de 1 à 2 mètres, avec un couloir oblique et sinueux pour la sortie, et un deuxième vertical pour l'entrée, dans lequel on peut enfoncer un bâton de 1 à 2 mètres. Ce dernier s'infléchit en arrivant à la chambre de repos, qui est en communication avec les chambres de provisions par des galeries profondes. Les deux ouvertures d'entrée et de sortie sont distantes de 1m,20 à 3 ou 4 mètres.

Devant la sortie se trouve toujours un amas de terre avec des grains de blé. On reconnaît qu'un terrier est inhabité, quand il est recouvert de mousse, de champignons, d'herbes de toutes sortes.

Les ouvertures sont un peu plus larges que les conduits qui y aboutissent, car ceux-ci ont au plus 5 à 8 centimètres de diamètre. La chambre qui sert de demeure habituelle à l'animal est la plus grande. Elle est remplie de paille fine, de gaines de chaumes, qui forment une couche molle; les parois en sont lisses, polies. Trois couloirs, polis par le passage de l'animal, y aboutissent : l'un sert d'entrée, l'autre de sortie, et le troisième conduit à la chambre aux provisions. Celle-ci ressemble à la première pour la forme ; elle est ovale ou arrondie, sa partie supérieure est bombée, ses parois sont lisses. A la fin de l'automne, elle est remplie de blé. Les jeunes Hamsters n'en construisent qu'une, les vieux en creusent de trois à cinq et l'on y trouve jusqu'à 100 kilogrammes de grains. Souvent le Hamster bouche avec de la terre le couloir qui conduit à cette chambre ; parfois aussi il le remplit de grains. Ceux-ci sont comprimés de telle sorte que l'homme qui découvre un terrier de Hamster doit y porter la pioche avant de pouvoir les ramasser. Le Hamster ne sépare pas les diverses espèces de semences, il les emmagasine telles qu'il les recueille et on les trouve fréquemment mélangées à des débris d'épis. Dans le couloir d'entrée, avant la chambre de repos, il y a souvent une place élargie où l'animal dépose ses ordures.

Le terrier de la femelle n'a qu'une ouverture de sortie, mais deux à huit couloirs d'entrée communiquant entre eux. Tant que les petits ne sortent pas, un seul est en usage, plus tard ceux-ci les utilisent tous. La chambre de repos est circulaire, elle a 0m,33 de diamètre, sa hauteur est de 0m,08 à 0m,14 et elle renferme une couche de menue paille. Aussi longtemps que la femelle a des petits, elle n'amasse pas de provisions.

Malgré sa lourdeur apparente, le Hamster est assez agile. Sa marche est rampante et ses pas petits. Mais s'il est excité, il peut faire des bonds assez considérables et grimper le long des parois verticales, en se cramponnant à la moindre saillie, et il est assez adroit pour se retourner et se maintenir à la hauteur où il est en quelque sorte suspendu, ne serait-il accroché que par une des pattes de derrière.

Il creuse à merveille avec ses pattes antérieures et s'aide de ses dents si le sol est trop dur. Il rejette les déblais sous son ventre, puis les pousse avec ses pattes de derrière; quand il en a ainsi détaché une certaine quantité, il marche à reculons et les pousse hors du terrier. Jamais il ne remplit ses abajoues de terre. Dans l'eau, il nage rapidement, mais en faisant entendre des grognements de mauvaise humeur.

Le Hamster est très habile de ses pattes de devant : il s'en sert comme de mains pour porter sa nourriture à la bouche, pour retourner les épis jusqu'à ce que les grains en sortent afin de les serrer dans ses abajoues.

Son caractère ne contribue pas à le rendre l'ami de l'homme. La colère le domine comme elle ne domine aucun Rongeur, le Rat et le Lemming exceptés. Pour un rien, le Hamster se met sur la défensive, pousse de forts grognements, grince des dents, et les fait claquer à plusieurs reprises. Il se défend contre tout animal qui l'attaque. Parfois il s'en prend à l'homme qui passe devant son terrier. Il ne supporte même pas la présence de ses semblables.

Dès que les moissons jaunissent, les Hamsters courent affairés dans les champs pour chercher des capsules de lin, des gousses de vesces, de pois. Ce n'est que dans les endroits où il n'est pas dérangé que ce Rongeur travaille le jour; d'ordinaire il travaille la première moitié de la nuit et les premières heures de la journée. De ses pattes de devant, il recourbe les chaumes; de ses dents, il coupe les épis, puis isole les grains, les fait passer dans ses abajoues, qui peuvent en contenir jusqu'à 100 grammes, et rentre dans sa demeure. Ainsi chargé, il a une physionomie comique et est d'une grande maladresse. On peut alors le prendre sans crainte, car il ne peut plus mordre, à condition qu'on ne lui laisse pas le temps de vider ses abajoues et de se mettre sur la défensive.

Il fait une véritable chasse aux petits animaux. Il se nourrit de jeunes Oiseaux, de Souris, de Lézards, d'Orvets, de Couleuvres, d'Insectes, autant que de végétaux. Lui jette-t-on un Oiseau dans sa cage, il se précipite dessus, lui arrache les ailes, le tue d'un seul coup de dents à la tête et le dévore. Il s'attaque à tout ce que fournit le règne végétal. En captivité il mange du pain, des gâteaux, du beurre, du fromage; en un mot, il est omnivore.

En octobre, le Hamster ferme les ouvertures de sa demeure avec de la terre, se gorge de nourriture, s'enroule en boule sur un petit lit de paille et s'endort. Son réveil a lieu en mars, quelquefois en février. Il n'ouvre pas immédiatement son terrier; il y reste encore quelque temps et se nourrit des provisions qu'il a amassées. Au milieu de mars, les mâles, au commencement de février, les femelles, quittent leurs demeures pour aller à la recherche de jeunes pousses de blé, de coquelicots, de grains fraîchement semés, qu'ils rapportent dans leur terrier; un peu plus tard, toutes les plantes fraîches leur sont bonnes.

En abandonnant leur retraite d'hiver, les Hamsters se creusent un nouveau terrier où ils passent l'été. Celui-ci à 0ᵐ,30, au plus 0ᵐ,60 de profondeur; dans la chambre principale, est établi un nid où la femelle met bas de six à huit petits, nus et aveugles, deux fois l'an.

Les petits ont déjà des dents et pèsent un peu plus de 4 grammes. Ils grandissent si rapidement que leur poids est de 50 grammes au neuvième jour, quand leurs yeux s'ouvrent; ils savent déjà ronger un grain de blé. Au quinzième jour, les jeunes se mettent déjà à creuser, et dès cet instant la mère les chasse de son terrier et les force ainsi à se tirer d'affaire tout seuls (*).

Ennemis. — Il est heureux qu'un animal aussi nuisible que le Hamster soit poursuivi par beaucoup d'ennemis. Divers Oiseaux de proie, tant diurnes que nocturnes, les Corbeaux le tuent et le mangent. Le Putois et la Belette le suivent jusque dans son terrier, et, quelque résistance qu'il leur oppose, il finit par succomber à leurs attaques.

Chasse. — Malgré cela, le Hamster apparaît parfois en quantités innombrables dans certaines régions. Ainsi, près d'Aschersleben, en 1888, on en a tué 97 519, pour lesquels l'administration prussienne dut payer 2 437 fr. 50. Mais ce qui dédommage surtout le chasseur de sa peine, ce sont les amas de provisions qu'il trouve dans les terriers.

Usages. — La peau du Hamster est utilisée comme fourrure, car elle est bonne, légère et durable. Dans certaines localités, on se nourrit de sa chair qui rappelle celle de l'Écureuil.

Les autres espèces européennes sont le CRICET DES SABLES (*C. arenarius* Pall.) des mêmes régions que le précédent, et le CRICET NOIRÂTRE (*C. nigricans* Brandt), dont l'aire d'habitat s'étend de la Bulgarie à la Transcaucasie et aux monts Liban. Le CRICET GRIS (*C. phaeus* Pall.), qui se trouve dans la Russie méridionale, la Transcaspie, la Perse, l'Afghanistan. Il est gris clair sous le ventre, et il a les pieds blancs, mais sa taille n'est que le tiers de celle du Hamster (corps $0^m,095$, queue $0^m,02$). Il occasionne de grands dégâts dans les rizières.

Les Cricets ont laissé de nombreux restes dans le tertiaire de la France.

LES PÉROMYSQUES

Les Cricétinés de l'Amérique, dont on compte près de trois cents espèces réparties en de nombreux genres, se rapprochent des Cricets par leurs dents, mais les uns rappellent les Souris par leur queue longue, les autres les Loirs, et enfin d'autres les Hamsters par leur courte queue. Une espèce se signale même par la présence de piquants entre les poils.

Le PÉROMYSQUE A PIEDS BLANCS (*Peromyscus americanus* Kerr. ou *leucopus* Rafin.) joue, dans toute l'Amérique septentrionale, le rôle que joue chez nous le Mulot. Avec ses yeux brillants, ses grandes oreilles, sa longue queue, sa taille, il ressemble à notre Souris domestique. Le dos est d'un gris foncé lavé de roux jaune, séparé nettement des parties inférieures, qui sont blanches, ainsi que les pieds. Sa longueur est de $0^m,17$, dont $0^m,074$ pour la queue.

Par sa gentillesse, sa vivacité, ce joli Rongeur est un des habitants les plus gracieux des forêts et des champs de l'Amérique du Nord. Il se nourrit de viande, de graines, et en particulier de faînes dont il récolte et cache des quantités dans les arbres creux, mais sans pour cela s'endormir en hiver. Il court sur le sol en toute saison et grimpe aux arbres avec l'agilité d'un Écureuil.

---

(1) Pl. XL. — Le Cricet Hamster (planche p. 120).

Dans les régions froides de son habitat, il construit son nid dans des arbres creux ou dans des trous du sol, tandis que, plus au sud, il le suspend librement aux branches. Ce nid, qui a la forme ovoïde et o^m,3o de longueur environ, donne asile aux petits au nombre de trois à six par portée.

L'ORYZOMYS DES MARAIS (*O. palustris* Harlan) produit de grands dégâts dans les champs de riz du sud des États-Unis.

Le RAT PILORI OU RAT MUSQUÉ des petites Antilles et en particulier de la Martinique (*Moschomys Desmaresti* Fischer ou *pilorides* Pall.) est le géant des Muridés (corps o^m,37, queue o^m,33). Il est noirâtre sur le dos et blanc au ventre. Les Piloris vivent dans des terriers creusés dans le voisinage des lieux habités. Ils dévastent les plantations de canne à sucre; mais ils sont devenus rares, car ils sont peu prolifiques et ont de nombreux ennemis.

Les deux genres suivants sont des Cricétinés avec des incisives supérieures marquées de sillons parallèles. Le CRICET DE LECONTE (*Rhithrodontomys Lecontei* And. et Bach.), ou nain, est une espèce du sud des États-Unis, qui mène le genre de vie de la Souris naine (*Mus minutus*). Le RHITHRODON CUNICULOÏDE (*Reithrodon cuniculoïdes* Waterh.), de la Patagonie et de la Terre de Feu, ressemble au Lapin.

Les NÉOTOMES (*Neotoma* Say et Ord.) sont remarquables par leur genre de vie. Le NÉOTOME GRIS (*N. cinerea* Ord.), du Wyoming, a une queue de Loir, tandis que le NÉOTOME DE LA FLORIDE (*N. floridana* Ord.) a une queue mince, écailleuse. Il a la taille du Surmulot, comme le précédent, et se nourrit de plantes, de Crabes et de Grenouilles.

Le CRICET AQUATIQUE (*Ichthomys Stolzmanni* Thomas) vit sur les bords des torrents des Andes du Pérou. Il a à peu près la taille du Surmulot, mais avec une moustache plus longue, une tête plus aplatie, portant de petits yeux et de petites oreilles. Il a les pattes palmées et des poils aux doigts postérieurs pour favoriser la natation. Il se nourrit probablement de Poissons.

LES LOPHIOMYS

Les Lophiomys (*Lophiomys* A. M.-Edw.), un peu aberrants dans ce groupe, diffèrent des Muridés par leurs clavicules rudimentaires, leur pouce opposable et par leur crinière dorsale. Mais leur dentition est celle des Cricets.

Le LOPHIOMYS D'IMHAUS (*L. Imhausii*, A. M.-Edw.), par sa taille, est intermédiaire au Lapin et au Cochon d'Inde, mais son aspect est très différent, car il est pourvu d'une grande queue touffue, dont la longueur est égale à celle du tronc. Il est bas sur pattes; la tête est petite, trapue; le museau, d'un brun noir, est garni de moustaches de même couleur et très longues. Le front est marqué d'une grande tache blanche triangulaire, dont la pointe descend entre les deux yeux, et la base dépasse et contourne les yeux. Les oreilles, moyennes, sont peu poilues. Le sinciput est traversé par une bande noirâtre, qui se prolonge

(*) Pl. XL. — Le Cricet Hamster (texte p. 116).

sur la nuque où elle est bordée par un espace blanchâtre. La gorge est brunâtre, peu poilue.

Le pelage est doux au toucher; certains poils sont blancs à leur base et à leur pointe et brun noir dans leur portion moyenne. La bourre est entièrement blanche. Sur la ligne médiane du dos, les poils se dressent presque verticalement et atteignent 0^m,07, de façon à former une crinière longitudinale mobile. Les poils des flancs sont retombants, longs et séparés de la crête par une espèce de sillon où l'on aperçoit le duvet blanc, ainsi que des poils couchés, gros, aplatis et comme spongieux, car leur structure est toute particulière. La base de la queue est très fournie, mais les poils se raccourcissent de plus en plus et la pointe est d'un blanc pur. La face ventrale est d'un brun clair.

Les pattes portent cinq doigts, mais ont le pouce assez court, tandis que le gros orteil est bien développé et opposable, en sorte que l'animal peut saisir avec force les corps sur lesquels il grimpe.

La boîte cranienne est très petite, mais le sinciput se prolonge latéralement en forme de voûte au-dessus des fosses temporales et vient s'unir aux os des pommettes, comme dans la Tortue Caret. La tête paraît donc très large.

Sa longueur est de 0^m,44 avec la queue.

Habitat. — Son domaine s'étend de Souakim jusqu'à la côte de la Somalie.

Mœurs. — Il vit là dans les montagnes, dans les crevasses des rochers et se nourrit de racines et de feuilles.

Captivité. — Au Jardin d'acclimatation, où l'un d'eux a vécu, on le nourrissait avec du maïs, des légumes et du pain, qu'il ne prenait jamais avec ses pattes antérieures. Il restait endormi le jour.

Plus récemment on a découvert le LOPHIOMYS DE SMITH (*L. Smithi* Rhoods) près du lac Rodolphe et le LOPHIOMYS DE BOZAS (*L. Boʒasi* Oust.), au sud de l'Abyssinie, dans le pays des Gallas aroussis, à Goba et à 3 000 mètres d'altitude. C'est l'espèce la plus grande (0^m,535). Sa fourrure est d'ailleurs plus abondante.

Le CRATÉROMYS DE SCHADENBERG (*C. Schadenbergi* Meyer) est un curieux animal des Philippines, plus grand que le Lophiomys, qui porte de longs poils et une longue queue touffue. Il est noir avec un collier blanc.

Muridés de Madagascar. — Jusqu'en 1868, époque à laquelle M. A. Grandidier a découvert l'*Hypogeomys*, on ignorait la présence de Rongeurs à Madagascar; on croyait même que cet ordre, comme celui des Singes et celui des Ruminants, n'avait aucun représentant autochtone dans l'île. Depuis, plusieurs autres types d'animaux de ce groupe ont été trouvés en divers points de notre colonie, mais surtout dans la grande forêt de l'est, dans la région d'Ikongo, par M. Forsyth Major. Sauf le Rat doré (*Mus auratus*), rapporté par M. G. Grandidier de Morondava et qui vit dans les maisons et les greniers à riz de la province du Ménabé, tous les Rongeurs malgaches appartiennent à des genres spéciaux à l'île; ils n'habitent qu'une petite région, dans certains cas, quelques kilomètres carrés, en dehors desquels il est impossible de les trouver. Ces animaux, répartis dans huit genres, sont mal connus, étant donné le petit nombre d'exemplaires que l'on possède.

Tous présentent des ressemblances avec les Cricets et les Péromysques américains. Ils sont de la taille maximum d'un Rat ordinaire ; la plupart vivent dans les troncs et sous les pierres, dans la grande forêt orientale.

L'Hypogéomys antiména de A. Grandidier a la taille d'un Lapin de garenne, mais l'aspect d'un Rat ordinaire, malgré ses longues oreilles. Son pelage est couleur ocre. Il vit dans les collines des rives de la Tsiribihina, dans la province du Ménabé, sur la côte occidentale de Madagascar, où il se creuse des terriers.

L'Éliure myoxin (*Eliurus myoxinus* A. M.-Edw.) est voisin des Loirs.

Le Nésomys roux (*N. rufus* Peters), avec son corps trapu et sa petite queue courte, rappelle les Rats d'eau.

LES CAMPAGNOLS OU ARVICOLINÉS

Caractères. — Les Arvicolinés ont des formes trapues, une tête grosse, un museau large, des oreilles peu proéminentes, arrondies, presque nues, un pelage long, moelleux et une queue couverte de poils atteignant rarement les deux tiers de la longueur du corps. Le caractère essentiel du groupe réside dans la forme des molaires. Celles-ci sont constituées par des prismes triangulaires d'émail placés alternativement sur deux séries, l'une interne, l'autre externe, de manière à présenter des zigzags à la couronne qui est donc toujours plane, même chez les jeunes. Sauf de rares exceptions, elles n'ont pas de racines proprement dites.

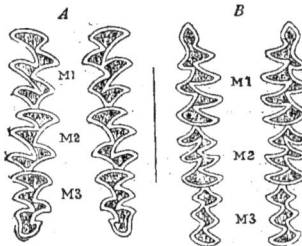

Surface de la couronne des molaires (A) supérieures et (B) inférieures du Campagnol amphibie (d'après Flower et Lydekker).

Habitat. — Leur habitat est limité aux régions froides et tempérées de l'hémisphère boréal dans les deux mondes.

LES CAMPAGNOLS PROPREMENT DITS

Caractères. — Les Campagnols (*Microtus* Schrank, 1798, ou *Arvicola* Lacépède) ont des pattes de devant avec un pouce rudimentaire, des soles nues, et une première molaire inférieure présentant sept ou neuf prismes nets ; les molaires n'ont jamais de racines. La distinction des nombreuses espèces se fait d'après la forme des dents.

Habitat. — Toutes habitent l'Europe, l'Asie et le nord de l'Amérique.

Mœurs. — En raison de leurs mœurs, ils sont très préjudiciables à l'agriculture. Tous vivent sous terre et se nourrissent principalement de végétaux. Quelques-uns effectuent des migrations, d'autres s'endorment pendant l'hiver. Le vulgaire les désigne souvent sous le nom de Mulots ou de *Rats à courte queue.* Ils sont très prolifiques.

L'histoire a gardé le souvenir de l'apparition de leurs légions. En 1818, c'est la rive droite du Rhin qui fut infestée et en trois jours, dans le seul bourg d'Offenbach, on put en tuer 47 000. En 1822, la défense organisée pour mettre fin aux ravages des Campagnols amena, en quinze jours, la destruction de 1 570 000 de ces animaux dans le seul canton de Saverne, de 500 327 dans le district de Nidda et de 271 941 dans celui du Putzbach.

En 1801 et 1802, une commission de l'Académie des sciences évalua, pour la Vendée seulement, les pertes subies par l'agriculture, du fait des « Campagnols et des Mulots », à 2 723 720 francs.

LE CAMPAGNOL DES GRÈVES. — Le Campagnol des Grèves [*M. (Evotomys) glareolus* Schreber] porte encore les noms de Campagnol fauve, roussâtre ou des bois. C'est un joli petit animal qui est brun roux sur le dos, gris aux flancs et blanc au ventre et aux pattes. Sa taille atteint 0^m,14 à 0^m,15, dont 0^m,04 appartiennent à la queue. D'ailleurs sa taille et sa couleur varient suivant les diverses régions de son habitat (Alpes, Carpathes).

Habitat. — Il est répandu sur toute l'Europe tempérée, jusqu'à l'Oural ; par conséquent, il n'existe ni en Islande, ni dans les régions de l'extrême nord et du sud de l'Europe. Dans les régions arctiques de l'Europe, de l'Asie et de l'Amérique il est remplacé par le CAMPAGNOL RUTILANT [*M. (E.) rutilus* Pall.].

Mœurs. — Il se tient dans les plaines et les vallées, dans les forêts, les buissons, les parcs. Il vit dans des trous et s'y construit un nid avec des herbes, des poils, du duvet. Sa nourriture principale consiste en graines, en fruits : glands, châtaignes, faînes, et en racines savoureuses. Quand l'hiver est rigoureux, il s'attaque à l'écorce des arbustes, et à l'occasion dévore ses semblables et les autres petits animaux pris aux pièges. En 1813 et 1814, ses légions causèrent des dégâts considérables dans les forêts de l'Angleterre et détruisirent de jeunes plantations d'un ou deux ans dont elles rongeaient l'écorce et les racines.

On voit parfois le Campagnol des Grèves pendant la journée courir parmi les herbes, sous les buissons ou le long des fossés. Mais c'est surtout le soir qu'il sort de sa retraite. Plus agile que ses congénères, il court, grimpe et saute presque aussi bien qu'une Souris. Il est peu méfiant.

La femelle a trois ou quatre portées par an, chacune de quatre à six petits, nus et aveugles. A six semaines, ils ont presque la taille de leurs parents.

Captivité. — Cet animal supporte très bien la captivité. Il s'apprivoise facilement, aime à être caressé, et les jeunes se laissent même prendre dans la main, mais les vieux, quoique doux et familiers, cherchent de temps en temps à mordre. Il vit en très bonne harmonie avec ses semblables ou avec ses congénères.

LES CAMPAGNOLS AQUATIQUES. — Les Campagnols aquatiques, connus sous le nom vulgaire de *Rats d'eau*, comprennent diverses formes, regardées soit comme des espèces, soit comme des formes locales.

Caractères. — Le CAMPAGNOL AMPHIBIE (*M. amphibius* L.) a le museau mince, des oreilles qui atteignent le quart de la longueur de la tête, et cinq tubercules plantaires. Le pelage est long, doux et épais, mélangé sur la croupe de longs poils noirs et raides. Sa couleur varie en dessus du gris brun au brun noir et passe peu à peu à la teinte blanchâtre des parties inférieures. La longueur du corps atteint $0^m,16$ et celle de la queue $0^m,075$ à $0^m,085$.

Le Campagnol terrestre (*M. terrestris* L.), ou Schermaus, est peu différent du précédent ; son museau est plus court ainsi que sa queue, et sa coloration plus claire. Il préfère les endroits secs. Sa longueur est de $0^m,23$ à $0^m,25$, dont la queue a $0^m,07$ à $0^m,08$).

Habitat. — Ces deux formes ont une aire d'habitat excessivement vaste. Elle s'étend depuis l'Angleterre (pas l'Irlande) jusqu'au Kamtchatka. La forme terrestre, chez nous, ne descendrait pas au-dessous des Vosges ; la forme amphibie se rencontre aussi en Italie, en Asie Mineure, en Palestine et en Perse.

Dans les Pyrénées, on trouve le Campagnol monticole ; dans toute l'Europe méridionale, depuis la latitude de Paris et la Hongrie, la forme terrestre est remplacée par le Campagnol destructeur ou de Musignano (*M. Musignani* Selys), un peu plus grand que les précédents (corps, $0^m,20$; queue, $0^m,12$).

Mœurs. — Ces animaux ont les mêmes mœurs ; le Schermaus préfère peut-être les lieux secs et s'élève plus haut dans les montagnes (1500 mètres). Chaque ruisseau, chaque rivière a ses rives perforées et sillonnées par leurs longs couloirs. Ceux-ci sont jalonnés par des monticules irréguliers, composés de gros fragments de terre. La femelle et le mâle habitent la chambre de repos. On les trouve ainsi installés dans les champs et les prairies éloignées de l'eau, et ils ne se gênent pas pour miner les chemins, les digues ou les ouvrages de l'homme. Quand un couloir traverse un chemin, il est fréquemment défoncé, mais rien n'en peut faire changer la direction, l'animal fera plutôt cent réparations successives. Ils creusent avec une grande rapidité, nagent et plongent à merveille, bien que leurs pattes ne soient pas palmées.

Ils se nourrissent surtout des végétaux des champs, des jardins et même des racines des arbustes, et de roseaux. Ils sont intéressants à observer quand, assis sur leur derrière, ils tiennent une tige ou une feuille entre leurs pattes antérieures et la grignotent rapidement, pour la remplacer bientôt par une autre. « On a vu, dit Blasius, les Schermaus détruire plus de la moitié d'une moisson. Ils coupent les chaumes au niveau de la racine pour faire tomber les épis, ils grimpent sur les tiges de maïs pour en prendre les grains, sur les arbres et les espaliers pour en manger les fruits ». On prétend qu'ils ne dédaignent ni les Insectes, ni les Grenouilles, ni les Poissons, ni les jeunes Oiseaux ni même les peaux que les tanneurs immergent dans l'eau.

Ils se multiplient rapidement ; les femelles mettent bas deux fois l'an, de cinq à sept petits, dans un nid bien mollement rembourré, placé sous le sol et parfois dans des buissons épais ou des roseaux (Blasius). La mère les soigne avec tendresse et les défend avec courage, contre les Chiens, les Chats, l'homme.

Captivité — Ces animaux sont délicats, et réclament beaucoup de soins ; en outre, ils ne s'apprivoisent jamais complètement.

Le Campagnol a tête de Rat (*M. ratticeps* Keys. et Blas.) ou du Nord, voisin des formes *amphibies*, vit, depuis la Suède jusqu'à la Laponie et au nord de la Russie, dans les forêts et sur la lisière des bois secs ou marécageux. Il se nourrit de racines.

LE CAMPAGNOL ÉCONOME. — Le Campagnol économe (*M. œconomus* Pall.) doit son nom à l'habitude qu'il a d'amasser des provisions dans son terrier. Il est d'une taille un peu supérieure à la Souris. Ses oreilles sont plus courtes que le poil de la tête ; son dos est gris foncé, ses flancs jaunâtres et le ventre blanchâtre. Son aire de dispersion s'étend sur toute la Sibérie, jusqu'au lac Baïkal, à l'Amour et aux monts Altaï.

Comme le Hamster et comme le Lemming, il effectue de grandes migrations vers l'ouest, en ligne droite, traversant les fleuves et les montagnes. Le départ se fait au printemps. Le retour en automne est impatiemment attendu des chasseurs à cause des nombreux Carnivores à fourrure qui suivent leurs colonnes. Ses greniers peuvent renfermer 5 kilogrammes de racines, comestibles même pour l'homme.

LE CAMPAGNOL DES CHAMPS. — Le Campagnol des champs (*M. arvalis* Pall.), dont les oreilles, qui dépassent un peu le poil, sont nues intérieurement, est gris jaunâtre sur le dos, et blanc jaunâtre en dessous avec les pieds blancs. Il a six tubercules plantaires et son oreille est le tiers de la tête. Son corps atteint o^m,105, et sa queue, o^m,o3 (*).

Habitat. — Il varie suivant les régions où on l'observe, car il habite depuis l'océan Atlantique jusqu'au fleuve Obi, et depuis l'Allemagne jusqu'à l'Italie septentrionale. Il n'existe pas en Suède, en Grande-Bretagne, en Irlande, en Corse, en Sardaigne et en Sicile.

Mœurs. — Il aime les champs, les prairies, les clairières, les marais et s'élève à 1 800 mètres dans les Alpes.

Il court vite, nage très bien, mais grimpe assez mal. Il trahit sa présence par les sentiers qui conduisent à ses trous. En hiver, il étend ses galeries sous la neige, près de ses provisions, ou bien il vient habiter les granges, les appentis, les caves. Sa nourriture est la même que celle de ses congénères.

Les portées sont de quatre à six par été et comprennent chaque fois quatre à huit petits, placés dans un nid caché sous une touffe d'herbe. Cette multiplication excessive provoque leur migration et leur apparition subite en certains

Le Campagnol ou Souris des neiges.

(*) Voy. le Campagnol des champs (tome I, p. 189, pl. X au milieu).

lieux où ils dévorent tout, même les pépinières. Le sol est tellement perforé qu'il est impossible de poser le pied sans le mettre sur un de leurs trous, et qu'on les voit circuler en plein jour dans tous les sens. Et pourtant leurs ennemis sont nombreux : Putois, Belettes, Chats, Hiboux. Dans l'estomac d'une Buse, on a trouvé jusqu'à trente cadavres de Campagnols.

Souvent, après quelques semaines, ces Campagnols ont disparu sans laisser de traces, par suite soit d'une épidémie, soit d'un nouveau voyage.

Le Campagnol agreste (*M. agrestis* L.), très voisin du précédent, mais un peu plus grand, habite toute l'Europe. Il est plus rare que le Campagnol des champs dans les parties méridionales de son habitat; à l'ouest de l'Allemagne, on signale la variété champêtre (*M. a. campestris*). Son terrier est presque à fleur de terre. En Angleterre, dans les années 1580, 1813, 1874 et 1892, leurs légions apparues subitement ont produit des dégâts considérables. On les détruit maintenant au moyen de sulfure de carbone injecté dans le sol.

LE CAMPAGNOL DES NEIGES. — Le Campagnol des neiges (*M. nivalis* Martins), ou des Alpes, est une espèce des plus intéressantes.

Ses yeux sont petits, ses oreilles ont le tiers de la tête et ses pieds portent six tubercules plantaires. Son pelage a deux couleurs; sur le dos il est gris brun clair, plus foncé le long de la ligne médiane que sur les côtés, et les parties inférieures sont blanchâtres. Sa taille atteint environ $0^m,15$ et la queue $0^m,07$. On distingue diverses variétés : celle à queue blanche, celle des Alpes plus foncée et le Campagnol pétrophile de la Suisse et de la Bavière.

Habitat. — Il a été découvert en 1841, simultanément au Saint-Gothard et au Faulhorn. Son aire de distribution, très confinée, comprend toute la chaîne des Alpes et les Pyrénées. Dans les Alpes, il ne descend pas au-dessous de 1 000 mètres et se trouve dans les régions les plus arides. Le point culminant de son habitat paraît être sur le Finsterarhorn, à plus de 4 000 mètres d'altitude.

Mœurs. — En été, on le trouve dans les chalets, ou bien il vit maigrement entre les champs de neige, là où la chaleur solaire fait apparaître le sol sur quelques mètres carrés pendant deux ou trois mois, et fait croître hâtivement les quelques rares végétaux qu'il peut dévorer : pimprenelles, potentilles, silènes, céraistes, gentiane, arabis, orpins, saxifrages, trèfles, etc. Il se loge tantôt dans des trous creusés en terre, tantôt dans des amas de pierres ou dans des murs, et il y accumule du foin, des chaumes, des racines de pimprenelle, de gentiane, etc. En hiver, il n'émigre pas, ni ne s'endort; il se nourrit pendant neuf mois des provisions qu'il a amassées; si elles ne lui suffisent pas, il se creuse des galeries sous la neige et va de racine en racine pour chercher sa nourriture quotidienne. C'est la couche de neige qui le protège du froid, car il meurt, si on l'expose à une température de — 1°.

La femelle a deux portées par an, de quatre à sept petits.

LE CAMPAGNOL SOUTERRAIN. — Le Campagnol souterrain (*M. subterraneus* Selys) est à oreilles courtes et presque nues. Il a cinq tubercules à la plante des pattes postérieures. Son pelage, d'un gris noirâtre en dessus, est

blanchâtre en dessous; ses pieds sont cendré foncé. Son corps a o^m,o85 et sa queue, qui est bicolore, o^m,o32.

Habitat. — Il habite l'Europe occidentale et méridionale : Belgique, France, Allemagne. Différentes variétés ont été signalées dans les Pyrénées, dans le bassin du Rhône (*incertus*), dans la Loire Inférieure (*Gerbei*), en Sicile, en Espagne et en Italie (*M. s. Savii*).

Mœurs. — Il aime les prairies humides et les jardins maraîchers, les champs cultivés et le voisinage des fleuves. Il se nourrit principalement de céleri, carottes, artichauts, et occasionne de grands dégâts. Il s'attaque aussi aux Vers, aux Insectes et même à ses semblables en captivité. Sa vie passe pour être plus souterraine que celle de ses congénères. De la chambre centrale où il accumule toutes sortes de racines, en tas isolés, partent des couloirs en zigzag presque à fleur de terre. Il a la fécondité bornée des espèces à quatre mamelles. Ses portées, peu nombreuses, ne comportent que quatre petits.

Captivité. — On l'élève et on le conserve longtemps et aisément en captivité, car il est facile à nourrir.

Le CAMPAGNOL DE LA PENSYLVANIE (*M. pensylvanicus* Ord.), avec ses diverses variétés, habite l'est des États-Unis et la Nouvelle-Écosse. Il est curieux à signaler, parce qu'en hiver il se laisse enfouir sous la neige; celle-ci fond sous l'action de la chaleur du corps, mais bientôt, par une congélation ultérieure, il se trouve inclus dans une enveloppe de glace bulleuse.

Le CAMPAGNOL A VENTRE NOIR (*M. melanogaster* A. M.-Edw.) et à dos brun jaune (corps o^m,o9, queue o^m,o3) vit dans le Moupin, le Setchuen, jusqu'à la presqu'île indo-chinoise.

LES LEMMINGS

Les Lemmings (*Lemmus* Link, 1795, ou *Myodes* Pallas), de l'ancien monde, sont aux Campagnols ce que les Hamsters sont aux Rats. Ils se distinguent parce qu'ils ont un corps trapu, cinq doigts aux pattes de devant, des soles poilues, un e première molaire inférieure à cinq plis, des racines aux molaires et une queue rudimentaire. Leurs griffes sont fouisseuses et leur pelage épais.

LE LEMMING DE NORVÈGE. — Ce Lemming (*L. lemmus* L.) a toujours intéressé les montagnards et les savants. Olàus Magnus racontait, en 1518, que ces animaux tombent du ciel au milieu d'un orage et de la pluie, et Wormius écrivit tout un livre pour prouver qu'ils naissent dans les nuages.

Caractères. — Le museau est couvert de poils, la lèvre supérieure fendue, les moustaches courtes, les oreilles cachées sous le pelage. Le poil est long et abondant. La robe est brun jaunâtre, marquée de taches foncées, la queue et les pattes sont jaunes; deux raies jaunes partant de l'œil vont à l'occiput; le ventre est jaune, presque couleur de sable. La taille varie suivant les individus. Ceux d'Europe ont environ o^m,i5 pour le corps et o^m,o2 pour la queue.

Habitat. — L'espèce type se rencontre dans les régions arctiques de l'Europe et de l'Asie, surtout dans les montagnes de la Scandinavie, de la Scanie au cap

Nord, dans la Laponie et la Russie septentrionale. Le Lemming de l'Obi
(*L. obensis* Brants) se trouve des bords de la mer Blanche au détroit de Bering
et à l'Alaska. Le Lemming couleur de schiste (*L. schisticolor* Lillj.) vit en
Scandinavie et à l'ouest de la mer d'Ochotsk, tandis que le Lemming a pieds
noirs (*L. nigripes*
True) est spécial à
l'Alaska et à l'île
Saint-Georges.

Mœurs. — Ces
animaux s'établis-
sent dans la zone
des bouleaux et des
genévriers qui suit
celle des conifères,
là où ils trouvent
des places sèches. Ils
creusent sous les pierres,
dans les sols tourbeux,
leurs terriers dont les

Le Lemming de Norvège.

ouvertures s'ouvrent dans la neige et sont réunies par des sentiers battus.
Ils sont nuit et jour en mouvement; ils marchent en trottant et assez rapidement
pour qu'un homme ait de la peine à les atteindre à la course.

Ils sont très courageux et colères. Quand ils sont hors de leurs terriers, ils
ne prennent la fuite dans le premier trou venu que lorsqu'on marche sur eux.
Mais si on arrive près de leur terrier, ils s'élancent au dehors, crient, grognent,
se dressent, relèvent la tête et lancent à leurs adversaires des regards si mena-
çants que l'on se demande s'il faut les attaquer ou les laisser tranquilles, et
lorsqu'on leur tend sa botte, sa canne, le canon de son fusil, ils le mordent
rageusement. Parfois même ils s'élancent sur leur adversaire.

En hiver, les Lemmings se construisent, à 20 ou 25 centimètres de profondeur, un nid à parois épaisses, en herbes mâchées. Il en part, dans divers sens,
de longs couloirs qui ont pour base la couche de mousse et pour voûte la
couche de neige. On les voit aussi courir à la surface de la neige, ou du moins
traverser les grands champs de neige des montagnes.

Les Lemmings se nourrissent des rares plantes qui végètent dans leur patrie,
d'herbes, de lichens, de chatons de bouleaux nains, de diverses racines. Où
manque le lichen des rennes, le Lemming manque aussi. Ils n'amassent pas de
provisions pour l'hiver. Linné et Ch. Martins nous apprennent que le nombre
des petits par portée est de quatre ou cinq en moyenne.

Les migrations du Lemming de Norvège ont lieu en automne, à des époques
indéterminées, et non pas tous les dix ou vingt ans comme on le croyait. Leurs
bandes tendent, les unes vers la mer du Nord, les autres vers le golfe de
Bothnie, en suivant, le plus souvent, une direction parallèle au cours des
rivières et des fleuves. Quelle peut être la cause de ces migrations? Le pressen-
timent d'un hiver rigoureux ou la disette? Il est plus probable que la cause

principale est leur trop grande multiplication, car l'excès du nombre peut amener, et amène par le fait, l'insuffisance de nourriture.

À un moment donné, comme s'ils obéissaient à un signal, ces animaux descendent des Alpes scandinaves, se réunissent en troupes, s'avancent droit devant eux, dévorant tout sur leur passage et creusant sur le sol des sillons qui donnent aux champs l'aspect de terres labourées. Rien ne les arrête, ni ne peut les détourner de leur route. Ils contournent les rochers, les meules de blé, mais traversent les lacs et les fleuves en ligne droite, quelle que soit leur largeur. Ils pénètrent alors rarement dans les habitations. Ils ne commencent à se mettre en marche qu'au coucher du soleil.

Quand ils arrivent au golfe de Bothnie ou à la mer du Nord, les rangs des émigrants sont considérablement éclaircis par les accidents et les dangers de la route : noyades, Carnivores. Les Martes, les Hermines, les Ours, les Renards, les Pies, les Corbeaux, les Rapaces, leur font une guerre incessante.

Leur fourrure n'a aucune valeur; les Lapons seuls mangent leur chair.

Le LEMMING RAYÉ ou à collier (*Cuniculus* ou *Dicrostonyx torquatus* Pall.) de l'extrême nord de l'Asie et de l'Amérique, même du Groënland, tient le milieu entre les Lemmings et les vrais Campagnols. Sa couleur est très variable et très changeante. C'est un mélange de gris, de noir, de châtain et de brun roussâtre. Ses mœurs sont identiques à celles du Lemming, mais il n'effectue pas de migration.

LES ONDATRAS

Les Ondatras (*Fiber* G. Cuvier, 1800) étaient des Castors pour Linné, parce qu'ils vivent dans l'eau. Mais ils s'en distinguent par leur crâne, leur système dentaire et leur queue, de même qu'ils s'éloignent des Myopotames et des Capromys. Leurs véritables affinités, malgré la différence de taille, les rapprochent plutôt du groupe des Rats, car les molaires sont en même nombre et ont la même forme que chez les Campagnols.

Ils comprennent trois espèces, très voisines, de l'Amérique du Nord.

L'ONDATRA MUSQUÉ. — L'Ondatra musqué (*F. zibethicus* L.), ou Rat musqué de Brisson, a un corps de Rat porté sur des pattes courtes. Ses yeux petits, sa lèvre fendue, ses moustaches longues, ses oreilles operculées peu saillantes, sa longue queue comprimée latéralement, recouverte de petites écailles entre lesquelles passent des poils courts et rares, ses quatre doigts antérieurs avec un pouce rudimentaire, ses cinq doigts postérieurs palmés, bordés de poils natatoires et armés d'ongles forts, le distinguent parfaitement. Son pelage ressemble à celui du Castor, il est épais, couché, mou, brillant. Le duvet est fin, court, les jarres sont luisants et de longueur double. Le dos est brun; le ventre est gris, à reflets roux. Quelquefois le dos a une teinte plus ou moins jaune. La queue est noire. Les poils qui bordent les doigts sont blonds. Les mâles adultes ont un corps de 0^m,30 de long et une queue de 0^m,25. Une glande particulière, s'ouvrant à l'extérieur et sécrétant un liquide blanc, oléagineux, à forte odeur de civette, est un caractère propre aux Ondatras.

Habitat. — Avec ses diverses variétés, son aire d'habitat s'étend des bords de l'océan Atlantique aux rives du Pacifique et des Barren grounds aux États du sud des États-Unis. L'ONDATRA OBSCUR (*F. obscurus* Bangs) est spécial à Terre-Neuve et l'ONDATRA MACRODONTE (*F. macrodon* Merr.) est de la Virginie.

Mœurs. — Il fréquente les prairies au bord des grands lacs, des grands fleuves à cours lent, des ruisseaux, des marais, mais surtout des étangs recouverts de roseaux et de plantes aquatiques. Il y habite en colonies parfois nombreuses; son genre de vie a beaucoup d'analogie avec celui des Castors, si bien que, pour les sauvages, ces animaux sont frères; le Castor, comme aîné, étant plus industrieux, plus sage que l'Ondatra, plus inexpérimenté.

L'Ondatra, qu'on aperçoit souvent le jour quand le ciel est couvert, nage fort bien; il frappe alors souvent la surface de l'eau avec sa queue, qui, encore élargie par deux séries longitudinales de poils placées en haut et en bas, lui sert de gouvernail. Pourtant il s'éloigne parfois beaucoup de l'eau, et Merriam cite le cas de deux individus qui furent trouvés derrière le foyer d'une maison.

Excellent plongeur, il peut rester longtemps sous l'eau pour chasser les Poissons, les Mollusques, qu'il associe dans son alimentation aux racines et aux herbes aquatiques; comme le Rat, il dévore les cadavres de ses semblables.

Il a l'habitude, pour les longs hivers de son pays, d'accumuler un gros amas de substances végétales dont il se nourrit. Merriam, qui a examiné ces amas, dit qu'ils sont composés de rhizomes et d'herbes marécageuses associés parfois aux rondins et à la vase; ses « huttes ou maisons » ne sont construites d'après aucun plan, et ont en somme la forme d'un cône. Quand l'eau est profonde, elles sont édifiées sur la terre sèche, mais quand c'est possible, l'animal n'hésite pas à les placer dans l'eau. Elles sont alors très grandes et suffisamment élevées pour qu'il y ait une chambre d'où partent un ou plusieurs passages débouchant sous l'eau et ménagés dans la masse. Ceux-ci facilitent ainsi l'accès aux provisions. Ces bâtisses ne sont donc pas de vraies huttes, bien qu'à l'occasion elles renferment le nid de l'Ondatra. Celui-ci est situé d'habitude dans les terriers que se construit l'animal près du rivage. Il se compose d'un large donjon, d'où l'animal sort par un couloir de 3 mètres à 4^m,5o aboutissant sous l'eau. Il en part aussi plusieurs galeries qui conduisent sur le rivage. C'est dans ce nid que, trois fois par an, la femelle dépose de cinq à neuf petits, nus et aveugles.

Chasse. — On prend les Ondatras dans des pièges amorcés avec des pommes, ou dans des trappes, ou bien on les tue dans leurs habitations.

Le Lynx, le Renard, le Vison, la Marte en détruisent beaucoup.

Captivité. — Les jeunes sont doux et ne mordent pas, mais les vieux doivent être gardés dans des caisses doublées de fer-blanc, car ils rongent tout.

Produits. — La chair, quoique très musquée, est mangée par les Indiens. La fourrure est très employée; elle conserve toujours une assez forte odeur. Elle est vendue sous le nom de peau de Rat. Poland assure que, chaque année, quatre millions de peaux viennent sur le marché. En 1891, la Compagnie de la baie d'Hudson, seule, en a vendu plus de cinq cent mille.

LES ELLOBIES ET LES SIPHNÉS

Les Ellobies et les Siphnés rappellent les Taupes par leur forme et leurs habitudes, mais ils ont la dentition des Arvicoles et le régime végétarien des Rongeurs. Leur tête est arrondie et leur corps cylindrique; ils n'ont pas de pavillons; ils ont une queue courte et des membres armés de cinq griffes fortes. Leurs incisives sont blanches, leur pelage doux et soyeux. Ils se nourrissent de racines et de rhizomes.

Les Ellobies (*Ellobius* Fischer, 1814) comprennent deux espèces :
L'ELLOBIE TALPINE (*E. talpinus* Pall.) de la Russie méridionale et du Turkestan, et l'ELLOBIE DE L'AFGHANISTAN (*E. fuscicapillus* Blyth.), qui a une longueur totale de $0^m,125$, qui vit dans les montagnes, même au delà de 1500 mètres, et qui se construit des couloirs avec monticules comme les Taupes.

Les Siphnés (*Siphneus* Brants, 1827) du centre et du nord de l'Asie ont des ongles très longs. Le SIPHNÉ ZOKOR (*S. aspalax* Pall.), des steppes de l'Irtisch, qui est gris roussâtre et a $0^m,25$ de long, est essentiellement fouisseur.

LES RATS-TAUPES OU SPALACIDÉS

Les Spalacidés rappellent les Taupes par leur aspect extérieur et leurs habitudes, mais leurs larges dents rongeuses font reconnaître facilement le groupe auquel ils appartiennent.

Le corps est cylindrique, porté par de courtes pattes armées de griffes fouisseuses assez longues et peu arquées; le museau est obtus; les oreilles et les yeux sont cachés sous le pelage, et la queue est très petite ou peut manquer.

Ces animaux vivent dans les régions tropicales et subtropicales de l'ancien monde. Ils se nourrissent des parties souterraines des plantes et ne s'endorment pas en hiver. Il est intéressant de faire remarquer que la vie souterraine se retrouve dans les groupes les plus divers, surtout chez les animaux de petite taille : les Taupes, les Chrysochlores et les Spalax de l'Afrique, le Tucotuco du sud de l'Amérique et la Taupe à bourse de l'Australie.

LES SPALAX

Les Spalax (*Spalax* Güldenstedt, 1770) ne comprennent qu'une espèce, le SPALAX ZEMMI (*S. typhlus* Pall.).

LE SPALAX ZEMMI. — *Caractères.* — Il a un corps trapu avec une tête plus grosse que le tronc, un cou court, des yeux cachés sous la peau, de très petites oreilles. La queue est réduite à un tubercule saillant, et les prémolaires manquent. Le pelage est très doux et les poils, normalement dirigés vers l'arrière, peuvent se renverser en avant afin de faciliter la marche rétrograde de l'animal dans ses galeries. La plante des pieds est entourée de poils longs et raides. La couleur est d'un brun jaunâtre en dessus à reflets cendrés, la tête est plus pâle et la nuque est brune. Le museau, le menton et les pieds sont d'un blanc sale; le ventre est d'un gris cendré tacheté de blanc. Sa taille varie de o^m,20 à o^m,22, et son poids atteint 3oo grammes.

Habitat. — Il habite le sud-est de l'Europe : Hongrie, Galicie, Pologne, Russie méridionale, Grèce; l'Asie occidentale, depuis les régions transcaspiennes : Mésopotamie, Syrie, Palestine, et la Basse-Égypte.

Mœurs. — Sa manière de vivre diffère peu de celles des autres espèces de la famille. On le trouve indifféremment dans toutes les plaines. Il habite des terriers assez profonds (o^m,45), d'où rayonnent des couloirs de 20 à 3o mètres qui s'ouvrent à la surface du sol. Il rejette aussi des amas de terre, très près les uns des autres. Ses incisives fortes et solides lui servent à ronger et à couper les racines et la terre intercalée entre elles. Il rejette avec sa tête les déblais qu'il a détachés, les pousse en arrière avec ses pattes, et sait tasser la terre sur les parois. Il vit solitaire comme la Taupe, mais son terrier est moins éloigné de ceux de ses semblables. A certaines époques, il se montre souvent à la surface du sol et se chauffe au soleil en compagnie de sa femelle. C'est surtout la nuit ou de bon matin qu'il sort de ses galeries.

A la surface du sol, ses mouvements sont maladroits; sous terre, il avance par secousses aussi vite que la Taupe, aussi bien en avant qu'en arrière. Ses sens sont peu développés; pourtant il est sensible au bruit. En liberté, il se tient assis à l'entrée de l'un de ses couloirs, la tête droite, écoutant de tous côtés. Au moindre bruit, il prend une posture menaçante ou s'enfuit, soit dans son terrier, soit dans un passage qu'il se creuse en un instant.

Quand on l'attaque, il se défend vigoureusement à coups de dents, et lorsqu'il est en colère, il mord de tous côtés, souffle et grince des dents. Le Spalax n'est pas insectivore comme la Taupe, il ne mange que des racines et des tubercules; en cas de besoin, il ronge les écorces des arbres et des buissons. A l'entrée de l'hiver, il s'enfonce plus profondément sous terre, mais ne paraît pas s'endormir d'un sommeil hivernal, car il amasse des provisions consistant en bulbes d'asphodèles et d'hyacinthes, et les accumule dans des compartiments spéciaux situés à 1^m,20 au-dessous de ses couloirs.

La femelle, en été, met bas de deux à quatre petits.

Usages. — Il est peu nuisible. Les Russes croient que celui qui a le courage de placer un Spalax sur sa main, de se laisser mordre et de le tuer ensuite lentement, acquiert la propriété de guérir les écrouelles par simple imposition des mains. Aussi le nomment-ils *médecin des écrouelles*.

LES RHIZOMYS

Les Rhizomys (*Rhizomys* Gray, 1831), ou Rats des bambous, ont un corps ramassé, des yeux très petits, des oreilles nues dépassant à peine le pelage, un pouce petit, mais onguiculé, une queue recouverte de poils épars, mais non écailleuse et atteignant le quart ou le tiers du corps. Ils ont seize dents.

Ce genre habite la région orientale, la Chine, le Thibet et l'île de Sumatra, tandis que les espèces africaines ont été réunies dans le genre *Tachyorycte.*

LE RHIZOMYS BAI. — Le Rhizomys bai (*R. badius* Hodgs.) a un pelage mou et épais, cachant les pavillons, une couleur allant du châtain au rouge brun, plus vive en dessus qu'en dessous, et une taille variant de 0^m,18 à 0^m,23 ; la queue n'atteint que 0^m,07.

Habitat. — Il vit au pied de l'Himalaya, du Népaul au Bhoutan, dans les montagnes de Bhamo et dans la Birmanie et le Siam.

Mœurs. — Ce petit Rat des bambous se tient dans des trous qu'il creuse lui-même, ou entre les racines, dans les hautes herbes. Il creuse avec une vivacité et une vigueur extrêmes en se servant de ses pattes et de ses fortes dents. Il ne quitte son terrier que le soir pour aller chercher de la nourriture consistant en herbes, graines, racines, bourgeons de bambous. Il erre lentement et dédaigne de se défendre, il se laisse prendre sans résistance ; aussi en Birmanie utilise-t-on sa chair, ainsi que celle des autres espèces.

Le RHIZOMYS DE SUMATRA (*R. sumatrensis* Rafin.), ou grand Rat des bambous, habite la presqu'île de Malacca, le Siam et le Ténassérim. Sa taille atteint 0^m,49, et sa queue 0^m,14. Sa couleur est d'un gris jaunâtre ou isabelle, plus foncée au milieu du dos et plus pâle en dessous. Le RHIZOMYS POUDRÉ OU PRUINEUX (*R. pruinosus* Blyth) est répandu dans la presqu'île indo-chinoise ; le RHIZOMYS CHINOIS (*R. sinensis* Gray) dans la Chine méridionale, et le RHIZOMYS VÊTU (*R. vestitus* A. M.-Edw.) dans le Moupin et le Thibet.

Des trois espèces africaines, le TACHYORYCTE SPLENDIDE (*Tachyoryctes splendens* Rüpp.) a l'aire de dispersion la plus large. Il a l'aspect d'un Hamster (corps, 0^m,24 ; queue, 0^m,045). On retrouve ses monticules en Abyssinie jusqu'à 3 300 mètres d'altitude, dans la Somalie, sur les bords du lac Rodolphe et sur les flancs du massif du Kilimandjaro.

LES BATHYERGUES ET LES GÉORYQUES

Les Bathyergues (*Bathyergus* Illiger, 1811) ou *Oryctères* ne comprennent que le Bathyergue maritime (*B. maritimus* Gm.) ou des dunes, appelé par Buffon la grande *Taupe du Cap.*

Caractères. — Ces animaux ont un corps lourd, bas sur jambes, des griffes très fortes, des yeux petits, une queue réduite à un moignon poilu, des oreilles sans pavillons, et des incisives longues dont les supérieures sont creusées en avant d'un profond sillon. Ils ont à chaque mâchoire une paire de prémolaires. Leur pelage est épais, mou et fin ; leur couleur, roussâtre dans les parties supérieures, est blanchâtre en dessous. La tête est entourée de soies longues et raides. Le corps a 0^m,25 et la queue 0^m,05. Sa taille approche donc de celle du Lapin de garenne.

Habitat. — Ils se trouvent dans le sud de l'Afrique et surtout dans la colonie du Cap, dans les régions maritimes et sablonneuses.

Mœurs. — Ils creusent à une grande profondeur, dans le sable des dunes, des couloirs longs, ramifiés, rayonnant autour de différents carrefours, reliés plusieurs fois les uns aux autres et que trahissent à la surface des éminences alignées.

Ces couloirs, à cause de sa taille, sont plus larges que ceux de la Taupe. Il paraît prendre toutes les précautions pour fermer à l'air l'entrée de sa demeure. La lumière lui est désagréable ; aussi ne vient-il qu'accidentellement à la surface du sol, car, lorsqu'il s'y montre, c'est à peine s'il peut s'enfuir et en rampant maladroitement. Si on vient à le saisir, il remue vigoureusement son avant-train et mord tout autour de lui.

Chasse. — Ses mines le font détester des colons, aussi lui tendent-ils des pièges, amorcés par une carotte ou une racine, au moment où il travaille, vers six heures du matin et minuit. Une ficelle attachée à l'appât fait partir un coup de fusil qui le tue.

Les Géoryques (*Georychus* Illiger, 1811) sont proches parents des Bathyergues dont ils diffèrent surtout parce qu'ils ont trois molaires au lieu de quatre. Les incisives sont fortes et sans sillons. Les griffes sont petites.

Les différentes espèces (huit) se rencontrent dans l'Afrique méridionale, orientale et centrale.

Le Géoryque Cricet ou du Cap (*G. capensis* Pall.) a un pelage brun avec plusieurs taches blanches sur la tête, au museau, aux oreilles et autour des yeux. Son corps n'atteint que 0^m,15, et sa queue 0^m,02 ; elle se termine par un pinceau. Comme le Bathyergue, il creuse ses galeries, quoique à une moindre profondeur, dans les terrains meubles et sablonneux et parfois à côté de ceux du Bathyergue.

Le Géoryque argentin (*Myoscalops argenteo-cinereus* Pet.) de l'Est-africain allemand, de taille plus forte (corps, 0^m,24 ; queue, 0^m,05), se distingue par la présence, à chaque mâchoire, de trois paires de prémolaires en plus des trois paires de molaires. Il vit dans les champs et les bois. Il se meut difficilement sur le sol. Il est colère et sait se défendre vigoureusement. Malgré la petitesse de sa bouche, il mord très bien et réussit à fendre d'un seul coup les bâtons qu'on lui présente.

LES HÉTÉROCÉPHALES

Les Hétérocéphales (*Heterocephalus* Rüpp., 1834) sont les plus curieux de tous les Rongeurs, avec leur corps de Reptile ne portant que quelques longues soies, plus nombreuses aux pattes, où elles offrent une disposition pectinée. La couleur, ardoisée en dessus, est blanc jaunâtre en dessous. La tête est petite et possède des yeux punctiformes, mais n'a pas de pavillons ; les dents rongeuses sont proéminentes et longues ; les pattes moyennes, pentadactyles, et la queue assez longue. Le nombre des dents est de seize.

Ils sont spéciaux à la Somalie et au Choa. Ils ont une vie exclusivement souterraine et craignent même la lumière. Leur présence se reconnaît à la forme de leurs monticules, qui, d'après Phillips, ressemblent à des cratères de volcans, et la similitude est encore bien plus grande quand il y a au centre un animal en activité. Les mottes de terre lancées avec force du centre de ce cratère se succèdent avec une telle rapidité que l'animal n'est pas visible.

Le Bathyergue maritime (texte p. 134).

L'Hétérocéphale glabre (*H. glaber* Rüpp) est la seule espèce du genre, car, d'après Parona, l'Hétérocéphale de Phillips n'est qu'un jeune de cette espèce. Son corps atteint 0^m,095, et sa queue 0^m,04.

LES RATS A POCHES BUCCALES OU GÉOMYIDÉS

Les individus de cette famille ont pour caractère principal d'avoir de chaque côté des joues une grande poche, poilue intérieurement, qui s'ouvre en dedans de la bouche, au bord inférieur des joues. Leurs pattes sont fouisseuses ou sauteuses, leurs yeux variables ainsi que leurs oreilles ; leur mâchoire inférieure est courte. Leurs dents sont au nombre de vingt, dont une paire de prémolaires et trois paires de molaires sans racines à chaque mâchoire. La couronne présente une lamelle d'émail ovale. Ces rongeurs, confinés dans le nouveau monde, sont très variables comme aspect, taille et habitudes.

LES GÉOMYS ET LES THOMOMYS

Les Géomys (*Geomys* Rafinesque, 1817), dont les incisives sont marquées en avant de sillons longitudinaux, ont des griffes antérieures énormes et trois paires de mamelles. Ils comprennent une trentaine d'espèces qui toutes vivent dans l'Amérique du Nord et l'Amérique centrale jusqu'au Costa-Rica.

Le Géomys a poches (*G. bursarius* Shaw) ou Géomys Goffre est le Rat à abajoues du Canada. Il a une fourrure très épaisse, molle et fine comme celle de la Taupe. En dessus, il est châtain, plus pâle ou même blanchâtre en dessous; les pattes sont couvertes de poils rares et blancs; la queue, brune à la base, est blanche à l'extrémité. Sa taille est de 0ᵐ,27, dont 0ᵐ,08 pour la queue. C'est un habitant des grandes plaines des vallées du Mississipi et de ses tributaires; parfois même il remonte au nord jusqu'au 79° degré de latitude.

Le Géomys tuza (*G. tuza* Ord.), appelé encore Géomys de la Géorgie, est de taille un peu plus faible. Sur le dos il est d'un brun-cannelle lavé de fauve, avec une raie noire médiane. Il est confiné dans les forêts de pins de la Géorgie et de la Floride.

Le Géomys mexicain est brun et d'assez grande taille.

Mœurs. — Ces animaux mènent une existence de Taupe; comme elle, ils se creusent des couloirs dont ils rejettent la terre au dehors, en sorte que le sol prend l'aspect d'un champ labouré.

D'après Audubon et Gessner qui ont étudié et décrit leurs mœurs, les Géomys se creusent une demeure souterraine. Les amas de terre qu'ils rejettent ont 0ᵐ,30 à 0ᵐ,40 de haut et sont éloignés d'environ un mètre l'un de l'autre. Ils placent le donjon entre des racines d'arbres à environ 1ᵐ,50 de la surface du sol; les couloirs, qui se ramifient de distance en distance et dont la paroi est bien tassée, y descendent en spirale et des galeries longitudinales s'irradient dans divers sens. Ce donjon est grand, tapissé d'herbes tendres, et ressemble à un nid d'Écureuil : c'est là que l'animal dort et se repose. Gessner a vu un boyau se rendre du donjon à une grande chambre à provisions remplie de racines, de pommes de terre, de noix, de graines.

En mars ou en avril, la femelle met bas de cinq à sept petits, dans un nid analogue au donjon, mais tapissé avec des poils dont elle se dépouille.

Le soir, de quatre à dix heures, le Goffre travaille avec ardeur à étendre son habitation, sans doute pour chercher de la nourriture. Si l'endroit est riche, il se creuse un couloir de 3 à 5 mètres de long, avec deux ou cinq amas de terre; dans le cas contraire, il parcourt plus de chemin et travaille plus longtemps. Parfois il interrompt ses travaux pendant des semaines entières : il paraît ne se nourrir alors que des provisions amassées. Il se montre le moins qu'il peut au dehors, et lorsqu'il y vient, ce n'est que pour un temps très court, pour recueillir l'herbe nécessaire à la confection de son nid ou se chauffer au soleil.

Son odorat très fin, son ouïe très subtile le mettent à l'abri des surprises; à la moindre apparence de danger, il regagne ses galeries et au besoin se creuse rapidement un couloir de fuite. Sur la terre il trottine lourdement, car il renverse vers le bas, en marchant, les ongles de ses pattes de devant et laisse traîner la queue. Sous terre, il se meut avec la rapidité de la Taupe.

Il est très maladroit ; lorsqu'on le couche sur le dos, il lui faut bien une minute avant d'arriver à se remettre sur ses pattes. Pour manger, il s'assied sur ses membres de derrière et porte la nourriture à sa bouche avec ses pattes de devant. Lorsqu'il paît, il bourre d'aliments ses abajoues avec sa langue, mais il les vide avec ses pattes de devant. Ces abajoues deviennent alors ovoïdes, allongées, mais jamais ne pendent comme des sacs des deux côtés du museau et ne gênent ses mouvements.

Cet animal est susceptible de causer des dégâts considérables. En rongeant les racines, il peut, en quelques jours, détruire des centaines d'arbres. On lui dresse des pièges de toute espèce. Il fait, quand il est pris, des efforts inouïs pour reconquérir sa liberté et il y arrive souvent en laissant une patte dans le piège. Il se défend à coups de dents et fait de profondes morsures.

Captivité. — Audubon raconte qu'il a gardé plusieurs fois des Géomys en captivité pendant des semaines, et qu'il les nourrissait très facilement avec des tubercules. Ils étaient très voraces, mais ne buvaient ni eau ni lait. Un de ces animaux s'égara un jour dans la botte d'Audubon ; au lieu de sortir par où il était entré, il rongea le bout de la botte et s'échappa par la brèche qu'il avait ainsi faite. Cette habitude invincible de tout ronger, et le bruit qui en résulte, rendent cet animal très désagréable.

Les Thomomys (*Thomomys* Wied, 1839) se distinguent du genre précédent par l'absence de sillons aux incisives supérieures ; parfois pourtant il existe un léger sillon marginal. Les griffes antérieures sont moyennement développées.

Le Thomomys talpoïde (*T. talpoïdes* Rich.) par sa couleur ressemble au Surmulot ; mais sa queue n'a que $0^m,05$ à $0^m,06$ de long, tandis que son corps atteint $0^m,13$ à $0^m,17$. Il vit depuis la baie d'Hudson jusqu'au Missouri supérieur et surtout dans la région du Saskatchewan.

Le Thomomys de Botta, du sud de la Californie, et le Thomomys fauve du Nouveau-Mexique et de l'Arizona en sont très voisins.

Les vingt-six espèces de ce genre ont les mêmes habitudes que les Géomys.

LES DIPODOMYS ET LES PÉRODIPODES

Ces deux genres (*Dipodomys* Gray, 1841, et *Perodipus* Fitzinger, 1867) sont caractérisés par de grosses abajoues, des pattes postérieures très longues à soles poilues, ayant respectivement quatre et cinq doigts dans les deux genres, des yeux gros, des pavillons bien développés et une queue allongée pénicillée. Cet ensemble leur donne un aspect différent de celui des précédents. Leur pelage est doux et velouté. Ils sont spéciaux au Mexique et à l'ouest des États-Unis.

Le Dipodomys de Phillips (*D. Phillipsi* Gray) est le type de ce groupe. Son corps est léger et élégant ($0^m,10$), sa queue longue et à pinceau. Sa couleur, de Souris en dessus, est fauve sur les flancs, tandis que le dessous du corps, la pointe de la queue et une tache sur chaque œil sont blancs ou jaunâtres. Il habite dans les montagnes et les champs du Mexique.

Le Pérodipode d'Ord (*P. Ordii* Woodh.) du Texas et des montagnes Rocheuses, a cinq orteils aux pattes postérieures, un corps plus grand et plus massif que le précédent, ainsi qu'une queue plus courte (corps, o^m,12; queue, o^m,14). Il est plus pâle en dessus et tiqueté de noir.

Mœurs. — Ils se tiennent à la surface du sol, sous les pierres, les rochers, et jouent en Amérique le rôle des Gerboises dans l'ancien monde et des Hapalotides en Tasmanie, car ils vivent comme eux dans les contrées les plus dépourvues d'eau, et se déplacent par bonds comme les Kangourous, en tenant les pattes de devant repliées sur la poitrine, sans contact avec le sol.

Ils se creusent des trous, sous les rochers ou les pierres, et probablement ils sont forcés de se contenter de la rosée ou de l'eau des cactées. Ils se nourrissent des racines, des feuilles et des semences des petites herbes poussant entre les cactées arborescentes ceractéristiques de ces régions désertiques.

Captivité. — Ils sont très amusants en captivité.

Les Pérognathes et les Hétéromys (*Perognathus* Wied, 1839, et *Heteromys* Desmaret, 1817), qui ont aussi une queue allongée, de longues pattes postérieures, de gros yeux et des pavillons bien développés, se distinguent des deux genres précédents par leur petite taille qui dépasse rarement o^m,05, et par des racines aux molaires. La couleur de leurs nombreuses espèces (trente-six et treize) est généralement brune en dessus et blanche en dessous, les deux couleurs étant séparées sur les flancs par une bande ocre.

Le Pérognathe fascié (*P. fasciatus* Wied), à poil rude, habite l'ouest des États-Unis; le Pérognathe a queue pénicillée (*P. penicillatus* Woodh.) vit dans l'Arizona, les monts San Francisco et la Basse-Californie.

L'Hétéromys d'Allen (*H. Alleni* Coues) se trouve dans le Texas et le Mexique. Les autres espèces du genre, qui est caractérisé par des jarres aplatis situés entre les poils, descendent jusqu'au Vénézuéla et à l'île Trinidad.

LES RATS SAUTEURS OU DIPODIDÉS

Caractères. — La physionomie de ces animaux rappelle celle des Kangourous; en effet, les pattes de derrière sont beaucoup plus longues que celles de devant; la queue, relativement longue, est souvent ornée à l'extrémité d'une touffe de poils disposés sur deux rangs. Mais la tête est grosse, portée par un cou court et immobile, et les moustaches sont parfois aussi longues que tout le corps. Leurs grands yeux sont plus vifs, plus expressifs que ceux d'aucun autre animal nocturne. Leurs oreilles sont droites, moyennes et en forme de cuiller. Le pelage est mou et épais. Les incisives sont lisses ou sillonnées, et les trois molaires sont parfois précédées d'une prémolaire rudimentaire.

Habitat. — Les Dipodidés habitent l'Afrique et l'Asie, le sud-ouest de l'Europe; quelques espèces sont propres à l'Amérique du Nord.

Mœurs. — Ce sont des animaux du désert, comme la couleur de leur robe l'indique, et vivant dans des terriers à couloirs ramifiés.

Leur marche lente diffère de celle des Kangourous, puisqu'ils placent rapidement une patte devant l'autre. Pour fuir, car ils sont très craintifs, ils sautent, bondissent dans l'air à l'aide de leurs pattes de derrière, leur queue leur servant de gouvernail ou de balancier, et leurs pieds de devant sont alors ramenés sous le menton ou sur les côtés de la poitrine, comme le fait un homme qui court. Leurs bonds, qui ont jusqu'à vingt fois la longueur du corps et peuvent atteindre, pour les grandes espèces, 6 mètres de longueur, se suivent avec une telle rapidité qu'on ne voit qu'un objet jaune fendant l'air comme une flèche, en décrivant une courbe assez basse; aussi échappent-ils facilement à leurs ennemis. Quand ils paissent, ils marchent à quatre pattes, mais, pour se reposer, ils s'appuient toujours sur leurs pattes de derrière. Lorsque la température baisse, ils tombent dans une sorte de sommeil hivernal, s'engourdissent pour quelque temps; mais jamais ils n'amassent de provisions comme les autres Rongeurs.

Captivité. — Malheureusement ils ne supportent que peu longtemps la privation de leur liberté, quelques soins qu'on leur donne. Ils meurent bientôt, si on les transporte dans un autre climat.

LES SMINTHES

Les Sminthes (*Sminthus* Keys et Blas., 1840), à cause de leur aspect, étaient jadis rangés dans le groupe des Muridés. Mais Winge en 1887, en tenant compte de leur crâne et de leur dentition, les a placés à côté des Dipodidés, bien que leurs pattes postérieures ne présentent pas l'allongement caractéristique de ce groupe. En avant des trois molaires supérieures se trouve une petite prémolaire. On les rencontre dans le nord, l'est et le sud de l'Europe, et dans l'Asie au nord de l'Himalaya.

Le SMINTHE CONCOLORE (*S. concolor* Büch.) est spécial à la Chine occidentale; le SMINTHE DE LEATHAM (*S. Leatham* Thomas) aux montagnes du Cachemire; seul le SMINTHE SUBTIL (*S. subtilis* Pall.) ou errant a une aire de dispersion considérable, depuis la Scandinavie, l'Allemagne et la Hongrie jusqu'au fleuve Iénisséi et au Turkestan. Son pelage est très doux, gris brun entremêlé de poils jaunes en dessus; il passe au roux clair sur les côtés. Une bande noire s'étend depuis le milieu du dos jusqu'à la queue. Les parties inférieures sont jaunâtres, le menton et les pieds blancs. Son corps a 0^m,06 et sa queue autant, elle porte cent quarante à cent soixante-dix anneaux d'écailles avec de rares poils.

Leurs mœurs paraissent ne pas différer de celles des Arvicoles.

LES ZAPODES

Les Zapodes (*Meriones* F. Cuvier, 1825, ou *Zapus* Coues, 1873) se rapprochent des Rats par la forme de leur queue et par la séparation de leurs métatarsiens et de leurs vertèbres cervicales.

Ils ont le corps allongé, un peu plus large en arrière qu'en avant, le cou épais, assez long; la tête longue et mince, le museau pointu, le nez velu, la bouche petite; les oreilles moyennes, ovales, hautes, minces, arrondies; les yeux assez petits; les moustaches médiocres, ne dépassant pas la tête en longueur; les pattes de devant très courtes, minces, pourvues de quatre doigts et d'un pouce rudimentaire recouvert d'un ongle plat; les pattes de derrière, trois fois plus longues que celles de devant, très grêles, terminées par cinq doigts, dont les deux extrêmes plus courts que les trois du milieu. Les ongles sont courts, recourbés, minces et comprimés. Leur queue est très longue, annelée, écailleuse, à poils courts et à pointe grêle. Leur pelage est lisse, couché, épais et grossier. Ils ont quatre paires de molaires à chaque mâchoire.

Habitat. — Ce genre est répandu dans toute l'Amérique du Nord, depuis les rivages de l'Atlantique jusqu'à ceux du Pacifique, et depuis l'Alaska et le grand lac des Esclaves jusqu'à l'Arizona et le Mexique. Il paraît confiné surtout dans les montagnes. Il est curieux de constater qu'une espèce, le Zapode du Setchuan (*Z. setchuanus* Depous.) habite l'Asie centrale.

LE ZAPODE DU CANADA. — Le Zapode, Mérione ou Souris sauteuse du Canada (*M. hudsonius* Zimm.) est l'espèce type du genre, dont le démembrement a amené la création de dix autres espèces.

Caractères. — En hiver, il est uniformément brun avec les oreilles noires, mais en été les flancs deviennent jaunâtre tiqueté de noir et le ventre blanc. Les lèvres sont blanches, et les oreilles, assez grandes, sont brunes et plus claires sur leur bord. Le corps a $0^m,07$ à $0^m,10$ et la queue $0^m,12$ à $0^m,15$. Les pattes postérieures, quoique proportionnellement moins grandes par rapport aux antérieures que chez les autres Dipodidés, sont très vigoureuses et lui permettent d'effectuer des sauts de 2 à 3 mètres de longueur.

Habitat. — On trouve la Souris sauteuse depuis la baie d'Hudson jusqu'au New Jersey et aux montagnes du nord de la Caroline. Merriam, en 1897, en a signalé une variété habitant l'Alaska.

Mœurs. — Elle se tient de préférence près des buissons et sur la lisière des forêts. Cachée le jour dans son terrier profond de $0^m,50$ et plus, elle ne sort que le soir pour rôder avec ses compagnes et chercher de la nourriture. Ce n'est qu'en été qu'elle est tout à fait vive et éveillée.

Elle saute si rapidement que ses pattes postérieures ne paraissent pas toucher le sol; ses bonds de $0^m,30$ de haut et de 3 mètres de longueur tombent bientôt à $1^m,20$. Davis assure que, bien qu'aidé de trois hommes, il lui fallut plus d'une heure de poursuite pour s'emparer d'un Zapode dans un champ des environs de Québec. En forêt, elle saute par-dessus les buissons et disparaît facilement à la vue. Quand elle est poursuivie par les Autours, les Hiboux, les Hermines, les Serpents, elle sait leur échapper par des zigzags nombreux.

Comme elle peut habiter les montagnes et les vallées, les forêts et les prairies, les champs cultivés et les marais, elle change de nourriture suivant son lieu d'habitat. Tout lui est bon : feuilles, bourgeons, semences, blé, baies, châtaignes, glandes, herbes et écorces.

Son nid est fait d'herbes tendres, mollement rembourré de plumes, de poils et de duvet, et placé soit sous des souches, des arbres tombés, des fentes de rocher, ou même dans les champs. C'est là que trois fois par an, de mai à août, sont déposés trois à quatre petits, que Davis assure être fixés assez solidement aux mamelons de la mère pour que celle-ci puisse les transporter facilement. Les nids d'hiver, situés profondément au-dessous du sol, sont bien rembourrés et l'animal y dort plus ou moins longtemps suivant la région. Il s'enroule en appliquant son nez contre son ventre et en s'entourant le corps avec la queue. Il forme ainsi une boule avec laquelle, dit-on, on peut jouer sans qu'il se réveille.

Captivité. — Les Zapodes réussissent bien en captivité. Mais ils sont très craintifs, et crient comme les petits Oiseaux, dès qu'ils ont peur.

LES GERBOISES

Les Gerboises (*Dipus* Gmelin, 1788), qui sont les animaux les plus connus de cette famille, ont des caractères si tranchés, qu'Hasselquist a pu dire, avec quelque exagération, qu'elles ont la tête du Lièvre, les moustaches de l'Écureuil, le groin du Porc, le corps et les pattes de devant de la Souris, les

La Gerboise d'Égypte (Voy. t. I, pl. 23).

pattes de derrière d'un Oiseau et la queue du Loir. Toutes ces parties hétéroclites n'en constituent pas moins un ensemble gracieux.

Caractères. — La tête porte de gros yeux, de grands pavillons et de longues moustaches. La queue, dont les dimensions dépassent celles du corps, est terminée par une touffe de poils raides, distiques et d'une couleur différente de celle du reste de l'organe. Les jambes de devant, courtes, n'ont que quatre doigts armés d'ongles aigus propres à fouir. Le pouce est rudimentaire avec ou sans ongle plat. Quant aux membres postérieurs, ils sont six fois plus longs que ceux de devant, par suite de l'allongement du tibia et des os métatarsiens, soudés en un canon qui se termine par des poulies pour l'articulation des trois doigts. Ceux-ci, dont le troisième est le plus long, sont recouverts par de longues soies et terminés par un ongle pointu, perpendiculaire à la deuxième et dernière phalange, de manière à ne pas gêner le saut. La phalange est en outre protégée par un bourrelet élastique.

Les incisives supérieures sont sillonnées, les os creux comme ceux des Oiseaux, les muscles vigoureux, les vertèbres cervicales plus ou moins soudées. Elles portent quatre paires de mamelles, dont deux sont thoraciques. Le pelage est mou et soyeux.

Habitat. — Ces animaux habitent les régions sèches et désertes de l'Europe méridionale, entre autres les steppes de la Russie, la Sibérie, la Perse, le nord de l'Afrique et l'Asie occidentale.

La Gerboise flèche (*D. sagitta* Pall.) habite l'Europe occidentale et la Sibérie méridionale, ainsi que la Gerboise haltique (*D. halticus* Illig.) ou sauteuse plus spéciale à la Transcaspie et au Turkestan. L'Arabie Pétrée nourrit la Gerboise macrotarse (*D. macrotarsus* Wagner). Dans l'Afrique septentrionale, Lataste signale cinq espèces de Gerboises : la Gerboise Gerboa, la Gerboise a pieds velus, et la Gerboise a petites oreilles sont les plus connues après la Gerboise d'Égypte.

LA GERBOISE D'ÉGYPTE. — La Gerboise d'Égypte (*G. ægyptius* Hasselq.), connue des anciens sous le nom de *Souris bipède*, est un charmant petit animal dont les oreilles, qui ont le tiers de la longueur de la tête, sont couvertes, en dehors, de poils courts et fauves, et en dedans, de poils encore plus courts et plus fins. Elle est d'un jaune fauve clair à sa partie supérieure, blanchâtre à sa partie inférieure, noire et blanche à la queue. Sa longueur est de 0ᵐ,17, tandis que celle de la queue dépasse 0ᵐ,20.

Habitat. — Elle habite l'Algérie occidentale, la Tunisie, la Nubie, l'Égypte, la Palestine et le nord de l'Arabie.

Mœurs. — La conformation des Gerboises est en rapport avec leurs conditions d'existence. Dans les lieux sablonneux où elles habitent, elles sont souvent obligées de parcourir de grandes distances pour se procurer leur nourriture, ou d'échapper par une fuite rapide à la poursuite de leurs ennemis. Leur livrée, qui est celle du désert, leur vient en aide pour se dissimuler.

Après s'être bien nettoyée, au coucher du soleil, la Gerboise commence ses promenades, quoiqu'elle ne craigne pas la lumière, car elle se tient souvent auprès de son terrier au moment de la plus grande chaleur du jour. Quand rien ne la trouble, elle se tient dressée comme les Kangourous et paît aussi comme eux. Les feuilles d'alfa, les fruits, les graines alternent avec les charognes et les Insectes, d'après Heuglin.

Elle est très craintive : dès qu'un ennemi la menace ou qu'elle pressent un danger, elle fuit comme une flèche, par bonds successifs si rapides qu'on ne peut remarquer le temps d'arrêt. Alors le corps est un peu penché en avant, les jambes rapprochées, mais étendues en avant; la queue dirigée en arrière sert de balancier. On ne peut alors les ajuster. Bruce raconte que son lévrier mettait un quart d'heure à se rendre maître d'une Gerboise. Elles se logent parfois dans les murs d'argile des maisons abandonnées, mais plus souvent elles se creusent dans la terre, avec les ongles et les dents, des couloirs ramifiés peu profonds. Au dire des Arabes, toute la communauté s'entr'aide alors.

La Gerboise est si sensible au froid et à l'humidité que, dès que la température baisse, elle se renferme dans sa demeure en s'enlaçant avec ses compagnes et tombe dans un engourdissement analogue à celui des animaux du Nord pendant l'hiver. Les Arabes affirment qu'elle dépose ses deux à quatre petits dans un nid moelleusement rembourré de ses poils ventraux.

Captivité. — Il n'y a guère d'être plus charmant que la Gerboise en captivité. Elle emploie à sa toilette la plus grande partie de son temps, chaque partie de son corps y passe à son tour. Elle est si douce, si gentille, si gaie, si joyeuse et si inoffensive ; ses poses sont si variées et si particulières qu'on peut sans ennui rester des heures entières à l'observer et qu'elle est aimée de chacun.

LES ALACTAGAS

Les Alactagas (*Alactaga* F. Cuvier, 1836), ainsi nommés par les Mongols, diffèrent des vraies Gerboises par la forme du crâne, des dents et des pattes de derrière.

Caractères. — Ils se font remarquer par l'élégance de leurs formes. Leur tête petite et ronde porte deux grands yeux, des oreilles minces plus longues que la tête, et des moustaches très longues disposées sur huit rangs. Les pattes de derrière ont quatre fois la grandeur des pattes de devant. Sur un fort canon ne s'articulent que trois doigts inégaux et dont les ongles sont courts, obtus, presque en fer à cheval. Un ou deux doigts ne touchant pas le sol sont portés par de très petits métatarsiens. Les ongles de devant sont longs, recourbés et aigus. Les incisives n'ont pas de sillon et les prémolaires supérieures seules existent.

Habitat. — Ils habitent les mêmes contrées que les Gerboises.

L'ALACTAGA SAUTEUR. — L'Alactaga sauteur (*A. saliens* Gm. ou *decumana* Licht.), la *Flèche* de quelques auteurs, a été décrit par Pallas et Brandt.

Caractères. — La robe diffère peu de celle de ses congénères. Le dos jaune roux est marqué de reflets gris ; les flancs et les cuisses sont plus clairs que le dos; le ventre et les pattes sont de couleur blanche. Une tache blanche oblongue existe sur le haut de la cuisse. La queue est jaune roux avec un pinceau distique noir et blanc. C'est le plus grand représentant du genre, car il atteint la taille de l'Écureuil, 0^m,19 pour le corps et 0^m,27 pour la queue.

Habitat. — Il habite les régions désertiques du pourtour de la mer Caspienne et de là s'est répandu jusqu'en Crimée et au Danube d'une part, et d'autre part jusque dans l'Asie centrale : Altaï, Obi, et au sud de la Perse.

Mœurs. — Les Alactagas préfèrent les terrains argileux aux sables pour la solidité de leurs terriers. Ils y vivent en société. Les terriers sociaux consistent en des couloirs simples, plus ou moins sinueux, qui aboutissent à un conduit principal, souvent ramifié, puis à un vaste donjon, et à une chambre accessoire. Du donjon, part un second couloir qui se dirige dans une direction opposée à celle du premier et qui arrive très près de la surface du sol. C'est le couloir de fuite, que l'animal perce et par où il s'échappe quand il est en danger. L'Alactaga ferme si bien toutes les issues de son terrier, quand il y est entré, que rien ne trahit sa présence.

Le jour ils se tiennent cachés et ne sortent qu'à la nuit. Contrairement aux Gerboises, ils supportent facilement le froid, et se montrent par les nuits les plus fraîches.

Comme les autres Dipodidés, l'Alactaga marche à quatre pattes quand il paît, mais pour fuir il saute sur ses pattes de derrière en s'aidant de sa queue, si rapidement et en zigzag qu'un cheval a de la peine à le suivre. Il est très craintif.

L'Alactaga sauteur se nourrit de plantes de toutes espèces, de jeunes pousses, d'écorces, mais surtout de bulbes. Il ne dédaigne pas les Insectes, et de temps en temps il dévore une Alouette des steppes ou au moins ses œufs ou ses petits.

En hiver, il s'endort dans le donjon, entrelacé avec ses semblables sur la couche molle qui le tapisse. Il ne paraît pas amasser de provisions d'hiver.

La femelle met bas en été dans un lit chaud, rembourré avec ses poils, de cinq à huit petits qu'elle garde avec elle, dit-on.

Les habitants des steppes sont friands de sa chair. Les enfants mongols le capturent en remplissant son terrier d'eau.

Captivité. — Il supporte bien la captivité prolongée. Haym dit qu'il est si doux qu'on peut le prendre à la main, et qu'il ne mord jamais. Il aime les amandes, le blé, le pain, le sucre, les pommes, les carottes, les orties et l'eau.

L'ALACTAGA TÉTRADACTYLE (*A. tetradactyla* Licht.) vit dans le nord de l'Égypte et la Lybie ; sa taille est un peu plus faible que celle de la Gerboise flèche.

La plus petite espèce est l'ALACTAGA ACONTION (*A. acontio* Pall.) de la Russie méridionale et de la Transcaspie (corps, $0^m,10$; queue, $0^m,18$).

L'Arabie occidentale, la Mésopotamie et les déserts du Turkestan en nourrissent des espèces spéciales.

En 1890, on a découvert un nouvel animal de ce groupe, près de Yarkand, l'EUCHOREUTE NASIQUE (*Euchoreutes naso* Sclat.), très curieux à cause de la longueur de son nez et de ses oreilles.

Le PLATYCERCOMYS A QUEUE PLATE (*Platycercomys platyurus* Licht.), des déserts des Kirghis et des bords du lac Aral, est remarquable par sa longue queue aplatie et lancéolée qui lui a valu son nom. Il manque de prémolaires aux deux mâchoires et ses pieds ont cinq doigts, dont les deux externes petits.

LES PSEUDO-RATS OU OCTODONTIDÉS

Caractères. — Le port de ces Rongeurs, la couleur de leur pelage, leurs oreilles ordinairement courtes, mais larges, à poils ras, leurs doigts armés d'ongles forts, au nombre de quatre (excepté dans les Pédètes) aux pattes de devant et de cinq à celles de derrière, et leur queue longue, écailleuse, les rapprochent extérieurement des Rats, mais ils s'en distinguent par un pelage raide entremêlé de quelques piquants aplatis et annelés, par une queue poilue, sinon touffue, par quatre molaires (excepté dans les Cténodactyles), dont la couronne porte des replis d'émail. Leurs mamelles sont relevées latéralement sur les côtés du corps, et leurs clavicules sont bien développées.

Habitat. — Ils sont confinés dans les régions néotropicale et éthiopienne, à l'exception d'une espèce d'Échimys qui habite l'Amérique centrale (*E. centralis* Thomas).

Mœurs. — Leurs habitudes sont variables : ils sont terrestres, fouisseurs ou aquatiques. Leurs bandes causent de grands dégâts dans les plantations.

LES PÉDÈTES

Les Pédètes (*Pedetes* Illiger, 1817) ou Hélamys se reconnaissent facilement à leur taille et à d'autres particularités qui ont engagé les auteurs à en faire une sous-famille spéciale. Les vertèbres cervicales sont bien séparées, de même que les métatarsiens. Les quatre molaires n'ont pas de racine. Les pattes antérieures sont courtes et vigoureuses, et leurs cinq doigts sont ornés d'ongles forts, longs et recourbés ; les pattes postérieures n'ont que quatre doigts, dont les ongles, larges et courts, ont presque la forme de sabot. Le troisième doigt est de beaucoup le plus long.

Le Pédète cafre.

LE PÉDÈTE CAFRE. — Le Pédète cafre (*P. caffer* Pall.) est le seul représentant de ce genre ; c'est le *Lièvre sauteur* du Cap.

Caractères. — La tête, assez grande, porte de gros yeux bombés, des oreilles longues et pointues, et des moustaches courtes. La queue est très touffue sur toute sa longueur. Son pelage, doux et mou, est brun roux en dessus, avec un mélange variable de blanc; les parties inférieures sont blanches. Sa longueur atteint 0ᵐ,80, dont 0ᵐ,40 pour la queue. Il ressemble donc, par la couleur et la taille, à notre Lièvre.

Habitat. — Il se montre depuis le Cap jusqu'à Angola à l'est, et jusqu'à la Colonie allemande à l'ouest.

Mœurs. — Il forme des colonies, aussi bien dans les montagnes que dans les plaines ouvertes; il y mène à peu près la même vie que ses confrères de la même famille. Les demeures souterraines sont à l'usage de plusieurs couples et sont reliées à la surface par de nombreux couloirs, formant un réseau très compliqué, presque à fleur de terre, où les Abeilles viennent parfois s'établir.

C'est un animal nocturne, qui, au crépuscule, sort en rampant de son terrier et va chercher des racines, des herbes et des grains qu'il porte à sa bouche avec ses pattes de devant. Son inquiétude est continuelle : tout en écoutant, il se nettoie, et fait entendre une sorte de grognement d'appel pour ses compagnons. Mais l'animal est tout différent quand il court. Il progresse par bonds. Il s'élance en étendant ses longues pattes et sa queue, tandis que ses pattes antérieures sont ramassées sur la poitrine, et retombe toujours sur ses pattes de derrière. Ses bonds ordinaires sont de 2 à 3 mètres, mais ils peuvent atteindre 6 à 10 mètres quand il est poursuivi. Il ne quitte jamais sa retraite par la pluie. Dans la saison des pluies, toute la famille se rassemble dans le donjon, mais les individus, enroulés en boule et serrés les uns contre les autres, n'y dorment pas d'un véritable sommeil hibernal.

En été, la femelle met bas trois ou quatre petits.

Captivité. — Il supporte bien la captivité et est susceptible d'attachement à son maître. Mais pourtant, si on l'irrite, il cherche à mordre.

Usages. — Les Hottentots, qui apprécient beaucoup sa chair et sa peau, le chassent avec ardeur, et le capturent en versant de l'eau dans ses terriers.

LES CTÉNODACTYLES

Les Cténodactyles (*Ctenodactylus* Gray, 1828), dont l'espèce type, le *Gundi* (*C. gundi* Pall.), vit sur la bordure septentrionale du Sahara africain, sont caractérisés par l'absence de prémolaires et par la présence de quatre doigts aux quatre pattes; les deux internes postérieurs portent sur l'ongle une crête cornée pectinée, que l'animal utilise pour peigner sa fourrure, et une rangée de soies rigides et blanchâtres. Les oreilles sont petites et la queue réduite à un moignon.

Le Gundi, qui a la taille d'un petit Lapin, est un animal diurne qui habite les contrées rocheuses et dont les mœurs ressemblent beaucoup à celles des Gerboises.

Dans la Somalie et près d'Obock, le PECTINATOR DE SPEKE (*Pectinator Spekei* Blyth) remplace le précédent ; seulement il en diffère par une queue moyenne et touffue et parce qu'il possède une paire de prémolaires à chaque mâchoire.

LES OCTODONS

Les Octodons (*Octodon* Bennett, 1832), qui sont le genre type de la famille, ont des molaires avec ou sans racines dont la couronne porte un repli d'émail en forme de 8, d'où leur nom. Ils ont cinq doigts et une queue peu velue, mais terminée par une touffe de poils. Leurs oreilles sont de grandeur moyenne. Ils ont l'aspect extérieur et la taille du Rat. Leur pelage, remarquable par sa mollesse et sa douceur, est brun jaune tiqueté de noir en dessus, tandis qu'en dessous il est jaunâtre ; les pieds sont blancs. La pointe terminale de la queue est noirâtre.

Ils habitent le Chili, les Andes du Pérou et de la Bolivie.

LE DÉGU. — Le Dégu (*O. degus* Molina), ou Octodon de Cumming, a un pelage brun jaune tiqueté de noir en dessus, tandis qu'en dessous il est jaunâtre ; les pieds sont blancs et la queue, plus claire en dessous, a une pointe terminale noirâtre. Il la relève souvent en panache comme l'Écureuil. Son corps a $0^m,18$ et sa queue $0^m,10$; oreilles, $0^m,018$.

Habitat. — C'est le Rongeur le plus commun du Chili et des Andes du Pérou (var. *peruanus*).

Mœurs. — Les Dégus, dit Poeppig, habitent par centaines les haies et les buissons ; au voisinage même des villes, on les voit courir sans crainte sur les routes, pénétrer dans les champs et les jardins, où ils causent beaucoup de dégâts, surtout dans les céréales. Ils quittent volontiers le sol pour grimper sur les buissons ; ils attendent, avec une témérité provocatrice, l'arrivée de leur ennemi, puis disparaissent dans un de leurs trous pour ressortir ailleurs, car, à cause de leur extrême sociabilité, ceux-ci sont à intercirculation.

Ils ont plutôt les mœurs du Campagnol que celles du Rat. Malgré la douceur du climat, ils amassent des provisions, mais n'ont pas de sommeil hivernal.

Leur multiplication est considérable.

Captivité. — L'Octodon de Cumming supporte très bien la captivité. Il s'apprivoise rapidement et sa gentillesse est extrême. On n'emploie ni sa chair ni sa peau.

L'OCTODON GLIROÏDE (*O. gliroïde* d'Orb. et Gerv.), qui rappelle à la fois le Loir et le Chinchilla, vit dans les Andes boliviennes à 3700 mètres d'altitude, au milieu des cactus qui bordent les jardins.

Les montagnes du Chili nourrissent encore les HABROCOMES DE BENNETT et DE CUVIER (*Habrocoma Bennetti* Waterh. et *H. Cuvieri* Waterh.), dont le pelage mou et soyeux (d'où leur nom de genre) rappelle celui des Chinchillas, et l'extérieur les Campagnols aquatiques, et les ACONAEMYS BRUNS (*Aconaemys* ou *Schizodon fuscus* Waterh.), qui ont la taille du Surmulot et qui vivent à des altitudes où le sol est couvert de neige pendant plusieurs mois de l'année. Les deux premières espèces sont presque doubles en dimensions du Campagnol amphibie.

LES TUCOTUCOS

Les Tucotucos (*Ctenomys* Blainville, 1826), ou Cténomes, appelés *Rats à peigne* à cause des poils résistants qui enveloppent la base des ongles, sont adaptés à la vie souterraine. Leur corps est ramassé, cylindrique ; la tête, courte, porte des pavillons rudimentaires et de petits yeux ; les jambes, médiocres, sont munies de cinq doigts, dont les ongles sont propres à fouir. La queue courte est couverte d'écailles disposées en anneaux et de poils très fins. La couleur générale est gris brunâtre, plus clair sous le ventre. Ils ont l'apparence des Campagnols ordinaires.

Habitat. — Ils sont répandus du Brésil méridional à la Terre de Feu (*C. fueginus* Phil.). Les plus connus sont : le TUCOTUCO MAGELLANIQUE (*C. magellanicus* Bennett), qui a o^m,20 de long, et une queue de o^m,08, et le TUCOTUCO DU BRÉSIL (*C. brasiliensis* Blainv.) et de l'Argentine.

Mœurs. — Ce sont de véritables Taupes, qui se creusent de longs couloirs souterrains rayonnants. Ils minent donc le sol et sont, dans les vastes plaines de leur habitat, un danger pour les cavaliers. Ils travaillent la nuit et se reposent le jour, mais ils font entendre nuit et jour leur voix. Elle se compose de sons particuliers, saccadés, grondeurs, qui paraissent sortir de terre et reproduire à peu près les syllabes *tucotuco*, ce qui leur a valu leur nom patagon.

Leur démarche est lourde et maladroite et ils sont incapables de franchir, en sautant, le moindre obstacle ; aussi se laissent-ils prendre facilement hors de leurs terriers. Ils vivent souvent en sociétés. Le Tucotuco se nourrit de racines et amasse des provisions, sans tomber dans le sommeil hibernal.

En captivité, il ne montre aucune intelligence. Les Patagons apprécient beaucoup sa chair.

Le Chili nourrit encore une espèce très voisine des précédentes, le CURURO (*Spalacopus Pœppigii* Wagler), qui a à peu près la taille du Campagnol amphibie et qui vit dans les régions montagneuses où il creuse des galeries fort désagréables. Il présente une parenté curieuse et très rapprochée avec un Rongeur des montagnes de l'Afrique australe, le PÉTROMYS TYPIQUE (*Petromys typicus* A. Smith), qui diffère pourtant de son cousin américain par la rudesse de son pelage, par la petitesse de son pouce et par sa queue peu touffue.

LES MYOPOTAMES OU MYOCASTORS

Les Myopotames (*Myopotamus* Ét. Geoffroy, 1805, ou *Myocastor* Kew, 1792) ne comprennent qu'une espèce, le Myopotame Coypou (*M. coypus* Molina), rangée jadis à côté du Castor à cause de son port et de ses mœurs, mais sa queue arrondie et longue et sa structure interne l'en séparent.

LE COYPOU. — **Caractères.** — Le corps bas supporte une tête grosse, aplatie, un museau obtus, des oreilles petites et rondes. Les membres sont courts et vigoureux ; les postérieurs, un peu plus longs que les antérieurs ; les cinq doigts sont armés d'ongles longs, acérés, excepté le doigt interne qui a un ongle plat, et ceux de derrière sont palmés. La queue, longue, est épaisse à sa base et diminue graduellement de grosseur ; elle est écailleuse et couverte de poils raides, serrés et couchés. Le duvet est court, mou et floconneux ; les jarres nombreux recouvrent complètement le duvet et déterminent la coloration de l'animal. Les incisives sont grandes et larges ; ils ont seize molaires. Ordinairement le dos est brun châtain, le ventre brun noirâtre et les flancs tirent sur le roux vif.

Le Coypou, ou Castor des marais, atteint la taille de la Loutre. Son corps dépasse un demi-mètre de long et sa queue les deux tiers du corps.

Habitat. — Le Coypou habite une grande partie de la zone tempérée de l'Amérique méridionale, depuis le Brésil méridional, à travers le Paraguay, l'Argentine, le Chili, jusqu'à la Patagonie, au 48e degré de latitude australe. Il manque donc au Pérou et à la Terre de feu.

Mœurs. — D'après Rengger, il vit par paires sur les bords des lacs et des fleuves, et de préférence près des eaux tranquilles où les plantes aquatiques forment à la surface de l'eau une couche capable de le porter.

Chaque paire se creuse au bord de l'eau un terrier de 1 mètre à 1^m,20 de profondeur et de 0^m,50 à 0^m,65 de diamètre, dans lequel ces animaux passent la nuit et une partie du jour. Le Coypou nage à merveille, mais c'est un mauvais plongeur. Sur terre, il a des mouvements lents ; ses pattes sont si courtes que son ventre touche presque le sol : aussi ne va-t-il à terre que pour passer d'un cours d'eau dans un autre. Il est craintif et méfiant, et en cas de danger il saute à l'eau, plonge, puis se réfugie dans son terrier si on le poursuit. Son intelligence est peu développée Quand il vit en sociétés nombreuses, les individus s'appellent par des sons plaintifs.

La femelle met bas dans le terrier, de huit à neuf petits déjà poilus et ayant les yeux ouverts. Ils croissent très rapidement et accompagnent bientôt la mère, soit sur son dos, soit en nageant.

Ses habitudes changent avec les endroits. Dans l'archipel des Chonos, au Chili, le Coypou ne vit que dans la mer, détroits et baies, et se nourrit de Mollusques ; il construit son terrier assez loin du rivage, dans les forêts. Dans l'Argentine, où par suite de l'interdiction de le chasser il était redevenu très fréquent, il avait abandonné en partie ses habitudes aquatiques pour se transformer en un animal terrestre, se déplaçant pour chercher sa nourriture.

Chasse. — On le chasse avec des chiens bien dressés et vigoureux ou bien on le capture avec des trappes. Il est difficile de l'approcher, et sa fourrure épaisse arrête le plomb.

Captivité. — En captivité, il est vif, agile et très intéressant à observer. Il nage aussi bien que le Castor, en s'aidant seulement de ses pattes de derrière ; les pattes de devant sont pour lui des mains dont il se sert habilement. Wood, qui a souvent assisté aux jeux des Coypous, dit qu'il s'est beaucoup amusé de les voir nager à travers leur domaine, en examinant attentivement ce qu'ils trouvent de nouveau. Jette-t-on de l'herbe dans leur bassin, ils la prennent avec leurs pattes de devant, la secouent pour débarrasser les racines de la terre qui y adhère, et la lavent dans l'eau.

La ménagerie du Muséum en possède actuellement.

Usages. — Sa peau est vendue sous le nom espagnol de *Nutria* ou *Loutre* d'Amérique. Chaque année, il en entre dans le commerce de 3oo ooo à 5oo ooo qui sont utilisées après éjarrage, comme les peaux de Castor. Sa chair est succulente et permise en carême.

LES CAPROMYS OU HOUTIAS

Caractères. — Les Capromys (*Capromys* Desmarest, 1822) ont une taille assez forte et des allures de Rat. Ils ont le corps court et épais, l'arrière-train vigoureux, la tête assez longue et large, le museau allongé, obtus, les oreilles larges, moyennes, presque nues, les yeux grands, la lèvre supérieure fendue, le cou épais, les pattes fortes, cinq doigts à celles de derrière, quatre à celles de devant, armées d'ongles longs, recourbés, acérés, un pouce rudimentaire à ongle plat, une queue moyenne, poilue et écailleuse. Le pelage est épais, rude, grossier, brillant, comme celui du Coypou. Les lobes du foie présentent une division en nombreux lobes secondaires.

Habitat. — Ils habitent le Honduras, le Vénézuéla (*C. Geayi* Depous.), les îles de Cuba, de la Jamaïque (*C. brachyurus* Tomes) et de Bahama (*C. Ingrahami* Allen).

LE CAPROMYS PILORI. — Le Capromys pilori ou de Fournier (*C. pilorides,* Pall. ou *Fournieri* Desm.), ou *Houtia conga*, est un animal de couleur brun noirâtre en dessus et sur les côtés, gris blanchâtre en dessous. La longueur de son corps dépasse o^m,5o et sa queue, qui est écailleuse comme celle des Rats, atteint o^m,17.

Habitat. — Son aire d'habitat est limitée à Cuba. En 1525, on l'a signalé à Saint-Domingue sous le nom de *Chemi.*

Mœurs. — Cet animal nocturne habite les forêts épaisses et vit sur les arbres ou dans les buissons touffus. Là ses mouvements sont agiles, mais, à terre, sa démarche est lourde. Il est doux, craintif, et sociable. Lorsqu'il se voit seul, il se montre inquiet, appelle ses compagnons par des sifflements aigus et témoigne sa joie par un sourd grognement lorsqu'il les retrouve. Il vit en bonne harmonie avec eux, ne se disputant jamais. Sa nourriture consiste en fruits, en feuilles, en écorce. Les captifs ont un goût tout particulier pour la menthe, la mélisse, que les autres Rongeurs dédaignent d'ordinaire.

LE CAPROMYS PRÉHENSILE. — Le Capromys préhensile (*C. prehensilis* Pœpp.) ou *Houtia Carabali* est un peu plus petit que le précédent, avec une queue plus longue, préhensile, car elle est nue en dessus à son extrémité. Son pelage cannelle est mêlé de gris.

Il est spécial aux forêts épaisses de Cuba, où il se tient à la cime des arbres.

Comme le Conga, il se défend avec rage, mais il est encore plus craintif que lui. Il se laisse bien apprivoiser. Les Cubains regardent sa chair comme une friandise.

On trouve à Cuba une troisième espèce, le Houtia à queue noire (*C. mela-nurus* Poey). Pas de lobes secondaires au foie.

Le PLAGIODONTE DES HABITATIONS (*Plagiodontia ædium* F. Cuv.), qui a la taille, la forme et la couleur du Capromys de Fournier, en diffère par les replis d'émail compliqués que présente la couronne de ses molaires. Il est spécial à Haïti, où on le connaît sous le nom de *Rat Cayes* ou *Rat des habitations*. Sa chair est très estimée.

La famille des Octodontidés est encore représentée dans l'Amérique du Sud par différents genres (6) comprenant de nombreuses espèces.

Les plus connues sont les Lonchères (18 espèces), les Échinomys (13 es-pèces) et les Mésomys (5 espèces), habitant plus spécialement le Brésil et les Guyanes. Ils portent tous des jarres aplatis, lancéolés, mélangés aux poils, d'où leur nom de *Rats épineux*. Ils sont d'assez petite taille, et ont l'aspect de Rats avec leur longue queue nue cylindrique et leur coloration.

L'Échinomys de Cayenne, le Mésomys épineux et le Lonchère à crête, ou Lérot à queue dorée des *Suppléments* de Buffon, sont bien connus dans notre colonie. Les deux espèces de DACTYLOMYS (*D. dactylinus* Desm. et *amblyonyx* Wagner) rappellent les Chiromys par l'allongement de certains de leurs doigts. Ils sont très rares.

LES AULACODES

Les Aulacodes (*Aulacodus* Temminck, 1827) paraissent faire la transition des Coypous aux Porcs-Épics. Le corps est ramassé et vigoureux, la tête petite, le museau court et large, les oreilles en demi-cercle et nues, la queue peu velue, les jambes courtes; les antérieures portent un pouce rudimentaire à ongle plat et un cinquième doigt très petit; les postérieures n'ont pas de pouce et ont un cinquième doigt rudimentaire. Les ongles sont forts, recourbés en faucille. Les incisives supérieures sont marquées de trois profonds sillons en avant. Les molaires ont une couronne présentant un repli d'émail interne et deux externes obliques. Le pelage est rude; les poils, de médiocre longueur, sont couchés; la queue est garnie de poils épineux peu nombreux.

Ils habitent les régions comprises de la Gambie au Kilimandjaro et au Cap.

L'AULACODE SWINDÉRIEN. — *Caractères*. — L'Aulacode swindérien (*A. swinderianus* Temm.) a le port du Coypou, qu'il remplace dans l'ancien monde. La couleur est brune, plus vive sur le dos que sur les flancs; le menton et la lèvre supérieure sont blancs; le ventre est blanchâtre chez les vieux indi-vidus; les poils sont gris noir à la racine, noirs au bout et marqués d'anneaux brun jaune. Son corps atteint $0^m,50$ à $0^m,55$, et sa queue $0^m,14$ à $0^m,22$.

Habitat. — Il a la même aire de répartition que le genre.

Dans la Zambézie septentrionale, Thomas a signalé l'Aulacode de Grégoire

(*A. gregorianus* Thomas), et sur les bords du lac Nyassa vit l'Aulacode cala-
mophage (*A. calamophagus* Depous.). Dans la Guinée, les naturels le désignent
sous le nom de *Yumbo* et dans le sud de l'Afrique, sous celui d'*Ivondue*. Les
Anglais l'appellent *Ground-pig*.

Mœurs. — Dans la colonie de Sierra-Leone, il vit principalement de gousses
d'arachides et de patates.
Emin et Schweinfurth affirment qu'il se creuse des terriers rembourrés avec de
l'herbe sur laquelle il passe
sa journée. Il ne sort que le
soir pour chercher sa nourriture, qui consiste en bourgeons et racines. Son terrier
est relié aux roseaux par un
sentier bien frayé. Ses
fortes incisives lui per-
mettent de se mouvoir
dans les fourrés de Pan-
danus les plus épais, là
où aucun animal ne peut
s'orienter.

Dans le sud-est de
l'Afrique, il paraît avoir
un autre genre de vie,
car Peters assure que, près du Zambèze, il ne creuse aucun terrier propre, mais
que son gîte est fait de paille et caché dans l'herbe ou placé sur le sable. S'il en
est chassé, il fuit dans les fentes des roches, dans les pierres ou dans le terrier
abandonné d'un Oryctérope ou d'un Porc-Épic.

Il est très difficile à détruire, car il aime à se tenir là où il trouve une retraite
sûre, dans les champs en jachère, couverts d'une herbe très épaisse, et de là,
pendant la nuit, il rend visite aux plantations de canne à sucre et de bambous,
où il fait beaucoup de dégâts, car il attaque tous les chaumes.

Usages. — Les Européens et les indigènes le prennent dans des filets. Sa
chair, qui est aussi tendre que celle de Poulet et dont le goût tient le milieu
entre celui de la viande du Veau et celui de la viande du Porc, fournit des
rôtis d'excellent goût, que l'on estime autant que ceux de Lièvre.

L'Aulacode swindérien.

LES PORCS-ÉPICS OU HYSTRICIDÉS

Les Hystricidés sont des animaux grands et lourds, dont la parenté se reconnaît de suite à l'existence de piquants, mais qui présentent de grandes différences. Le corps est ramassé, la tête épaisse, le museau court, la queue courte ou
allongée et prenante ; les pattes presque égales, à quatre ou cinq doigts et à

ongles forts. Les piquants sont mélangés à un rare duvet ou à de longs poils. Les incisives sont lisses ou sillonnées en avant, les molaires présentent des plis d'émail externes et internes.

Habitat. — Tous se tiennent dans les régions chaudes des deux mondes.

Mœurs. — Ce sont des animaux nocturnes, paresseux, lents dans tous leurs mouvements, dont les sens sont obtus et l'intelligence peu développée. Les espèces de l'ancien continent vivent sur le sol, habitent les steppes et se creusent des terriers; celles du nouveau monde sont arboricoles, se logent dans les forêts au milieu des branches ou dans le creux d'un tronc d'arbre, et peuvent rester des heures, des journées entières, immobiles, dans la même position.

Ils vivent solitaires; placides, moroses et craintifs au plus haut point : tout animal leur inspire de la frayeur. Ils cherchent alors à se rendre effrayants en grondant et en hérissant leurs piquants. Tous se nourrissent de substances végétales, de fruits aussi bien que de racines. Ils portent leur nourriture à la bouche avec leurs pattes de devant, ou bien la maintiennent à terre pendant qu'ils mangent. Presque tous paraissent pouvoir se passer d'eau pendant longtemps ; la rosée des feuilles qu'ils mangent semble leur suffire.

Usages. — On mange parfois leur chair, et leurs piquants servent à divers usages.

Classification. — On les classe en deux groupes : 1° les *Porcs-Épics arboricoles* ou *grimpeurs*; 2° les *Porcs-Épics terrestres.*

Les *Porcs-Épics grimpeurs* sont les plus élancés de la famille. Leurs piquants sont mélangés à de longs poils et la queue est ordinairement préhensile. En outre, la lèvre supérieure n'est pas fendue, la sole est tuberculée, le pouce absent, les molaires radiculées et les clavicules complètes. Ce groupe, qui comprend trois genres, les *Ursons*, les *Coendous* et les *Chétomys*, est limité à l'Amérique, et y remplace les Hystricidés terrestres de l'ancien monde.

Les *Porcs-Épics terrestres* comprennent les Hystricidés nocturnes qui vivent sur le sol, dont la queue n'est pas prenante, dont les piquants sont longs et forts, dont les ongles fouisseurs sont robustes, le pouce présent, quoique petit, et dont les soles sont nues. Tous habitent les pays chauds de l'ancien monde. On y distingue les *Porcs-Épics vrais* et les *Athérures.*

LES URSONS

Les Ursons (*Erethizon* F. Cuvier, 1822) se distinguent par des formes massives. Ils ont une tête épaisse, obtuse; un museau tronqué, des oreilles cachées sous le poil, des narines petites, pourvues d'une valvule semi-lunaire et pouvant plus ou moins se fermer; quatre doigts aux pieds de devant, cinq à ceux de derrière, tous armés de griffes longues et fortes; la plante des pieds nue avec des plis cutanés en réseau. Leur queue est courte et non prenante.

Habitat. — Ils se trouvent dans l'Amérique septentrionale.

L'URSON COQUAU. — L'Urson coquau ou dorsal (*E. dorsatus* L.) a tout le corps recouvert de poils qui sur le dos sont épais et longs (0ᵐ,10) et qui au ventre et à la queue se transforment en jarres raides et piquants, faiblement implantés dans sa peau qui est mince. Ces poils recouvrent, sur le dos, des piquants longs de 0ᵐ,08. La couleur du pelage est un mélange de brun, de noir et de blanc; les poils du dos sont noirs ou blancs, ceux des joues et du front d'un brun couleur de cuir, noirs ou blancs; ceux du ventre, blancs à la racine, sont bruns à la base, et ceux de la queue sont d'un blanc sale à la pointe. Cet animal atteint une longueur totale de 0ᵐ,80, dont 0ᵐ,19 pour la queue. Il pèse de 7 à 10 kilogrammes.

Habitat. — Il est largement répandu dans l'Amérique septentrionale. Au nord, il atteint la limite des arbres et l'Alaska; au sud, la Virginie, le Nouveau-Mexique et l'Arizona.

Mœurs. — De tous les Mammifères de l'Amérique du Nord, dit Audubon, l'Urson est celui qui fait preuve des particularités les plus curieuses. Il est plus lent dans ses mouvements que tous les animaux de son groupe, et s'il n'avait ses piquants pour se défendre, il deviendrait rapidement la victime du Glouton, du Lynx, du Loup et du Puma.

L'Urson en liberté, d'après Catwright, est un grimpeur excellent; en hiver, il ne descend à terre qu'après avoir dépouillé la cime d'un arbre de son écorce. C'est ce fait qui décèle sa présence au chasseur. Les jeunes arbres sont ceux qu'il préfère; en hiver, un seul Urson en fait périr des centaines. Ses incisives tranchantes lui permettent d'écorcer une branche aussi nettement qu'on pourrait le faire avec un couteau. On dit qu'il commence par la cime, puis qu'il passe aux branches et enfin au tronc. Les ormes, les peupliers ont le plus à souffrir de ses attaques, ainsi que les tsugas (*Tsuga mertensiana*), dont on voit souvent les rameaux complètement dépouillés de leurs feuilles. Il aime aussi les faînes, les capsules de nénuphar, et il montre une prédilection marquée pour le sel qu'il peut trouver sur le sol. Il fait sa retraite dans les troncs d'arbres et se tient constamment dans le même domaine.

Il n'a pas de sommeil hivernal, même dans les régions septentrionales de son habitat. Cependant, par les grands froids, il est moins gai et il ne sort pas de sa retraite.

C'est dans un tronc d'arbre ou dans une crevasse de rocher qu'en avril ou en mai l'on trouve le nid de l'Ursonne. Elle a deux, rarement trois ou quatre petits qui, dit-on, sont trente fois plus gros que ceux de l'Ours américain.

Les chasseurs les détestent, à cause des blessures qu'ils font à leurs Chiens.

Captivité. — Pris jeunes, les Ursons s'habituent à la captivité. On les nourrit de végétaux de toute sorte et de pain. Les laisse-t-on courir dans un jardin, ils montent sur les arbres et en rongent les feuilles et l'écorce.

Audubon, qui eut plus de six mois des Ursons en captivité, raconte qu'il vit un jour un Dogue, dans un coin du jardin, se précipiter sur son Urson qui s'était enfui de sa cage. Celui-ci prit une position de combat, mais cela n'arrêta pas le Chien, qui pensait sans doute n'avoir pas affaire à plus terrible ennemi qu'un Chat et s'élança la gueule ouverte. A l'instant l'Urson, se ramassant en boule, sembla doubler de taille, il baissa la tête et, regardant fixement son adversaire, il lui asséna un vigoureux coup de queue si bien visé que le Dogue perdit courage et poussa des hurlements de douleur. Il avait le museau, les narines, la langue couverts de piquants; il ne pou-vait fermer la gueule et s'enfuit aussitôt de l'enclos. Cette le-çon lui servit; rien ne put plus l'attirer à l'en-droit où il avait été si cruelle-ment châtié. Les Chiens, les Loups, les Pu-mas même suc-combent à ces blessures.

Usages. — Les Indiens mangent avec plaisir sa chair et utilisent sa fourrure après en avoir fait tomber les pi-quants.

L'Urson coquau ou Porc-Épic
nord-américain.

L'Éréthizon épixan-the (*E. epixanthus* Brandt) ressemble au précédent; mais la pointe des longs poils est jaune ver-dâtre et non pas blanc jaunâtre. Il est répandu du Missouri aux montagnes de l'Arizona, et du Nouveau-Mexique (var. *Couesi*) au Pacifique et à l'Alaska et jusque dans l'île Sikka.

LES COENDOUS

Les Coendous (*Coendus* Lacépède, 1800), ou Synéthères, ont une structure moins lourde que les Porcs-Épics terrestres. Leur museau est court, tronqué, et porte de larges narines. Les oreilles et les yeux sont petits. Ils sont couverts de piquants courts, serrés, colorés et souvent mélangés à des poils ou même cachés par eux. Leur queue longue est prenante et porte, du côté supérieur, une surface nue. Leurs quatre pattes n'ont à la vérité que quatre doigts, le pouce étant rudimentaire, mais elles sont armées de longues griffes. Les plantes postérieures portent, sur le côté interne de la patte, un tubercule charnu avec lequel l'animal peut saisir.

Habitat. — Toutes les treize espèces sont spéciales aux parties chaudes de l'Amérique du Sud, sauf l'une d'elles, qui remonte jusqu'au Mexique, à la latitude de la Sierra del Nayarit.

LE COENDOU VILLEUX. — Le Coendou villeux (*C. villosus* F. Cuv.) est l'Orico de Cuvier, le Couiy d'Azara. Il a été encore appelé *insidieux*, parce que, à certaines saisons, les poils cachant complètement les piquants, on peut se blesser assez gravement en les touchant. Les piquants sont en grande partie jaunâtres à la base et à la pointe, bruns au milieu ; les poils sont de la même couleur et existent seuls à la face inférieure du corps, où ils sont plus foncés. La longueur du corps dépasse 0^m,60 et la queue 0^m,25.

Habitat. — On le trouve répandu dans les provinces du sud du Brésil, jusqu'au Paraguay, sans qu'il soit commun nulle part.

Mœurs. — Elles ont été décrites par d'Azara, Rengger, de Wied et Burmeister. Il se tient dans les grandes forêts et les lieux couverts de broussailles. Il vit à peu près seul toute l'année sur un arbre, dans le canton qu'il s'est choisi. Le jour, enroulé sur lui-même, il se repose dans une enfourchure et rôde la nuit. Il est curieux à voir quand il s'assied sur le train postérieur, rapproche les pattes de devant de celles de derrière, et même les appuie sur leur face supérieure. Il porte la tête droite, relevée, et la queue étendue, mais un peu enroulée au bout, ou la fixe autour d'une branche. Il est lent et prudent quand il grimpe, il appuie fortement la plante charnue de ses pieds et saisit la branche avec la paume de ses mains. Le jour, il ne se déplace que si on le dérange. Mais, si on le met dans un lieu découvert, il court en titubant jusqu'à l'arbre le plus voisin, et s'y installe dans une place bien ombragée, pour se cacher et commencer à manger. Pour passer d'une branche à l'autre, il se cramponne avec sa queue et ses pattes de derrière et, étendant son corps horizontalement, il cherche à atteindre avec ses pattes de devant la branche qu'il désire. Il lâche ensuite ses pattes de derrière, puis sa queue, et, entraîné par son propre poids, son corps arrive au-dessous de la branche qu'il prend avec sa queue et avec ses pattes postérieures pour se remettre à grimper.

Le Couiy se nourrit de fruits, de bourgeons, de feuilles, de fleurs, de racines, de l'écorce des jeunes pousses ; il porte sa nourriture à sa bouche avec ses pattes de devant. En Amérique, on le nourrit de bananes.

Rengger dit que pendant l'hiver mâles et femelles se réunissent et vivent quelque temps ensemble, et que, vers octobre, la femelle met bas un ou deux petits déjà couverts de piquants.

Chasse. — Sa chasse ne réclame aucun courage ; à terre, on l'assomme à coups de bâton ; on le tire, quand il est sur les arbres. Les chiens le haïssent, comme le Hérisson, mais, instruits par l'expérience, ils osent rarement l'attaquer deux fois. Les piquants, fichés dans la gueule, leur causent des inflammations douloureuses.

Captivité. — On l'élève rarement en captivité, car il est peu attrayant.

LE COENDOU A QUEUE PRENANTE. — Le Coendou à queue prenante (*C. prehensilis* L.) est couvert de piquants durs et acérés, faiblement implantés dans la peau, sur la face, le tronc, le dos et le ventre, sur les pattes jusqu'aux mains et aux pieds, et sur la moitié supérieure de la queue. Les poils ne deviennent visibles que lorsqu'on les écarte. Ces piquants ont environ 0^m,12, mais ils sont plus courts sur les flancs; sous le ventre, ils se transforment peu à peu en véritables soies pour redevenir piquants à la partie inférieure de la queue. Leur couleur est jaune clair, leur pointe est d'un brun foncé. Les poils du museau sont roux, ceux du reste du corps sont d'un brun roux entremêlé de jarres blanchâtres. Les moustaches sont longues, très fortes, disposées en bandes longitudinales et noires. Sa taille est assez forte : elle mesure 0^m,50 et la queue autant.

Habitat. — Son aire de dispersion comprend l'île Trinidad et les régions septentrionales de l'Amérique du Sud : Guyanes, Vénézuéla, Colombie, et une partie du bassin de l'Amazone. Dans le Brésil central et méridional et la Bolivie, il est représenté par le Coendou de Brandt (*C. Brandtii* Jentink).

Mœurs. — Comme ses congénères, le Coendou préhensile dort pendant le jour dans la cime d'un arbre; la nuit, il court lentement, mais avec adresse, au milieu des branches. Il se nourrit de feuilles de toute espèce.

Le Coendou à queue prenante.

Captivité. — Il est assez rare en captivité. Il dort alors assez rarement dans les branches de l'arbre qui est dans sa cage, il se blottit et se cache même dans le foin qu'on lui a donné. Sa voix ressemble à celle du Coendou mexicain, elle est seulement un peu plus forte. Il n'aime pas qu'on le touche, ne se soumet pas comme ses congénères, et cherche à effrayer les personnes qui s'approchent en marchant contre elles. Lorsqu'on l'a saisi par la queue, il n'essaye plus de se défendre; on peut le prendre dans les bras et le porter sans qu'il cherche jamais à mordre. Quand il est en colère, il hérisse ses piquants de tous côtés et paraît plus gros qu'il ne l'est en réalité ; en même temps sa couleur change, car le rouge vif du milieu des piquants apparaît.

Usages. — Les indigènes estiment la chair de cet animal et emploient ses piquants à divers usages.

Différentes formes vivent dans le Brésil, la Guyane et la Bolivie.

Le Coendou du Mexique (*C. novae Hispaniae* Brisson) est à longs poils crépus, luisants, épais et mous, qui recouvrent complètement les piquants que l'animal hérisse quand il est en colère. Ceux-ci, peu fortement implantés dans la peau, tombent au moindre attouchement. Sa taille atteint 1 mètre, dont 0^m,30 pour la queue. On le trouve depuis l'État de Zacatecas, au Mexique, jusqu'à l'isthme de Panama.

Les CHÉTOMYS (*Chaetomys* Gray, 1843) sont des animaux fort curieux du Brésil (nord et centre), ne comprenant que le CHÉTOMYS SUBÉPINEUX (*C. subspinosus* Licht.), qui diffère des Coendous par son crâne très large et aplati en dessous, avec un cercle orbitaire presque complet, par une queue non préhensile, moins longue d'un tiers que le reste du corps, et qui n'a de vrais piquants qu'à sa base ; l'extrémité est recouverte de soies courtes et cassantes. La tête, le cou, les épaules, la partie antérieure du dos portent des piquants courts, épais, d'un jaune pâle ou d'un gris clair. Sa vie est beaucoup moins arboricole que celle des autres membres de la famille.

LES PORCS-ÉPICS VRAIS

Les Porcs-Épics vrais diffèrent de leurs cousins transatlantiques, par leur corps trapu, volumineux, leur tête grosse et renflée dans la région fronto-nasale, leur queue rudimentaire et leurs longs piquants. Ceux de la tête et du cou sont grêles, flexibles et disposés en crête ; ceux du dos très forts, ceux de la queue moins longs et en forme de tubes, rattachés à la peau par un pédicule mince. Ils ont les mâchelières à couronne plate diversement modifiée par des lames d'émail.

Ils ont les mœurs du Porc-Épic commun.

LE PORC-ÉPIC A CRÊTE. — Le Porc-Épic à crête (*H. cristata* L.) ou commun se distingue par une crinière et des piquants longs et forts qui lui donnent une physionomie curieuse. Son museau court et obtus n'est couvert que de quelques poils ; son épaisse lèvre supérieure porte une moustache noire et brillante disposée sur plusieurs rangées ; au-dessus et en arrière, se trouvent des verrues surmontées de longs poils raides et noirs. La nuque est cachée par une crinière de jarres forts, très longs (0^m,33), recourbés, inclinés en arrière, et que l'animal peut ériger ou abaisser à volonté. Ces jarres sont plus ou moins gris, à pointe blanche. Souvent, les petits piquants du cou forment une sorte de collier blanc. Le reste du dos est couvert de piquants serrés, lisses, acérés et entremêlés de jarres. Les piquants du bas du dos sont les plus longs (0^m,25). Sur les flancs, les cuisses et la croupe, ils sont plus courts et émoussés. Ils sont annelés de brun noir et de blanc, la pointe et la racine sont blanches. Le bout de la queue est couvert de piquants de formes diverses, ayant 0^m,05 de long et 0^m,0055 d'épaisseur. Ils forment des tubes à paroi mince, ouverte à l'extrémité libre. Tous ces piquants sont mis en mouvement par un gros muscle peaucier qui peut les dresser ou les coucher; mais, comme ils ne sont pas solidement implantés, ils tombent facilement: de là, la fable que le Porc-Épic lance ses piquants contre ses ennemis. Le ventre est couvert de poils d'un brun foncé, à pointe rousse; il porte en outre une bande blanche. Ses piquants le font paraître plus grand qu'il n'est réellement. Il est de la taille du Blaireau (corps, 0^m,50 à 0^m,55; queue, 0^m,16). Son poids est de 10 à 15 kilogrammes.

Habitat. — On trouve cet animal dans le sud de l'Europe, dans l'Afrique septentrionale et dans l'Asie Mineure; par conséquent, en Espagne (pas en France), dans le sud de l'Italie, en Sicile, en Grèce, en Crimée, dans l'île de Rhodes, en Asie Mineure, en Égypte, en Tunisie et en Algérie.

Mœurs. — Le Porc-Épic mène une vie triste et solitaire. Le jour, il repose dans un terrier bas et profond qu'il s'est creusé lui-même; il en sort la nuit et rôde aux alentours, pour y chercher de la nourriture. Il aime les plantes de toute espèce, notamment des chardons, des racines, des fruits, des fleurs, l'écorce des arbres. Il coupe la plante avec ses dents et la tient avec ses pattes de devant pendant qu'il la mange. Son odorat est assez parfait.

Il n'est ni vif ni adroit dans ses mouvements. Sa marche est lente, sa course peu rapide, mais il creuse très vite, pourtant pas assez rapidement pour échapper à ses ennemis. En automne et en hiver, il reste plus longtemps dans son terrier et y passe des jours entiers à dormir, sans toutefois tomber dans le sommeil hibernal.

Quand on surprend un Porc-Épic hors de son terrier, il dresse la tête en menaçant, hérisse ses piquants, et produit un cliquetis particulier en frottant et en heurtant les uns contre les autres les piquants creux de sa queue. A ce moment, tombent parfois quelques piquants. Il trépigne avec ses pattes de derrière, et quand on le prend, il fait entendre un grognement sourd, analogue à celui du Porc. Malgré ces apparences, le Porc-Épic est un être inoffensif, timide, et ne songeant nullement à faire usage de ses fortes dents. Ses piquants ne lui servent qu'à sa défense. En le saisissant par sa crinière, on peut l'enlever facilement et sans crainte. Un seul coup de bâton écarte ses piquants, et une toile suffit pour le désarmer. Lorsqu'un danger le menace, il se roule en boule comme un Hérisson, il est alors difficile de s'en emparer. Les Léopards savent parfaitement, sans se blesser, le tuer d'un seul coup de patte sur la tête.

Au printemps, le mâle et la femelle vivent ensemble pendant quelque temps, puis la femelle met au monde, dans un nid rembourré de feuilles, d'herbes et de racines, de deux à quatre petits, dont les yeux sont ouverts, et le corps couvert de piquants blancs, flexibles, qui durcissent rapidement.

Les dégâts qu'il commet n'ont que peu d'importance, car il s'établit toujours le plus loin possible de l'homme.

Chasse. — On le prend dans des trappes placées à l'entrée de son terrier, ou bien, grâce à un Chien bien dressé qui le tient en arrêt. La nuit, on s'en empare à la main ou on le tue d'un coup sur le museau. Dans la campagne romaine, la chasse du Porc-Épic est considérée comme un passe-temps agréable et se fait le soir avec des Chiens et des torches.

Captivité. — Avec quelques soins, il est facile de conserver un Porc-Épic dix ans et plus en captivité. On le nourrit de carottes, de pommes de terre, de choux, de salade, de fruits qu'il adore. Dans ce cas, il peut se passer d'eau; il boit, mais très peu, quand on ne lui donne qu'une nourriture sèche.

Beaucoup d'Italiens, comme les Savoyards avec leur Marmotte, vont montrer des Porcs-Épics de village en village pour gagner leur vie.

Usages. — Jadis le bézoard du Porc-Épic jouait un grand rôle dans la thérapeutique. De nos jours on emploie les piquants du Porc-Épic à divers usages, et dans quelques contrées sa chair entre dans l'alimentation de l'homme (1).

LE PORC-ÉPIC A QUEUE BLANCHE. — *Caractères.* — Ce Porc-Épic

(*H. leucura* Sykes) est d'une couleur brun noir, mais la pointe des piquants est blanche sur les joues et sur une bande située sous la gorge; sur le dos les piquants présentent en outre quelques anneaux blancs; la queue est blanche. Sa taille est de 0^m,70 à 0^m,80, et sa queue de 0^m,075 à 0^{m}10.

Habitat. — On le rencontre dans l'Inde entière, à Ceylan, et dans les derniers contreforts orientaux de l'Himalaya, dans le Cachemire, le Sindh, le Béloutchistan jusqu'au Caucase. Il est remplacé dans le Bengale inférieur et la presqu'île de Malacca par le Porc-Épic du Bengale (*H. bengalensis* Blyth).

Mœurs. — Jerdon dit qu'il se tient le jour souvent en société, dans des fentes de rochers ou dans des terriers qu'il s'est creusés au bord des ruisseaux, des réservoirs, ou de préférence sur le flanc des collines. Il ne sort qu'après le coucher du soleil, pour réintégrer sa demeure avant le lever. C'est pourquoi, bien que ce soit l'un des animaux les plus communs de l'Inde, on ne le voit que rarement. Il aime les racines, les pois, les pommes de terre, les ognons, les carottes et les fruits. Aussi est-il très redouté dans le potager ou le fruitier, car il ne choisit que ce qu'il y a de meilleur.

Il grogne, érige ses piquants et remue sa queue quand on l'irrite. Il se défend contre ses ennemis, surtout contre le Chien, en marchant à reculons: il leur fait ainsi des blessures dangereuses. Sa femelle met bas deux à quatre jeunes, qui ont les yeux ouverts et qui sont couverts de piquants courts et mous.

En captivité, il ronge volontiers de gros bois, des os ou de l'ivoire. Sa chair, bonne à manger, est blanche; elle tient de celles du Porc et du Veau.

Le Porc-Épic de Hodgson (*H. Hodgsoni* Gray) ou à longue queue vit sur les contreforts de l'Himalaya, du Népaul au Sikkim et à l'Assam, jusqu'à 1500 mètres d'altitude. Il est monogame et sa chair est très estimée.

Du Sénégal au Cap, dans l'Est africain allemand et en Abyssinie se trouve le Porc-Épic de l'Afrique australe (*H. Africae australis* Peters), qui a sur la

---

(1) Planche XLI. — Le Porc-Épic à crête.

tête et le cou une crinière de longs jarres gris et blancs, arqués vers l'arrière, et dont les piquants dorsaux sont ornés d'anneaux noirs et blancs ; les premiers sont larges et les seconds étroits. Son corps a 0^m,85 et sa queue 0^m,15.

LES ATHÉRURES

Les Athérures (*Atherurus* G. Cuvier, 1889), dont le nom signifie « animal ayant une queue terminée par un épi », sont moins grands et moins lourds que les Porcs-Épics ordinaires. La tête est assez allongée, le chanfrein peu busqué, les oreilles courtes et nues, les moustaches très longues. Ils ont quatre doigts et un pouce rudimentaire aux pattes antérieures, et cinq aux pattes postérieures. Ils se distinguent du Porc-Épic méditerranéen, parce qu'ils possèdent une queue égale au tiers ou à la moitié de la longueur du corps, recouverte d'écailles entremêlées de poils courts et « munie à l'extrémité d'une touffe de tubes cornés aplatis et plus ou moins recroquevillés. Ces productions singulières, dont la forme varie quelque peu suivant les espèces, rappellent par leur aspect et leur coloration des bandes de parchemin irrégulièrement découpées, des tiges et des graines de graminées desséchées, ou bien encore ces copeaux légers que l'on vend maintenant sous le nom de « copeaux hygiéniques » et qui servent à faire des emballages » (Oustalet). Les piquants qui recouvrent le dos et les flancs sont courts, acérés, parfois marqués d'un sillon longitudinal médian. Entre eux se trouvent des jarres courts et aigus. Le ventre est couvert de poils.

L'Athérure africain.

Habitat. — Ces Rongeurs bizarres se trouvent d'une part dans la presqu'île indochinoise, d'autre part, dans l'Afrique tropicale. Leur distribution géographique est donc curieuse, puisque les régions intermédiaires sont totalement dépourvues d'animaux de ce groupe.

L'ATHÉRURE AFRICAIN — L'Athérure africain (*A. africana* Gray) a des piquants sétiformes, un peu en hameçon et marqués d'un sillon longitudinal.

Ils ont o^m,o3 à l'épaule et de o^m,o8 à o^m,12 sur la croupe. Ils sont bruns, parfois avec une pointe blanche. Le ventre est couvert d'un pelage mou, épais et brun. La longueur de son corps est de o^m,3o à o^m,45 et celle de la queue de o^m,12 à o^m,15.

Habitat. — Cette espèce habite depuis le Sierra-Leone jusqu'à l'Angola. Dans la Sénégambie, on trouve en outre l'ATHÉRURE ARMÉ (*A. armata* Cuv.), dont quelques piquants sont ciliés, les autres dentés, et dont les appendices caudaux présentent des étranglements.

Captivité. — Ces Porcs-Épics sud-africains n'ont été étudiés qu'en captivité. Ce sont des êtres chagrins et tristes, qui se cachent le jour et dorment dans leur litière, car ils fuient la lumière, mais moins que les autres Hystricidés, puisqu'ils se montrent déjà avant la nuit close. Ils sont alors vifs et adroits, trottinent en portant la queue à moitié relevée et les piquants un peu écartés. Ce n'est que dans la colère qu'ils les hérissent totalement, et qu'ils font sonner leur queue.

Les Athérures aiment et connaissent leur gardien, dans la main duquel ils viennent prendre leur nourriture. D'humeur débonnaire et pacifique en temps ordinaire, il suffit d'une friandise pour introduire la zizanie même entre le mâle et la femelle. L'une d'elles, à Hambourg, voulant enlever un bon morceau à son doux époux, ne trouva rien de mieux que de l'occire d'un coup de dents.

L'ATHÉRURE A LONGUE QUEUE (*A. macrura* L.) est le même que l'Athérure à pinceau (*A. fasciculata* G. Cuv.). C'est l'espèce asiatique, répandue depuis la Birmanie, les îles Mergui jusqu'en Cochinchine, à Java, et à Sumatra. Sa longueur est de o^m,25 à o^m,26, celle de la queue est de o^m,56.

Le TRICHYS FASCICULÉ(*Trichys fasciculata* Shaw), ou de Günther, est un Porc-Épic, du Sarawack à Bornéo, curieux par ses caractères craniens et par sa longue queue, dont les écailles, entremêlées de fins poils, sont losangiques et forment des anneaux obliques.

LES CHINCHILLIDÉS

Caractères. — Les Chinchillidés sont des Lapins à queue longue et touffue, dont le corps est couvert de la fourrure la plus fine. Leurs molaires, au nombre de quatre paires à chaque mâchoire, sont à peu près égales et composées de plusieurs lamelles obliques, alternativement formées d'émail et d'ivoire. Ils ont des clavicules.

Habitat. — Ils sont spéciaux à la région située entre le Pérou et le sud de l'Argentine.

Mœurs. — Ils vivent par familles dans les crevasses des rochers, au-dessous de la limite des neiges persistantes, ou dans des terriers situés dans les plaines désertes. Leurs allures et leurs habitudes tiennent du Lièvre et du Rat. Ils sont craintifs, inoffensifs et fuient la lumière.

Cette famille comprend trois genres : les *Chinchillas*, les *Lagidiums* et les *Lagostomes*.

LES CHINCHILLAS

Ces animaux n'ont été connus en Europe que vers 1590. Acosta, après une visite dans leur pays, en fit mention. Cependant, ce ne fut que dans le xviiie siècle que l'Espagne en vit arriver quelques peaux pour la première fois.

Caractères. — Les Chinchillas (*Chinchilla* Bennett, 1829) se distinguent par leur tête épaisse, leurs oreilles grandes, larges, arrondies, presque nues, leur queue longue et velue, et par leurs pieds de devant, qui ont cinq doigts, tandis que ceux de derrière n'en ont que quatre. Leur pelage est long, mou et soyeux.

LE CHINCHILLA LANIGÈRE. — Le Chinchilla lanigère (*C. lanigera* Molina), ou Souris laineuse, est le plus connu; il ressemble un peu à l'Écureuil. Sa fourrure,

Le Chinchilla lanigère.

gris-perle, est plus belle et plus douce que celle de son congénère. Les poils ont 0m,02 sur le dos, 0m,03 et plus aux flancs et à l'arrière-train. Sa taille est de 0m,25 à 0m,26, et sa queue a 0m,13.

Habitat. — Du Pérou, cette espèce descend jusqu'aux montagnes du Chili et dans l'Argentine (*Puna del Vespoblado*).

LE CHINCHILLA BRÉVICAUDE. — Le Chinchilla à queue courte (*C. brevicaudata* Waterh.) est couvert d'un pelage fin, mou ; les poils du dos et des flancs ont plus de 0m,08 de long. Ils sont gris bleu foncé à la racine, blancs au milieu et d'un gris foncé au bout, d'où une teinte générale, argentée, à reflets foncés. Le ventre, les pattes sont blancs. La queue est marquée à sa partie supérieure de deux bandes foncées. Les moustaches sont d'un brun foncé à la racine, d'un brun gris au bout; les yeux sont noirs. Sa taille est de 0m,33 environ, avec une queue de 0m,14 ou de 0m,22, si on y comprend les poils.

Habitat. — Ce Chinchilla habite les Andes du Pérou et de la Bolivie.

Mœurs. — Les mœurs des Chinchillas ont été décrites par Molina à la fin du xviiie siècle. Les voyageurs qui gravissent le versant occidental de l'Amérique

du Sud, à une hauteur de 2 600 à 3 600 mètres, peuvent voir les rochers,
même les plus arides, couverts de Chinchillas. Il en est qui disent en avoir
compté, en une seule journée, plus de mille assis à l'entrée de leurs demeures,
mais toujours à l'ombre. C'est surtout le matin et le soir qu'on peut les
observer. Ils courent avec rapidité sur les rochers les plus nus, grimpent de
6 à 9 mètres le long des parois, pourvu qu'elles présentent quelques fentes et
de petites aspérités, et cela avec tant d'agilité qu'on a peine à les suivre. Ils
ne se laissent pas approcher de trop près ; et si on fait mine de vouloir les
aborder, ils disparaissent tous aussitôt comme par enchantement. Un coup de
feu produit le même effet. Cependant le voyageur qui fait halte sans chercher
à leur nuire voit bientôt toute la roche devenir vivante. De chaque fente, de
chaque trou, sort une tête indiscrète. Confiants et curieux, les Chinchillas se
hasardent davantage, ils sortent et viennent enfin presque entre les jambes des
bêtes de somme.

Comme les Rats, les Chinchillas sautent plus qu'ils ne marchent. Pour se
reposer, ils s'asseyent sur leurs tarses, ramassent leurs pattes de devant sur
leur poitrine et étendent leur queue en arrière. Ils se dressent aussi sur leurs
pattes postérieures et peuvent rester quelque temps dans cette position.

Ils se nourrissent d'herbes, de mousses, d'ognons et de racines bulbeuses
qu'ils portent à leur bouche avec leurs pattes de devant. Leur voix ressemble à
une sorte de grognement analogue à celui du Lapin.

Au dire des indigènes, les portées sont de quatre à six petits, qui vivent indépendants aussitôt qu'ils peuvent sortir de la crevasse où ils sont nés. A partir
de ce moment la mère ne paraît plus s'inquiéter d'eux.

Chasse. — Ils ont reculé vers le haut des montagnes leur zone d'habitat,
par suite de la chasse active qu'on leur fait depuis longtemps, car au temps des
Incas, les Péruviens tissaient déjà leurs poils pour en faire des étoffes recherchées.

Les procédés de chasse ont peu varié. Les Européens se servent à la vérité
de fusils et d'arbalètes, mais si l'animal n'est pas tué sur le coup, s'il a le
temps de disparaître dans un trou, il est perdu pour le chasseur. Les Indiens
ont un meilleur procédé : ils établissent des collets devant toutes les crevasses
et les visitent le matin pour ramasser les Chinchillas qui y sont retenus, ou
bien ils dressent à cette chasse la Belette du Pérou (*Putorius agilis* Tschudi).
Elle pénètre, comme le Furet, dans les terriers et en rapporte les Chinchillas
qu'elle y a rencontrés et égorgés.

Captivité. — On voit souvent en Amérique des Chinchillas apprivoisés. La
grâce de leurs mouvements, leur propreté, la facilité avec laquelle ils se rési-
gnent à la perte de la liberté leur attirent l'affection de leur maître. Comme ils
sont inoffensifs, on peut les laisser errer en liberté dans la maison, mais leur
nervosité les rend parfois désagréables. Ils examinent tout, grimpent sur une
armoire ou sur les tables et sautent même sur la tête ou les épaules des personnes. Ils ne cherchent ni à s'enfuir ni à mordre. Leur intelligence ne paraît
pas plus développée que celle des Lapins ou des Cochons d'Inde. En tout cas,
ils payent largement l'hospitalité et les soins qu'on leur donne par l'abondante
toison qu'ils fournissent.

Usages. — La chair des deux espèces est appréciée. Mais c'est surtout leur fourrure qui est recherchée, pour faire des bonnets, des manchons, des bordures de vêtement, et, au Chili, des chapeaux. On estime à plus de 100 000 le nombre utilisé chaque année. A Londres, la maison Lampson en a vendu 14 563 en mars 1903 et 15 645 en 1902.

Les LAGIDIUMS (*Lagidium* Meyer, 1833, ou *Lagotis* Bennett) sont caractérisés par de grandes oreilles, une queue touffue à la face supérieure, ayant la longueur du corps, *quatre* doigts à chaque patte, et des moustaches très longues. Ce genre comprend deux espèces : le LAGIDIUM A PIEDS PALES (*A. pallipes* Bennett), qui de la Bolivie remonte jusqu'à l'Équateur, et le LAGIDIUM DU PÉROU (*L. peruanum* Meyer) ou de Cuvier, qui vit sur les Andes du Pérou, de la Bolivie et du Chili et dans la province de Mendoza.

Ce dernier a à peu près la taille et le port du Lapin, avec des pattes de derrière plus longues. Sa queue allongée l'en distingue immédiatement; ses moustaches et ses oreilles sont très longues. Ces dernières, qui ont 0^m,08, ont leur sommet arrondi, et leur bord externe un peu enroulé porte un pinceau de poils assez épais. La fourrure est molle et longue; les poils sont blancs à la racine, d'un blanc sale à la pointe, d'un brun jaune au milieu, et la teinte générale du pelage est grise, un peu plus claire et tirant au jaune sur les flancs. Les poils de la partie supérieure de la queue sont longs, touffus, blancs et noirs; le bout de la queue est entièrement noir.

Mœurs. — Ces deux espèces, qui vivent à des hauteurs variant de 3 900 à 5 200 mètres, sont des animaux sociables, vifs, éveillés, qui ont les mêmes habitudes que les Chinchillas.

LES LAGOSTOMES

Ce genre (*Lagostomus* Brookes, 1878) a pour type une espèce actuelle, le Lagostome viscache (*L. trichodactylus* Brookes ou *viscaccia* Is. Geoff. et d'Orb.), qui ressemble plus aux Chinchillas qu'aux Lagidiums.

LE LAGOSTOME VISCACHE. — *Caractères.* — Le corps est assez court, le dos fortement bombé, la tête large, arrondie, aplatie au sommet, relevée sur les côtés, à museau court et obtus, des moustaches épaisses, rigides, élastiques, les oreilles médiocres, minces, nues en dedans, poilues au dehors, triangulaires, dilatées à leur base, des yeux moyens, écartés, la lèvre supérieure profondément fendue, des jambes de derrière à trois doigts, du double plus longues que celles de devant, terminées par quatre doigts, les ongles courts et presque cachés par les poils aux pattes de devant, longs et vigoureux aux pattes de derrière. La fourrure assez épaisse est d'une teinte générale gris brun assez foncé en dessus, elle est blanche ou jaunâtre en dessous. La tête est plus grise que les flancs. De la pointe du museau court sur chaque joue une bande noire bordée en dessus par une blanche, pendant qu'une strie fuligineuse s'étend au travers du front. Le corps atteint 0^m,50 à 0^m,60, tandis que la queue, qui est marquée de blanc et de jaune, n'en a que le tiers (0^m,18).

Habitat. — Ce Rongeur est l'un des plus communs des Pampas dans l'espace compris entre le 25ᵉ degré de latitude septentrionale, le Rio Negro, en Patagonie, au sud, et le fleuve Uruguay à l'ouest. Il se retire peu à peu avec la mise en culture de ces régions.

Mœurs. — Les Viscaches, ou Lièvres des Pampas, habitent, rassemblées en grand nombre, les lieux les plus déserts et les plus arides. Toutefois, elles arrivent jusqu'au voisinage des habitations, et le voyageur qui trouve sur sa route une grande quantité de *viscacheras*, comme on nomme leurs terriers, peut être certain qu'une ferme n'est pas loin.

Elles creusent en commun, près des buissons ou dans le voisinage des champs cultivés, des terriers très étendus qui sont formés d'un grand nombre de couloirs ayant souvent quarante à cinquante ouvertures, et sont divisés en un nombre de chambres correspondant

Le Lagostome viscache.

au nombre des familles qui veulent y loger. Huit à dix familles occupent ainsi une même demeure; mais comme souvent une partie la quitte et se creuse un nouveau terrier dans le voisinage de l'ancien, il en résulte que le sol peut être miné sur une étendue de plusieurs kilomètres carrés; c'est le cas notamment dans la province de Santa-Fé.

La famille reste cachée dans sa demeure toute la journée; au coucher du soleil, on voit une nombreuse société, gaie, éveillée, d'humeur folichonne, qui, après s'être rendu compte que le pays est sûr, commence à rôder ou à folâtrer autour de la demeure commune, et fait entendre ses joyeux grognements jusqu'à une certaine distance. Les Viscaches mangent tout ce qu'elles trouvent: herbes, racines, écorces; elles aiment beaucoup un petit melon sauvage amer. De temps en temps, l'une ou l'autre se dresse sur ses pattes de derrière, et explore l'horizon. Au moindre bruit, toute la bande, en poussant des cris, se réfugie dans les terriers où les cris, les grognements continuent. D'après Tissandié, c'est le Viscachon qui joue le rôle de sentinelle et qui crie « *bougri, bougri* » à tue-tête, pour faire rentrer les femelles dans les demeures. Quant à lui, dignement et courageusement, il ne rentre que le dernier. Gœring ne les entendit jamais crier en courant, mais chaque fois qu'il s'approcha d'un terrier les cris des animaux qui s'y étaient réfugiés le frappèrent.

Les Viscaches ressemblent aux Lapins dans leurs mouvements, mais elles leur sont inférieures en agilité. Dans leurs excursions, elles se poursuivent constamment, et sautent l'une après l'autre.

Comme le Chacal et le Renard de l'Amérique du Sud, elles ont la curieuse habitude de rapporter et d'entasser à l'entrée de leurs terriers tout ce qu'elles trouvent. Dans ces énormes amas, on rencontre des os, des broutilles, des bouses de vache, et une masse d'objets qui ne peuvent leur être d'aucune utilité. Aussi les Gauchos, dès qu'ils ont perdu quelque chose, se rendent-ils aux Viscacheras les plus proches, bien certains qu'ils sont de l'y trouver. Elles ne gardent rien à l'intérieur de leurs terriers, pas même les cadavres de leurs semblables.

Une Géositelle fait son nid à côté de leurs terriers, et les habitations abandonnées sont souvent occupées par une Hirondelle, l'*Atticora*, ou par un Hibou, le Spéotyto.

D'après une relation toute récente (1903) due à J. Dewavrin, qui habite l'Argentine, les Viscaches des deux sexes ne vivent point ensemble. Les femelles sont reléguées par les mâles dans des terriers où elles vivent jusqu'à plus de vingt ensemble, en très bonne harmonie. Ces terriers sont de vrais villages souterrains, avec portes, rues, places publiques, maisons à deux, trois et même quatre étages, communiquant par de longs couloirs.

Les mâles, appelés Viscachons, par les habitants du « campo », beaucoup moins nombreux, font leur demeure à part, dans un fourré ou quelque autre lieu bien caché, un peu éloigné de celles des femelles. Leur terrier n'a qu'une seule entrée, rarement deux; il ne sert d'asile qu'à un seul habitant, qui y passe les journées solitaire, le quitte au coucher du soleil, va faire l'inspection des lieux occupés par les femelles, les invite à sortir, les mène chercher leur nourriture aux alentours, servant à la fois de guide et de sentinelle. C'est lui qui aménage les terriers, cherche et choisit les meilleurs endroits où le jeune mâle doit s'établir pour loger son harem provenant du trop-plein des bourgades, par suite de l'augmentation de population. Les Viscaches femelles voisinent beaucoup, et reçoivent le soir la visite des Viscachons qui viennent leur faire cette politesse de plus d'une lieue et qui se retirent avant le lever du soleil.

Chasse. — On chasse les Viscaches, moins pour se procurer leur chair et leur peau, moins estimée que celle des Chinchillas, que pour en débarrasser les champs, dans les estancias bien tenues. Comme il est dangereux de passer à cheval dans les Viscacheras, les Gauchos les détestent et les détruisent en brûlant les herbes autour de leurs habitations ou en inondant leurs terriers.

On les tue parfois à l'affût ou on les capture au collet à l'entrée de leur habitation. Pour en détruire des quantités, on injecte dans des terriers de la fumée ou un gaz toxique, puis on ferme les orifices. Si on a omis d'opérer dans le terrier isolé du Viscachon, on trouve le lendemain, d'après Dewavrin, toutes les ouvertures déblayées, en sorte que la *gazocution* est inefficace. C'est

le mâle qui est venu [faire ce travail d'aération et sauver la vie aux femelles.
Est-ce de la solidarité ou un sentiment d'égoïsme moins noble qui le fait
agir ? La psychologie de ces animaux nous étant peu connue, la question
n'est pas résolue. En tout cas, si le mâle n'a pu achever le travail par suite de
l'odeur trop forte du gaz, il revient plus tard, débarrasse les terriers des corps
morts et les repeuple avec des compagnes empruntées aux colonies voisines
pour « rendre la vie et l'amour à la ville morte ».

Usages. — Les Indiens mangent leur chair et emploient leur fourrure.

LES SUBONGULÉS

Caractères. — La famille des Subongulés renferme des Rongeurs de
taille variable qui ont des oreilles larges, une queue courte, rudimentaire ou
absente, des jambes moyennes ou hautes avec quatre ou cinq doigts antérieurs,
trois ou cinq postérieurs, des ongles courts, larges, presque en sabots (d'où
leur nom), des soles nues, un pelage grossier, des incisives larges et blanches,
quatre molaires égales à chaque branche de la mâchoire, et des clavicules
incomplètes. Leur formule dentaire est la suivante :

$$i\,\frac{1}{1},\, c\,\frac{0}{0},\, pm\,\frac{1}{1},\, M\,\frac{3}{3} = 20\ \text{dents}.$$

Habitat. — Ils sont répandus dans l'Amérique centrale et méridionale.

Mœurs. — Ces animaux paisibles vivent en société dans les taillis et les
forêts, ou près des eaux. Ils sont nocturnes et se nourrissent tous de substances
végétales. Ils sont très prolifiques et se laissent facilement apprivoiser.

LES DOLICHOTIS

Les Dolichotis (*Dolichotis* Desm., 1822) ou Lièvres pampas d'Azara, dont
le nom latin signifie « à longues oreilles », rappellent l'aspect des Lièvres, mais
ils ont les jambes plus longues, les oreilles et la queue plus courtes, et celui
des Cabiais, d'où leur nom de *Cabiais de Patagonie*. Ils ne comprennent que
le Mara (*D. patagonica* Shaw), appelé encore Lièvre de Patagonie, et quelques
formes fossiles du Pliocène argentin.

LE MARA. — *Caractères.* — Son corps est mince, allongé, large en arrière ;
sa tête comprimée à museau pointu, sa lèvre supérieure fendue ; sa queue
courte est relevée ; les pattes, longues et grêles, ont quatre doigts en avant et
trois en arrière à ongles forts. Le pelage est mou, épais et luisant, court ; le dos
d'un brun gris moucheté de blanc, passant à la couleur cannelle clair aux flancs
et à la face externe des membres, et au blanc en dessous. Le croupion est noir
avec une bande transversale blanche. L'adulte mesure 0^m,50 avec une queue
de 0^m,04 et une hauteur de 0^m,40 au garrot. Ce qui lui donne l'aspect d'un
petit Ruminant, et en particulier du Chevreuil.

Habitat. — Il est répandu dans les Pampas, comprises entre le détroit de Magellan et la province de Mendoza. Pourtant, sur la côte Atlantique, il remonte moins au nord.

Mœurs. — Cet animal est en si grand nombre, qu'il fait pour ainsi dire partie des paysages de son pays. Gœring, qui a étudié le Mara en liberté, donne les détails suivants sur ses mœurs. L'espèce est abondante au sud de Mendoza, dans les endroits solitaires, sur les limites du désert où le sol est couvert de buissons. Elle vit en sociétés de quatre à huit individus, mais souvent aussi de trente à quarante. Elle habite ces contrées avec une belle espèce de Gallinacé, la Martinette (*Eudromia elegans*). Le Mara habite des terriers, qu'il se creuse lui-même et à l'entrée desquels on trouve amassées en grandes quantités ses ordures que l'on reconnaît à leur forme particulière.

Le Mara est diurne, aussi ses yeux sont-ils protégés par des cils abondants et longs. Si on ne le trouble pas, il se couche au soleil sur le côté ou sur le ventre en fléchissant le carpe, ce que ne font pas les autres Rongeurs. Comme il est très craintif, au moindre bruit, on le voit se dresser sur les talons et les pattes de devant, rester immobile, puis détaler au galop, mais il ne se décide à prendre la fuite qu'après quelques arrêts. Sa course est assez rapide, il peut faire des bonds d'un à deux mètres ; un cavalier doit le poursuivre assez longtemps avant de le forcer.

Il se contente des herbes communes, mais il préfère brouter le trè- fle dans les champs. Après avoir coupé les tiges, il s'assied et les dévore dans l'immobi- lité la plus complète ; le bruit qu'il fait en mangeant est assez fort, et c'est chose curieuse que de voir les tiges et les feuilles disparaître sans que la bouche soit ou- verte. Quand il a du vert à manger, il n'a pas besoin d'eau.

Il est prudent de son naturel et se tient dans les lieux décou- verts, aussi la chasse en est très difficile.

Le Mara ou Lièvre de Patagonie.

On ne l'approche pas aisément à portée de fusil. Ses sens sont très fins et jamais on ne peut le prendre au gîte.

La femelle met bas deux fois l'an et deux petits chaque fois.

Captivité. — Il est fréquent dans les ménageries. C'est un être charmant, doux, inoffensif, qui paraît s'attacher à son maître, prend la nourriture dans la main, et se laisse toucher sans témoigner d'impatience. L'un d'eux, que possédait Gœring, était très sensible aux caresses, faisait le gros dos, inclinait la tête de côté et poussait un grognement de plaisir. Sa voix, loin d'être désagréable, avait au contraire un certain charme. Cet animal ne dormait que la nuit; mais le moindre bruit le réveillait. On le tenait d'ordinaire attaché.

Usages. — On chasse cet animal pour en avoir la fourrure, qui est très douce, très estimée et dont on fait des tapis et des couvertures. Sa chair est un peu sèche et fade.

LES AGOUTIS

Caractères. — Les Agoutis (*Dasyprocta* Illiger, 1811) sont d'élégants petits Rongeurs qui ont quelque ressemblance avec les Chevrotains. Assez élevés sur jambes, la tête longue, les oreilles arrondies, largement ouvertes, ils ont le train de derrière plus fort que celui de devant, la queue nue et très courte, quatre doigts en avant avec un pouce rudimentaire, et trois postérieurs à ongles forts. Leurs molaires radiculées ont une couronne qui rappelle les Pacas et les Porcs-Épics. Leurs poils sont annelés et le plus souvent variés de fauve et de verdâtre, ce qui les avait fait appeler *Rats verts* par G. Cuvier.

Habitat. — Leurs treize espèces habitent depuis le Mexique (*A. mexicana* Sauss.) jusqu'au Brésil méridional et au Paraguay. Seul, l'Agouti à crête est spécial aux Antilles, Saint-Vincent, Sainte-Lucie, Saint-Thomas, Grenade, tandis que l'Agouti isthmique est un habitant du Costa-Rica et du Panama, l'Agouti fuligineux, de l'Équateur et du Pérou, et l'Agouti d'Azara, du Paraguay et de la Plata.

Mœurs. — Ils ont les mœurs de l'Agouti commun.

L'AGOUTI COMMUN. — L'Agouti commun (*D. aguti* L.) a été appelé *Lièvre doré*, à cause de sa belle robe. Son pelage est lisse et épais; les poils, raides, luisants, ont trois à quatre anneaux d'un brun foncé, alternant avec autant d'anneaux jaune-citron, et la pointe est tantôt foncée, tantôt claire. En somme, son corps est brun, piqueté de jaune ou de roussâtre, avec une croupe rousse. La couleur change suivant ses mouvements et avec les saisons; elle est plus claire en été. Son corps a 0^m,40 à 0^m,50, et sa queue 0^m,015.

Habitat. — On le trouve dans l'île Trinidad, la Guyane, le Brésil, jusqu'au fleuve Madeira et dans le Pérou oriental.

Mœurs. — Il aime les prairies voisines des forêts vierges, et y devient le représentant du Lièvre. On ne le voit jamais en rase campagne. Il vit solitaire la plus grande partie de l'année, sous des racines ou dans des trous. Comme il est peureux, défiant, il est difficile à observer en liberté. Il dort pendant le jour dans son gîte, mais, au coucher du soleil, il sort pour chercher sa nourriture et rôde lentement pendant la nuit jusqu'au matin. Rengger a observé qu'il a l'habitude de suivre le même chemin à l'aller et au retour, ce qui finit par tracer un sentier étroit, souvent long d'une centaine de mètres, sentier qui trahit la présence de l'animal.

Sa grande agilité à la course peut seule le soustraire aux dangers. Elle rappelle celle des petites Antilopes et des Chevrotains; elle s'exécute à l'aide de bonds successifs, rapides, qui constituent une sorte de galop.

Il se nourrit de racines, de fleurs ou de graines, et peut avec ses fortes incisives broyer les noix les plus dures. Dans les plantations de cannes à sucre, de bananes, dans les jardins potagers, les Agoutis causent des dégâts sensibles, là où ils se trouvent en grand nombre.

Ils sont très prolifiques, car la femelle peut avoir des petits en toute saison.

Chasse. — Les grandes espèces de Félidés et les Chiens du Brésil sont leurs plus terribles ennemis. L'homme les chasse pour leur chair. On les prend en plaçant des trappes sur leur chemin, ou on les tue à l'affût durant l'hiver.

Captivité. — Bodinus dit avec raison que la grâce, la gentillesse, l'extrême propreté des Agoutis, les recommandent aux amateurs. Pris jeunes, on les apprivoise si bien qu'on peut les laisser courir librement dans la maison à laquelle ils s'attachent. Ils ne reconnaissent pas leur maître et ne se laissent pas toucher volontiers, c'est tout au plus si on peut les dresser à venir prendre leur nourriture toujours au même endroit. Ils modifient cependant leur genre de vie à l'état domestique, car ils courent le jour et dorment la nuit dans un endroit tranquille. Ce n'est que lorsqu'on les enferme, que l'ennui les gagnant, ils rongent tout ce qu'ils trouvent. Ils se reproduisent en captivité.

L'Acouchy (*D. acuchy* Erxl.) de Buffon habite la Guyane et le Brésil jusqu'au Rio Negro. Son pelage est brun, piqueté de fauve, avec une croupe noirâtre et un ventre roux.

LES PACAS

Les Pacas (*Coelogenys* F. Cuvier, 1807) ont un corps lourd, la tête grosse, les yeux grands, les oreilles petites, cinq doigts à chaque patte, des soles nues, une queue réduite à un moignon. Les incisives sont orangées, les molaires ont des racines, et quand elles sont usées, leur couronne est limitée par un cercle d'émail présentant des replis rentrants et des ellipses. Ils ont deux paires de mamelles. Sur chaque joue, ils ont une poche singulière; c'est une rentrée dénudée de la peau, qui se loge en dedans de la grande expansion de l'arcade zygomatique caractéristique du crâne des Pacas, et qui leur donne une physionomie particulière.

L'espèce la plus connue est le Paca brun.

LE PACA BRUN. — **Caractères**. — Le Paca brun (*C. paca* L.) a le corps couvert de soies couchées, qui sont d'un brun-chocolat sur le corps et la face externe des membres. Il porte sur les flancs trois à cinq rangées de taches d'un jaune clair, rondes ou ovales. Le dessous du corps est blanc teinté de jaunâtre. Le mâle adulte a plus de $0^m,60$ de long, et $0^m,33$ de haut au garrot.

Habitat. — Son aire de dispersion comprend les immenses régions qui s'étendent du Mexique au Paraguay, ainsi que certaines îles des Antilles (Tobago, Trinidad). Le Paca presque lisse (*C. sublævis* Gerv.) habite la Colombie et la Nouvelle-Grenade. Sur les plateaux de l'Équateur, de 2000 à 3300 mètres de hauteur, le Paca brun est remplacé par le Paca de Taczanowki ou Paca de montagne.

Mœurs. — C'est ordinairement sur la lisière des forêts que le Paca vit, seul ou en famille. Il s'y creuse des terriers de 1ᵐ,50 de profondeur environ, et y vit pendant le jour. Il en sort le soir pour rôder aux environs et aller saccager les plantations de cannes à sucre et de melons d'eau. La femelle n'a qu'un seul petit au milieu de l'été. Elle le soigne plusieurs mois avant de sortir avec lui.

Le Paca brun.

Captivité. — Le Paca s'apprivoise bien, mais ne perd sa sauvagerie qu'après plusieurs mois, sans pourtant arriver à témoigner de l'affection à personne. Il mange de tout, excepté de la viande. Ces animaux sont assez rares dans les ménageries de l'Europe.

Usages. — En février et en mars, l'animal étant très gras, on estime beaucoup sa chair.

Le Dinomys de Branick (*D. Branickii* Peters) a été décrit par Peters, d'après un seul exemplaire trouvé en 1873, dans une cour au Pérou. Un sillon en S dans la lèvre supérieure, une queue longue, très poilue, et quatre doigts à chaque patte le distinguent des groupes voisins. C'est le seul individu que l'on connaisse, il est donc très rare.

LES CABIAIS

Les Cabiais (*Hydrochœrus* Brisson, 1756) sont représentés par différentes grandes formes (1ᵐ,60) fossiles du Pliocène de l'Argentine, mais par une seule espèce actuelle, le grand Cabiai (*H. Capybara* Erxl.), appelé encore *Carpincho, Capybara, Cochon d'eau.*

LE GRAND CABIAI. — C'est le plus curieux des Rongeurs, en même temps qu'il est le plus lourd. Le corps est épais, la tête allongée, haute, large, à museau obtus; les yeux gros, saillants; les oreilles arrondies, à bord externe échancré; la lèvre supérieure échancrée; la queue nulle; les membres forts, assez longs, à soles nues, pourvus de quatre doigts en avant et de trois en arrière, réunis par une demi-membrane natatoire. Les incisives sont larges (o^m,o2) avec une gouttière; les molaires ont plus de lamelles que celles des autres genres du groupe. Les trois premières supérieures sont en forme de doubles cœurs non réunis, à bases soudées en dehors; la quatrième, aussi longue que celles-ci, présente une dizaine d'ellipses irrégulières. Son poil est rude, sétiforme, et sa couleur offre un mélange de brun, de roux, de jaune brunâtre. Un adulte atteint la taille d'une Brebis ou d'un Porc d'un an. Il pèse environ 5o kilos, et a 1^m,15 de long, et o^m,5o au garrot.

Habitat. — Il est répandu depuis la Guyane jusqu'à la Plata et à la Bolivie.

Mœurs. — Il fréquente plus volontiers les lieux déserts, les cantons bas, forestiers, marécageux, au bord des lacs et des cours d'eau, surtout près des grands fleuves. Ses bandes se montrent le jour ou le soir et le matin. D'Azara dit que lorsqu'on l'effraye, il pousse un cri élevé, perçant, *a*, *pé*, et il se précipite à l'eau, plonge, et va sortir aussi loin que le lui permet sa respiration.

Cet animal paisible n'a pas de gîte proprement dit permanent. Il se nourrit de plantes aquatiques, de jeunes arbres, de riz, de maïs et de melon d'eau. Jamais il ne joue avec ses semblables; il se promène, s'assied et se repose. Il est très bien musclé, car deux hommes sont à peine capables de le dompter. Les mâles

Le grand Cabiai.

pratiquent la polygamie. Ils ont deux à trois femelles, dont chacune, une fois l'an, met bas de trois à huit petits qui sont de la grosseur du Lapin, et qui dès leur naissance suivent leur mère, sans lui montrer un attachement particulier. Ils atteignent leur taille maximum à trois ans.

Chasse. — Les blancs le chassent par plaisir, ordinairement dans l'eau ; les indigènes, pour sa chair qu'ils mangent marinée et qui se rapproche alors du veau et perd son goût huileux.

Captivité. — D'Azara et Rengger nous apprennent que les Capybaras s'apprivoisent comme des animaux domestiques ; ils sortent et reviennent volontairement ; ils accourent à un appel pour se faire gratter, mais ils ne montrent pas d'attachement à leur maître, ni ne cherchent querelle aux autres animaux, qui leur paraissent tout à fait indifférents. Le grand Cabiai serait une bonne recrue pour nos étables ; il prendrait place, dans les fermes, entre le Mouton et le Porc.

Usages. — Au Paraguay, sa peau très épaisse, mais poreuse, sert à confectionner des courroies, des couvertures, et même des souliers.

LES COBAYES

Les Cobayes (*Cavia* Pallas, 1766) sont de petite taille, mais ont des formes ramassées, une tête grosse, la lèvre supérieure non fendue, des oreilles étalées, courtes et arrondies, des membres presque égaux, portant quatre doigts en avant et trois en arrière, une queue réduite à un simple tubercule, des incisives assez étroites sans sillon, et quatre molaires égales entre elles, dont la couronne est en double cœur irrégulier. Leur poil est dur et peu serré. Ils habitent tous l'Amérique du Sud. Une espèce introduite en Europe au milieu du xvıe siècle se retrouve partout à l'état domestique.

LE COBAYE APÉRÉA. — Le Cobaye apéréa (*C. porcellus* L. ou *aperea* Marcgr.), couvert de jarres raides, luisants, couchés, est gris roussâtre en dessus et blanchâtre en dessous, y compris les pattes. Il a 0m,3o de longueur. Son crâne diffère de celui du Cochon d'Inde.

Habitat. — On le rencontre à l'état sauvage dans la Guyane, le Brésil, la Bolivie, le Paraguay, l'Uruguay, jusqu'au 35e degré de latitude méridionale.

Mœurs. — Rengger, au Paraguay, l'a rencontré dans les endroits humides, par colonies de douze à quinze individus habitant ensemble, au bord des forêts, sous les haies, les buissons ou dans des trous. Jamais il ne l'a vu en pleine forêt, ni en rase campagne. On reconnaît sa demeure aux sentiers étroits, tortueux, qu'il se fraye au milieu des touffes de bromélies, et qui se prolongent un peu dans la campagne. Le matin et le soir, il sort pour chercher des herbes, mais jamais il ne s'éloigne à plus de 6 à 7 mètres de sa retraite. Il est craintif et timide et ne se laisse pas approcher même à une demi-portée de fusil. Ses mouvements, sa manière de manger, ses cris sont tout à fait ceux du Cochon d'Inde.

La femelle met bas une fois l'an un ou deux petits qui ont déjà les yeux ouverts, et, dès leur naissance, courent et suivent leur mère.

Ses ennemis sont nombreux : tous les Carnassiers plus gros que lui, et les Rapaces, s'en repaissent ainsi que les grands Serpents.

Captivité. — Rengger l'a vu en captivité; mais sa robe était toujours de couleur uniforme. Les Indiens mangent sa chair bien qu'elle soit douceâtre.

Au Pérou, on trouve le Cobaye de Cutler (*C. Cutleri* Bennet) à pelage noir un peu lustré de brun (0ᵐ,25) et qui est probablement la souche du Cochon d'Inde domestique, et le Cobaye de Tschudi (*C. Tschudii* Fitzinger).

Un deuxième groupe (*Kerodon*) de Cobayes, à forme plus élevée et plus légère, comprend, avec quelques fossiles du Pliocène de l'Argentine, le Cobaye a dents jaunes [*C. (Kerodon) flavidens* Brandt] du Brésil et de la Bolivie, qui seul a les incisives jaunes ; le Cobaye de la Bolivie (*C. boliviensis* Waterh.), qui habite les hautes régions (3 000 à 4 000 mètres) de ce pays et du Pérou, et mine le sol par ses nombreux terriers ; le Cobaye Moco (*C. rupestris* Wied), qui est varié de brun et de jaune en dessus et qui se tient sur les rochers situés à peu de distance du fleuve San-Francisco et de ses affluents, et le Cobaye austral (*C. australis* Is. Geoff.), qui est grisâtre, et surtout abondant sur les bords du Rio Negro en Patagonie et jusqu'au détroit de Magellan. Il se sépare de ses congénères parce qu'il creuse, pour y vivre en famille, des terriers profonds sur les coteaux sablonneux couverts de buissons, au voisinage des lieux cultivés.

LE COBAYE COCHON D'INDE. — Le Cochon d'Inde (*C. cobaya* Marcgr.) est le Porquet de mer des méridionaux. On l'appelle parfois aussi *Couis* ou *Coui-Coui*, son qui est la reproduction de son cri le plus habituel, *Lapin d'Amérique, Lapin de Guinée, Rat à queue tronquée, Rat des Indes, Rat d'Amérique.*

Caractères. — C'est un animal de petite taille (0ᵐ,30 à 0ᵐ,35), dont le poil est grossier, lisse, long habituellement de 0ᵐ,01 à 0ᵐ,02, d'une seule couleur de sa racine à sa pointe. La robe de certains sujets est polychrome par juxtaposition de poils de couleur différente pour former le gris, ou par distribution en plaques irrégulières, noires, orangées et blanches pour former le pie. Les individus d'une seule couleur sont rares, et l'intensité des couleurs varie chez les individus tricolores.

Mœurs et régime. — Le Cochon d'Inde est le plus petit des animaux domestiques, et l'un des plus aimés à cause de sa douceur et du peu de soins qu'il exige, si sa niche est sèche et aérée. Il aime une nourriture variée. Les herbes, le foin, les grains, les fruits, les pommes de terre, les épluchures, le pain et même la viande lui conviennent. Il mange souvent, mais peu à la fois, comme le Lapin. Le lait est pour lui un régal. Il n'a besoin d'eau que si sa nourriture est sèche.

Dans sa manière de faire, il tient à la fois au Lapin et à la Souris. Quoique agile, sa marche n'est pas rapide, il avance par petits sauts. Quand il se repose, il se tient sur son derrière ou bien sur ses pattes, le ventre à terre. En courant sans cesse le long des murs, l'un suivant l'autre, ils tracent un sentier. Il est très propre et toujours en train de se lécher et de lisser son poil. Son affectivité est faible et son intelligence médiocre.

Son contentement est exprimé par un son doux particulier, sa colère par un piaulement, mais son cri habituel est une sorte de grognement qui a quelque analogie avec celui du Porcelet, et qui lui a valu le nom qu'il porte.

Les Cochons d'Inde sont très sensibles au froid, aussi faut-il les tenir dans un endroit sec et chaud, en hiver, pour les empêcher de périr.

Les mâles se livrent souvent des combats furieux. La femelle, bien que n'ayant que deux mamelles, met bas plusieurs fois par an, de deux à cinq petits en Europe, de six à sept dans les pays plus chauds. Les jeunes ont les yeux ouverts et courent dans la cage au bout de quelques heures. Le deuxième jour, ils mangent des herbes et même des grains, car ils possèdent déjà leur deuxième dentition. L'allaitement ne dure pas plus de quinze jours. L'état adulte est atteint à cinq ou six mois, mais ils n'ont leur taille définitive qu'à neuf mois. Pendant leurs huit à neuf ans de vie, leur fécondité est extraordinaire.

Origine et domestication. — A cause de leurs mœurs et de leur sensibilité au froid, les Cochons d'Inde doivent être originaires d'un pays chaud. C'est l'Amérique du Sud qui est leur patrie et probablement le Pérou, malgré le nom de *Guinea-pig* (Cochon de Guinée), qu'on leur donne en Angleterre et qui pourrait bien n'être qu'une corruption du *Guiana-pig* (Cochon de Guyane).

On admettait jadis qu'ils dérivaient de l'Apéréa, mais leurs différences squelettiques, surtout craniennes, les éloignent trop l'un de l'autre, bien que leurs unions soient fertiles. Nehring, reprenant une opinion émise jadis par Is. Geoffroy-Saint-Hilaire, semble avoir prouvé qu'ils dérivent des formes du Pérou et en particulier du Cobaye de Cutler, car le Cobaye domestique ne se rencontre jamais chez les Indiens du Brésil, qui ont échappé aux atteintes de la civilisation. Il était, au contraire, domestiqué au Pérou. En effet, au moment de la conquête par Pizarre, vers 1531, les Incas avaient atteint un haut degré de civilisation, et les documents fournis par leurs tombeaux nous apprennent qu'ils avaient domestiqué le Lama, l'Alpaca, le Chien et le *Cobaye*. Ce dernier, élevé en grandes quantités, fournissait sa viande au pauvre, et jouait un rôle dans les cérémonies religieuses, dans les sacrifices en l'honneur du Soleil.

Ce Rongeur, ayant passé au Brésil, fut importé en Europe au milieu du XVIe siècle. On en reçut à Paris, à Augsbourg et à Zurich, de 1551 à 1554, époque à laquelle Gessner le décrivit.

Les races de Cochon d'Inde sont peu nombreuses, et établies d'après les particularités du poil. Les colorations ne sont pas fixées, elles sont communes à toutes les races.

1° La RACE A POIL RAS, ou commune, est la plus répandue et la seule exploitée, les autres étant entre les mains d'amateurs.

La fourrure est constituée par des poils serrés, imbriqués, ayant environ 0m,02 de long, et plus épais quand ils sont pigmentés. Les mâles sont plus lourds que la femelle (800 et 600 grammes). Il y a des variétés noires, blanches, et orangées; d'autres pie-noir, pie-marron, pie-orangé et louvet.

2° La RACE A POIL DUR a un pelage moins serré, presque droit, et plus long. Elle établit le passage à l'Angora.

3° La RACE ANGORA, à fourrure longue, souple, à onglons écartés. Le premier individu arriva, en 1872, au Jardin d'acclimatation. Les sujets à robe blanche ont les poils les plus doux et les plus fins.

4° Dans la RACE ANGORA A ROSACES, les poils longs se groupent en mèches qui s'écartent pour former des rosaces, le poil subit un commencement de frisure.

5° La RACE FRISÉE, facile à reconnaître.

De nombreux restes fossiles de ce groupe ont été trouvés dans le Tertiaire de la Patagonie et de l'Argentine. Ils sont voisins des Lagostomes, et ont été décrits par Ameghino sous le nom de *Perimys* et de *Prolagostomus*. L'énorme *Megamys*, de l'Oligocène et du Miocène de l'Argentine, avait la taille d'un Bœuf. Les *Castoroïdes* du Pleistocène des États-Unis étaient de la grandeur de l'Ours. Leur dentition se rapproche de celle des Viscaches et des Cabiais, mais leur crâne est plus voisin de celui du Castor.

LES LAGOMYIDÉS

La famille des Lagomyidés ou Ochotonidés fait partie du groupe des Duplicidentés, caractérisé par une deuxième paire de petites incisives placée en arrière des grandes supérieures. Elle ne comprend que le genre Pica (*Ochotona* Link, 1795) ou Lagomys de Cuvier, qui a quelque ressemblance extérieure avec le Cochon d'Inde.

Caractères. — Les Picas sont d'une taille plus petite que les Lièvres et les Lapins ; ils ont les oreilles courtes et arrondies, leurs membres subégaux, et pas de queue, d'où leur nom de *Lièvres sans queue*. Les clavicules sont complètes. Ils n'ont que cinq molaires sans racines à chaque branche des mâchoires, et leurs incisives supérieures sont marquées d'un sillon profond.

$$i\frac{2}{1}, pm\frac{1}{1}, M\frac{4}{4} = 26 \text{ dents.}$$

Habitat. — Les seize espèces de Picas habitent toutes l'hémisphère boréal. Une seule se trouve dans l'est de l'Europe, trois en Amérique, et les autres vivent dans les régions montagneuses du centre de l'Asie, vers 4.000 à 5.000 mètres d'altitude, ou dans les régions du nord. Il n'y a pas de Lagomys dans l'ouest de l'Europe, mais il en a vécu certainement en France et en Angleterre, à l'époque tertiaire. On a appelé *Myolagus* les formes fossiles qui ont deux paires de prémolaires en haut, et *Titanomys*, celles qui n'en ont qu'une seule.

LE PICA ALPIN. — Le Pica alpin (*L. alpinus* Pall.) est l'espèce la plus commune ; elle a la taille et le port du Cochon d'Inde. Son pelage rude et grossier est jaune roux, moucheté de noir sur le dos ; le ventre et les pattes sont d'un jaune ocreux clair, la gorge grise et la face externe des oreilles noire. Le mélanisme est assez fréquent. Sa longueur varie de 0m,25 à 0m,30.

Habitat. — Le Lagomys alpin ou de Sibérie vit en grand nombre depuis les montagnes de la région de l'Irtisch et les monts Altaï jusqu'au Kamstchatka, à des hauteurs variant de 1 500 à 4 000 mètres. Dans les steppes nus de la Sibérie méridionale, de la Mongolie, dans le désert de Gobi, il est remplacé par le Pica daurique ou ogotone (*L. dauricus* Pall. ou *ogotona*).

Le Pica nain ou sulgan (*L. pusillus* Pall.) (taille 0ᵐ,19), est le seul animal de ce genre connu en Europe, et encore n'est-il commun que dans les districts du sud de la Volga, sur les flancs méridionaux de l'Oural et jusqu'au bassin de l'Obi. Il est varié de gris et de brun, et ses oreilles sont bordées de blanc.

Mœurs. — C'est Pallas qui, le premier, nous a fait connaître les mœurs de ces animaux ; plus tard, Radde a complété leur histoire.

Les Picas vivent par couples ou par grandes bandes, dans les endroits les plus arides, les lieux rocheux et sauvages, près des torrents, sans s'écarter jamais beaucoup de leur demeure.

Le Pica des Alpes habite de petits terriers, qu'il creuse lui-

Le Pica alpin ou de Sibérie.

même, des fentes de rochers, des troncs d'arbres creux. Au terrier aboutissent de petits sentiers frayés à travers les rochers et le long desquels il broute les herbes. Par le beau temps, il reste caché jusqu'au coucher du soleil; par un temps couvert, il est parfaitement éveillé.

D'après Radde, c'est un rongeur paisible, actif, travailleur. Il n'est pas très difficile dans le choix de sa nourriture. Il préfère les herbes succulentes, mais là où il est troublé, il se contente des herbes ordinaires.

Dès juillet, il amasse de grandes provisions de foin, et les recouvre de beaucoup de feuilles, pour les préserver de la pluie; mais c'est à la fin du mois qu'il travaille le plus activement. Ses tas de foin ont 1 à 2 mètres de hauteur. D'ordinaire, les herbes y sont rangées par couches; Radde a vu quelquefois les herbes d'une couche, disposées perpendiculairement à celles de la couche inférieure. Le trouble-t-on dans son travail, il le recommence, même en septembre, époque à laquelle les herbes sont déjà fanées.

Parfois, ce sont des crevasses qui servent de grenier à l'animal. Radde retira d'une fente de rochers, large de o^m,15 et longue de o^m,66, une grande quantité d'herbes aromatiques, réunies et parfaitement conservées; à quelques pas de là, il trouva un second amas, garanti de l'humidité par une pierre en surplomb. Lorsque l'hiver arrive, il creuse des couloirs sous la neige depuis son terrier jusqu'à ses amas de provisions, et se nourrit tout à son aise, car il n'a pas de sommeil hivernal. Ces couloirs sont très sinueux; chacun possède son trou de sortie.

Le cri du Lagomys des Alpes, que l'on peut entendre encore à minuit, ressemble à celui de la Pie-grièche. L'Ogotone pousse des sifflements plus forts qui se suivent en un trille éclatant. Le Lagomys nain fait entendre un cri qui ressemble à celui de la Caille.

D'après Pallas, c'est au commencement de l'été que la femelle met bas six petits nus, qu'elle soigne avec tendresse.

Ennemis. — Tous les Picas ont beaucoup d'ennemis. Le Pica alpin est moins exposé aux atteintes des Carnassiers, grâce à sa prudence et à son genre de vie; l'homme ne le poursuit pas. Mais l'Ogotone, par contre, est chassé par le Chat, le Loup, le Corsac, la Zibeline, l'Harfang des neiges. Quant à l'homme, il détruit les provisions qu'il a amassées avec tant de peine, et même dans les hivers neigeux, les Mongols en nourrissent leurs moutons et leurs chevaux. Les chasseurs de Zibelines sont parfois heureux de les rencontrer. Bien que cet animal ne soit ni sauvage ni timide, il est très difficile à capturer vivant.

Les autres Picas ont les mêmes mœurs. Ce sont : le Pica roussatre (*L. rufescens* Gray), qui se tient dans les collines rocailleuses de la Perse et de l'Afghanistan, pas au-dessous de 1500 mètres; le Pica de Royle (*L. Roylei* Ogilby), qui vit dans l'Himalaya et le Cachemire, aux altitudes variant de 3500 à 4700 mètres. Les Lagomys hyperboréen (corps o^m,13) et littoral (*L. hyperboreus* Pall. et *littoralis* Peters) dépassent le cercle polaire dans le pays des Tchouktches, situé dans la presqu'île qui se termine au cap Oriental, près du détroit de Bering.

Parmi les espèces américaines, le Pica princeps (*L. princeps* Richards.) vit en société, dans les endroits pierreux des montagnes Rocheuses, depuis le Colorado jusqu'au fleuve Mackensie, et le Pica a collier (*L. collaris* Nilson) est spécial aux régions glacées de l'Alaska.

LES LÉPORIDÉS

Caractères. — Les Lièvres constituent le type de la famille des Léporidés. Leur corps allongé, leur tête comprimée, leurs grands yeux, leurs longues oreilles en cornet, leurs lèvres épaisses, fendues et très mobiles, leur forte moustache et surtout la longueur de leurs membres postérieurs avec quatre doigts seulement, tandis qu'il y en a cinq en avant, ainsi que leur pelage épais et presque laineux, tout concourt à donner à ces animaux un aspect curieux. Ils ont des clavicules complètes.

La formule dentaire est

$$i\,\frac{2}{1}, c\,\frac{0}{0}, pm\,\frac{3}{2}, M\,\frac{3}{3} = 28 \text{ dents.}$$

Souvent les jeunes Léporidés ont trois paires d'incisives supérieures, la troisième disparaît très tôt. La dernière molaire est très petite.

Habitat. — Ces animaux sont répandus dans le monde entier, mais ne sont pas indigènes dans la région australienne et à Madagascar. Le plus grand nombre des soixante-neuf espèces du genre Lièvre se rencontre surtout dans les régions paléarctique et néarctique ; trois seulement existent dans l'Amérique du Sud. Le ROMÉROLAGUE DE NELSON (*Romerolagus Nelsoni* Merr.), qui vit sur le Popocatepelt, au Mexique, à partir de 3400 mètres, est la seule espèce du deuxième genre.

Mœurs. — Ils vivent partout à découvert ou dans des terriers ; ils sont paisibles, inoffensifs et prudents, aussi le nombre de leurs ennemis est-il considérable. Leur fécondité est extraordinaire, et dans les cantons qui leur offrent la tranquillité on a pu dire : « Au printemps, *un* lièvre gagne les champs ; en automne, il en revient *seize*. » Aussi peuvent-ils devenir un véritable fléau. Leurs mœurs sont celles du Lièvre européen.

LES LIÈVRES

Les Lièvres (*Lepus* Linné, 1758) ont des yeux sans paupières, des oreilles au moins aussi longues que la tête, un arrière-train large, une queue courte, relevée, velue, des soles très poilues, ainsi que la surface interne des joues, à l'exception d'une espèce indienne. Tous ont le pelage gris, parsemé de brun roussâtre, et la face inférieure de la queue blanche. D'ailleurs, la fourrure change de couleur suivant l'endroit et la saison. Aussi les chasseurs distinguent-ils des Lièvres de forêts, de champs et de montagnes.

LE LIÈVRE EUROPÉEN (*). — Le Lièvre européen (*L. europœus* Pall.) est le Lièvre commun des champs et des bois. Les jarres sont longs, un peu crépus, noirs, gris ou annelés. Le duvet est épais, très crépu, blanc, avec le bout foncé sur le dos, il est blanc sous la gorge et les flancs, ailleurs roux. La couleur, en somme, est d'un gris fauve moucheté de noir, plus ou moins mélangé de roux. Le gris s'accentue en hiver sans jamais virer au blanc pur. Le ventre est blanc et la queue, noire en dessus, est blanche en dessous. On trouve parfois des individus blancs, mais ce sont des albinos, car leurs yeux sont rouges. La hase, ou femelle, est plus rousse que le mâle. La couleur, très variable, est toujours en harmonie avec le milieu, ce qui permet à l'animal d'échapper plus facilement aux regards. Les Levrauts ont souvent une étoile sur le front.

(*) Pl. XLII. — Le Lièvre européen (Planche, p. 184).

Les oreilles sont, chez le Lièvre européen, plus longues que la tête et atteignent la queue, lorsque l'animal est couché et qu'elles sont rabattues en arrière. Ce caractère le distingue des autres espèces où le bout des oreilles est aussi noir, en particulier du Lièvre timide et du Lapin. La longeur est de $0^m,54$ pour le corps seul, de $0^m,105$ pour la tête, de $0^m,10$ pour la queue, et de $0^m,135$ pour les oreilles. Sa hauteur, au garrot, est de $0^m,30$. Son poids varie de 5 à 9 kilos. Les Lièvres de montagne sont plus grands que ceux des plaines, qui sont plus exposés aux poursuites. On observe souvent des différences entre les formes de l'Europe moyenne et celles du nord-est de l'Europe; on dit même que dans le Harz, le pelage des Lièvres est plus fourni et plus pâle que dans la plaine.

Habitat. — Le Lièvre commun habite toute l'Europe, jusqu'au Caucase et à la mer Caspienne (var. *caspicus*), à l'exception du nord de la Russie, de la presqu'île Scandinave et de l'Irlande, où il est remplacé par le Lièvre timide, ou variable, qui est blanc. Dans l'Europe méridionale et les grandes îles avoisinantes, on ne trouve que le Lièvre méditerranéen (*L. mediterraneus* Wagner), qui est plus petit et plus roux.

Mœurs. — Ce Lièvre, qui préfère les campagnes fertiles, ne s'élève dans les Alpes qu'aux altitudes de 1 600 mètres, et de 2 000 mètres au Caucase, car il n'aime pas les pays froids. Le lieu de repos est toujours bien abrité, et choisi avec plus de soins par la hase pour les Levrauts, que par les vieux mâles. C'est là qu'il dort toute la journée, les yeux ouverts.

En général, le Lièvre est un animal plutôt nocturne que diurne, quoique par tous les beaux jours d'été on puisse le voir le soir et le matin courir dans les champs. Il ne quitte pas volontiers l'endroit où il a grandi. S'il s'en éloigne, il y revient et y demeure tant qu'il y est en repos, sinon il le fuit pour toujours. Le Lièvre qui gîte dans les champs ne les quitte que lorsqu'il pleut.

Il aime beaucoup les choux, les navets, le trèfle, et semble avoir un goût particulier pour le persil. En automne, il se nourrit des blés d'hiver; il gagne les jachères, les bas-fonds couverts de joncs. En hiver, il se laisse enterrer par la neige dans son gîte, mais dès que les mauvais temps cessent, on le voit reparaître dans les champs de trèfle, les jardins et les pépinières où il ronge l'écorce des jeunes arbres, notamment des acacias et des mélèzes.

Le Lièvre des forêts se montre pendant la belle saison sur la lisière des bois, et se rend le soir dans les champs voisins. Au moment de la chute des feuilles, il s'enfonce dans les fourrés les plus épais.

Jamais un Lièvre ne se rend directement à l'endroit où il veut se gîter; il le dépasse un peu, revient, le dépasse de nouveau, fait un bond de côté, et ne s'arrête enfin qu'après avoir fait un grand saut. Son gîte, profond de $0^m,05$ à $0^m,08$, ne laisse voir qu'un peu du dos de l'animal. Il s'y couche, les pattes de derrière ramassées sous lui, la tête reposant sur les pattes de devant étendues, les oreilles rabattues en arrière. Pour l'hiver, il le creuse un peu plus. Il s'y place la tête vers le nord, en été, mais en hiver elle est tournée vers le sud, et par les temps d'orage toujours sous le vent. A-t-il trouvé pendant la nuit de quoi assouvir son appétit, la température est-elle bonne, il se rendra le matin, au lever du soleil, dans un lieu sec, sableux, pour y prendre ses ébats, seul ou avec ses semblables. Il saute, court en rond, se roule; il s'enivre tellement dans ses jeux qu'il prend parfois le Renard pour un camarade, erreur qu'il paye bientôt de sa vie.

Pourtant le vieux Lièvre, toujours aux aguets, ne se laisse pas ainsi surprendre. Très inoffensif, il cherche à dérouter son ennemi par ses zigzags ou ses crochets. Quand il est poursuivi par un Lévrier, il essaye de se faire couper par un autre Lièvre qu'il chasse de son gîte et dont il prend la place, ou bien il se réfugie dans un troupeau de moutons ou dans un fourré de roseaux, et traverse même un cours d'eau à la nage. Parfois le danger peut le saisir au point d'anéantir toutes ses facultés; il oublie alors ses moyens de salut, et court deçà, delà, en poussant des cris plaintifs.

Sa grande rapidité, sa ruse et sa vigilance compensent sa craintivité innée. A cause de la longueur de ses membres postérieurs, l'animal peut mieux courir en montant qu'en descendant. Quand il est tranquille, il ne fait que de petits sauts très lents; quand il se hâte, il fait des bonds considérables. Lorsqu'il fuit, et qu'il est assez loin de son gîte, il s'arrête et s'assied sur son arrière-train; s'il a quelque avance sur le chien, il ne se presse pas, il fait quelques pas, tourne et retourne sur un espace restreint.

Tout objet inconnu lui fait peur; aussi évite-t-il avec soin les épouvantails que l'on place dans les champs pour l'éloigner. Mais, de vieux Lièvres expérimentés se montrent parfois très hardis, ils n'ont même pas peur des Chiens, s'ils se rendent compte qu'ils sont attachés. Lenz en a vu pénétrer ainsi plusieurs fois dans son jardin.

L'ouïe est bien développée, l'odorat pas mauvais, mais la vue est faible. Le moindre bruit, une feuille qui tombe, suffit pour troubler son sommeil.

Au printemps, les mâles se livrent souvent des combats des plus divertissants pour le spectateur : le duvet vole de toute part sous l'effet des coups de pattes. La femelle a quatre portées par an, rarement cinq, du 15 mars à la fin d'août; la première comprend un ou deux petits; la seconde, trois à cinq; la troisième, deux, et la quatrième, un ou deux. Elle choisit un endroit tranquille, soit un vieux tronc d'arbre, soit un lit de feuilles sèches, soit même le sol nu.

Les petits naissent couverts de poils et les yeux ouverts; la mère les abandonne au bout de cinq à six jours, et pourtant revient parfois pour leur donner à téter afin de se débarrasser de son lait. On assure qu'elle les appelle en faisant battre ses oreilles l'une contre l'autre. A quinze mois, ils sont complètement adultes. La durée moyenne de la vie du Lièvre paraît être de sept à huit ans, s'il échappe à toutes les embûches.

Chasse. — On emploie la traque et la chasse à l'affût, à l'aurore ou le soir. Buffon disait que la chasse au Lièvre est l'amusement, et souvent la seule occupation des gens de la campagne. Comme elle se fait sans apparat et sans dépense, et qu'elle est à la fois utile et lucrative, elle convient à tout le monde. C'est un prétexte à promenades, à sorties pour les citadins, un excellent exercice physique au grand air, et un dérivatif précieux aux préoccupations journalières.

Comme le Lièvre fait en mâchant certains mouvements de latéralité, il était, dit-on, classé, par Moïse, dans les Ruminants, et l'usage de sa chair n'était pas permis aux Hébreux. Par suite, Mahomet l'a aussi interdite à ses disciples.

Usages. — L'utilité du Lièvre ne compense pas les dégâts qu'il cause. Sa chair est succulente et très appréciée. Sa peau, quoique peu résistante, est utilisée, surtout en Russie et en Bohême, pour la chapellerie; et, rasée et tannée, elle sert à faire une sorte de parchemin et de la colle forte. Tous les produits qu'il fournit jouaient jadis un rôle dans l'ancienne thérapeutique.

LE LIÈVRE TIMIDE. — Le Lièvre timide (*L. timidus* L.) est le Lièvre blanc ou variable du nord de l'Europe, des Alpes et des Pyrénées (*).

Caractères. — Sa tête est plus arrondie, son front plus arqué, son nez plus court et ses joues plus élargies que chez le Lièvre commun. Les pattes de derrière sont aussi plus allongées, les soles très velues, les doigts mobiles armés d'ongles forts. Ses yeux ne sont point rouges comme ceux des diverses variétés albines. Sa taille est un peu plus petite que celle du Lièvre de montagne.

Ces Lièvres, dont les oreilles repliées n'atteignent pas le bout du museau, sont en été d'un gris brun uniforme, sans mouchetures; en hiver, ils sont blancs, mais le bout des oreilles reste toujours noir. Pourtant les Lièvres d'Irlande et du sud de la Suède ne deviennent jamais complètement blancs, tandis que ceux des régions polaires restent blancs toute l'année.

Habitat. — Ce Lièvre habite les Alpes, les Pyrénées à partir de 1 600 mètres jusqu'à 2 500 mètres, le Caucase, et dans le nord, l'Irlande, l'Écosse, la Scandinavie, le nord de la Russie et de l'Asie jusqu'à l'île Saghalien et au Japon. C'est l'espèce qui remonte le plus au nord, car ses traces ont été rencontrées à 83°24′ de latitude septentrionale.

Le Lièvre arctique (*L. arcticus* Leach) ou polaire le représente dans le nord de l'Amérique. Son aire d'habitat s'étend jusqu'au sud de la Nouvelle-Écosse. Sa taille est un peu supérieure à celle du Lièvre changeant d'Europe.

Mœurs. — Le Lièvre des Alpes gîte entre les rochers et les pierres. Le mâle s'y tient la tête levée et les oreilles redressées, tandis que la hase a la tête appliquée sur les pattes de devant et les oreilles baissées. Tous deux vont pâturer de très bonne heure, mais sans oublier de veiller à leur sécurité. Ils aiment les trèfles, les matricaires, les achillées, les violettes, les saules nains et l'écorce des daphnés. Rassasiés, ils se couchent au soleil ou vont dormir en leur gîte, car ils ne boivent que rarement. Le soir venu, ils vont brouter une deuxième fois, en y ajoutant une petite promenade hygiénique dans les environs. Pendant l'hiver, ce Lièvre vit surtout de lichens et de graines de sapin. En Amérique, ce sont les baies d'arbousiers et les écorces de saules noirs qui lui servent alors de nourriture.

« Pendant l'hiver, dit Tschudi, notre Lièvre mène une triste existence. Si une neige précoce le surprend avant qu'il ait revêtu sa fourrure épaisse d'hiver, il

---

(*) Pl. XLIII. — Le Lièvre timide (Planche, p. 184).

passe souvent plusieurs jours sous une pierre ou sous un buisson sans oser sortir et meurt de froid ou de faim. Surpris par la tourmente, il se tapit en plein air ; il se laisse souvent ensevelir sous la neige, comme le Tétra à queue fourchue et les Lagopèdes, et, caché sous une couche épaisse, il n'en sort que lorsque le froid en a durci la surface et qu'elle peut le porter. En attendant il se creuse une galerie et mange les feuilles et les racines des plantes vivaces. Puis il se retire dans les forêts, broutant les herbes desséchées et rongeant les écorces.

« Souvent aussi les Lièvres s'approchent des chalets où le montagnard conserve le foin sur les hauteurs. Lorsqu'ils réussissent à y pénétrer par une fente, ils mangent ce qu'ils peuvent et couvrent le reste de leur crottin. Quand on est venu chercher le foin pour le conduire dans les vallées, ils glanent sur les chemins les brins tombés des traîneaux, ou bien, se rassemblant pendant la nuit aux endroits où les bûcherons ont donné à manger aux chevaux, ils font leur profit des restes de fourrage. Pendant le temps que l'on est occupé à transporter le foin, ils se cachent bien encore dans les fenils, mais ils ont la prudence de se gîter l'un devant, l'autre derrière le monceau de foin. A l'approche des montagnards, chacun fuit de son côté. Pourtant, on a observé qu'au lieu de prendre le large, celui qui a le premier aperçu le danger fait le tour du bâtiment pour réveiller son compagnon et s'enfuir avec lui. Dès que le vent a déblayé de neige quelque coin de la montagne, les Lièvres regagnent les hautes Alpes. »

En été, la femelle met bas une fois seulement par an, de quatre à six petits qu'elle cache dans un réduit approprié à cet effet.

Chez les Ostiaks, où il est domestiqué, on le nourrit de Poisson séché.

En Asie, les Lièvres sont très nombreux ; les trois espèces suivantes habitent les hauteurs du centre à partir de 1 500 mètres.

Le Lièvre tolaï (*L. tolaï* Pall.) ou du Thibet se trouve aussi dans la Tartarie, la Mongolie, et la Dzoungarie. Il tient à la fois du Lièvre ordinaire et du Lièvre changeant, mais sa tête est plus longue et son pelage, identique à celui du premier, ne change pas non plus en hiver. La face supérieure de la queue est noire, tandis que, chez le Lièvre laineux (*L. oïostolus* Hodgs.) et le Lièvre des hauteurs (*L. hypsibius* Blanf.), elle est blanche des deux côtés.

Le Lièvre ruficaude (*L. ruficaudatus* Is. Geoff.) est commun dans l'Inde ; il ressemble au Lièvre ordinaire, mais sa queue est plus longue, rousse en dessus au lieu d'être noire. On le chasse avec des Lévriers pour sa chair, qui est très bonne. Il se blottit dans les crevasses, quand il est poursuivi.

Le Lièvre mossel ou à cou noir (*L. nigricollis* F. Cuv.) vit dans les montagnes de Ceylan et l'Inde méridionale, depuis les fleuves Taptee et Godavery jusqu'au cap Comorin. Il a été introduit à Saint-Maurice et à Java. Il est de la taille d'un gros Lapin. Comme le précédent, quand on le poursuit, il se cache dans des trous. Il est moins prolifique que le Lièvre européen.

Le Lièvre hispide, rude ou à soies [*L. (Caprolagus) hispidus* Pearson], a des oreilles courtes, de petits yeux et un pelage grossier et rude, qui, sur le dos,

---

Pl. XLII. — Le Lièvre européen (texte, p. 180).
Pl. XLIII. — Le Lièvre timide (texte, p. 183).

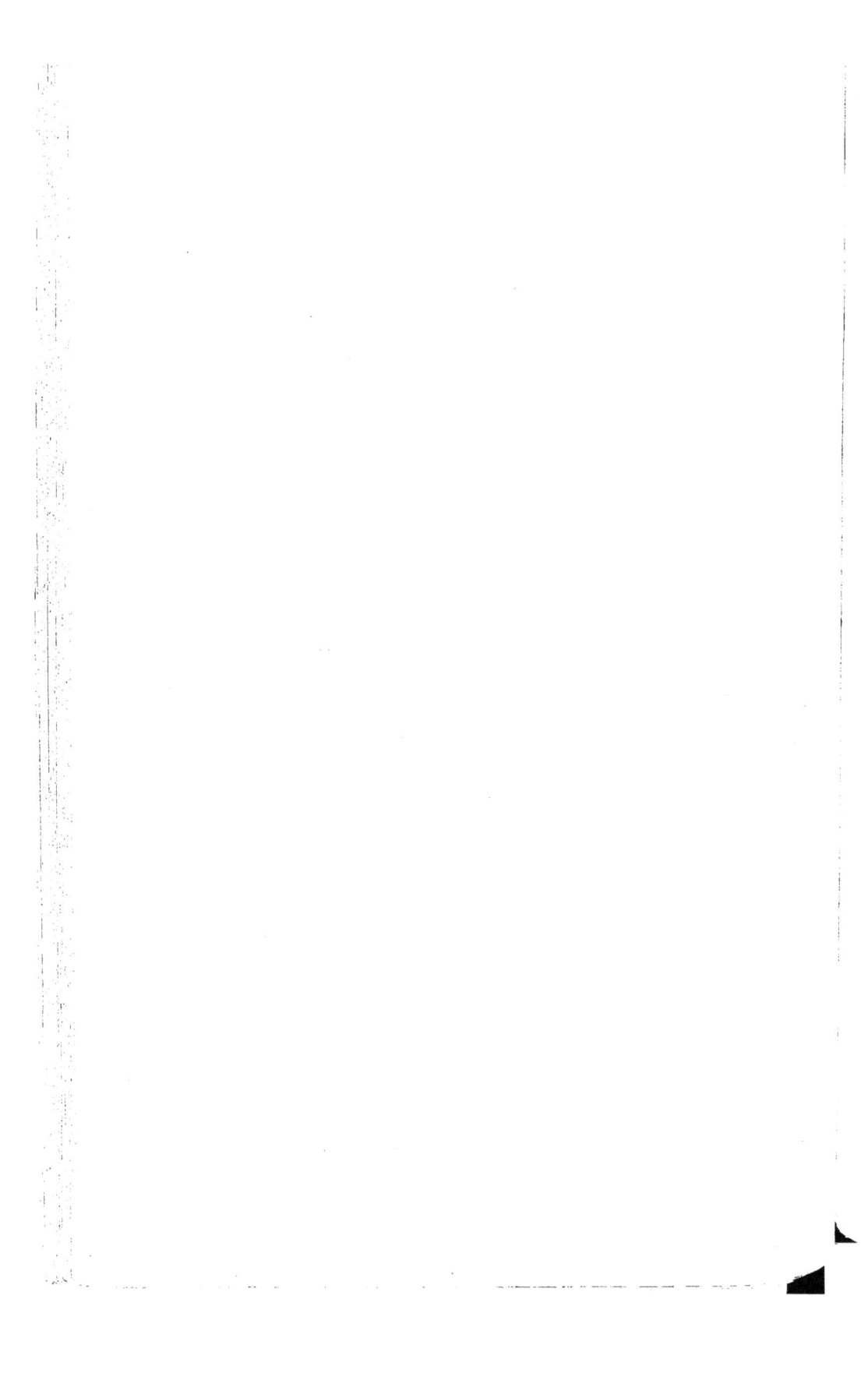

est noirâtre, et par endroits brun blanchâtre, et en dessous d'un blanc brunâtre sale. Il vit dans l'Himalaya. Il se creuse des terriers comme le Lapin, mais il vit solitaire comme le Lièvre. Il se distingue assez de ce groupe pour qu'on ait voulu en faire le type d'un genre dont la deuxième espèce vit à Sumatra (*L. Netscheri* Jent.).

En Afrique, on trouve des Lièvres de l'Égypte au Cap.

Le Lièvre d'Égypte (*L. aegyptius* Aud. et Geoff.), au nord de l'Afrique, se distingue par sa taille notablement plus petite, ses oreilles plus grandes et sa coloration fauve plus pâle et tiquetée. Le Lièvre isabelle et le Lièvre d'Abyssinie n'en sont que des variétés, tandis que les Lièvres de la Somalie, de Berbera, du Tigré sont regardés comme des espèces spéciales.

Le Lièvre saxatile ou des rochers (*L. saxa-tilis* F. Cuv.), des monts rocheux de

Le Lapin de garenne.

l'Afrique australe, est le *Lièvre de montagne* des Boers. Il a le col roux, la gorge noire, le corps gris et le bout des oreilles noir. Il a la taille du Lièvre européen. Le Lièvre du Cap (*L. capensis* L.) ressemble au précédent avec les membres et la gorge roussâtres. Ses oreilles sont fort grandes et ses pattes courtes. C'est le *Lièvre de plaine* des Boers. Le Lièvre a queue épaisse (*L. crassicaudatus* Is. Geoff.), des plateaux de l'Afrique australe, a la taille du Lapin, des jambes courtes, une coloration rousse sur le dos et la queue, plus pâle en dessous. C'est le *Lapin rouge* des Boers.

Dans l'Amérique du Nord, à part le Lièvre polaire, on trouve les deux espèces suivantes, qui s'en rapprochent parce qu'en hiver leurs poils deviennent blancs à la pointe. Ce sont le Lièvre des prairies (*L. campestris* Brehm), qui est de grande taille, a de longues oreilles et une queue blanche en dessus, et le

Lièvre américain (*L. americanus* Erxl.), qui est de petite taille, avec des oreilles courtes et une queue foncée en dessus.

Parmi les Lièvres nord-américains qui ne blanchissent pas en hiver, le plus connu est le Lièvre gris des bois [*L. (Sylvilagus) sylvaticus* Brehm], qui habite les États du sud des États-Unis, et ne dépasse pas, au nord, les monts Adirondack. Il rappelle les Lapins par son genre de vie. Il vit souvent dans les arbres creux, ou dans des terriers abandonnés. Kennicott raconte que la femelle, qui met bas de quatre à six petits, trois ou quatre fois l'an, creuse un trou peu profond qu'elle rembourre d'herbe et de duvet pour les recevoir, et quand elle les quitte, elle les recouvre et les cache complètement.

Le Lièvre tapéti ou du Brésil (*L. brasiliensis* L.) est, des quatre espèces sud-américaines, la plus connue. Pour d'Azara, il n'est ni Lièvre, ni Lapin, car il est de taille plus faible que le Lapin de garenne ; son pelage est varié de brun et de jaunâtre, avec un demi-collier blanc sur le cou et des oreilles plus courtes que la tête. Il vit à la manière des Lièvres. On ne le mange pas au Paraguay. On le trouve non seulement dans les Guyanes et le Brésil, mais encore au Pérou, en Bolivie et au Parana.

LE LAPIN DE GARENNE. — Plusieurs des espèces que nous venons d'étudier forment une transition par leur extérieur et leurs habitudes entre le Lièvre et le Lapin, mais aucune n'est aussi sociable que ce dernier et, sauf une, ne met bas des petits ayant les yeux fermés.

Les Lapins sauvages [*L. (Oryctolagus) cuniculus* L.] ont les caractères génériques des Lièvres, mais s'en distinguent par leurs oreilles ordinairement plus courtes que la tête, leurs membres postérieurs moins longs, un arrière-train moins large et un pelage plus égal. Mais ils vivent en société ou plutôt en petites troupes, dans des terriers où leurs petits naissent nus et les yeux fermés. Leur couleur fondamentale est le gris brun, avec la nuque rouge fauve, tandis que la face inférieure de la queue et le ventre sont blancs ; le bord de la pointe des oreilles est blanc jaunâtre, et non pas noir comme chez le Lièvre. La longueur atteint 0^m,405, sur lesquels la tête compte 0^m,085. Les oreilles ont 0^m,08 et la queue 0^m,085.

Habitat. — Ce Lapin est actuellement répandu au loin. On croit qu'il était limité jadis aux côtes nord et sud de la portion orientale de la Méditerranée, et que de là, avec l'aide de l'homme, il s'est répandu partout où les conditions lui étaient favorables, même en Angleterre et en Irlande ; pourtant il n'a pas encore atteint les portions septentrionales et orientales de l'Europe continentale. Des restes de Lapins ont été trouvés dans les cavernes pleistocènes de l'Angleterre et de la France, à côté de ceux du Mammouth.

Mœurs. — Ce Lapin se plaît dans les endroits sablonneux et buissonneux, où il peut se cacher. On en a peuplé certaines dunes, dont il constitue le seul revenu, car c'est un animal sédentaire et sociable, qui, malgré son agilité, ne s'éloigne pas beaucoup de son terrier, où il se réfugie à la moindre alerte.

Le terrier, exposé au soleil, consiste en un donjon, d'où partent de multiples avenues étroites et enchevêtrées. Il ne sert qu'à un seul couple, et pour peu que les Lapins soient nombreux, tout le sous-sol d'une garenne se trouve miné et percé d'un réseau de galeries très compliqué. Aussi leur attribue-t-on toutes sortes de méfaits. On prétend qu'ils renversèrent les remparts de Tarragone en les minant et qu'ils causèrent plusieurs famines aux îles Baléares en rongeant les épis, à tel point que l'empereur Auguste dut envoyer deux légions pour les détruire.

Il se repose tout le jour dans sa demeure, et n'en sort, et encore avec hésitation, qu'une heure environ avant la nuit pour faire une tournée et son repas du soir. Mais sa défiance, quand il paît le thym ou le trèfle, est telle qu'il se laisse rarement surprendre, et une fois dans son terrier, il est en sûreté. D'ailleurs, dans leurs sociétés, il y a volontiers échange de bons procédés ; tous ont l'oreille aux aguets et au moindre danger donnent ou répètent le signal d'alarme en frappant le sol avec leurs pattes de derrière.

Ils ont le même régime que les Lièvres, mais ils font beaucoup plus de dégâts, surtout en rongeant l'écorce des arbres. On a calculé qu'un Lapin qui vaut un franc fait 20 francs de dégâts. A cause de leurs mœurs turbulentes, jamais on ne trouve de Lièvres là où les Lapins sont en grand nombre, sans qu'il y ait pourtant une inimitié véritable entre eux.

La femelle construit pour les petits un terrier d'environ un mètre de profondeur, dont le fond est évasé et circulaire, garni d'herbes sèches et de poils duveteux qu'elle a arrachés de son ventre. Dès qu'elle a mis bas ses petits, elle bouche le terrier avec de la terre jusqu'à ce que leurs yeux s'ouvrent au neuvième jour, car elle ne visite pas ses petits pendant la journée. Elle les allaite vingt jours. Le mâle leur témoigne la plus grande affection.

Leur fécondité est très grande. Du Chaillou admet que deux Lapins, qui seraient, eux et leur progéniture, à l'abri de toute cause de destruction, donneraient en un an 1 848 Lapins. Pennant admettait que si une femelle a sept portées par an, chacune de huit petits, sa progéniture en quatre ans pourrait atteindre 1 274 840 individus.

Leurs ennemis sont nombreux : hérisson, putois, belette, etc.

Chasse. — On chasse le Lapin au chien d'arrêt, au retriever, au basset, au furet, à l'affût et en battue. C'est le furet qui offre le moyen le plus sûr pour les détruire. On place aux ouvertures des terriers des bourses, dont le *maître* est fortement fixé à quelque racine ou à un morceau de bois fiché dans le sol. Le furet au préalable *encamelé*, c'est-à-dire muselé, est alors lâché dans le terrier: les Lapins s'enfuient et sont pris dans les bourses.

D'autres fois, on furète *à blanc* ou *à gueules ouvertes*, on tue alors les Lapins à leur sortir du terrier.

Captivité. — Le Lapin sauvage se laisse apprivoiser très facilement ; par contre, le Lapin domestique, qui en dérive, redevient sauvage en quelques mois, et ses petits ont la couleur des Lapins de garenne. Il est sujet aux mêmes maladies que le Lapin domestique, entre autres à une affection qui peut dépeupler les garennes, le coccidiose hépatique ou gros ventre, produite par un sporozoaire qui se multiplie dans les cellules du foie, et le tue en peu de temps.

Domestication. — On ne possède aucun document précis concernant l'époque de la domestication du Lapin. Il a été introduit très tard dans nos régions, puisque les auteurs anciens n'en parlent pas.

Pour les uns, il a été domestiqué en Orient; pour les autres, il est venu du nord de l'Afrique en Espagne. En tout cas, les ossements de Léporidés trouvés dans les palafittes de la Suisse ont été rapportés par Rutimeyer au Lièvre. Les Romains le connurent vers le commencement de l'ère chrétienne, par leurs expéditions en Espagne et en Numidie. Ils les engraissaient dans des *leporaria*, analogues à nos garennes, puis dans des parcs ou clapiers.

La domestication, en exerçant son influence sur les petits connins, comme on disait jadis, a modifié l'oreille, la masse, le pelage et la tête.

Par le défaut d'exercice, les muscles du pavillon se sont atrophiés et celui-ci est devenu pendant. Une nourriture saine et abondante, associée à une vie oisive, a augmenté la taille, le poids, de sorte qu'aujourd'hui on obtient des Lapins qui pèsent neuf fois plus que le garenne. Les changements de milieu, les croisements ont produit la grande diversité de robes que nous connaissons. Un dernier phénomène curieux à constater a été l'allongement de la tête, consécutif, mais non pas proportionnel à l'allongement du tronc. Comme la tête ne s'élargissait pas dans le même rapport, et comme le cerveau n'avait que des fonctions végétatives à remplir, la cavité cranienne ne s'est pas augmentée proportionnellement, et elle est plus faible que celle des Lièvres.

Le Lapin monte moins haut vers le nord que le Lièvre, car on n'a pu le domestiquer dans le nord de la Russie, l'Islande et les Fœroer. En Scandinavie, le Lapin de garenne ne dépasse pas le 56ᵉ degré, tandis que le Lapin domestique se rencontre jusqu'au 66ᵉ.

Mais par contre, introduit dans certaines régions, il s'y est modifié et multiplié d'une façon vraiment extraordinaire.

Les Lapins des îles Porto Santo, près de Madeire, ont acquis à ce titre une certaine célébrité. Introduits en 1418, ces Lapins sont redevenus sauvages; mais leur taille, qui n'est que celle du Rat, et leur coloration, qui dans les parties supérieures est rouge foncé et grise en dessous, les différencient si bien de leur souche qu'ils ne reproduisent pas avec les Lapins domestiques d'Europe et devraient être regardés comme une espèce distincte (*L. Huxleyi*), si on ne connaissait leur histoire.

Les Lapins redevenus sauvages à Ténériffe sont petits et ne se creusent plus de terriers, mais vivent dans des fentes de rochers.

En Amérique, les Lapins redevenus sauvages à la Jamaïque et aux îles Falkland ont perdu la taille et la couleur de la souche et repris celles du Lapin sauvage, en conservant pourtant quelques traces évidentes de leur origine (*L. magellanicus*).

En Australie, leurs immenses légions sont devenues une calamité publique. Au moment de la plus grande prospérité, un patriote, voulant doter son pays d'animaux excellents pour la chasse et l'alimentation, introduisit dans la Nouvelle-Galles du Sud trois paires de Lapins qui furent lâchés en toute liberté. Mais peu de temps après, le sol de la contrée était miné de tous côtés et n'était plus qu'une gigantesque garenne. On calcula qu'en trois ans une seule paire de Lapins avait produit une progéniture de 13 718 000 individus. Tout était rongé, l'herbe des pâturages des moutons, l'écorce des arbres, les fruits et les légumes de toute espèce, en sorte qu'on eut des craintes pour l'avenir de la colonie. Et pourtant on en faisait des hécatombes formidables. Ainsi, la Nouvelle-Galles du Sud à elle seule exporta, en 1889, plus de 15 millions de peaux, et la colonie de Victoria en treize ans, de 1877 à 1889, plus de 39 millions. L'Australie du sud n'était pas mieux partagée.

Tous les moyens furent employés pour enrayer cette multiplication effrayante. On demanda aide et secours à l'Institut Pasteur, pour inoculer à cette maudite engeance une maladie contagieuse, mais la réussite ne couronna pas les efforts. On fit venir des Belettes, des Hermines, des Mangoustes, qui se multiplièrent facilement, mais qui confondirent la volaille des colons avec le gibier qu'elles avaient mission de détruire et ajoutèrent ainsi leurs déprédations à celles des Lapins. On organisa alors des compagnies d'extermination, qui, établissant leur campement dans un endroit, le débarrassaient complètement de ses Lapins et, pour éviter une deuxième invasion, on dut entourer ces régions, ainsi que celles qui n'étaient pas envahies, par des clôtures en toile métallique, dont quelques-unes, dans la colonie de Victoria, ont les dimensions colossales de 280 kilomètres. Des légions vinrent périr au pied et leurs squelettes s'y accumulèrent en grandes masses. Dans ces dernières années, on eut l'idée de les dépouiller et d'envoyer leur chair dans des vaisseaux frigorifiques en Angleterre pour l'alimentation.

Dans la Nouvelle-Zélande, les Lapins introduits il y a trente ans sont devenus légion dans certains endroits, à tel point que les colons ont failli leur abandonner complètement la possession de leurs lieux de prédilection. Et pourtant la Nouvelle-Zélande exporte 12 millions de peaux par année. Leur multiplication a été aussi rapide dans les îles Crozet.

LES RACES DE LAPINS

1° Le LAPIN COMMUN ou Lapin de chou est de grosseur moyenne ; c'est la souche probable de toutes les races cuniculines. Il présente une grande diversité de coloration ; on peut dire qu'il est, sous ce rapport, en état de variation incessante. Les tons gris sont les plus communs, puis les roux, café au lait, pienoir, pie-roux, blancs et parfois noirs, ardoisés ou bleus.

2° Le LAPIN A PELAGE SOURIS ou ardoisé, parsemé de poils noirs et de blancs, constitue la variété dite *Chinchilla*. L'un des plus beaux types est le Lapin de La Rochelle. La variété noire est plus fréquente en Amérique et aux îles Falkland ; elle était si commune qu'on en avait fait la variété magellanique. Le climat insulaire pousse donc à la pigmentation. La rusticité de toutes les variétés est la même, sauf pour les albinos. La fécondité, qui s'élève avec l'abondance de nourriture, et la qualité de la chair sont tout à fait sous la dépendance de la nature des aliments.

3° La RACE ARGENTÉE ou LAPIN RICHE, de Champagne, de Troyes, est de grosseur moyenne et en partie gris argenté, en partie de couleur d'ardoise plus ou moins foncée par suite de la dépigmentation de la pointe des poils, car les jeunes naissent noirs. Les pattes sont brunes avec le dessous blanc. Les poils sont longs, doux, en sorte que la peau est estimée dans le commerce des pelleteries et vendue sous le nom de *petit gris*. C'est une race ancienne, qui a donné deux variétés : l'argentée foncée, et l'argentée claire. Pas de différences avec le précédent pour la fécondité, la robusticité et la qualité de la chair.

4° Le LAPIN PAPILLON est une création anglaise récente. Il a une robe blanche, mais des oreilles, des lunettes, une raie vertébrale, et, sur chaque flanc, une tache de couleur noire. Les pattes sont blanches. C'est une jolie race d'amateurs. Son développement rapide et précoce, la bonne qualité de la viande, la masse des individus qui peut atteindre 6 à 7 kilogrammes, lui donnent une supériorité sur la race ordinaire.

Le Lapin domestique à longues oreilles.

5° La RACE NOIR ET FEU (ou *black and tan*) a une robe noire avec des lunettes rouges; la gorge, le ventre, la face inférieure de la queue et les oreilles sont de couleur feu. Cette création, qui date de 1887, a été obtenue par sélection méthodique.

6° La RACE JAPONAISE ou tricolore a une robe présentant des poils blancs au plastron et aux pattes, et trois zébrures noires alternant avec d'autres jaune enfumé et descendant latéralement sur le tronc. Cette race récente n'a probablement pas été importée du Japon. C'est plutôt le produit d'un métissage complexe.

7° La RACE D'ANGORA se distingue très nettement des précédentes par ses phanères, car la peau est recouverte de poils très fins et doux, dont la longueur oscille autour de 0ᵐ,11. Pour tous ses autres caractères, elle se rapproche du Lapin commun. Les couleurs blanche et ardoisée sont les préférées, puis viennent la noire et la grise. La chair de l'Angora est de première qualité, et sa toison abondante s'il est bien nourri et si on le maintient dans un clapier peu éclairé. On utilisait jadis ses poils pour confectionner des bas et des gants. L'élevage se fait encore dans les départements de la Savoie, de l'Orne et du

Calvados. Le nom qu'on lui a imposé indique une analogie de toison avec la Chèvre d'Angora, et non pas son lieu d'origine.

8° Le LAPIN GÉANT des Flandres a un poids considérable, des oreilles assez larges, longues et droites, la tête arrondie. Avec l'âge, un fanon se détache du cou. Le poil et les teintes sont les mêmes que chez le Lapin ordinaire. Il donne de sept à dix Lapereaux par portée, mais l'élevage doit être très surveillé, et on ajoute souvent à leur nourriture du lait de Vache, pour obtenir des individus de fort poids. La chair est délicate. Cette race est très ancienne. Elle est citée, en Italie, dès 1551. Croisé avec la race commune, le Géant des Flandres donne le Lapin normand.

9° La RACE RUSSE, de petite taille, a une fourrure très fine, blanche. Pourtant, le bout du nez, l'extrémité des oreilles, des pattes et de la queue deviennent noirs à partir du douzième jour après la naissance. Sa fourrure est utilisée comme hermine, à cause de sa douceur et de son brillant. C'est un bel animal, très fécond, qui se terre facilement. Sa chair est d'excellente qualité. Cette race, mariée à l'Angora blanc, a donné des produits à longs poils avec pigmentation affaiblie, appelés *Lapins de Sibérie.*

10° La RACE HOLLANDAISE possède un pelage pie, qui rappelle celui des bêtes bovines du pays. Ce Lapin, de création récente, est de petite stature, avec des oreilles dressées et un poil court.

11° La RACE DU BÉLIER est à oreilles pendantes et à taille au-dessus de la moyenne ; c'est le *Lope* des Anglais. Les oreilles peuvent atteindre $0^m,50$ de long et $0^m,15$ de large. Son pelage est ordinairement gris. Cette race de fantaisie a une forte ossature, et un poids vif de 9 à 10 kilogrammes. La chair est médiocre, ainsi que la fécondité.

Dans les Béliers normands ou de Rouen, la pointe des oreilles seule touche à terre. On voit quelquefois des Lapins à une oreille ou demi-lopes, d'autres sans oreilles, et des métis divers dont les caractères ne paraissent pas fixés.

Usages. — L'élevage en grand des Lapins n'a jamais bien réussi, mais les petits élevages, si fréquents dans la banlieue de Paris, où l'on utilise les débris de cuisine, les mauvaises herbes de jardin, procurent certains bénéfices aux petits cultivateurs et leur permettent de varier leur menu. Je n'irai pas, comme on l'a fait, jusqu'à garantir 20 000 francs par an à ceux qui consacreraient un capital de 500 francs à l'éducation de Lapins, mais il est certain que cette culture paye le travail, si l'on a soin de tenir les Lapins sur des litières fraîches et abondantes, dans des locaux secs, aérés, dont le sol, recouvert de planches ou de béton pour les empêcher de gratter, est incliné vers l'extérieur et facilite ainsi l'écoulement de l'urine.

Les loges doivent être assez spacieuses, séparées par des planches, bien protégées contre les Rats, les Chiens, les Chats et les Fouines, et, si possible, elles seront munies d'un râtelier pour y déposer les herbes, et d'une mangeoire pour les grains et les farines.

Il convient de ne leur donner à manger que deux fois par jour, le matin et le soir, et quand les aliments sont secs, il est nécessaire d'ajouter de l'eau.

Ces animaux donnent lieu à des transactions commerciales importantes. Leur viande est un peu fade, mais on peut cependant lui donner un fumet qui diffère peu de celui des Lapins sauvages, en ajoutant à leur menu des labiées aromatiques : thym, serpolet, sarriette, etc.

Leur peau est assez estimée comme fourrure ; grâce à la teinture et à des manipulations savantes. elle peut servir à la fabrication de presque toutes les autres fourrures. Débarrassé de ses poils, le derme sert à faire de la colle, et les poils sont utilisés dans la chapellerie.

N'oublions pas de rappeler les services qu'ils ont rendus et rendent chaque jour dans les laboratoires de physiologie et de médecine pour la recherche de la guérison des maladies transmissibles.

La viande de Lapin est considérée comme impure par les Juifs et les Mahométans.

LES LÉPORIDES OU LAPINS-LIÈVRES. — Malgré l'antipathie prononcée que manifestent l'un pour l'autre le Lièvre et le Lapin, Roux (d'Angoulême), en 1847, réussit, dit-on, à obtenir avec un Lièvre mâle et des Lapines, des produits auxquels Broca donna le nom des *Léporides*. Ces produits, obtenus sûrement depuis cette époque, ont donné une race domestique, car ils se montrent féconds, et cela d'une façon indéfinie. Seulement, Sanson a montré que les Léporides ne tardent pas à faire retour soit à l'un, soit à l'autre type spécifique ascendant, à la façon de véritable métis. Leur rusticité et leur aptitude à l'engraissement sont les mêmes que celles du Lapin, mais leur fécondité est moindre; les petits naissent nus et aveugles comme les Lapereaux.

Leur chair, d'ailleurs, se rapproche de celle du Lapin.

Les Chevaux, Anes, Mulets

ONGULÉS. — Avec les Chevaux nous commençons l'étude du groupe hétérogène des Ongulés, comprenant un nombre considérable de formes vivantes et fossiles. Ces animaux, en général lourds et massifs, dont les membres sont disposés pour la locomotion terrestre, ont les doigts protégés par un étui corné ou sabot. Chez les uns, il entoure la première phalange tout entière ; chez les autres, il ne la recouvre qu'en partie ; sa forme varie avec le nombre des doigts.

Leur dentition présente des variations assez importantes, bien qu'ils soient tous herbivores, à part quelques-uns qui sont plus ou moins omnivores. Les incisives peuvent n'exister qu'en haut et prendre un développement excessif. Les canines manquent chez les uns ou n'existent qu'à la mâchoire supérieure chez les mâles et peuvent constituer des défenses. Elles sont placées dans l'espace qui sépare les incisives des molaires. Celles-ci sont parcourues par des lamelles d'émail qui, sur la surface triturante, présentent parfois des figures sinueuses. Leur nombre et leur disposition sont loin d'être fixes. Elles appartiennent alors au type de structure dit *sélénodonte* ; si la surface libre présente des denticules disposés en cône plissé, le type est dit *bunodonte* (Cochon). Les adultes n'ont jamais de clavicules.

Le caractère le plus frappant chez ces animaux, c'est la variation qu'on observe dans le nombre des sabots, et par conséquent des doigts. Aussi avait-on attribué à ce fait une grande importance et alors tous avaient été séparés des animaux voisins et groupés en *multiongulés, biongulés et uniongulés*.

Les Ongulés peuvent se diviser en Ongulés vrais, comprenant les Périssodactyles (*Chevaux, Tapirs, Rhinocéros*), qui ont un nombre impair de doigts (un ou trois), et les Artiodactyles (*Porcins* et *Ruminants*), dont le nombre de doigts est pair (deux ou quatre), et en un second groupe, les Ongulés polydactyles, dont les Éléphants et les Damans sont les représentants actuels et qui par la forme de leurs sabots et la disposition de leur carpe se séparent des Ongulés vrais. D'autre part, le nombre considérable d'espèces fossiles découvertes assez récemment et qui ne se rapportaient ni aux Périssodactyles, ni aux Artiodactyles, tout en étant alliées aux deux groupes, et formaient même un passage au groupe des Éléphants, ont forcé les naturalistes à introduire un certain nombre d'autres divisions peu nettement délimitées.

Les mots de *Périssodactyles* et d'*Artiodactyles* ne sont pas parfaitement exacts quand ils ne s'appliquent qu'au nombre des doigts : je citerai d'assez nombreuses exceptions, comme le Tapir qui n'a que trois doigts aux pattes de devant, etc., mais ils sont d'une justesse absolue quand il s'agit du nombre des doigts qui s'appuient sur le sol et sur lesquels repose le poids du corps.

En effet, chez les Périssodactyles, l'axe du membre passe par un doigt qui prend un grand développement pour remplir cette fonction de soutien, tandis que les autres, n'ayant aucune fonction à remplir, diminuent jusqu'à s'atrophier ou se réduire à de simples stylets représentant les métacarpiens correspondants. Chez les Artiodactyles, ce sont, au contraire, deux doigts, le troisième et le quatrième, qui assument généralement cette fonction de soutien et sont plus développés que les autres. Ces deux groupes présentent en outre des différences d'organisation importantes, qui légitiment leur séparation.

Classification. — En résumé, nous distinguerons dans les Ongulés :

1° Les *Périssodactyles* ou *Jumentés* (Chevaux, Tapirs, Rhinocéros);

2° Les *Ongulés polydactyles* (Éléphants, Damans);

3° Les *Artiodactyles* (*Porcins* et *Ruminants*).

JUMENTÉS. — L'ordre des Jumentés ne comprend que des animaux d'assez grande taille, terrestres et herbivores, dont les pattes sont périssodactyles et dont la peau peut être souple et garnie d'un pelage abondant, ou très épaisse et presque nue. Il représente une partie de l'ancien groupe des Pachydermes, auquel Cuvier rattachait encore les Éléphants et les Porcins.

La dentition peut être complète ou parfois manquer de canines. L'espace qui existe entre les dents antérieures et les molaires s'appelle la *barre* ou *diastème*. Le fémur est pourvu d'un troisième trochanter placé du côté externe; l'astragale présente une forte poulie pour son articulation avec le tibia. L'estomac est simple, l'intestin très long et porte un cæcum volumineux. Le cerveau présente des hémisphères riches en circonvolutions, mais peu développés, qui laissent le cervelet à découvert. Aussi leur intelligence est-elle assez bornée. Les mamelles sont ventrales ou inguinales.

Habitat. — Ils vivent en troupes dans l'ancien et le nouveau monde. Ils sont sauvages et parfois obstinés et dangereux.

Classification. — Cet ordre renferme une dizaine de familles, dont trois actuelles :

Les *Équidés*, comprenant les Chevaux actuels et de nombreux genres fossiles, qui leur sont plus ou moins apparentés;

Les *Tapiridés* ou Tapirs, avec quatre doigts en avant et trois en arrière;

Les *Rhinocéridés* ou Rhinocéros, qui ont trois doigts à tous les membres.

LES ÉQUIDÉS ACTUELS

« La famille des Équidés fournit, dans la faune actuelle, un groupe si naturel et si bien caractérisé par l'organisation des pieds, que l'on a parfaitement raison, en considérant seulement les types vivants, d'en faire un ordre à part sous le nom de *Solipèdes* ou de *Solidongulés*. Mais les différences, si tranchées en apparence, disparaissent petit à petit, lorsque l'on compare avec des chevaux vivants ceux qui ont vécu à des époques antérieures. Les pieds monodactyles deviennent alors les derniers termes d'une série d'évolutions qui présentent comme jalons des pieds semblables à ceux des Rhinocéros et des Tapirs. » (Vogt.) On assiste donc à la transformation, par des réductions latérales, de pieds polydactyles en pieds à un doigt, qui ne peuvent plus servir qu'à la course.

La dentition nous présente une évolution comparable, car les prémolaires des types fossiles primitifs ont une structure plus simple que les molaires, mais elles s'en rapprochent de plus en plus au fur et à mesure que les formes considérées sont plus récentes.

LES CHEVAUX

Les Chevaux (*Équus* Linné, 1766) constituent le seul genre actuel des Équidés.

Caractères. — Ils se reconnaissent à leur taille moyenne, à leur tête maigre et allongée, à leurs yeux vifs, à leurs oreilles pointues et mobiles, à leurs naseaux bien ouverts. Le cou est fort et musculeux ; le tronc, cylindrique, est porté par des membres vigoureux et bien déliés, et le corps est couvert de poils mous, serrés, courts, mais longs sur le cou et à la queue où ils forment des crins.

Les membres, au nombre de quatre, se distinguent nettement de ceux des autres Ongulés par un seul doigt, portant tout le poids du corps, ce qui indique une grande aptitude à la course. On appelle *genou*, l'articulation placée au-dessous de l'avant-bras, et *jarret*, celle placée au-dessous de la jambe ; dans les deux cas on distingue ensuite le canon, le boulet, le paturon et le sabot, dont le bord inférieur prend le nom de *pince*. Au-dessous du genou et du jarret, le seul métatarsien complet est le troisième, qui constitue le canon ; il est muni à droite et à gauche de stylets rudimentaires des deuxième et troisième métatarsiens qui n'interviennent plus dans la locomotion. Le cubitus et le péroné sont atrophiés. Les trois phalanges du doigt médian sont très fortes et courtes ; la troisième est élargie et arrondie à son bord ultime pour se loger dans le sabot.

Leurs dents sont au nombre de quarante ou quarante-deux chez le mâle adulte, de trente-six chez la jument, et de vingt-six chez le poulain, soit :

$$i\,\frac{3}{3},\ c\,\frac{1}{1},\ pm\,\frac{3}{3},\ \text{M}\,\frac{(4)\,3}{3}\ \text{et}\ i\,\frac{3}{3},\ c\,\frac{0}{0},\ pm\,\frac{4}{3}.$$

Les incisives sont disposées en arc et présentent une cavité ovale sur leur couronne, et c'est à l'intégrité ou au degré d'usure de la couronne que l'on juge de l'âge du Cheval. La fossette disparaît vers l'âge de huit ans : on dit que le Cheval ne marque plus. Les dents de remplacement apparaissent à des époques variables. On les désigne, en allant de dedans en dehors, sous les noms de *pinces, mitoyennes* et de *coins*. Les canines, appelées *crochets*, sont situées au milieu de la barre et représentées, dans la dentition de lait, par un stylet grêle ou un follicule atrophié, mais elles ne se développent que chez les adultes mâles et manquent généralement chez les femelles. L'adulte porte six molaires de chaque côté de la mâchoire ; mais Daubenton a observé qu'il existe souvent à la mâchoire supérieure une petite dent située en avant de la première prémolaire ; pour Lesbre, c'est la première molaire de lait qui a persisté, car elle n'est jamais remplacée. Le nombre des dents est alors le même que dans les genres fossiles de ce groupe. Les trois prémolaires ressemblent beaucoup aux vraies molaires. Elles sont constituées par un fût prismatique de cément comme formé de deux moitiés accolées et dans lequel n'apparaît pas nettement la séparation en couronne et racine. Dans l'intérieur, se trouve une lame d'émail qui, sur la surface triturante, dessine deux croissants dont la concavité est tournée en dehors et dont le premier, par sa face convexe, est rattaché dans la mâchoire supérieure à un lobe qui affecte ainsi l'apparence d'une presqu'île (c'est un îlot chez l'Hipparion).

L'apparition des dents commence quelques jours après la naissance, d'ordinaire dans le maxillaire supérieur. Les premières qui se montrent sont les premières et secondes prémolaires (au cinquième jour), puis les pinces (du septième au dixième jour), les mitoyennes (vers un mois), la troisième prémolaire, et enfin la troisième incisive. Parmi les dents définitives, c'est la première vraie molaire qui apparaît d'abord, peu après la fin de la première année ; la deuxième se montre avant la fin de la deuxième année. A cinq ans, la troisième incisive se remplace et elle complète la deuxième dentition.

L'estomac est très grand et divisé en deux compartiments assez nets, dont le deuxième seul sécrète le suc gastrique ; il est séparé de l'œsophage par une sorte de sphincter formé par deux faisceaux musculaires croisés au niveau du cardia ; cette forte *cravate de suisse* s'oppose à peu près complètement au vomissement. Le foie, très développé, n'a pas de vésicule biliaire. Le cæcum est énorme et a une capacité de 3o à 6o litres. La respiration se fait par les fosses nasales, car la communication entre le larynx et la bouche est obturée par le voile du palais.

Habitat. — Les Chevaux ont existé dans les deux continents à l'époque quaternaire, et pourtant ils étaient inconnus des indigènes au moment de la découverte du continent américain. Mais cette répartition n'est pas impossible à expliquer. Il est certain que ce genre est apparu d'abord en Asie, à la fin de l'époque miocène, et que les Équidés ont eu leur plus grand épanouissement dans le Miocène de l'Amérique du Nord. « Ne peut-on pas admettre, avec Studer, que du centre de l'ancien monde ce genre se soit répandu en Europe et en Afrique d'une part et de l'autre en Amérique ? Les communications qui existaient dans le Pliocène, entre les deux continents, rendent cette manière de voir fort admissible. En tout cas, il est probable que les habitants primitifs de l'Asie ont commencé à coloniser l'Amérique avant d'avoir domestiqué le Cheval; en arrivant d'ailleurs dans cette nouvelle région, ils n'y rencontrèrent plus cet animal (pourtant, dans le Quaternaire supérieur de la République Argentine on trouve des restes d'un Cheval associés à des débris de l'industrie humaine); on a de bonnes raisons de croire que, lors des grandes modifications climatériques diluviennes (époque glaciaire) il avait été chassé des hauts plateaux et avait dû gagner de nouvelles régions, où il avait succombé dans la lutte pour la vie. Rutimeyer tend même à admettre qu'alors l'habitat du Cheval s'était restreint aux parties occidentales et méridionales de l'ancien monde. » (Railliet.)

Mœurs. — Les Chevaux vivant actuellement à l'état sauvage sont confinés dans certaines régions désertes de l'Asie et de l'Afrique; ce sont des animaux sociables dont les troupes plus ou moins nombreuses parcourent les steppes pour se chercher des pâturages. Les espèces sauvages sont herbivores, mais en captivité elles se sont habituées aux grains, et même, dans le nord de l'Europe, leur régime est à la fois animal et végétal. Tous les Équidés sont vifs, éveillés, agiles et en même temps prudents. Leurs mouvements ont à la fois de l'élégance et de la noblesse. Ils vont d'ordinaire au trot, mais leur allure de course est le galop. Ils fuient devant l'homme et les grands Carnivores, car ils sont d'humeur douce, paisible et inoffensive; en cas de danger, ils se défendent avec leurs pieds et leurs dents. On admet souvent qu'alors ils se disposent en cercle et font face à l'ennemi qu'ils éloignent par des ruades. Ce n'est qu'une fable qui trouve un semblant de raison dans ce fait que les étalons, à l'approche d'un grand Carnassier, forment autour des juments et des poulains un cercle protecteur.

Leur fécondité est restreinte. La femelle, qui a deux mamelles inguinales, ne met bas qu'un seul petit à la fois, à des intervalles assez éloignés. Mais tous paraissent pouvoir se féconder mutuellement et donner des métis ou mulets.

Domesticité. — Le Cheval et l'Ane ont été soumis à l'homme dès la plus haute antiquité. Les autres tentatives faites sur l'Hémione et le Zèbre n'ont pas été couronnées du même succès.

Classification. — Le nom de *Cheval* sert au vulgaire à désigner plus spécialement une forme de ce genre; mais le naturaliste, en tenant compte de la longueur de leur queue et de la coloration de la robe, y distingue les trois sous-genres suivants : les Chevaux (sous-genre *Caballus*); les Anes (sous-genre *Asinus*), et les Zèbres (sous-genre *Hippotigris*).

LE CHEVAL DOMESTIQUE. — Le Cheval domestique est une création de l'homme. C'est un produit complexe du sol et des besoins de la civilisation ; aussi les races en sont-elles nombreuses.

Caractères. — Les Équidés caballins ont une robe dépourvue de bandes, une queue garnie de longs crins dès la base, une crinière longue et flottante, des oreilles courtes et mobiles, ordinairement une châtaigne à chacun des quatre membres, et enfin six vertèbres lombaires, rarement cinq. Leur hauteur varie de $1^m,80$ à $0^m,90$.

La robe des Chevaux domestiques varie à l'infini. Quand le pelage est uniforme ou simple, il est blanc, noir, bai ou alezan, avec diverses nuances; l'alezan est dit *ʒain* quand la robe n'a pas de poils blancs. Parmi les couleurs multiples les plus fréquentes sont le gris qui est pommelé, moucheté, tigré, truité, etc., le rouan, l'aubère avec les teintes fleur de pêcher, isabelle, zébrée. La tache blanche située sur le front est l'*étoile*; à la couronne, elle s'appelle *balzane*. Les Chevaux changent de poil au printemps; le pelage tombe alors et est remplacé par d'autres poils qui s'allongent pour l'hiver.

L'homme les a transportés partout pour utiliser leur force, mais ils n'ont persisté à l'état sauvage que dans les immenses solitudes de l'Asie centrale.

Mœurs. — Tout le monde connaît l'admirable et poétique portrait que Buffon, dans son *Histoire des Quadrupèdes*, a tracé de notre utile auxiliaire qu'il place à la tête de tous les autres animaux. « La plus noble conquête que l'homme ait jamais faite est celle de ce fier et fougueux animal, qui partage avec lui les fatigues de la guerre et la gloire des combats; aussi intrépide que son maître, le Cheval voit le péril et l'affronte, il se fait au bruit des armes, il l'aime, il le cherche et s'anime de la même ardeur; il partage aussi ses plaisirs; à la chasse, aux tournois, à la course, il brille, il étincelle; mais docile autant que courageux, il ne se laisse point emporter à son feu : il sait réprimer ses mouvements; non seulement il fléchit sous la main de celui qui le guide, mais il semble consulter ses désirs; obéissant toujours aux impressions qu'il en reçoit, il se précipite, se modère ou s'arrête, il n'agit que pour y satisfaire ; c'est une créature qui renonce à son être pour n'exister que par la volonté d'un autre, qui sait même la prévenir; qui, par la promptitude et la précision de ses mouvements, l'exprime et l'exécute; qui sent autant qu'on le désire et ne rend qu'autant qu'on le veut; qui, se livrant sans réserve, ne se refuse à rien, sert de toutes ses forces, s'excède et même meurt pour mieux obéir... Voilà le Cheval dont les talents sont développés, dont l'art a perfectionné les qualités naturelles, qui, dès le premier âge, a été soigné et ensuite exercé, dressé au service de l'homme. »

« Le Cheval, dit Scheitlin, a la notion de la nourriture, de sa demeure, du temps, de l'espace, de la lumière, des couleurs, de la forme, de sa famille, des amis, des ennemis, de l'homme et des choses. Il a l'intelligence, l'entendement, la mémoire, l'imagination, la sensibilité; le sentiment de sa position, de l'amour et de la haine. Son intelligence peut devenir de l'habileté, car il est très capable d'instruction. »

Ses sens sont bien développés. On peut apprécier l'état actuel, le naturel et le caractère du Cheval par les mouvements de ses pavillons auditifs. Généralement, s'il est doux et confiant, l'animal porte ses oreilles en avant, cherchant à flairer la personne qui l'approche; s'il est ombrageux et peureux, l'oreille est déplacée souvent et portée de tous côtés; s'il est colère, l'une est dirigée en avant, l'autre en arrière. Sa voix, qui est le hennissement, se module sur ses passions, ses désirs ou ses sensations.

Il est très délicat pour sa nourriture. Son odorat est d'une sensibilité excessive : il sent l'homme d'une demi-lieue, et l'eau de fort loin; aussi les nomades des déserts utilisent-ils souvent cette faculté. Les Chevaux américains grattent même le sol pour découvrir la source qu'ils soupçonnent en cet endroit.

Intelligence. — Le Cheval a au plus haut degré la mémoire des lieux; il sait reconnaître, mieux que son guide, même après plusieurs années, le chemin qu'il n'a parcouru qu'une fois, l'auberge où il s'est reposé. Le cocher, le cavalier peuvent avoir toute confiance en lui. Le Cheval de Cuvier glissa une fois sur une de ces plaques qui recouvrent les regards d'égout ; jamais depuis il n'en rencontra une sans se détourner, pour éviter d'y mettre le pied.

Il reconnaît aussi son ancien maître et sait lui témoigner sa joie de le revoir. On raconte sur son compte des merveilles de dévouement et d'affection : des Chevaux se penchent attristés sur le cadavre de leur maître, ne veulent pas le quitter, lui restent fidèles jusqu'après la mort. Dans la bataille, ils prennent part au combat, car ils mordent les chevaux des cavaliers ennemis, et ne craignent pas les blessures.

La mesure de son intelligence, de son éducabilité nous est donnée par les exercices auxquels on peut le dresser dans les cirques. « Le Cheval, dit Scheitlin, devine des énigmes, répond aux questions par oui et non en agitant la tête, marque l'heure en frappant avec le pied. Il est attentif aux mouvements de la main et du pied de son maître, comprend les jeux du fouet, la parole ; il est obligé d'avoir en lui-même tout un petit dictionnaire. Au commandement, il fait le malade, écarte les jambes, laisse pendre la tête, tombe lourdement à terre, fait le mort ; on peut s'asseoir sur lui, tirer sa queue, mettre les doigts dans ses oreilles, si sensibles, sans qu'il bouge. » On lui apprend à passer à travers des cerceaux de papier, etc.

Le Cheval est accessible à la peur. Un bruit inaccoutumé, un objet inconnu, un drapeau flottant l'effrayent. D'autre part, il a soin de regarder attentivement le sol pierreux avant de poser le pied et il s'avance prudemment dans l'eau.

Domestication. — A quelle époque remonte la conquête de ce noble et utile animal et à qui en sommes-nous redevables ? Rien de précis ne nous éclaire sur ce point. Comme tous les noms employés par les Occidentaux pour le désigner dérivent du zend et du sanscrit, c'est-à-dire des langues de l'Asie centrale, et comme il existe encore dans ces régions de grands troupeaux de Chevaux sauvages, on est fondé à admettre que c'est là que la domestication s'est effectuée primitivement, et que l'animal domestique aurait été exporté ensuite vers l'extrême Orient, le Midi et l'Occident. Les Chinois s'en servaient déjà plus de 2000 ans avant notre ère ; les Égyptiens, les Persans, les Hindous, dès l'origine des temps historiques, l'avaient pour compagnon. Les Hébreux n'eurent de Chevaux qu'au temps de David et de Salomon, car les patriarches, Abraham, Isaac, Jacob, avaient des Anes, des Chameaux et des Moutons, mais pas de Chevaux parmi leurs richesses. Les livres saints n'en font mention qu'à l'époque de Joseph : peut-être les Hébreux l'ont-ils amené en Palestine à leur retour d'Égypte. « A l'époque de Moïse, dit P. Gervais, les Israélites ne s'en servaient point, même dans les combats, et le législateur leur recommande, lorsqu'ils se rendront à la guerre, de n'avoir point peur des Chevaux ni des chariots de leurs ennemis, mais de mettre leur confiance dans le Dieu d'Israël. »

La légende nous apprend que ce fut Neptune qui offrit le Cheval aux Athéniens, tandis que Minerve leur donna l'olivier.

Dans l'antiquité, le Cheval fut surtout employé pour la guerre ; on dit que l'art de le monter fut inventé par les Scythes, aujourd'hui les Tartares, et que lorsqu'ils vinrent en Thrace, les Grecs en furent si effrayés qu'ils crurent que l'homme et l'animal ne formaient qu'un seul corps. Il est probable que c'est là l'origine de la fable des centaures. D'ailleurs les Mexicains eurent les mêmes craintes et commirent la même méprise lorsqu'ils virent pour la première fois les cavaliers espagnols que Cortez lança contre eux.

Le Cheval quaternaire, qui a laissé de nombreux ossements dans les cavernes du midi de la France et qui a été figuré souvent par les artistes de l'époque sur les bois de Cerf, n'était pas domestiqué ; c'était un animal de chasse, dont les populations primitives ont accumulé les débris en certains endroits, comme à Solutré. Le type en était assez lourd. Le Cheval domestique n'apparaît qu'à l'âge de bronze ; à cause de son squelette moins lourd, on le regarde comme étant d'origine asiatique : il aurait été amené par des invasions aryennes dans l'Occident. Il est probable qu'il s'est croisé avec le Cheval celtique.

Phylogénie du Cheval. — Si rien ne peut nous apprendre où et quand a été faite la conquête du Cheval, est-il possible de retrouver la souche d'où il dérive et celles de ses diverses races ? Les découvertes récentes en paléontologie permettent d'espérer dans un avenir plus ou moins lointain la solution de cette importante question. « Ce qu'il est intéressant de constater, ce sont les relations étroites qui existent entre le genre Cheval (*Equus*) et les genres éteints de la même famille. On avait depuis longtemps déjà reconnu des enchaînements remarquables dans cette succession de formes, mais les découvertes qui se sont multipliées en Amérique ont fait connaître de nombreux éléments de transition manquant dans la série européenne et sont venues ainsi apporter un ferme appui à la théorie de la descendance, ce qu'on a exprimé en disant que l'évolution du Cheval est devenue le Cheval de parade des évolutionnistes. Certes les auteurs ne sont pas d'accord sur les détails, et bien des tableaux divers ont été dressés pour exprimer la filiation supposée des ancêtres du Cheval, mais les grandes étapes n'en sont pas moins nettes, et chaque jour de nouvelles découvertes viennent aider à combler les lacunes qui existent encore ou à redresser les interprétations et les hypothèses primitives.

« Dès 1857, Richard Owen admettait que le Cheval actuel descend d'ancêtres géologiques à trois doigts, les Hipparions et les Palæothériums. Depuis lors, nombre d'auteurs ont insisté sur cette manière de voir, en cherchant à montrer comment, chez ces animaux, le pied s'est simplifié peu à peu en même temps que se transformait la dentition et que s'élevait la taille. Ainsi la suite des genres de l'ancien monde, *Palæotherium*, *Palaplotherium*, *Anchiterium*, *Hipparion*, *Equus*, montre d'une façon saisissante la réduction graduelle des doigts latéraux (2 et 4) et le développement corrélatif du doigt médian (3). D'autre part, dans le genre Cheval même, on peut trouver toute une série de formes tertiaires et quaternaires qu'on a souvent confondues sous le nom d'*E. stenonis* et qui conduisent peu à peu, selon Forsyth Major, à l'*E. caballus* ou Cheval actuel. Mais les observations faites en Amérique, dans les fameux gisements situés à l'est et à l'ouest des montagnes Rocheuses, ont fourni une série beaucoup plus complète. » (Railliet.)

Dans divers travaux à partir de 1874, Marsh a établi une chaîne continue

entre l'Éohippe de l'Éocène inférieur et le Cheval quaternaire, en passant par l'Orohippe de l'Éocène supérieur, l'Épihippe, le Mésohippe du Miocène inférieur, le Miohippe de l'Oligocène, le Protohippe du Pliocène inférieur et le Pliohippe du Pliocène supérieur.

Cope va même plus loin, il fait dériver la forme solipède de l'Hyracothérium, de l'Éocène inférieur de l'ancien et du nouveau monde. Cette forme périssodactyle avait quatre doigts aux membres antérieurs et trois aux postérieurs; elle provenait, d'après lui, du Phénacode à cinq doigts.

Dans l'ancien monde, la série, quoique moins complète, est aussi importante, et montre les mêmes faits. De l'Hyracothérium, par le Pachynolophe et le Propalæothérium, on arrive au Palæothérium de l'Éocène supérieur, au Palaplothérium de l'Oligocène, à l'Anchithérium et à l'Hipparion des couches miocènes et enfin au Cheval quaternaire. Cette filiation, quoique combattue par divers auteurs, rallie maintenant à elle la majorité des savants.

Usages. — Le Cheval est un grand facteur de la fortune publique : la France en 1901 en possédait 2 926 232. L'agriculture, l'industrie, le commerce, le service militaire l'utilisent comme bête de selle, de bât ou de tirage. Et chacun de ces services exige des aptitudes différentes, pour lesquelles l'éleveur a dû varier la conformation, le tempérament, le volume, la taille et la force musculaire. Ces perfectionnements ont produit de nombreuses races. Aussi a-t-on créé des établissements de sélection appelés *haras*, où l'on s'occupe de l'amélioration des diverses races. La France entretient vingt-deux de ces établissements avec 3 136 étalons. Le Cheval rend encore service pour la production de certains sérums curatifs, en particulier de celui de la diphtérie.

LES RACES ARABES ET LEURS DÉRIVÉES

LES CHEVAUX ARABES (*). — Les Arabes, les Turcs et les Persans sont les peuples qui apprécient le plus les mérites du Cheval; les Anglais et les Espagnols viennent ensuite, tandis que les Français, les Allemands, les Italiens, les Portugais, les Danois ne se classent qu'en troisième lieu. Les Chevaux dérivant du sang oriental, mongolique d'après Pjétrement, sont nombreux et ont fourni des types célèbres appelés Chevaux arabes, persans et turcs. C'est le Cheval d'Orient du type arabe qui sans contredit mérite le premier rang, tant par ses belles formes, son endurance que par son amour pour son maître.

Le livre de Job nous apprend que les anciens Arabes cultivaient et appréciaient déjà le Cheval, surtout dans le nord de l'Arabie. Les excellents coursiers des Arabes modernes ont facilité leurs conquêtes, mais ils n'étaient pas encore très nombreux, puisque l'histoire rapporte que Mahomet n'en avait que deux dans l'armée qu'il conduisit contre La Mecque, et que dans le butin dont il s'empara on ne voit figurer aucun Cheval, mais des Chameaux et des Moutons.

Le Cheval est nécessaire à l'Arabe pour les fêtes, les combats, les voyages,

(*) Pl. XLIV. — *En haut,* le Cheval arabe; *en bas,* le Cheval barbe.

la garde des troupeaux ; aussi est-il considéré comme le premier serviteur du maître, est-il le favori de la famille : c'est l'animal le mieux doué, c'est pour ainsi dire l'égal de l'homme, qu'on se plaît à célébrer dans des poèmes et dans tous les entretiens. D'ailleurs Mahomet a fait de l'amour du Cheval un précepte de sa religion : « Tu gagneras autant d'indulgences que tu donneras chaque jour de grains d'orge à ton Cheval. »

Caractères. — « Le Cheval arabe est le type du Cheval de selle, le plus beau, le plus parfait dans sa taille relativement petite, car il dépasse rarement 1^m,50. Mais quel beau corps, vigoureux, svelte et élégant ! La tête très expressive est carrée, c'est-à-dire à front large et plat, à yeux gros et saillants où brille l'intelligence ; les oreilles sont courtes et mobiles, la bouche petite et les naseaux larges et frémissants. L'encolure est musculeuse en même temps que très souple, à bord supérieur tranchant, garni d'une crinière longue, fine, ondoyante, avec des reflets de soie. Dans la conformation de son épaule, comme dans celle de la tête, l'Arabe est supérieur à tout autre ; le garrot est haut et saillant, la poitrine profonde, le ventre et les flancs très ramassés, les reins courts et forts, les hanches bien musclées, la croupe horizontale et charnue, les cuisses pleines ; la queue, grosse à sa naissance et déliée dans le reste de sa longueur, porte haut ses crins en éventail et sur lesquels le soleil se joue en reflets chatoyants. Les membres sont forts et fins tout à la fois, les tendons bien détachés, les paturons un peu longs mais d'une obliquité modérée et indiquant la force. Enfin tout accuse dans les os une densité merveilleuse, de même que le réseau veineux, saillant sous une peau fine et couverte d'un vrai poil de Souris, accuse une vitalité débordante. » (Mégnin.)

La couleur de la robe est très variée ; le gris est le plus commun, il blanchit avec l'âge ; puis viennent le gris pommelé, l'alezan, le bai, le blanc et noir. Les robes noires sont très rares. Le poil est fin et doux, avec des reflets dorés, argentés, bronzés qui simulent l'éclat du satin.

Dans leur langage imagé, les Orientaux disent que le Cheval de race, par sa conformation générale, tient à la fois du Lièvre, du Ramier et du Méhari ; au Sanglier, il a emprunté la largeur de la tête et le courage ; à la Gazelle, la grâce, l'œil et la bouche ; à l'Antilope, la gaîté et l'intelligence ; à l'Autruche, l'encolure et la vitesse ; enfin il doit avoir la queue courte de la Vipère.

Pour les Bédouins il y a cinq races primitives provenant des cinq juments favorites du prophète, mais de là sont sorties une infinité de ramifications, car toute jument remarquable par sa beauté et sa vitesse peut devenir la souche d'une sous-race. A la naissance d'un poulain, des témoins certifient par écrit ses caractères distinctifs, en y ajoutant les noms de ses père et mère. Il s'ensuit que la généalogie de chaque Cheval de race pure est aussi bien tenue et aussi certaine que celle des plus fières familles, et que la filiation peut en être remontée jusqu'à quatre cents ans. A la race noble Kochlani, les Arabes attribuent même deux mille ans d'existence. C'est dans les tribus nomades du désert qu'on trouve les types de race les plus purs.

Aptitudes. — La sobriété du Cheval arabe est des plus remarquable : avec la plus faible nourriture, il supporte les plus grandes fatigues. Il peut rester un jour ou deux sans boire. Avec un peu d'alfa, de paille ou simplement de l'orge, il est capable de faire 100 kilomètres par jour avec son cavalier, et cela pendant cinq ou six jours. Deux jours de repos lui suffisent. Et pourtant l'animal doit porter, en outre de son cavalier, ses armes, le tapis pour se reposer et les vivres pour tous les deux. Abd-el-Kader écrivait même au général Daumas qu'un Cheval arabe sain de tous ses membres et qui mange de l'orge autant que son estomac en réclame, peut tout ce que son cavalier veut de lui. Il peut alors faire 80 kilomètres par jour pendant trois ou quatre mois sans se reposer un seul jour.

L'élevage d'animaux aussi cotés et aussi précieux se fait avec les soins les plus méticuleux, à tel point que le Cheval fait partie de la famille et joue avec les jeunes enfants comme un Chien.

Tant qu'il est à la mamelle, le poulain reçoit du lait de Chamelle en plus de celui de la mère, mais dès que ses dents apparaissent, on lui donne de l'orge concassée et ramollie. Ce n'est qu'à dix-huit mois que son éducation commence, et elle n'est complète qu'à sept ans. On le confie d'abord à un enfant qui le conduit à l'abreuvoir, au pâturage, le nettoie, le soigne, et s'exerce à devenir un bon cavalier. Jamais il n'aura l'idée de dire une mauvaise parole, de donner un coup au poulain qu'on lui a confié ni de le forcer ; il usera toujours de ménagements avec lui. A deux ans on lui met une selle aussi légère que possible et un mors entouré de laine souvent arrosée d'eau salée. Puis peu à peu on exige plus de lui et on l'habitue à faire usage de toutes ses forces, sans rien lui refuser comme nourriture. L'éducation est regardée comme parachevée à sept ans ; de là, le proverbe arabe : « Sept ans pour mon père, sept ans pour moi, sept ans pour mon ennemi ».

Parmi les races les plus nobles, Houel mentionne les suivantes : les Chevaux d'Irak-Arabi ou Babylonie des anciens, de l'Hedjaz, de l'Yémen, du Nedjed, d'où provenaient les Chevaux que la reine de Saba envoya à Salomon, de l'Omar et de la Syrie, dont la robe est si appréciée.

Les principaux marchés sont ceux d'Alep et de Damas, au printemps et en été, et surtout celui de Bagdad qui a pris une importance considérable depuis que les Anglais en ont fait le centre de leurs achats pour l'armée des Indes.

Le Cheval persan est un Cheval de plaine et de cérémonie impropre à un service réel. Pour les travaux de fatigue, les Persans emploient soit un petit Cheval kurde, soit un Cheval indigène appelé *Karabagh* et que Duhousset regarde comme le vrai type persan.

Le Karabagh a une résistance excessive. Pendant huit jours consécutifs, Duhousset a fait avec l'un d'eux des courses de dix, douze et même quatorze heures, sans que la santé de l'animal en souffrît, bien qu'il fût peu soigné.

Le Cheval turc est le produit du croisement de l'arabe et du persan.

Le Cheval mongol n'a aucune noblesse dans les formes ; la tête est forte, le front et le chanfrein sont en ligne droite comme chez les Chevaux chinois et des Kirghiz ; les membres sont forts, ils portent des paturons et des sabots d'excellente conformation. C'est à cette race des steppes de l'Amour qu'appartenait le fameux Cheval du lieutenant Piechkow qui, en 1900, vint de Blagoventschenk, son lieu de garnison situé sur le fleuve Amour, jusqu'à Saint-Pétersbourg, et put effectuer avec son unique et infatigable Cheval d'armes un trajet de plus de 2 000 lieues en sept mois et demi.

Le CHEVAL ÉGYPTIEN se rapproche de l'arabe par sa taille, sa conformation générale, ses allures et la douceur de son caractère. Il est très vif, sobre et bon coureur. C'est de l'Égypte et du pays de Choa que Salomon tirait la plupart des Chevaux de son armée et de sa maison.

Le CHEVAL DE NUBIE est élevé dans le pays de Dongola, dans les prairies qu'arrose le haut Nil. Agile, robuste, intelligent, il est très attaché à son maître.

Les célèbres Mamelucks étaient montés sur des demi-sang arabes-dongolawi plus vigoureux que les arabes pur sang. Bosman assure avoir vu un étalon dongolawi qui fut vendu au Caire au prix de 25 000 francs.

LES CHEVAUX BARBES (*). — Les Chevaux barbes ou numides, qu'il serait plus logique d'appeler maintenant Chevaux algériens, sont l'un des types les plus précieux du Cheval de guerre. Leur réputation est d'ancienne date, puisque les Romains parlaient déjà de la cavalerie numide. Cette race ne se conserva pas longtemps pure, car « à la première invasion de l'Afrique par les Arabes, vers 700 av. J.-C., dit le général Morris, la prodigieuse quantité de Chevaux qu'amena leur armée (75 000) détermina entre les races arabe et numide des croisements d'où sortit une espèce de chevaux magnifiques. Cette espèce joignit, à la taille et à la légèreté, le poitrail admirable et les membres d'acier des arabes. La croupe s'embellit aussi, car les hanches du Cheval barbe sont plus arrondies et les muscles plus fournis dans le numide. Les deux races ont entre elles la plus grande analogie. Le Cheval barbe à la tête tout ovale, l'encolure effilée, le garrot élevé, les épaules très développées, le poitrail large, la poitrine d'une ampleur remarquable, les muscles fessiers très fournis et les membres de la plus grande beauté, quoiqu'on puisse leur reprocher un peu de longueur dans les paturons. Voilà la véritable race barbe. » La robe dominante du Barbe est le gris pommelé; les Chevaux bais, alezans ou noirs sont rares.

L'importation arabe a continué pendant longtemps, en sorte que l'on peut affirmer que les Chevaux barbes ont tous du sang oriental, mais qu'ils ont été plus ou moins modifiés par le climat, le pays, la végétation et par la manière dont ils ont été gouvernés. Les diverses tribus, toujours guerroyant, avaient le plus grand besoin du Cheval, aussi a-t-il été le seul animal dont l'Arabe ait eu soin pour lui conserver le mieux possible, soit par des reproducteurs sélectionnés judicieusement, soit par une nourriture appropriée, les qualités qui le distinguent et qu'ils lui reconnaissaient nécessaires.

Après la conquête par les Français, la population chevaline a diminué, aussi le gouvernement a-t-il dû prendre des mesures en créant des dépôts de remonte. Pour Mégnin, les différences que l'on constate entre divers Chevaux d'Algérie, réunis comme ils le sont dans un régiment, sont dues à des influences toutes locales, car les vétérinaires de l'armée qui ont parcouru l'Algérie dans

---

(*) Pl. XLIV. — Le Cheval barbe (planche, p. 201).

tous les sens, reconnaissent les Chevaux des diverses régions, Alger, Oran, Constantine, sud, nord, par des caractères spéciaux.

Aptitudes. — Cette race est remarquable par sa vigueur, la longueur de son haleine et la rapidité de sa course ; elle est recherchée pour le manège, quoiqu'elle soit rude et difficile à monter.

Pendant la campagne de Crimée, les Chevaux français et anglais furent décimés, tandis que les Barbes montés par les chasseurs d'Afrique résistèrent.

LE CHEVAL PUR SANG ANGLAIS (*). — Ce pur sang ou Cheval de course anglais est le lévrier de l'espèce. Au xviie siècle, à partir de Jacques Ier, on essaya, par des croisements de la race indigène avec des étalons turcs, d'obtenir un Cheval présentant des aptitudes spéciales pour les courses, déjà fort en vogue. Mais ce n'est que de 1702 que date la race actuelle.

Un superbe étalon nedjé acheté en Syrie, *Darby Arabian*, enthousiasma les Anglais pour les Chevaux arabes. De nombreuses importations d'autres étalons de même race, un sélectionnement rigoureux et bien entendu pendant deux siècles, permettent de dire que les pur sang anglais actuels sont des arabes modifiés par le climat de l'Angleterre, par une nourriture plus succulente et des soins particuliers. Un étalon, envoyé par le bey de Tunis à Louis XVI, ayant été réformé, fut acheté par un lord anglais, au moment où il traînait la charrette d'un porteur d'eau. Ce fut le célèbre *Godolphin Arabian*, dont Eugène Sue a raconté l'histoire. Parmi ses nombreux descendants ayant tous eu de nombreux succès, il faut citer *Éclipse*, qui a laissé la réputation du Cheval le plus rapide et le plus vigoureux ayant jamais existé sur les hippodromes.

Caractères. — Le pur sang anglais a les caractères typiques de l'arabe, mais il s'en distingue par sa taille plus élevée, son corps plus allongé, moins arrondi, sa croupe élevée, et ses jambes plus fines.

Aptitudes. — Le Cheval anglais a peu de souplesse et peu de grâce dans ses mouvements ; la dureté de son trot a fait adopter cette manière de le monter que l'on nomme *à l'anglaise*. Il se prête mal aux exercices du manège et aux manœuvres de cavalerie, mais il excelle dans la course en ligne droite. Dans celle de longue durée, les Chevaux de nouvelle création ont moins d'endurance que les anciens. Son élevage, son entraînement sont devenus une vraie science que pratiquent les personnages les plus considérables du Royaume-Uni. Il a été établi des arbres généalogiques (*Stud-book*) tenus avec la plus grande exactitude et certifiés par les personnes les plus dignes de foi.

C'est à l'institution des courses qu'on est redevable de la création de ce type. Les courses, déjà signalées au xiie siècle, ne devinrent régulières qu'à partir de Jacques Ier. La course la plus célèbre et la plus importante se court à Epsom depuis 1780. Les Chevaux de course ont atteint des prix fabuleux. Ainsi, *Éclipse* a rapporté à son propriétaire plus de 5 millions. Dix ans après sa dernière course, son propriétaire demandait encore pour lui 225000 francs, dix de ses descendants, et une rente de 12500 francs.

(*) Pl. XLV. — Le Cheval pur sang anglais (planche, p. 208).

L'élevage est une source de profit pour l'Angleterre, car chaque année, plusieurs milliers de pur sang, vendus à de très hauts prix, sont exportés dans tous les pays du monde (France, environ 200, en 1888).

LE CHEVAL PUR SANG FRANÇAIS. — Les Chevaux pur sang français ont pour souche les Chevaux anglais. Leur élevage est florissant, actuellement, à ce point qu'à Longchamp, nos champions battent leurs concurrents anglais et vont même les battre dans leur pays. C'est de 1833, époque de la fondation du Jockey-Club, que date la création d'un certain nombre d'écuries qui s'adonnèrent à son élevage, car on rendit les courses plus fréquentes et les prix plus nombreux. On sut y intéresser le public en autorisant les paris, et en favorisant la constitution de nombreuses sociétés régionales, en sorte que chaque département a maintenant son champ de courses et que le nombre des hippodromes fréquentés par les Chevaux français s'élève à plus de deux cent soixante.

La première course eut lieu en 1766 dans la plaine des Sablons, entre un Cheval du comte d'Artois et un Cheval du marquis de Conflans. Jusqu'en 1783 plus rien. On peut juger du chemin parcouru depuis. Comme l'Arabie fait moins de Chevaux et qu'il est difficile de s'y procurer de bons producteurs, l'Assemblée nationale, en 1874, a rétabli la Jumenterie de Pompadour, destinée à produire les étalons arabes et anglo-arabes.

A l'exemple de la France, la plupart des pays d'Europe ont cultivé le pur sang anglais, excepté le Wurtemberg, qui a été doté d'une race spéciale, grâce à une importation directe de pur sang arabes.

Le CHEVAL ANDALOU est resté le plus rapproché du type arabe. Souple, gracieux, solide et intelligent, il a été longtemps regardé comme le Cheval de selle par excellence. Actuellement les types purs sont rares.

LES RACES FRANÇAISES ACTUELLES

Dès la période quaternaire, les Chevaux étaient nombreux dans notre pays, comme le montrent les amas d'ossements de Solutré (Saône-et-Loire). On signale leurs restes dans les palafittes ou cités lacustres, sans que nous y trouvions des indications sur leur domestication qu'il faut rattacher à l'âge du bronze, dit-on, au moment où les gros Ruminants étaient déjà asservis par l'homme. Les formes qui vivent actuellement sur le sol de la France ont évidemment plusieurs origines, car, à côté des races autochtones, il faut tenir compte de l'influence des races étrangères importées par les invasions successives. Ces éléments se sont amalgamés au point qu'il est impossible de préciser la portion de sang que chacun a apportée, et à cela il faut ajouter les conditions modificatrices extérieures. la

Les Chevaux étaient très abondants en Gaule et, d'après Strabon, la cavalerie constituait la principale force des armées, tandis qu'ils étaient rares dans les armées romaines, au temps de Jules César. D'après Mégnin, ces Chevaux étaient de petite taille, comparables aux Chevaux tartares ou cosaques, c'est-à-dire aux Chevaux sauvages des Vosges et des Alpes. Les Gaulois et les Germains connaissaient la ferrure du Cheval, mais les Romains l'ignoraient. Ces Équidés étaient peu nombreux chez les Francs, mais le goût du Cheval réapparut avec les Carlovingiens, et c'est de l'époque de la féodalité que date la production du Cheval en France et de ses diverses races, surtout des races de selle.

On a employé tellement de sang étranger pour les races aristocratiques qu'on ne peut les regarder que comme des créations artificielles, tandis que le Cheval celtique sauvage a fourni les races communes.

LES CHEVAUX NORMANDS. — La Normandie produit de nombreux Chevaux fort estimés. Les anciens Équidés de cette province, d'origine germanique, ont fourni pendant longtemps des attelages pour les carrosses des grands seigneurs d'autrefois. Ce Cheval était lent et massif; aussi, dès la fin du xviiie siècle, essaya-t-on, en l'alliant au pur sang, de lui donner une allure plus dégagée et une vitesse plus grande sans diminuer sensiblement sa vigueur. La suppression des haras en 1790 retarda cette amélioration, malgré les importations d'étalons orientaux ordonnées par Napoléon. Il faut arriver à 1833 pour voir recommencer les tentatives officielles de création, en Normandie, d'une race de Chevaux de demi-sang. Les étalons de course anglais pur sang ou étalons plus ou moins avancés dans le sang par une imprégnation déjà ancienne, et les juments les meilleures de la province furent les éléments de cette création. En outre, un élevage méthodique sut communiquer aux produits les qualités et les mérites inhérents au Cheval de sang. C'est ce à quoi contribua, dans une large mesure, l'établissement, dès 1833, de courses au trot qui ne furent d'abord que des essais timides, mais qui prirent bientôt une grande importance quand l'Administration se mit à les encourager et quand elle décida, en 1848, qu'elle n'achèterait aucun étalon s'il n'avait paru dans un de ces concours publics.

Il s'ensuit que la population chevaline normande actuelle, qui provient de l'action des pur sang anglais et arabes, des demi-sang anglais et de divers demi-sang trotteurs normands, manque d'homogénéité. Les Chevaux résultants sont appelés soit *anglo-normands*, soit *demi-sang*; ils ne constituent pas un type caractérisé, facile à distinguer des autres : ce sont des métis à divers degrés issus du croisement du pur sang, du trois quarts de sang, du demi-sang, et d'étalons approuvés, sans nom. Pourtant, depuis quelques années, par des sélections intelligentes, des progrès énormes ont été obtenus et le type du demi-sang tend à se fixer et à présenter des caractères définis.

La tête, encore forte, perd de son volume; le profil busqué devient plus rare; l'œil grossit; l'encolure est belle, bien développée; le garrot moyen, mais bien sorti; la croupe allongée est bien dirigée; la queue est forte, bien plantée, les épaules musculeuses; les canons sont raccourcis, et le pied qui était haut s'est corrigé. La robe est généralement baie et la taille atteint 1m,60 à 1m,65. L'en-semble est distingué et robuste.

Ce sont surtout les trois départements de l'Orne, de la Manche et du Calvados qui ont accaparé cette industrie. Divers centres ont su créer des types spéciaux, formant autant de sous-races distinctes. Le Merlerault, aux plantureux herbages, au centre duquel s'élève le haras du Pin, installé en 1730, produit des trotteurs fins et robustes, appréciés sur les champs de courses (*).

Le pays de Mesle et la plaine d'Alençon sont célèbres par leurs élevages. Dans ces régions, on fait naître les Chevaux, on les élève et on les dresse, tandis que les anglo-normands nés dans la Manche et dans diverses régions du Calvados sont vendus à six mois pour être élevés et entraînés dans la plaine de Caen.

Dans la Manche, le haras de Saint-Lô a eu une heureuse influence, mais ses demi-sang sont moins élégants et plus massifs que ceux du Merlerault. Les arrondissements de Coutances, de Cherbourg et de Valognes sont connus pour leurs produits. Dans le Calvados, la vallée d'Auge, dont les juments carrossières sont si prisées, le Bessin et le Bocage normand produisent surtout le Cheval.

Les poulains de lait, achetés à six mois, arrivent en novembre dans la plaine de Caen pour être mis au pâturage avec addition d'avoine. Pendant l'hiver, ils reçoivent une ration composée de 3 kilogrammes d'avoine, de 7 kilogrammes de foin et de paille de blé, le tout arrosé d'une eau blanche obtenue en délayant du son dans de l'eau (Diffloth).

Dès le printemps, on les place au piquet dans les cultures fourragères, seigle vert, puis trèfle incarnat, sainfoin et regains. En novembre, les poulains alors âgés de dix-huit mois (*antenais*) rentrent à la ferme et sont progressivement habitués aux harnais. Au printemps suivant, le dressage commence : ceux qui sont destinés à l'entraînement au trot sont placés en boxes et nourris avec des aliments de choix ; leur dressage à la selle, à la traction se poursuit alors. Les autres poulains sont utilisés aux travaux aratoires ; grâce à la nature du sol de la plaine de Caen, la culture de ces terres est facile et le travail peut être judicieusement réglé (Diffloth). L'élevage se poursuit ainsi jusqu'à trois ans. Puis les meilleurs sujets sont alors vendus aux haras, tandis que ceux de second ordre sont livrés à la remonte de la cavalerie ou au commerce.

Très doux et très dociles, ces admirables Chevaux allient à l'élégance de forme, la vitesse et la vigueur. S'ils résistent bien aux fatigues de la guerre, ils sont aussi propres au carrosse, à la charrue, à la diligence ou à la charrette de ferme. A la voix de leur conducteur, ils déploient toute leur force, mais sans secousses, et savent avec discernement ménager leur vigueur.

Les BIDETS CAUCHOIS, à la fois corpulents et élégants et marchant au pas relevé, étaient jadis très estimés.

LES CHEVAUX PERCHERONS (**). — L'ancienne province du Perche, comprise dans l'Orne, la Sarthe et le Loir-et-Cher, n'est pas le Perche aux bons Chevaux. Celui-ci est une région de pâturages fertiles sentant déjà la Normandie et vivant pour et par le Cheval.

« De là descendent l'Huisne, dont la vallée est la grande artère du pays, la Sarthe, l'Orne saonaise, l'Eure, l'Iton, l'Avre, la Braye, l'Orne, la Touque, qui portent à la Manche, à la Seine et à la Loire les eaux de ces hautes et riantes

---

(*) Pl. XLV. — *En haut*, le Cheval pur sang anglais (texte, p. 205); *en bas*, le Cheval demi-sang normand.

(**) Pl. XLVI. — *A gauche*, le Cheval percheron ; *à droite*, le Cheval boulonnais

collines, dominant des vallées herbeuses. C'est un pays en pleine prospérité agricole, grâce au commerce avec le dehors, avec l'Amérique surtout. Aux États-Unis, on connaît surtout de la France, après Paris, ce petit pays qui s'étend du Loir aux sources des petits fleuves de la Manche. » (Mégnin.)

Caractères. — « Son air est coquet, quoique sa tête soit un peu forte, un peu longue ; les naseaux bien ouverts et bien dilatés ; l'œil est grand et expressif, le front large, l'oreille fine, une encolure un peu courte, mais bien sortie, le garrot saillant, l'épaule assez longue et inclinée ; la poitrine un peu plate, mais haute et profonde, le corps bien cerclé, le rein un peu long, la croupe ronde et bien musclée (à peine double), la queue attachée haut ; les articulations courtes et fortes, le tendon généralement faible, — mais le précieux Cheval d'Irlande n'a-t-il pas lui-même cette imperfection extérieure, sans rien perdre de sa solidité ? — un pied excellent, quoique un peu plat dans les contrées basses, une robe grise, une peau fine, des crins soyeux et abondants. » (Du Hays.) La mode est maintenant à la robe noire et non gris pommelé. La taille oscille de 1m,50 à 1m,60. Tel était l'ancien Percheron qui a été légèrement modifié par des reproducteurs boulonnais et belges.

Aptitudes. — La race percheronne est le modèle du Cheval de trait léger, elle est à la fois vigoureuse et rapide, douée d'énergie et de résistance ; aussi convient-elle particulièrement à l'agriculture dans les pays à terres fortes. Elle fournit d'excellents Chevaux de poste, d'omnibus et de camionnage.

Des chroniques locales prétendent que ces Chevaux furent ramenés d'Orient après les croisades, par les comtes du pays. Mais pour Mégnin, les Percherons comme les Bretons et les Boulonnais, sont des Chevaux communs, descendant du Cheval celtique, si abondant sur notre sol avant l'époque gallo-romaine, et ils ne doivent qu'aux progrès de l'agriculture et de leur élevage les formes et le volume qu'ils ont acquis à la suite des siècles. Et de fait, les éleveurs du Perche ont toujours eu peur du mélange de sang étranger.

Élève. — Le sevrage des poulains à cinq ou six mois se fait très facilement. Ils sont alors vendus dans les régions de Regmalard, où on les élève aux champs et à l'étable jusqu'à dix-huit mois, et on commence leur dressage pour le travail des champs en les associant à de vieux Chevaux ou à des Bœufs, tout en améliorant leur nourriture.

A cet âge, le fermier beauceron les achète pour la culture de ses terres et augmente la quantité d'avoine, pour leur donner du feu. Aussi, le poulain de choix a-t-il déjà coûté un millier de francs pour sa nourriture.

Après son passage en Beauce, le Cheval est amené à la foire de Chartres, le jour de la Saint-André, et vendu pour le service de Paris.

Mais déjà les Américains ont drainé le pays, en le parcourant de borderie en borderie pour faire leurs achats, à partir d'avril. Par ce commerce, qui ne date que de 1872, les plus beaux représentants de la race, payés 10 000 francs, et revendus quatre fois plus en Amérique aux éleveurs du Kansas, du Michigan, du Visconsin, du Minnesota, ont produit une merveilleuse race percheronne américaine, qui se reproduit elle-même. Aussi, depuis quelques années, les transactions tendent-elles à se ralentir.

LE CHEVAL BOULONNAIS (*). — La création du Stud-book de la race boulonnaise date du 2 juin 1886 ; pour y être inscrits, les Chevaux devaient présenter les caractères suivants :

Tête courte, avec le front large, œil ouvert, chanfrein droit, oreille courte, bouche petite, crinière épaisse et longue retombant des deux côtés, encolure forte, mais harmonieuse et flexible, poitrail large, épaule oblique, dos un peu bas, croupe ronde et double, queue attachée bas, touffue et ondulée, membres forts, articulations solides et pieds excellents. La robe, toujours claire, varie du blanc au gris pommelé et au gris-fer. Le poids varie de 600 à 900 kilos.

On élève les Boulonnais dans le Pas-de-Calais et dans les départements voisins : Somme, Seine-Inférieure et Nord, où ils forment une population de 350 000 têtes.

Aptitudes. — La noblesse du port, l'harmonie du corps, le courage, l'ardeur du sang, la vivacité de l'allure, ce qui n'exclut pas la douceur de caractère, la docilité, toutes ces nobles qualités se retrouvent dans le Boulonnais. Il tient partout supérieurement sa place, qu'il soit attelé aux voitures ou à la charrue. Jadis il avait beaucoup de réputation comme Cheval de tournois et Cheval de güerre, à cause du poids des armures.

Sa force, sa gaîté, sa vaillance font d'un beau Boulonnais de cinq ans un splendide animal à tous égards. C'était lui qui emportait sur des chemins difficiles les lourdes et informes diligences d'autrefois, qui assurait un service rapide pour les marées et supportait vaillamment les fatigues de la guerre. Les juments, dites mareyeuses, transportaient jadis le poisson de Boulogne à Paris à raison de 100 à 120 kilomètres dans une journée et de 16 à 18 au trot soutenu. Actuellement les éleveurs recherchent moins la vitesse de l'allure que la vigueur dans la traction. La plupart des Chevaux de camion et beaucoup de Chevaux d'omnibus appartiennent à cette belle race.

La RACE ARDENNAISE donne de bons Chevaux d'artillerie, et les énormes Flamands fournissent aux brasseurs de Paris les colosses qu'ils emploient pour tirer leurs voitures. Dans la terrible retraite de Russie, ce sont eux qui, avec les Chevaux poitevins, ont le mieux résisté aux fatigues.

LES CHEVAUX BRETONS. — Le sol armoricain a été de tous temps une des plus riches pépinières chevalines de notre pays. Les Côtes-du-Nord en nourrissaient 96 650 en 1901, le Finistère 112 000, le Morbihan 35 600 et l'Ille-et-Vilaine 70 000 environ ; car le Breton, comme son frère du pays de Galles, va rarement à pied. Au commencement du siècle dernier, la race bretonne et la race percheronne n'étaient pas regardées comme distinctes : beaucoup de poulains bretons étaient élevés dans le Perche. Sa force, sa dureté à la fatigue rendaient le Cheval breton propre aux services des postes et des diligences, aussi l'a-t-on appelé le Cosaque de la France.

Les Chevaux du nord de la Bretagne, qu'on rapproche de la race irlandaise, appartiennent à la race de Léon, à celle du Conquet et à celle des Bidets de

---

(*) Pl. XLVI. — Le Cheval boulonnais (planche, p. 208).

Corlay. Dans le Morbihan, on trouve la race des landes, probablement d'origine asiatique, qui est plus petite et à tête grosse. Tous ces Chevaux sont vigoureux, courageux et sobres. L'administration des haras fait de louables efforts pour améliorer ces formes par de nombreuses stations de monte.

Dans l'Ouest, le Bas Poitou, l'Aunis, l'Angoumois et la Saintonge forment

Cheval de Tarbes, appartenant à M. Henri Warnot de Giromagny.
(D'après une photographie communiquée par M. E. Devillers.)

un vaste centre d'élevage qui fait à la Normandie une grande concurrence pour les Chevaux d'armes et les trotteurs, car, l'industrie mulassière étant moins prospère, l'éleveur poitevin se livre volontiers à l'élevage du Cheval pour l'armée.

La vieille race du pays ou mulassière tend à céder le pas à la race de demi-sang ou anglo-poitevine, parce qu'on lui préfère, pour faire des Mulets, la race de Norfolk ou d'autres grosses races de trait, la race bretonne en particulier.

LES CHEVAUX DU MIDI OU DE TARBES. — Les Chevaux du Midi, des Pyrénées ou de Tarbes, en raison des magnifiques haras établis aux environs de cette ville, ont pour origine, dit-on, la race berbère implantée sur le versant septentrional des Pyrénées après la conquête de l'Espagne par les Maures. Mais il est plus probable que la souche primitive doit être cherchée dans les Chevaux, voisins de ceux de la Camargue, qui ont vécu jadis dans le pays et dont les restes ont été trouvés dans les dépôts quaternaires des grottes des Pyrénées, et dont le facies nous a été conservé par les artistes troglodytes. Il est d'ailleurs certain qu'il y a eu de nombreuses infusions de sang étranger.

Sous le premier Empire et la Restauration, tous ces Chevaux étaient très renommés et confondus sous la dénomination de *Chevaux navarrins.* Mais le Navarrin, qui était un Cheval de selle plein d'élégance, de fierté et de gentillesse, était plus mignon et plus joli que puissant et beau, plus agréable qu'utile. Il fallait donc grandir et grossir la race, et pour cela on s'adressa au pur sang anglais, puis à l'arabe, et l'on obtint, par des croisements alternatifs, ce que Gayot avait qualifié de race *bigourdane.* Mais les éleveurs de la plaine de Tarbes sont revenus à l'Arabe seul, et ils donnent une nourriture abondante et mieux choisie, en sorte que le type tarbais s'affine.

La tête expressive est un peu plus allongée que chez le produit exclusif de l'Arabe ; l'encolure est plus longue et sort plus gracieusement des épaules, ce qui donne beaucoup de légèreté au train de devant ; le garrot bien sorti est plus élevé, la croupe plus longue ; les canons sont raccourcis et élargis, les boulets bien soutenus. Moins relevées, plus allongées et plus rapides, les allures n'ont rien perdu de leur brillant. Les robes baies ou noires sont plus fréquentes que les livrées claires. La taille est de 1ᵐ,45 à 1ᵐ,55.

L'animal conserve toute sa souplesse ; il est énergique, fier et gracieux : c'est un Cheval de luxe et le vrai type du Cheval de cavalerie légère. « Les fameux Hussards de Berchény et de Chamborant se remontaient en Béarn et en Navarre. »

Les Chevaux landais, dont la taille est celle des Poneys, ont été croisés avec des Arabes et des Anglo-Arabes, pour relever leur taille tout en conservant leurs qualités de courage et d'endurance. Des étalons landais, importés dans l'Indo-Chine, ont servi à améliorer la race indigène.

Les Chevaux limousins, rustiques et courageux, se sont illustrés dans les guerres de l'Empire et ont fourni à Napoléon ses montures préférées.

Le Nivernais, l'Auvergne, la Bourgogne, la Franche-Comté fournissent de bons Bidets.

LE CHEVAL CAMARGUE.

LE CHEVAL CAMARGUE. — Le Cheval camargue, dont l'origine est arabe pour les uns, celtique pour les autres, ou quaternaire, a des caractères propres, qui en font une entité bien définie. Il a la tête grosse avec l'encolure courte et mince, l'œil vif, la croupe courte et ronde, les membres défectueux dans leurs aplombs, à paturons courts, et une taille assez peu élevée, 1ᵐ,34 environ. Le pur Camargue a la robe blanche.

La race camargue est la seule race française vivant en semi-liberté. Les juments, réunies en bandes nombreuses ou *manades,* possédant un étalon ou *grignon,* sont abandonnées à elles-mêmes au milieu de vastes terrains marécageux ne leur fournissant qu'une mauvaise nourriture de chénopodées et de chaumes desséchés. Tous appartiennent à des propriétaires dont ils portent la marque (inscrite au fer rouge, d'où le nom de *ferrade*), et tous finissent par être pris, utilisés et domestiqués pour divers services.

Ces petits Chevaux sont agiles, vifs, courageux, ardents à la course; ils courent la tête basse, à l'inverse de l'arabe. On dit qu'un Camargue peut faire 100 kilomètres d'une seule traite. Ils servent aussi pour fouler ou dépiquer le blé sur l'aire et pour rassembler les Taureaux sauvages. Ils sont alors montés à cru et savent avec adresse éviter les cornes de ces animaux.

Cette race est en voie d'extinction, à cause des transformations agricoles opérées dans le pays : défrichement et diminution des terrains laissés en pâturages, et aussi à cause de leur croisement avec des arabes et des anglais pour l'obtention de Chevaux de selle et de trait léger. La station d'étalons d'Arles ne comporte pas d'étalon camargue. Il y a une dizaine d'années, leur nombre était évalué à un millier environ d'animaux purs ou croisés.

Dans les plaines marécageuses peu éloignées de la mer, dans l'Aude, on trouve des Chevaux qui rappellent les Camargues, surtout par leur endurance et leur rusticité. Ils sont aussi en train de disparaître.

LE CHEVAL CORSE. — Ce Cheval, qui rappelle le Poney des îles Shetland, est le nain de la famille. Son corps ramassé est bien proportionné, et sa hauteur descend parfois au-dessous d'un mètre. La robe est foncée, noire ou alezane, plus rarement baie. Ces animaux vivent presque en liberté dans le maquis, aussi ont-ils acquis une robustesse et une vigueur bien supérieures à leur taille.

Ils ont le pied sûr, sont hardis et courageux, mais ils sont irascibles et prompts et ne supportent pas les corrections : ils deviendraient intraitables.

A cause de leur défaut de taille, leurs usages sont bornés à la selle, au bât et au tirage des petits véhicules.

Les Chevaux sardes, de taille un peu supérieure, sont dans les mêmes conditions. On cite une jument sarde, qui, en dix jours, franchit 1 100 kilomètres.

LES RACES ANGLAISES DE DEMI-SANG

Les Anglais sont célèbres dans la production des demi-sang.

Les trotteurs des comtés de Lincoln, de Norfolk, d'York et même d'Irlande sont des métis divers. Dressés à tirer du collier d'une façon lente et continue, ils conviennent pour les travaux aratoires, le service des diligences, les transports, les canaux. Les Norfolk achetés sous l'Empire pour les haras de Normandie sont entrés pour une bonne part dans la création du trotteur normand.

Le Hack et le Hackney, avec plus de distinction et d'élégance de formes, sont les Chevaux ordinaires de selle.

Le principal centre d'élevage du Cleveland bai, ou carrossier anglais, se trouve sur les bords de la Tees, près de Cleveland; mais on le produit encore dans les comtés d'York, de Lincoln, de Durham et de Northumberland.

Ce Cheval de voiture, fin et vigoureux, a une robe grise ou baie; le bai clair est la livrée la plus estimée. Le Cheval de fiacre est obtenu d'une race moins noble, mais plus forte.

Les demi-sang irlandais, issus de pur sang et des Poneys irlandais, fournissent d'excellents Hunters et d'excellents Chevaux d'armes pour officiers. De taille moyenne, bien musclés, ils sont très dociles à la main.

Le SHIRE-HORSE et le CLYDESDALE sont les Chevaux de gros trait.

Le premier correspond à notre Boulonnais pour la taille; c'est l'ancien Cheval noir ou Black-horse d'Angleterre provenant d'étalons noirs hollandais croisés avec des juments indigènes. Son coffre est lourd, ses jambes solides à extrémités poilues, sa poitrine vaste, son encolure est puissante avec une forte crinière. La robe noire avec étoile au front est fréquente, mais on trouve aussi le gris pommelé, le gris de fer, le rouan.

Il traîne de lourds fardeaux, avec une sage lenteur. Ces énormes masses animales servent à transporter les charbons, poutres, pierres à bâtir, la bière, etc.

Le CLYDESDALE doit son nom au district de la Clyde, où sa race est particulièrement élevée. Ce sont des étalons flamands, qui au siècle dernier servirent en Écosse, dans le comté de Lanark, à améliorer les races indigènes et produisirent ce Cheval pesant, compact et vigoureux. Il est plus long que le précédent. Les membres, depuis le genou jusqu'au boulet, sont couverts de crins. On le préfère en Angleterre et en Écosse pour les travaux de l'agriculture.

Dans le pays de Galles, « on trouve un petit animal rustique ayant de l'analogie avec nos petits bretons frustes des plateaux granitiques du centre du Finistère, où, comme dans le pays de Galles, l'herbe est fine et maigre » (Mégnin), c'est le GALLOWAY ou COB ou double Poney, dont la taille peut atteindre 1m,47 tandis que pour les Poneys ordinaires, elle ne dépasse pas 1m,27. Il sert pour la selle et l'attelage de luxe.

Le PONEY DES ILES SHETLAND est souvent d'une beauté surprenante avec une petite tête, un cou court qui va s'amincissant, des épaules basses et épaisses, le dos étroit, les hanches larges et fortes, les jambes fines, le pied arrondi. Sa taille oscille de 0m,90 à 1 mètre. Ces Chevaux courent toute l'année dans les forêts, les tourbières, et en sont réduits à brouter les lichens. Leurs propriétaires ne s'en occupent que quand ils veulent s'emparer de quelques-uns d'entre eux pour les vendre ou les utiliser temporairement. Ils sont faciles à engraisser, très forts et résistants. Ainsi, l'un d'eux, haut d'un mètre, put porter pendant 64 kilomètres, en un seul jour, un individu pesant 76 kilogrammes.

Les PONEYS ISLANDAIS, utilisés comme animaux de selle et de bât, se contentent de débris de poissons séchés.

En Suède et en Norvège, on trouve des Chevaux de petite taille qui, grâce aux privations auxquelles ils résistent, à leur élevage en liberté, présentent des conditions de robustesse et de rusticité toutes spéciales.

En Hollande, qui est un grand pays d'élevage, les races les plus prisées sont le Cheval hollandais proprement dit et le Frison ; en Allemagne, le Bavarois, le Hanovrien, le Cheval du Holstein et du Mecklembourg se partagent la faveur du public; en Autriche, le Cheval moldave et le Hongrois sont estimés.

Sur les vastes territoires constituant la Russie, où les populations sont si peu

denses, et les voies ferrées si espacées, le Cheval est un élément indispensable.
Aussi compte-t-on 22 millions de Chevaux se rattachant au type asiatique
et au moins 10 millions vivant en demi-liberté dans les steppes, et appartenant
aux Kirghis, aux Kalmoucks et aux Cosaques. Les races sont nombreuses et
souvent très différentes au point de vue morphologique, mais toutes ont comme
qualités communes la robustesse, l'endurance et la sobriété.

L'élevage du Cheval a pris en Russie un essor considérable, grâce aux nom-

Le Poney des îles Shetland.

breux haras que le gouvernement a fait installer pour améliorer les races locales,
et est devenu l'un des principaux éléments de la richesse nationale.

Les CHEVAUX DES COSAQUES DU DON, qui rendent de si grands services à la
cavalerie russe, ont été, dans ces dernières années, mélangés de sang anglais et
arabe ; ce sont donc des demi-sang élevés dans les steppes.

Les TROTTEURS ORLOFF ont été produits de toute pièce par un élevage attentif
et une sélection méthodique et raisonnée. C'est le Cheval arabe, fin et élégant qui
a conservé sa vigueur et sa beauté tout en ayant des proportions plus amples
(1ᵐ,55 à 1ᵐ,70). Un entraînement judicieux et progressif a permis en outre de
développer la vitesse, qui chez un bon trotteur peut atteindre un kilomètre en
une minute trente-six secondes.

Quand on s'élève vers le nord, le nombre des Chevaux diminue, et les petits
Chevaux finlandais sont les plus septentrionaux du continent.

LES CHEVAUX MARRONS

A l'état sauvage, les Chevaux sont moins beaux que ceux qui vivent en domesticité, leur tête est plus grosse et leur ossature plus anguleuse.

Les Chevaux errants asiatiques et américains sont les plus nombreux.

LE TARPAN. — Le Tarpan est regardé comme un animal sauvage, malgré l'apport de sang que lui ont fait les animaux domestiques.

Il est de taille moyenne, maigre, à membres minces, mais forts et allongés. Sa tête épaisse, à front bombé, est portée par un cou mince et assez long; ses oreilles sont petites, ses yeux petits et méchants. Ses poils, courts et ondulés en été, sont longs et forts en hiver; ils forment même, au menton, une sorte de barbe. Le pelage d'été est brun fauve, celui d'hiver est presque blanc. La crinière, épaisse et touffue, est foncée ainsi que la queue. La robe noire est rare, la grise n'existe pas.

Habitat. — On le trouve dans les steppes de la Mongolie, dans le Gobi, et les forêts du haut cours du Hoang-ho. Il paraît avoir existé, il y a un siècle, dans la Sibérie et même dans la Russie d'Europe.

Mœurs. — Les Tarpans vivent en troupes de plusieurs centaines d'individus qui s'avancent toujours contre le vent. Chacune d'elles se subdivise en petites familles ayant un étalon à leur tête. Par les temps de neige, les Tarpans gagnent les montagnes et les forêts et savent gratter la neige avec leurs pieds pour chercher de l'herbe. Les frères Schlagintweit les ont rencontrés à une altitude de 6000 mètres, là où l'on ne voit plus que le Yack et le Chevrotain porte-musc; ils se montraient méfiants, craintifs. La tête levée, ils regardent autour d'eux, dressent les oreilles, ouvrent les naseaux, et reconnaissent à temps l'approche d'un ennemi.

L'étalon est le chef de la bande, il veille à sa sécurité, mais en retour, il exige l'obéissance de ses subordonnés. Il chasse les jeunes mâles, et tant que ceux-ci n'ont pas réuni quelques juments autour d'eux, ils sont condamnés à ne suivre la bande que de loin. Dès que le troupeau aperçoit un objet qui ne lui est pas familier, le chef renifle, remue les oreilles, et s'élance la tête haute; s'il flaire quelque danger, il hennit et toute la bande s'enfuit, les juments en avant, les étalons fermant la marche pour protéger la retraite, car ils ne craignent pas les Carnassiers. Ils courent sus aux loups, et les frappent de leurs pattes de devant.

Les habitants des steppes craignent plus les Tarpans que les loups. Dès que ces animaux aperçoivent une voiture traînée par des Chevaux domestiques, ils courent à elle, et pris de fureur, ils la brisent à coups de pieds et de dents, arrachent les harnais de leurs camarades, et les rendent ainsi à la liberté, puis, poussant de joyeux hennissements, ils les emmènent avec eux.

Captivité. — Le Tarpan ne s'habitue pas à la captivité. Sa vivacité, sa force, sa sauvagerie, défient l'adresse des Mongols eux-mêmes.

Chasse. — Les Mongols cherchent d'abord à atteindre l'étalon, car dès qu'il est tué, les juments se dispersent, et il devient facile de s'en emparer.

Dans ce groupe rentrent encore les MUZINS, qui sont des Chevaux domestiques redevenus sauvages, les *Chevaux des steppes*, qui doivent pourvoir eux-mêmes à leur subsistance, mais dont les juments sont ramenées tous les jours au village pour être traites, afin d'obtenir le lait qui, mis à fermenter, fournit aux Mongols la boisson enivrante qu'ils appellent le *koumys*. C'est l'animal qui rend à ces populations le plus de services : chair, graisse, viscères, tendons, crins sont utilisés. Chez les Iakoutes, la future épouse offre à son fiancé une tête de Cheval cuite, entourée de saucisses faites avec la chair.

Sur les bords du Niger, on signale les KUMRAH, espèce de Poneys généralement blancs.

En Amérique, les CIMARRONES vivent en troupeaux immenses de plusieurs milliers d'individus, dans les pampas de l'Argentine, jusqu'au Rio Negro en Patagonie. Ils proviennent, d'après d'Azara, des Chevaux amenés par les Espagnols lors de la fondation de la ville de Buenos-Ayres en 1535.

Les MUSTANGS sont les Chevaux du Paraguay qui vivent dans une indépendance telle, que leur vie diffère peu de l'état sauvage.

LE CHEVAL SAUVAGE OU DE PRJEVALSKI. — Le Cheval sauvage de la Dzoungarie, ou Cheval de Prjevalski (*E. Prjevalskii* Poljakoff) ou Taka des Mongols et Kertag des Kirghiz, a la taille d'un fort Poney.

Caractères. — La tête est assez forte, avec un chanfrein peu busqué et les ganaches peu développées; le museau est court et obtus; les oreilles, médiocres et très pointues, rappellent celles du Cheval; les yeux sont vifs, éveillés; l'encolure est épaisse; le corps, peu épais, est porté par des membres robustes, garnis de longs poils inférieurement et de sabots arrondis toujours plus forts que ceux de l'âne. La face interne des quatre membres porte les quatre plaques cornées que chez les Chevaux on appelle *châtaignes*. La queue, assez longue et un peu grêle, est garnie de crins. Le pelage est court en été, long et touffu en hiver avec un duvet abondant. La crinière assez élevée et le pinceau de la queue sont noirs, ainsi qu'une zone située au-dessus des sabots.

La robe varie beaucoup, et s'adapte à la couleur des terrains où on le rencontre. Les animaux qui vivent à 2500 mètres sur les flancs de l'Ektabo-Altaï ont une teinte plus foncée que ceux des plaines arides de la Dzoungarie, où elle se rapproche de la teinte du désert, comme dans l'Hémione, la Gerboise, et certains Oiseaux : Syrrhaptes, Alouettes, Traquets. En général, le pelage est gris très pâle, tirant sur l'isabelle ou le café au lait, à l'encolure et à la tête, et qui sur les flancs se fond insensiblement avec le blanc pur du ventre. En pelage d'été, la bande rachidienne ou raie de Mulet existe, ainsi que des zébrures sur les articulations des membres.

Habitat. — Cet animal vit dans les régions désertiques de la Dzoungarie, dans l'Asie centrale, au sud de l'Altaï méridional, et à l'ouest de la Mongolie, où le colonel Prjevalski découvrit son existence en 1879 et d'où il réussit à rapporter à Saint-Pétersbourg la dépouille d'un jeune poulain.

Mœurs. — Il vit en troupes de cinq à quinze individus conduites par un vieil étalon. Ces troupes sont encore nombreuses, car une expédition envoyée par Hagenbeck d'Hambourg put prendre en quelques semaines cinquante et un individus, au sud-ouest de Kobdo, dans les montagnes de l'Ektab. Les Mongols capturèrent au lasso les poulains âgés de quelques jours et donnèrent à chacun pour nourrice une des juments domestiques amenées avec eux et qui allaitaient déjà des poulains. Les jeunes ainsi traités sont moins farouches que les poulains

Le Cheval sauvage ou de Prjevalski.

sauvages qui s'ébrouent, couchent les oreilles et sont toujours prêts à ruer et à mordre. Un individu, provenant de cette expédition, est maintenant depuis deux ans à la ménagerie du Muséum.

C'est le seul Cheval qui vive encore à l'état complètement sauvage; il n'est pas identique au Tarpan ou Cheval marron, qui habitait jadis les steppes de la Russie, et dont le dernier fut tué, dit-on, en 1760, dans la Tauride.

Les rapports du Kertag avec les Chevaux domestiques sont assez étroits, son crâne le rapproche des Poneys, et sa physionomie lui donne une certaine similitude avec divers Chevaux mongols.

Il est donc probable que diverses races domestiques dérivent de ce type sau-

vage, et par conséquent on pourrait attribuer une origine orientale à certaines races de petite taille, tandis que les Chevaux à haute stature, comme les Chevaux du Boulonnais, des brasseurs anglais, etc., auraient une autre origine. M. Piette avait cru reconnaître ses restes dans les fossiles de Gourdan et de Lortet, dans le midi de la France, et de Thayngen en Suisse. Toutefois cette assimilation mérite encore confirmation.

LES ANES .

Les Anes (sous-genre *Asinus* Gray, 1825), ou Équidés asiniens, se distinguent facilement des Chevaux. De taille ordinairement plus faible, tous ont la robe relevée par une bande dorsale foncée qui est souvent coupée par une bande transversale au niveau des épaules; quelquefois leurs membres sont ornés de chevrons foncés. Leurs oreilles sont notablement plus longues que celles des Chevaux; leur queue ne porte des crins qu'à l'extrémité; leur crinière est courte et droite. Leur sabot est plus ovale que celui des Chevaux, et ils n'ont ordinairement que deux châtaignes, une à chaque pied de devant, et ne possèdent que cinq vertèbres lombaires et pas de bande foncée ventrale.

Habitat. — Les Anes sauvages vivent dans les plaines et les montagnes de l'Asie et dans les steppes du nord-est de l'Afrique. Leur classification est assez confuse, aussi sont-ils tous confondus vulgairement sous le nom d'*Onagres*.

L'ANE HÉMIONE (*). — L'Hémione ou Cheval demi-âne (*E. hemionus* Pall.), ou *Dchiggetaï* des Mongols (ce qui signifie « longues oreilles »), est le type le plus connu des Anes asiatiques. Il est de stature élégante et élancée. Sa tête est plus grande que celle du Cheval, et comprimée latéralement; ses oreilles, moins longues que celles de l'Ane, portent des poils qui vont s'allongeant vers la pointe; ses naseaux sont béants comme chez le Cheval. Les membres sont hauts, fins et forts, quoique un peu maigres. La queue ressemble à une queue de Vache, dont la touffe terminale, formée de crins foncés, a une longueur de 0ᵐ,25. Du sommet de la tête à l'épaule s'étend une crinière de poils mous, foncés, d'environ 0ᵐ,62 de longueur, rappelant celle du poulain.

La robe varie avec les saisons; en été, les poils sont courts, mais plus longs et crépus en hiver. La coloration varie depuis le gris isabelle jusqu'au brun châtain dans les parties supérieures et est blanche en dessous. Le milieu du dos est parcouru par une bande noire bordée de blanc qui part de la crinière et se prolonge jusqu'à la touffe terminale de la queue. Une croix noire s'observe parfois sur les épaules. La pointe des oreilles est noire, le pourtour des sabots foncé, et des bandes transversales rougeâtres existent souvent sur les membres. L'Hémione a le port et la taille d'un Mulet. La longueur totale est de 2ᵐ,10, dont 0ᵐ,60 appartiennent à la queue, et la hauteur à l'épaule varie de 1ᵐ,10 à 1ᵐ,20.

Habitat. — Il vit dans les steppes secs et herbeux de la Sibérie méridio-

---

(*) Pl. XLVII. — L'Ane Hémione (planche, p. 224).

nale, de la Transbaïkalie et de la Transcaspie, ainsi que dans la Daourie, le Turkestan et la Mongolie.

Mœurs. — Sous la conduite d'un étalon, on voit ces animaux errer par bandes de cinq à dix juments et poulains ; les vieux étalons ont parfois vingt subordonnés. Le chef veille à la sûreté de la troupe, et s'avance même du côté d'où vient le danger, pour faire une reconnaissance avant de donner le signal de la fuite. S'il est tué, les juments se dispersent et leur chasse devient facile, car elles sont loin d'être aussi vigilantes que les étalons.

« C'est en automne, dit Radde, que les Hémiones accomplissent leurs plus grands voyages; alors seulement les poulains nés pendant l'été sont assez forts pour soutenir les longues marches. A la fin de septembre, les jeunes étalons, chassés par les vieux, quittent les bandes dont ils font partie jusqu'à l'âge de trois ou quatre ans, et courent seuls dans les steppes pour se faire une troupe à eux. A ce moment l'Hémione est indomptable. Durant des heures entières, le jeune étalon est debout sur la pointe la plus élevée d'une montagne escarpée, faisant face au vent et ayant sous ses yeux une grande étendue de plaine. Ses naseaux sont ouverts, ses regards parcourent l'espace. Il attend un rival. Dès qu'il l'aperçoit, il va vers lui au galop et lui livre un combat acharné pour lui enlever ses juments. La queue en l'air, il passe au galop à côté du chef de la troupe, et lui lance en passant une ruade ; sa crinière se hérisse de plus en plus, il fait encore quelques bonds, puis tout à coup s'arrête, se jette de côté, tourne à une certaine distance autour du troupeau, mais sans perdre le chef du regard. Celui-ci attend patiemment que son adversaire approche. Au moment favorable, il se précipite sur lui, le mord, le frappe de ses pieds, et souvent les combattants perdent dans la lutte un morceau de leur peau ou une partie de leur queue. » Tous les étalons que tua Radde étaient couverts de cicatrices provenant de ces combats. S'il ne peut vaincre le chef de la troupe, le jeune étalon se contente des pouliches isolées qu'il peut rassembler.

Au pas, il relève fièrement la tête, mais, dans la fuite rapide, il la rabat afin de voir en arrière et tient la queue haute. L'Hémione a beaucoup de fond et de vitesse : le meilleur coursier ne peut l'atteindre, pas plus que l'Onagre. Aussi les Thibétains en font-ils la monture du dieu du feu et de la guerre.

Comme il a une vue et un odorat excellents, qui lui décèlent de loin la présence de l'ennemi, et qu'il est très craintif, il est difficile à approcher.

La femelle met bas au printemps un petit, qui est adulte à trois ans.

Chasse. — Radde dit que, pour chasser, il faut partir de bon matin dans la montagne monté sur un Cheval jaune clair et chevaucher contre le vent, sinon il est impossible de tromper la vigilance des étalons.

Captivité. — Duvaucel nous apprend que le Dchiggetaï se trouve à l'état sauvage dans les contrées voisines de l'Himalaya, qu'il y a été soumis et même domestiqué, puisqu'une de ses races est employée pour porter les fardeaux, et, comme l'Ane, à tous les travaux auxquels sa taille et sa force le rendent propre.

Pourtant des essais de domestication tentés en Europe n'ont pas réussi, on n'a pu les atteler et les monter en liberté. On avait fondé plus d'espérances sur les métis d'Hémione et d'Anesse, mais les expériences ont été interrompues.

L'ANE KIANG. — L'Ane Kiang (*A. Kiang* Moorcroft) n'est peut-être qu'une forme locale de l'Hémione, mais son pelage, plus long et frisé, est plus foncé et plus roux, avec une raie dorsale plus étroite ; la tête est grosse, les oreilles longues, et la queue mince. C'est un élégant animal.

Habitat. — Il se tient dans les hautes vallées du Thibet, du Cachemire et dans la vallée supérieure de l'Indus, près de Yarkand. Dans le Thibet, on le trouve encore au delà de 6000 mètres, jusqu'au voisinage des neiges persistantes, loin de toute végétation. Ses fumées desséchées y constituent le seul combustible. D'après Guger, il manque, avec le Yack, dans le Pamir et les monts Thian-schan. Il est curieux de voir avec quelle rapidité il peut monter sur le flanc des montagnes et surtout descendre sans jamais faire un faux pas.

L'ANE ONAGRE DE L'INDE. — L'Ane de l'Inde (*A. onager* Briss. ou *indicus* Sclater) est l'Onagre de Brisson, le Ghor-Khur des Hindous, le Ghour des Persans et, pour quelques naturalistes, le Koulan des Kirghiz.

Caractères. — Il ressemble à l'Hémippe par son port, par sa couleur générale et par la disposition de sa large raie rachidienne, mais ses oreilles sont un peu plus longues, sa tête plus lourde et sa robe plus claire sur les flancs.

Habitat. — L'Onagre de Brisson habite la Perse, l'Afghanistan, le Belouchistan et les parties septentrionales et occidentales de l'Inde, le Guzerat, le Coutch à l'embouchure de l'Indus et le Radjpoutana, jusqu'au 75e degré de longitude orientale. Dans le nord, son aire d'habitat atteint le Turkestan jusqu'au 48e degré de latitude nord.

Mœurs. — L'Onagre a les mêmes mœurs que l'Hémione, mais est peut-être encore plus rapide. Porter voulut poursuivre ce superbe animal avec son excellent Cheval arabe ; mais tous ses efforts furent inutiles jusqu'à ce qu'enfin l'Onagre s'arrêta et se laissa considérer de près. Puis tout à coup il bondit, s'élança avec la rapidité de l'éclair, faisant des écarts, jouant tout en fuyant, comme s'il n'était nullement fatigué et comme si cette poursuite n'était qu'un divertissement pour lui.

Son acuité visuelle, olfactive et auditive ne le cède en rien à celle de l'Hémione. Il aime les plantes salées ou amères : dent-de-lion, laiteron, mais ne mange ni les herbes aromatiques ni les plantes épineuses, pas même le chardon. Il est très sobre et ne boit que tous les deux jours et jamais que de l'eau propre, de préférence salée. Pour Tyller, son cri ressemble à celui de la Mule.

Chasse. — Les Persans le capturent dans des battues au moyen de fosses recouvertes de branchages et d'herbes, et qu'ils remplissent à moitié de foin : l'animal ne peut se faire aucun mal en tombant. Les poulains sont vendus très cher pour les grands haras.

Domesticité. — Ce sont les Onagres qui fournissent les Anes de selle les plus prisés en Perse et en Arabie, car ils ont la beauté, la rapidité, la persévérance et la sobriété. La chair de tous ces animaux est très estimée. Les poulains, dit Pline, donnent un mets délicat. Mécène est le premier qui fit servir sur sa table de jeunes Mulets au lieu de jeunes Onagres. La peau sert à faire du chagrin et des bottes de grand prix dans la Boukharie.

L'ANE HÉMIPPE. — L'Hémippe (*A. hemippus* Is. Geoff.) ressemble aux Hémiones soit par la forme générale du corps, soit par sa robe isabelle avec crinière et bande cruciale noirâtres. Pourtant, l'Hémippe a la tête plus petite et plus fine, et les oreilles plus courtes, ce qui lui donne une physionomie particulière. La queue plus fournie de poils longs rappelle celle du

L'Ane des Massaï.

Bardot; enfin la couleur isabelle est plus intense et s'étend plus bas sur les flancs, sur la gorge et sur la partie antérieure des membres. Is. Geoffroy a constaté que la voix de l'Hémippe diffère de celles des autres espèces et ressemble plus à celle de l'Ane commun. Sa tête osseuse se distingue aussi au premier coup d'œil de celle de l'Ane et ressemble davantage à celle du Cheval, qui est brachycéphale.

Habitat. — Il vit dans la Mésopotamie et dans les déserts de la Syrie, entre Bagdad et Palmyre. Cette espèce a été connue en France par deux échantillons offerts par l'Impératrice en 1855 à la ménagerie du Muséum. Le nom de *demi-Cheval*, que lui donna Is. Geoffroy, signifie qu'il est intermédiaire entre le Cheval et l'Hémione. Pour Milne-Edwards, l'Hémippe n'est autre que le véritable Hémione d'Aristote. C'est peut-être l'Ane sauvage des Écritures.

L'ANE DE NUBIE. — Les Anes d'Afrique sont très voisins des Anes d'Asie, par leur port et leurs mœurs. L'Ane de Nubie (*E. africanus* Fitz.) est un bel animal, grand, élancé, d'un gris cendré ou isabelle, sauf la région buccale, la face interne des membres, la face externe des pieds et le ventre, qui sont de couleur blanche. Il existe sur les épaules une croix noire et une bande dorsale noire. La face externe des membres porte des zébrures peu marquées ou nulles. La taille est celle de ses descendants domestiques d'Égypte.

Habitat. — Il se trouve surtout dans les steppes à l'est du Nil, de Massouah et Kassala au 18e degré de latitude nord, c'est-à-dire vers la cinquième cataracte du Nil. Il est fréquent sur les bords de l'Atbara et dans la plaine de Barka.

L'ANE DES SOMALIS (*A. somaliensis* Noack) est parfois regardé comme une variété géographique du précédent. Il est gris-souris, avec la tête plus foncée, le museau et le ventre blancs, ainsi que le côté interne des jambes. La face externe des membres porte des zébrures foncées nettes. La croix scapulaire est peu distincte. Il est spécial à la côte nord du pays des Somalis, et à la région des Danakils, à l'est de l'Abyssinie, jusqu'à Massouah.

L'ANE DES MASSAÏ et des populations avoisinant le lac Victoria Nyanza est très voisin de celui des Somalis.

Mœurs des Anes africains. — Ces animaux, dont le cri est le même que celui de l'Ane domestique, vivent par petites troupes de deux ou trois individus dans les solitudes qu'ils habitent. Malgré leur maigre nourriture, ils sont toujours en bonne santé et bien en forme. Quand on les voit trotter dans le désert que leur couleur rappelle, on croirait des Anes domestiques, mais leur vitesse est si grande que les Arabes montés sur leurs dromadaires les plus rapides ne peuvent atteindre que les Anons, mais pas les mères. D'ailleurs, les étalons, qui veillent sur le troupeau et le défendent au besoin, sont très prudents et très méfiants, ce qui rend leur chasse difficile. On dit que ces Anes sont attirés par les feux d'un campement et s'en approchent jusqu'à quatre cents pas, mais qu'ils détalent à toute vitesse, la queue en l'air, au moindre mouvement suspect.

Domesticité. — On les trouve souvent domestiqués dans leur pays et en captivité dans nos jardins zoologiques. Ils sont doux et obéissants, mais parfois difficiles à traiter. S'ils reçoivent avec plaisir les caresses, ils ne peuvent, à l'occasion, s'empêcher de donner un coup de dent à la main qui les flatte ou un coup de pied à qui les approche. Leur chair est estimée par les Arabes.

L'ANE DOMESTIQUE. — L'Ane domestique (*E. asinus* L.), pour Sanson, appartient à deux formes, l'Ane d'Europe à crâne étroit, et l'Ane d'Afrique à crâne allongé. Pour lui, le centre d'apparition du premier serait dans les îles Baléares, car les ossements des petits Équidés découverts en abondance dans le Quaternaire du midi de la France devaient appartenir à cette race. Quant à l'Ane domestiqué en Afrique, il dérive directement de l'Ane de Nubie et a donc pris naissance dans la vallée du Nil.

Il est probable que l'Onagre d'Asie, l'Hémione et le Kiang du Thibet, sont intervenus par des croisements féconds entre eux et féconds dans leurs produits pour donner l'Ane domestique. Mais quelles que soient la ou les souches de l'Ane, toujours est-il que l'Onagre et l'Ane d'Afrique sont domestiqués depuis longtemps et employés actuellement à améliorer la race. Il s'ensuit que, par le fait de sa position primitive dans le sud-ouest de l'Asie et le nord-est de l'Afrique, l'Ane est devenu le serviteur des Sémites, tandis que le Cheval, dont la patrie doit être cherchée dans le centre de l'Asie, est devenu le lot des peuples indo-européens (*).

C'est en Égypte qu'on trouve les traces les plus anciennes de la domestication de cet animal, car il est représenté sur des monuments datant de la quatrième dynastie. « La domestication de l'Ane nilotique, dit Piétrement, est très probablement encore plus ancienne que celle des races chevalines. Elle est due aux Nubiens, ancêtres des anciens Égyptiens, qui ont transmis cet animal aux Sémites du sud-ouest de l'Asie, d'où il s'est anciennement répandu depuis la mer de la Chine jusqu'à l'océan Atlantique. »

En effet, chez les Hindous, de très anciens documents en font mention et on sait qu'à l'époque d'Abraham il était connu en Judée. De l'Égypte et de la Judée, il passa en Grèce au temps d'Hésiode, puis en Italie, en France, en Allemagne, en Angleterre au temps des rois saxons, en Suède, etc. Son introduction aux États-Unis est récente et date, dit-on, de Washington. Ce sont les Espagnols qui l'ont transporté dans l'Amérique du Sud.

Caractères. — L'Ane est gris, avec une bande longitudinale noirâtre, courant au milieu du dos, et qui est croisée, sur les épaules, par une ligne de même couleur plus ou moins nette. Il a quelques zébrures foncées sur les membres. Son poil est variable. Sa taille est toujours inférieure à celle du Cheval; l'Ane de Grèce et l'Ane d'Espagne ont environ 1^m,50 au garrot.

Les principales variétés sont :

L'Ane du Thibet et celui de Perse, qui diffèrent peu des Anes sauvages actuels des déserts environnants ;

L'Ane d'Égypte, renommé par sa beauté, sa force et sa patience, et qui, sous la conduite de bourriquiers, remplace les fiacres dans son pays. Nous avons pu l'apprécier à l'Exposition de 1889 ;

L'Ane d'Arabie. Les individus qui ont été élevés dans l'Yémen surpassent en beauté ceux des autres pays, et sont, dit Chardin, les premiers Anes du monde, avec leur poil uni, leur tête portée haut et leurs pieds légers ;

L'Ane de Toscane, qui est grand comme un Mulet ;

L'Ane de Sicile ou du midi de l'Europe, qui est de moindre taille, dont le poil est mou et lisse, et la crinière assez fournie.

La race commune comprend un grand nombre de variétés mal caractérisées et différant les unes des autres par le pelage et la taille. Elle est rustique, robuste, infatigable et rend de grands services à la petite culture.

La Race des Pyrénées, de Gascogne ou de Catalogne est à poil ras, noir ou bai, de taille élevée ou petite, et utilisée pour la production du Mulet.

La Race du Poitou nous vient d'Espagne comme la précédente. Les Baudets de cette race sont minces, élevés (1^m,45 à 1^m,55), avec des membres forts, mais l'encolure un peu courte et la tête un peu grosse pour leur taille. Leurs oreilles sont remplies de longs poils disposés en cadenettes. Les poils sont noirs, assez longs et touffus pour cacher les articulations et les sabots. Quoique tenus dans

Pl. XLVII. — L'Ane Hémione (texte, p. 219).
(*) Pl. XLVIII. — *A droite*, l'Ane domestique; *à gauche*, le Mulet du Poitou, d'après une photographie prise au concours de Poitiers.

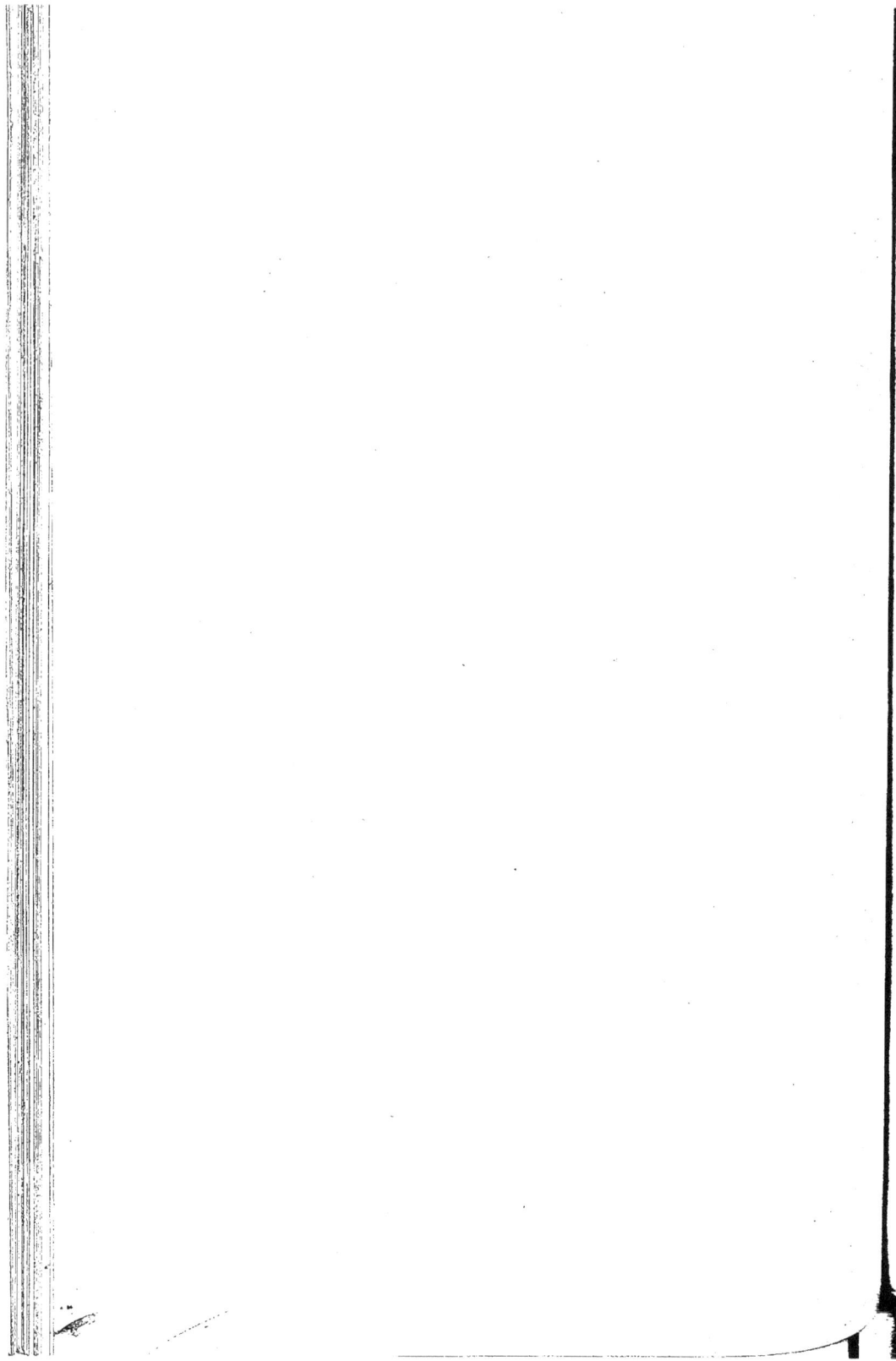

la malpropreté, ils sont rarement malades. L'élevage de l'Anon est surveillé avec sollicitude. Les étalons, surtout recherchés pour la production des Mulets, sont vendus aux éleveurs d'Italie et des États-Unis pour cet usage.

Enfin le GUDHA DE L'INDE ou petit Ane du pays des Mahrattes, n'a que la grosseur d'un Chien de Terre-Neuve.

Habitat. — La partie occidentale de l'Asie, le nord et l'ouest de l'Afrique, le centre et le sud de l'Europe, l'Amérique du Sud, qui offrent certaines conditions climatériques qu'il préfère, sont les endroits où il prospère le mieux. Plus un endroit est sec et chaud, mieux il s'y trouve, car il supporte moins bien le froid et l'humidité que le Cheval. Ce fait explique peut-être en partie la dégénérescence de sa race en Europe, où d'ailleurs il est moins bien soigné qu'ailleurs. Pourtant le père Huc affirme que les Anes se sont très bien habitués au climat froid du Thibet et du nord de la Chine.

Mœurs. — L'Ane est très sobre ; il se contente du fourrage le plus mauvais délaissé par le Cheval ou la Vache. Il affectionne les chardons et les plantes épineuses. Mais, par contre, pour sa boisson, il est extrêmement difficile : jamais il ne se décidera à boire une eau sale, ou même l'eau trouble des outres, quelle que soit sa soif. Il est peu exigeant sous le rapport des soins hygiéniques. Aussi est-il entretenu le plus souvent avec la plus grande négligence. La brutalité lui fait perdre ses qualités natives et lui donne un caractère rétif. Bien dressé et bien soigné, il ne le cède guère au Cheval sous le rapport de l'intelligence, auquel il est supérieur par son tempérament, son énergie et sa résistance à la fatigue. On vante quelquefois ses goûts musicaux, entre autres J. Franklin.

L'Ane des pays chauds, même surmené, peut vivre jusqu'à quarante ans, tandis qu'en Europe, il ne dépasse pas généralement douze à quinze ans.

L'Anon naît les yeux ouverts et peut déjà téter une demi-heure après sa naissance. Il est vif et gai. Ce n'est qu'à trois ans qu'il a toutes ses forces.

Services. — En 1901, les statistiques du ministère de l'Agriculture indiquent l'existence de 354 642 de ces animaux. Ce sont les départements de la Dordogne, de l'Indre, de la Vienne et des Basses-Pyrénées qui en possèdent le plus, soit environ 15 000 chacun.

L'Ane est un moteur animé, mais par sa conformation il est destiné plutôt à porter qu'à traîner des fardeaux. Dans les pays de montagnes, c'est l'animal de bât. Son emploi comme animal de trait est peu avantageux ; pourtant, chez les petits cultivateurs, il remplace le Cheval : c'est lui qui porte au marché les produits de l'étable, de la basse-cour et du verger.

Produits. — Le lait de l'Anesse est précieux pour les adultes et les enfants débiles, à cause de sa grande digestibilité. Sa chair sert à confectionner les saucissons les plus estimés ; sa peau, à faire les parchemins universitaires et autres, les peaux de tambour. Le chagrin d'Orient ou *Sagui* est fait avec de la peau d'Ane sauvage.

LES MULETS ET LES BARDOTS (*). — Les Mulets résultent de l'accouplement des Anes étalons ou Baudets avec les Juments, tandis que les Bardots sont le

----

(*) Pl. XLVIII. — Le Mulet du Poitou (planche, p. 224).

produit de la fécondation de l'Anesse par le Cheval étalon. Comme ces animaux ne se recherchent jamais, il faut que l'homme ait recours à des artifices divers.

Le Mulet tient des deux souches qui l'ont procréé. Il a, comme l'Ane, une tête grosse et courte, des oreilles très mobiles, plus longues que celles du Cheval, mais plus courtes que celles de l'Ane. Dans le Poitou, certains sujets à oreilles tombantes sont dits *bouchards*. Le poitrail est large, le garrot peu élevé, le dos en voûte, la croupe avalée. La crinière et la queue, plus garnies que chez l'Ane, le sont moins que chez le Cheval. Les membres sont fins et secs et portent des sabots plus grands que ceux de l'Ane. On trouve souvent quatre châtaignes, mais parfois celles des membres postérieurs font défaut. Le nombre des vertèbres est tantôt de cinq, tantôt de six. La robe, qui est rude, est variable de teinte; l'alezan et le gris sont fréquents. Dans la majorité des cas, la couleur de la robe est donnée par le père. Par le volume du corps, le Mulet tient de la mère. Sa taille égale presque celle du Cheval; elle varie de 1^m,15 à 1^m,65.

On observe la plus grande variabilité dans ce type zootechnique, suivant les éléments mis en présence. Lorsque les Juments sont de taille faible, comme cela arrive en Orient et dans le nord de l'Afrique, il y a réduction de la taille et du squelette; ce sont les Mulets légers ou de bât : Mulets algériens, italiens, du midi de la France, abyssins, mexicains, de Buenos-Ayres. Malgré leur taille réduite, ils sont assez robustes et courageux pour qu'ils puissent porter un poids de 300 kilogrammes, dit-on. Les Mulets algériens et abyssins ont joué un grand rôle dans la conquête de Madagascar; ceux de Buenos-Ayres, à robe isabelle avec bande cruciale et zébrures, dans la campagne du Mexique en 1865. Ces animaux ont rendu d'importants services au Transvaal.

Les femelles, que l'on nomme *Mules*, sont plus estimées que les mâles pour tous les services, aussi le prix en est-il bien plus élevé. On assure que les Mules présentent un certain degré de fécondité.

Production. — Quoique le Mulet remonte à une époque reculée, les Égyptiens ne devaient pas le connaître, car il n'est pas représenté sur leurs monuments, mais on en trouve des figures sur des bas-reliefs assyriens. Homère signale son existence en Asie Mineure et en Grèce, et les auteurs latins nous montrent l'importance de l'industrie mulassière chez les Romains. De là, cette industrie a passé dans les pays voisins.

En France, la production industrielle du Mulet de trait est limitée au Poitou. L'animal, qui est bien musclé, a une poitrine profonde, des reins larges, une croupe arrondie. Sa taille peut atteindre 1^m,70 et son poids 700 kilogrammes. On donne d'ailleurs aux Muletons les mêmes soins qu'aux Anons.

« La production du Mulet constitue pour le Poitou une source considérable de revenus. Le jeune sujet est simplement élevé dans ces régions, et conduit, après le sevrage, dès l'automne, aux foires où se réunissent les principaux acheteurs. Les produits de l'année, *Gitons* ou *Gitonnes*, sont vendus immédiatement ou s'ils ne trouvent pas preneur, sont ramenés à la ferme pour être vendus l'an prochain à l'état de *Doublon* ou *Doublonne*. Lorsque les sujets de cet âge n'ont pas trouvé d'acheteurs, on obtient des *Mules* ou *Mulets d'âge*, dont le nombre n'est jamais considérable, étant donnée la faveur dont jouit l'élevage au Poitou.

« Les jeunes Mules sont toujours plus recherchées que les Mulets (à cause de la préférence que leur accordait jadis la cour papale), et elles sont vendues à des marchands qui les emmènent en Espagne, en Italie, en Amérique ou dans le midi de la France. Les animaux ainsi introduits dans les départements du Lot, du Tarn-et-Garonne, de l'Aveyron, de la Lozère, du Gard, de l'Isère, etc., se rencontrent avec les Mulets produits dans ces régions. Ces hybrides sont moins estimés que ceux du Poitou qui possèdent une force, une vigueur, qu'on peut admirer particulièrement dans les plus beaux sujets produits dans l'arrondissement de Melle (Deux-Sèvres). » (Diffloth.)

Utilité, usages. — Les aptitudes du Mulet tiennent de celles du Cheval et de celles de l'Ane. Il possède la patience, la résistance et la sobriété de son père. Dans les passes difficiles et dangereuses, son sang-froid est admirable et la sûreté de son pied proverbiale, aussi lui attribue-t-on parfois plus d'intelligence et de raisonnement qu'au Cheval. En cas de chute, il essaye de former une sorte de boule qui roule dans le ravin. Le rapport officiel de l'expédition de Madagascar dit que « les Mulets savaient tomber au fond des ravins d'une si habile façon que, même pour les coffres chargés d'obus à mélinite qu'ils portaient, il n'en résultait ni dégradation, ni accident ».

Au trait, sa vitesse peut rivaliser avec celle du Cheval et son endurance l'emporte. Les tramways de Barcelone sont tirés par des Mulets et souvent, en Espagne, ces hydrides servent à constituer des équipages de luxe.

Dans les guerres, on les utilise pour le transport des blessés, ceux-ci étant assis dans des cacolets ou couchés sur des litières.

Grâce à sa sobriété, il se contente des herbes les plus grossières, mais il ne boit que de l'eau limpide. Comme l'Ane, son pouvoir digestif est plus grand que celui du Cheval, en sorte que, d'après Sanson, avec une même quantité d'aliments, il peut produire un travail plus considérable que le Cheval. En 1901, la France possédait 200 310 adultes et jeunes. Par sa robustesse, sa sobriété, son sang-froid et son intelligence, le Mulet mérite donc tous nos égards.

Sa chair est placée au même rang que celle de l'Ane. Dans le département de la Seine, on n'a consommé en 1901, officiellement que 42 Mulets pesant 9240 kilogrammes et 348 Anes du poids de 17 400 kilogrammes, tandis que le nombre des Chevaux était de 27 969 pesant 6 153 180 kilogrammes.

Le BARDOT est plus petit que le Mulet, et n'a pas des formes aussi élégantes, car l'encolure est plus mince, le dos plus tranchant, la croupe plus pointue et plus avalée. La tête est plus longue, les oreilles plus courtes, les jambes plus fournies et la queue beaucoup moins nue que chez l'Ane. Il hennit comme le Cheval, tandis que le braiement du Mulet, quoique plus faible, se rapproche de celui de l'Ane. Le Bardot est rare partout, excepté dans quelques contrées de la Sicile où il transporte à travers les montagnes, par des sentiers escarpés, les produits des mines de soufre, sous forme de pains pesant ensemble 120 kilogrammes. Cornevin en a signalé en Corse, près de Calvi.

D'ailleurs, sa production n'a pas d'importance zootechnique, car il rend à peine les services de l'Ane et se montre très inférieur au Cheval (Railliet). Il y a donc lieu de lui préférer le Mulet, plus fort et plus robuste.

LES ZÈBRES

Les Équidés sud-africains, dont le pelage est en grande partie orné de raies transversales foncées sur fond clair, sont les Zèbres (*Hippotigris* Smith, 1841).

Ils ont le corps ramassé, le cou fort, la tête fine, les oreilles de moyenne grandeur, la crinière droite et courte, la queue touffue à l'extrémité; les sabots, petits et ovales en avant, s'élargissent en arrière. Les châtaignes manquent aux membres postérieurs; ils n'ont que cinq vertèbres lombaires comme les Anes.

Les naturalistes considèrent quatre espèces bien établies, avec diverses variétés. Toutes habitent l'est et le sud de l'Afrique, chacune ayant son aire géographique propre, dont les limites sont représentées en général par la ligne de partage des eaux de deux grands fleuves (Matschie).

LE ZÈBRE DE MONTAGNE. — Le Zèbre proprement dit (*H. zebra* L. ou *montanus* Burch.) a la taille de l'Ane. C'est le *Daw* (Matschie) ou *wilde Paard* des Boers. Son corps vigoureux porte une crinière épaisse, mais courte, de longues oreilles et une véritable queue d'Ane, c'est-à-dire que seule l'extrémité porte un long pinceau. Robe à fond blanc ou jaune clair portant des zébrures d'un noir brillant ou d'un roux brun depuis le museau jusqu'aux sabots. Entre l'épaule et la hanche, douze à quatorze bandes interrompues au ventre. La base de la queue est rayée, le bout du nez ou portion inférieure du chanfrein est marquée d'une tache brun rougeâtre. Les parties inférieures sont blanches. Une bande noir foncé longe le dos, et parfois le milieu du ventre.

Habitat. — Son aire d'habitat s'étendait du Cap à la limite montagneuse du désert de Karoo. Il est très rare et tend à disparaître. On en signale encore quelques-uns sur les hauteurs de Zwartberg, Sneuwberg et Winterhock.

Les colons du Cap ont fait de nombreux essais de domestication, mais, à cause de l'indocilité de ces animaux, ils durent y renoncer après une série d'accidents.

LE ZÈBRE DE BURCHELL. — Le Zèbre de Burchell (*H. Burchelli* Gray) est le *Dauw* de la plupart des auteurs, le *Bonte Quagga* des Boers et le *Pitshé* des Betchouanas et des Matabélés. Il est intermédiaire au Zèbre et au Couagga. Les oreilles sont plus courtes que celles du Zèbre, sa tête a un aspect plus caballin, sa crinière est plus longue et sa queue plus fournie. Robe brun jaunâtre, marquée de zébrures larges, plus nombreuses que chez le Couagga et moins que chez le Zèbre. Les rayures manquent sur la partie libre des jambes, qui est blanche, sur les cuisses et sur la queue. Sur les hanches, elles sont faibles. Le ventre est blanc, mais avec une ligne foncée médiane. Généralement, sur le chanfrein, il existe une tache brun rougeâtre.

Ce bel animal vit dans l'Afrique, au sud du tropique du Capricorne. On ne compte pas moins de dix variétés dont la plupart sont souvent élevées au rang d'espèces. Les trois plus connues sont : le ZÈBRE DE CHAPMANN (*H. Chapmanni* Lay.) de la région du Zambèze et du Limpopo, qui est plus élancé avec des oreilles plus courtes. Les zébrures latérales se rejoignent sur la bande ventrale médiane. La racine de la queue est zébrée, ainsi que les jambes jusqu'aux sabots. Tache brun de café sur le chanfrein. Ce qui distingue surtout cette forme, c'est la présence de petites bandes ternes entre les bandes foncées du tronc situées depuis les hanches jusqu'au milieu du corps. Robe de l'adulte jaune brun, blanche, dit-on, chez les jeunes.

Le Zèbre des Anciens (*H. antiquorum* Smith) ou du Damaraland a une tache

Le Zèbre de Böhm.

brun rougeâtre sur le nez, des zébrures jusqu'aux genoux et sur la racine de la queue. Au-dessous du genou, la jambe est blanche, et les rayures du tronc s'arrêtent avant la ligne médiane. La robe jaune clair, légèrement teintée d'ocre, porte des bandes larges entre lesquelles se trouvent des stries brunes étroites. Cet animal est appelé parfois le Daw du Congo ou Zèbre de Pigafetta. D'après Matschie, il vit dans le Sud-Ouest africain allemand, depuis la rive septentrionale du fleuve Orange jusqu'aux bassins des fleuves Cunene et Cuanza.

Le Zèbre de Böhm (*H. Böhmi* Matschie) se rapproche des deux précédents parce que sur le corps il a six à huit zébrures environ. Sa robe blanche présente une légère teinte jaunâtre avec l'âge. La racine de la queue et les jambes jusqu'aux sabots sont rayées. Les bandes intermédiaires peu nettes signalées dans les Zèbres de Chapmann et des Anciens manquent à peu près complètement, excepté sur les hanches où elles sont indiquées. Les bandes latérales rejoignent la ligne médiane ventrale.

Le caractère distinctif de cette forme, c'est la présence d'une tache noire au chanfrein. Sa longueur est de 1ᵐ,85 pour le corps et de 0ᵐ,85 pour la queue.

Il habite dans l'Est africain allemand, depuis la limite septentrionale du bassin du Zambèze jusqu'au 1°3o' de latitude nord, et au Kilima-Njaro.

Les autres formes sont le Zèbre du Transvaal, celui de la Zambézie; celui de Selous, du Matabélé; celui du Crawshay, des montagnes voisines des lacs Tanganika et Moero; celui de Grant, qu'on trouve des lacs Rodolphe et Stéphanie jusqu'au mont Kenia, et enfin celui des bords du lac Victoria-Nyanza.

LE ZÈBRE DE GRÉVY. — Le Zèbre de Grévy (*H. Grevyi* Oust.) est une belle espèce, connue en France par un individu qui a été capturé au pays des Gallas et envoyé par Ménélik au Président de la République M. Grévy, et qui a vécu quelque temps à la ménagerie du Muséum. Sa robe blanche légèrement lavée de gris porte de nombreuses zébrures brun pourpre tirant au noir et s'étendant sur la queue et sur les membres jusqu'aux sabots; sur le corps, il y en a seize à dix-huit entre l'épaule et la hanche qui s'interrompent sous le ventre. Les hanches présentent de nombreuses bandes étroites. Le bout du nez porte une tache noire. Il a la taille du Zèbre vrai : 1ᵐ,26 au garrot.

Habitat. — Ce Zèbre habite le pays des Somalis et le Choa entre le 1°3o' et le 10ᵉ degré de latitude nord.

LE ZÈBRE COUAGGA. — Le Couagga (*H. quagga* Gm.) a le port du Cheval. C'est l'espèce dont la robe est le moins tigrée. Son pelage court et lisse est d'un brun foncé en avant, plus clair en arrière. La tête, l'encolure et la portion antérieure du tronc portent des rayures foncées, plus courtes, plus pâles et plus écartées sur le tronc. Sur le dos s'étend une ligne longitudinale brun foncé, limitée par un liséré gris roux. Le ventre, la face interne des membres et la queue sont de couleur blanche. Le mâle adulte a 2 mètres de long, y compris 0ᵐ,8o pour la queue, et sa hauteur au garrot est de 1ᵐ,3o. Le nom de *Koua-Koua* que lui donnent les Hottentots n'est qu'une imitation de son cri.

Habitat. — Il vit entre la chaîne de montagnes qui borde au nord la colonie du Cap et les limites septentrionales du bassin du Vaal. Il est en voie de disparition, à cause de la chasse active qu'on lui fait pour sa chair.

Mœurs des Zèbres. — Ces animaux forment des troupeaux assez nombreux. Les voyageurs les ont rencontrés en bandes de dix, vingt, trente individus, parfois de quatre-vingts à cent têtes, qui sont toujours composées d'animaux d'une même espèce. Ainsi le Couagga et le Dauw, bien qu'habitant les mêmes lieux, ne se réunissent jamais; ils semblent plutôt se craindre mutuellement, tandis qu'ils ne craignent pas les autres animaux, car on rencontre souvent au milieu de leurs troupeaux des Gazelles, des Antilopes, des Cobs, des Buffles, des Gnous, des Hérons et des Autruches. Les Autruches et les Antilopes sont les membres les plus prudents et les plus vigilants de la compagnie. Sont-ils tranquilles, tout le monde ne songe qu'à manger ou à se reposer ; deviennent-ils attentifs, tous les imitent ; prennent-ils la fuite, tous se hâtent de les suivre. Les Buffles, eux, examinent les Zèbres et font comme eux.

D'ordinaire, les jeunes et les vieux Zèbres sont réunis ; d'autres fois, ils forment des bandes séparées. A midi, on les voit chercher protection contre le soleil et les mouches, dans les taillis, et le soir, ils se rendent à l'abreuvoir à la queue leu leu sous la conduite d'un étalon.

Ils sont méfiants et vigilants, mais peu craintifs. Ils s'enfuient d'abord lentement à l'approche des Chasseurs, puis bientôt ils augmentent leur vitesse, et en quelques minutes, ils. fuient comme le vent et sont à l'abri de toute poursuite. Un bon Cheval ne peut les atteindre que sur un sol uni, et après une longue course. On raconte que, lorsqu'on est parvenu à entrer avec un Cheval au milieu d'un troupeau de Couaggas et à séparer les petits d'avec leurs mères, ceux-ci se mettent à suivre le Cheval aussi facilement qu'auparavant ils suivaient leurs mères. Il semble d'ailleurs qu'une certaine sympathie règne entre les Zèbres et les Chevaux domestiques, puisque le Couagga notamment ne s'enfuit pas à leur approche et paît avec eux.

Sans être très délicats pour leur nourriture, les Zèbres n'y sont pourtant pas aussi indifférents que l'Ane. Toute l'année, ils trouvent facilement de quoi vivre, car dès qu'un endroit est épuisé ils se rendent dans un autre. C'est ainsi que le Zèbre de Burchell entreprend des voyages périodiques, lorsque la sécheresse a fané toutes les herbes là où il habite. On l'a vu souvent, réuni à diverses espèces d'Antilopes, arriver dans les endroits cultivés et dévaster les champs de millet. A l'entrée de la saison des pluies, il quitte ces parages, où il ne se sent pas en sécurité, et retourne au désert.

La voix des Zèbres rappelle les hurlements et les cris d'une meute de Chiens. Les Zèbres sont bien doués sous le rapport des sens. Le moindre bruit frappe leurs oreilles ; leur œil se laisse rarement tromper. Ils ont tous à peu près la même intelligence, tous ont un besoin immense de liberté et une certaine sauvagerie. Ils sont courageux et rusés. Ils se défendent vaillamment à coups de pieds et à coups de dents contre·les Carnassiers. Les Hyènes n'osent les aborder ; le Lion est peut-être le seul qui réussisse parfois à égorger un Zèbre ; le Léopard ne se hasarde à attaquer que les plus faibles ; les autres lui font lâcher prise en se roulant sur le sol et le mettent en fuite.

On voit des poulains de juin à septembre.

Chasse. — La beauté de leur robe et les difficultés de leur poursuite stimulent les chasseurs européens et indigènes qui emploient, les uns le javelot, les autres le fusil, mais le plus souvent on les prend dans des fosses où on les tue facilement lorsqu'on ne les destine pas à la captivité.

Captivité. — Tous les Zèbres supportent bien la captivité en Europe, s'ils sont bien traités et s'ils ont de bon fourrage.

Pris jeunes, les Couaggas s'acclimatent et s'apprivoisent facilement et peuvent servir d'animaux de trait. On assure qu'en Afrique, ils deviennent d'excellents gardiens pour les troupeaux dont ils savent écarter les Hyènes. Pourtant toutes les tentatives n'ont pas bien réussi, car G. Cuvier parle d'un Couagga du Jardin des Plantes qui resta indomptable.

Is. Geoffroy Saint-Hilaire a tenté l'acclimatement du Zèbre de Burchell. Différents individus élevés à la ménagerie s'y sont reproduits, et dès la seconde génération, l'acclimatation était complète. Les jeunes nés en captivité, moins irascibles et moins capricieux que les vieux, purent rendre divers services. Ménard, au Jardin d'Acclimatation, est arrivé à des résultats plus concluants, en 1874. Il eut jusqu'à six de ces Zèbres, qui purent être dressés à tirer un véhicule. Leurs qualités les rapprochent des Mulets, car ils sont forts et vigoureux, mais moins vites que le Cheval. Leur dressage était assez parfait pour qu'on ait pu en faire figurer deux sur des scènes de théâtre.

Le Zèbre commun est plus intraitable; la plupart des essais ont échoué et ont rebuté les colons après des accidents graves. Pourtant, des renseignements récents venus du centre de l'Afrique laisseraient supposer que, dans certaines fermes à Zèbres, le dressage a réussi. Peut-être obtiendrait-on de meilleurs résultats avec plus de patience, moins de rigueur et de mauvais traitements.

La chair des Zèbres est blanche, mais pas mauvaise, quoiqu'elle ait un goût douceâtre et soit un peu fade lorsqu'elle est fraîche.

Hybrides. — La famille des Équidés est celle qui a fourni, par des croisements multiples, le plus grand nombre d'hybrides, et, « fait digne de remarque, on a constamment obtenu des hybrides offrant quelques zébrures sur les jambes, lors même que les parents avaient une robe de teinte uniforme. La persistance de ce caractère à travers des croisements, témoigne évidemment en faveur de son ancienneté, et l'on peut à la rigueur, en s'appuyant sur ce phénomène d'atavisme, soutenir que les Chevaux des périodes tertiaires avaient la robe rayée comme les Zèbres de l'époque actuelle » (Oustalet).

L'Ane et la Jument procréent le Mulet; mais l'Ane peut encore donner des descendants avec la Mule, la Bardote, l'Hémione, le Zèbre, le Zèbre de Burchell.

Le Cheval et l'Anesse produisent le Bardot; mais le Cheval donne aussi des produits avec la Mule (Mule par Cheval), l'Hémione, le Zèbre, le Zèbre de Burchell, avec le produit de l'Ane et du Zèbre femelle, avec celui du Zèbre et de l'Anesse, avec celui du Couagga et de la Jument.

On signale encore les unions suivantes qui sont fécondes : celles d'Hémione mâle et Jument, Anesse, Zèbre, Couagga, Zèbre de Burchell; celles de Zèbre et Anesse, de Couagga et Jument, Hémione femelle; de Zèbre de Burchell et Anesse, et récemment celle de Zèbre et Jument qui donne les *Zébrules*.

Ceux-ci ont une robe qui est à peu près celle du Cheval, mais elle montre un certain nombre de raies caractéristiques du Zèbre. Leur activité, leur vivacité et leur intelligence, associées à une malléabilité du caractère plus grande que chez la Mule, paraissent devoir en faire des auxiliaires précieux pour les colons africains, surtout si, comme on le dit, ils sont rebelles aux maladies des Chevaux et aux piqûres de la mouche tsé-tsé.

LES TAPIRIDÉS

Cette famille repose sur le seul genre Tapir. Elle est caractérisée par un nez prolongé en une petite trompe, quatre doigts à sabots aux pieds de devant (le premier n'existe pas et le troisième est le plus long), trois doigts aux pattes de derrière, le médian étant le plus développé et les deux autres subégaux. La queue est courte, en moignon. Ces animaux ont quarante-deux dents, comme les Chevaux. Les canines sont séparées de la série des suivantes par une large barre. Les quatre prémolaires et les molaires sont construites sur le même type ; elles sont surmontées de collines transversales ; en haut, l'incisive externe est plus grande que la canine, tandis que dans la mâchoire inférieure elle est petite et tombe souvent ; mais, par contre, la canine est grosse et pointue. Les os nasaux sont très saillants pour porter la trompe.

LES TAPIRS

Les Tapirs (*Tapirus* Cuvier, 1798) ont une taille assez forte, un corps bien proportionné, assez lourd, une tête longue et mince, un cou étroit, des jambes de moyenne longueur mais fortes. Les oreilles, droites, courtes, sont larges ; les yeux sont petits, obliques. La peau est épaisse et lisse, sans plis profonds. Le poil est court et serré. Les espèces américaines ont une crinière allant du sommet de la tête au garrot.

Habitat. — Ce genre comprend cinq espèces, dont l'une est indo-malaise, et les autres américaines (Centre et Sud). Cette répartition curieuse est expliquée par la géologie, car on a trouvé de nombreux restes de Tapirs dans l'Europe centrale et méridionale et jusqu'en Chine.

LE TAPIR AMÉRICAIN. — Ce Tapir (*T. americanus* Briss. ou *terrestris* L.) est l'espèce connue depuis la découverte de l'Amérique : on l'avait même appelé *Hippopotame de terre*. Sa description exacte ne date que du xviiie siècle.

Caractères. — Le pelage assez uniforme est prolongé sur la nuque en une crinière courte et raide. La couleur est d'un gris brun noirâtre, comme celle des autres espèces de son pays. Les côtés de la tête, le cou et la poitrine sont un peu plus clairs ; les pieds, la queue et la nuque, et la ligne médiane du dos sont plus foncés ; les oreilles portent un liséré gris blanchâtre. On rencontre des Tapirs fauves, jaunâtres, gris ou brunâtres.

Les jeunes ont seulement le dos foncé. La face supérieure de la tête est couverte de taches blanches arrondies, et de chaque côté du corps se trouvent des rangées régulières de taches blanches qui se continuent sur les membres, et des bandes blanches ou fauves. A mesure que l'animal grandit, ces taches s'allongent et à deux ans elles disparaissent. Ce fait se retrouve aussi sur les jeunes Tapirs indiens.

D'après Tschudi, sa longueur peut atteindre 2 mètres et sa hauteur 1 mètre. La femelle est toujours plus grande que le mâle.

Habitat. — Ce Tapir se trouve sur toute l'étendue de l'Amérique méridionale, depuis l'isthme du Darien jusqu'à l'Argentine, et depuis l'océan Atlantique jusqu'au Pacifique. Il est commun dans les Guyanes, l'Amazonie, le Pérou. A la Guyane française, on le nomme *Maipouri.*

Mœurs. — Nombreux sont les voyageurs qui ont décrit les mœurs du Tapir; je citerai entre autres : d'Azara, Rengger, de Wied, Tschudi, Schomburgk.

Le Tapir vit solitaire dans les forêts, en évitant tous les lieux découverts, et s'y fraye des chemins qui sont difficiles à distinguer de ceux des indigènes. Mais c'est dans les fourrés frais qu'il se tient pendant le jour, car c'est un animal nocturne. Tschudi affirme même n'en avoir jamais rencontré de jour. Quand le soir ou le matin on descend silencieusement les rivières, on peut voir souvent des Tapirs en grand nombre se baigner, soit pour se rafraîchir, soit pour se défendre contre les piqûres des insectes. Ils mettent à profit à cet effet chaque étang, chaque flaque d'eau. Aussi sont-ils presque toujours recouverts d'une épaisse couche de vase. Tschudi croit que les variations de couleur qu'on observe n'ont pas d'autre origine. C'est vers le soir que les Tapirs vont chercher leur nourriture; ils errent toute la nuit, sans se rassembler en fortes bandes. Le mâle surtout reste dans l'isolement. Quand on voit plus de trois Tapirs réunis en un même point, c'est qu'un pâturage gras et abondant les y avait attirés simultanément et par hasard.

Leur marche est lente et prudente; ils posent un pied devant l'autre, penchent la tête à terre; leur trompe et leurs oreilles s'agitent continuellement. Ces organes leur révèlent-ils un danger, leurs mouvements deviennent plus vifs, et l'animal se précipite tête baissée à travers les fourrés, renversant les obstacles, et ne s'arrêtant pas même devant les marais et les cours d'eaux, car c'est un excellent nageur. On dit même qu'il peut marcher au fond de l'eau.

Sa voix est un sifflement perçant, plus fréquent à la saison des amours; mais quand il est dérangé, il fait entendre un grognement de mauvaise humeur.

Ces animaux, doux, craintifs, paisibles, fuient devant tout ennemi, même un petit Chien, mais surtout devant l'homme ; ils sont plus méfiants au voisinage des plantations que dans les forêts où ils ne sont pas troublés. Pourtant, parfois on les a vus se précipiter avec fureur sur le chasseur et chercher à le renverser ou à lui faire des blessures avec leurs dents. C'est ainsi que la femelle défend ses petits, car alors elle sait s'exposer au danger et mépriser les blessures. On raconte que le Tapir, lorsqu'un Jaguar lui a sauté sur le dos, se précipite dans les fourrés les plus épais pour s'en débarrasser et qu'il y réussit souvent, car les ongles du fauve ne peuvent entamer sa peau.

La nourriture du Tapir consiste en feuilles de palmiers et en fruits tombés à terre, en melons et, dans certains endroits, en plantes aquatiques. Ils font de grands dégâts dans les plantations de cannes à sucre et de cacaoyers en détruisant les jeunes plants. Ils sont très friands de sel. « Dans toutes les parties basses du Paraguay, dit Rengger, où le sol renferme du sulfate de soude où du chlorure de sodium, les Tapirs lèchent la terre imprégnée de sel. » Cette préférence pour le sel est aussi très accentuée chez les Tapirs captifs.

A la saison des amours, les mâles et les femelles vivent ensemble pendant quelques jours et s'appellent par leurs sifflements. Le petit qui naît ensuite est tacheté et rayé à la façon des Sangliers. Ce n'est qu'à quatre mois que ces taches commencent à disparaître et font place, à six mois, à la livrée de l'adulte.

Chasse. — On chasse les Tapirs avec ardeur pour se procurer leur chair et leur peau. Les indigènes, au moyen de Chiens, l'obligent à se précipiter à l'eau, tandis qu'eux-mêmes, cachés sur la rive, l'attendent pour l'occire à coups de massue ou de couteau. D'autres fois, ils vont le tuer en son gîte et s'emparent des jeunes pour les domestiquer ; en quelques jours, ceux-ci sont habitués à l'homme et à leur demeure qu'ils ne quittent plus. Comme le Porc, ils s'habituent à la nourriture de l'homme, et surtout aux fruits et aux légumes de toute sorte.

Quand ils sont bien soignés, ils peuvent supporter longtemps la captivité, à condition qu'en hiver leur écurie soit bien chaude, sinon ils meurent d'affection pulmonaire. Dans l'Amérique méridionale, ils inspirent tellement confiance qu'on les laisse circuler seuls dans les rues.

Produits. — La peau, très épaisse ($0^m,04$), est découpée en lanières pour des fouets et des traits; mais elle ne peut servir à faire des chaussures, à cause de sa dureté quand le temps est sec, et de sa mollesse dans l'humidité, ce qui la rend spongieuse. Les poils et les sabots pulvérisés sont des médecines estimées. Les sabots, portés au cou, sont des amulettes, ou bien ils sont transformés en castagnettes.

Le TAPIR PINCHAQUE (*T. pinchaque* Roulin ou *Roulini* Fischer) ou Tapir poilu (*T. villosus* Fischer), à cause de sa fourrure longue et abondante, est le Tapir de montagne, qui ne porte pas de crinière. La couleur est brun noir, mais la moitié de la lèvre supérieure, le bord de la lèvre inférieure et le menton sont blancs; les oreilles lisérées de blanc, une tache fauve de chaque côté du sacrum. Le jeune, qui est noirâtre, présente des taches qui sont autrement disposées que dans le Tapir américain. Sa taille est aussi plus faible : $1^m,80$ de long et $0^m,90$ de haut; son crâne est différent de celui du précédent. Il habite les hautes régions des Andes, de la Colombie et du Pérou occidental. Les Indiens l'appellent *Vaca del monte* (Vache de montagne).

L'Amérique centrale en nourrit deux autres espèces. Le TAPIR DE BAIRD (*T. Bairdi* Gill) vit depuis le Mexique jusqu'à Panama, tandis que le TAPIR DE Dow (*T. Dowi* Gill) est plus spécial au Guatémala, aux rives pacifiques du Nicaragua et aux rives atlantiques du Costa-Rica.

Ces deux espèces ont la cloison nasale osseuse fortement prolongée en avant, d'où le nom d'*Elasmognathus* dont on les a gratifiées.

LE TAPIR DE L'INDE OU DE LA MALAISIE. — Le Tapir de l'Inde (*T. indicus* G. Cuv.*) à dos blanc, ou à chabraque, ou Maïba, n'a été décrit pour la première fois qu'en 1798 par Cuvier; mais pourtant les livres chinois et japonais en font mention longtemps auparavant sous le nom de *Mé*.

Caractères (*). — Il peut se reconnaître à sa taille plus forte que celle de ses congénères américains, à son corps plus élancé, à sa face plus étroite, plus bombée, à sa trompe plus forte et plus longue, à ses pieds plus vigoureux, à son manque de crinière, et surtout à sa coloration particulière. Sur la couleur fondamentale d'un noir foncé brillant, tranche la coloration blanche du dos, de la croupe, des flancs et de la partie supérieure des cuisses. Donc la tête, la nuque et les quatre membres sont noir brillant. Les jeunes ne prennent la couleur de l'adulte que du quatrième au sixième mois. A leur naissance, leur coloration d'un noir brunâtre est marquée, sur les côtés, de taches et de lignes jaunâtres, tandis que le dessous du corps est blanc. Brehm attribue à la femelle $2^m,40$ de longueur, du bout de la trompe à l'extrémité de la queue, et $0^m,97$ de hauteur au garrot. Sa trompe a $0^m,29$ de long et sa queue $0^m,07$.

Habitat. — On le trouve dans la presqu'île de Malacca, le Siam méridional et le Ténasserim, jusqu'au 15ᵉ degré de latitude nord, à la hauteur des îles Tavoy et Mergui, et dans les grandes îles de la Malaisie : Sumatra et Bornéo.

Mœurs. — C'est un habitant des forêts, évitant le voisinage des lieux occupés par l'homme, car il est craintif et débonnaire. Il aime beaucoup l'eau, quoiqu'il ne sache pas nager. Il plonge et marche au fond de l'eau. A cause de la douceur de son caractère, on peut facilement l'apprivoiser. Aussi est-il fréquent en Europe ; il s'est même reproduit dans les ménageries.

On dit qu'on a cherché à le domestiquer et à en faire une bête de trait.

LES RHINOCÉROTIDÉS

Les Rhinocérotidés ne comprennent qu'un seul genre renfermant cinq espèces actuelles. Ce sont des animaux gros et lourds portés par des pattes courtes et massives terminées par trois doigts à sabots (2, 3, 4). La peau, dure et résistante, est épaisse et nue, au moins en partie, et de plus elle présente parfois des plis qui, aux articulations, sont surtout nombreux et profonds. La tête est grosse ; elle porte des yeux petits, et une protubérance cornée, simple ou double, sur le nez et le front. Ces cornes sont toujours placées sur la ligne médiane. Ce sont des cônes pleins, un peu arqués vers l'arrière, et formés de substance cornée, fibreuse comme les ongles. Elles tombent de temps en temps et repoussent alors. Elles sont fixées au crâne sur une surface rugueuse, simple ou double, de la grandeur de leur base.

La dentition comporte, à chaque mâchoire, deux ou quatre incisives qui sont très larges chez les Rhinocéros d'Asie, mais qui, chez les espèces africaines, tombent bientôt. Pas de canines, mais de chaque côté, soit en haut, soit en bas, sept molaires, dont quatre prémolaires. La première est souvent petite et caduque, et la deuxième, par suite de l'avortement du lobe postérieur, a une couronne triangulaire. Sur un squelette très lourd sont insérés des muscles puissants : ceux des membres et de la tête sont les plus vigoureux.

_____

(*) Pl. XLIX. — Le Tapir de l'Inde ou de la Malaisie.

Habitat. — Ces animaux, redoutables par leur force, sont confinés maintenant dans l'Afrique, orientale et dans l'Inde et l'Insulinde. Leurs débris fossiles se rapportent à un assez grand nombre d'espèces, entre autres au RHINOCÉROS A CLOISON NASALE OSSEUSE (*R. antiquitatis* ou *tichorhinus*) dont on a découvert les os, la peau et les poils laineux sur le bord de tous les fleuves du nord de l'Asie, ainsi que dans le Pleistocène de l'Europe. D'autres formes ont vécu en France; l'une d'elles l'ACÉRATHÉRIUM, n'avait pas de cornes, mais avait quatre doigts aux pattes de devant, et a laissé ses traces dans les dépôts miocènes.

LES RHINOCÉROS

Les Rhinocéros (*Rhinoceros* Linné, 1766) ont une tête volumineuse avec de petits yeux, des oreilles moyennes, un cou court. La peau de la lèvre supérieure est mince, très vasculaire et richement innervée. La langue est grande et sensible. La peau, qui n'a que $0^m,007$ d'épaisseur à la face interne des membres, a $0^m,02$ au milieu du ventre et plus sur le dos. Parfois elle est lisse; d'autres fois, elle forme des plis profonds ou porte de vraies écailles séparées par des plis.

LE RHINOCÉROS UNICORNE OU DE L'INDE (*). — Le Rhinocéros unicorne ou de l'Inde (*R. unicornis* L. ou *indicus* Cuv.) est une des plus grandes espèces. Sa tête est plus haute et plus grosse que chez les autres espèces asiatiques. L'adulte possède, en haut de chaque côté, une grosse incisive, et parfois une petite latérale, tandis qu'en bas il n'y en a qu'une très petite en dedans et une très grosse vers l'extérieur. Cette dernière est parfois regardée comme canine. La queue courte et pendante va s'amincissant jusqu'au milieu.

La peau, très dure et très sèche, repose sur un tissu cellulaire sous-cutané lâche qui lui permet de glisser facilement. Elle forme une cuirasse divisée en plages par des plis nombreux et profonds disposés avec régularité. Ces plis, qui existent déjà chez le nouveau-né, sont nécessaires pour que l'animal puisse exécuter des mouvements, car là la peau est mince et molle, tandis qu'ailleurs elle est rigide comme du bois. Chez les vieux animaux, elle ne porte de poils qu'à la base de la corne, au bord des oreilles et au bout de la queue.

Le premier grand pli descend verticalement derrière la tête et le long du cou, où il s'allonge en fanon; derrière lui s'en trouve un second, oblique en haut et en arrière, très profond en bas, mais qui s'amincit en allant au garrot; de sa moitié inférieure part un troisième pli remontant obliquement le long du cou. Le pli situé en arrière du garrot remonte le long du dos, et se recourbe en arc pour se continuer derrière les épaules, et passer au-dessous et en avant du membre antérieur qu'il entoure. Un cinquième pli descend du sacrum obliquement en bas et en avant le long des cuisses, puis va se perdre sur les flancs; mais une de ses branches, suivant le long du bord antérieur du membre, traverse le tibia, puis remonte jusqu'à la racine de la queue, d'où il revient en saillie

(*) Pl. L. — Le Rhinocéros unicorne ou de l'Inde.

sur la cuisse. La peau est ainsi divisée en trois zones comprenant, la première, le cou et les épaules, la deuxième la région des épaules aux lombes, la troisième le train de derrière. Toute la peau est couverte de petites écailles cornées irrégulières, arrondies et plus ou moins lisses. Le museau porte des rugosités transversales, tandis que les parties inférieures du corps sont divisées, par des sillons qui se croisent, en un grand nombre de petits compartiments.

Les vieux animaux sont d'un gris brun uniforme tirant sur le bleu ou le roux, mais dans les plis la peau est couleur de chair. La poussière et la vase modifient cette couleur et leur donnent un ton plus foncé. Les jeunes sont plus clairs. Cet animal mesure jusqu'à 3 mètres de long et $1^m,75$ de haut au garrot; sa queue a environ $0^m,70$ et sa corne, qui est conique et placée entre les deux narines, rarement plus de $0^m,35$; elle peut atteindre $0^m,40$ de circonférence à sa base. Le poids du Rhinocéros est évalué à 2 000 ou 3 000 kilos.

Habitat. — Son aire d'habitat est limitée aux plaines de l'Assam, et il se trouve très rarement à l'ouest du fleuve Tista. Il y a environ quarante ans, on le signalait fréquemment dans le Sikkim et même dans le Népaul au pied de l'Himalaya jusqu'à Rohilkund. Avant 1850, on en trouvait encore dans les jungles du Gange et jusqu'aux montagnes de Rajmahal. Jadis, cette espèce était largement répandue dans l'Inde, et vers 1530, au temps de l'empereur Baber, elle existait encore dans le Pendjab jusqu'à Peshawar. D'ailleurs ses ossements ont été trouvés fossilisés dans le nord-ouest de l'Inde et à Madras. Elle fut, dans l'Inde, contemporaine de l'Hippopotame. Après l'exemplaire que Pompée fit venir à Rome en 61 avant Jésus-Christ, le premier connu en Europe fut importé en Portugal en 1513, et Albert Dürer en publia une gravure exécutée d'après un mauvais dessin.

Mœurs. — Le Rhinocéros de l'Inde ne se trouve jamais dans les montagnes, il se tient dans les plaines et surtout au voisinage des marais qu'il affectionne tout particulièrement pour s'y baigner et s'y rouler dans la vase. Quoiqu'il vive solitaire, on en trouve souvent plusieurs dans le même fourré. C'est un animal tranquille et paisible, vivant d'herbes; ce que les naturalistes occidentaux racontent sur sa férocité et sur son inimitié envers l'Éléphant rentre dans le domaine de la fantaisie. Ajoutons que l'animal blessé ou acculé par le chasseur peut être dangereux dans sa défense. De même que le Sanglier qui emploie ses défenses, il se sert habilement de ses fortes incisives externes inférieures, que beaucoup regardent comme des canines. Blyth assure qu'il n'emploie jamais ses cornes pour frapper, même s'il a affaire à l'Éléphant. Ce n'est que lorsqu'il est excité, qu'il fait entendre un grognement tout particulier. Il a la curieuse habitude de déposer ses crottins au même endroit jusqu'à ce qu'il y en ait un tas considérable.

Sa démarche ordinaire est lente, mais il peut aussi trotter et galoper.

On assure qu'il devient très vieux, cent ans, dit-on; en captivité, il atteint facilement cinquante à soixante ans. La femelle, qui n'a qu'une paire de mamelles, ne met bas qu'un petit à la fois.

Sa chair est délicieuse, paraît-il.

LE RHINOCÉROS DE LA SONDE OU DE JAVA. — Ce Rhinocéros (*R. son-daicus* Desm.) est de taille à peu près égale à celle du Rhinocéros de l'Inde, avec une tête beaucoup plus petite. Sa peau est presque nue et couverte de petites écailles polygonales, de grandeur égale, et elle est divisée en plages par des plis, dont trois traversent le dos : un qui est en avant, un autre qui est en arrière des épaules, et enfin celui des reins. Les plis du cou sont peu développés. La couleur est gris foncé. Les incisives sont au nombre de deux en haut et quatre en bas; la corne manque souvent, sinon toujours à la femelle.

Habitat. — Son aire d'habitat s'étend à travers l'Assam, la Birmanie, la péninsule malaise, Java et peut-être Sumatra, et Bornéo. On le trouve aussi dans les Sanderbands du delta du Gange, et quelques parties voisines de l'est du Bengale, mais jamais il n'a été signalé avec certitude dans la presqu'île de l'Inde. Certaines formes du Pliocène des monts Siwalik paraissent s'en rapprocher.

Mœurs. — Il se tient de préférence dans les forêts et des pays accidentés, quoiqu'on le rencontre aussi dans les marais des Sanderbands. En effet, les individus que l'on a signalés à Java et dans la Birmanie, à une hauteur de 2100 mètres au-dessus du niveau de la mer, appartenaient probablement à cette espèce. Il est encore plus doux et plus paisible que son confrère de l'Inde.

LE RHINOCÉROS DE SUMATRA. — Le Rhinocéros de Sumatra (*R. suma-trensis* Cuv.) se reconnaît facilement par la grande quantité de poils noirs ou bruns qui couvrent son corps où ils ont tous même longueur, tandis qu'ils s'allongent aux oreilles et à la queue. La tête porte deux cornes, ce qui le distingue de tous les Rhinocéros d'Asie. Elles sont toutes deux amincies à la pointe, mais l'antérieure est plus longue et recourbée vers l'arrière. La peau est rude et granuleuse, et ses plis moins prononcés que chez les autres espèces; le seul pli situé en arrière des épaules traverse le dos. La couleur varie du brun terreux au noir. Les incisives inférieures, au nombre d'une paire, sont grosses, pointues et repoussées latéralement; elles tombent même chez les vieux animaux. C'est le plus petit de tous les Rhinocéros. Sa hauteur varie de 1m,20 à 1m,40, et sa longueur, en n'y comprenant pas la queue, est de 2m,44. Son poids est de 1000 kilogrammes. La plus grande corne que l'on connaisse mesure sur la convexité 0m,78 de long.

Habitat. — Outre l'Assam, où il est rare, et le Siam, c'est un habitant des îles de Sumatra, de Bornéo et de la presqu'île de Malacca. Il paraît être représenté par des variétés dans ces différentes régions. Aussi, en 1872, vivait au jardin zoologique de Londres un spécimen (payé plus de 25000 francs) venant du bas Bengale, des collines de Chittagong et de Tipperah, on l'a regardé comme le représentant d'une espèce spéciale, le Rhinocéros à oreilles poilues (*R. lasiotis* Sclat.), car il se distinguait par une taille plus grande, une couleur d'un brun plus clair, une peau plus lisse portant des poils plus allongés, plus fins et d'un roux plus vif, une queue plus courte portant un pinceau plus développé, et par des oreilles nues intérieurement, mais poilues sur leur bord.

Mœurs. — Il habite les forêts et les hauteurs. Dans le Ténasserim, près de Tickell, on l'a rencontré à plus de 1200 mètres d'altitude. C'est un animal aussi peureux et craintif que les autres Rhinocéros asiatiques, dont il se distingue par sa façon de vivre. Il est probable que tous sont de très bons nageurs et, d'après Anderson qui a vu un Rhinocéros à deux cornes nageant près des îles Mergui, ils pourraient même traverser des bras de mer à la nage.

LE RHINOCÉROS BICORNE. — Les Rhinocéros d'Afrique, dont on ne compte que deux espèces certaines, ont deux cornes plus longues que chez les espèces asiatiques, pas de plis permanents sur la peau, qui est lisse, presque nue, hormis au bord externe des

Le Rhinocéros bicorne.

oreilles et au bout de la queue. Les incisives et les canines manquent aux adultes; seules des incisives (une paire en haut et deux en bas) rapetissées et inutilisables existent chez les jeunes; mais elles tombent prématurément, aussi les maxillaires sont-ils plus courts que chez les espèces asiatiques, et le museau est-il comme tronqué. On a voulu distinguer ces deux espèces par leur couleur qui est noire dans le bicorne et blanche dans l'autre, mais la coloration est trop changeante pour être invoquée comme distinctive.

Caractères. — Le Rhinocéros bicorne (*R. bicornis* L.) se reconnaît à sa lèvre supérieure pointue et préhensile, à ses narines petites et rondes, à ses oreilles arrondies et à sa queue dont la pointe porte à la face supérieure et à l'inférieure une rangée de poils pectiniformes. Les yeux sont petits et placés de telle façon que leur angle postérieur et le même bord de la deuxième corne sont sur une seule ligne. La corne antérieure est arquée vers l'arrière, et plus ou moins anguleuse en avant. Elle peut atteindre $1^m,37$ de long, dans le sud-est de l'Afrique, tandis qu'elle dépasse rarement $0^m,60$ dans le nord-est. Parfois même elle est plus courte que la deuxième. Les rapports de grandeur entre les deux cornes sont très variables et désignés par des noms spéciaux par les indigènes. Ainsi ils appellent *Boreli* les animaux à cornes courtes et *Keitloa*, ceux qui ont la corne postérieure plus longue. Le mâle atteint une longueur de $3^m,50$, une hauteur au garrot de $1^m,67$ à $1^m,73$, et une queue de $0^m,70$, tandis que chez la femelle, les nombres respectifs sont de $2^m,06$, $1^m,43$ et $0^m,55$.

Habitat. — Son aire de dispersion s'étend de l'Abyssinie au cap de Bonne-Espérance. En 1881, il était encore fréquent dans tout le sud-est de l'Afrique. Et en 1886, des voyageurs racontent qu'ils en virent seize au Kilima-Ndjaro en un seul jour. Mais les individus deviennent rares à cause de la chasse que leur font les Européens, et en particulier les Anglais. Dans les montagnes de l'Abyssinie, dans la Somalie et le Choa, on signale la variété à capuchon (*R. cucullatus*). Près d'Uturu, dans l'Afrique orientale, Holmwood a découvert une corne allongée, qui est comme pédiculée, amincie à la base et conservant en-suite son diamètre dans toute sa longueur; la pointe est très courte. On suppose qu'elle appartient à une nouvelle espèce dédiée à Holmwood (*R. Holmwoodi* Sclat.). Pour quelques naturalistes, ce sont des cornes de femelles du Bicorne. Le comte Teleki et von Höhnel signalent même une nouvelle et très petite espèce au voisinage du lac Baringo. Des recherches sont donc nécessaires avant de pouvoir fixer définitivement le nombre des espèces africaines de ce genre.

Mœurs. — Ce Rhinocéros vit dans les bois et se nourrit de racines, de feuilles, de brindilles, rarement d'herbe. Pourtant ses habitudes paraissent changer avec les régions. En Abyssinie, où il ne s'élève pas au delà de 1500 mètres, il se tient au bord des fleuves, dans les fourrés sillonnés par ses sentiers. C'est dans la partie la plus impénétrable qu'il établit son gîte ou sa maison, comme disent les indigènes. Il brise les branches et les troncs, les rejette de côté et se fait une place de $4^m,50$ à 6 mètres de diamètre, et il profite de la pluie pour l'approfondir un peu en la piétinant et en s'y roulant. C'est là qu'il dort dès le matin et pendant les heures chaudes. Par les temps brumeux, il la quitte vers une heure ou deux et, quand le ciel est pur, le soir.

Dans le Sud-Est africain, le Rhinocéros quitte son gîte vers quatre heures; s'il craint la présence de l'homme, c'est encore plus tard. Par ses sentiers bien frayés, il se rend à son abreuvoir, se plonge dans l'eau et se roule dans la vase avec délices jusqu'au coucher du soleil. Sa peau est en effet aussi sensible qu'elle est épaisse et les Moustiques le harcèlent et le fatiguent beaucoup. Il se couvre ainsi d'une couche de vase qui lui donne une protection temporaire. Ce bain est pour lui une telle volupté, qu'il en oublie sa vigilance habituelle et pousse des soupirs et grognements de contentement. Dès que la couche de vase s'écaille, on le voit courir près d'un arbre pour s'y frotter et diminuer ses souffrances. Après son bain, il se rend à la pâture jusqu'à l'aurore, si la contrée est habitée, ou jusqu'au commencement de la chaleur du jour. Il va alors boire et se rend à son gîte, où l'accompagnent certains Oiseaux qui le débarrassent de ses parasites (Tiques). Il y dort d'un sommeil si profond que le chasseur peut s'approcher jusqu'à le toucher avec son fusil, si les Oiseaux ne l'éveillent pas. Le Rhinocéros du Kilima-Ndjaro dort en plein jour dans les endroits découverts. Généralement les sociétés se trouvent réduites à trois : le mâle, la femelle et son petit qui la suit toujours. Si la mère est tuée, le jeune reste auprès du cadavre dont il est difficile de l'éloigner.

Il marche et trotte le nez relevé, et, malgré sa grosseur, il peut monter sur des pentes très fortes. Mais pourtant, quoi qu'en disent les indigènes de l'Abyssinie, il ne peut rattraper un Cheval au galop.

Il ne regarde jamais en l'air, aussi peut-on avec sécurité l'attendre sur un arbre ; il poursuit rarement un ennemi à Cheval. Tous les racontars sur sa prétendue férocité sont empreints d'une grande exagération ; il est même douteux que, s'il est blessé, il fonce sur son ennemi ; car lorsqu'il est atteint, il tombe sur ses genoux, puis prend sa course aveuglément droit devant lui, sans s'inquiéter des obstacles et du chasseur ; tant pis si celui-ci se trouve sur son chemin. D'ailleurs les individus se comportent de façons très différentes. Ils sont pourtant plus irritables à la saison des amours.

Quand il aperçoit un homme, il s'arrête étonné, fait quelques pas en avant, s'arrête, remue la tête, et si on l'appelle, il s'en va rapidement en relevant sur le dos sa queue enroulée en tire-bouchon. Mais dès qu'il sent un homme, il s'enfuit. C'est pour cette raison que la chasse en est si peu périlleuse, beaucoup moins que celle du Lion, de l'Éléphant et du Buffle. On assure même que les Cafres et les Hottentots osent l'attaquer sans précautions.

Chasse. — Dans le sud-est de l'Afrique, les indigènes le chassent en le poursuivant, ou en le tuant près de son abreuvoir. Au Soudan, on se sert du Cheval, et, avec une épée à double tranchant, on coupe les tendons des deux jambes de derrière, car sur trois pattes, il se meut facilement et c'est encore un adversaire qui n'est pas à dédaigner. Souvent les Arabes creusent, sur l'un de ses sentiers, un trou de 0^m,60 de profondeur et 0^m,40 de diamètre ; ils y placent une souche avec un nœud coulant dans lequel l'animal se prend le pied. Après beaucoup d'efforts, il s'enfuit avec la souche, mais sa marche est très retardée. Le chasseur, suivant ses traces le lendemain, le tue avec une lance ou une épée.

Captivité. — Les Rhinocéros sont faciles à dompter ; ceux qu'on a vus en Europe se sont montrés très doux et se laissaient conduire et toucher sans résister. Le Bicorne est moins fréquent dans les ménageries que ses confrères d'Asie.

Usages. — Son épaisse peau sert à faire sept boucliers qui, avant d'être travaillés, ont une valeur de 10 francs, des jouets et des vases. Avec les cornes, on fabrique des coupes, des vases ; d'après les indigènes, si on y verse un liquide empoisonné, ils en provoquent l'effervescence. La chair, bien qu'un peu maigre, est estimée et la graisse entre dans la composition de diverses pommades locales.

Le Rhinocéros camus (*R. simus* Burch.) ou blanc, de taille plus grande que le précédent, habitait les plaines situées au nord du fleuve Orange. L'espèce paraît être exterminée. Ses habitudes ressemblaient à celles du Bicorne.

Les Éléphants
et les Damans

LES ÉLÉPHANTIDÉS

Les Éléphantidés, placés jadis dans les Pachydermes à cause de l'épaisseur de leur peau, sont associés en général aux Ongulés à doigts impairs, mais ils s'en distinguent par des particularités nombreuses, et constituent un groupe naturel bien distinct. Appelés aussi *Proboscidiens*, à cause de leur trompe, ils sont parmi les Mammifères les plus curieux, par leur forme, la grandeur de leur taille, la singularité de leurs instincts et leur éducabilité. Quoique lourds et disgracieux, leurs mouvements sont loin d'être embarrassés et lents.

Caractères. — Leur corps est porté par des pattes à cinq doigts inclus dans une masse charnue, mais ces pattes n'ont souvent que quatre ou trois sabots. La dentition est incomplète. Les incisives supérieures sont modifiées en défenses, tandis que les inférieures et les canines manquent. Pourtant, chez les Mastodontes, il existe à la mâchoire inférieure deux incisives, qui tombent chez la femelle, mais chez le mâle deviennent de véritables défenses. La surface masticatrice des molaires est plane et montre des rubans d'émail soudés par du cément, tandis que chez les Mastodontes elle est mamelonnée et n'a pas de cément. Les molaires présentent, d'ailleurs, une série remarquable de modifications, depuis les dents du Dinothérium, qui sont relativement simples, avec leurs deux ou trois lamelles transversales et leur mode normal de remplacement, jusqu'aux dents compliquées des Éléphants qui se remplacent d'une façon anormale. L'état intermédiaire est fourni par les Mastodontes.

Les nombreuses espèces peuplant jadis le globe appartenaient au genre *Éléphant*, qui possède encore deux espèces vivant actuellement, aux Mastodontes et aux Dinothériums, que l'on place parfois à côté, dans une famille spéciale.

LES ÉLÉPHANTS

Les Éléphants actuels (*Elephas* Linné, 1766) sont caractérisés par leur trompe et leurs incisives.

Caractères. — Le tronc est court et gros, porté par des pattes énormes, massives, en forme de colonnes, munies de sabots courts et arrondis. La tête est haute et volumineuse, les yeux petits, les oreilles grandes, en éventail. La *trompe*, qui atteint le sol quand l'animal est debout, est convexe à sa face supérieure et plane à sa face inférieure. Ses parois, très épaisses, formées de fibres musculaires entre-croisées dans tous les sens, entourent deux tubes, prolongements des narines, séparés par une cloison qui se termine par un appendice digitiforme. Celui-ci est revêtu d'une membrane tendre, qui en fait un organe de tact et de préhension. La base de la trompe remplace la lèvre supérieure, dont les parties latérales seules sont développées, tandis que la lèvre inférieure, allongée en avant, a une pointe pendante. De la bouche sortent deux incisives supérieures, transformées en *défenses*, qui sont plus développées chez le mâle que chez la femelle.

Les défenses existent dans la dentition de lait, et sont remplacées par des dents à croissance continue qui, droites d'abord, se recourbent ensuite. La mâchoire inférieure, allongée et creusée en gouttière, ne porte pas de pareilles dents. Les canines n'existent pas. Les molaires, dont la surface triturante plane peut atteindre 0^m,40 de long et 0^m,10 de large, sont formées par des lamelles d'émail enfermant de la dentine, et reliées les unes aux autres par du cément. Les bandes d'émail, peu saillantes, présentent des figures différentes suivant les espèces; elles forment un ovale allongé chez l'Éléphant de l'Inde, tandis qu'elles figurent un losange chez celui d'Afrique. Le remplacement se fait d'arrière en avant. Quand une dent s'est usée, il se forme dans un alvéole fermé, en arrière de la molaire en fonction, une nouvelle molaire qui possède un nombre de lamelles plus grand, et qui, poussant en avant la molaire active, provoque son usure et tend à la remplacer peu à peu. Dans l'Éléphant d'Asie, on a constaté que ce renouvellement se fait cinq fois; il s'ensuit donc que le nombre total des molaires est de vingt-quatre.

Le crâne a une forme particulière. Très élevé en arrière, ses os frontaux sont très épais et présentent des sinus énormes, car la table osseuse externe est séparée de la table interne appliquée sur le cerveau par une distance d'au moins 0^m,50. Aussi est-il de notoriété, parmi les chasseurs, qu'on ne peut tuer un Éléphant avec une balle tirée au front, car elle se perd dans les sinus.

Habitat. — Les deux espèces vivantes que comporte ce genre habitent, l'une la région orientale, l'autre une portion de la région éthiopienne.

Les espèces fossiles avaient une aire de distribution beaucoup plus grande.

Intelligence. — Les facultés intellectuelles des Éléphants ont été beaucoup exagérées par les croyances populaires, car on confond ici l'intelligence, la docilité et l'éducabilité. Le volume relatif et la structure de leur cerveau nous prouvent que leurs capacités intellectuelles sont inférieures à celles du Chien et peut-être à celles de la plupart des Ongulés. Et pourtant, grâce à sa docilité merveilleuse, l'Éléphant de l'Inde est capable d'empiler des bois de charpente, ce qui est une opération assez compliquée. De plus, ces animaux semblent manquer d'initiative, et leur intelligence, qui ne paraît pas dépasser un certain degré, ne se montre ni ne s'affirme dans les cas extraordinaires. Comme S. Baker le fait remarquer, ils apprennent à accomplir certains actes, mais ils ne les font jamais spontanément. Ainsi, ils ne penseraient jamais à sauver leur maître d'un danger : on peut l'assassiner à côté d'eux sans qu'ils fassent un seul mouvement de défense, à moins qu'ils ne s'enfuient. Seulement, à leur grande éducabilité s'associe une grande mémoire pour les traitements bons ou mauvais dont ils ont été l'objet. C'est surtout ce qui leur a fait attribuer une grande intelligence. D'autre part, on a affirmé que l'espèce indienne diffère des autres Mammifères par la facilité avec laquelle l'adulte peut encore être domestiqué. Mais, d'après Poskin, au Siam, dans les traques royales, on laisse échapper les adultes à dents et on ne capture que les jeunes mâles, les femelles et les éléphanteaux, dont l'éducation est encore possible.

L'ÉLÉPHANT DE L'INDE. — Caractères. — L'Éléphant de l'Inde (*E. indicus L.*) se distingue de son confrère africain par une tête plus haute et plus large, aplatie sur le devant du front et renflée sur les côtés, par des oreilles petites et mobiles, par des défenses de moindre longueur. Il y a cinq sabots aux pieds de devant et quatre aux pieds de derrière.

Les six molaires sont formées respectivement d'un nombre de lamelles égal à 4, 8, 12, 12, 16 et 24, avec de très légères variations. Elles forment, sur la surface, des ellipses très allongées et transversales. Les défenses sont plus petites chez la femelle que chez le mâle. Celui-ci porte alors le nom de *Makna* quand ses défenses n'ont pas le développement normal. La peau, très épaisse, est presque nue, et ne porte un pinceau de poils noirs, longs et grossiers, qu'à l'extrémité de la queue. Sa coloration est d'un gris ardoisé ou terreux uniforme, avec quelques taches couleur de chair sur le front, à la base de la trompe et aux oreilles. Les Éléphants dits blancs, si vénérés au Siam, dont l'un a été donné au Muséum par M. Doumer, ne sont que des albinos.

Sa taille est énorme, c'est le plus gros animal terrestre. Sa hauteur au garrot est presque exactement le double du tour du pied antérieur, soit 2^m,70 chez le mâle et 2^m,40 chez la femelle. On en cite pourtant qui avaient 3^m,60. La longueur, y compris la trompe et la queue, peut atteindre 8 mètres, et le poids 2000 à 3000 kilogrammes. La peau seule peut avoir un poids de 500 à 1000 kilogrammes. La longueur et la grosseur des défenses sont extrêmement variables ; la plus longue connue avait 2^m,44 et pesait 45 à 50 kilogrammes ; elle provenait d'un animal n'ayant qu'une seule défense ; quand les deux existent, elles pèsent en moyenne de 75 à 80 kilogrammes.

Habitat. — Son aire de dispersion était jadis bien plus étendue. Actuellement, ce gros animal habite les grandes forêts de l'Inde, de l'Assam, de la Birmanie, du Siam, de la Cochinchine, de la presqu'île de Malacca, et l'île de Bornéo. On pense qu'il a été importé dans cette dernière île. Dans l'Inde, on peut rencontrer des Éléphants sauvages dans les derniers contreforts situés au pied de l'Himalaya jusqu'à Dehra Dun à l'ouest, dans les grandes forêts allant du Gange au Kistna, à Bilaspur et Mandla ; dans les Ghats occidentales, ils remontent jusqu'au 18e degré de latitude nord, ainsi que dans les chaînes montagneuses couvertes de forêts du Mysore et plus au sud.

A cause de quelques caractères secondaires, Temminck a séparé du type la forme qui habite Sumatra et Ceylan sous le nom d'ÉLÉPHANT DE SUMATRA (*E. sumatranus*), mais ces caractères sont à peine suffisants pour lui donner la valeur d'une variété. A Ceylan, cet Éléphant se trouve surtout dans les cantons montagneux, et s'élève à 2000 mètres au-dessus du niveau de la mer.

Mœurs. — Le séjour habituel des Éléphants de l'Inde est dans toutes les grandes forêts des pays ondulés et montagneux de leur patrie, là où croissent en abondance les Bambous, mais on les trouve aussi dans les hautes herbes des plaines d'alluvions. Ils vivent en troupeaux de trente à cinquante individus et plus, de tailles et d'âges très différents, formant une famille à parenté rapprochée, et ne se mélangent pas aux autres. Pourtant les femelles isolées et les jeunes mâles paraissent être admis assez facilement dans un troupeau étranger, tandis que les vieux mâles se tiennent assez souvent seuls, et vivent à côté d'un troupeau, mais sans oser y pénétrer. Ces mâles appelés *Rogues* sont plus à craindre, car la solitude les a rendus méchants et parfois agressifs. D'après Blanford, le conducteur d'un troupeau est invariablement une femelle. Elle s'acquitte de ses pénibles fonctions avec craintivité et prudence.

La nourriture consiste principalement en diverses espèces d'herbes et de feuilles, en bourgeons de bambous, en feuilles de bananiers sauvages, et en feuilles, rameaux et écorce de certains arbres et surtout de divers figuiers. Et de ces diverses substances, un adulte consomme 300 à 350 kilogrammes par jour. Il cueille les feuilles et les branches avec le bout de sa trompe, et les porte à sa bouche ; seuls les tout petits objets, les petits fruits sont ramassés au moyen de son appendice digitiforme. Il ne boit que deux fois par jour, avant le coucher et après le lever du soleil. Il aspire l'eau dans sa trompe, sur une longueur de 27 à 45 centimètres, et se l'injecte ensuite dans la bouche. Il procède de la même façon quand il s'agit de riz, de blé ou de quelque autre céréale.

Il erre pour chercher sa nourriture la plus grande partie du jour et de la nuit, mais se repose ordinairement en se couchant comme les autres Mammifères, une première fois de neuf ou dix heures du matin jusqu'à trois heures de l'après-midi, et une deuxième fois de onze heures du soir à trois heures du matin.

Les individus s'écartent alors un peu, mais se rassemblent rapidement s'ils ont quelque cause d'inquiétude.

Dans quelques régions, ils émigrent à certaines époques de l'année, soit pour fuir des insectes, soit pour chercher de la nourriture, et se rendent des hauteurs dans les vallées ou inversement, ou bien d'une forêt dans une autre, en observant rigoureusement la file indienne. C'est alors qu'ils se livrent au plaisir du bain, soit dans l'eau, soit dans la vase, si la température est très élevée, ou qu'ils s'aspergent d'eau avec leur trompe pour se rafraîchir. Si l'eau leur fait défaut, ils se mouillent avec un liquide produit par des glandes situées, soit dans la bouche, soit dans la gorge, et même, s'ils sont exposés au soleil, ils se jettent sur le corps de la terre et des feuilles.

La lourdeur de cet animal n'est qu'apparente. Il va d'ordinaire l'amble, tranquillement comme le chameau et la girafe, mais il peut hâter sa marche et prendre une sorte de trot avec un balancement particulier, en sorte qu'un cavalier peut à peine l'atteindre. Pourtant, il lui est impossible de galoper ni de sauter, car il est arrêté par un fossé de 2^m,10, quand même ses pas peuvent atteindre 1^m,80. D'autre part, il peut marcher si légèrement qu'on l'entend à peine.

L'Éléphant de l'Inde.

Mais c'est dans l'ascension des pentes raides qu'il montre toutes ses qualités de souplesse. Il fléchit avec prudence ses membres antérieurs, ce qui porte en avant son centre de gravité, et étend les pattes postérieures. La descente est plus difficile : il fléchit les membres postérieurs d'une façon particulière et sait, à l'occasion, enfoncer le pied dans le sol, pour se donner un point d'appui.

Quand il veut s'agenouiller, il plie d'abord les jambes postérieures l'une après l'autre, puis les antérieures. Pour se relever, il procède en sens inverse.

Dans l'eau, il est des plus agiles, car il y enfonce moins que les autres quadrupèdes. C'est avec une véritable volupté qu'il s'y jette et qu'il plonge en relevant sa trompe en l'air, ou qu'il nage pendant cinq à six heures de suite. Alors ses mouvements, quoique n'étant pas très rapides, lui permettent d'avancer de 2 kilomètres environ par heure.

Mais c'est avec sa trompe qu'il exécute les mouvements les plus divers et les plus compliqués, grâce à l'appendice qui la termine. S'il peut ramasser avec elle une pièce de monnaie, un brin de papier, il peut aussi courber un gros arbre. Ses défenses sont ses armes offensives et défensives. Avec elles, il peut soulever des fardeaux, renverser des pierres, creuser des trous, attaquer ses confrères et ses ennemis qu'il achève en les écrasant avec ses énormes pieds.

Ses organes des sens sont moins parfaits que les organes de mouvement. Pourtant, si la vue n'est pas particulièrement bonne, le tact qui s'exerce par l'appendice de la trompe est très délicat, l'ouïe très fine : le moindre bruit l'inquiète, et l'odorat très fin, car il sent de très loin les chasseurs placés sous le vent. Ses facultés intellectuelles sont connues, elles sont en rapport avec le volume absolu du cerveau, qui est plus grand que celui de la Baleine, et avec le nombre des circonvolutions. Pourtant, si on le compare à la masse du corps, le rapport est très faible : les hémisphères ne recouvrent pas le cervelet. Il profite mieux des leçons qu'aucun autre animal, son intelligence acquiert un développement surprenant par l'éducation, car il réfléchit avant d'agir.

La naïveté de l'Éléphant sauvage lui fait parfois oublier sa prudence. Doux et tranquille, ce bon colosse vit en paix avec toute créature, il n'attaque que s'il est excité ou poursuivi. Une Souris, dit Cuvier, l'effraye au point de le faire trembler. Seule la Mouche est une terrible ennemie pour lui.

Quelques Oiseaux se chargent d'ailleurs de le débarrasser des parasites qui vivent sur sa peau, et il est peu d'individus qui ne portent ainsi une demi-douzaine de ces utiles auxiliaires.

L'Éléphant barrit. Il sait exprimer ses divers sentiments par sa voix. La peur et la colère se traduisent par des sons de trompette de plus en plus aigus ; la peur, de même que la colère, provoque aussi un grognement guttural ; un grondement rauque indique la colère ou le désir, c'est le cri du jeune appelant sa mère. Il exprime le plaisir par un son prolongé de la trompe, tandis que le déplaisir est indiqué par un son métallique particulier produit par l'animal qui souffle dans la trompe pendant qu'il la frappe contre le sol. C'est en outre son cri d'avertissement, bien connu dans l'Inde, qui lui sert à indiquer la présence du Tigre dans le voisinage. Parfois il essaye d'effrayer son ennemi en soufflant dans sa trompe.

A l'époque des amours, les mâles deviennent dangereux même pour leurs cornacs ; alors deux glandes situées derrière les oreilles sécrètent un liquide fétide. Les femelles mettent bas un seul petit Éléphanteau, qui a 0^m,90 de

haut et pèse déjà 100 kilogrammes. Il tète avec sa bouche et non avec sa trompe, qui est mince, courte et peu mobile. Il est adulte à vingt-cinq ans, et sa vie dure, dit-on, de cent à cent cinquante ans.

En Europe, on n'a jamais signalé un cas de reproduction chez les Éléphants captifs, mais ce fait, rare dans l'Inde, est la règle dans la Birmanie et le Siam, dans des fermes à Éléphants.

Chasse. — On a beaucoup écrit sur la chasse de l'Éléphant. Les Hindous sont passés maîtres dans cet art, et les chasseurs forment une caste, dont l'habileté, la ruse, la prudence et la hardiesse sont connues. A deux, ils peuvent enlever un éléphant et sa famille. Les Panikis de Ceylan savent s'approcher assez près pour lier une patte à l'Éléphant choisi et ensuite fixer la lanière à un arbre. Le captif est furieux, barrit, trompette, grogne, mais la fumée, la privation de nourriture, de boisson et de repos en ont bientôt raison.

D'autres fois, en poursuivant les gros mâles avec des femelles, on réussit, quand ils dorment, à lier ensemble leurs membres postérieurs.

Mais les grandes chasses à traque sont des plus attrayantes pour l'Européen. Ce sont actuellement des prérogatives royales. Avec des troncs de teck de 4 à 5 mètres de haut, assez espacés pour qu'un homme puisse passer entre eux, on construit un enclos fermé appelé *Pianiet* par les Siamois, dans lequel deux à cinq mille rabatteurs, en resserrant leur cercle, réussissent, après cinq à six mois d'efforts, à amener une troupe d'Éléphants sauvages. Ceux-ci, grâce à leur timidité, ne cherchent pas à briser la clôture. Deux cornacs montés sur leurs animaux domestiques pénètrent dans l'enceinte, isolent les animaux les uns des autres, et les preneurs d'Éléphants leur passent des nœuds coulants aux pattes. La soumission de l'animal, malgré ses barrissements, est alors certaine.

Usages. — Leur importance a beaucoup diminué. Dans l'Inde, on les emploie encore soit pour la chasse, la guerre, les cérémonies, soit comme montures et bêtes de somme dans la brousse. On leur fait exécuter des travaux pénibles, porter de la terre, des poutres, des pierres, traîner des chariots, des charrues, tous travaux qu'ils font avec bonne humeur et avec une intelligence remarquable, sans que leur cornac ait jamais besoin de les exciter.

L'ivoire atteint un très haut prix, à cause de sa dureté et de son grain fin, qui le rendent propres à de délicates sculptures.

L'ÉLÉPHANT D'AFRIQUE (*) — L'Éléphant d'Afrique (*E. africanus* Blum.) se distingue au premier coup d'œil de l'Éléphant d'Asie, par ses énormes oreilles, qui au repos couvrent complètement les épaules et que l'animal peut, lorsqu'il est excité, ramener en avant et placer perpendiculairement à l'axe de la tête, ce qui lui donne un aspect curieux. En outre, son front est plus bombé, son œil plus gros, et sa trompe terminée par deux appendices digitiformes d'égale grandeur, situés l'un en avant, l'autre en arrière; ses défenses sont aussi plus grosses et bien développées chez le mâle et la femelle ; on dit qu'elles manquent ou sont très petites chez les Éléphants du nord et de l'est de l'Abyssinie.

(*) Pl. LI. — L'Éléphant d'Afrique.

Caractères. — Le corps est plus élevé aux épaules, et montre une ligne médiane dorsale creuse ; le nombre des sabots n'est que de trois aux membres postérieurs et la coloration est plus foncée.

Les molaires fournissent un bon caractère distinctif. Ici, elles sont formées de lamelles en nombre bien inférieur : 3, 4, 7, 7, 8, 10. Ces lamelles forment des *losanges* transversaux, et non des ellipses, sur la surface de trituration.

La taille est beaucoup plus forte. On sait que la hauteur au garrot peut atteindre 4 mètres, mais est-ce la hauteur maxima à laquelle puisse prétendre un de ces Éléphants vivant en liberté ? *Jumbo*, du Jardin zoologique de Londres, mesurait 3^m,35. Au Jardin des Plantes, le gros Éléphant atteint 3^m,48. Le pourtour du ventre dépasse 6^m,20 et le poids 5 500 kilos. Des voyageurs assurent avoir vu en liberté des animaux plus hauts que ceux-là. La queue a 1^m,25 et la longueur totale, en comprenant la trompe, est de 7 mètres.

A cette énormité du corps correspondent des défenses de grande taille, dont l'une, qui sert à fouir, est plus petite que l'autre. Le poids moyen de la paire est de 70 kilos. Pourtant une seule dent vendue à Londres en 1874 pesait jusqu'à 94 kilos. Matschie affirme n'en pas avoir vu dépassant 2^m,87, tandis que d'autres naturalistes donnent 6^m,33, et affirment que le poids des deux incisives peut dépasser 1 500 kilogrammes. La longueur n'est pas proportionnelle au poids. Comme on le voit, de grandes incertitudes règnent encore sur ce sujet.

Habitat. — Cet Éléphant, qui pendant l'ère quaternaire habitait encore le pourtour de la Méditerranée : Algérie, Tunisie, Espagne, Sicile, est maintenant confiné au sud du Sahara et se trouvait récemment encore dans toutes les grandes forêts. Mais depuis peu il a disparu de plusieurs régions, étant donnée la chasse acharnée que lui font les chercheurs d'ivoire. Dans les parties les plus désertes du Matabéléland vivent encore quelques troupeaux d'Éléphants, ainsi que dans le nord du Mashonaland, et dans les forêts vierges impénétrables des dépressions côtières et en particulier à la baie de Sofala. Mais il a disparu du sud du Zambèze. Sur la côte occidentale, il vit encore sur les bords du Cunene et de l'Okavango, au nord de l'Ovamboland, sur la limite des possessions portugaises et allemandes. Sur les bords du lac Ngami, le dernier troupeau fut détruit par les Bechouanas en 1889, et tous ceux qui au commencement du xixe siècle existaient encore entre le Zambèze et le Chobe ont succombé aux attaques des Barotsés. Dans l'Afrique orientale, ils sont encore nombreux, surtout dans le massif du Kilima-Ndjaro, et peut-être se conserveront-ils encore longtemps dans les contrées les plus désertes de l'intérieur de l'Afrique, mais si des lois protectrices efficaces n'interviennent à brève échéance, l'Éléphant sauvage disparaîtra bientôt de l'Afrique et ne sera plus représenté que par quelques troupeaux que des mesures administratives préservent de l'extermination, comme dans la colonie du Cap entre Grahamstown et Kuysna.

Mœurs. — L'Éléphant d'Afrique a des mouvements plus vifs que celui d'Asie, il se montre même étonnamment agile et habile pour grimper sur les pentes raides et les rochers. Les mâles et les femelles avec leurs petits vivent en troupes séparées qui ne se mélangent jamais. Dans les forêts humides du Kilima-Ndjaro, il s'élève, pendant la saison sèche, jusqu'à 2 700 ou 3 000 mètres, un peu moins en Abyssinie. Jamais on n'a rencontré ses traces au delà. Ces animaux descendent de ces hauteurs pendant la saison des pluies et se réunissent en bandes dans les fourrés où les Waramba viennent les chasser. Au Soudan, on les rencontre souvent très loin des forêts, dans les plaines dénudées, couvertes d'herbes desséchées, où ils restent vifs et gais, en plein soleil, même pendant les heures les plus chaudes de la journée; ils peuvent donc supporter facilement la chaleur, mieux d'ailleurs que leurs confrères indiens.

Sa nourriture est aussi plus grossière. Dans le sud de l'Afrique, à côté de racines, bulbes et tubercules, il aime les fruits qu'il secoue des arbres ou cueille isolément. Il mange les feuilles, l'écorce et les fruits des palmiers, comme le borassus et l'hyphaena, les fruits de sidéroxylon, de parinaire, de cordyle et de sclérocarya. Il casse parfois des arbres de 0^m,30 à 0^m,60 de diamètre pour en manger le bourgeon terminal. Très rarement il paît de l'herbe.

Par contre, l'Éléphant du Soudan mange surtout des branches d'arbres et en particulier celles de mimosées. Ces arbres de 5 à 6 mètres, sans racine pivotante, sont très faciles à arracher ou à renverser sur le sol avec une de ses défenses, surtout la droite, qu'il utilise comme levier. Il dévore alors le feuillage, les racines et l'écorce, qu'il enlève avec sa trompe.

Dans le Sud-Est, il déterre avec ses défenses les racines et tubercules, en sorte qu'on trouve parfois de larges espaces qui sont comme labourés.

Il a besoin d'une grande quantité d'eau et, dans le sud, il se rend chaque nuit à l'abreuvoir, rarement le jour, caché qu'il est alors dans les fourrés les plus sombres, ou couché à l'ombre des mimosées. Le gros éléphant du Jardin des Plantes consomme par jour 500 litres d'eau et 83 kilos de foin, paille, avoine, orge, maïs, légumes, pain et son, sans compter les dons des visiteurs.

D'après les récits de tous les voyageurs, ces animaux vivent en petites familles, composées de jeunes mâles et de femelles avec leurs petits. Les vieux mâles vivent isolés, par deux ou par petits groupes, mais paraissent se joindre aux autres pour les migrations qui ont été observées au Soudan, en Abyssinie, au Kilima-Ndjaro et dans le Sud, et qui probablement sont provoquées soit par le manque de nourriture, soit par la nécessité d'aller chercher une nourriture spéciale à une certaine saison. Les animaux, réunis en troupeaux nombreux à diverses époques de l'année et espacés sur 1 kilomètre carré au moins, se tiennent par groupes de dix à cent individus séparés par de gros mâles isolés. Parfois, on voit ensemble vingt à trente gros individus à défenses, ou bien seulement des femelles avec des petits de toutes les grandeurs. Ces déplacements doivent s'effectuer assez vite, car cet Éléphant, dont les pas sont plus longs que ceux de l'Éléphant d'Asie, paraît pouvoir parcourir de 4 à 5 kilomètres à l'heure et même plus, et pouvoir soutenir cette vitesse pendant assez longtemps, car il est plus résistant que celui de l'Inde.

Le sens de l'odorat est si fin, que l'animal peut sentir un homme sous le vent à une grande distance. Il s'enfuit alors avec la plus grande rapidité, puis s'arrête quelques minutes après. La vue et l'ouïe sont mauvaises; aussi un chasseur peut-il s'approcher très près si le vent le favorise, si près qu'un chasseur ayant parié de marquer les premières lettres de son nom sur la croupe de l'animal, gagna son pari.

La multiplication de ces gigantesques Mammifères est très limitée, car la gestation dure vingt et un à vingt-deux mois. Le petit a près d'un mètre de haut et tète avec la bouche en rejetant la trompe de côté.

Chasse. — Les Éléphants sont au nombre des animaux en train de disparaître, à cause de la chasse active qu'on leur fait pour se procurer leur ivoire, car leurs dégâts ne légitiment pas une guerre d'extermination.

Il est de la plus grande utilité de savoir la direction du vent, si on veut l'atteindre à l'abreuvoir, ou le poursuivre à cheval ou même à pied. Il faut alors viser aux tempes, en arrière de l'œil, ou bien à l'épaule, près du bord postérieur de l'oreille. Là seulement, les balles peuvent pénétrer, et non pas au front. La chasse de ce gros Pachyderme est donc plus difficile, mais aussi plus dangereuse que dans l'Inde, car, en Afrique, l'Éléphant est d'humeur franchement sauvage et offensive et il attaque, en silence et en enroulant sa trompe, avec ses défenses. Les jeunes femelles stériles sont les plus dangereuses, et on dit qu'elles prennent souvent l'offensive malgré leurs petites défenses.

Avant l'introduction des armes à feu, les indigènes du sud de l'Afrique se réunissaient par centaines pour transpercer l'animal d'une multitude de javelots, ou bien, dans le centre, ils s'en emparaient en creusant des fosses sur un de ses sentiers. D'autres fois les indigènes enflammaient les hautes herbes, desséchées en été, de façon à enfermer quelques centaines d'Éléphants dans un cercle de plusieurs kilomètres de diamètre. La ligne de feu, en se rapprochant du centre, et les hurlements des indigènes les effrayaient tellement qu'ils se précipitaient dans le feu et y trouvaient la mort, ou bien, incapables de se défendre, ils tombaient sous les coups des chasseurs.

Les indigènes se servaient aussi de flèches empoisonnées.

Certaines peuplades du Soudan le chassent d'une façon plus curieuse. Trois ou quatre cavaliers bien montés séparent de la troupe un mâle et le poursuivent jusqu'à ce que, fatigué, il fasse face à ses ennemis et les poursuive à son tour. L'un d'eux se met à fuir, tandis que les autres passent derrière; alors, descendant de cheval, l'un de ceux-ci va couper le tendon du talon d'un coup de sa grosse épée, et l'animal immobilisé est au pouvoir des chasseurs. C'est de cette façon que les habitants du Mashonaland s'en emparaient, mais en se glissant à pied auprès d'un Éléphant endormi, pour lui couper un tendon avec une hache. D'autres fois, dans l'Équatoria, on employait aussi des pieux suspendus dans un sentier et que l'animal, en passant, par un système particulier de déclenchement, faisait tomber sur sa nuque et qui le foudroyaient.

Captivité. — Comme on le voit, malgré l'énormité de cet animal, les indigènes de l'Afrique ont su le chasser, mais ils se sont montrés tout à fait incapables pour la capture des animaux vivants et pour leur domestication. Si on en juge par les individus connus en Europe, leur éducabilité est aussi grande que celle de l'Éléphant de l'Inde, et il y a lieu de présumer que les trente-sept Éléphants qu'Annibal conduisait contre Rome étaient d'origine africaine, quoique pourtant, chez ceux-ci, les énormes oreilles et la forme de leur garrot permettent difficilement l'établissement d'un cornac sur cette partie. Les oreilles de l'animal africain sont figurées sur quelques médailles romaines, postérieures de quatre cents ans aux Carthaginois, mais le corps et la tête représentés sur les monnaies sont ceux de l'animal de l'Inde. D'autre part, l'histoire nous apprend que Mithridate sut se procurer des Éléphants de l'Inde; il est alors possible que les Carthaginois, grâce à leurs nombreux comptoirs, aient pu faire de même.

Usages. — L'animal mort fournit l'ivoire de ses dents; sa chair est dure et un peu âpre, bien que très prisée par les indigènes, qui regardent certaines parties de la trompe comme des friandises, ainsi que le pied cuit dans la peau.

PROBOSCIDIENS FOSSILES. — Les Éléphants fossiles sont représentés par de nombreuses espèces; les plus connues sont l'Éléphant méridional et l'Éléphant mammouth.

L'ÉLÉPHANT MÉRIDIONAL (*E. meridionalis* Nesti) a laissé ses restes dans le Pliocène supérieur de l'Europe méridionale et de l'Angleterre. Ce fut le plus grand des Éléphants, car sa hauteur au garrot dépassait 4 mètres, et ses défenses 3 mètres. Le magnifique squelette exposé aux galeries de paléontologie du Muséum provient des sables de Durfort (Gard).

L'ÉLÉPHANT MAMMOUTH (*E. primigenius* Blum.) avait des molaires dont les lamelles d'ivoire ne présentaient pas de fins plis; les défenses, très arquées, souvent en demi-cercle, pouvaient avoir 4 mètres de long et même 7 mètres (Adams) et peser 80 kilogrammes. La peau épaisse était couverte d'une fourrure épaisse et longue, formée d'un duvet roux et de soies noires. Les poils les plus longs étaient ceux du cou, qui mesuraient 0^m,70 et étaient plus épais que les crins du Cheval. La hauteur était de 3 mètres. Leurs restes ont été trouvés dans le Pleistocène supérieur de l'Europe, de l'Asie et même de l'Amérique arctique (bords du Yukon). Des animaux entiers et en bon état ont été très bien conservés dans les alluvions des fleuves de la Sibérie septentrionale. Pallas et Ides avaient déjà parlé de ces dépôts, quand on apprit qu'en 1799, un de ces immenses animaux avait été mis à découvert par les eaux et trouvé par un Tungouse, qui vendit les deux défenses en 1804. Adams, en 1806, alla chercher ces débris et fut assez heureux pour retrouver le squelette, l'œil, le cerveau, les trois quarts de la peau avec 17 kilogrammes de poils. Quant à la chair, elle avait été utilisée par les Iakoutes à nourrir leurs Chiens, et servi de pâture aux Isatis, aux Loups et aux Gloutons. Depuis, d'autres exemplaires sont venus au jour et en 1901, on en a signalé un, près de la Berezowska. Les défenses sont si bien conservées qu'elles sont utilisables et vendues dans le commerce sous le nom d'*ivoire de Sibérie*, moins apprécié que l'autre à cause de sa couleur jaune et de ses fendilles. Cet énorme animal habitait donc dans les pays froids et a été contemporain de l'homme, puisqu'on en a trouvé des sculptures sur des palmes de bois de renne.

Les MASTODONTES se distinguent des Éléphants par leurs dents à collines transversales, dont les intervalles ne sont pas remplis par du cément, et par deux défenses inférieures chez le mâle. Ces animaux, contemporains du Mammouth, ont vécu simultanément en Europe et en Amérique. Le Mastodonte américain (*M. americanus* Cuv.), ou animal de l'Ohio, avait 4^m,50 de long et 3 mètres de haut. Les Mastodontes européens apparaissent déjà dans le Miocène.

Les DINOTHÉRIUMS sont très proches parents des Proboscidiens actuels, qu'ils dépassaient comme taille, mais ils n'avaient que deux défenses inférieures recourbées vers le bas. Leurs cinq molaires, formées de deux ou trois lamelles accolées, étaient permanentes. Ils n'avaient pas de canines. On en a trouvé des squelettes complets dans le Miocène et le Pliocène de l'Europe et de l'Inde.

LES DAMANS OU PROCAVIIDÉS (HYRACIDÉS)

Cette famille d'Ongulés ne comprend que des animaux de petite taille qui se séparent de tous les groupes connus. Peu d'animaux ont donné autant de difficultés aux naturalistes pour leur classement. On les a réunis d'abord aux Rongeurs à cause de leur dentition et de leur ressemblance extérieure avec les Lapins. Ils ont aussi quelque analogie avec les Wombats d'Australie. Par la structure de leur système osseux et de leurs molaires, ils présentent de grandes affinités avec les Rhinocéros, aussi G. Cuvier les avait-il placés dans son groupe des Pachydermes. Mais depuis, Milne-Edwards a montré, en étudiant le développement, qu'ils se relient aux Carnivores et aux Éléphants et qu'ils doivent donc former au moins une famille spéciale, les Procaviidés, si on ne veut les placer tout à fait à part sous le nom d'*Hyracoïdes*.

Caractères. — Ces animaux ont le corps bas sur jambes, assez semblable à celui de la Marmotte bobac et du Cynomys, mais plus allongé et sans queue, comme les Cabiais. Les oreilles sont arrondies, la lèvre supérieure fendue, le nez nu, tronqué, noir et humide, les yeux foncés, bombés, vifs et doux.

Les membres antérieurs ont trois doigts médians qui sont subégaux, le cinquième est plus petit que les autres et le pouce est rudimentaire. Les doigts courts, larges et réunis par la peau, sont enveloppés chacun dans un sabot mince, arrondi, non saillant. Les pattes postérieures ressemblent à celles du Rhinocéros, elles ont trois doigts bien développés touchant le sol, le pouce est absent et le cinquième représenté seulement par un osselet. Le doigt interne ou second doigt seul porte un ongle oblique et recourbé, les deux autres ont des sabots. La plante des pieds est rude et nue, séparée en îlots ou coussinets par des sillons. Ils peuvent ainsi prendre adhérence contre les surfaces lisses comme les Geckos et grimper contre les rochers verticaux.

Les dents ne comprennent que des incisives et des molaires, laissant entre elles une barre. Les quatre incisives inférieures sont aplaties, radiculées, proclives, à trois dentelures en peigne que l'usure fait disparaître ; les deux supérieures sont sans racine, fortes, prismatiques, courbées en demi-cercle et pointues surtout chez les jeunes ; elles ne sont pas recouvertes d'émail sur leur face interne. Les dents de lait qui les précèdent sont radiculées; deux de ces dents disparaissent très tôt. Les prémolaires et les molaires, au nombre de sept en haut et en bas, de chaque côté, sont contiguës et rappellent celles des Rhinocéros et des Paléothériums; elles paraissent donc formées de deux moitiés avec une lame d'émail interne.

La clavicule n'existe pas ; le nombre des côtes, très grand, est de vingt et une ou vingt-deux paires, et le fémur porte un troisième trochanter.

Le pelage est formé d'un duvet mou et épais dans lequel sont disséminés de longs jarres. Le duvet est d'un roux plus ou moins foncé. La femelle porte six mamelles dont deux sont axillaires et quatre inguinales, excepté dans les Dendrohyrax où leur nombre est réduit à deux. Ils ont environ 0^m,50 de long. Sur le dos, ils portent une glande cachée sous des poils couchés ; leur couleur est différente de celle du corps, en sorte qu'ils forment une tache de 0^m,05 de long environ, dont la couleur, la position et la grandeur sont utilisées pour la détermination des espèces.

Les DAMANS (*Procavia* Storr, 1780, ou *Hyrax* Herrmann, 1783) peuvent être divisés en deux sections : les Damans proprement dits ou terrestres, et les Damans

Le Daman à tête rousse ou de Nubie.

arboricoles ou Dendrohyrax (*Dendrohyrax* Gray, 1868). Les dix-neuf espèces, très voisines l'une de l'autre, sont africaines, hormis l'une d'elles qui habite l'Arabie. Le DAMAN DE SYRIE (*P. syriaca* Schreb.), dont il est fait mention dans la Bible sous le nom de *Saphan* et que Buffon avait appelé *Daman israël*, est un animal variable, de taille plutôt petite, couvert d'un pelage mou, jaune-orange ou pâle, tandis que la tache dorsale est petite, ovale et jaune. Il habite toute l'Arabie, la Syrie, la Palestine et la presqu'île du Sinaï. Le DAMAN A TÊTE ROUSSE (*P. ruficeps* Hempr. et Ehr.) ou de Burton qui habite la Nubie, celui d'Abyssinie (*P. abyssinica* Hempr. et Ehr.) et celui du Cap (*P. capensis* Pall.) sont les plus connus.

Mœurs. — Les Damans sont des habitants des montagnes. Plus les rochers sont escarpés, plus ils sont abondants. Ils ne descendent dans les vallées que s'ils y sont forcés par la nourriture. On les rencontre parfois près des habitations, comme s'ils n'avaient rien à craindre de l'homme. Quand ils sont cachés dans leurs retraites, ils font entendre un cri particulier, perçant et tremblotant, qui rappelle beaucoup celui des petits Singes, et ce cri se fait entendre le soir ou la nuit quand le Léopard rôde dans le voisinage. Les Oiseaux même les effraient. Une Pie, une Hirondelle même peuvent provoquer leur fuite.

En plaine, leur marche est lourde. Ils glissent, font quelques pas, puis s'arrêtent, regardent autour d'eux avant de continuer. Mais, quand ils sont effrayés, ils font de petits bonds et grimpent à un rocher, car leurs pieds sont conformés pour cela. La plante en est molle, mais rugueuse. Aussi se meuvent-ils facilement sur une paroi presque verticale qu'ils montent et descendent la tête la première. Ils franchissent en sautant des distances de 3 à 5 mètres.

Ils rappellent les Marmottes ou les Souris laineuses par leur douceur et leur timidité. Ils sont très sociables, jamais isolés et demeurent fidèles à leur habitation. Un bloc de rocher leur suffit; par le beau temps, ils s'étendent paresseusement au soleil, les pattes de devant ramassées, celles de derrière étendues, et somnolent sous la protection de quelques sentinelles. Au moindre bruit, tous disparaissent.

Ils mangent démesurément et de tout. Ils coupent les herbes avec leurs incisives et meuvent ensuite leurs mâchoires comme les Ruminants. Ils paraissent ne point boire, ou du moins ils boivent très peu; la rosée peut leur suffire.

Les femelles ont plusieurs petits par portée.

Les bruyants Damans arboricoles sont caractérisées par leur genre de vie, car ils se tiennent pendant le jour à la cime des arbres, cachés dans les enfourchures. S'ils croient à un danger, ils ont la précaution de prendre des feuilles et de les maintenir contre eux, afin de se soustraire aux yeux. Ils descendent pendant la nuit, et sont capables de se cacher dans le sol avec une grande rapidité.

Chasse. — Le chasseur, après avoir abattu l'une des sentinelles, n'a qu'à attendre quelques instants pour voir apparaître dans une fente la tête d'un curieux qu'il pourra viser à loisir. Dans la presqu'île du Sinaï, les Bédouins creusent une fosse, la revêtent de dalles unies et la recouvrent d'une trappe. L'appât est une branche de tamaris. Dès qu'elle est touchée, la trappe joue, et le malheureux gourmand tombe dans la fosse.

D'après Kolbe, les Cafres ne se servent que des mains pour les capturer.

Captivité. — On a vu des Damans captifs en Europe. Mellin compare le Daman dressé à un Ours qui aurait la taille d'un Lapin. Pour lui, il est inoffensif, ne cherchant son salut que dans la fuite, et ne pouvant faire usage ni de ses dents ni de ses ongles. Il mange volontiers du pain, des fruits, des carottes, des légumes crus ou cuits; il est très friand de noisettes, à condition qu'elles soient ouvertes. D'une excessive propreté, il dépose toujours ses ordures à la même place et les enfouit à la manière des Chats. Il aime à se rouler dans le sable comme le font les Poules.

Les Dendrohyrax captifs sont difficiles à conserver; on doit leur donner deux à trois fois par jour des ramilles feuillues. Seulement, si elles sont coupées depuis plus d'une heure, ils ne les acceptent pas.

Usages. — Les Bédouins de l'Arabie Pétrée sont très friands de la chair du Daman. Ils dépècent ces animaux sur place, leur remplissent le corps de plantes aromatiques, pour parfumer la viande et pour la préserver de la décomposition.

Les habitants du Cap ramassent encore aujourd'hui les excréments et l'urine de ce Blaireau, comme ils l'appellent, et les vendent sous le nom d'*hyracéum*.

Les Cochons,
Les Hippopotames

ARTIODACTYLES. — Cet ordre, auquel on attribue parfois le nom de *Bisulques*, est à l'heure actuelle, et après les Rongeurs, le plus riche en espèces, et le plus utile à l'homme, à cause des animaux domestiques qu'il renferme.

Le caractère dominant de ce groupe est donné par la structure des pieds ongulés, qui ont une ou deux paires de doigts. Les formes ancestrales n'ont que quatre doigts à peu près égaux, avec des métatarsiens séparés et deux os à l'avant-bras. Cette forme s'est conservée dans l'Hippopotame. Puis les deux doigts latéraux, le deuxième et le cinquième, étant frappés de réduction et rejetés en arrière, les deux doigts médians, le troisième et le quatrième, seuls touchent le sol. Leurs métatarsiens ne sont pas encore soudés, et les deux os de la jambe et de l'avant-bras sont toujours séparés. Cette disposition est caractéristique du groupe des Porcins. Les réductions s'accentuent dans les Ruminants. A cet égard, les Pécaris et les Chevrotains servent de transition. En effet, chez les premiers, les pattes antérieures sont tridactyles par avortement du doigt externe, et les métatarsiens médians commencent à se souder en haut. Les Chevrotains aquatiques de l'Afrique occidentale (*Hyæmoschus*) ont, aux pattes postérieures, les métatarsiens réunis en bas et le tibia et le péroné soudés, tandis qu'aux membres antérieurs, les os homologues sont tous libres. Les deux métatarsiens développés, libres dans l'embryon, se soudent ensuite en un *os canon*, montrant encore sur ses deux faces une rainure qui indique la soudure, tandis que les deux doigts latéraux sont réduits à de simples stylets. Chez les Girafes, la rainure, les stylets, le cubitus et le péroné disparaissent. On assiste donc ici à une simplification analogue à celle qui est intervenue chez les Périssodactyles. Le fémur ne montre jamais de troisième trochanter et l'astragale a une forme très différente de celle des Jumentés. Les clavicules manquent.

Primitivement tous ces animaux avaient quarante-quatre dents : six incisives, deux canines et quatorze molaires à chaque mâchoire, car les dents qui manquent chez les Ruminants sont représentées par des germes chez l'embryon. Chez l'Anoplothérium éocène, la série dentaire est même serrée et continue, comme chez l'homme. Les incisives sont variables surtout chez les Ruminants ; les canines peuvent devenir des armes formidables, et les molaires appartiennent au type sélénodonte ou bunodonte. Leur nombre peut diminuer par la perte des prémolaires, et la dernière molaire se développer beaucoup au point de former presque seule la surface triturante chez les Phacochères.

L'estomac a une tendance à se compliquer. Il est simple chez les Sangliers et les Porcs, divisé en trois chez les Hippopotames, les Pécaris et les Chevrotains, et en quatre chez les Ruminants. Le cerveau est assez petit; les hémisphères, qui ne recouvrent jamais le cervelet, ne présentent qu'un système de circonvolutions simplifié. Les mamelles sont ordinairement inguinales, excepté chez les Porcs où elles s'étendent par paires le long du ventre.

Mœurs. — Ces animaux vivent en sociétés qui manquent d'organisation, et se fient pour leur sécurité à leur vitesse ou à leur force. Peu intelligents, ils présentent parfois des accès subits de colère et deviennent alors dangereux.

Usages. — Ils rendent à l'homme les plus grands services en lui fournissant leur chair, leur lait pour son alimentation, leur cuir, leurs poils pour ses vêtements et leur force pour le travail des champs. On peut même assurer que l'existence des races du nord serait compromise sans le Renne, et celle des races de la Polynésie et de la Malaisie sans les Cochons.

Classification. — On admet dans cet ordre deux sous-ordres : les *Porcins*, caractérisés par leurs dents et leur estomac simple, et les *Ruminants* ou Bidactyles, dont la dentition est incomplète et l'estomac multiple.

PORCINS. — Ce groupe, auquel on a appliqué les noms d'*Artiodactyles monogastriques* ou *pachydermes*, de *Polydactyles non ruminants*, de *Chœromorphes*, renferme des formes qui toutes, même l'Hippopotame, rappellent nos Porcs par l'ensemble de leur organisation.

Ce sont des animaux lourds pour la plupart, à tête grosse, à face allongée formant groin. Ils ont quatre doigts, mais marchent sur les troisième et quatrième doigts, et les métatarsiens ne sont pas réunis en un seul os. La peau épaisse pigmentée est couverte de poils rigides, entre lesquels, chez quelques espèces, se trouve pendant l'hiver une sorte de duvet.

La dentition comprend trois sortes de dents : incisives, canines, séparées des suivantes par un espace libre, et molaires, qui sont tuberculeuses. L'estomac est simple, sauf chez les Hippopotames et les Pécaris, où la portion cardiaque est divisée en deux compartiments.

Habitat. — Ils sont répandus dans les deux mondes, excepté en Australie. Le Miocène et le Pliocène en renferment de nombreux restes fossiles.

Mœurs. — Farouches, bornés et brutaux, ils ont l'ouïe et l'odorat d'une grande acuité, et se plaisent dans les forêts marécageuses ou près des cours d'eau.

Classification. — On y distingue la famille des *Suidés* ou *Porcs* et celle des *Hippopotamidés* ou *Obèses*.

LES SUIDÉS

Les Suidés, qu'on appelle parfois *Sétigères* ou porteurs de soies, sont caractérisés par leur museau allongé, tronqué, ou boutoir, qui est terminé par une surface ovale sur laquelle sont placées les deux narines. Leurs pattes ont quatre doigts développés, à sabots, et d'égale grandeur deux à deux. Les deux du milieu (2, 3, 4, 5) seuls touchent le sol, les deux latéraux n'y atteignent pas dans les formes actuelles.

Il existe trois espèces de dents à chaque mâchoire. Les incisives, au nombre de deux à trois paires, tombent presque toutes quand l'animal vieillit. Les canines sont souvent (sauf chez les Pécaris) développées en défenses; elles sont triangulaires, fortes et recourbées en haut; les inférieures, les plus fortes, constituent une arme terrible, car les animaux frappent de bas en haut. Les molaires tuberculeuses sont du type bunodonte et de nombre variable.

Les mamelles sont abdominales et au nombre de six ou sept paires. Les petits sont rayés. L'estomac est simple et présente seulement une poche plus ou moins développée près du cardia.

Habitat. — Les espèces sauvages sont confinées dans l'ancien monde, si l'on en excepte les Pécaris qu'on place parfois dans une famille spéciale.

Mœurs. — Tous sont nocturnes et vivent en petites bandes dans les forêts sombres et humides; ils aiment à se vautrer dans la vase (*faire souille*). Les espaces qu'ils se plaisent à labourer avec leur groin s'appellent *boutis* et leur retraite diurne, *bauge*. Ils se nourrissent de racines et de tubercules, mais ne dédaignent pas les proies mortes ou vivantes : ils sont donc omnivores.

Peu d'animaux sont aussi faciles à apprivoiser. Les espèces domestiquées sont au nombre des animaux les plus utiles à l'homme.

LES SANGLIERS

Les Sangliers (*Sus* Linné, 1766) se ressemblent beaucoup par leur conformation et par leurs mœurs. Ce nom sert à désigner les espèces sauvages, tandis qu'on réserve le nom de *Cochons* aux espèces domestiques.

Caractères. — Leur tête presque conique porte un museau obtus; le profil de la face est droit et non concave, comme dans les Cochons. Le corps, comprimé latéralement, est porté par des pattes minces à quatre doigts, dont deux touchent le sol. La queue est mince, longue, enroulée. Les oreilles sont moyennes et ordinairement droites. Le corps est couvert de soies plus longues sur le dos et les côtés, et d'un duvet plus ou moins abondant.

Les dents sont de trois sortes et au nombre de quarante-quatre. Les canines sont développées en défenses dirigées vers le haut; la première prémolaire inférieure séparée des autres par un espace vide, et les molaires vont en augmentant d'avant en arrière, en sorte que la dernière est la plus longue :

$$i\,\frac{3}{3},\ c\,\frac{1}{1},\ pm\,\frac{4}{4},\ M\,\frac{3}{3};\ \text{dentition de lait}:\ i\,\frac{3}{3},\ c\,\frac{1}{1},\ pm\,\frac{3}{3} = 28\ \text{dents}.$$

Ces animaux sont très prolifiques et les femelles portent de nombreuses mamelles abdominales. Les petits sont, chez les espèces sauvages, toujours rayés de sombre et de clair.

Habitat. — Ce genre, abstraction faite des Cochons, est répandu en Europe, en Asie, au Japon, dans les îles Malaises. On range dans un sous-genre spécial les trois espèces africaines. Les Porcs domestiques, redevenus sauvages dans certaines régions de l'Amérique, de la Malaisie et de la Nouvelle-Zélande, ont donné des races libres qui se rapprochent des types sauvages.

Origine. — « Les Porcins, dit Vogt, présentent deux souches parallèles anciennes, dont l'une appartient à l'ancien monde, l'autre à l'Amérique. De vrais Cochons (*Sus*) apparaissent déjà dans le Miocène moyen, et à travers les couches antérieures on peut poursuivre une série de genres à peine différents, jusqu'aux genres bidactyles Entelodon et Chœrotherium de l'Éocène supérieur, et aux genres tétradactyles Chœropotamus et Hyopotamus des gypses éocènes de Montmartre. Les Cochons appartiennent donc à une souche très ancienne dont nous pouvons suivre toutes les étapes de développement jusqu'aux espèces actuelles. On n'a cependant pas encore trouvé de représentants fossiles des Babiroussas et des Phacochères. »

Tout autre est la souche des Pécaris américains, d'après Marsh, à partir des formes ancestrales de l'Éocène moyen, jusqu'à l'époque quaternaire où divers genres se sont éteints, et où les Pécaris étaient répandus jusqu'au nord des États-Unis. Aucun reste authentique des genres Sangliers, Phacochères et Hippopotames de l'ancien monde n'a été trouvé en Amérique (Marsh).

Les zoologistes sont loin d'être d'accord sur le nombre des espèces de ce genre. L'espèce type admise par tous est la suivante.

LE SANGLIER COMMUN. — Le Sanglier (*S. scrofa* L.) ressemble beaucoup au Cochon domestique ; il a le corps plus court, plus ramassé ; les jambes plus fortes, la tête plus allongée et plus aiguë. Les yeux sont petits, enfoncés, protégés par un pinceau de poils. Les oreilles sont droites, un peu penchées vers l'arrière. Le corps est recouvert de soies longues, raides, souvent divisées à leur pointe ; entre elles se trouve un duvet plus ou moins abondant suivant les saisons. Sous le cou et au bas-ventre, les soies sont dirigées en avant, mais vont en arrière sur tout le reste du corps, et forment une sorte de crinière dorsale Elles sont noires ou d'un brun foncé, avec une pointe jaunâtre, grise ou rousse, ce qui éclaircit la teinte générale. Les oreilles sont d'un brun noir ; la queue, le groin, la partie inférieure des jambes et des sabots sont noirs ; la couleur des soies de la partie antérieure de la face varie ordinairement. On regarde les Sangliers roux, tachetés ou mi-partie noirs, mi-partie blancs, comme ayant des Cochons domestiques dans leurs ascendants. Ils sont rares.

Les jeunes sont gris roux, avec des raies jaunâtres longitudinales qui disparaissent dès le premier mois.

Les mâles ou verrats sont mieux armés que les femelles ou laies. A deux ans, les défenses apparaissent et chez les *ragots* ne dépassent que peu les molaires voisines, c'est-à-dire les *grès*. Chez les *tiers-ans*, il y a une différence d'un doigt, et les inférieures se recourbent légèrement. Les supérieures se dirigent aussi vers le haut en s'écartant de la mâchoire, mais elles n'ont pas la moitié de la longueur des inférieures. La courbure, la force et la longueur s'accentuent avec l'âge, mais la couleur est toujours d'un blanc brillant. Chez les vieux mâles, les défenses inférieures venant presque à toucher le groin, il ne leur reste plus, pour combattre, que les supérieures souvent cassées. Ils sont donc moins dangereux.

La longueur de ce vigoureux animal est de près de 2 mètres, et sa hauteur au garrot de 1 mètre. Sa queue a 0ᵐ,25. Son poids varie suivant les cantons et la nourriture. A la fin de la première année, il pèse 25 à 40 kilogrammes ; la deuxième année, de 50 à 70 ; la troisième, de 80 à 100, et la quatrième, de 100 à 125. Le poids de l'adulte oscille entre 150 et 200 kilogrammes. Jadis le poids était plus élevé. D'ailleurs les Sangliers des marais, ayant plus de nourriture, sont de taille plus grande que ceux des pays secs et maigres, qui ne dépassent pas 80 kilogrammes. Sa forme indique son habitat : il est allongé dans les plaines marécageuses, trapu, ramassé dans la brousse africaine, et de très petite taille dans les îles méditerranéennes.

Habitat. — Son aire d'habitat ne s'élève pas au-dessus du 55ᵉ degré de latitude nord. Elle s'étend des îles Britanniques, où il a disparu, au fleuve Amour et au Thibet, dans les monts Thian-Ghan et près de Yarkend (var. *nigripes*). Il est assez rare en Europe; mais dans le Jura, les Vosges, en Alsace, la Forêt Noire, la Thuringe, en Prusse, dans le Hanovre, en Poméranie, en Hongrie, il est plus fréquent. Il existe aussi en Asie Mineure, en Syrie, en Mésopotamie, en Perse, dans l'Afghanistan et le Bélouchistan, dans l'Afrique septentrionale, de l'Égypte au Maroc (var. *barbarus*) et dans les îles de la Méditerranée.

Mœurs. — Le Sanglier est sociable et vit par bandes dont les individus se prêtent un mutuel appui en cas de danger. En Europe, il choisit pour demeure les bois tranquilles ayant de nombreux fourrés, là où il peut reposer dans une paix profonde pendant toute la journée. En Asie, il quitte parfois la forêt et se tient dans les hautes herbes au voisinage des eaux. En Afrique, il préfère les marais et les champs cultivés, et même, en Égypte, il se cantonne dans les champs de canne à sucre, sans qu'on puisse l'en faire déguerpir.

Le vieux solitaire choisit un sapin dont les branches touchent le sol, ou un fourré épineux pour y creuser la terre. Il tapisse ce trou de mousses et de fougères et y retourne chaque jour. Il est si bien caché dans sa bauge qu'on l'y aperçoit difficilement. On croit, par contre, que les laies, quand le temps est mauvais, préfèrent les endroits ensoleillés et à l'abri du vent et que, pendant l'été, elles se tiennent au frais dans une demeure exposée au nord. La même bauge sert à toute la société pendant l'hiver.

Au crépuscule, tous sortent et se rendent sous bois et dans les clairières où ils labourent la terre avec leur groin pour chercher des truffes, des vers, des larves d'Insectes, Limaces, œufs et même des Souris. Ces boutis trahissent souvent leur présence au chasseur. En automne, ils ramassent et croquent à belles dents les glands, les faînes, les châtaignes, les noisettes, les pommes de terre, les raves. Ils mangent donc de tout, sans excepter les cadavres, les Serpents et même les Vipères.

Comme ils voient mal, mais entendent et flairent bien, ils sont toujours aux aguets pour veiller à leur sécurité. Le moindre bruit inusité les fait disparaître.

Avant ou souvent après avoir pâturé, ils font plusieurs lieues pour courir à un étang, à une mare qui est leur souille, où ils peuvent se vautrer dans la vase.

Ce bain paraît nécessaire à leur bien-être. D'ailleurs, ce sont de si bons nageurs, que, poursuivis, ils n'hésitent pas à se lancer dans les courants les plus rapides.

On a vu trois laies traverser le Rhin à la nage, malgré la vitesse du courant.

Tous les mouvements du Sanglier sont vifs et impétueux. Sa course est rapide et rectiligne. Il se lance dans un fourré comme une flèche; sa tête pointue et son corps étroit lui frayent le passage, en sorte qu'il peut avancer facilement dans les endroits les plus épais, inaccessibles aux autres animaux.

Laies dans leur souille.

C'est un animal vigilant et doux, sans qu'on puisse le traiter de craintif, car il a confiance en ses armes naturelles. Aussi n'attaque-t-il pas l'homme sans être provoqué; il ne s'inquiète pas d'une personne qui passe tranquillement à côté de lui. Mais quand il est excité, blessé ou harcelé par les chiens, il se précipite sur les assaillants avec fureur, sans aucun souci du danger. Pour lui échapper, le meilleur moyen dans ce cas est de se réfugier derrière un arbre ou de faire un saut de côté. Les exemples d'attaque spontanée que l'on connaît sont mis sur le compte d'animaux détraqués ou fous.

La voix du Sanglier ressemble à celle du Cochon domestique; celle du mâle est plus sourde que celle de la laie. Le mâle reste silencieux quand il est blessé, mais la femelle et les petits, quand ils souffrent, poussent des cris de douleur.

Les cultivateurs les détestent à cause des dégâts qu'ils font dans les plantations, car une fois installés dans les champs de blé, il est très difficile de les en expulser. Ils mangent moins qu'ils ne détruisent sous leurs pas. En regard de leurs déprédations, qui font désirer leur destruction complète, on peut dire

que pour le forestier ils ont quelque intérêt, car en labourant le sol avec leur boutoir ils provoquent la germination de graines qui auraient été perdues sans cela. Ils éprouvent une véritable mue en juillet et août, époque à laquelle on les voit se frotter avec violence contre les corps voisins. Les soies repoussent en septembre.

A dix-huit mois, quand ils n'ont pas encore toute leur taille, ils peuvent déjà se reproduire. La saison des amours commence à la fin de novembre et dure environ six semaines. A ce moment les solitaires viennent s'adjoindre aux sociétés et en chassent les mâles plus faibles après force combats. Il se peut que le résultat soit indécis, si les combattants sont de même force, alors ils finissent par se supporter. La jeune laie, cinq mois après, met bas de quatre à six marcassins et les vieilles de dix à douze, dans un fourré solitaire, sur une couche de mousse, de feuilles et d'aiguilles de sapin. Quinze jours après, la femelle emmène sa progéniture, et souvent plusieurs se réunissent pour surveiller leurs petits. Si l'une vient à périr, ses orphelins sont adoptés par les autres.

La Laie et ses Marcassins.

Les marcassins, dont le pelage est strié longitudinalement, sont de charmantes créatures, vives, gentilles et gaies, criant, grognant et jouant toute la nuit autour de la mère calme et digne. Le jour, tout ce monde peut à peine se tenir tranquille dans la bauge. « Rien, dit Winckel, ne surpasse le courage et la hardiesse avec laquelle la laie défend ses petits ou ceux qu'elle a adoptés. Au premier cri d'un marcassin, elle arrive, méprisant le danger, et fond sur l'agresseur, quel qu'il soit. » Elle est alors terrible, car elle mord, enlève des morceaux de chair, et foule son ennemi aux pieds. Un cavalier, dans une promenade, rencontrant de petits marcassins, voulut en enlever un. A peine celui-ci avait-il poussé un gémissement que la mère, arrivant, s'élança sur le Cheval et chercha à le mordre au pied. Pour en finir, l'homme lui jeta alors son petit ; elle le prit soigneusement dans sa bouche et rejoignit sa famille.

On estime que le Sanglier, à l'état sauvage, peut atteindre trente ans, si une balle malencontreuse ne vient mettre un terme à son existence vagabonde. La captivité abrège notablement sa vie.

Dans nos contrées, ses ennemis sont le Loup, le Lynx, et même le Renard qui aime assez à se mettre un jeune marcassin sous la dent. Mais ce sont le froid et la neige qui en détruisent le plus. La neige les empêche de trouver leur nourriture et, lorsqu'elle est recouverte d'une croûte de glace, elle leur met en sang la plante des pattes de devant et cause la mort d'un grand nombre. Dans les pays chauds, les grands Félins en ont raison.

Chasse. — Les chasseurs ont l'habitude de désigner les bêtes aux divers âges par des noms spéciaux. Ainsi les petits Sangliers sont appelés *marcassins* jusqu'à six mois ; de six mois à un an, l'animal est dit *bête rousse* ; de un à deux ans, *bête de compagnie* ; de deux à trois ans, *ragot* ; de trois à quatre, il est dit *tiers-an* ; à quatre ans, il est *quartenier* ; ensuite il est *grand Sanglier*, et puis après sept ans *solitaire* ou *grand vieux Sanglier* (*).

De tout temps la chasse du Sanglier a été considérée comme un noble plaisir, mais quand jadis on le combattait à l'aide d'une lance, d'un épieu ou d'une pique, d'un simple couteau de chasse, il y avait une certaine crânerie à s'en prendre à un adversaire pareil, car le chasseur y exposait sa vie. Ce n'est qu'à partir de Louis XI qu'on voit apparaître des équipages spéciaux de chiens ou *vautraits* pour la chasse du Sanglier, alors maître des forêts. Ces Chiens forts et courageux devaient lever le Sanglier, d'autres devaient le coiffer. Plus d'un était blessé ou éventré avant qu'ils eussent pu le saisir par les oreilles. Bien que le Sanglier sût s'acculer à un arbre pour défendre ses derrières, il succombait toujours sous les assauts répétés de ses huit ou neuf ennemis.

Pour bien chasser le Sanglier, il faut un vautrait de quarante à cinquante Chiens, anglais et bâtards. Ceux-ci sont mieux gorgés, c'est-à-dire ont plus de voix que les premiers. De bons piqueurs ayant repéré les demeures des Sangliers, et trouvé la voie, on peut alors découpler et lancer les Chiens. Quand il commence à tenir les abois, il faut l'achever au couteau ou à la carabine, avant qu'il ait eu le temps de tuer ou de blesser des Chiens.

Brehm raconte qu'en Égypte, dans les champs de canne à sucre du delta, ces animaux sont si nombreux qu'en un après-midi, seul et sans traqueurs, il put en tuer cinq avec sa carabine.

On chasse aussi le Sanglier à l'affût.

Produits. — La viande, surtout celle des marcassins, est très estimée, à cause de son goût de gibier qu'elle associe à la finesse de la viande de tous les Suidés. La hure et les gigots sont particulièrement renommés.

_____

(*) Pl. LIII.— Le Sanglier commun.

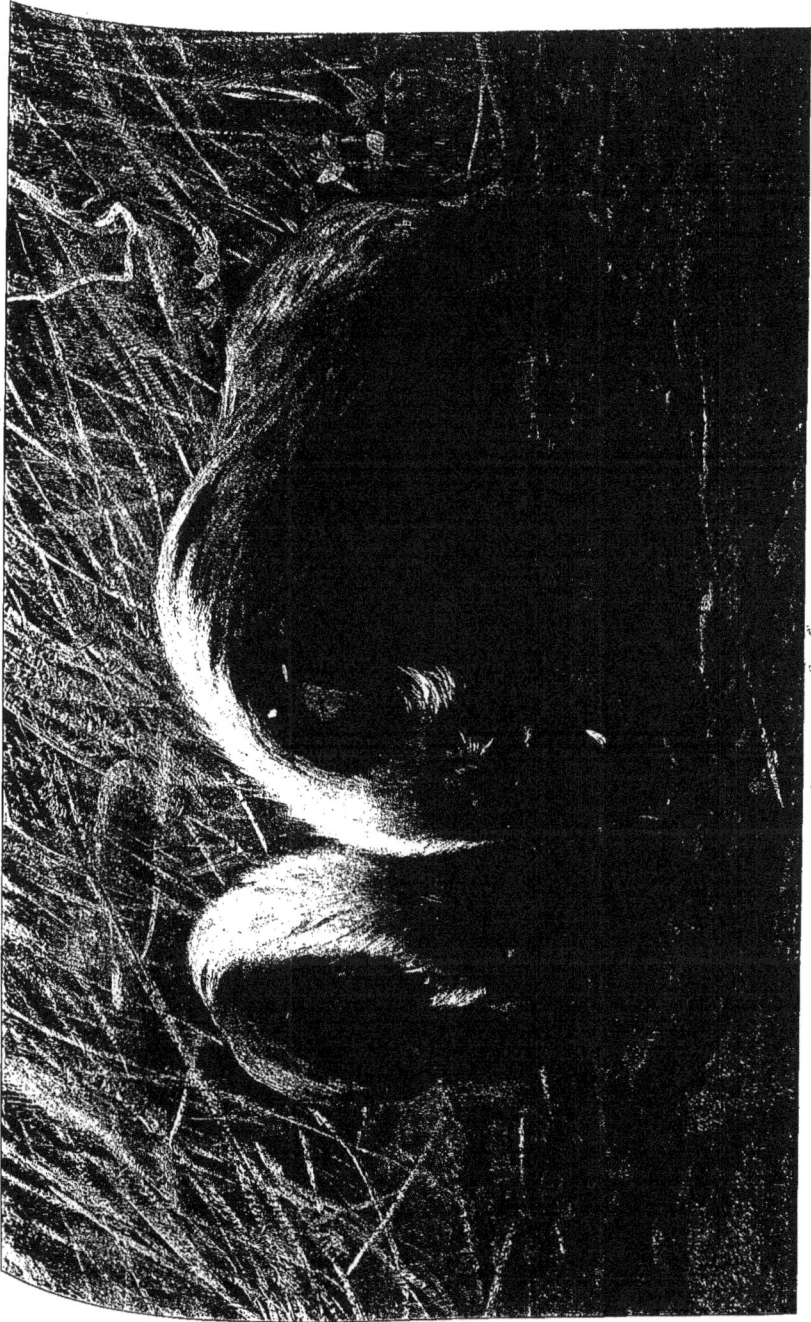

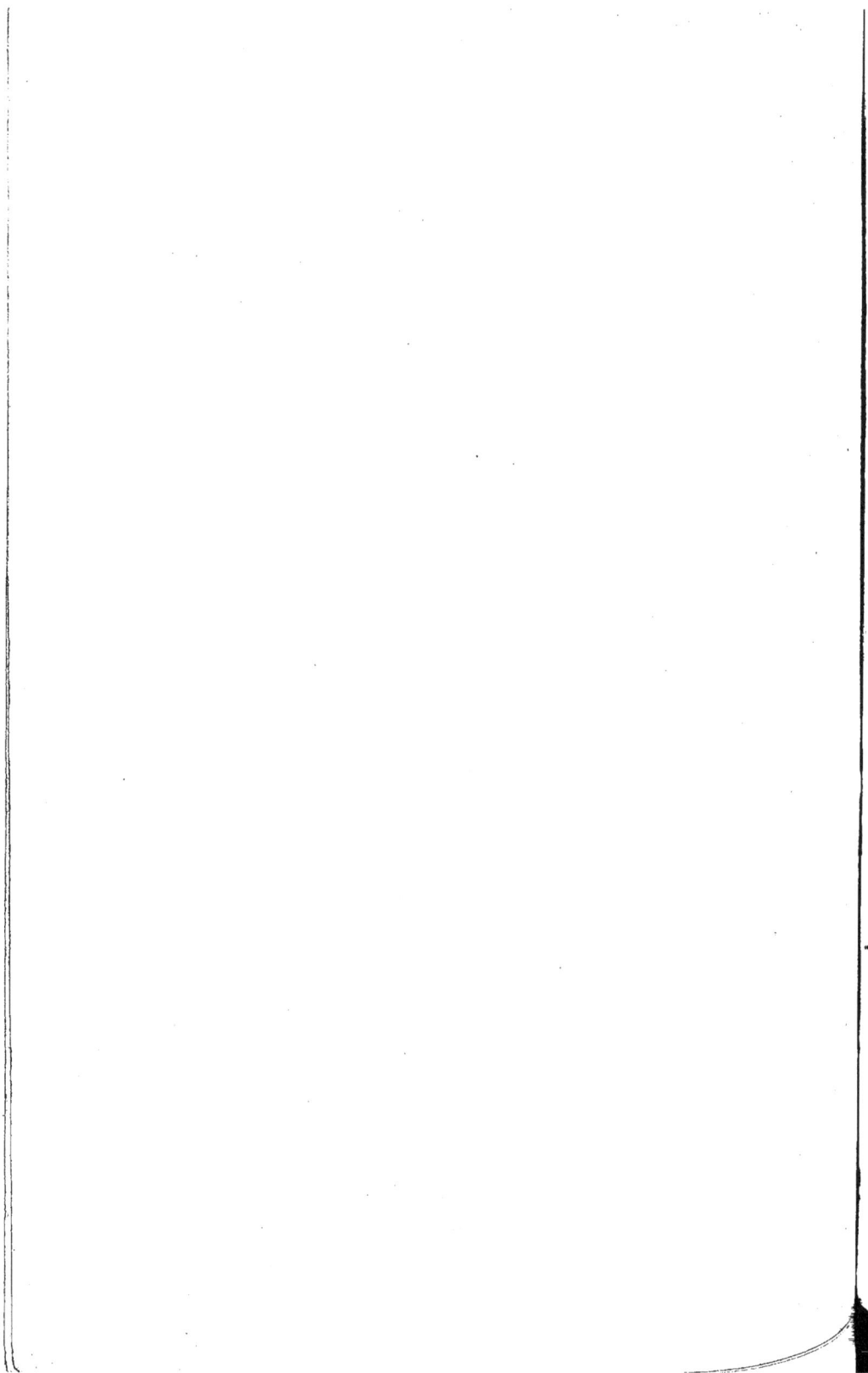

La peau et les soies trouvent aussi leur emploi.

Métis. — Les qualités de sa chair ont provoqué des croisements entre le Sanglier et le Cochon domestique. Ainsi Cornevin rapporte qu'en Hongrie, dans le Comitat de Bihar, à Nagyvarad, le chapitre catholique romain élève en grand les Sangliers. Les uns vivent sous bois et se reproduisent avec les laies, les autres sont parqués avec des truies domestiques. Il en résulte des produits estimés, et leur chair se vend à Vienne comme viande de luxe.

LE SANGLIER A CRINIÈRE DE L'INDE. — Ce Sanglier (*S. cristatus* Wagn.) porte le long du dos, depuis la nuque, une sorte de crinière formée de longues soies noires. Son pelage, grossier, sans duvet, est peu épais sur les flancs et le ventre. La queue, qui atteint la cheville, ne porte que de rares poils, plus nombreux vers sa pointe qui est comprimée.

Caractères. — Les oreilles sont nues en dehors et poilues en dedans. Quant à la couleur, elle est d'un noir mélangé de plus ou moins de roux ou de blanc. Les vieux sont plus gris, les jeunes plus bruns et les nouveau-nés montrent des bandes longitudinales brunes sur un fond d'un brun pâle. Il se distingue du Sanglier d'Europe par ses longues défenses qui peuvent atteindre $0^m,30$, par une forte crinière, par son pelage moins épais, et par sa hauteur plus forte ($0^m,70$ à $0^m,90$). Le corps a $1^m,50$, la queue $0^m,20$ à $0^m,30$. C'est certainement la souche du Porc domestique de l'Inde, car on voit parfois des petits gorets striés.

Habitat. — On le trouve dans toute la presqu'île de l'Inde, à Ceylan, dans l'Himalaya jusqu'à l'altitude de 4.500 mètres, dans la Birmanie et jusqu'au Ténassérim et aux îles Mergui.

Mœurs. — Pendant le jour, on voit les Sangliers de l'Inde dans les hautes herbes, les fourrés ou même la forêt, par troupes de dix à vingt femelles et jeunes, tandis que les mâles adultes restent isolés. Ils errent le matin et le soir, surtout dans les marécages où ils déterrent avec leur groin des racines, en particulier celles des laiches. Par leur manière de faire, ils sont donc très nuisibles, et de plus ils se repaissent volontiers de cadavres, et même, dans l'Assam, des poissons cachés dans la vase pendant la saison sèche.

La course du verrat et de la laie est très rapide, mais ils ne la soutiennent pas longtemps et peuvent être atteints facilement avec un bon Cheval. Aussi cette chasse est-elle un des plaisirs cynégétiques de l'Inde les plus prisés, car le Sanglier lutte et se défend jusqu'à son dernier souffle.

On signale même de nombreux combats de solitaires et de Tigres, dans lesquels le Tigre est resté sur le carreau. On dit même qu'il peut éventrer le Chameau s'il est en colère et qu'il ose attaquer l'Éléphant. Les Sangliers du Bengale sont plus combatifs que ceux du Pendjab et du Deccan.

Les laies mettent bas souvent deux fois l'an et préparent un nid d'herbes pour leurs petits, au nombre de quatre à six, qui sont adultes à deux ans.

Le SANGLIER NAIN [*S.* (*Porcula*) *salvanius* Hodgs.] ne porte pas de crinière, à l'inverse du Sanglier de l'Inde. La couleur de l'adulte est d'un brun plus ou

---

(*) Pl. LIII. — Le Potamochère africain (texte, page 267).

moins foncé, mais le jeune, qui est blanc en dessous, présente latéralement des lignes claires sur fond brun foncé. Sa longueur est de o^m,66, sa hauteur o^m,285, sa queue a o^m,03, tandis que son poids est de 8^{kg},5.

Le Sanglier nain habite les forêts et les hautes herbes situées au pied de l'Himalaya dans le Népaul, le Sikkim et le Bhoutan.

Ses mœurs sont à peu près identiques à celles du Sanglier de l'Inde. Il vit par troupeaux de cinq à vingt individus où sont réunis les laies et les verrats. On les aperçoit rarement, car ils ne quittent les forêts que la nuit.

Les zoologistes ont décrit un grand nombre de formes auxquelles ils attribuent la valeur d'espèces. F. Major, après avoir étudié une très riche collection de crânes, est arrivé à les réduire à quatre en y comprenant le Sanglier d'Europe.

1° Le Sanglier a bandes ou rayé (*S. vittatus* Müll. et Schl.) de Java, Sumatra, Bornéo et Amboine, porte une raie blanche sur le côté de la figure et sur le cou. Il comprend seize à dix-sept formes plus ou moins proches parentes du Sanglier à crinière de l'Inde, de ceux de Célèbes, des Philippines, de Céram, des îles Andaman, et même de celui de la Papouasie et des îles avoisinantes, dont les indigènes élèvent les marcassins avec eux dans leurs cases.

Le *Sanglier à moustaches blanches* (*S. leucomystax* Temm.) du Japon ne diffère du Sanglier ordinaire que par le poil et la couleur, car il est brun foncé avec le ventre blanc, et ses soies sont courtes et rares. Une raie claire part de l'angle de la bouche et traverse les joues. C'est probablement la souche du Cochon chinois domestique, car il est de petite taille (o^m,40) et sa tête est légèrement concave. D'après Cornevin, ce Sanglier vient de Java et des autres îles de la Sonde, car le Porc n'existait pas dans les îles de l'empire du Japon avant leur ouverture au commerce européen.

2° Le Sanglier verruqueux (*S. verrucosus* Müll. et Schleg.), ou à verrues, qui vit à Java, Bornéo, Céram, possède trois verrues sur la joue. Il se relie au Sanglier à bandes par une forme pliocène des monts Siwalik.

3° Le Sanglier barbu (*S. barbatus* Müll.) se rapproche du précédent par ses crochets inférieurs, mais il s'en éloigne et des autres par son crâne très allongé, et sa face ornée de favoris. Il vit à Bornéo, et ses deux variétés dans les îles Palaouan et Calamianes.

LES POTAMOCHÈRES

Les espèces africaines de ce genre ont été séparées sous le nom de Potamochères (*Potamochœrus* Gray, 1852). La tête et le corps sont couverts de soies serrées. Le groin est très allongé et les joues ne portent pas de plis de la peau, mais un tubercule verruqueux situé en avant des canines. Les oreilles sont pointues, et la première prémolaire au maxillaire inférieur toujours absente. En outre, cette même prémolaire au maxillaire supérieur tombe fréquemment, ce qui porte à quarante le nombre des dents. Les vraies molaires sont plus simples, les canines à peine plus grandes que chez les Porcs domestiques. Ils ont deux paires de mamelles. Les marcassins sont striés.

Ce sous-genre comprend deux espèces africaines et une malgache.

LE POTAMOCHÈRE AFRICAIN (*). — Le Potamochère africain (*P. africanus* Schreb. seu *larvatus* Cuv. ou *chœropotamus* Desmoul.), gris ou Sanglier à masque ou encore des buissons, est recouvert de poils à peu près égaux, mais ceux de la nuque forment une crinière couchée et d'un gris blanchâtre, ceux des joues une barbe assez forte. Le corps est gris brun, tirant sur le roux. La face est d'un gris fauve. Un cercle noir entoure les yeux et une raie de même couleur marque les joues; les oreilles et les pattes sont d'un brun foncé. Sa longueur atteint 1ᵐ,60 et sa queue 0ᵐ,40. Les jeunes, qui naissent, d'après Fischer, en mars et en août, sont bruns avec quatre bandes jaunâtres.

Habitat. — Cet animal habite l'Afrique orientale et méridionale, depuis le massif de Kilima-Ndjaro jusqu'au Cap, et à l'ouest jusqu'à l'Angola.

Mœurs. — D'après Böhm, cet animal se tient par troupes, dans les roseaux, dans les fourrés humides et les marécages, car il aime beaucoup l'eau. La nuit, il s'introduit dans les champs pour manger les fruits et les racines que cultivent les indigènes. Ses dégâts forcent parfois ceux-ci à abandonner leurs villages. Il a été complètement détruit dans certaines régions. Son genre de vie ressemble à celui de notre Sanglier européen.

Le Potamochère ou Sanglier de la Guinée ou a pinceaux (*P. porcus* L. ou *penicillatus* Schinz), ou roux, est un bel animal de taille un peu plus petite que le Sanglier. Son dos est couvert de poils fins et égaux; ceux du ventre et des flancs sont longs et crépus; la face et les membres sont presque nus, cependant une belle barbe orne sa face, et un pinceau de poils termine les oreilles et la queue. Le dos est roux jaune foncé, tandis que la face, les membres et la queue sont gris noir foncé; le sacrum porte une raie blanche, les pinceaux des oreilles sont blancs, et un cercle jaune entoure les yeux. C'est le plus beau des Potamochères ou Chéropotames.

Il est spécial à l'Afrique occidentale, depuis la Sénégambie jusqu'à l'Angola et au Congo. Il aime les forêts humides et les rives des fleuves, parfois les montagnes, où il forme de grandes troupes. On le voit assez souvent en Europe. L'Abyssinie et le Kordofan nourrissent le Potamochère hassama.

LE POTAMOCHÈRE D'EDWARDS. — Le Potamochère d'Edwards (*P. Edwardsii* A. Grand.) s'éloigne peu de l'espèce africaine à masque. Son aspect est hideux; son dos pelé, ses longues soies rousses sur les flancs, le tubercule énorme qui orne sa face en font un vilain animal. Sa couleur est roux-cannelle, sa crinière blanchâtre, épaisse, ses membres d'un brun foncé. Les oreilles sont dépourvues de pinceau; les joues sont noires, encadrées de longues soies blanches. Sa taille est inférieure à celle du Sanglier d'Europe.

Malgré l'opinion de F. Major qui a voulu identifier ce Sanglier malgache au Potamochère à masque d'Afrique, il semble bien, d'après M. Grandidier, appartenir à une espèce spéciale.

Habitat et mœurs. — C'est le seul représentant à Madagascar du groupe des Suidés. Très répandu dans toute l'île, il se nourrit de racines et, pour se les

(*) Pl. LIII. — Le Potamochère africain (planche, page 265).

procurer, dévaste les champs de manioc, de patates et de riz. Il est particulièrement redoutable pour les plantations de vanillier, parce qu'en fouillant avec
son groin le fumier qu'on dispose au pied des lianes, il déterre les plants et
les arrache du sol. Aussi les indigènes lui font-ils une guerre acharnée; ils
le chassent à l'aide de Chiens et le tuent en général à coups de sagaies.

LES COCHONS DOMESTIQUES

Toutes les formes que j'ai signalées vivent en liberté à la façon du Sanglier
et se laissent facilement apprivoiser; aussi ont-elles exercé une influence directe
sur les diverses formes domestiques.

Les caractères communs à toutes les races domestiques, pouvant servir à les
distinguer des espèces sauvages, sont peu nombreux à cause de la malléabilité
de ce type et des variations qu'il a subies sous l'influence de la domestication,
de la culture et de la sélection artificielle. L'amplitude des modifications n'est
certainement pas plus grande que celle qu'on observe chez les Chiens.

Chez les Porcs élevés en liberté ou chez les animaux marrons, le groin s'allonge, la production de graisse et la fécondité diminuent, mais la chair est plus
délicate. L'ensemble se rapproche plus ou moins du Sanglier.

La coloration de la peau et des phanères n'est pas variée dans les Suidés. Elle
va du noir au blanc en passant par le gris, le pie, le rouge et le roux plus ou
moins jaunâtre; dans les races blanches, les poils sont plus longs que dans les
autres.

Le climat, la nature du sol, les croisements ont une certaine influence sur la
couleur; c'est ainsi qu'on voit prédominer telle ou telle robe dans telle contrée.
En Espagne, on ne rencontre guère que des Porcs noirs, alors que dans le nord
de l'Europe cette couleur est plus rare.

La livrée du marcassin, qui porte des bandes longitudinales alternativement
noirâtres et claires, a été présentée comme un argument contre la parenté du
Porc et du Sanglier, car dans l'Europe occidentale, les porcelets sont de couleur
uniforme. Mais, d'après Cornevin, dans les régions danubiennes et en Tunisie,
d'après Livingstone, au Zambèze, les porcelets sont zébrés. Roulin, Gosse et
H. Smith assurent que les Porcs redevenus sauvages à la Jamaïque et en Colombie ont des rejetons zébrés. Il en est de même des gorets siamois. On peut
donc conclure que la livrée primitive des jeunes Suidés a été la zébrure et
qu'elle a disparu sous l'influence de la domestication et de la stabulation.

La taille est très variable suivant l'alimentation.

En Hongrie et en Serbie, où l'on trouve des Porcs très hauts, leur taille peut
atteindre 1ᵐ,15 et leur poids 200 kilogrammes, tandis qu'en Sardaigne et en
Grèce, on en rencontre de 0ᵐ,65 et de 35 kilogrammes. Les Romains réussis-
saient à en obtenir de monstrueux par le volume et le poids : ceux de 500 kilogrammes n'étaient pas rares. Au début du xixᵉ siècle, Viborg signala un Cochon
anglais de 637 kilogrammes, et récemment, aux États-Unis, on en exhiba un qui
avait 1ᵐ,22 de haut, 2ᵐ,50 de long et un poids de 661 kilogrammes.

Distribution géographique. — Le point de départ des Cochons domestiques doit être dans les contrées chaudes du globe, car ils y pullulent tant à l'état sauvage qu'à l'état domestique, tandis qu'ils sont beaucoup plus rares dans les contrées froides. C'est ainsi qu'ils ne dépassent pas actuellement le 65ᵉ degré de latitude nord et qu'ils n'existent pas encore en Islande. Dans des fouilles de temples païens du xᵉ siècle, on a trouvé aux îles Fœroer des restes de Chevaux, de Bœufs et de Moutons, mais pas de Porcs.

Cet animal n'existe pas dans le bassin de la Petchora, d'après Rabot, car les Zyrianes, qui élèvent des Chevaux, des Vaches et des Moutons, ne le possèdent pas ; donc le climat de la zone glaciale ne lui convient pas, bien qu'il soit protégé contre le froid par une épaisse couche de graisse. Mais, par contre, les climats chauds et même pestilentiels lui réussissent fort bien. Ses soies y deviennent plus rares et plus douces. Ainsi, à la Réunion, on peut caresser ces animaux à la façon des Chats.

Au Dahomey, des bandes nombreuses errent dans les lagunes de Kotonou, et se nourrissent des débris provenant de l'extraction de l'huile de palme.

A Madagascar, dans l'Imerina et le Betsileo, on en élève des quantités, tandis que les Tanala et les Antanosy les considèrent comme animaux impurs.

En Indo-Chine et en Chine, le nombre des Porcs est incroyable, car les Annamites et les Chinois font une grande consommation de leur chair. Il n'est cultivé comme animal domestique au Japon que depuis l'ouverture de ce pays à l'influence européenne (1868) (Cornevin). Il ne monte pas plus au nord que la Sibérie méridionale (Irkoutsk).

Il est très abondant dans les îles de l'Insulinde, dans la Nouvelle-Guinée.

Dans les pays mahométans, il est rare, puisque la religion prohibe l'usage de sa chair. Il s'ensuit que là où la foi religieuse est encore très vive, on n'en rencontre pas : c'est le cas de la Perse. Ce fait frappe toujours le voyageur.

Le Cochon n'existait pas en Amérique au moment de la découverte. Importé dans ce pays, il s'y est fait à tous les climats. Si, dans le sud, dans les pampas, sa culture est un peu laissée de côté pour celle des Chevaux, des Bœufs et des Moutons, dans le nord, il s'est multiplié en de telles proportions, que la population ne peut consommer toute la production et que d'immenses quantités de salaisons prennent le chemin de l'Europe (pour la France seulement 2 660 237 kilogrammes en 1901). Ce sont particulièrement les États voisins des grands lacs, où le maïs croît avec vigueur, le Wisconsin, l'Iowa, l'Illinois, l'Ohio et le Minnesota, qui se livrent à cet élevage intensif des Porcs.

En Europe, les régions du bas Danube sont les plus grands centres de production du Porc. C'est en Serbie que le nombre de Porcs entretenus, proportionnellement à la superficie du sol et à la population humaine, est le plus fort ; ils sont de grande stature et de fort poids, car la nourriture leur est distribuée largement. La Hongrie, qui vient ensuite, a créé à Koebeneya un établissement où l'on engraisse plus de 200 000 Porcs par an, et un grand marché capable de rivaliser avec ceux de Chicago et de Cincinnati. Beaucoup de ces animaux sont exportés en Allemagne. C'est la Grèce qui possède le moins de Porcs, et encore sont-ils les plus chétifs. L'Angleterre élève les races les plus perfectionnées.

Élevage. — L'élevage du Porc est très répandu et très lucratif; les risques sont toujours faibles. En effet, le Porc étant omnivore et glouton, se contente de substances qui seraient perdues à la ferme, telles que : eaux grasses, petit-lait, déchets de tannerie, d'équarrissage et de fabrique de gants, et même excréments de vers à soie. A la fin de la première année, il peut atteindre le poids de 150 kilogrammes. C'est donc un admirable transformateur d'aliments en produits marchands. L'élevage du Porc ne se fait pas dans les contrées trop froides et ne réussit pas dans les pays désertiques, secs et sans eau, là où prospèrent le Mouton et la Chèvre.

On l'élève en porcherie ou à l'antique :

Dans le premier mode, les animaux deviennent plus grands et plus gras, mais ils sont aussi plus faibles et ont une réceptivité plus grande vis-à-vis des maladies; la tête devient plus courte, tout en conservant son profil, et la peau plus épaisse. En porcherie, ils sont soumis à tous les régimes : tous les déchets leur conviennent, même les têtes de sardines, de morues, etc., près des fabriques de conserves, au bord de la mer. Seulement, dans les exploitations en grand, on est revenu des anciens errements. On supposait que la malpropreté était une condition essentielle de leur santé; maintenant on leur donne des porcheries vastes, bien aérées, bien dallées et faciles à nettoyer. Aussi les animaux sont-ils plus forts et plus sains. Quand on combine la stabulation avec le pâturage, en automne, ils trouvent dans le sol des Vers blancs, des Limaces, des Lombrics, des chrysalides, des petits Rongeurs, des rhizomes, des racines et mangent l'herbe. Dans le Morvan, on les conduit parfois dans les prairies artificielles et les champs de maïs.

Dans le deuxième mode, ils sont moins gras, mais plus vigoureux et plus courageux; ils ont le groin du Sanglier, quelquefois plus effilé, comme en Roumanie.

L'élevage à l'antique se pratique dans toute l'Europe et dans les pays circumméditerranéens. Les Romains élevaient déjà ces animaux dans les forêts de chênes des Apennins, et ce mode d'élevage se pratique encore dans la Calabre, le Basilicate, l'Ombrie et les Marches. Mais dans l'Italie septentrionale c'est l'élevage en porcherie qui prédomine.

En Algérie et en Tunisie, aux glands des chênes verts viennent s'ajouter les frondes du figuier de Barbarie, les baies de lentisque, les olives sauvages, les Escargots et, à l'occasion, les Criquets.

Il va de soi que, pour ce mode d'élevage en forêt et en savane, il faut préférer des races rustiques, agiles, marcheuses et assez farouches qui osent se défendre contre les fauves. C'est dans ces conditions que peuvent se produire, avec les Sangliers, des accouplements qui les doteront des qualités de robustesse nécessaires à leur existence.

La truie, qui a de huit à quinze mamelles, peut donner deux portées par an, après une gestation de cent quatorze jours, et rien n'est plus variable que le nombre des gorets obtenus. Il oscille de trois à vingt-quatre et augmente avec l'âge. D'ailleurs, la fécondité dépend de la race et de la quantité de nourriture. On a remarqué que les années où les glands et autres fruits forestiers sont abondants, le nombre des marcassins est plus élevé par portée que dans les années où ces fruits sont rares. Les races les plus aptes à l'engraissement sont moins fécondes que les autres. Le croisement est un auxiliaire de la fécondité. Vauban a calculé qu'une truie de dix ans, en supposant qu'elle ait eu six petits par portée, aurait produit 6 434 874 descendants.

La durée moyenne de leur vie est de douze ans, invariablement abrégée par l'homme.

Maladies. — Deux maladies déciment les Porcs : ce sont la pneumo-entérite et le rouget, contre lequel on les vaccine depuis Pasteur. Ils sont très sensibles à certains poisons végétaux, mais, par contre, jouissent vis-à-vis de la malaria et des affections paludéennes d'une précieuse immunité. Leur réceptivité est faible pour les affections charbonneuses. On dit encore qu'en Californie on lâche des bandes de Porcs dans les contrées infestées de Serpents à sonnettes pour qu'ils les dévorent et en débarrassent le pays. D'autre part, ils sont le véhicule de la trichine et du Ver solitaire. Leur chair ne doit donc être consommée que bien cuite.

Captivité. — Tous les Suidés, sauvages et domestiques, deviennent rapidement familiers avec l'homme dans leur jeune âge; Potamochères, Babiroussas, marcassins et gorets arrivent à suivre leur gardien comme des Chiens; mais, à partir de trois ans, leurs défenses sont redoutables et rendent leur société dangereuse. Ils montrent toujours une grande antipathie pour le Chien.

Certains jeunes Cochons se sont même montrés susceptibles d'éducation et intelligents. Brehm cite le cas d'un petit Cochon de race chinoise qui suivait son maître comme un Chien, répondait à son nom, arrivait quand on l'appelait, montait les escaliers, se comportait convenablement dans l'appartement et faisait mille tours. Dressé à chercher des morilles dans la forêt, il s'acquittait de cette fonction avec ardeur. Il pouvait se tenir debout pendant quelques instants, et se courbait quand on lui disait : « Viens, tu vas être tué ».

Louis XI étant malade, ses courtisans s'évertuaient sans résultat, par tous les moyens possibles, à dissiper sa mélancolie, lorsqu'un quidam eut l'idée de faire danser devant lui, au son de la musette, de petits Cochons qu'il habilla des pieds à la tête, dans tout l'attirail d'hommes de qualité. Admirablement dressés, ces animaux sautaient et dansaient au commandement, puis faisaient la révérence. Une seule chose leur était impossible, c'était de se tenir debout. A peine se soulevaient-ils sur deux pattes de derrière qu'ils retombaient en grognant, et toute la bande faisait entendre des cris et des grognements si comiques que le roi ne put s'empêcher de rire.

A Londres, on montrait jadis un Cochon savant qui savait lire : on étendait deux alphabets sur le sol, quelqu'un de la société était prié de prononcer un mot, le propriétaire le répétait à son élève et celui-ci prenait aussitôt avec les dents les lettres convenables et les disposait dans l'ordre voulu. Il savait aussi indiquer l'heure que marquait une montre.

Slud, dressé à la chasse en Angleterre, avait le nez si fin qu'il sentait un Oiseau à plus de 20 mètres, et qu'il arrêtait à la façon d'un bon Chien.

Domestication. — D'après les renseignements fournis par la paléontologie, la domestication du Porc en Occident paraît dater de l'invasion aryenne qui introduisit l'usage des armes en pierre polie dans nos régions. En effet, dans les palafittes on a trouvé des restes du Sanglier commun, de grande taille, et d'une forme plus petite, le *Cochon des tourbières*, qu'on rapproche tantôt du Cochon hongrois, tantôt du Cochon de l'Inde ou de sa variété du Sennaar. C'est cette forme qui est la plus fréquente dans les stations explorées jusqu'à ce jour, ce qui laisserait supposer, d'après Cornevin, que la petite forme asiatique est la primitive et la grande européenne la dérivée.

Produits. — Vivant, le Cochon est employé à la recherche des truffes, à fouger autour des pommiers en Normandie, à labourer en Écosse, à produire des porcelets. Quand il est mort, aucune partie de son corps ne reste inutilisée. Sa viande est façonnée de mille manières dc le charcutier, sa graisse est l'axonge ou saindoux ; ses soies, enlevées par ébouillantage et raclage, valent o^{fr},25 à peu près par animal et servent à fabriquer des brosses et des pinceaux ; sa peau, par le tannage, donne un cuir blanc de bonne qualité qu'emploient les selliers et les bourreliers. Les vessies, gonflées et séchées, servent de blagues à tabac, etc.

Le fumier est froid ; il convient, dit-on, pour la culture des citrouilles et potirons. Les intestins sont utilisés pour les saucisses. Dans quelques contrées de la Chine, on entretient des truies comme bêtes laitières. Les os calcinés deviennent du noir animal, et le sang recueilli sert dans la fabrication du bleu de Prusse.

LES RACES DE COCHONS

Beaucoup de naturalistes sont de l'avis que les Cochons entretenus en domesticité appartiennent à une espèce unique.

Pour Cuvier, ils provenaient du Sanglier d'Europe (*S. scrofa*) ; cette opinion trouve une preuve dans ce fait que les Porcs américains, redevenus sauvages, ont pris le poil et les allures de notre Sanglier. Pour Is. Geoffroy-Saint-Hilaire, c'était le Sanglier d'Asie qui était la souche des Cochons domestiques.

D'après Railliet, cette manière de voir est sujette à discussion, car si on compare les diverses formes de Cochons, tonkinois et normands, par exemple, on reconnaît qu'elles diffèrent entre elles au moins autant que les formes sauvages qualifiées d'espèces ou de sous-espèces. Et alors si on fait intervenir l'influence de l'homme, il est encore plus difficile de retourner au type spécifique originel, surtout si l'on tient compte de ce fait que l'on constate partout des traces de mélange. Il est même logique d'admettre qu'il existe encore de nos jours des représentants sauvages et domestiques d'une même espèce.

L'opinion mixte est celle qui prévaut actuellement, c'est-à-dire que le Sanglier d'Europe est la forme souche de nos Cochons, tandis que les Cochons asiatiques dériveraient du Sanglier à barbe blanche.

LES RACES ANGLAISES

Les Anglais sont de très grands éleveurs de bétail (3 499 000 têtes) et ont fait plus de progrès que les autres nations dans l'amélioration des races de Cochons. Ils ont su leur communiquer une grande aptitude à prendre la graisse. Aussi leurs nombreuses races ont-elles servi à modifier la plupart des races locales.

Wilh. Kuhnert

La RACE DE BERKSHIRE est la plus rustique des races améliorées. La tête est allongée, avec des oreilles petites dressées, un peu pointées en avant ; les jambes sont fines. Le pelage est entièrement noir avec liste blanche au groin et taches de même couleur à l'extrémité des pattes. La taille est moyenne (0ᵐ,60), et le poids de 140 kilogrammes environ à quinze mois.

Cette race, qui s'est répandue en Amérique, en Australie et en Europe : France, Italie, Suisse, etc., est à la fois rustique et précoce. Elle s'élève aussi bien en stabulation qu'en liberté et fournit un lard ferme et une bonne chair.

Le HAMPSHIRE est plus haut sur jambes, avec plus de blanc.

La RACE DE TAMWORTH est rouge ou marron avec des soies douces, fines, et une tête de Taupe. Elle est prolifique et rustique et rappelle le Berkshire.

La RACE D'YORKSHIRE ou DE LINCOLNSHIRE (*) provient d'une race locale à manteau blanc, de grande taille et à oreilles pendantes, avec des Porcs asiatiques. Le tronc très gros est porté par des pattes courtes. La tête est relevée et courte, les oreilles petites sont droites, le nez est large. L'épaule est large et haute, le train postérieur presque carré, avec des fesses et des cuisses bien développées. Les soies sont courtes, douces, et la robe blanche. Les qualités de cette race l'ont fait se répandre dans le monde entier, car, croisée avec les races locales, elle améliore leurs formes et augmente leur précocité et leur aptitude à l'engraissement. Son introduction en France date de 1819. Sa fécondité est moyenne et les truies ne sont pas bonnes laitières.

La chair de ces Porcs est trop baignée de graisse. Engraissés, ils supportent difficilement les déplacements par les temps chauds.

Le verrat d'York donne des sujets harmonieux avec la truie craonnaise.

En Italie, avec les Porcs romaniques, les Yorkshires ont donné les superbes animaux du Milanais, et en Saxe, avec la race locale, les Porcs de Meissen très estimés en Allemagne et en Autriche.

La RACE D'ESSEX se trouve dans les comtés d'Essex, de Sussex et d'Oxford. La tête est courte, le groin large, le tronc gros ; le pelage est noir vif, avec des soies fines et rases. Sa hauteur est de 0ᵐ,63 ; son poids vif à quinze mois varie de 120 à 135 kilogrammes. Grande aptitude à l'engraissement. Il a été produit avec la race locale d'Essex, le napolitain, puis l'asiatique.

La RACE DE NEW-LEICESTER, du Middlesex, a une face courte, un pelage blanc et une petite taille (0ᵐ,61). Comme machine pour la transformation des aliments en viande et graisse, ces Porcs atteignent la perfection. Ces petits Yorkshires deviennent si gras qu'ils ne peuvent marcher quelque peu et que leur respiration est difficile. Leur poids peut atteindre 200 kilos à vingt-deux mois.

Les PORCS DE COLESHILE et DE WINDSOR sont des Yorkshires intermédiaires, à formes blanches, longues de corps et brèves de tête et de membres.

LES RACES FRANÇAISES

Les RACES BRESSANE, DAUPHINOISE, LIMOUSINE OU DE SAINT-YRIEIX ont pour caractère d'avoir deux taches noires de grandeur très variable sur une robe

(*) Pl. LIV. — (En bas), le Porc du Yorkshire ; (en haut), le Porc français à oreilles pendantes (texte, p. 274).

blanche: l'une à la tête, l'autre à la croupe. Les soies assez douces sont peu fournies, elles forment deux rosaces ou épis sur la nuque et la croupe. Poids: 150 à 250 kilogrammes.

Le lard est ferme et la chair de bonne qualité. Elles occupent le Bugey, la Dombe, la Bresse, le Mâconnais, le Beaujolais, le Limousin et le Dauphiné.

La RACE PÉRIGOURDINE ET DU ROUERGUE a des plaques blanches sur les hanches et sur les épaules et des plaques noires au milieu du corps. L'épi de la nuque existe toujours. Il y a peu d'uniformité dans la taille et le poids.

Les RACES BOURGUIGNONNE, CHAROLAISE et BOURBONNAISE ressemblent aux Bressans et aux Limousins, mais les taches sont plus petites et moins prononcées. La rosace lombaire seule existe. Par des croisements avec l'Yorkshire, la dépigmentation a commencé, la forme s'est arrondie, les membres se sont raccourcis et l'aptitude à l'engraissement s'est accrue.

La RACE ROMANIQUE, NAPOLITAINE, IBÉRIQUE, DE MALTE occupe par ses diverses sous-races toute l'Italie, les îles méditerranéennes, la Croatie, la Dalmatie, le Sud et le Sud-Est français, l'Espagne, le sud du Portugal et l'Algérie, ainsi que la Tunisie où elle vit sans soins, à l'antique. Elle existe de temps immémorial dans l'Afrique équatoriale. Sa tête est en cône tronqué, son boutoir fort, ses oreilles pointées en avant; peau noire ou rouge ainsi que les soies qui sont fines et peu fournies. L'ossature est fine. La plupart de ces Porcs sont petits, en raison du peu de soins dont ils sont l'objet. Très bonne marcheuse, cette race trouve facilement à se nourrir dans les champs et la brousse; elle unit l'aptitude à l'engraissement à la précocité et à la rusticité.

Je citerai les sous-races napolitaine, sarde, bolonaise, espagnole, d'Alemtejo (Portugal) et rhodanienne. Cette dernière forme, aux soies noires et fines, est allongée et efflanquée dans les plateaux des hautes et basses Alpes et sur les plateaux de l'Ardèche et de la Lozère, mais plus musclée dans la vallée du Rhône et l'est des Pyrénées.

La RACE COMMUNE A OREILLES PENDANTES OU PLAQUÉES (*), qui porte une quarantaine de noms régionaux, n'est peut-être qu'un rameau détaché de la race au front plissé de l'Extrême-Orient et qui, amenée vers l'Occident, a acquis le type allongé et s'est adaptée à l'habitat en plaine. Il est impossible de préciser plus ses origines et l'époque de sa formation. Elle a constamment vécu et vit encore en Europe à côté des races à oreilles dressées. Elle n'a pas dû faire partie des grands troupeaux de Porcs que les Gaulois élevaient dans leurs forêts, car ses immenses oreilles, gênant la vue et l'audition, l'auraient mise en état d'infériorité vis-à-vis des fauves.

Tous les types sont caractérisés par des oreilles larges, longues, plaquées contre les joues; la tête est forte, à profil concave, le groin large et long; le corps est long et voussé vers le haut, la croupe avalée; les membres sont longs et forts; les soies sont rudes et grossières, ondulées ou non; la hauteur est de 0ᵐ,87. Son développement un peu tardif lui offre l'avantage d'avoir plus de chair proportionnellement à sa graisse que les autres races.

(*) Pl. LIV (en haut). — Le Porc français à oreilles pendantes (planche, page 2-3).

Sa fécondité est moyenne et les truies sont bonnes laitières. A cause de la force de son groin, on peut l'élever à l'antique.

Nulle part les essais d'amélioration au moyen de l'alimentation, de la stabulation et du croisement, n'ont été aussi nombreux avec un organisme aussi malléable. Ils ont conduit à des formes auxquelles on a donné les noms des endroits d'où partaient les modifications signalées. Ainsi les sous-races podolienne de Pologne, de Bohême, du Jutland ou dano-scandinave, schwitzoise, bavaroise, flamande, hesbignonne, ardennaise, bretonne, lorraine et du Lot.

La forme bretonne, qui occupe les régions les moins fertiles de la Bretagne et de l'Irlande, produit une chair estimée.

La forme lorraine, dite aussi vosgienne, alsacienne, meusienne et champenoise, suivant les lieux où on l'observe, n'est pas très haute en jambes ; sa tête est très grosse et ses oreilles pas très longues. Elle s'est répandue en Artois, en Picardie, en Belgique et dans les provinces rhénanes où partout elle a été croisée avec le grand Yorkshire pour favoriser la production du lard, mais probablement aux dépens de la quantité et de la qualité de la chair. L'ancienne réputation des jambons de Lorraine et d'Alsace se conservera-t-elle ?

La forme du Lot occupe les Charentes, l'Auvergne et les départements limitrophes du Lot, où elle se mêle à d'autres variétés. Maigres et efflanqués dans certains pauvres villages d'Auvergne, ces Porcs se rapprochent des Craonnais dans certaines parties du Lot. Ils traduisent donc la fertilité du sol et la richesse de l'alimentation.

La RACE CRAONNAISE est un rameau affiné de la race commune, qui tire son nom de la ville de Craon, près de Château-Gontier dans la Mayenne. On l'appelait autrefois Mancelle, Angevine, Poitevine, Vendéenne, Angoumoise.

Le tronc est très long, le groin large ; l'oreille, bien cassée, laisse l'œil à découvert. Les soies sont longues, épaisses et droites, un peu ondulées sur le dos, ne présentant pas de pigmentation non plus que la peau (longueur totale 2 mètres sans la queue, hauteur 0ᵐ,91). En raison de ces qualités, cette race s'est répandue de tous côtés, même dans le sud, le sud-est et la Suisse. En effet, ce Porc, qui pèse 200 kilos à dix-huit mois, fournit une chair excellente et en grande quantité proportionnellement au lard.

Les Porcs augerons ou de la vallée d'Auge, qu'on rapproche des craonnais, peuvent peser 300 kilos ; ils ont une tête courte et des soies douces, ce qui dénote l'infusion de sang anglais. Il en est de même des Porcs normands, dits cauchois, cotentins, alençonnais, percherons, manceaux.

La France, en 1901, a élevé 6 758 198 Porcs, et la ville de Paris a consommé plus de 32 000 000 de kilos de viande de Porc dans la même année.

LES RACES ÉTRANGÈRES

La RACE BULGARE, de Roumanie, a la tête allongée, le tronc voussé, haut perché, et le manteau est roux, blond, noir ou gris. Les porcelets rayés comme des marcassins ne sont pas rares. Elle produit de la viande et peu de lard.

La RACE DE MANGALICZA ou TURQUE est indigène en Hongrie et en Serbie. Ses soies sont frisées avec un sous-poil en flocons, comparable à celui du

Sanglier en hiver. Son groin est court; ses oreilles, dressées en avant, sont assez larges et fort laineuses dans la partie postérieure. Il y a des individus noirs, gris et blancs. Vers le sud, la frisure diminue ainsi que les flocons laineux. A la naissance, beaucoup de porcelets serbes sont rayés comme des marcassins.

Ces Porcs soutiennent sans désavantage la comparaison avec les Cochons les plus perfectionnés de l'Angleterre et de la France. Il faut cent soixante jours avec une ration de 2ᵏᵍ,500 de grains égrugés, orge et maïs, pour amener un Porc de 50 kilogrammes au poids de 140 kilogrammes. On a calculé que 100 kilogrammes de ce mélange produisent 20 à 25 kilogrammes d'animal, tandis qu'ils ne donnent que 18 kilogrammes chez les Porcs communs de Roumanie. La chair est un peu grasse.

On trouve dans le bas Danube des Porcs à pieds non fourchus, par conséquent n'ayant qu'un doigt reposant sur le sol, par suite de la soudure des deux phalangettes et de l'extrémité inférieure des deux phalangines, du médius et de l'annulaire. Le tout est recouvert d'un seul sabot. Le groin est effilé et l'aspect hirsute comme dans le Sanglier. Ces Porcs syndactyles de la Bessarabie avaient déjà été signalés par Aristote en Illyrie et en Péonie.

Cette particularité se transmet par hérédité, ainsi que me l'a montré Vasilescu.

La race POLAND-CHINA ressemble beaucoup à la Berkshire. Elle provient de croisements effectués, à partir de 1816, entre la race du pays, la race chinoise, les Berkshires et les Porcs irlandais énormes.

Sa tête est petite et légèrement camuse, ses oreilles légèrement dirigées en avant et un peu tombantes ; sa robe est foncée, tachetée ou non.

Cette race est précoce et utilise bien les aliments. Elle occupe, aux États-Unis surtout, les régions propices à la culture du maïs, avec lequel en automne on achève de les engraisser. Les troupeaux sont ensuite conduits à l'abattoir et fournissent les salaisons qui arrivent en quantité en France. C'est Chicago qui est le plus grand centre de ce commerce. Le nombre des Porcs élevés aux États-Unis en 1900 était de 62 876 108.

Le COCHON A MASQUE (*S. pliciceps*) de l'Extrême-Orient représente une race à oreilles pendantes, caractérisée par un front et un groin très larges, dont la peau est sillonnée de profondes rides. Le manteau est noir avec balzanes. Les jeunes ne sont pas rayés.

Ce Porc, dont les femelles sont très prolifiques, ne se répandra jamais beaucoup à cause de l'impression désagréable qu'il produit aux Européens.

La RACE DE L'EXTRÊME-ORIENT, dite *chinoise, tonkinoise, siamoise*, même *indienne* et *d'Irkoutsk*, occupe des pays immenses, où le Porc est, avec le Chien, le principal animal domestique. Cette race asiatique a existé en Europe à l'époque néolithique, puisqu'on en a trouvé de nombreux restes. Le tronc est épais, le dos large, le groin droit ; les oreilles petites, dressées, pointues, les soies fines, rares et presque nulles sous le ventre. La pigmentation va du noir franc au gris très clair. Sa taille est petite, dépassant rarement 0ᵐ,40.

Elle possède une grande précocité et une grande propension à l'engraissement, mais la chair est molle, un peu graisseuse et à goût huileux. La fécondité des truies est très grande. Les portées de dix-sept gorets ne sont pas rares.

Les tonkinois sont noirs et ont des gorets rayés. Les Chinois élèvent ce Porc sur une vaste échelle et avec le plus grand soin. Pour éviter à ces animaux tout mouvement pendant l'engraissement, s'ils doivent les conduire d'un lieu à un autre, ils les portent sur une civière. La forme d'Irkoutsk occupe le nord de l'empire chinois, la Mandchourie et la Sibérie méridionale.

LES PHACOCHÈRES

Les Phacochères (*Phacochœrus* G. Cuvier, 1817), ou Cochons à verrues, sont les représentants hideux de la famille, avec leur tête déformée par des bourrelets cutanés et leur corps lourd. La tête monstrueuse a un museau aplati, long et large ; elle porte, au-dessous de chaque œil, un gros bourrelet verruqueux, et deux plus petits, près de la défense. Les oreilles sont petites et pointues ; la queue est longue et pénicillée ; le cou et le dos portent une longue crinière, tandis que le reste du corps est presque nu.

La dentition présente des caractères particuliers tout à fait frappants. Les jeunes ont trente-quatre dents :

$$i\frac{1}{3}, \quad c\frac{1}{1}, \quad pm\frac{3}{2}, \quad M\frac{3}{3}.$$

Mais les adultes en ont un nombre très réduit car ils ne possèdent guère que les quatre dernières molaires et les canines qui prennent un développement extraordinaire dans les deux sexes. Les canines supérieures, recouvertes d'émail à leur pointe, sont dirigées vers le haut et arquées vers l'arrière ; elles atteignent $0^m,23$ de long et $0^m,13$ de tour à la base, et sont beaucoup plus grandes que les inférieures ; c'est le contraire chez les Sangliers. Elles sont polies et usées à la face inférieure, mais pas à la pointe. Les canines inférieures, tout entières couvertes d'émail excepté à la face postérieure, sont plus courtes et plus grêles que les supérieures, mais présentent les

Le Phacochère africain.

mêmes courbures. Les molaires en fonction peuvent avoir $0^m,05$ de long et sont constituées par un grand nombre (22 à 25) de lamelles longues, cylindriques, parallèles, formées chacune par de la dentine, de l'émail et de la pulpe, le tout étant inclus dans du cément. Ces dents rappellent donc, dans une certaine mesure, les molaires des Éléphants.

Habitat. — Les deux espèces sont spéciales aux steppes de l'Afrique tropicale. Le Phacochère d'Éthiopie (*P. aethiopicus* L. ou *Pallasii*) est le *coureur rapide* des colons du Cap. Avec son groin épais, ses narines très écartées, sa lèvre supérieure épaisse, saillante, ses yeux petits reportés en arrière, ses oreilles courtes à poils nombreux, ses verrues et ses défenses, cet animal présente un très vilain aspect. Sa peau est épaisse et rugueuse, à soies rares ; sa crinière longue est brun foncé. Sa couleur est brune, avec la tête et le dos plus foncés, les oreilles blanches. Sa hauteur au garrot est de 0^m,70 comme chez son congénère.

Ce vilain animal n'habite que le Sud-Est africain, les bords du Zambèze, la Cafrerie, la colonie du Cap. A l'ouest, on le trouve jusqu'au Damara.

Le Phacochère africain (*P. africanus* Gm.), ou d'Elien, se distingue du précédent par sa couleur moins rousse, sa longue crinière jaune-brun, et le pinceau caudal noir. Sa longueur est de 1^m,75 et sa queue atteint 0^m,45.

Aussi laid que son congénère, il se tient dans l'Afrique orientale, centrale et occidentale : de l'Abyssinie et du Kilima-Njaro au Mozambique et au Zambèze, et à l'ouest, jusqu'à la Sénégambie et à la Guinée, à travers le Soudan.

Mœurs des Phacochères. — En Abyssinie, où leur laideur est proverbiale, les Phacochères se trouvent jusqu'à 3 000 mètres de hauteur. Là leur vie est identique à celle du Sanglier européen. Le jour, ils sont cachés dans les fourrés et les ravins, et ils ne sortent que le soir, pour chercher leur nourriture dans le voisinage. Ils s'approchent rarement des lieux habités. Les femelles et les jeunes mâles vivent en troupes de huit ou neuf individus, tandis que les mâles restent isolés. Leurs défenses servent à déterrer les racines, à creuser un gîte pour les jeunes et à se défendre. Le Phacochère traduit sa colère en plaçant verticalement sa queue. Quoiqu'il soit très excitable, il n'est pas très courageux, et se retourne rarement contre le chasseur, mais, par contre, il sait tenir tête aux Chiens et leur faire de terribles blessures. Les meutes ne l'effrayent pas, aussi longtemps que les Chiens ne le pressent pas de trop près, sinon un coup de défense a bientôt raison de l'importun.

Dans le sud et l'est de l'Afrique, il est fréquent autour du Kilima-Njaro et dans les plaines boisées, et se retire volontiers dans les terriers de l'Oryctérope et d'autres animaux. Mais au lieu de sortir par l'orifice, il fait sauter le plafond en l'air, ce qui a déjà produit des accidents chez les chasseurs non prévenus.

Sa chair est savoureuse, quoique un peu sèche et dure.

Captivité. — C'est en 1775 qu'on vit le premier Phacochère en Europe, au jardin zoologique de La Haye. On le croyait très doux, mais un jour il se précipita sur son gardien et le blessa grièvement ; une autre fois, il tua une truie qu'on lui avait donnée comme compagne. Il se trouvait bien de sa nourriture, qui consistait en grains, maïs, blé, racines et pain.

LES BABIROUSSAS

Aux Célèbes et aux Moluques vit le plus singulier des Suidés. Il est plus élancé, plus haut sur jambes que les autres espèces de la famille et porte des canines assez développées pour qu'on puisse les comparer à de véritables cornes. Les Européens lui ont conservé le nom du pays : *babi-roussa*, qui signifie Cochon-Cerf (*Babiroussa* Less., 1827), et on en fait un genre spécial avec une seule espèce. Le nombre des dents est très réduit, il n'est que de trente-quatre :

$$ i\,\frac{2}{3},\ c\,\frac{1}{1},\ pm\,\frac{2}{2},\ M\,\frac{3}{3}. $$

La dernière molaire est petite et beaucoup plus simple que chez les Cochons. Les canines sont remarquables chez le mâle. Les supérieures, minces, dirigées en haut et recourbées en arrière, deviennent si longues que chez les vieux animaux, elles pénètrent

Le Babiroussa commun.

parfois dans la peau du front vers lequel elles se recourbent en demi-cercle. Leur face antérieure est arrondie, leurs faces latérales sont aplaties et inclinées en arrière, leur bord postérieur est tranchant; les canines de la mâchoire inférieure sont plus courtes, plus droites et dirigées en haut. Toutes ne sont pas recouvertes d'émail.

LE BABIROUSSA COMMUN. — Le Babiroussa commun (*B. babiroussa* L.)
a le corps allongé, rond, gros, un peu comprimé latéralement, le dos peu
bombé, le cou court et gros, la tête allongée, assez petite, le front faiblement
bombé, le groin mobile, obtus, comme chez le Sanglier, terminé par une
partie cornée à bord calleux et débordant beaucoup la lèvre inférieure. Les
yeux petits sont dénués de cils ; les oreilles, moyennes, sont minces, droites et
pointues. Les membres sont forts, terminés par quatre doigts, qui, en avant,
sont plus écartés que chez les autres Suidés.

La peau est dure, épaisse, rugueuse, avec des plis profonds à la face, autour
des oreilles et au cou. Les poils, assez courts et épars, sont plus abondants le
long du dos entre les plis de la peau, et au bout de la queue où ils forment une
petite touffe. Le dos et la face externe des membres sont d'un gris cendré sale ;
la face interne des membres est rouge-rouille. Les oreilles sont noires.

Habitat. — Ce curieux Porcin est très commun dans les Célèbes, qui sont
sa véritable patrie ; on le trouve aussi dans les îles Soulou et Bourou, mais il
paraît manquer aux Moluques et à Amboine. On a trouvé des dents de cet
animal dans les mains des indigènes de la Nouvelle-Guinée.

Mœurs. — On a fait toutes sortes de suppositions sur l'utilité de leurs curieuses canines. On a supposé qu'elles leur servaient pour se suspendre aux
branches et se balancer, pour protéger leurs yeux quand ils cherchent et
cueillent des fruits dans les fourrés épineux. Ces explications ne sont pas satis-
faisantes, puisque la femelle n'en possède pas. Wallace suppose que ces dents
étaient jadis nécessaires, mais que les conditions de vie ayant changé, elles
sont devenues inutiles, et qu'elles se développent alors d'une façon monstrueuse, comme le feraient celles des Castors et des Lapins, si la dent antagoniste n'était pas là pour l'usure. Chez les vieux animaux, elles sont énormes
et souvent brisées à la suite de combats.

Les Babiroussas ont les habitudes des autres Suidés et recherchent peut-
être plus encore le voisinage de l'eau. Ils se tiennent dans les lieux marécageux
où croissent les plantes aquatiques qu'ils aiment beaucoup. Ils se réunissent
en troupes plus ou moins nombreuses, dormant le jour et rôdant la nuit. Leur
marche est un trot rapide ; ils sont plus agiles que le Sanglier sans l'être autant
que le Cerf. Cet animal est un parfait nageur, car il peut franchir même des
bras de mer pour passer d'une île à l'autre.

L'ouïe et l'odorat sont assez développés. La voix consiste en un grognement faible et prolongé. Son intelligence est médiocre. Il évite l'homme, mais
si on l'attaque, il se défend avec courage et ses canines inférieures sont des
armes dangereuses.

La femelle met bas, en février, un ou deux marcassins, longs de $0^m,20$
environ. Elle les soigne avec tendresse et expose sa vie pour les protéger.

Les indigènes le tuent à coups de lance, dans des chasses à traque.

Pris jeune, le Babiroussa s'apprivoise jusqu'à un certain degré. Il sent
son maître et témoigne sa reconnaissance en secouant la queue et les oreilles.

Ce singulier animal étonne toujours les indigènes, aussi quelques rajahs le
tiennent-ils en captivité, par curiosité. Les premiers qui arrivèrent en Europe,

vers 1820, furent ceux dont le gouverneur des Moluques fit don à Quoy et Gaimard, dans leur voyage scientifique autour du monde. Ils étaient très sensibles au froid et tremblaient continuellement, aussi ne vécurent-ils pas longtemps. La femelle, plus sauvage que le mâle, devint très méchante quand elle eut mis bas un petit. Ils aimaient les pommes de terre et la farine délayée dans l'eau.

LES PÉCARIS

Les Pécaris (*Dicotyles* Cuvier, 1817) sont les Suidés de l'Amérique centrale et méridionale. Ces animaux sont assez petits, perchés sur des jambes grêles, dont les doigts sont de quatre en avant et de trois en arrière. Le groin est long, très mobile, les oreilles petites, dressées et pointues, la queue tout à fait rudimentaire. Le corps est couvert de soies longues et épaisses, qui, entre les oreilles et le long du dos, forment une sorte de crinière; elles sont aussi plus longues à la gorge et aux fesses. Les dents sont au nombre de trente-huit, car il n'y a que deux incisives en haut et six molaires de chaque côté en haut et en bas. Les métatarsiens des troisième et quatrième doigts sont soudés dans leur partie supérieure et rappellent le canon des Ruminants, dont ils se rapprochent encore par leur estomac complexe. En outre, ils portent sur le dos une glande qui fournit une sécrétion à odeur pénétrante et fort de leur goût, car souvent ils se frottent mutuellement le dos avec leur museau.

LE PÉCARI TAJACOU. — Le Pécari tajacou (*D. tajacu* L.) ou à collier a une couleur brun noirâtre et porte une bande blanc jaunâtre qui s'étend de la poitrine jusqu'au-dessus des épaules. C'est un petit Suidé, car il ne dépasse pas 0^m,95 de longueur et 0^m,34 à 0^{m}40 de hauteur. Sa queue a 0^m,02.

Habitat. — Son aire d'habitat est immense et s'étend depuis le Red-River dans l'Arkansas jusqu'au Rio Negro en Patagonie, et à l'île Trinidad. Il s'élève jusqu'à 1200 mètres au-dessus du niveau de la mer.

Mœurs. — Le Pécari à collier est très sociable et se rassemble en troupes nombreuses pour parcourir les forêts sous la conduite du mâle le plus fort. « Dans leurs voyages, dit Rengger, rien ne les arrête, ni les champs découverts, ni les cours d'eau. Arrivent-ils à un champ, ils le traversent au galop; rencontrent-ils un cours d'eau, ils n'hésitent pas à le franchir à la nage. Je les vis ainsi traverser le fleuve du Paraguay, à un endroit où il a plus d'une demi-lieue de large. Le troupeau s'avançait serré, les mâles en avant, les femelles suivies de leurs petits. On les entendait et on les reconnaissait au loin, moins à leurs cris rauques et sourds qu'au bruit qu'ils faisaient en passant au travers des buissons. Bonpland, dans une de ses excursions botaniques, fut obligé un jour par ses guides de se cacher derrière un arbre, de crainte qu'il ne fût renversé par un troupeau de Pécaris. Les indigènes assurèrent à Humboldt que les Jaguars eux-mêmes n'osent se hasarder au milieu d'eux, et que pour n'en pas être écrasés ils sont forcés de se cacher.

Les Pécaris cherchent le soir et la nuit leur nourriture. Ils aiment les fruits et les racines qu'ils déterrent avec leur groin. Dans les endroits habités, ils pénètrent souvent dans les plantations et les ravagent. Ils dévorent en outre des Serpents, des Lézards, des Vers, des Chenilles. Leur manière d'être ressemble beaucoup à celle   des Sangliers, mais ils n'en ont ni la gloutonnerie ni la malpropreté ; ils ne mangent que pour calmer leur faim et ne se vautrent dans les mares vaseuses que pendant la plus grande chaleur. Le jour, ils se cachent dans les troncs creux ou entre les racines d'un arbre. Leurs sens sont faiblement développés, leur intelligence est bornée, la vue est mauvaise, mais

Le Pécari tajacou ou à collier.

l'ouïe et l'odorat paraissent avoir plus d'acuité. La femelle met bas deux petits qui peu après leur naissance suivent partout leur mère.

Chasse. — On trouve, dans beaucoup de récits de voyages, des choses surprenantes sur leur témérité. « Toujours en colère, toujours furieux, dit Wood, le Pécari est pour l'homme et les Carnassiers un des adversaires les plus sérieux ; la peur est un sentiment inconnu à cet animal, peut-être bien parce que son intelligence très bornée ne peut lui faire apprécier un danger. Quelque inoffensif qu'il paraisse, quelque faibles que soient ses armes comparées à celles des autres animaux de la même famille, il sait néanmoins faire bon usage de ses dents aiguës. Aucun animal ne paraît capable de résister à l'attaque des Pécaris. Le Jaguar lui-même est forcé d'abandonner le combat et de s'enfuir dès qu'il est entouré et attaqué par un de leurs troupeaux. »

Humbold et Rengger n'ont rien appris de tout cela. « Les Pécaris, dit ce dernier, sont souvent chassés, soit à cause de leur chair, soit à cause des dégâts qu'ils causent dans les plantations. On les poursuit d'ordinaire avec des Chiens ou on les tue à coups de fusil ou à coups de lance. Ce n'est nullement une chose aussi dangereuse d'attaquer des bandes de ces animaux. Le chasseur qui, seul et à pied, s'en prend à un grand troupeau reçoit bien quelques blessures, mais est-on accompagné de Chiens et surprend-on ces animaux de côté ou par derrière, le chasseur ne court aucun péril, ils se sauvent et c'est tout au plus s'ils tiennent tête aux Chiens. Lorsqu'ils fréquentent une plantation, on creuse, du côté par lequel ils entrent d'ordinaire, une fosse de près de 3 mètres de profondeur, puis, lorsqu'ils se montrent, on les chasse vers la forêt en poussant de grands cris ; quand le troupeau est nombreux, la fosse s'emplit souvent à moitié. Je vis un jour vingt-neuf Pécaris tomber dans un trou et être tués à coups de lance. Ceux qui se cachent dans les forêts vierges, sous les racines d'arbres, sont enfumés. Un jour nous en tuâmes quinze de cette façon. Les Indiens les prennent dans des lacets. »

Wood assure qu'il est facile de tuer toute une compagnie de ces animaux au repos, en tuant d'abord la sentinelle. Celle-ci est remplacée par une autre qu'on tue, et ainsi de suite jusqu'au dernier.

Captivité. — Le Pécari s'apprivoise parfaitement. Son instinct de liberté, dit Rengger, disparaît alors complètement. Il est remplacé par l'attachement à sa nouvelle demeure, aux autres animaux domestiques et à l'homme. Jamais un Pécari qui est seul ne s'éloigne beaucoup de la maison. Il vit en bons rapports avec les autres animaux, joue avec eux, mais se plaît surtout auprès de l'homme : après une absence, lorsqu'il le revoit, il marque son contentement par ses cris et ses gambades. Il annonce l'approche d'un étranger en grognant et en hérissant son poil. Il fond sur les Chiens avec lesquels il n'a pas coutume de vivre, il les attaque à coups de dents et leur fait de profondes blessures ; il mord avec ses canines et ne donne pas de coups de boutoir comme le Sanglier.

Ces animaux se sont bien acclimatés en Europe, et reproduits dans tous les jardins zoologiques. On leur donne la même nourriture qu'aux Cochons. Mais ils sont ordinairement colères, méchants, même vis-à-vis de leur gardien, et aiment à mordre.

Produits. — De la peau du Pécari on fait des sacs et des courroies. On mange sa chair qui a un goût agréable, mais différent de celle du Cochon. Le lard est très mince. Lorsqu'il a été poursuivi, sa viande prend l'odeur de la glande dorsale si l'on n'a pas le soin de l'enlever dès qu'il est tué.

Le Pécari a lèvres blanches (*D. labiatus* Cuv.) est d'un gris noirâtre avec une mandibule inférieure blanche et une tache de même couleur de chaque côté du groin. Sa taille est légèrement supérieure à celle du précédent : sa longueur atteint $1^m,05$, sa hauteur $0^m,40$ à $0^m,45$ et sa queue $0^m,05$.

Il vit depuis le Honduras et l'île Trinidad jusqu'au Paraguay.

Il forme des troupes bien plus nombreuses que le Pécari à collier. C'est un animal colère, dangereux à cause de ses canines, et qui souvent a fait le siège d'un arbre où un chasseur s'était réfugié.

Le Pécari anguleux (*D. angulatus* Cope) est spécial au Mexique et à la Sonora.

LES HIPPOPOTAMIDÉS

Les Hippopotamidés ou Obèses sont les plus massifs des animaux terrestres, ne possédant aucune élégance, avec leur corps énorme porté sur des jambes très courtes, leur museau large, aplati, obtus et leur peau nue. Quatre doigts presque égaux, inclus dans des sabots arrondis, terminent leurs pattes et tous s'appuient sur le sol, pendant la marche.

La dentition est spéciale et ne rappelle que de loin celle des Suidés. Les incisives sont au nombre de deux ou trois à la mâchoire supérieure et de une à trois à l'inférieure. Elles sont sans racine, à croissance constante ; celles du haut sont recourbées vers le bas et celles du bas sont droites et couchées. Les canines sont énormes : celles du bas peuvent atteindre jusqu'à 0^m,60 de long et un poids de 2 à 3 kilogrammes, tandis que les supérieures, qui n'ont pas un tel développement, sont aussi recourbées, mais mousses à l'extrémité. Le nombre des molaires est de vingt-huit chez le jeune, mais de vingt-quatre seulement chez l'adulte. Malgré leurs dimensions, toutes ces dents ne font pas saillie hors de la bouche à cause du développement des lèvres.

Cette famille comprend deux espèces : l'Hippopotame amphibie, et L'HIPPO-POTAME DE LIBÉRIA, qui est de taille beaucoup plus petite (un tiers) et qui n'a qu'une paire d'incisives à la mâchoire inférieure. La cavité cranienne est aussi relativement plus développée.

Les Hippopotamidés, confinés aujourd'hui en Afrique, ont eu dans les temps géologiques une aire de dispersion très vaste. On en a trouvé de nombreux restes dans le Tertiaire supérieur et le Pleistocène de l'Angleterre, de l'Europe méridionale, de l'Algérie, de l'Inde, de la Birmanie, de Java et de Madagascar ; beaucoup appartenaient à l'espèce amphibie, que nous allons étudier. Les deux espèces de l'Inde avaient trois paires d'incisives à chaque mâchoire.

L'HIPPOPOTAME AMPHIBIE. — Cet animal, déjà bien connu des Romains (58 av. J.-C.), figurait dans les jeux du cirque et dans leurs triomphes. Les Grecs l'avaient nommé *Hippopotame* ou *Cheval de rivière*, et les Arabes l'appellent *Buffle de rivière*.

Tout son aspect est extraordinaire, avec son énorme tête, si large, sa lèvre supérieure pendante, qui recouvre complètement la bouche, ses narines obliques, allongées vers l'arrière, son corps massif, presque cylindrique, et son ventre un peu pendant, qui touche presque le sol dans la marche, car ses pattes n'ont pas plus de 0^m,66 de hauteur. La queue est courte et mince, comprimée latéralement, et munie à son extrémité de soies courtes et raides comme du fil de fer. Le reste du corps n'est couvert que de quelques soies courtes, en faisceaux. La peau, épaisse de 3 centimètres, est marquée de plis profonds au cou et à la poitrine. Hors de l'eau, il paraît brun foncé, mais les plis, la tête et le ventre ont des taches ayant à peu près la couleur de la chair. Dans l'eau, il est d'un gris tirant sur le bleuâtre, le brunâtre ou le violet. La couche adipeuse sous-cutanée atteint o^m,o8 à o^m,16 d'épaisseur. La longueur jusqu'à la racine de la queue est de 3^m,5o, avec une hauteur de 1^m,57 en avant et de 1^m,86 à la croupe. La tête peut avoir o^m,84, et le pourtour du thorax 3^m,27. Les gros échantillons de 5 mètres de long sont rares. Le poids d'un animal moyen est de 3 ooo kilos ; la peau seule peut peser 4oo à 5oo kilos.

Habitat. — Cet animal était répandu jadis dans tout le sud de l'Afrique jusqu'au Sahara et même à l'est jusqu'au delta du Nil. C'est là que les Anciens le connurent, quoiqu'il paraisse bien certain qu'il a toujours été rare en aval des cataractes. Au xiie siècle, il est signalé à Damiette, et en 16oo, le médecin Zarenghi en captura deux dans un fossé près de cette ville. En 1658, on le signale à Girgeh, et pour la dernière fois en Égypte. Dans le Nil, on ne rencontre plus que des individus isolés en amont d'Abou-Hamed. Lorsque les Hollandais colonisèrent le Cap, cet animal était encore fréquent dans les fleuves du sud. Mais actuellement, pour le rencontrer, il faut déjà remonter à Key et plus au nord et pénétrer dans l'intérieur des terres, car ils se sont retirés des côtes, excepté des larges embouchures du Limpopo, de l'Osi, du Dana, du Zambèze, du Djouba, du Cunene et du Coanza, etc. Son apparition est encore fréquente dans tous les fleuves et lacs de l'Afrique centrale situés du fleuve Orange au désert du Sahara : dans les lacs Tana, Zouaï, Tchad, Albert, Victoria Nyanza, Tanganyka, Nyassa, Ngami, etc. Non seulement il ne fait ici aucun dommage, mais encore il est utile, par sa voracité : il débarrasse les eaux de la végétation luxuriante qui encombre leur surface.

Mœurs. — L'Hippopotame est un animal sociable, qui vit par troupes de six à dix individus. Rarement il est seul, il est alors plus dangereux et les plus hardis chasseurs hésitent à attaquer ces solitaires. Chaque troupe n'occupe qu'un cantonnement restreint, là où les plantes aquatiques forment de grands pâturages ; quand ils les ont épuisés, ils passent dans un autre.

Ce sont les nélumbos, les nénufars, les papyrus, et même les joncs et les roseaux qui font les frais de cette nourriture. L'animal arrache de gros faisceaux de plantes, les mâche et les avale avec délices. De chaque côté de la bouche pendent les tiges, et il s'échappe de la salive verdie par la chlorophylle. Les pelotes d'herbes à moitié mâchées sont reprises et avalées. Pendant ce temps, les yeux sont fixes, immobiles et sans expression, et l'énorme armature buccale accentue l'horreur de cette énorme tête.

Dans les endroits où les rives sont escarpées et où le cours est rapide, l'Hippopotame doit aller à terre pour paître. Il sort lentement et prudemment de l'eau au coucher du soleil et se rend dans la forêt où la riche végétation lui offre une abondante nourriture. Ses débarcadères sont parfois tellement inclinés qu'un homme ne pourrait y grimper sans s'aider d'une branche, et pourtant ce massif animal sait se tirer d'embarras.

Ses pistes sont faciles à reconnaître, car les arbustes ne sont que foulés aux pieds et non rejetés de côté, comme par l'Éléphant. Au voisinage des lieux habités, elles conduisent vers les plantations. Là, en un seule nuit, il détruit toute la récolte, non qu'il mange tout, malgré sa voracité, mais parce qu'il foule tout aux pieds et se roule ensuite sur les plantes épargnées quand il est rassasié. Sur les bords vaseux du Nil blanc, on trouve ses pistes sous la forme de trous d'environ 0^m,60 de profondeur, de la grosseur d'un tronc d'arbre et disposés de chaque côté d'un sillon évasé : ce sont les traces des pattes et du ventre.

Dans ses excursions à terre, il peut être très dangereux, car il se précipite aveuglément sur tout ce qui bouge. Aussi doit-on veiller avec soin sur les troupeaux. Ruppell cite le cas de quatre bœufs de trait, tranquillement arrêtés près d'une roue d'irrigation, qui furent mis en pièces par un seul de ces énormes Pachydermes. On rapporte aussi que deux femmes qui passaient le soir à côté d'un Hippopotame broutant, furent foulées aux pieds en un clin d'œil.

Quand il est irrité, il ne prend jamais la fuite devant l'homme. Aussi aucun animal n'ose-t-il l'attaquer, ni le Lion, ni le Rhinocéros, ni l'Éléphant. Seules les Sangsues et les Mouches ne craignent pas de s'en prendre à lui. Mais alors d'utiles auxiliaires viennent à son secours. Quand, étendu paresseusement sur la rive, il se livre voluptueusement à un demi-sommeil, on voit divers Oiseaux s'agiter autour de lui et chercher leur nourriture sur sa peau. Ce sont un petit Héron et un Pluvier (*Pluvianus aegyptius*), qui, d'après les Arabes du Soudan, lui rendent en outre le service de l'avertir d'un danger. En réalité, dans sa béatitude, le gros Pachyderme n'a pas perdu la conscience du monde extérieur. Il prête attention aux mouvements de son vigilant ami, et se rend à l'eau quand l'Oiseau se montre inquiet. Dans les endroits déserts, il se rend compte de sa sécurité et ne s'inquiète de rien. Il dort aussi dans l'eau, en se maintenant en équilibre grâce aux mouvements de ses pieds, de telle façon que la tête seule émerge jusqu'aux narines.

Les Hippopotames ne peuvent se passer d'eau. C'est là que leur vie est la plus active. On les voit plonger, puis reparaître à la surface en poussant des grognements qui peuvent devenir de vrais hurlements. Ils se chassent, se poursuivent, nagent en avant, en arrière, se retournent avec la plus étonnante agilité et avec légèreté. Leur vitesse dépasse celle d'un bon canot à rames. A cause de leur graisse abondante, leur poids est à peu près égal à celui de l'eau qu'ils déplacent, il leur est donc facile de se tenir à n'importe quelle profondeur.

D'ailleurs, quand l'animal nage tranquillement, il semble flotter, l'eau reste immobile autour de lui, mais quand il est blessé et qu'il s'élance avec fureur sur un individu, il lance ses pattes en arrière, s'avance par bonds et produit des remous qui mettent en danger les petits canots. Sa force et sa vigueur sont telles qu'il peut faire sombrer et mettre en pièces d'assez grands bateaux. Aussi les bateliers évitent-ils de passer trop près de ces animaux.

Leurs plongeons sont courts, et durent rarement quelques minutes, quatre minutes au plus, d'après Brehm, et huit à dix, pour les auteurs. Quand ils réapparaissent, ils ne montrent à la surface que leurs narines, font une inspiration pour remplir leurs poumons, puis redescendent. Quand l'animal va montrer à nouveau sa tête hideuse, on aperçoit de l'eau qui s'élève en éventail à environ un mètre, puis un soupir particulier indique la fin de l'expiration.

L'homme cherche à protéger ses récoltes contre leurs déprédations. Des feux allumés le long du fleuve doivent servir d'épouvantails, des tambours et des torches leur font rebrousser chemin, car contre cet animal diabolique les indigènes savent que les amulettes, excellentes contre les autres animaux, ne peuvent servir à rien.

La femelle est unipare. Le petit naît dans le premier tiers de la saison des pluies, quand la végétation est le plus active. Livingstone, qui a vu des petits de la grosseur d'un Basset, assure que la mère porte son nourrisson sur le cou, puis plus tard sur le garrot. Elle garde longtemps le jeune avec elle, surveille tous ses mouvements, et lui témoigne une grande tendresse. Elle joue avec lui et le fait téter dans l'eau. Elle devient alors beaucoup plus à craindre, car elle voit partout un danger pour sa progéniture et se précipite, même de jour, sur les hommes et les barques. Le père prend aussi la défense du petit.

Chasse. — La chasse de l'Hippopotame est très rémunératrice. Près du Zambèze, c'est dans des pièges empoisonnés placés aux arbres que s'enferre l'animal; tandis que près de l'Abiad, les nègres creusent des fosses profondes, munies d'un pieu au milieu, dans lesquelles l'animal tombe et se tue.

La chasse au harpon et à la lance, que lui font les indigènes du Nil supérieur, est fertile en incidents et en dangers. Le harpon est composé d'une pointe de fer à crochet, d'une gaine de corne et d'une corde à laquelle est attaché un bois. Il s'agit de surprendre le gibier, soit quand il fait sa sieste, soit quand il revient de pâturer, et le harpon ne doit le frapper que s'il se trouve à moitié dans l'eau, dans laquelle il se précipite alors; sinon, s'il est harponné quand il sort du fleuve, il poursuit les chasseurs à terre. Le lendemain les chasseurs, montant en canot, viennent chercher le bois flottant du harpon et tirent sur la corde. Mais l'animal, quoique affaibli par la perte de sang, se jette sur le canot; ou bien il est arrêté par une grêle de harpons et de coups de lance et forcé à la retraite, ou bien il lui reste assez de force pour broyer l'embarcation avec ses dents. Dans ce dernier cas, le chasseur peut encore se tirer d'affaire, à condition qu'il ait la précaution de plonger et de rester sous l'eau quelques instants : la brute, regardant de tous côtés et ne voyant rien, s'en va tranquillement. Il faut attendre alors la mort de l'animal pour amener son cadavre sur la rive et le dépecer.

Les Européens le tuent en lui envoyant une balle dans l'œil, car ce n'est qu'avec les armes à feu qu'on peut en finir en une fois, et encore faut-il des armes de fort calibre. Une balle de carabine, même à une faible distance, qui perce la cuirasse d'un crocodile, ne peut entamer l'épaisse peau de l'Hippopotame et la couche de graisse sous-jacente.

« Nous combattîmes quatre heures durant, dit Rüppell, avec un des Hippopotames que nous abattîmes. Peu s'en fallut qu'il ne détruisît notre barque et ne nous tuât : vingt-cinq balles tirées sur sa tête, à une distance d'environ 5 pieds, n'avaient percé que la peau et les os du nez. A chaque expiration, il lançait des flots de sang sur la barque. Nous nous servîmes enfin d'une caronade, et il en fallut cinq décharges qui produisirent les plus grands dégâts dans la tête et le corps du monstre avant qu'il expirât. L'obscurité de la nuit augmentait encore l'atrocité du combat. » L'animal, harponné auparavant, entraîna un petit canot au fond de l'eau, le mit en pièces, et promena le grand canot à droite et à gauche en tirant sur la corde du harpon. C'était un de ces grands mâles, qui, d'après les Soudanais, sont en fureur parce qu'ils ont été chassés de la société de leurs confrères (*).

Captivité. — L'Hippopotame fut plusieurs fois exhibé à Rome, de 58 avant notre ère jusqu'à 280 après; mais depuis cette époque jusqu'au milieu du xixe siècle, aucun captif n'est arrivé en Europe, tant les difficultés de transport paraissaient grandes, jusqu'à ce que le vice-roi d'Égypte réussît à faire capturer un jeune mâle et à l'envoyer au jardin zoologique de Londres. C'est en 1859 qu'on vit les deux premiers Hippopotames à Paris.

Ce ne sont que les jeunes qui peuvent s'habituer à la captivité et la supporter facilement et longtemps. D'ailleurs, quand on a tué leur mère, ils prennent facilement le pis de la Vache; mais une seule est loin de leur suffire, il leur faut au moins trois ou quatre nourrices. Quand ils sont jeunes, ils suivent leur gardien, sont très doux, très gais, et se mettent difficilement en colère. Mais avec l'âge, ils perdent leur gaieté et leur douceur primitives.

D'ailleurs il est toujours bon de se méfier de ces lourds Pachydermes, surtout en septembre, au moment du rut. Ainsi le mâle de la ménagerie du Muséum a attaqué trois fois ses gardiens et en a tué deux en leur broyant le bassin d'un coup de ses terribles mâchoires.

Quand ils sont bien soignés, dans un parquet où il leur est loisible d'aller tantôt dans l'eau, tantôt à terre, ils peuvent se reproduire en Europe.

Usages. Produits. — Tout l'animal est utilisé. Sa chair est estimée et jadis les colons du Cap n'avaient pas de plus grand régal. Celle des jeunes est un mets délicieux même pour les Européens. Un adulte en donne autant que cinq à six Bœufs. La langue fumée est excellente. Le lard est plus estimé que celui du Cochon domestique. La graisse fondue remplace le beurre, et elle sert à fabriquer la pommade *Delka*, dont les nègres aiment à s'enduire le corps et les cheveux.

Son épaisse peau est découpée en quatre à cinq cents fines lanières, dont la souplesse est augmentée par des frictions avec de la graisse fraîche. C'est avec elles qu'on fabrique les fameux fouets, qui depuis Ménès jouent en Orient un rôle si important, et qui, dans la main d'un Boer, étaient si redoutés des Hottentots et du bétail. A Kartoum, on orne les fouets de fils d'argent. Au Soudan, ils constituent un article d'exportation important avec l'Égypte, Tripoli et Tunis. La peau sert aussi à confectionner des boucliers.

Les dents ont une valeur supérieure à celle de l'ivoire d'Éléphant; comme leur dentine conserve sa blancheur, on en fait au tour divers objets et surtout des dentiers appréciés. Dans le célèbre cloître de la Certosa, près de Pavié, le revêtement de l'autel est fait de dents d'Hippopotames sculptées.

(*) Planche LV. — L'Hippopotame amphibie.

Les Bœufs, Bisons, Buffles

LES RUMINANTS. — Les Artiodactyles ruminants sont appelés parfois *Didactyles*, parce qu'ils ne foulent le sol que par leurs deux doigts médians, ou encore *Bisulques* (animaux à pieds fourchus). Les métacarpiens et les métatarsiens de ces doigts sont soudés, excepté chez l'Hyémosque, en un os long ou *canon*, indiquant encore par une rainure plus ou moins nette la trace de la fusion qui s'est faite. Les deux doigts latéraux rejetés en arrière sont indiqués par des ergots, ou bien ils deviennent rudimentaires et finissent par disparaître comme chez les Chameaux et les Girafes. En même temps, les membres s'allongent et s'amincissent pour augmenter l'aptitude à la course. C'est, en effet, dans ce groupe qu'on trouve les Mammifères les plus rapides, qui peuvent distancer tous les autres.

Caractères. — Chez beaucoup d'espèces de ce groupe, on trouve, entre les phalanges qui portent les sabots, des poches velues et entassées, dans lesquelles débouchent de nombreux follicules glandulaires, dont le produit de sécrétion est onctueux, et souvent odorant. Ces organes, appelés *sinus biflexes*, jouent un certain rôle dans la classification.

D'autre part, il existe dans la fosse sous-orbitaire du maxillaire supérieur, une poche appelée *larmier*, dont les parois sont glanduleuses, qui sécrète un liquide onctueux, noirâtre, lequel prend, chez les Cerfs à l'époque des amours, une odeur spéciale.

Les cornes n'existent pas chez tous les Ruminants. Elles font défaut chez les Camélidés, les Tragulidés et les Porte-Musc. Ces armes, diversement conformées, sont spéciales aux mâles, excepté chez les Rennes, ou tout au moins plus fortes chez eux que chez les femelles. On peut distinguer trois types de structure :

1° Celui des Girafes, chez lesquelles deux saillies osseuses, placées sur les bords de l'occiput entre les oreilles, sont recouvertes par la peau velue non modifiée ;

elles comprennent entre elles une loupe osseuse frontale, placée en arrière des yeux, sur laquelle s'étend la peau ;

2° Celui des Bovidés ou Cavicornes, chez lesquels une cheville osseuse ou cornillon, pleine ou celluleuse, est fixée solidement au crâne, parcourue par de nombreux vaisseaux, et revêtue par un étui corné, qui s'agrandit par l'intérieur et s'allonge constamment par la base. Ces cornes sont dites creuses et permanentes. Elles se détachent facilement des cornillons ;

3° Celui des Cervidés, chez lesquels on voit sur les frontaux deux apophyses recouvertes par la peau et comparables à celles de la Girafe. Elles sont très longues chez les Muntjacs, mais chez les Cervidés, elles s'élargissent en un plateau portant sur son pourtour des perles osseuses, d'où son nom de *cercle de pierrures* ou *meule*. Sur ce plateau, à certaines époques fixes, une prolifération des cellules produit une véritable inflammation qui, avec une rapidité extraordinaire, donne une exostose, ou *bois*, parcourue par de nombreux vaisseaux et recouverte par une peau velue et mince. Quand le bois a terminé son accroissement, la circulation s'arrête, la peau se dessèche et s'exfolie par lambeaux, mais cet os mort reste encore attaché au frontal pendant quelque temps, puis il se détache pour faire place à une nouvelle formation généralement plus compliquée que la précédente. A l'exception du Renne, les bois n'existent que chez les mâles et sont en rapport avec la fonction de reproduction, car un Cerf castré n'émet plus de nouveaux bois, mais il conserve ceux qu'il avait auparavant. Les premiers bois sont simples et portent le nom de *dagues*; la *tige* ou perche se complique d'année en année par la pousse de ramifications ou *andouillers*, dont les derniers partent d'une partie élargie ou *empaumure*.

L'antilope de l'Amérique nous présente un trait d'union, un terme de passage entre les cornes creuses et persistantes et les bois pleins et caducs.

La dentition présente une tendance à la disparition des incisives supérieures, qui, bien qu'ébauchées chez l'embryon, ne se développent pas chez l'adulte, sauf chez les Camélidés : ils en possèdent encore une dans chaque os inter-maxillaire. Quant aux canines supérieures, elles ne tombent que chez les Cavicornes et les Girafes, ou ailleurs se développent assez pour sortir de la bouche. Toutes ces dents, et surtout les incisives, sont remplacées par un bourrelet calleux qui recouvre le bord de la mâchoire, et s'oppose aux inférieures pour brouter l'herbe. Ces incisives, sauf chez les Camélidés, où il y en a parfois dix, sont au nombre de huit, placées en demi-cercle et très obliques. Cette augmentation de nombre provient de ce que la canine, qui se range à la suite des incisives, en prend la forme. Les molaires, qui viennent ensuite, sont au nombre de cinq à sept de chaque côté en haut et en bas. Elles sont séparées par une large barre ou diastème des précédentes, et sont du type sélénodonte dans toute sa pureté, c'est-à-dire qu'elles sont formées de demi-cylindres doubles, qui présentent sur la surface de la couronne des croissants, ouverts en dehors sur les molaires supérieures et en dedans à la mâchoire inférieure. Leur surface triturante forme donc une sorte de râpe, éminemment propre à broyer les végétaux, grâce aux mouvements de la latéralité de la mâchoire favorisés par la forme aplatie du condyle.

L'estomac présente une complexité remarquable, rendue nécessaire par la rumination. Tous les animaux de ce groupe, étant herbivores, et n'échappant à leurs ennemis que par leur vitesse, broutent hâtivement des herbes, des feuilles qu'ils n'ont pas le temps de mâcher, et dont ils remplissent leur panse avant d'aller, dans un lieu qui leur offre toute la sécurité désirée, se livrer au travail et au plaisir d'une seconde mastication, nécessaire pour briser les parois cellulaires, et permettre l'action des sucs gastriques. L'estomac se compose de quatre cavités, les deux premières servant spécialement de réservoir.

Le premier compartiment est le plus vaste chez l'adulte : c'est la *panse* ou *rumen*, en rapport avec le cardia ; il est divisé fréquemment en plusieurs sacs et tapissé par une muqueuse non glandulaire, mais hérissé de papilles, qui, d'après Railliet, ont pour fonction de régulariser la température dans les fermentations stomacales. Le deuxième compartiment, appelé *bonnet* ou *réseau*, présente sur sa surface interne des alvéoles, formés par des lames qui s'entrecroisent et de même nature que les papilles de la panse.

La portion digestive est formée par le *feuillet* et la *caillette*. Le feuillet est allongé et présente des lames intérieures constituées par la muqueuse, et qui ont été comparées aux feuillets d'un livre. La caillette, qui offre aussi des plis longitudinaux, est le vrai estomac, puisque c'est elle qui sécrète le suc gastrique. « Entre la panse et le feuillet se trouve un demi-canal, qu'on regardait autrefois comme la continuation de l'œsophage, et qu'on désigne pour cette raison sous le nom de *gouttière œsophagienne* ; en réalité, c'est un simple retroussement de la couche musculaire interne de l'estomac le long d'une bande médiane (fond de la gouttière qui se trouve réduite à la couche musculaire externe) (Railliet).

Chez les ruminants qui tètent encore, sauf chez les Camélidés, la caillette est le compartiment le plus vaste ; la panse et le bonnet n'acquièrent leur volume qu'au fur et à mesure que le régime devient de plus en plus végétal.

De nombreuses variations s'observent dans le nombre et la grandeur relative des cavités. Chez les Chevrotains (Tragulidés), le feuillet manque complètement et la gouttière œsophagienne fait défaut près du cardia. Cet estomac offre ainsi une étroite ressemblance avec celui du Pécari. Chez les Camélidés, la panse est dépourvue de papilles, mais présente à ses deux extrémités deux formations nouvelles, appelées *poches à eau*, portant des alvéoles profonds dont le fond et les parois sont tapissés de glandes. De pareilles cellules se montrent dans le réseau. Le troisième compartiment est à plis longitudinaux faibles et espacés, que d'aucuns assimilent à la caillette. Cordier combat cette assimilation et conclut à la ressemblance de cet estomac avec celui des Pécaris.

La *rumination* est le retour dans la bouche des aliments emmagasinés hâtivement dans la panse et le réseau, où ils ont déjà subi certaines fermentations. D'après Chauveau, pour obtenir cette régurgitation, la glotte se ferme, puis le diaphragme se contracte énergiquement et raréfie ainsi l'air dans le thorax. Il y a alors appel des matières dans l'œsophage, et par des mouvements péristaltiques, ces matières arrivent dans la bouche, d'où elles redescendent liquéfiées et insalivées dans le feuillet par l'intermédiaire de la gouttière œsophagienne transformée en canal par affrontement des bords.

Le feuillet est un organe de trituration, car il retient les substances qui n'ont pas été suffisamment modifiées pour passer dans la caillette, où se fait la vraie digestion gastrique.

L'intestin est très long, il peut atteindre 5o mètres chez les Bœufs et vingt-huit fois la longueur du corps chez les Moutons.

Les deux ou quatre mamelles sont toujours inguinales. La femelle ne met bas qu'un petit, parfois deux, dans un état très avancé, car au bout de quelques heures, il est assez fort pour suivre sa mère. La mère le lèche, le nettoie et lui montre beaucoup d'affection.

Habitat. — Ces animaux vivent dans les deux mondes, aussi bien dans les régions froides et tempérées que dans les régions chaudes. Ils ont été importés en Australie. Ils ont fourni à l'homme les animaux domestiques qui lui sont le plus utiles : les Bœufs, les Moutons et les Chèvres.

Mœurs. — Presque tous sont sociables et vivent en troupes sous la conduite des mâles les plus vigoureux. La polygamie est d'ordinaire la règle. Ils sont vifs, agiles, élancés et échappent aux Carnivores par la course.

Leur cri est un mugissement plus ou moins éclatant et prolongé.

Origine. — « Dans les Ruminants sélénodontes, on peut soutenir, dit Vogt, sans crainte d'être démenti, que nous trouvons des deux côtés de l'Océan deux souches parfaitement distinctes qui remontent dans l'Éocène moyen et supérieur, vers des genres où les caractères tirés de la dentition et de la structure des pieds sont encore assez indécis, en ce sens que les molaires offrent des formes flottantes, pour ainsi dire, entre les types bunodontes et sélénodontes, que les incisives commencent à se réduire en nombre et que les pieds, de tétra-dactyles qu'ils étaient, deviennent petit à petit bidactyles par la réduction des doigts latéraux. Ce n'est que plus tard que s'accusent les caractères tirés des bois et des cornes ; on peut établir, comme règle générale, que ces excrois-sances ne sont que des productions tardives et que les Ruminants primitifs en étaient complètement dépourvus, comme le sont aujourd'hui les jeunes animaux. L'évolution des cornes ou des bois après la naissance démontre déjà que c'est là un caractère acquis tardivement.

« Le passage aux formes ambiguës et indécises, que Leidy a parfaitement désignées en les appelant « des Cochons ruminants », se fait surtout, comme Kovalevsky l'a démontré, par la disposition des osselets du carpe et du tarse qui se rangent en deux séries verticales, de telle façon que chaque série se rapporte à un des doigts principaux, et aide ainsi à porter le poids du corps, tandis que les formes chez lesquelles cet arrangement ne se fait pas restent improduc-tives et ne peuvent se continuer dans les lignées directes des Ruminants actuels.

« Dans l'Éocène moyen et supérieur, se trouvent une quantité de ces formes, où les dents présentent déjà quatre plis en demi-lune, mais chez lesquelles les incisives sont encore au complet dans la mâchoire supérieure, les canines quel-quefois grandes, les doigts externes souvent fort réduits, tandis que le carpe et le tarse montrent la disposition défavorable signalée ci-dessus.

« Tels sont les Hyopotames, les Anoplothériums, si communs dans les gypses de Montmartre ; les Xiphodons, à canines semblables à celles du Porte-Musc ; les Dichobunes à quatre doigts, dont quelques espèces ne dépassaient pas la taille d'un Lièvre. En Amérique, les genres correspondants abondent dans les couches éocènes : Eoméryx, Oroméryx, Oréodon, représentent dans le nouveau monde les Cochons ruminants. Enfin, le premier vrai Ruminant en Europe est le genre *Gelocus* de l'Éocène supérieur, qui avait la taille d'un Chien, mais qu'on ne peut pas encore attribuer à une famille distincte. »

Classification. — Les Ruminants peuvent être classés en cinq groupes :

1° Les *Bœufs* ou *Bovidés* ou *Cavicornes* (Bovinés, Ovinés, Antilopinés) ;
2° Les *Cerfs* ou *Cervidés* ou Ruminants à bois ;
3° Les *Girafes* ou *Girafidés* ;
4° Les *Chevrotains* ou *Moschidés* et *Tragulidés* ;
5° Les *Chameaux* ou *Camélidés*.

LES BOEUFS OU BOVIDÉS OU CAVICORNES

Caractères. — Les Bovidés sont caractérisés par leurs cornes creuses, persistantes et sans andouillers, excepté chez la Chèvre des montagnes Rocheuses. L'apophyse du frontal ou cornillon, s'il est dit plein, n'est parcouru que par les canaux des vaisseaux sanguins (Chèvres) ; s'il est dit creux, il est occupé à l'intérieur par un tissu spongieux, produit formé par des lamelles osseuses délimitant des vacuoles communiquant avec le sinus frontal, comme chez les Bœufs.

L'axe est entouré par une pulpe épaisse, très vasculaire, qui sécrète des fibres cornées soudées et dont l'ensemble constitue l'étui. Cette formation, analogue aux sabots et aux ongles, s'accroît pendant toute la vie de l'animal ; pourtant l'énergie de la croissance diminue avec l'âge et il se produit, en outre, des périodes d'arrêt indiquées par des anneaux ou des tubérosités. Les cornes, dont la grandeur et la forme sont très variables, sont le caractère le plus saillant de ce groupe.

La dentition est plus uniforme ; les molaires ne varient que dans des limites très étroites. Elles sont au nombre de six, avec les plis semi-lunaires typiques, dans chaque branche des mâchoires, et les trois prémolaires passent insensiblement à la forme des molaires. Les canines manquent partout et les incisives inférieures, au nombre de huit (ou six et deux canines), existent seules, avec des formes très semblables :

$$i \frac{0}{3}, c \frac{0}{1}, pm \frac{3}{3}, M \frac{3}{3} = 32 \text{ dents.}$$

Ces animaux possèdent souvent des ergots, représentant le deuxième et le cinquième doigt, et des formes les plus lourdes, comme les Bœufs, on passe, par des gradations ménagées, aux formes les plus sveltes et les plus gracieuses, comme les Gazelles.

Habitat. — On les trouve sous les diverses latitudes.

Mœurs. — Leurs mœurs sont très différentes ; vivant par couples ou par troupeaux nombreux, il en est qui sont sédentaires, d'autres qui sont migrateurs ; les uns affectionnent les endroits marécageux, tandis que d'autres préfèrent les steppes herbeux ou arides, ou bien les montagnes escarpées.

Domestication. — Plusieurs ont été domestiqués dès l'âge de la pierre polie, et sont devenus les plus utiles auxiliaires de l'humanité.

Classification. — On peut grouper les Bovidés en trois sections ou sous-familles : les *Bovinés* ou Bœufs, les *Ovinés* ou Moutons et les *Antilopinés* ou Antilopes. Ces groupements n'ont qu'une valeur relative, car ils présentent des formes de passage des uns aux autres sur la place desquelles on peut discuter. Ce n'est pour nous qu'un moyen de ranger, autour des formes les mieux connues, les divers genres existant actuellement.

LES BOVINÉS

Caractères. — Le corps est, dans ce groupe, lourd et trapu, le mufle large, nu et humide, le cou court avec un fanon. La queue est longue et mince ; il n'existe ni larmiers, ni glandes interdigitales. Quatre mamelles, bien qu'un seul petit à la fois.

LES BŒUFS DOMESTIQUES OU TAURINS.

— Les Bœufs domestiques ou Bœufs taureaux (*B. taurus L.*) diffèrent tellement par la taille, la coloration de la robe et la grandeur des cornes qu'on ne peut admettre que toutes les diverses races appartiennent à une seule espèce, comme le pensait Linné. Il est infiniment plus probable qu'elles dérivent de plusieurs races sauvages, domestiquées par l'homme pour son usage et qu'il a améliorées et modifiées en les croisant entre elles.

Caractères. — Ils ont tous le front étroit, plus long que large et aplati, des cornes épaisses à la base, pas d'élévation au garrot et un dos droit. Comme les pariétaux sont très réduits, les frontaux, très développés, forment toute la voûte cranienne, et les cornillons, celluleux à leur base, sont reportés très en arrière et en dehors. Ils sont d'aspect trapu et robuste, mais leurs dimensions sont très variables, suivant la quantité d'aliments qu'ils ont à leur disposition.

Le cou est orné en dessous d'un large repli de la peau lâche et pendant, nommé *fanon*, et la Vache porte dans la région inguinale deux mamelles fusionnées en une masse unique ou pis, avec quatre trayons ou tétins, dont les deux antérieurs sont plus écartés que les postérieurs.

Le poil est toujours court. La robe peut être simple, de deux et de trois couleurs. Celle des jeunes diffère parfois du type. Les saisons n'exercent pas d'influence sur la robe des animaux domestiques.

Habitat. — Chaque pays, excepté l'Australie, a eu probablement des Bœufs sauvages, dont quelques-uns ont été domestiqués, tandis que d'autres ont disparu. Ainsi, le Bœuf existait en Égypte et, d'après l'Ancien Testament, en Syrie.

L'homme ayant partout besoin de leurs produits et de leur force, il s'ensuit que les Taurins sont répandus actuellement sur toute la surface du globe. Mais dans quelques régions, ils ont tellement pullulé qu'ils sont revenus à la vie libre et sauvage.

C'est des animaux introduits par les Espagnols en 1540, que proviennent les immenses troupeaux de Bœufs marrons qui peuplent les Pampas de l'Amérique du Sud et dont on exporte annuellement des milliers de peaux.

Aux îles Falkland, ils sont tout à fait sauvages, et en Colombie, dans les Andes, ils se tiennent à la limite supérieure des pâturages.

Mœurs. — Les Bovins ont des allures lentes et lourdes, et ordinairement une humeur pacifique. Ils nagent très bien. Leurs cornes sont les armes qu'ils emploient pour se défendre contre leurs ennemis. Quand les Loups attaquent un troupeau, ces animaux se groupent en cercle au centre duquel se placent les plus faibles, et ce rempart de cornes force le Carnassier à se retirer, sinon l'un des Taureaux les plus vigoureux lui donne la chasse.

Leur voix s'appelle *mugissement*; elle se modifie suivant les passions qui agitent l'animal. Quand la Vache a peur, elle mugit d'un ton rauque ; ce ton devient plaintif, quand elle cherche son Veau.

Avec le Mouton, c'est un de nos animaux domestiques les moins intelligents. Pourtant, il apprend à connaître son maître et à obéir à sa voix. Il s'attache même à celui qui le soigne.

Les animaux vivant au pâturage sont plus gais, plus vifs et plus combatifs. La Vache qui conduit le troupeau et qui porte la clochette semble comprendre son rôle, elle marche solennellement en avant et ne souffre pas qu'aucune autre la devance.

Le Taureau est plus vigoureux, plus courageux, plus agile et plus rapide. Son irascibilité peut le rendre dangereux, car, conscient de sa force, il fond sur son ennemi avec impétuosité.

Le Veau peut se tenir sur ses jambes peu après sa naissance, et tète dès le premier jour. Il naît avec quatre, six ou huit incisives; les deux médianes ou *pinces* tombent à vingt mois et sont remplacées à deux ans. Vers trente-deux mois, ce sont les deux suivantes ou premières mitoyennes ; vers quarante mois, la troisième paire ou secondes mitoyennes; l'année d'après (vers cinquante mois), les quatrièmes ou *coins.* A cinq ans, les dents définitives commencent à pousser, et elles tombent vers seize ou dix-huit ans. A partir de cet âge, la Vache ne donne plus de lait. La durée de la vie est de trente ans au plus.

L'âge peut s'évaluer par l'usure des dents et le nombre des anneaux qui se trouvent à la base des cornes, car à partir de trois ans il s'en forme une chaque année.

Les noms qu'on leur applique aux divers âges sont ceux de Veau, Génisse, Bouvillon, Taurillon, Vache, Bœuf et Taureau.

Utilité et produits. — Le Bœuf est un instrument de travail et une machine à produits.

C'est le principal moteur animal, qui l'emporte de beaucoup sur le Cheval, comme somme de travail. Dans le midi et le centre de la France, c'est presque le seul moteur, tandis que dans le nord, à partir de l'Ile-de-France, on l'élève comme bête de rente et on le remplace par le Cheval pour le travail des champs.

On attelle le Bœuf au joug ou au collier ; c'est ce dernier mode qui donne le plus grand rendement, avec le moins de fatigue pour l'animal ; malheureusement, ce moteur présente un inconvénient, c'est son peu de vitesse, qui en limite l'emploi au labourage et au charroi. Pourtant, dans l'Inde, les espèces domestiquées servent aussi de bêtes de selle et de bât.

Après une ou deux périodes de travail, le Bœuf est engraissé au pâturage ou à l'étable et vendu pour la boucherie.

Chez les agriculteurs pauvres, la Vache remplace avantageusement le Bœuf pour les travaux des champs, car la quantité journalière de lait qu'elle donne dans ce cas n'est que fort peu diminuée.

En outre, la Vache donne encore sa chair et son lait. La quantité de lait varie beaucoup suivant les Vaches et la nourriture. On sait qu'en Afrique les Vaches ne produisent pas plus de 3 ou 4 litres par jour ; en France, c'est 12 à 15 litres ; en Suisse, plus encore ; en Hollande, la quantité journalière monte à 18 litres, et dans l'Ukraine, dit-on, elle atteint l'énorme volume de 30 à 40 litres.

Le nombre des Bovins existant en France, en 1901, était de 14 673 810, dont 308 252 Taureaux, 1 368 464 Bœufs de travail et 454 715 à l'engrais, 8 068 857 Vaches, 1 112 487 Bouvillons de plus d'un an, 1 659 438 Génisses du même âge et 1 701 597 Veaux de moins d'un an. Les Vaches ont fourni 78 588 701 litres de lait d'une valeur de 1 159 368 366 francs.

La seule ville de Paris a consommé dans la même année 165 728 143 kilogrammes de viande dite de boucherie.

Outre leur chair, les Bovins nous fournissent leurs peaux qui, durcies et rendues imputrescibles par le tannage, donnent des cuirs utilisés à divers usages, entre autres pour les chaussures ; leurs poils, leurs cornes, leurs sabots ; leur sang, comme engrais et clarifiant ; leurs os pour la tabletterie, la fabrication de la gélatine, de la colle, du noir animal ; leur graisse pour la chandelle, les savons, la margarine.

LES RACES BOVINES

De nombreux caractères ont été choisis ou proposés pour essayer un classement des Bovins : aptitude, robe, distribution géographique, ordre alphabétique, volume relatif, habitat, longueur des cornes, etc. La classification qui paraît la plus méthodique et rationnelle, c'est celle qui a été établie par Sanson en se basant sur l'examen des caractères du crâne et du squelette. Il établit six espèces à crâne court ou brachycéphales : asiatique, ibérique, vendéenne, auvergnate, jurassienne, écossaise ; et six espèces à crâne long ou dolicocéphales : des Pays-Bas, germanique, irlandaise, des Scythes ou sans cornes, brune ou des Alpes, et enfin d'Aquitaine. Cette multiplicité des types n'a rien d'exagéré, si l'on considère ceux-ci comme des formes locales différenciées depuis longtemps, qui répondent plus ou moins bien aux découvertes faites par la préhistoire dans les cités lacustres ou palafittes de la Suisse.

Origine. — Le Tertiaire supérieur et le Quaternaire de l'Asie, de l'Algérie et de l'Europe ont fourni de nombreux restes très voisins des Taurins actuels. La forme la plus intéressante est le Bœuf primitif (*B. primigenius* Boj.) du diluvium de l'Europe et qui, avec sa haute taille et ses cornes formidables, serait, d'après divers auteurs, le Bœuf dont parlent les *Niebelungen* et que Charlemagne a pu chasser encore près d'Aix-la-Chapelle. Il se serait ainsi maintenu jusqu'au moyen âge dans les forêts de l'Europe centrale, et il est loin d'être prouvé que l'*Urus* dont parle César est autre chose qu'un Bison, et que les animaux cités par Sénèque et Pline ne sont pas des Bœufs marrons. Enfin, le fameux *Ur* ou *Thur* chassé en Lithuanie en 1526, lors du célèbre voyage d'Herbenstain, est signalé sans plus de précision comme un animal ayant la forme d'un Bœuf noir et les cornes plus grandes que celles des Bisons. Rien ne fait donc supposer que c'est le Bœuf primitif.

D'après ses recherches, faites sur les débris retirés des cités lacustres de la Suisse, Rutimeyer a reconnu qu'il existait, aux temps préhistoriques, trois formes distinctes de Taurins, domestiques probablement, et qui se sont éteintes ou se sont transformées sous l'influence de l'homme. Ce sont le Bœuf primitif (*B. primigenius*), race domestique très voisine du précédent, le Bœuf brachycère (*B. brachyceros*) de l'époque néolithique, et le Bœuf à front large (*B. frontosus*) de l'âge du bronze.

Suivant Rutimeyer, le gros bétail blanc, à oreilles rouges ou noires, que l'on voit encore à l'état presque sauvage dans plusieurs parcs de l'Écosse, a subi le moins de modifications, et serait le descendant le plus direct du Bœuf primitif, ainsi que les races domestiques plus modifiées de l'Écosse et des Pays-Bas, le long des côtes des mers du nord et de l'est, les races de la Frise, de la Hollande, du Holstein, de la Podolie et de l'Europe centrale.

Les grosses races à robe tachetée de l'Europe centrale, de la France, de la Suisse, du midi de l'Allemagne, les races à cornes courtes (Shorthorns) anglaises et scandinaves, auraient au contraire pour origine un Bœuf quaternaire à tête allongée, à front plat et même concave en avant, à cornes longues et minces (*B. frontosus*).

Enfin le Bœuf brachycère formerait une troisième souche, d'où dériveraient les races à pelage uni, sans taches, à cornes courtes mais fortes, à corps moins lourd, à jambes moins massives, et qui sont répandues dans les pays de montagnes, les races de Schwyz, de la haute Écosse, de la Bretagne, de l'Auvergne, etc.

« Nous adoptons pleinement ces conclusions, dit Vogt, mais elles sont loin d'épuiser le sujet Il est évident que, vu la facilité avec laquelle les Buffles, Yacks, Zébus, et finalement toutes les espèces de Bœufs sauvages, se laissent acclimater, apprivoiser et domestiquer, des tentatives doivent avoir été faites dans tous les pays où se trouvaient des espèces sauvages et que ces tentatives doivent dater de la plus haute antiquité. Or ces espèces, une fois domestiquées, devaient aussi être mélangées de toute manière par les migrations des peuples, par les échanges qu'ils faisaient entre eux, d'autant plus facilement que toutes ces espèces engendrent des métis prolifiques.

« On peut citer comme preuve de ce que nous avançons ce qui se voit en

Afrique. On n'a pas encore trouvé dans ce continent de Bœufs quaternaires (cependant Pornel en a trouvé en 1894 en Algérie) et on peut dire que, sauf les races introduites récemment par les Européens, tout le continent est occupé par les races variées des Zébus, chez quelques-unes desquelles la bosse a presque disparu. Il est donc probable que les races indigènes de l'Afrique ont été introduites des Indes et se sont plus ou moins modifiées sur ce continent. Or les anciens Égyptiens connaissaient et élevaient trois races différentes de gros bétail, comme le prouvent des représentations nombreuses : une race à longues cornes très vénérée, puisque c'était elle qui fournissait le Bœuf Apis ; une race à courtes cornes, et enfin une race bossue, de véritables Zébus. C'est une preuve qu'à cette époque si reculée, il y avait déjà eu des contributions d'autres pays, notamment de l'Asie centrale où les Zébus font défaut.

« Or, si dans l'Europe seule il y a déjà trois souches anciennes, qui se sont continuées dans le bétail domestique en produisant les variétés et les races nombreuses que nous possédons, il n'y a aucune raison pour repousser l'opinion qui établit le même fait pour l'Asie où les espèces que l'on trouve encore, en partie sauvages ou domestiquées, ont certainement contribué, à leur tour, à former des races mélangées et plus ou moins modifiées par la domesticité. De tous ces faits, il résulterait, comme dernière conclusion, que le Bœuf domestique n'est pas une espèce, le Bœuf taureau (*B. taurus*), comme l'appelait Linné, mais au contraire un produit mélangé de facteurs multiples. »

A côté de ces trois types, on a proposé d'en reconnaître un quatrième : le Bœuf brachycéphale (*B. brachycephalus*) des tourbières de Laybach et qui aurait produit une race tyrolienne à tête courte. Mais Rutimeyer est d'avis qu'il ne s'agit là que d'une modification accidentelle du crâne, représentant le premier degré de celle qu'on observe chez les Bœufs *gnatos* des pampas de l'Amérique et chez divers animaux domestiques dits *à tête de Bouledogue*.

Il résulte donc de tout ceci que les recherches sont loin d'être assez avancées, et qu'il serait prématuré de se prononcer définitivement sur l'origine des diverses races actuelles.

Domestication. — La domestication des races bovines européennes doit donc remonter à la période néolithique. Mais il est probable que les Asiatiques ont su dresser leurs Bœufs à leur usage à une époque bien antérieure. On ne sait si le Bœuf mentionné par les Aryas primitifs était un Bœuf proprement dit ou un Zébu. Sur les monuments de l'Assyrie et de l'Égypte, on voit représentés à la fois le Bœuf et le Zébu domestiques. Joly nous apprend que les peintures des salles funéraires de l'ancienne Égypte, peintures qui remonteraient à la période néolithique, nous montrent diverses races de Bœufs portant le joug et attelés à la charrue. « On y voit même des Vaches sans cornes dont on a lié les jambes, afin de pouvoir les traire malgré la présence de leur Veau, laissé à côté d'elles. »

Il est donc permis de conclure que la domestication s'est effectuée d'abord en Orient, et que nos races bovines occidentales sont plus récentes et ne datent que de l'arrivée en Europe de populations orientales qui savaient déjà utiliser les services du Bœuf.

BÉTAIL DU TYPE DES PAYS-BAS

LA RACE FLAMANDE. — La race Flamande et ses dérivés peuplent les Flandres française et belge. Elle se place au deuxième rang pour le poids de ses animaux, les Normands occupant le premier rang. Le nombre des individus s'élève à 671 000 peuplant les départements du Nord, du Pas-de-Calais, de la Somme, de l'Aisne et de l'Oise.

La race pure n'occupe guère que les arrondissements de Dunkerque et d'Hazebrouck, ainsi que, dans le Pas-de-Calais, les cantons limitrophes d'Audruicq, de Saint-Omer et d'Aire.

La tête, plus courte chez le mâle que chez la femelle, présente un chanfrein droit, un front large, surmonté d'un chignon peu garni. Les cornes, à pointe noir d'ébène, s'écartent horizontalement. Le cuir est souple et fin.

La robe est rouge brun ou brun noir pour les mâles, et d'un rouge cerise ou acajou pour les femelles, avec des taches blanches, variables en grandeur et en nombre, aux ars et au ventre.

Les parties dénudées sont bistrées.

Le rendement annuel oscille entre 3 000 et 4 000 litres de lait d'un vêlage à l'autre. Certaines laitières peuvent donner 40 litres de lait dans les conditions les plus favorables, et dans les cent premiers jours, on obtient souvent 20 litres en moyenne.

Le lait est riche en beurre, il en faut 23 litres pour 1 kilogramme de beurre.

Ces animaux sont précoces et faciles à engraisser.

On n'élève pas de Bouvillons, il n'y a donc pas de Bœufs flamands et les Vaches ne travaillent pas, elles sont en pâturage nuit et jour, de fin avril à novembre.

Aussi est-on forcé d'importer des Bœufs du Charolais, du Nivernais, de la Vendée et du Cantal pour les travaux agricoles.

La Maroillaise, du sud du département du Nord, est une Flamande élevée dans des conditions moins favorables, dont la taille et l'aptitude laitière sont plus faibles.

La variété boulonnaise, appelé Saint-Polaise, Artésienne, Picarde ou Guisarde, est une réduction de la Flamande (1ᵐ,35), sauf en ce qui concerne les Picards.

La race flamande n'agrandira probablement pas beaucoup son aire d'habitat, car elle résiste mal aux étés chauds et aux mouches. On en trouve parfois au voisinage des grands centres de population, à cause de leur fort rendement en lait. Les éleveurs de la République argentine en ont importé pour les croiser avec leurs Durhams et leurs Herefords, afin d'en accroître l'aptitude laitière.

LA RACE HOLLANDAISE. — La race Hollandaise n'est représentée en France que par 30 000 têtes environ, qui se trouvent dans le département du Nord, près de Lille, Douai, Cambrai, Valenciennes et Avesnes.

Les sujets à robe pie-noire diminuent en nombre, tandis que ceux à robe pie-rouge augmentent, mais les livrées les plus fréquentes sont les blanches avec des taches grises où le noir et le blanc sont mélangés, ce qui fait dire que ces animaux sont *bleus*. C'est le bétail bleu de Mons.

Les Vaches fournissent, en dix mois, 3 200 litres d'un lait peu crémeux, car il en faut 30 litres pour 1 kilogramme de beurre. Les Vaches et les Bœufs sont dressés au travail et accoutumés au col-lier.

Le Taureau hollandais.

LA RACE DE DURHAM. — La race de Durham, ou courte-corne, provient du bétail répandu dans la vallée de la Tees, appelé race de Lincoln, de Holderness, d'Yorkshire et amélioré grâce à une sélection méthodique alliée à la consanguinité et aidée par une alimentation rationnelle.

Les courtes-cornes ont un squelette et des membres réduits, une tête petite, une poitrine ample et haute, des hanches écartées, larges. Les masses de viande sont très développées ainsi que la graisse sous-cutanée, notamment à la base de la queue. La robe est de nuance rouge ou rouan clair. Leur finesse et leur précocité sont excessives, mais leur aptitude laitière assez faible.

L'introduction des Durhams en France a rendu des services signalés, parce qu'ils ont servi à transformer complètement le bétail de certaines contrées, à améliorer d'autres races par infusion modérée de ce sang étranger, et parce que leur élevage a été pris comme modèle par les éleveurs français. Il a été poursuivi de 1838 à 1861 à la vacherie du Pin et jusqu'en 1889 à Corbon.

L'engouement pour le Durham pur a un peu diminué, à cause des soins particuliers et de l'alimentation choisie qu'il exige. Les éleveurs français se sont appliqués à augmenter les muscles de la cuisse (culotte) et à diminuer les pelotes graisseuses de la base de la queue pour créer le type du Durham français amélioré.

Certains individus de courte-corne ont été payés jusqu'à 210 000 francs. Il est reconnu que le Durham n'exerce aucune action heureuse sur les races laitières ou de travail.

La RACE MANCELLE, qui couvrait jadis le Maine et l'Anjou, provenait de la fusion des Normands, des Bretons et des Parthenays. Elle était mauvaise laitière et mauvaise travailleuse, mais bonne productrice de viande. Aussi l'a-t-on améliorée, dès 1839, avec le Durham, et les Durhams-Manceaux ont remplacé l'ancienne race.

Dans la Sarthe, des essais sont tentés pour améliorer l'ancien type manceau pur. M. Gouin préconise la race montbéliarde, qui a avec eux des analogies de taille, et qui vit sur des terrains de même formation géologique.

Les DURHAMS-MANCEAUX sont au nombre de 674 000, peuplant une grande partie des départements du Maine-et-Loire, de la Mayenne, de la Sarthe et de la Loire-Inférieure.

Les Vaches donnent 1 200 litres d'un lait peu butyreux.

Ce bétail, là où il a acquis une certaine fixité, se rapproche du Durham français, par son ossature fine, ses côtes arrondies, sa tête petite, son cou court, son fanon peu développé et ses cuisses bien musclées. Les robes varient, ce sont le rouan et le rouge-acajou avec taches blanches qui prédominent.

On vend les Bœufs à deux ans et demi aux engraisseurs. Le rendement en viande est de 56 p. 100 du poids vif, soit 6 p. 100 de plus que le Manceau pur.

On rattache à ce type la RACE MORVANDELLE, très rustique et qui trouvait à se nourrir dans les *champs de balais* du Morvan; les races de la Frise, de l'Oldenbourg, du Schleswig, de Danemark, etc.

BÉTAIL DU TYPE GERMANIQUE

LA RACE NORMANDE (*). — La race Normande, et ses dérivés, tient le premier rang en France, tant au point de vue du nombre et du poids vif que de l'aire d'expansion. Ce groupe comprend plus de 1 600 000 individus au-dessus de six mois et pesant au moins 500 000 tonnes sur pied.

On distinguait jadis : une variété *cotentine*, renommée pour ses qualités laitières ; une variété *augeronne* des riches herbages du Calvados, de l'Eure et de l'Orne, prenant facilement la graisse ; la variété *cauchoise* du pays de Caux, et celle du *Merlerault*. Mais ces subdivisions de localités n'ont pas lieu de subsis-

---

(*) Pl. LVI. — Le Taureau et la Vache normands (Planche, p. 304).

ter, étant donné que toute la population bovine du pays normand émane de la souche cotentine, et qu'on peut constater partout l'uniformisation du type, par suite d'importations régulières de reproducteurs provenant de cette région où ils ont le maximum de perfection.

Les caractères du type normand amélioré actuel sont les suivants : le corps assez long est assez près de terre ; l'ossature est encore forte et anguleuse ; la tête a un mufle et un front larges chez le Taureau, ce dernier peu déprimé entre les orbites, avec un chignon garni de poils assez longs. Chez la Vache, la tête est plus allongée. Les cornes sont plantées horizontalement et très arquées en avant ; celles du Taureau sont courtes et grosses, parfois infléchies vers le bas ; celles de la Vache ont ordinairement la pointe relevée.

La poitrine est ample, le fanon restreint et la croupe large, le cuir souple mais épais.

La robe présente des marbrures plus ou moins foncées, irrégulières de forme et de place, sur le dos, les flancs, l'encolure et les membres ; elle est dite bringée. La tête, l'encolure et le poitrail portent souvent des taches blanches, plus ou moins grandes. Quant aux robes rouges ou marron, bringées uniformes, elles sont rares. La mode est actuellement à la livrée bringée-caille, où la nuance jaune tendre prédomine, et où les taches blanches de la tête sont importantes.

Les robes pagne, c'est-à-dire de couleur tendre, caille rouge et caille blonde sans bringeures sont moins appréciées.

La taille s'est régularisée et ne présente plus ces écarts énormes qu'on observait jadis : ainsi le Bœuf gras de 1846 avait 2^m,46 au garrot. Elle se maintient entre 1^m,40 et 1^m,55 pour les Taureaux, et entre 1^m,35 et 1^m,45 pour les Vaches ; pourtant dans le Cotentin et le Val-de-Saire, près de Saint-Wast-la-Hougue, la taille s'élève à 1^m,60 pour les Taureaux et dépasse 1^m,50 pour les femelles.

La région où le type est le plus parfait comprend la portion des départements de la Manche et du Calvados située au nord et à l'ouest d'une ligne partant de Montmartin, près de Coutances, coupant en deux le canton de Cerizy-la-Salle, englobant les cantons de Percy et de Canisy près Saint-Lô, puis se dirigeant vers Falaise, pour remonter de là à l'embouchure de l'Orne. Il faut placer en première ligne les cantons de Valognes, Quettehou, Saint-Pierre-Église jusqu'à Carentan et Isigny ; en deuxième ligne, le canton de Beaumont près de la Hague, et enfin le Coutançais.

Cette race est partie des cinq départements normands où elle forme la totalité de la population bovine ainsi que dans l'Eure-et-Loir, pour envahir un grand nombre de départements du centre, du nord-est et du nord-ouest, et elle s'est substituée en partie aux autres races dans la Somme, l'Oise, le Loiret, le Loir-et-Cher, l'Indre, l'Indre-et-Loire, le Cher, l'Aisne, la Seine-et-Marne, la Seine-et-Oise, la Mayenne, la Marne, la Sarthe et l'Ille-et-Vilaine.

A cet immense territoire, il faut ajouter les diverses régions où nombre de sujets sont journellement importés pour leur lait, comme dans les deux Charentes, la Vendée ou le voisinage des grandes villes. Son aire d'expansion est certainement encore appelée à s'accroître dans le centre et l'ouest, partout où l'industrie laitière augmente d'importance, à mesure que les procédés culturaux améliorent la production fourragère en qualité et en quantité. « Cette expansion, dit H. de Lapparent, n'a pour limites que celles imposées par l'élevage d'autres races ayant une destination économique différente (travail et engraissement), ou par celui de races laitières diverses présentant des qualités équivalentes ou qui sont mieux appropriées soit au climat, soit au régime que des circonstances spéciales leur imposent. Cela tient à ce que la Vache normande est, parmi les grandes races laitières, celle qui perd le moins de ses qualités quand elle transportée au dehors de son grand centre de production; celle qui accepte le mieux des régimes différents soit de pâturage, soit de stabulation; qui, n'ayant pas une trop grande finesse de cuir, ne redoute pas la piqûre des insectes; qui supporte des chaleurs estivales relativement élevées; enfin, qui fait une bonne fin par l'engraissement après avoir produit des Veaux de bonne qualité. »

Les concours généraux, départementaux et régionaux ont beaucoup contribué à l'amélioration de la race, par les encouragements et les fortes primes qui y sont distribués.

Avant 1884, des éleveurs avaient eu l'idée de faire intervenir le sang durham; mais en présence de la diminution des qualités laitières, on voulut mettre un terme à cette façon de faire par la création d'un Herd-book de la race englobant les cinq départements normands. C'est le premier qui fut fondé en France, sur le modèle duquel tous les autres livres généalogiques ont été établis.

Dans les herbages fertiles du Cotentin, une habile sélection a porté la sécrétion lactée à 3000 litres pour une période de huit mois et même à 4000 dans des cas exceptionnels. Par l'écrémage spontané, il faut de 22 à 24 litres de lait pour fournir un kilogramme de beurre.

Dans l'Avranchin, on pratique surtout l'engraissement.

Dans la vallée d'Auge, les grands fonds situés dans le creux des vallées servent aussi uniquement à l'engraissement. Les herbages à flanc de coteau, où il y a des pommiers, donnent des animaux dont les maniements sont moins fermes; les Bovidés y sont embrelés par un anneau à la patte; ce sont ceux qui donnent le lait de meilleure qualité, on l'utilise pour la fabrication du fromage de Pont-l'Évêque ou de Livarot.

Dans la plaine de Caen, l'élevage se pratique au piquet dans les prairies artificielles. Le type est moins fin, mais l'aptitude laitière est très développée.

Dans l'Orne, le rendement en lait ne dépasse pas 2600 litres entre deux vêlages; ce lait sert à fabriquer le Camembert, le Pont-l'évêque, et le Livarot.

L'Eure, et en particulier le Lieuvin, le pays de Caux, le pays de Bray, sont encore des centres d'élevage connus.

En Angleterre, le bétail qui appartient à ce type est celui d'Hereford, et en Allemagne celui du Mecklembourg et du Holstein.

Les Herefords ont une robe rouge clair ou la tête blanche. Les Bœufs ne travaillent pas et sont engraissés pour leur viande. Les Vaches ont une aptitude laitière faible.

Les Vaches mecklembourgeoises sont au contraire très bonnes laitières. Elles peuvent donner 3000 à 4000 litres d'un lait très butyreux.

BÉTAIL DU TYPE IRLANDAIS

LA RACE BRETONNE. — La petite race bretonne ou de Cornouaille est de petite taille (1 mètre à 1ᵐ,10). Sa tête est fine, légère, reliée par une encolure sans fanon à un corps souple. La corne est haute, longue, pointue, menaçante et noire à l'extrémité. Le dos et le garrot forment une ligne horizontale. Les hanches sont larges, mais la croupe avalée supporte une attache de queue saillante. La dureté des sabots et la perfection des aplombs dans le de-

La Vache bretonne.

vant, en font la race par excellence apte à la vie errante dans la lande.
La robe pie-noire est la livrée caractéristique, car on a cherché à éliminer les sujets dont la robe est pie-rouge. Dans la robe pie-noire, les taches doivent être nettement délimitées sans cerne formé par le mélange de poils blancs et de poils noirs. La surface des taches blanches doit être sensiblement égale à celle des taches noires.
Les 550 000 têtes de cette race vivent dans les landes de la Cornouaille et de Lanvaux, entre la pointe de Crozon, Carhaix, Loudéac, Redon et la mer.

Pl. LVI. — *A droite*, le Taureau et la Vache normands (texte, p. 301). — *A gauche*, le Taureau et la Vache charolais-nivernais (texte, p. 313).

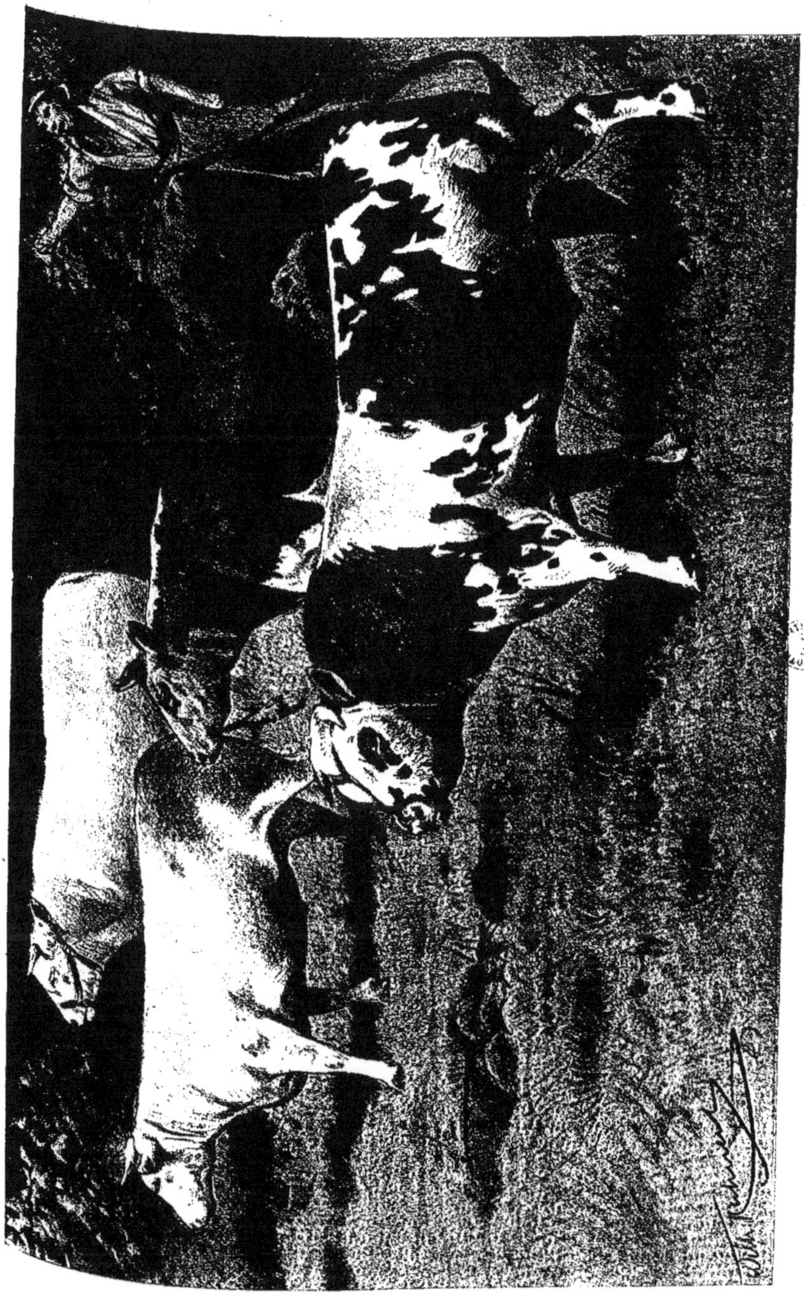

Cette Vache vit constamment au pâturage ou sur la lande et ne rentre à l'étable qu'en hiver. Elle est donc élevée sur des sols peu fertiles, aussi gagne-t-elle une rusticité et une sobriété des plus remarquables, qui lui permettent de s'acclimater dans les pays où les fourrages sont peu abondants et médiocres, par exemple, dans les landes de Gascogne.

Les Bretonnes donnent, en dix mois, environ 1 200 litres d'un lait très crémeux, dont il faut moins de 20 litres pour obtenir 1 kilogramme de beurre. Ce beurre, fabriqué avec soin dans des beurreries mécaniques, est très apprécié à Paris et en Angleterre où, d'ailleurs, il est concurrencé par les beurres danois et sibérien. L'élevage est aisé, mais pas toujours suivi avec sollicitude, et les vêlages se font généralement dans la lande. Ramenées à l'étable après quelques soins, les Vaches retournent le lendemain au pâturage, avec parfois une couverture de toile.

Dans le nord du Finistère, au nord des montagnes d'Arrez, on trouve la RACE FROMENT DE LÉON OU GRANDE RACE BRETONNE (1 m,30), très rustique, dont l'aptitude laitière est remarquable, car certaines Vaches peuvent fournir 2 500 litres d'un lait aussi crémeux que celui de la petite race.

Dans les autres régions, on trouve des dérivés de Bretons, obtenus par croisement avec les Manceaux, les Durhams, les Jersiais, les Ayrshires, les Vendéens et les Normands.

Les perfectionnements apportés dans les cultures, dans la production fourragère, l'emploi des Chevaux pour les travaux agricoles, ont permis de diriger l'activité vers l'élevage des animaux de boucherie. Pourtant, l'éloignement de Paris et la fermeture du marché de l'Angleterre ont amené une diminution de la production et un retour aux anciennes races laitières.

La RACE JERSIAISE, dérivée de croisement entre les types irlandais et germaniques, est maintenant fixée.

La taille est assez réduite et la robe brune, fauve, rousse, froment clair ou gris. On a éliminé les robes pie-noires de Jersey. Le rendement est de 1 800 à 2 000 litres entre deux vêlages, le lait est très crémeux, car 15 à 16 litres suffisent pour donner 1 kilogramme de beurre. Il y a chaque année trois concours beurriers. Pour maintenir la pureté de la race, les importations étrangères sont prohibées depuis longtemps.

Le BÉTAIL DE KERRY EN IRLANDE a une rusticité étonnante et une aptitude laitière remarquable, malgré sa taille souvent réduite à 1 mètre.

La RACE D'AYR habite l'Écosse, elle a les mêmes qualités que la précédente, tandis que la RACE DU DEVON donne relativement peu de lait, mais est très résistante au travail.

BÉTAIL DU TYPE BRUN OU DES ALPES

Ce bétail des Alpes forme, avec celui du type jurassique, la presque totalité de la population bovine de la Suisse, soit 1 340 000 têtes.

Ce bétail se trouve surtout dans la Suisse allemande, les Grisons et le Tessin, et il est représenté par trois races principales :

LA RACE DE SCHWYZ OU DU RIGHI, ou race lourde, qui habite les cantons de Schwyz, Zug, Lucerne, Glaris et une partie de ceux de Berne, Argovie, Zurich, Thurgovie. La robe des Schwyz est tantôt d'un brun plus ou moins foncé, tantôt grise, mais elle porte toujours une raie dorsale blanche et un anneau de même couleur autour du nez. Ces animaux sont renommés comme producteurs de viande, tout en conservant leurs aptitudes laitières.

La *race moyenne* peuple les cantons de Saint-Gall, des Grisons, d'Unter-walden et d'Uri. Dans les Grisons, les Vaches sont de petite taille et agiles comme des Chèvres.

La *variété légère* habite les cantons du Valais, du Tessin et d'Appenzell.

Le système d'élevage est celui des alpages. Après la stabulation de l'hiver, les troupeaux, précédés par une belle Vache qui porte solennellement la plus grosse clochette, se rendent dans les pâturages alpins où ils jouissent d'une liberté entière jusqu'en automne et où ils mènent une vie rustique et sans soins. C'est à ce moment qu'on peut entendre les échos répéter de tous côtés les trilles du ranz des Vaches, ou les notes étranges et roulées en sons mélodieux que le berger émet quand il *yodle* pour saluer ses compagnons des collines voisines.

On a reconnu que là, le bétail devient plus intelligent, plus vif, plus attentif, plus circonspect et plus prudent ; il acquiert de la mémoire et de la vigilance. Il reconnaît la voix du berger, l'approche des orages et des ennemis, Ours et Loups ; les bêtes se réunissent alors et courent vers le chalet, ou bien, si elles sont attachées, elles secouent leur chaîne pour donner l'éveil au berger. Le Taureau, qui paraît être plus ou moins le chef du pâturage, est souvent d'humeur peu accommodante et doit être évité, car il devient dangereux quand il est irrité.

LA RACE TARINE. — La race Tarine a une ossature assez forte, un corps ramassé, des jambes courtes ; le ventre est assez gros, l'encolure moyenne et le fanon est garni de poils raides vers le bas et légèrement descendu. La tête courte possède un front large, des cornes noires à l'extrémité, mais blanchâtres et fines à leur base, les yeux grands et doux.

La robe est couleur froment, plus claire chez la femelle que chez le mâle. En effet, chez ce dernier, la teinte se fonce à la hauteur de l'épaule, puis se pro-longe sur les parties inférieures du corps et surtout sur le cou et les joues, sans jamais aller jusqu'au noir. La robe devient plus pâle après un séjour dans la plaine.

Les aptitudes laitières sont bonnes (1 800 à 1 900 litres), et la traite est facile. En stabulation, il faut 25 litres de lait pour donner 1 kilogramme de beurre ; dans les alpages, 20 litres suffisent.

Ce bétail (80 000 têtes environ) occupe la Savoie et une partie de la Haute-Savoie ; au sud, il s'étend vers l'Isère, les Hautes et Basses-Alpes, l'Ardèche, la Lozère où ses reproducteurs sont très appréciés, dans l'est de la mon-tagne Noire, même la Haute-Loire, le Gard et l'Hérault.

En plaine, la stabulation dure de décembre au 20 juin ; à partir de cette date, les animaux sont envoyés aux alpages, où ils se tiennent trois mois dans la zone élevée et trois mois dans la zone moyenne. On ne conserve dans le village que les animaux nécessaires au travail et à la production du lait pour les besoins courants. Le lait des alpages, mélangé à celui de Brebis, sert à fabriquer le fromage dit de Mont-Cenis.

LA RACE GASCONNE. — La race gasconne se rattache au type des Alpes par ses caractères zootechniques; chez les types purs, le corps est trapu avec le train postérieur plus haut que l'antérieur, la poitrine large, le garrot épais et les hanches peu saillantes. La tête est plutôt courte que longue, plus volumineuse chez le Taureau que chez la Vache. Le chignon convexe est garni de poils longs.

Les cornes, noires à l'extrémité, sont moyennes et un peu tombantes chez le mâle.

Les Veaux sont couleur froment avec quelques auréoles blanches; après la première mue, la livrée devient gris-blaireau, car les poils sont noirs à la base et blancs à l'extrémité. La nuance se fonce du dos vers les extrémités, mais blanchit avec l'âge. Souvent les Taureaux ont le tour des yeux noir : ils sont dits *à lunettes.*

La hauteur est d'environ 1ᵐ,30.

Un premier groupe de ces animaux habite la Haute-Garonne, les Hautes-Pyrénées, et une partie du Gers.

Des animaux plus petits, élevés dans les montagnes, forment un deuxième groupe; ils sont connus sous le nom d'*Ariégeois* de Tarascon, du *Mejeannais*, du *Roussillon* et du *pays de Sault* (Aude).

Le premier et le deuxième groupe comprennent chacun 94000 têtes. A ceux-ci il faut ajouter 60000 individus importés dans l'Armagnac, le Condommois et le Lectourois.

Ces animaux possèdent une grande endurance et une grande aptitude au travail. Ce sont les Gascons de la chaîne des Pyrénées qui présentent le plus de rusticité, car, dès leur jeune âge, ils sont soumis aux alternatives d'abondance et de pénurie de nourriture et aux vicissitudes climatériques du pâturage en montagne. Aussi, quand ils sont rendus dans la plaine, l'amélioration de leur régime les met-elle bien en forme et en fait de bons et robustes travailleurs pour ces contrées si chaudes. Leur résistance au travail et aux mouches est tout à fait remarquable.

Les aptitudes laitières des Vaches sont médiocres (1300 à 1400 litres de lait par an), mais le lait est riche, car, avec l'écrémeuse centrifuge, 19 à 20 litres suffisent pour donner 1 kilogramme de beurre.

Les RACES DE SAINT-GIRON et d'AURE, qui portent le nom des deux vallées qu'elles habitent, sont plus petites (1ᵐ,20) et ont une couleur châtaigne, d'où leur nom local de race *châtaigne*. Leur pis est volumineux et leurs aptitudes laitières bonnes : 1800 litres de lait très butyreux. Elles conviennent pour les travaux légers et résistent au froid beaucoup mieux qu'à la chaleur.

Elles comprennent 25000 têtes environ.

BÉTAIL DU TYPE AQUITANIEN

LA RACE LIMOUSINE. — La race limousine intéresse de très importantes régions agricoles. Dans l'arrondissement de Limoges, le corps est ample, la tête est légère, le front large ; les cornes, solidement implantées, sont blanches, sauf à l'extrémité qui est teintée ; elles sont arquées en avant avec les extrémités un peu relevées. La robe est le *froment* sans taches. On préfère maintenant le froment d'un rouge vif et luisant. Le dessous du ventre est plus clair. La taille est de 1^m,30 à 1^m,45. La lactation, peu abondante, fournit 1 200 à 1 400 litres. Cette race, qui compte 410 000 têtes, peuple la Haute-Vienne et une partie des départements limitrophes, où elle est en contact avec les races avoisinantes. En dehors de ces régions, on trouve encore beaucoup de Limousins (300 000 environ) importés pour les travaux agricoles et l'engraissement.

Depuis vingt ans, les améliorations obtenues sont tout à fait surprenantes et le progrès ne fait que s'accentuer autour du centre de l'élevage qui est l'arrondissement de Limoges, au lieu de se ralentir. Ceci tient à ce que le Limousin possède une population agricole qui aime le bétail, et les propriétaires ainsi que les métayers opèrent avec méthode, esprit de suite et habileté. De plus, les acheteurs qui fréquentent les marchés du Limousin exigent des animaux qui présentent les caractères de la race pure. C'est une des raisons pour lesquelles les infusions de sang étranger n'ont pas réussi.

On est redevable de ces améliorations aux perfectionnements culturaux qui ont permis, par les amendements calcaires et les phosphates, de constituer pour l'hiver une abondante nourriture faite de racines et de distribuer des aliments verts en plus grande quantité pendant la belle saison. Ces animaux sont donc d'excellentes machines à fabriquer de la viande, et le rendement en viande est plus élevé que chez les autres races.

Dans beaucoup d'endroits, la production de bouvillons et de génisses pour l'élevage et le travail est la spéculation la plus importante.

Leur énergie et leur résistance au travail est très grande ; à ces qualités, ils joignent une allure vive et très sûre, même dans les chemins difficiles. Les Vaches sont plus énergiques et plus alertes, mais leurs aptitudes laitières sont faibles : 1 200 à 1 400 litres pendant sept ou huit mois.

La RACE GARONNAISE est une race mixte de travail et d'engrais, de taille élevée et de forte corpulence. La robe froment souvent varie du clair au foncé, sans tache blanche, noire ou rouge ; la nuance est généralement plus claire sur le dos et les autres parties supérieures du corps. Les cornes sont blanches, longues, avec la pointe dirigée vers la terre. La taille des Bœufs dépasse souvent 1^m,65. Cette race comprend environ 365 000 têtes.

L'élevage du vrai Garonnais est limité à la vallée de la Garonne, de La Réole à Moissac ; le centre en est dans l'arrondissement de Marmande, à Meilhan.

Les aptitudes laitières des Vaches sont médiocres (1 000 litres de lait), mais elles sont d'excellentes travailleuses, et ne sont l'objet d'aucun ménagement même pendant la période où elles allaitent leur Veau.

L'amélioration de la race se poursuit par deux voies parallèles : par croisement avec le Limousin et par sélection.

On sépare parfois des Garonnais la RACE AGENAISE, dont les Bœufs, plus précoces, sont d'excellents moteurs et s'engraissent facilement.

La PETITE RACE DE LOURDES, qui ne comprend guère que 15 000 têtes, est assez laitière et quelque peu travailleuse. La robe varie du froment blond au froment crème, avec une teinte plus pâle dans la montagne que dans la plaine. Elle occupe les arrondissements d'Argelès, les cantons de Tarbes et d'Ossun et ceux de Bagnères et de Campan. Elle a reculé devant l'extension des Gascons, plus forts et meilleurs travailleurs.

Les aptitudes laitières sont faibles (800 à 1000 litres), et il faut environ 24 litres de lait pour donner 1 kilogramme de beurre.

La RACE PYRÉNÉENNE du sud-ouest, appelée *Béarnaise, Basquaise, d'Urt* ou *du Bas-Adour*, a un pelage qui varie du froment rouge au froment crème. Ses formes sont élégantes, son aspect énergique ; sa taille est de 1^m,25 pour les Vaches et atteint 1^m,48 chez les Bœufs.

Lait : 900 à 1000 litres.

Elle comprend 260 000 têtes qui peuplent les Basses-Pyrénées, et elle a envahi les Landes jusqu'à Dax, pure ou à l'état de croisement.

L'énergie, l'endurance à la fatigue, la sobriété sont les caractères de cette excellente race de travail qu'on a appelée *les chevaux arabes de l'espèce bovine*. Ils résistent aux plus forts travaux, s'excitent plutôt que de céder en présence des obstacles ; aussi voit-on Bœufs et Vaches gravir avec entrain les côtes et les chemins les plus ardus, et après avoir traîné de lourds fardeaux, le cou tendu, l'œil en feu, ils arrivent au terme d'une longue course sans fatigue apparente. Quoique très résistants au froid et à la chaleur, ils redoutent les piqûres des mouches.

LA RACE BAZADAISE. — La race Bazadaise, issue de croisements entre le type d'Aquitaine et celui des Alpes (Sanson), a une physionomie douce et intelligente, et une taille qui varie de 1^m,43 à 1^m,47.

La robe du Taureau est charbonnée ou gris foncé, avec des pommelures de teinte plus accentuée. La femelle est plus claire, grise et souvent couleur froment atténué.

Elle occupe dans la Gironde toute la contrée située à l'ouest d'une ligne partant de Castelnau-de-Médoc, puis contournant les vignobles de Pessac, la Brède, Podensac et Langon. Puis cette ligne, passant au nord d'Auros, se dirige vers Casteljaloux. Dans les Landes, on ne la trouve sans mélange qu'au nord de Parentis, Pissos et Sore. 30 000 têtes dans les deux tiers dans la Gironde. Lait : 1 800 litres.

Leur allure est rapide ; leur adresse, leur sobriété et leur résistance à la chaleur grandes. Le régime est la stabulation, avec quelques heures de pâture par jour.

BÉTAIL DU TYPE DES SCYTHES

Ce bétail, caractérisé par *l'absence de cornes*, n'est pas représenté en France. Il se rencontre en Écosse (race d'Angus et Galloway), en Angleterre (race de Suffolk et Norfolk), en Suède, en Norvège, en Islande, dans le sud-ouest de la Russie et de l'Asie Mineure.

Ces animaux, robustes et vigoureux, prennent facilement la graisse ; leur viande est très savoureuse, mais la production du lait est faible.

BÉTAIL DU TYPE VENDÉEN

LA RACE PARTHENAISE. — Tous les animaux que nous allons étudier sont brachycéphales. La race parthenaise, appelée *bétail Gâtinais* ou *Choletais*, est une race très améliorée qui, dans des conditions diverses de milieu et d'élevage, a produit divers types qu'on qualifie de races.

La tête est forte, le front carré ; les cornes volumineuses, en lyre, sont noires au bout. La robe est en général de nuance fauve clair, et autour du mufle et des paupières on voit un cerne gris-perle, couleur qui se retrouve au ventre. La taille est moins élevée que celle des Maraîchins et des Nantais, soit 1^m,30 à 1^m,35 au garrot. Les Bœufs de cinq à six ans sont un peu plus hauts.

Les Vaches, assez bonnes laitières, fournissent 1 500 à 2 000 litres de lait par an entre deux vêlages. Il suffit de 22 litres pour l'obtention d'un kilo de beurre.

Le centre de l'élevage est dans la région de Parthenay et le Bocage. Mais les 953 000 têtes de cette race peuplent la Vendée, la Loire-Inférieure, les Deux-Sèvres, la Vienne et la Charente-Inférieure. Son aire d'habitat a d'ailleurs beaucoup diminué dans la seconde moitié du xixe siècle, car les Bœufs, lents à se développer, sont, après le travail, longs à engraisser. Et pourtant ces animaux sont courageux au travail, énergiques, à allure rapide, rustiques, très résistants aux intempéries climatériques et aux alternatives de disette et d'abondance. D'ailleurs, la suppression des jachères, l'amélioration des cultures et de la viabilité ont permis de préférer des animaux comme les Limousins et les Salers, qui sont moins forts et moins résistants, mais plus faciles à engraisser.

La RACE NANTAISE de l'arrondissement de Paimbœuf, travailleuse et rustique, provient de Parthenais modifiés par l'habitat et les conditions de milieu comme la suivante.

La RACE MARAÎCHINE, très endurante, qui habitait le marais poitevin au sud de Luçon et le littoral jusqu'à Marennes, a à peu près disparu, car elle était très osseuse, très anguleuse et très dure à l'engraissement. Elle est remplacée par des bestiaux vendéens meilleurs.

La RACE MARCHOISE, à robe variée, qui peuple l'ancienne province de la Marche et le plateau de Millevaches, a beaucoup d'analogie avec le Parthenais. Elle est refoulée de plus en plus par les Limousins et les Charolais et absorbée par des croisements divers.

La ʀᴀᴄᴇ Bᴇʀʀɪᴄʜᴏɴɴᴇ peuple l'Indre, l'Indre-et-Loire et le Loir-et-Cher. Son aire géographique se restreint de plus en plus, refoulée qu'elle est par les races avoisinantes.

LA RACE D'AUBRAC. — La race d'Aubrac, ainsi nommée d'un district montagneux de l'Aveyron, comprend environ 323 000 têtes répandues dans l'Aveyron, la Lozère, le Cantal (Saint-Flour) et le Tarn.

C'est une race à tête belle, presque carrée, à museau court, les cornes sont fortes mais courtes, contournées avec grâce et noires aux extrémités. La race pure a un pelage de teinte unie, qui se fonce souvent sur certaines parties du corps et qui varie du brun foncé au froment en passant par le gris blanchâtre et le fauve tirant sur le lièvre ou le blaireau.

La taille est de 1ᵐ,40 pour les Vaches et les Taureaux, et de 1ᵐ,48 pour les Bœufs.

L'aptitude laitière est médiocre : 1 000 à 1 200 litres de lait. Mais comme travailleurs, ces Bœufs ne sont dépassés par aucune race sous le rapport de la puissance, de la patience et de la ténacité ; ces précieuses qualités de force et d'énergie les font rechercher chaque fois qu'il y a des travaux difficiles à effectuer. Aussi sont-ils appréciés par les viticulteurs du Languedoc et dans les régions betteravières.

L'aptitude à l'engraissement pourrait être meilleure. On les exporte surtout dans les régions méditerranéennes.

Les races d'*Angle*, près Mazamet, celle de la *Montagne Noire*, celle du *Ségala* et du *Causse* ne sont que des formes locales du type d'Aubrac.

Les petits Bœufs presque noirs, dits du *Gévaudan*, possèdent le maximum de rusticité.

BÉTAIL DU TYPE AUVERGNAT

LA RACE DE SALERS. — La race de Salers ou du Cantal a eu pour centre d'élevage les arrondissements d'Aurillac, de Mauriac et de Murat, et s'est étendue aux alentours, dans le Puy-de-Dôme, le Lot, la Corrèze et la Haute-Loire, l'Aveyron, le Tarn et le Tarn-et-Garonne, de façon à constituer une population totale de 480 000 têtes, car cette race possède trois qualités dominantes : remarquable aptitude pour le travail, grande facilité d'engraissement et facultés laitières développées (2 000 litres). La tête est forte, large et courte, souvent à chanfrein busqué ; les cornes sont plutôt grandes, la robe est bai rouge-acajou ; cette nuance pâlit dans les sols pauvres en acide phosphorique. Sa taille atteint 1ᵐ,50, mais diminue dans les terrains granitiques.

Les Salers sont très robustes et rustiques ; ils résistent bien au froid, aux intempéries, mais moins bien à la chaleur et aux mouches.

L'élevage est en réel progrès dans les pâturages des montagnes ; on le combine généralement avec la fabrication du fromage (la *fourme*.) Le chalet est le *buron* ; le fromager, le *cantalès*. Les Veaux ou *bourrets* sont vendus en août et emmenés en Poitou, Saintonge et Angoumois, pour y achever leur développement.

La faveur dont jouissaient les Bœufs de Salers a diminué, là où les travaux du sol n'exigent pas trop de force, mais augmente de plus en plus dans les contrées à industries betteravières, là où les travaux du sol sont pénibles.

La population bovine dite FERRANDOISE ou du Puy-de-Dôme ou FERRANDO-FORÉ-ZIENNE, dans la Limagne, est un mélange complexe des races bressane, salers, aubrac et charolaise. Elle comprend à peu près 100 000 têtes dans le Puy-de-Dôme et 40 000 dans la Loire. La taille est moyenne, le corps allongé et la robe pie, d'un rouge aussi éloigné de l'acajou des Salers que du rouge pâle des Fribourgeois, tend à devenir prédominante. Les aptitudes laitières sont très bonnes : 2 400 litres, dont il faut 30 pour obtenir 1 kilogramme de beurre.

Sa qualité prédominante, c'est de pouvoir vivre dans les maigres pâturages granitiques du haut Forez, là où sont les pâturages de transhumance et où le Salers dépérirait.

Les chalets dits *jasseries* sont utilisés pour la production du fromage appelé *la fourme.*

LA RACE DU MÉZENC. — La race du Mézenc est souvent regardée comme un croisement entre celles d'Aubrac et de Salers, ayant acquis une certaine fixité. Le Bœuf est gras et lourd, trapu, avec un squelette grossier et des masses musculaires peu développées. La robe est froment plus ou moins clair, sans taches. Taille : 1^m,30.

On évalue à 60 000 le nombre des bêtes du Mézenc qui peuplent une partie de la Haute-Loire, de l'arrondissement de Brioude et de la partie de l'Ardèche au nord de ce fleuve. Dans les sols granitiques, pauvres en chaux et potasse, ils perdent de leur taille et de leur ampleur.

La viande, fine et succulente, est très appréciée au Puy, à Yssengeaux et à Saint-Étienne ; les Vaches ne donnent que de 1 200 à 1 600 litres de lait par an. Sur le marché de Paris, le beurre de la Haute-Loire, qu'ils savent fabriquer, est des plus estimés.

BÉTAIL DU TYPE JURASSIEN

La RACE DE SIMMENTHAL, dite de Saanen (Gessenay) et d'Erlenbach, peuple la vallée de la Simme, près de Thoune, d'où son nom. C'est l'ancien bétail bernois amélioré, qui est certainement destiné à agrandir son aire d'expansion.

La robe est constituée par une association de poils blancs et rouge orangé formant des bandes plus ou moins étendues ; le front et le nez sont blancs, les cornes blanc jaunâtre avec une pointe roussâtre.

Ce sont d'excellents travailleurs, à ossature un peu forte, mais d'un engraissement facile et fournissant une excellente viande. Le rendement des Vaches en lait et beurre est assez élevé.

La RACE FRIBOURGEOISE habite dans la Gruyère, les environs de Bulle et de Charnex. La conformation est massive, les membres solides et vigoureux ; la robe pie-noire, rarement pie-rouge. Les Bœufs sont très puissants au travail, les Vaches très bonnes laitières ; le lait sert à fabriquer le fromage de Gruyère.

LA RACE CHAROLAISE (*). — La race Charolaise est la race bovine française dont l'élevage a pris la plus rapide et la plus considérable extension.

La tête est petite relativement au corps, le mufle large, la physionomie douce et calme; les cornes, de couleur blanc-ivoire, sont grosses, rondes, avec la pointe relevée. Le squelette est réduit, le corps long, bien en chair, la poitrine profonde, la croupe large, la culotte rebondie; la gorge est sans fanon.

La robe est blanche ou d'un blanc froment, à poils épais, fins et brillants, avec toutes les parties dénudées roses. La peau est épaisse, mais souple; la taille est en moyenne de 1^m,5o pour les Taureaux et les Vaches.

Les Charolais, limités à la fin du xviiie siècle au Charolais et au Brionnais, n'étaient encore que 450000 vers 1854, et envahissaient déjà la Nièvre; tandis qu'actuellement leur nombre dépasse un million, répartis dans les portions des départements suivants les plus voisines de la Nièvre: Allier, Saône-et-Loire, Loire, Cher, Yonne, Côte-d'Or, Indre et Puy-de-Dôme. Et l'aire géographique s'étend chaque année, là où il est possible d'établir de bons herbages, où l'on peut entremêler heureusement élevage, travail et engraissement.

Les aptitudes prédominantes sont la production du travail et de la viande, car la Vache charolaise n'est pas très bonne laitière : 1 5oo litres pour 3oo jours de lactation. Il faut 28 litres de lait pour 1 kilogramme de beurre. Les Bœufs de 1 000 kilos ne sont pas rares et le rendement en chair est très élevé.

On estime dans la Nièvre que, depuis cinquante ans, le poids vif des Bœufs a gagné 15o kilos, et celui des Vaches 1oo kilos, par suite des soins donnés à l'élevage et des encouragements offerts sous forme de primes dans les concours de cette race charolaise-nivernaise.

LA RACE COMTOISE. — La race Comtoise a un squelette assez volumineux, un tronc long, le dos un peu ensellé et les membres courts. La tête, longue et étroite, porte des cornes courbées en avant, à pointe relevée et noire. La robe, à poils luisants et doux, est pie-rouge, allant du rouge clair à l'alezan et au châtain clair; elle est dite *ramelée.* Le poids vif moyen des Bœufs à six ans est d'environ 75o kilos.

Cette race n'a jamais eu de fixité bien réelle; elle a été modifiée et améliorée par des reproducteurs Simmenthals, Fribourgeois et Montbéliards. C'est dans les hauts plateaux voisins de l'arête jurassique que cette race est le mieux caractérisée, là où les pâturages permettent l'élevage des bouvillons et l'engraissement des adultes de la plaine qui ont terminé leur carrière de moteur animé. Le régime de la plaine est la stabulation, même en été.

Les Comtois occupent les régions montagneuses du Doubs, du Jura et de l'Ain (à l'est de la rivière d'Ain), mais sont exportés dans la Haute-Marne, la vallée de la Meuse et une partie de la Côte-d'Or.

L'aptitude laitière est moyenne : la quantité de lait fournie est de 1 5oo à 16oo litres pour les Vaches du pays, et 2ooo à 24oo pour les Vaches améliorées; ce sont elles qui fournissent aux *fruitières* ou fromageries et beurreries

---

(*) Pl. LVI. — La Vache et le Taureau charolais-nivernais (Planche, p. 3o4).

coopératives le lait nécessaire à la fabrication du gruyère. 11ˡⁱᵗ,5 de lait fournissent 1 kilogramme de fromage et 3o litres 1 kilogramme de beurre. L'école de laiterie de Mamirolle a beaucoup contribué à améliorer cette industrie en formant de bons *fruitiers*.

La race BRESSANE semble destinée à disparaître par suite des croisements effectués avec les Simmenthals, les Comtois, les Charolais et les Tarentais. Sa robe est froment clair, et près de la Saône elle devient jaune café au lait.

Son aire d'habitat comprenait la plaine de la Saône jusqu'à la rive droite de l'Ain, avec des pointements en Côte-d'Or, dans les cantons de Nolay, Beaune, Nuits et Seurre, dans le Jura jusqu'à Arbois, et dans le sud jusqu'à Vienne. Actuellement elle n'existe guère que dans les arrondissements de Bourg et de Trévoux. La partie nord-est de l'Ain et le pays de Gex sont peuplés de Suisses tachetés formant les races de la *Michaille* et de *Gex*. Les Vaches sont bonnes travailleuses tout en étant laitières passables (1 5oo à 1 6oo litres; Gex, 2 000 à 2 4oo litres de lait); 26 litres donnent 1 kilogramme de beurre.

La race FÉMELINE, à la fois travailleuse et laitière, a perdu beaucoup de terrain. Elle s'étendait dans toutes les vallées de la rive droite de la Saône, et jusqu'à l'Ognon à l'est. Actuellement ce n'est guère que dans les cantons de Combeaufontaine et de Jussey qu'on peut trouver des types purs, d'ailleurs peu nombreux, 2 000 à 3 ooo.

La robe est blonde ou jaune clair sans taches; le mufle et les paupières sont rosés. 1 8oo litres de lait assez butyreux. Le train antérieur est plus développé que le postérieur, c'est ce que rappelle l'expression de *Tourache*, usitée en Franche-Comté. La physionomie est douce.

Des croisements où domine le sang fémelin occupent une partie du Jura (Dôle, Poligny, Saint-Laurent, Moirans).

Mais la race Comtoise est en voie de progression partout et surtout dans les vallées de la Loire et du Doubs, ainsi que dans les pays vignobles où elle tend à remplacer de plus en plus la race fémeline,

LA RACE DE MONTBÉLIARD. — La race de Montbéliard est une race relativement récente. La tête est assez longue sur un cou effilé, portant peu de fanon. Les cornes, blanches sur toute leur longueur, aplaties et fines à leur extrémité, sont dirigées en dehors, puis gracieusement vers l'avant. Le dos est large aux reins, et le train postérieur un peu plus élevé que l'antérieur. La peau est épaisse, mais souple. La robe est rouge et blanche mais non jaune et blanche (*Herd-book*). Le rouge, franc comme teinte, est par plaques de grandeur variable; ni poils noirs, ni taches brunes, ni bringe. Le mufle, les lèvres ou la langue ne présentent pas de taches noires. L'ossature est fine.

Dans les localités pourvues d'une fruitière pour la fabrication du gruyère, on a pu constater que le rendement par an est de 2 000 litres, sans y comprendre les 4oo litres pris par le Veau. L'écrémage centrifuge permet d'obtenir 1 kilogramme de beurre pour 24 litres de lait.

La race de Montbéliard a été cataloguée officiellement pour la première fois à l'Exposition universelle de 1889. Ce nom servait déjà aux sucriers du Nord pour désigner les Bœufs tachetés de rouge et blanc qu'ils faisaient venir des environs de Montbéliard et de Rougemont, près de Baume-les-Dames, pour leurs charrois d'automne. De temps immémorial, les éleveurs de cette région allaient chercher des reproducteurs en Suisse, aux foires de Sainte-Ursanne et de Saignelégien dans les Franches Montagnes. Un certain nombre de fruitiers allaient même jusque dans la Gruyère pour en ramener des Taureaux sans taches noires, à robe pie-rouge. Ces infiltrations de sang étranger, tout en améliorant les formes et les qualités laitières, donnèrent à la robe du bétail de la région une grande uniformité. En présence des résultats positifs obtenus, les associations agricoles, et surtout les comices de Montbéliard et de Saint-Hippolyte, eurent l'idée de fixer ce type par une sélection méthodique et d'en favoriser l'élevage. Encouragées par Viette, député et ancien ministre, et par le Dr Borne, subventionnées par le conseil général, ces sociétés créèrent un livre généalogique ou *Herd-book* de la race de Montbéliard, et par des concours établirent bientôt la supériorité des Taureaux montbéliards. L'élevage s'en répandit dans le territoire de Belfort et dans le sud-est de la Haute-Saône, là où les prairies sont bien traitées et où les cultures donnent d'abondants fourrages.

La faveur dont jouit la race montbéliarde est telle que la demande pour les Vosges, la Haute-Marne, la Meurthe-et-Moselle, la Côte-d'Or, l'Ain, le Jura, et par les laitiers nourrisseurs des grandes villes du Midi dépasse la production. L'ensemble de l'élevage comprend environ 90 000 têtes. Ses qualités lui assurent un avenir prospère.

La RACE CHABLAISIENNE OU D'ABONDANCE a de grandes analogies avec la race de Montbéliard, par son pelage rouge pie plus ou moins foncé. Les 40 000 animaux qui la constituent sont répandus dans la Haute-Savoie, dans les cantons de Saint-Julien, d'Annemasse, de Reignier, de La Roche, de Saint-Sévère, de Taninges et de Samoëns.

Dans les cantons de Faverges et d'Alby, le fonds des étables est constitué par la race tarine et dans celui de Rumilly par la race de Villars-de-Lans.

La RACE DE VILLARS-DE-LANS est une ancienne population métisse, qui a été sélectionnée et qui compte 7 000 à 8 000 têtes, habitant le plateau de Villars-de-Lans dans le Vercors et que ses qualités tendent à faire répandre dans le Grésivaudan. La robe est froment délavé, sans taches ni fumures. C'est en partie avec leur lait (1 800 à 2 500 litres) qu'on fabrique le fromage renommé de Sassenage.

BÉTAIL DU TYPE IBÉRIQUE

La RACE MARINE ou DES LANDES provient probablement des troupeaux transhumants qui descendaient des Pyrénées et venaient hiverner dans les Landes. La robe est gris noir avec la tête enfumée. Les cornes sont noires, fines et dirigées en avant.

Ces animaux de petite taille existent encore dans le Maransin, la Grande Lande, la Haute-Chalosse, le Bas-Armagnac et les environs du bassin d'Arcachon où on peut voir Vaches et élèves paître tout le jour et par tous les temps, dans les landes et les bois de pins. Ils ont des abris couverts pour la nuit. Les Vaches sont mauvaises laitières.

La RACE DE CORSE appartient à ce même type, ainsi que celles de Sardaigne, de Sicile, romaine, portugaise. La race espagnole la plus connue est celle qui vit à l'état demi-sauvage et qui fournit les Taureaux de course.

Les races qui peuplent l'Algérie, la Tunisie et le Maroc, à robe fauve plus ou moins clair, accusent nettement le type ibérique. Les Bœufs sont agiles, courageux et forts, mais les Vaches sont mauvaises laitières.

BÉTAIL DU TYPE ASIATIQUE

Ce bétail, dit DES STEPPES ou GRIS, est nettement brachycéphale. La tête est longue et mince, les cornes énormes et très écartées, contournées en lyre ; le fanon peu développé, le garrot saillant, la taille élevée (1ᵐ,5o). Le pelage est gris-souris, clair ou jaunâtre.

Ce type, originaire, d'après Felzinger, des steppes de l'Asie centrale et de l'Europe orientale, s'est répandu vers l'ouest, jusqu'en Hongrie, Roumanie, Illyrie, Dalmatie, Grèce, Italie, Camargue et Portugal même. D'après divers auteurs, en Afrique, on le rencontre dans la vallée du Nil, le pays des Gallas, jusqu'aux lacs de l'Afrique centrale, le Cap, le Transwaal, la Guinée (Dybowski).

Il est certain que, sur une aussi vaste étendue, il s'est formé de nombreuses variétés, en Russie, en Autriche-Hongrie, Roumanie, Bulgarie, Asie Mineure, et en Italie.

Les grands troupeaux de la Sibérie, des Bouriates, des Kirghiz appartiennent à ce type (environ 8 millions de têtes). Dans le sud de la Sibérie, la production du beurre a pris un développement extraordinaire depuis la colonisation méthodique du pays et l'ouverture de la ligne transsibérienne. De 2 400 000 kilogrammes en 1893, dans 140 beurreries, elle est montée à 40 millions en 1902 dans 2 500 établissements. Et ce beurre, par Riga, vient concurrencer celui de Normandie et du Danemark sur les marchés de l'Angleterre.

En Russie, on signale les *races du Nord*, celle de l'*Ukraine*, de la *Podolie*, de la *Lithuanie*.

L'élevage et l'engraissement varient suivant la diversité des conditions économiques et l'amélioration des cultures. Généralement ces animaux passent tout l'été au pâturage, et en hiver un simple mur en terre leur sert d'abri contre les tourmentes. Aussi sont-ils insensibles aux mauvais temps, sobres et contents de la plus mauvaise nourriture. Dans le sud, on les habitue au trait en les attelant à une voiture sur laquelle s'assied un Tartare et on les laisse courir en toute liberté.

Au bout de quelques heures de cette course furibonde, ils reviennent domptés.

LA RACE CAMARGUE. — La race Camargue comptait au xvıᵉ siècle, d'après Beaujeu, 16 000 individus vivant dans les prés, marais et dans la plaine alluviale du bas Rhône. Mais elle n'est plus représentée que par 4 000 têtes environ dans la Basse-Camargue et dans la zone de Plan-du-Bourg, où l'on trouve moins de vastes espaces incultes, car les dégâts que faisaient leurs *manades* dans les fossés d'assainissement, leur caractère difficile ont provoqué leur diminution.

Leur tête est petite, expressive, leur encolure fine, et le fanon ample ; les cornes noires en lyre dirigée suivant le plan du chanfrein. La robe est noire ou brun foncé ainsi que toutes les parties nues ; taille : 1m,30 en moyenne. C'est l'animal par excellence de ces pays où la chaleur est acca-

Le Bœuf de Hongrie.

blante, les mouches nombreuses, car ils paissent toute l'année dans des parcours où abondent les plantes de la flore salée. Leurs gardiens sont à cheval.

Jusqu'à cinq ou six ans, le Taureau ne sort que pour les courses et les ferrades, car il est loué aux arènes de Nîmes et d'Arles, et rapporte environ 200 francs à son propriétaire pendant cette période. Après quoi on l'engraisse pour la boucherie. Des croisements avec les Taureaux espagnols ont donné des bêtes plus irascibles. Il est prudent d'éviter de passer près d'un Taureau isolé ou près de la retraite où la Vache a caché son Veau.

LA RACE ÉCOSSAISE

La RACE ÉCOSSAISE comprend les Bœufs vivant à l'état demi-sauvage dans certains pays de l'Écosse, d'où dérivent les variétés Kiloé et des Highlands.

L'Aurochs, qui était de couleur claire, blanche ou blanc roux, s'est continué par ce bétail de parc, qui, en effet, a un pelage blanc, si on en excepte les oreilles, le pourtour du museau et la face antérieure des jambes. Les cornes sont blanches avec la pointe noire.

Ces animaux sont petits, mais bien bâtis ; ils ont une petite tête, de courtes jambes, et la ligne du dos est droite. Les poils sont couchés, courts et épais, mais, sur le cou et le sommet de la tête, ils sont longs et crépus, surtout en hiver. Le pinceau de la queue est noir.

Ils sont confinés dans quelques parcs clos de l'Écosse. Le troupeau le plus connu est celui de Chillingham, qui vivait déjà au xi⁰ siècle et qui fut inclus dans le parc au xiii⁰ siècle. Les animaux en sont petits, avec un pelage assez rude et peu serré, et des cornes courtes dirigées vers le haut. Le pourtour du museau et le côté interne des oreilles, qui sont rouges, paraissent avoir été noirs, il y a deux cents ans environ. Leur aspect est majestueux et séduisant.

Ce troupeau comprenait 80 têtes en 1838, mais en 1877, il était réduit à 51. Les Taureaux combattent souvent entre eux. Ces animaux, qui ne peuvent se reproduire que tardivement et dont la fécondité est limitée, ont les habitudes des animaux sauvages, car ils cachent leurs petits, paissent pendant la nuit, et se reposent et dorment pendant le jour. Ils sont craintifs et fuient l'homme, même de loin, mais quand ils sont pressés de trop près, ils deviennent dangereux. Ils sont très résistants. En hiver, par les grands froids, on leur donne du foin, ils peuvent alors se laisser approcher par l'homme.

Les Bœufs de Cadzow diffèrent des premiers par leurs oreilles et leur museau noirs, par leur coloration noire plus ou moins étendue en avant des membres antérieurs, par leur tête plus arrondie, leurs membres plus forts. Les Vaches souvent n'ont pas de cornes. Leur nombre était de 45 en 1874 et s'est élevé à 56 à 1877.

Les Bœufs du parc de Chartley sont très différents de ceux de Chillingham et de Cadzow. Il est prouvé que ce troupeau est constitué par les descendants directs des Bœufs vivant à l'état sauvage, en 1748, dans la forêt de Needwood, au moment de la fermeture du parc de Chartley. Ils ont les oreilles noires, les cornes plus longues et dirigées plus vers l'extérieur que chez le Bœuf de Chillingham, ce qui leur donne une certaine ressemblance avec le Bœuf domestique à longues cornes de l'ouest de l'Angleterre et de l'Irlande. 30 individus en 1877.

On signale d'autres troupeaux dans les parcs de Kilmory, de Lyme et de Somerford, qui tous descendent de Bœufs sauvages communs encore en 1174, dans les forêts situées autour de Londres, et qui ressemblaient plus ou moins à l'Aurochs. Inclus dans ces parcs, ils furent ainsi préservés de tout mélange.

La race des HIGHLANDS d'Écosse est de petite taille, avec un pelage roux ou noir plus long à la nuque, et le museau noir. Robustes et agiles, ces animaux peuvent grimper sur les rochers.

LE BŒUF GAUR. — Les quatre espèces suivantes sont parfois rangées dans un genre spécial, dont la caractéristique est le front excavé, comme caréné entre les cornes, le garrot plus ou moins relevé en bosse et soutenu par le développement des apophyses épineuses de leurs premières vertèbres dorsales.

Le Gaur (*B. gaurus* H. Smith) a souvent été confondu avec le Gayal, mais il en diffère par l'absence de fanon, un frontal autrement conformé, et le nombre de ses vertèbres. Le corps, plutôt massif, est porté par des jambes hautes, mais assez minces, comme les sabots. Les oreilles sont petites. Les cornes, comprimées à leur base, sont arquées, tandis que leur pointe est dirigée en dedans et un peu en arrière. Mesurées sur leur convexité, elles ont $0^m,50$ à $0^m,60$. On signale des cornes de Taureaux de Travancore qui avaient $0^m,99$ de long et $0^m,48$ de pourtour à la base, de Malacca qui, n'ayant que $0^m,81$ de long, avaient $0^m,56$ de circonférence à la racine. Les cornes des Vaches n'ont que $0^m,60$ de long et $0^m,33$ de pourtour à la base.

Les poils sont courts et épais, ceux du front et de l'extrémité de la queue sont allongés. La couleur est d'un noir foncé plus ou moins bleuâtre, plus pâle en dessous. Les pieds et le front sont ordinairement d'un blanc sale et le museau brun orangé. Les Veaux portent une bande noire sur le dos. Les jeunes mâles sont moins foncés ou plus roux.

Sa taille en fait un des plus grands Bœufs actuels. La hauteur au garrot varie de $1^m,72$ à $1^m,80$. Les femelles sont beaucoup plus petites ($1^m,50$). On cite un Taureau qui avait $1^m,86$ de haut et mesurait du nez à la racine de la queue $2^m,89$ et $0^m,86$ pour la queue ; la circonférence de son corps en arrière des épaules était de $2^m,43$.

Habitat. — Le Gaur habite toutes les chaînes de montagnes de l'Inde, de l'Assam, de la Birmanie et de la presqu'île de Malacca, sans que la limite orientale de son habitat soit bien fixée ; on le trouve aussi, dit-on, dans le Siam et la Cochinchine. Il manque dans l'Insulinde et à Ceylan, où pourtant on l'a signalé au commencement du XIXe siècle. La limite qu'il ne dépasse pas au nord-ouest est marquée par les monts Vindhya, dans le Nerbadda. Dans les plaines du Gange, il vit au pied de l'Himalaya et dans les forêts jusqu'au Teraï du Népaul. Dans le sud, il habite le Chutia Nagpur, l'Orissa, les provinces centrales, les territoires d'Hyderabad, de Mysore et les Ghats occidentales. Il y est rare.

Mœurs. — Il se tient dans les forêts et les hautes herbes, de préférence au voisinage des hautes montagnes. Il se montre en troupes de cinq à vingt individus, rarement plus. Les mâles errent souvent seuls, les plus vieux et les plus beaux sont toujours solitaires.

Craintif et peureux, il évite ordinairement les champs cultivés. Il se nourrit d'herbes, de bourgeons de bambous, il y ajoute rarement des feuilles et des écorces de divers arbres. Ses deux repas se font à neuf heures du matin et à quatre heures de l'après-midi. Il se rend à l'abreuvoir le soir et dort la nuit.

Comme il est bon grimpeur, il ne craint pas d'habiter les hauteurs jusqu'à

1 5oo ou 1 8oo mètres, sur les pentes abruptes desquelles il grimpe ou dévale avec une étonnante agilité.

Il se cache quand il est averti de la présence de l'homme, mais se laisse approcher par un Éléphant, quoiqu'il soit monté. Lorsqu'il est attaqué et blessé, il peut devenir dangereux même pour le Tigre. D'après de bons observateurs, sa renommée de méchanceté, bien qu'il ait occis quelques officiers anglais trop téméraires, n'est pas méritée, et ils le représentent comme le plus noble des animaux, comme un modèle de force et de pondération.

Son cri est un mugissement prolongé qui rappelle celui de notre Bœuf domestique.

Captivité. — On rencontre les jeunes Veaux en août et septembre. En captivité, ils atteignent rarement l'âge de trois ans ; aussi tous les essais de domestication faits dans l'Inde britannique ont-ils échoué. Et pourtant, on assure que dans les montagnes situées entre la Birmanie et l'Assam, le Gaur est élevé en domesticité. L'un d'eux a même vécu longtemps au Jardin zoologique de Londres.

LE BŒUF GAYAL. — Le Gayal (*B. frontalis* Lamk.) ou *Mithan* est le Bœuf des jongles. Cette belle espèce a le corps gros et fort, le cou court, la tête grande, large en arrière, la crête nuquale moyenne, le fanon bien développé. Les cornes sont fortes, épaisses à la base, droites, dirigées en dehors, avec la pointe plus ou moins relevée, mais jamais recourbées en dedans, comme chez le Gaur. Le pelage est court et épais, formé de poils raides et minces ; ceux du front sont crépus et un peu longs. La couleur ressemble à celle du Gaur ; la tête et le corps sont bruns dans les deux sexes, la face externe des membres blanche ou jaunâtre ; les cornes sont noirâtres. On cite des Gayals domestiques qui sont entièrement blancs ou pies.

Sa longueur atteint 3 mètres, sa hauteur 1^m,65 et sa queue 0^m,8o.

Habitat. — Il habite la presqu'île indo-chinoise, depuis les monts de Tipperah jusqu'au sud de Tinasserim, où l'on a tué récemment des individus sauvages. Comme le Gaur et le Gayal ont été confondus fréquemment, on ne peut connaître d'une façon précise les limites de son habitat. Le nom de Gayal, employé dans certaines parties de l'Inde britannique, n'est pas en usage chez les indigènes de l'Indo-Chine, qui seuls possèdent de ces animaux.

Mœurs. — Le Gayal est vif et agile, et sait grimper comme le Yack. Les troupeaux vont paître le matin et le soir et se reposent pour ruminer pendant le jour. Il aime les bains dans les eaux limpides et fraîches, mais non dans la vase. Doux et tranquille, il n'attaque pas l'homme ; malgré cela, il est courageux et se défend avec succès contre le Tigre et la Panthère. Son agilité à la course et l'acuité de ses sens le servent d'ailleurs admirablement pour sa sécurité.

La femelle ne met bas qu'un petit tous les deux ans. Le Gayal peut se croiser avec le Zébu.

Chasse. — On cherche à s'emparer du Gayal plutôt pour le domestiquer que pour avoir sa chair et sa peau. Les premiers observateurs qui le décrivirent en 1804 et 1805, comme vivant à l'état sauvage et domestique dans les collines de Tipperah, ont raconté la façon curieuse employée par les Kookies pour s'en

83

emparer vivant. Elle a été confirmée en 1891 par un observateur vivant au nord de Katchar. Quand ces indigènes ont découvert un troupeau sauvage, ils amènent leurs animaux domestiques ; les deux troupes se mélangent, puis ils répandent des boules faites de terre et de sel que les animaux se mettent à lécher. Peu à peu les hommes s'approchent, ils arrivent à caresser les animaux domestiques, puis les sauvages sans les effaroucher, et enfin ils les entraînent tous dans

Le Bœuf Gayal.

leurs villages. Ils s'y attachent tellement, que les Kookies doivent brûler leurs huttes quand ils changent de place, car les Gayals y reviendraient.

On ne les élève que pour leur chair et leur peau, car nulle part on ne les fait travailler, et la plupart des tribus de l'Indo-Chine qui ont des Gayals ne boivent même pas de lait. On les laisse errer pendant le jour dans la forêt, et le soir, ils rentrent seuls au village.

LE BŒUF BANTENG. — Le Bœuf banteng (*B. sondaicus* Schleg. et Müll.) ressemble au Gaur, mais il est plus léger, ses jambes sont plus courtes, sa

Pl. LVII. — Le Zébu (texte, p. 322).

LA VIE DES ANIMAUX ILLUSTRÉE.

II. — 23

crête dorsale est moins accentuée, sa queue plus longue descend jusqu'aux talons, son fanon est moyen et sa tête plus allongée.

Les cornes, cylindriques chez le jeune, aplaties à la base chez l'adulte, sont plus petites que celles du Gaur. Elles se dirigent d'abord vers l'extérieur et en haut, et, vers la pointe, elles vont un peu vers l'arrière et en dedans. Les poils sont épais, courts et raides ; ceux du sommet de la tête sont crépus et un peu plus longs que les autres. La couleur rappelle celle du Gaur. Les Vaches et les jeunes Taureaux sont d'un brun châtain vif à la tête, sur le corps et à la partie supérieure des membres ; les vieux Taureaux sont noir brun. Dans les deux sexes, les membres sont blancs depuis le dessus du genou jusqu'au talon, d'où le nom de *Bœufs à fesses blanches* qu'on leur donne ; ils ont une tache ovale près de la racine de la queue, une ligne à l'intérieur des membres ; les lèvres et le côté interne des oreilles sont de même couleur. Les Veaux ont les membres brun châtain en dehors ; le dos porte une ligne longitudinale foncée.

Chez l'adulte, la longueur du corps atteint 2^m,60, la hauteur au garrot 1^m,60 à 1^m,77, et la queue mesure 0^m,9.

Habitat. — Il habite la presqu'île de Malacca, jusqu'au nord de l'Arrakan et du Pégou, près des montagnes situées à l'est de Chittagong, et peut-être le Siam. Il est fréquent dans les montagnes boisées des îles de Bornéo, de Java, de Bali et probablement de Sumatra.

Mœurs. — Ses mœurs ressemblent à celles du Gaur. Les Bantengs vivent par petites troupes sous la conduite d'un Taureau ; les jeunes et les vieux en sont bannis et vivent solitaires. Ils paissent ordinairement le jour dans les endroits où ils sont en tranquillité ; sinon, ils ne cherchent leur nourriture que la nuit. Ils se tiennent souvent dans les plaines herbeuses, car leurs jambes plus allongées en font des grimpeurs moins agiles que le Gaur. Ils se nourrissent de jeunes pousses et de feuilles de divers arbres. Leur grognement est assez faible.

Captivité. — Les vieux résistent aux essais de domestication, mais les jeunes sont très doux et très obéissants. A Java, c'est un animal domestiqué, et peut-être dans d'autres régions de son aire d'habitat.

LE ZÉBU (*). — Le Zébu (*B. indicus* L.), ou Bœuf à bosse, se trouve encore à l'état sauvage dans plusieurs contrées de l'Inde, mais on peut se demander si on n'a pas affaire à des animaux marrons, car les Zébus sauvages ne se distinguent en rien des animaux domestiques. Le nom de *Zébu*, que nous avons adopté, ne leur est pas appliqué dans l'Inde, paraît-il.

Le Bœuf à bosse se distingue par son corps, sa couleur, sa voix et ses habitudes. Au garrot il porte une bosse purement graisseuse ; le fanon est très développé, les cornes très petites, les oreilles pendantes et grosses ; les jambes sont fines et assez élevées ; le front est bombé, et la ligne du dos droite. Le poil est court, sauf au front, au sommet de la tête et sur la bosse. La plupart des poils sont d'un gris cendré clair, qui tire au blanc crème ou de lait. Par-

(*) Pl. LVII. — Le Zébu (Planche, p. 321).

fois on en trouve de bruns, de noirs et de tachetés, présentant des anneaux blancs au-dessus des sabots. Il existe des Zébus de toutes les tailles, depuis le Zébu des Brahmines qui a la taille du Buffle, jusqu'à ceux qui ne dépassent pas la taille d'un Cochon ou d'un Veau d'un mois.

Habitat. — Le Bengale paraît être la patrie du Zébu, et de là, après domestication, il s'est répandu au loin, en Asie, et dans une partie de l'Afrique et à Madagascar où l'élevage est très lucratif.

Mœurs. — Les Zébus sauvages sont très craintifs mais colères, comme on peut le voir sur la côte, près de Nellore, où vivent de ces animaux à longues cornes.

Les Zébus domestiques sont très doux et ont une voix qui ressemble à un grognement ou à un bélement. Ils ne recherchent que rarement l'ombre, et jamais ils ne pénètrent dans une eau assez profonde pour qu'elle dépasse les genoux. Ils marchent, trottent et galopent comme les Chevaux, aussi sont-ils très estimés pour le trait, le bât et la selle.

Certains Taureaux protégés par les Hindous jouissent de la plus grande liberté et peuvent se promener dans les bazars des villes.

Dans le nord de l'Inde, on l'a croisé avec le Bœuf domestique européen.

Le Zébu d'Afrique est un fort et vigoureux animal à queue courte, haut monté et bien encorné. Les cornes ont une longueur qui peut dépasser 1^m,20 et un diamètre de 0^m,17 à la base. Très rapprochées à la racine, elles s'écartent puis se dirigent en haut et en dehors. Dans leur dernier tiers, elles s'infléchissent un peu en dedans et leur pointe se porte en dehors. Le Bœuf *sanga* ou des Gallas est une des plus belles races, rapprochée, il est vrai, par certains auteurs du Bœuf des Steppes.

On le trouve de l'Abyssinie au Cap et dans l'Afrique centrale, où l'on en voit des troupeaux de plusieurs milliers d'individus, qui constituent la seule richesse de certaines peuplades, et qui doivent les entretenir de tout.

LES YACKS

Les Yacks (*Poephagus* Gray, 1843) sont intermédiaires aux Bœufs et aux Bisons, par leurs cornes qui ont la même forme que chez les premiers avec une implantation un peu différente, par leur crâne bombé et leurs quatorze paires de côtes comme chez les seconds. L'espace nu entre les narines est petit; leur queue, moyennement longue, est terminée par une forte touffe de longs crins.

L'YACK GROGNANT (*P. grunniens* L.) (¹). — C'est la seule espèce du genre, il a un pelage tout particulier; sa tête ressemble à celle du Bœuf, son corps à celui du Cheval dont il a aussi la démarche. Par son port, il tient le milieu entre le Bison, le Buffle et le Bœuf domestique. Les narines sont très écartées, les yeux grands et vifs, les oreilles allongées; les cornes relevées sont dirigées en

---

(¹) Pl. LVIII. — L'Yack grognant (Planche, p. 328).

demi-cercle en dehors, en avant et en haut. Le fanon manque, les jambes sont fortes et les sabots larges avec des pinces bien marquées.

Le pelage est court sur la tête et le dos, crépu et en toupet sur le front; sur les épaules et le garrot, les poils forment une touffe se prolongeant en crinière le long du dos et sous le cou. Les flancs, les cuisses et la partie supérieure des membres sont recouverts de poils longs et raides qui descendent parfois jusqu'au sol. Les crins de la queue sont très fins, soyeux et ont près d'un mètre de long. L'animal est d'un noir uniforme un peu teinté de roux sur le dos et aux lombes. Le mufle est blanchâtre et souvent les touffes de poils, la queue et le front sont blancs. Sa taille atteint 1ᵐ,80 au garrot et son poids 600 kilogrammes ; les cornes varient de 0ᵐ,60 à 1 mètre.

Habitat. — C'est un habitant caractéristique de la faune des hauts plateaux du Thibet ; il atteint au nord jusqu'aux monts Kouenlun, à l'est jusqu'à la province chinoise de Kansou, à l'ouest jusqu'à Cachemire (Ladak) et au lac de Pangong et dans la vallée de Chang-Chemno ; ces animaux sont redevenus sauvages.

Mœurs. — Leurs sens sont bien développés, leur craintivité excessive, mais dans la vallée supérieure de l'Indus ils paraissent moins peureux qu'ailleurs. Ils sont plus nombreux dans le nord du Thibet que dans le sud. Là, ils se tiennent dans les vallées où l'herbe est plus abondante, et pourtant ils peuvent vivre des maigres herbes qui poussent dans les hautes vallées du Thibet. Ils se tiennent dans les endroits les plus sauvages et les plus inaccessibles, aux hauteurs variant de 4 000 à 6 500 mètres, par conséquent à 400 mètres au-dessus de la limite de la végétation et des neiges persistantes, car ce sont de grands amis du froid, la chaleur les faisant beaucoup souffrir. A ces hauteurs, le Yack erre gaiement ; les femelles et les Veaux se rendent en été dans les pâturages où ils sont inconnus en hiver, tandis que les vieux Taureaux n'émigrent pas. Les troupeaux de Vaches de vingt à cent, ou de mille individus paissent la nuit et le matin ; pendant le jour, ils se reposent. S'ils croient à un danger, les adultes placent les Veaux au milieu et attendent, et quand les chasseurs s'approchent, tous détalent, la tête basse et la queue relevée.

La maigre végétation les force à parcourir de grands espaces pour trouver quelques endroits fertiles. « Souvent, le long des flancs décharnés des montagnes, dit Schlaginweit, on voit les traces de ces animaux disposées dans une certaine direction, comme le chemin que laisse une caravane. Dans un pays aussi stérile, les voyageurs sont forcés de suivre ces traces pour trouver de quoi donner à manger à leurs bêtes. »

La marche du Yack est vive, son galop rapide, quoique disgracieux. Il doit son nom latin de *Grunniens* ou grogneur à sa voix particulière, qui n'est ni un beuglement, ni un bêlement, ni un hennissement, mais plutôt un grognement de Cochon ; elle est seulement plus basse et moins étendue. Le mâle se fait entendre bien plus rarement que la Vache ou le Veau.

On sait que la Vache met bas un seul petit, qui est aussi vif, aussi agile que sa mère et qui, dès sa naissance, peut l'accompagner même dans les chemins les plus difficiles.

Les Yacks, dit Radde, même les nouveau-nés, couchent tous sur la neige.

Chasse. — On chasse beaucoup le Yack pour se procurer ses poils; on le poursuit avec des Chiens, on le tue à coups de flèches. Si l'animal n'est que blessé, le chasseur est en danger, car cet animal fort et vigoureux est en même temps très agile et courageux.

Captivité. — On ne peut apprivoiser que les jeunes, les vieux restent indomptables.

Il vit en bonne harmonie avec les autres Bovidés. On le trouve dans l'Altaï, le Ladak, le Thibet, le nord de la Chine, la Mongolie et la Tartarie. Il ne peut vivre que dans les régions froides et élevées, la chaleur le tue : donc pas au-dessous de 2400 mètres.

Domestication. — Le Yack domestique est plus petit que le sauvage et sa couleur est très variable; beaucoup sont blancs ou tachetés.

Pour les Thibétains, le Yack est un animal des plus utiles. Il leur sert de bête de somme et de selle, quoiqu'il ne soit pas fort obéissant, et leur fournit sa chair et son lait. Il ne se laisse approcher et soigner que par les gens qu'il connaît. Il marche la tête baissée en faisant aller sa queue de côté et d'autre, mais dans les endroits dangereux nul autre animal n'est plus tranquille et n'a le pied plus sûr, et même là il peut porter facilement de 100 à 125 kilogrammes à travers les rochers et les champs de neige les plus dangereux, à une altitude de 3000 à 5000 mètres, et, malgré la raréfaction de l'air, il s'y meut avec la plus grande sécurité.

Moorcroft en a vu sauter en bas de parois rocheuses de 3 mètres et même de 13 mètres de hauteur sans se faire de mal.

Les Mongols s'en servent aussi comme bête de transport et de somme; dans certaines contrées, d'après Gérard, ils lui font traîner la charrue.

Produits. — La viande du Yack est excellente; celle des vieux animaux est bien un peu dure, mais celle des jeunes est plus délicate. Le lait est crémeux et aromatique. De la peau, on fait du cuir, des courroies; des poils, on fait des cordes. Mais la partie la plus précieuse de l'animal est la queue, qui est devenue l'emblème de la guerre. Les queues blanches surtout sont très estimées; elles proviennent des Yacks domestiques, sous le nom de *chawris*; elles servent de chasse-mouche.

Le YACK MUET (*P. mutus* Pjewalsky) a été signalé en 1883 par le voyageur Pjewalsky dans le Thibet septentrional et oriental, dans les monts Nanchan, au nord du lac Koukou Nor.

LES BISONS

Les Bisons (*Bison* H. Smith, 1825) sont les représentants d'un groupe de Bovidés caractérisé par un corps ramassé et fort, une tête énorme, un front court, long et bombé, des cornes petites (0ᵐ,50), rondes, dirigées en avant, puis recourbées en haut; elles sont très écartées, car elles sont insérées sur les orbites. Le garrot forme une sorte de bosse, d'où la ligne du dos s'incline lentement vers l'arrière.

L'avant-train paraît d'autant plus fort que la tête, le cou, le poitrail, les épaules, le garrot et la portion supérieure des membres sont couverts d'une sorte de crinière brun foncé, qui sur le dos se prolonge jusqu'a la racine de la queue. Toute cette épaisse toison tombe en été par mèches et est remplacée par un poil court couleur de souris, qui laisse voir la peau. La queue, moyenne, est pénicillée. Trente-deux dents :

$$i\,\frac{o}{4},\; c\,\frac{o}{o},\; pm\,\frac{3}{3},\; M\,\frac{3}{3}.$$

Ce genre ne comprend que deux espèces actuelles : le Bison d'Europe et le Bison d'Amérique, très voisins l'un de l'autre. On a trouvé plusieurs espèces fossiles : le Bison des monts Siwalick (*B. sivalensis*) dans l'Inde et à Java, le Bison ancien (*B. priscus*) en Europe et en Asie, et diverses autres (féroce, d'Allen, à front large) en Amérique. Les auteurs admettent que l'énorme Bison à front large ou le Bison antique du nouveau continent et le Bison ancien de l'ancien monde sont les souches des deux espèces actuelles.

LE BISON D'EUROPE (*). — Le Bison d'Europe (*B. bonasus* L.) est plus fort que le Bœuf. C'est le *Wisent* des Allemands, le *Subr* des Polonais et le *Bonasus* de Pline. Au xvi* siècle, les naturalistes l'ont confondu avec un autre Bovidé qui habitait côte à côte avec lui et lui ont donné le nom d'*Ur*, d'*Aur*, ou d'*Aurochs* (Auerochs), nom qu'il est nécessaire d'abandonner. Ce dernier était un Bœuf sauvage de la Germanie (*Bos primigenius*) noir, sans crinière, tout différent du Bison.

Caractères. — Ce Bison, le plus grand des animaux sauvages d'Europe, ne paraît pas aussi massif que son frère d'Amérique, mais il est de taille un peu plus élevée (1^m,80) et plus large aux hanches, et son train postérieur est plus vigoureux. La queue et les cornes sont plus grandes, et ces dernières sont plus recourbées, le front est moins bombé, l'avant-train couvert de poils moins nombreux et moins longs, la queue est moins touffue.

En été, le pelage est moins allongé, moins épais, luisant et brun châtain clair tirant sur le gris fauve ; en hiver, il est long, laineux, brun foncé, plus clair aux épaules et sur les côtés du cou et plus foncé aux pieds. La barbe, les joues, la touffe de la queue sont toujours d'un brun noir, le bout du museau est blanc jaune. Les nouveau-nés sont brun châtain clair, à poil mou et court. Le mâle diffère de la femelle par sa taille plus grande (3^m,5o de long), par sa tête plus forte, son front plus large, ses cornes plus courtes. En 1555, on tua en Prusse un mâle qui avait 2^m,163 de haut, 4^m,017 de long, et qui pesait 952 kilogrammes. Il n'existe plus de pareils géants.

Habitat. — Ces animaux ne vivent plus que dans l'immense forêt de Bielowisca, qui a 12 lieues de long et 10 de large, et qui est isolée au milieu d'une vaste plaine, ainsi que dans le jardin zoologique annexé, et la forêt de Swisslotsch qui lui est reliée. Des ordres sévères ont été donnés pour empêcher leur destruction, et l'on ne peut s'emparer de l'un d'eux sans un ordre du tsar.

(*) Pl. LIX. — Le Bison d'Europe (Planche, p. 328).

Dans le Caucase, on en trouve aussi quelques troupeaux vivant à l'état sauvage, surtout au voisinage des sources du Térek et du Kouban, sur le versant nord de la chaîne, près de l'Elbrouz. Bien qu'ils se tiennent à une assez grande hauteur, leur pelage est moins épais qu'en Pologne.

Pendant la période quaternaire, il n'était pas rare en Sibérie, peut-être même dans l'Alaska, mais surtout en Europe, en Allemagne, en Suisse, en Italie, en France et en Angleterre. La forme fossile a été décrite sous le nom de *Bos priscus*, mais elle en diffère peu.

Actuellement c'est la Lithuanie (gouvernement de Grodno) qui lui offre son dernier asile en Europe.

Mœurs. — Le Bison, qu'il ne faut pas confondre avec l'Aurochs disparu en tant qu'animal sauvage, mais se retrouvant chez les Bœufs domestiques, est un habitant des forêts marécageuses. Pourtant, en hiver, il préfère les parties élevées et sèches. Les jeunes vivent réunis en troupeaux de quinze à vingt individus en été, et de trente à quarante en hiver, dans un domaine fixe. Deux troupeaux voisins ne vivent pas en bonne harmonie, mais par contre jamais on ne constate de querelle dans le même troupeau. Les vieux mâles vivent solitaires, hormis pendant la période des amours.

Ces animaux paissent le matin et le soir, rarement la nuit; ils aiment les herbes, les feuilles, les bourgeons et même les écorces, en particulier celle du frêne : ils détruisent ainsi beaucoup de pieds. Ils ne touchent pas aux conifères.

Dans la forêt de Bielowisca, on leur donne du foin, sans quoi ils pénètrent de force dans les granges des fermiers voisins. L'eau fraîche et limpide leur est indispensable.

Ils ont un caractère vif et gai, qui les porte à jouer avec leurs semblables. Leur lourdeur n'est qu'apparente, leur pas est accéléré, leur galop pesant mais rapide, et, pendant ce temps, l'animal baisse la queue et lève la tête. En été, il fuit devant l'homme inoffensif, mais en hiver, s'il s'empare d'un chemin, on doit attendre qu'il lui plaise de le quitter. Très sauvage et indépendant, sa colère est terrible et peut être provoquée par la moindre chose. Il allonge alors une langue bleuâtre, roule des yeux farouches et se précipite sur l'objet de sa fureur. Quand il est poursuivi, il peut être dangereux pour le chasseur de se trouver sur son chemin. Les jeunes sont toujours plus timides. Les vieux solitaires, loin d'éviter l'homme, recherchent sa présence, se précipitent sur les traîneaux, les renversent en quelques coups de cornes ou effrayent les Chevaux.

En août, ils sont bien en forme, gras et vigoureux. C'est la saison des amours. Les Taureaux déracinent les arbres ou se livrent des combats furieux, et quoique leur front résiste fort bien aux chocs, il peut arriver que les jeunes succombent sous les coups des vieux solitaires.

La femelle met bas en mai ou juin, dans un fourré isolé et tranquille. Il est alors dangereux de s'en approcher, car si elle sait défendre son petit avec le plus grand courage, elle peut très bien, sans motifs, se précipiter sur son adversaire, le renverser et le déchirer à coups de cornes. Au bout de quelques jours le petit suit sa mère, qui le soigne et le lèche avec sollicitude. Elle l'allaite en se tenant sur ses pattes, afin de mieux lui présenter son pis.

Les jeunes, gais et agréables, ont une croissance lente : ils ne sont adultes qu'à huit ou neuf ans et vivent trente à cinquante ans. Les Vaches meurent dix ans plus tôt. Ces animaux deviennent aveugles en vieillissant et perdent leurs dents.

Les adultes savent parfaitement se défendre contre leurs ennemis, Ours et Loups. Seuls les Veaux, quand la mère est morte, peuvent être dévorés. Les Loups affamés arrivent à se rendre maîtres d'un Bison s'ils sont plusieurs et s'ils l'ont lassé par une longue poursuite. On raconte que trois Loups s'associent pour cette chasse : l'un d'eux attire l'attention du Ruminant en sautant de côté, tandis que les deux autres cherchent, par derrière, à le mordre au ventre. Cette histoire paraît douteuse, car un Bison assommerait facilement, d'un seul coup de pied, un Loup qui l'aurait mordu.

Chasse. — Au temps de César, il vivait encore dans la Germanie et la Belgique. Les *Niebelungen* en font mention dans les Vosges, et à l'époque de Charlemagne on le signale dans le massif du Harz et en Saxe. Jusqu'en 1500, il paraît avoir été commun en Pologne, et en 1534, ces animaux étaient si nombreux à Girgau, dans la Transylvanie, que plusieurs paysans furent tués par un troupeau de Bisons et qu'on dut faire de grandes chasses pour en diminuer le nombre. La statistique des animaux tués dans ses chasses par l'électeur Sigismund, de 1612 à 1619, n'indique que 42 Bisons sur 11 861 pièces.

C'était un gibier considéré comme royal, aussi les rois et les nobles de Pologne et de Lithuanie s'occupèrent-ils de sauvegarder son existence. On en voyait dans les parcs, à Ostrolenka, à Varsovie, à Zamosk, etc. Mais bientôt ils furent refoulés de plus en plus par la mise en culture des terres et, au début du xviiᵉ siècle, dans la Prusse orientale, on n'en trouve plus que quelques-uns dans les forêts situées entre Labiau et Tilsitt, où les forestiers en prenaient soin et les nourrissaient en hiver sous un hangar ouvert. Très rarement on en prenait un, et encore était-ce pour un cadeau à une cour étrangère. Mais au commencement du xviiiᵉ siècle une épizootie enleva la plupart de ces animaux, et le dernier, en 1755, tomba sous la balle d'un braconnier, au mépris de la protection qu'on leur accordait depuis longtemps.

Les Bisons de la forêt de Bielowisca auraient probablement eu le même sort si les rois de Pologne, et plus tard les empereurs de Russie, ne les avaient pris spécialement sous leur haute protection. Pourtant l'histoire parle d'une chasse faite le 27 septembre 1752, par Auguste III, roi de Pologne, avec deux ou trois mille rabatteurs, où il en fut tué soixante, dont vingt par la reine, sans qu'elle interrompît la lecture d'un roman, car les bêtes, chassées au sommet d'un V, étaient occises facilement et sans danger, depuis une estrade où se trouvaient le roi, la reine et leurs invités.

Depuis cette époque on en entendit si peu parler, qu'en 1822, un naturaliste

- Pl. LVIII. — L'Yack grognant (texte, p. 323).
  Pl. LIX. — Le Bison d'Europe (texte, p. 326).

mettait en doute leur existence. C'est par un ukase du 10 septembre 1802 qu'Alexandre Ier de Russie a interdit la chasse de ces animaux. En 1821, la colonie de Bielowisca comptait 732 individus, et encore en y comprenant 55 animaux vivant dans des forêts particulières voisines. En 1826, il y en avait de 700 à 800; en 1830, 800; en 1831, après la révolution polonaise, le troupeau ne comptait plus que 660 individus. Depuis cette époque on les a comptés régulièrement presque toutes les années. Jusqu'en 1857, leur nombre atteignit 1900, pour diminuer rapidement à partir de 1858 jusqu'en 1872, où le nombre tomba à 530. De 1873 à 1882, ce nombre augmenta légèrement et s'éleva à 600, et depuis 1882 jusqu'en 1892, malgré toutes les mesures de protection, il est descendu encore de 100 unités.

On peut se demander quelle est la cause de cette diminution. Ce n'est pas la chasse, puisque de 1832 à 1860, on n'en tua que vingt pour les collections zoologiques ; en 1860, une chasse impériale en détruisit dix-huit, dont huit Taureaux et dix Vaches. De 1861 à 1872, seulement trois, et de 1873 à 1892, quinze. Et en 1894, dans une chasse, on en tua deux. Par conséquent, en soixante ans, le nombre détruit a été infime.

Les grandes chasses, avec traqueurs et Chiens, ont évidemment fait beaucoup de mal aux troupeaux, en troublant la quiétude et le repos des Bisons, en les échauffant et provoquant des refroidissements après l'ingestion d'eau froide, et en amenant la mort des Bisonneaux par excès de fatigue.

Les braconniers, de 1875 à 1892, n'en ont tué que trente-six. Les Carnassiers, Ours, Loups, Lynx, sont peu nombreux. Depuis 1872, on n'en cite aucun qui ait été dévoré par un Ours, et, jusqu'en 1892, seulement dix par les Loups. Aucune épizootie ne les a visités, seuls quelques individus ont été victimes de la douve du foie.

La cause de la diminution doit être cherchée ailleurs. Elle réside évidemment plutôt dans de mauvaises conditions d'existence. Leur race est atteinte de dégénérescence. La taille a diminué notablement. Jadis les Taureaux de 1 000 kilogrammes n'étaient pas rares, actuellement les plus gros ne dépassent pas 600 kilogrammes. Un autre fait qui prouve la dégénération, c'est la diminution de la fécondité des Bisonnes, qui arrivent parfois à l'âge de dix ou douze ans avant d'avoir vêlé, et pourtant elles sont capables de se reproduire à cinq ans : ces animaux ont leur taille vers six ans. De plus, les Vaches ne mettent bas que tous les trois ans, et encore elles manquent de lait pour leurs nourrissons qui meurent souvent de faim. Ces faits prouvent donc un abâtardissement de la race, par suite de mauvaises conditions d'existence, dans la forêt de Bielowisca. C'est à peine si l'élevage est possible dans quelques jardins zoologiques, et les expériences du prince de Pless ne sont pas pour encourager. Les quatre animaux, un Taureau et trois Vaches, qu'il introduisit dans ses forêts en novembre 1865, étaient devenus, vingt ans après, en 1885, six Taureaux, quatre Vaches et deux Veaux, mais en 1889 la colonie ne consistait plus qu'en quatre Taureaux et quatre Vaches, et en 1895 il n'y avait plus que cinq animaux. Pour infuser un sang nouveau à sa colonie, il fit introduire cette année-là un Taureau de quatre ans et quatre Vaches venant directement de Lithuanie. Cette infusion de sang nouveau sera-t-elle suffisante pour lutter contre la disparition, à brève échéance, du Bison de la Lithuanie? Au Caucase, où les conditions d'existence lui sont plus favorables, il paraît devoir durer encore longtemps.

LE BISON D'AMÉRIQUE (*). — Ce Bison (*B. americanus* Gm.) est le *Buffalo* des Américains.

Il ressemble beaucoup à son frère d'Europe; mais il a les jambes et la queue relativement courtes, le poitrail plus développé, l'arrière-train plus étroit et plus faible, le front plus bombé et la crinière plus fournie. Il a quatorze paires de côtes, comme celui d'Europe. Les poils de la tête retombant sur le front, la puissante barbe, son poil crépu sur le cou, l'avant-train et les jambes jusqu'aux genoux, le font paraître aussi grand que le Gaur, et le distinguent tout de suite parmi les Bovidés. Tout le reste du corps n'est recouvert que d'un pelage court et épais. Au printemps, en février, les poils tombent par flocons et la couleur devient plus claire. Cette chute finit en juin, et les poils ont repoussé sur la tête; mais le reste de la peau reste nu pendant l'été, et l'animal se trouve exposé aux piqûres des insectes, c'est pourquoi il se roule volontiers dans les marais pour se protéger par une croûte de vase. C'est du 20 octobre au 20 décembre que son pelage est dans toute sa beauté hivernale.

Un beau Taureau mesure 1^m,74 au garrot, c'est dire que la plupart restent au-dessous. Le sacrum est plus bas. Le mâle a 2^m,80 à 3 mètres de long, sans la queue qui atteint 0^m,66 avec les poils. Les cornes, plus arquées, ont de 0^m,40 à 0^m,50 de longueur et 0^m,37 de pourtour à la base.

Habitat et chasse. — Par la chasse incessante qu'on leur a faite à l'affût, à Cheval, à traque, l'aire d'habitat des Bisons s'est singulièrement réduite. Jadis, elle comprenait le tiers de l'Amérique du Nord, et s'étendait depuis les rives de l'Atlantique jusqu'aux prairies du Mississipi à l'ouest, et jusqu'au delta de ce fleuve au sud, à travers un immense territoire de forêts et les monts Alleghanys. Leur demeure habituelle se trouvait dans les plaines centrales, et de là ils se répandaient au Texas, dans les plaines brûlantes du nord-ouest du Mexique, à travers les montagnes Rocheuses, jusqu'au Nouveau-Mexique, dans l'Utah et dans l'Idaho, et au nord on les trouvait dans les plaines inhospitalières et sans arbres du Canada jusqu'au grand lac des Esclaves. La forme des bords de ce lac et de celui de l'Athabasca est considérée parfois comme une variété, à cause de sa taille plus grande et de sa couleur plus foncée (*B. athabascae*). Leur nombre était alors si grand qu'on croit qu'aucune espèce de Mammifères ait jamais pu y atteindre. Jusqu'en 1870, on ne songeait pas plus à les compter que les feuilles d'une forêt. En 1871, on signalait au Texas, sur un territoire de 100 kilomètres de long et de 50 kilomètres de large, un troupeau d'au moins 4 millions de têtes, séparé en sociétés de trente à cinquante individus, vivant entre eux. Dès que l'on prévoyait un danger, tous détalaient bientôt et se réunissaient en une masse compacte. La plaine en était colorée en noir. En chemin de fer, un voyageur dit avoir traversé un troupeau de ces Bisons pendant

---

(*) Pl. LX. — Le Bison d'Amérique (Planche, p. 336).

55 kilomètres environ, et souvent ils firent dérailler les trains jusqu'à ce qu'on se fût aperçu qu'il valait mieux attendre après leur passage. La civilisation leur fut fatale, surtout aux Bisonnes dont la chair et la peau sont plus estimées.

Jusqu'en 1830, leur nombre n'avait pas sensiblement diminué, mais ils avaient disparu de l'ouest des montagnes Rocheuses. C'est à cette date qu'on commença les hécatombes méthodiques pour se procurer leur chair et leur peau qui valaient environ 5 livres (125 francs). Le plus grand troupeau fut coupé en deux en 1869 par l'achèvement du chemin de fer transaméricain. La partie sud, évaluée à 4 millions, se tenait aux environs de Garden-City, dans le Kansas. L'établissement des voies branchées sur la ligne principale, à partir de 1871, fut le prélude d'hécatombes désordonnées au voisinage des gares, et elles furent telles qu'une seule ligne transporta plus de 700000 kilogrammes de chair et 125000 kilogrammes d'os de Bison, de telle sorte que tout le pays fut empesté par les cadavres de ces animaux. On tua plus de 50000 Bisons rien que pour avoir leur langue. Mais aussi, de 1872 à 1874, les 4 millions étaient descendus à un demi-million d'individus; les chasseurs commencèrent à s'émouvoir. L'automne de 1875 vit la fin du grand troupeau; il se trouva réduit à 10000 individus, qui se réfugièrent dans les régions les plus sauvages du Texas. En 1880, la chasse du Bison fut abandonnée comme trop peu productive, car le troupeau du sud était réduit à quelques douzaines de spécimens.

Le troupeau du nord, qui, en 1870, ne comptait qu'un million et demi d'animaux, était répandu sur un plus grand espace. Les individus qui habitaient les régions britanniques furent massacrés les premiers. Ce troupeau doit sa fin aussi à la construction d'un chemin de fer. Déjà, avant l'année 1880, époque à laquelle fut achevé le Transpacifique du nord, les Indiens Sioux, du Wyoming et du Dakota, armés de bonnes carabines, en avaient bien réduit le nombre. Mais par suite de l'augmentation du prix des dépouilles, les chasseurs arrivèrent en foule, et pendant la période de chasse d'octobre 1882 à février 1883, le troupeau fut réduit à quelques milliers d'individus disséminés et errants dans ces immenses régions, en sorte que les chasseurs de 1884 ne furent pas peu surpris de ne plus rien trouver. Un troupeau comprenant environ 300 animaux s'établit au sud de la nouvelle voie, près du Parc national des États-Unis, l'Yellowstone Park, et même dans le parc. Ce fut le salut, car tous les autres furent bientôt occis. En sorte qu'à part ces animaux et quelques petits troupeaux habitant des régions inabordables, le Bison en tant qu'animal sauvage a disparu. La plupart des jardins zoologiques en possèdent.

Mœurs. — Le Bison américain était en général un habitant des plaines ouvertes, quoiqu'aux États-Unis on distinguât une variété des bois. Il formait d'immenses troupeaux composés d'un très grand nombre de petites bandes, ayant chacune leur conducteur. Là où ils trouvaient de la nourriture et de la tranquillité, on pouvait les voir couchés au milieu de la journée. Sinon, ils quittaient les régions pour chercher de l'eau en abondance et de nouveaux pâturages. Cheminant alors à la queue leu leu et en ligne droite, ils formaient ainsi des sentiers parallèles, dits *sentiers de buffles*, de 0^m,30 de large et 0^m,15 à 0^m,18 de profondeur, dont plusieurs se réunissaient en un seul au voisinage de l'abreuvoir. Après cette visite, au lieu de retourner aux anciens pâturages, ils en cherchaient de nouveaux. Les lacs salés étaient préférés entre tous. On cite des troupeaux qui avaient 70 kilomètres de long et dont on a observé le passage en un point pendant plus de cinq jours.

Chaque année, à l'entrée de l'hiver, ces animaux effectuaient vers le sud de grandes migrations de 100 à 200 kilomètres, depuis le Canada jusqu'aux côtes de golfe du Mexique et depuis le Missouri jusqu'aux montagnes Rocheuses. Sur leur passage, on trouvait toujours quelques traînards, trop vieux, trop paresseux pour suivre la bande, ou trop méchants et que le troupeau avait expulsés de son sein. Leurs légions étaient suivies de nombreux Loups, d'Aigles, de Vautours et de Corbeaux. Au printemps, le retour vers le nord se faisait par petites bandes, qui se réunissaient à nouveau, du commencement de juillet jusqu'à la fin de septembre, époque des amours et d'une nouvelle dissociation.

Plutôt doux et craintif, quoique vif et vigoureux, il est peu prompt à se mettre en colère ; mais, alors, il oublie tout danger, et devient courageux et même méchant. Jamais il ne marche lentement, son pas est pressé, son trot vif, son galop rapide comme celui d'un Cheval, mais il décrit une ligne ondulée, en soulevant tantôt l'avant-train, tantôt l'arrière-train. Lorsqu'il est en fureur, il s'élance avec une incroyable rapidité.

Il n'hésite jamais à se jeter à l'eau, car il nage fort bien et longtemps. Clark en a vu traversant le Missouri, là où la largeur de ce fleuve était au moins de 2 kilomètres. Ils avaient pris la file indienne.

Sa voix est un sourd mugissement qui s'entend de loin ; le bruit d'un troupeau pouvait ainsi être comparé au roulement du tonnerre et pouvait s'entendre à plus de 6 kilomètres de distance. Jadis, en été, son état de santé était excellent, car il se nourrissait de l'herbe succulente des prairies ; mais en hiver, il devait se contenter de quelques maigres pousses, de feuilles et d'herbes desséchées, de lichens et de mousses. Il était très sobre. Mais pour lui l'hiver était le plus terrible des ennemis, bien qu'il fût protégé contre le froid par son épaisse toison. Seulement le tapis de neige l'empêchait pendant des semaines de trouver sa nourriture, ses réserves de graisse s'épuisaient et, la fatigue survenant, il s'abandonnait alors avec résignation à son malheureux sort, se couchait et se laissait ensevelir sous la neige. D'autres périssaient en brisant la glace sous leurs rangs serrés, car les premiers ne pouvaient retourner en arrière, poussés qu'ils étaient par ceux qui suivaient.

C'est pendant le dégel qu'ils sont le plus exposés ; leurs pattes profondément enfouies dans la neige les livrent sans défense aux Indiens. Dans les tourmentes, il fait face au vent, au contraire des Bœufs. Ses organes des sens sont bien développés, mais les poils qui entourent sa tête l'empêchent de bien voir.

C'est au moment des amours que les Taureaux se livrent des combats terribles, mais non mortels. On voit les adversaires frapper du pied, mugir, baisser et agiter la tête, lever la queue en fouettant l'air et se précipiter avec fureur l'un contre l'autre. Mais le crâne, épais, protégé par une épaisse cloison, supporte facilement le choc, et les cornes sont trop courtes pour faire des blessures mortelles. S'il n'a pas d'adversaire, le Bison s'en prend au sol, il le fouille avec ses pieds, rejette la terre en l'air avec des mottes de gazon et finit par creuser une dépression, assez profonde. D'autres venant continuer son œuvre, il se forme bientôt, par infiltration, une baignoire dans laquelle le Bison peut se vautrer à son aise pour se rafraîchir et se défendre contre les piqûres des insectes. Pendant cette période, il répand une odeur de musc très accentuée.

Les femelles mettent bas un petit en avril, en mai ou en juin. Elles choisissent un gros pâturage où elles demeureront longtemps avec leurs petits. Les Bisonneaux sont gais, vifs, très joueurs, aimant à gambader et à s'agacer. Les mères leur donnent les soins les plus tendres et les défendent même courageusement. Pendant les deux premiers mois, ils sont jaune brun, et à ce moment commence à apparaître la crinière des adultes. A la fin de la première année, les cornes ont $0^m,10$ à $0^m,15$ de long, et ont la forme de cylindres pointus qui vers la quatrième année commencent à se courber. Elles sont d'un noir brillant, puis deviennent grises par rejet des couches externes et de la boue. Avec l'âge, les couches s'exfoliant de plus en plus à la pointe, la corne devient courte, épaisse et obtuse, et d'autant plus laide que le Taureau est plus âgé. A trois ans, les génisses peuvent se reproduire.

Captivité. — Leur intelligence peut se développer par l'éducation. A la longue, ils montrent un certain attachement à l'homme qui les traite bien, et apprennent à connaître leur gardien. Le mâle est d'humeur toujours plus farouche que la femelle. La plupart des jardins zoologiques en possèdent.

Les jeunes Bisonneaux se laissent facilement apprivoiser. Les adultes se reproduisent en captivité, et les Taureaux donnent avec les Vaches domestiques des produits féconds qui ont servi à constituer une race locale et à infuser du sang de Bison aux troupeaux de Bœufs du nord-ouest des États-Unis, ce qui leur donne une résistivité beaucoup plus grande contre les tempêtes de neige et la rudesse du climat.

Usages et produits. — La viande séchée servait à fabriquer le *pemmican*, si apprécié des voyageurs. La langue était très estimée, ainsi que la chair du Veau et de la Vache.

De la peau, les Indiens faisaient de chauds vêtements, des tentes, des couvertures, des garnitures de canots, des selles, des ceintures ; avec les os, ils faisaient des harpons, des couteaux à scalper ; avec les tendons, du fil et des cordes d'arc ; avec les crins du cou et de la tête, des cordes ; avec les queues, des chassemouches. Le fumier séché était leur combustible (bois de Vache des voyageurs). Chez les Européens, le cuir était estimé, quoique un peu poreux, et la fourrure était excellente.

La toison, qui pèse 4 kilogrammes, fournit une laine qui peut se travailler comme celle du Mouton, pour faire des étoffes chaudes et solides.

Jusqu'en 1875, le nombre qu'on tua chaque année peut être estimé à 500 000, ce qui fait un revenu annuel de plus de 62 millions de francs.

LES BUFFLES

Caractères. — Les Buffles (*Bubalus* H. Smith, 1827) se rapprochent des vrais Bœufs.

Ils ont le corps ramassé, les jambes épaisses et vigoureuses, le mufle large, le front bombé et court, les oreilles grandes, une queue moyenne terminée par un pinceau. Leurs cornes, insérées aux angles postérieurs du crâne, sont rugueuses, annelées, comprimées à leur base et arrondies à la pointe. Le pelage est dur, peu épais, presque entièrement noir et diminue tellement d'épaisseur avec l'âge que la peau devient presque nue.

Habitat. — Ce sont des animaux de l'Asie et de l'Afrique, qui se trouvent aussi à l'état domestique en Europe.

LE BUFFLE DE LA CAFRERIE. — Le Buffle de la Cafrerie (*B. caffer* Sparm.) est le plus grand, le plus fort, le plus lourd et le plus sauvage de tous les Buffles.

Caractères. — Il se distingue par des particularités de la tête, du crâne, des cornes et du pelage. La tête courte a un mufle très élargi et montre au-dessous du coin de l'œil une dépression particulière. Les oreilles longues, pendantes (0ᵐ,30), sont couvertes de poils épais et longs à leur bord inférieur.

Les cornes s'allongent de plus en plus. Elles sont remarquables par la disposition de leurs bases, qui sont élargies, renflées et très rapprochées, en sorte qu'elles forment au-dessus des yeux une sorte de coiffure protectrice. Recourbées d'abord en arrière et en bas, elles se dirigent ensuite en dehors et en haut puis en dedans, de telle sorte que leurs pointes sont convergentes.

Les poils, excepté aux oreilles et au bout de la queue, sont très clairsemés et ne sont abondants, chez les vieux Taureaux, que sur la tête et aux jambes. Les Vaches et les Veaux sont plus poilus. La couleur des mâles est noire, celle des femelles et des petits est d'un brun foncé lavé de roux.

Les vieux mâles atteignent 1ᵐ,42 au garrot, 2ᵐ,45 de long pour le corps, 0ᵐ,80 pour la queue. Les cornes, mesurées sur leur convexité, ont 0ᵐ,90, et l'envergure des deux est de 1ᵐ,45. Chez les variétés qui préfèrent les forêts, l'envergure est plus grande et la couleur plus foncée.

Habitat. — Son aire d'habitat comprend toutes les régions situées du lac Victoria Nyanza au fleuve Orange et à l'Angola. Il descendait jadis jusqu'aux environs du cap de Bonne-Espérance. La forme du Nord, de l'Abyssinie, du Kordofan, du Soudan, qui lui est très apparentée, a un corps moins massif, des cornes moins épaisses et plus écartées à la base ; aussi la distingue-t-on sous un nom spécial, Buffle équinoxial (*B. æquinoctialis* Blyth).

Le Buffle central (*B. centralis* Gray) du Soudan occidental et de la Guinée supérieure paraît se rapprocher plutôt du Buffle nain.

Mœurs. — Là où les balles européennes n'ont pas décimé ces animaux, on en voit souvent des troupeaux de 50 à 200 ou même 300 individus ; Cumming en vit de 600 à 800 têtes ; les vieux vivent solitaires ou par deux, trois ou quatre ; ils sont plus dangereux que les autres.

Ils se rendent à l'abreuvoir au coucher du soleil, pour prendre leur bain et boire, puis ils pâturent jusqu'à minuit et ils se reposent jusqu'au matin. Après une légère collation et un retour à l'abreuvoir, ils se rendent dans leur lieu de repos, élevé et venté autant que possible en été, et ombragé par deux ou trois arbres, tandis qu'en hiver ils choisissent un fourré. Pendant toutes les

Le Buffle de la Cafrerie.

allées et venues, les petits troupeaux de Taureaux sont moins prudents que les grandes troupes de Vaches et se laissent approcher de plus près.

Les mâles se livrent fréquemment de terribles combats. L'animal ne lève pas la queue en l'air, ni ne baisse la tête. Il place sa tête horizontale en ramenant ses cornes sur le dos et il ne l'abaisse que lorsqu'il va frapper l'adversaire. Si l'un d'eux tombe sur les genoux, le plus fort le frappe au cou et le blesse griè- vement avec les cornes. Ils sont si agiles et courent si vite, qu'il faut en plaine un bon Cheval pour échapper à la poursuite de l'un d'eux.

Quoi qu'on en ait dit, le Buffle n'est pas le plus dangereux animal du sud de l'Afrique, car si les accidents cités sont nombreux, c'est qu'il est le gibier le plus commun. Un Buffle non blessé n'attaque l'homme que rarement, mais par contre, l'animal blessé est aussi dangereux et rusé que possible. Aussi ne faut-il les poursuivre qu'avec précaution, car ils se cachent dans les fourrés et y attendent leur adversaire. Les nombreux troupeaux que Livingstone eut l'occasion de voir dans le sud de l'Afrique étaient accompagnés de leur ami, l'Oiseau des Buffles ou Pique-Bœuf (*Buphaga*) qui se tient toujours auprès d'eux, les délivre de leur vermine et qui, en s'envolant tout à coup, les avertit de l'approche d'un danger. Dans le nord, c'est un petit Héron à plumage blanc (*Ardeola bubulcus*) qui leur rend ce même service.

La femelle met bas un seul Veau en janvier, février ou mars. Elle le cache dans les hautes herbes et s'isole du troupeau pendant les dix premiers jours environ. La croissance est assez lente, mais, si une balle malencontreuse ou un Lion malintentionné ne vient mettre un terme à son existence, l'animal peut atteindre l'âge de trente ans.

Chasse. — Dans la forêt ils suivent les chemins des Éléphants, des Rhinocéros, ou se frayent à eux-mêmes une voie grâce à leurs cornes fortes et solides. La piste du Buffle ressemble à celle du Bœuf; les sabots des vieux mâles sont très écartés, ceux du jeune au contraire très rapprochés. La piste de la femelle est plus longue, plus étroite, plus faible que celle du mâle. Le chasseur suit ces animaux quand le soir ils se rendent en plaine. La nuit, ils errent hors des bois, où ils retournent le jour; on peut donc les suivre hors de la forêt et les approcher de très près. Le chasseur est averti de leur voisinage par leurs traces toutes récentes. Il est nécessaire d'attendre que l'animal trahisse sa présence par quelque bruit, car il a l'habitude de se tourner et de se retourner longtemps avant de se coucher pour se reposer. Il faut alors atteindre le mâle dans l'étroit espace qui sépare les deux cornes, tandis qu'une balle au front ou derrière les oreilles tue toujours la femelle.

Le capitaine Drayson raconte qu'il connaît un Cafre qui expérimenta lui-même la force et la ruse du Buffle. Étant en chasse, il rencontra un vieux solitaire et le blessa. Le Buffle prit la fuite. Le Cafre, croyant l'avoir blessé mortellement, le suivit sans prendre aucune mesure de prudence. Il avait fait une centaine de pas et examinait soigneusement la piste, quand tout à coup il entend du bruit derrière lui et reçoit en même temps une coup furieux qui le fait voler en l'air. Heureusement pour lui, il retomba sur des branches entrelacées, ce qui le sauva. Le Buffle calmé, et convaincu que sa victime lui avait échappé, disparut dans la forêt. Le Cafre avait deux ou trois côtes cassées; il se traîna péniblement jusque chez lui, et abandonna pour toujours la chasse au Buffle.

Un chasseur renommé du Natal, du nom de Kirkmann, lui raconta aussi qu'un jour, ayant blessé un Buffle, il allait l'achever, quand l'animal poussa un cri de douleur. D'ordinaire le Buffle reste silencieux, même quand il est blessé, mais ce cri était un signal pour le troupeau, car aussitôt les Buffles cessèrent de fuir et vinrent au secours de leur compagnon blessé. Kirkmann jeta son fusil et courut vers un bouquet d'arbres dont heureusement les branches inférieures étaient assez basses. Il était hors d'atteinte quand le troupeau furieux arriva au pied de l'arbre et l'entoura. Lorsqu'ils eurent vu que leurs efforts étaient vains, les Buffles se retirèrent.

Pl. LX. — Le Bison d'Amérique (texte, p. 33o).

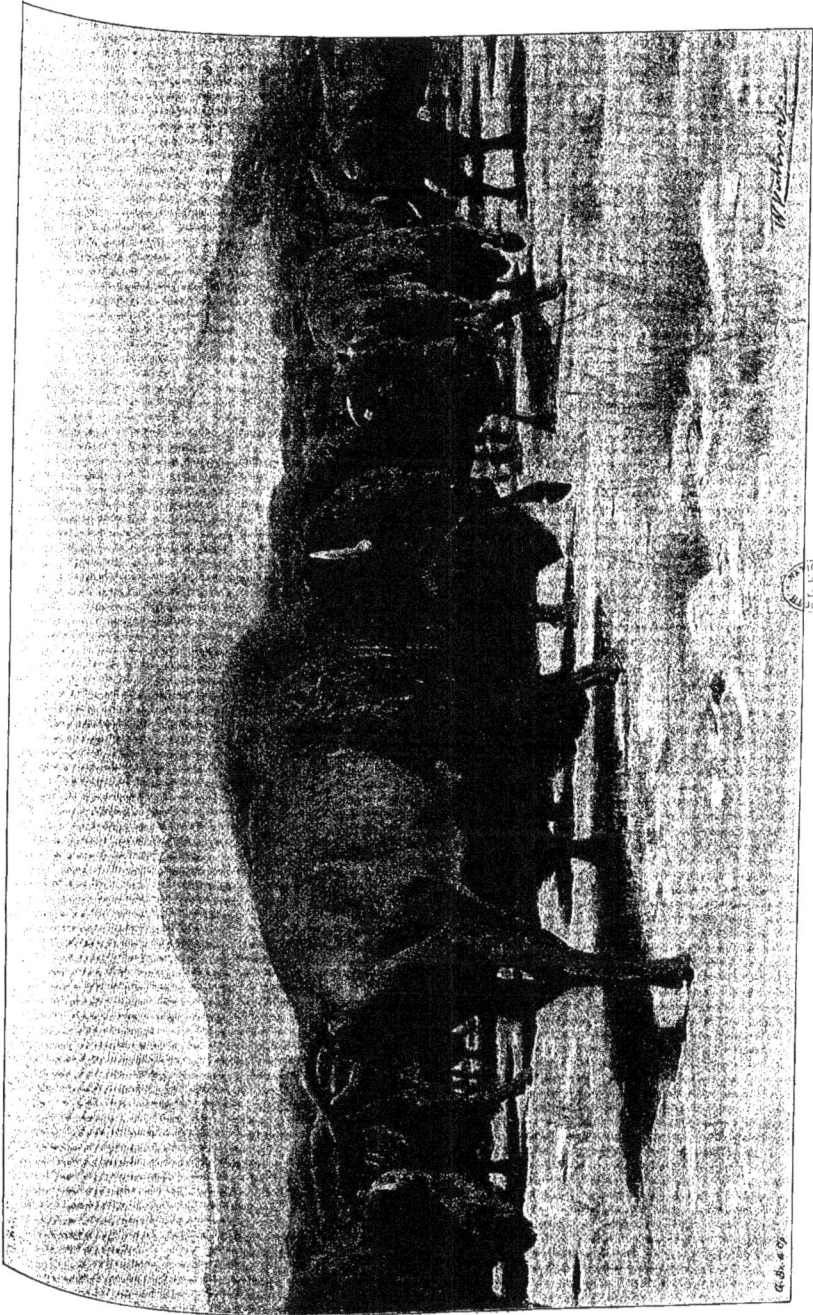

Au bord du lac Tchad, un Buffle blessé fondit sur les gens d'Édouard Vogel, en blessa un dangereusement et tua deux Chevaux. Un autre, se trouvant par hasard au milieu d'une caravane, renversa un Chameau et le blessa grièvement. Tous les voyageurs sont unanimes dans leurs récits pour nous peindre cet animal comme ardent à la vengeance, rusé et méchant.

Captivité. — C'est de Heuglin qui rapporta du Khordofan le premier Buffle de Cafrerie vivant en Europe. C'était un Veau qui devint tellement doux qu'il se laissait toucher non seulement par Heuglin, mais encore par les étrangers.

LE BUFFLE BRACHYCÈRE. — Le Buffle brachycère ou nain (*B. pumilus* Turton) habite des régions distinctes où l'on ne trouve pas d'autres espèces de ce genre ; c'est le Niari des indigènes et la Vache des buissons des Européens.

Caractères. — Il est de taille plus petite que le Buffle de la Cafrerie, ses cornes sont moins massives, son pelage est plus fourni, mais plus clair, car il est jaune ou roux, rarement brun ou noir. Ses deux variétés se distinguent par la forme des cornes. Celle du Congo porte des cornes planes se touchant à la racine, avec une pointe aiguë dirigée en haut et en dedans. L'autre, plus petite, a des cornes peu aplaties, séparées à leur base et recourbées une fois.

Comme il y a dans le centre de l'Afrique des animaux qui se laissent difficilement distinguer soit du Buffle nain, soit de la variété septentrionale du Buffle du Cap, on les regarde comme appartenant à l'espèce du Cap. Les types intermédiaires ne sont que des hybrides.

Mœurs. — Le Buffle brachycère habite les plaines et les montagnes, et paraît être assez fréquent. Il court presque aussi vite qu'une antilope, et sans chiens, il est impossible de le faire sortir des fourrés.

LE BUFFLE DE L'INDE. — Le Buffle de l'Inde (*B. bubalus* L.) ne se distingue ni par sa stature ni par sa couleur du Buffle domestique. Le corps est un peu allongé, arrondi, le cou épais sans fanon et lisse ; la tête est plus courte et plus large que celle du Bœuf ; le museau est large et le front plat, les jambes fortes, ainsi que les sabots, et la queue longue. Les yeux petits ont une expression sauvage et méchante, les oreilles longues et larges portent intérieurement des touffes de longs poils. Les cornes sont noires, longues et fortes, assez épaisses et larges à leur base, puis amincies et terminées par une pointe obtuse. Dans leur première moitié elles sont marquées de rugosités transversales, tandis que leur pointe et leur face postérieure sont lisses. Assez rapprochées à leur base, elles se dirigent en bas et en dehors, puis en haut et en arrière. Leur extrémité est recourbée vers le haut, puis en dedans et en avant. D'abord triquètres, leur dernier tiers seul est arrondi. La femelle a quatre trayons placés presque sur une ligne transversale. Les poils sont rares, raides et la robe est d'un gris noir foncé ou noire. Les individus blancs ou tachetés sont rares. La hauteur est de 1^m,27, la longueur du corps 2^m,92, celle de la queue 1^m,19. Les cornes mesurées sur leur convexité peuvent atteindre 2 mètres de long, et même plus chez les femelles. D'après Blanford, le mâle est l'*Arna* et la femelle l'*Arni*.

Pl. LXI. — Le Kérabau (texte, p. 339).

D'après la forme des cornes, suivant qu'elles sont droites ou plus arrondies, on distingue deux races, sans territoires spéciaux. Pourtant, dans l'Assam supérieur, on compte une variété très nette qui se reconnaît non seulement à sa couleur, mais à la forme de son crâne et qu'on appelle Buffle fauve (*B. b. fulvus*).

Habitat. — L'aire d'habitat du Buffle sauvage est plus vaste que celle du Gaur. Il habite les plaines du Brahmapoutre et du Gange, depuis l'est de l'Assam jusqu'à Tirhut et dans le Teraï jusqu'à Rohilkund à l'ouest. Au nord, il se tient dans les plaines voisines de Midnapour et d'Orissa, celles des provinces centrales, et au sud jusqu'à Godaveri et au fleuve Pranhita, et peut-être plus au sud. Il manque dans la partie occidentale et méridionale de l'Inde,

Le Buffle domestique de l'Inde.

quoiqu'il soit fréquent dans le nord de Ceylan. Le Buffle domestique se trouve dans les mêmes régions et, depuis le vi^e siècle, il est même employé en Italie.

Mœurs. — Il vit dans les plaines et les marécages, rarement dans les forêts. Ses troupes sont composées de 5o individus et plus, qui ne mangent que de l'herbe et paissent le matin et le soir, tandis que le jour, ils se reposent dans les hautes herbes ou dans les marais. En effet, ils aiment beaucoup l'eau, on les trouve dans les endroits les plus marécageux, où ils cherchent leur nourriture au milieu des roseaux. Ils se contentent des fourrages les plus mauvais que ne veulent pas les autres animaux. Leurs mouvements sont lourds, mais énergiques et soutenus longtemps. Ils nagent à merveille, et se tiennent pendant la chaleur du jour dans l'eau en ne laissant passer que le bout du museau.

L'ouïe et l'odorat sont leurs sens les plus parfaits, la vue est mauvaise, la voix est un sourd mugissement Le Buffle ne le cède à aucun autre Bovidé sauvage en fureur et en rage ; même captif, son naturel n'est pas dompté. Il ne craint pas le voisinage de l'homme et fait beaucoup de ravages dans les plantations. On a vu un Taureau ou une troupe prendre possession d'un champ et en chasser le propriétaire. Un Buffle blessé ou un mâle isolé attaquent fréquemment l'homme, même s'ils ne sont pas provoqués, tandis qu'un troupeau courant sus à l'importun, le menace à faible distance, mais ne l'attaque pas, si l'homme ne se sauve pas. Son courage est tel qu'il ne craint pas l'Éléphant et qu'un troupeau se jette sur le Tigre et suit sa piste avec fureur. Johnson raconte qu'un Tigre attaqua le dernier homme d'une caravane. Un berger qui gardait des Buffles aux environs accourut à son secours et blessa le Carnassier d'un coup de sabre. Celui-ci abandonna sa première victime et fondit sur le berger, mais les Buffles, dès qu'ils virent leur maître en danger, se précipitèrent sur le Tigre, se le lancèrent mutuellement à coups de cornes, comme on lance une balle, et le tuèrent.

Pour les princes hindous, les combats du Tigre et du Buffle sont le divertissement le plus noble et le plus intéressant. Voici comment de Goertz raconte un de ces combats :

L'empereur de Solo était assis sur son trône, environné d'une trentaine de dames de la cour, de trois de ses femmes, de ses princes, du gouverneur hollandais, de quelques Européens invités. Devant lui était une forte cage d'environ 5 mètres en hauteur et en largeur et dans laquelle se trouvait un Buffle vigoureux. Près de la cage était une caisse, renfermant un Tigre qui en sortit en poussant un grognement terrible, et qui fut salué par une musique assourdissante. Ce Tigre, cherchant à éviter les coups de corne du Buffle, lui sauta plusieurs fois à la nuque et le blessa grièvement ; mais chaque fois le Buffle le poussant fortement contre les parois de la cage lui faisait lâcher prise. La cage était exprès étroite pour que le Buffle pût sortir victorieux de la lutte, car pour les Japonais, cet animal est leur emblème, tandis que le Tigre représente les Européens. Une fois un gouverneur fit construire une grande cage, le même jour un Tigre y tua trois Buffles, mais les Japonais le pendirent. Cette fois le Buffle tua le Tigre et en blessa un autre dangereusement.

Outre le Buffle fauve, on distingue encore deux variétés : l'*Arni* et le *Kérabau*.

L'Arni, couvert de poils longs et brun noir, est le géant de la famille. Il a 2ᵐ,3o de hauteur à l'épaule et de 3 mètres à 3ᵐ,45 de longueur du museau à la naissance de la queue. On conserve au British Museum une paire de cornes qui ont 2 mètres d'envergure. Elles sont triangulaires, rugueuses, droites dans leur premier tiers, la pointe seule étant dirigée en dedans et en arrière ; l'animal les porte toujours prêtes à l'attaque. C'est, avec le Tigre, l'animal le plus terrible des forêts vierges de l'Inde, et sa chasse est la plus dangereuse. Williamson raconte qu'un Arni furieux, se précipitant sur un chasseur qui se croyait en sûreté sur le dos d'un Éléphant, chercha à soulever le colosse sur ses cornes et l'aurait grièvement blessé si on ne l'avait abattu à temps d'un coup de feu.

On a essayé avec assez de succès de dompter l'Arni, quelque sauvage qu'il soit. Dans les Indes, on voit beaucoup de ces Buffles qui servent à l'agriculture et comme bêtes de selle.

Le Kérabau (*B. b. Kerabau*) (*) n'est probablement qu'un Buffle de l'Inde redevenu sauvage, ou tout au moins un descendant de ce Buffle. Ses poils sont

(*) Pl. LXI. — Le Kérabau (planche, p. 337).

courts, raides et rares. Sa taille égale celle des plus grandes espèces, 2 mètres de long pour le corps, 0^m,66 pour la queue. Sa hauteur au garrot est de 1^m,45 et ses cornes ont des dimensions énormes (1^m,65).

D'après Brehm, on le trouve à l'état sauvage et domestique dans les îles des Indes orientales : à Ceylan, dans l'Insulinde, Sumatra, Java, Bornéo, Timor, Moluques, Philippines et aux Mariannes. Il a les habitudes du Buffle, mais il passe pour l'animal le plus terrible de sa patrie, aussi sa mort est-elle le plus grand exploit que puisse accomplir un chasseur.

L'animal domestique passe sa vie dans l'eau : on voit près des habitations des troupeaux entiers qui n'ont hors de l'eau que la tête et les cornes. Les Gavials ne les attaquent pas. C'est un animal de selle et de trait. Dans la saison des pluies on l'attelle à une sorte de traîneau et son conducteur s'assied sur son dos pour le diriger. Ils se sont reproduits dans les jardins zoologiques et même croisés avec les Buffles ordinaires.

Domesticité. — Le Buffle était déjà domestiqué en Perse du temps d'Alexandre le Grand, mais ce n'est que plus tard que les Mahométans l'introduisirent en Syrie et en Égypte. Pourtant, en 596, on le trouve déjà en Italie. Les moines de Clairvaux au XIIe siècle et Napoléon en 1807 essayèrent son introduction en France, mais ces essais n'ont pas réussi.

A notre époque, on utilise ses services dans l'Afghanistan, la Perse, la Syrie, l'Égypte, l'Arménie, jusqu'à la mer Noire et à la mer Caspienne, en Turquie, en Grèce, dans le bas Danube et en Italie. Comme il résiste très bien aux miasmes paludéens, il peut prospérer dans les marais Pontins, comme dans les marais de la Calabre, de l'Apulie et de la Maremme : c'est donc un précieux auxiliaire pour la culture, celle du riz en particulier.

Dans la Basse-Égypte, la Bufflesse est, avec la Chèvre, le seul animal domestique qui fournisse du lait et du beurre. Comme les Buffles aiment à passer la plus grande partie de la journée dans l'eau, les maisons possèdent un grand étang qui leur sert de baignoire et où on les voit jouer, plonger et s'étendre pendant six à huit heures par jour. Aussi deviennent-ils furieux s'ils sont privés d'eau pendant longtemps ; on en a vu des attelages se jeter dans un courant et y entraîner leur voiture. Malgré des apparences contraires, c'est un animal très doux qui se laisse monter et commander par des bergers ou bergères de huit à douze ans. A ces qualités, il joint une sobriété sans exemple, supérieure à celle du Chameau. Il recherche les végétaux les plus durs et les plus secs : les roseaux, les joncs font ses délices, et malgré cela le lait que fournit la Bufflesse est très crémeux et très aromatique, et sert à la fabrication de fromages spéciaux et renommés.

Malheureusement il est désagréable par sa malpropreté, car il lui importe peu d'être couvert d'une épaisse couche de vase ou d'être nettoyé par un bain dans une eau propre.

Usages et produits. — Le Buffle est donc plus utile que le Bœuf, puisqu'il est plus sobre, plus résistant et plus vigoureux.

La viande de l'adulte est dure et fortement musquée, mais celle du Bufflon est estimée. La graisse vaut celle du porc ; la peau, forte et épaisse, donne un bon cuir ; ses cornes servent aussi à la fabrication de divers ustensiles.

L'ANOA. — L'Anoa ou Buffle de Célèbes [*Anoa (Probubalus) depressi-cornis* H. Smith], appelé dans cette île, sa patrie, Vache des bois, est le plus petit des Bovidés, car, en effet, il n'a pas plus d'un mètre au garrot, mais la croupe est légèrement plus élevée. Ses formes sont trapues et ses jambes courtes et minces ; ses oreilles sont petites, poilues à la base, nues à la pointe, garnies en dedans de poils blancs ; la queue descend jusqu'au talon. Son crâne est allongé et son front bombé. Il se reconnaît à ses cornes triquètres et annelées

L'Anoa.

à la base, peu divergentes. Elles sont insérées très près des yeux et se dirigent vers l'arrière en continuant la direction du front. Le pelage est long et serré dans le jeune âge ; peu à peu, les poils tombent et, avec l'âge, l'animal devient presque complètement nu. Le jeune est jaune rougeâtre et l'adulte brun foncé, avec les joues marquées de deux taches blanches. Les parties inférieures du corps et des membres sont plus claires. Il ressemble assez à un jeune Buffle indien.

En effet, il est apparenté à ces animaux, car, outre ses cornes, son poil rare, il possède comme eux un gros mufle nu, un tronc cylindrique et la même odeur. Il aime l'ombre et l'eau et boit comme les Bœufs, à longs traits et non par gorgées, comme les Antilopes, dont il se rapproche, non seulement par sa petite taille, ses dessins et ses cornes droites, mais encore par ses jambes relativement minces et par la conformation de son crâne.

Captivité. — Il est doux et familier, et se laisse facilement approcher et caresser. Seulement il n'aime pas qu'on touche sa tête.

LES OVIBOS

Les Ovibos (*Ovibos* Blainville, 1826) font la transition entre le groupe des Bœufs et celui des Moutons, car leur taille est petite, leurs jambes robustes et courtes, leur queue rudimentaire. Ils n'ont point de mufle, leur chanfrein busqué les rapproche des Moutons ainsi que leurs poils longs et laineux. Leurs cornes élargies se touchent à la base.

LE BŒUF MUSQUÉ. — Le Bœuf ou Ovibos musqué (*O. moschatus* Zimm.) a été appelé *Musk-ox* par les Américains, à cause du goût musqué de sa chair.

Avec son cou court, sa tête grosse et large, son museau court obtus, entièrement couvert de poils, ses lèvres minces, ses oreilles petites et pointues, il a assez l'aspect extérieur d'un gros Bélier à longue laine.

Ses cornes sont tout à fait particulières. Chez le mâle elles se touchent à la base, où elles sont larges et plates, et couvrent une grande partie du front; puis elles se dirigent vers le bas en s'amincissant, puis se recourbent en avant et en haut pour finir par une pointe cylindrique au niveau des yeux. Leur racine est blanc jaunâtre et rugueuse; peu à peu elles deviennent plus lisses et plus foncées, et la pointe est tout à fait lisse et noire. Chez les femelles et les jeunes mâles, ces productions sont beaucoup plus petites et bien séparées sur la ligne médiane.

Les pattes sont remarquables. Les sabots extérieurs sont arrondis, les internes pointus, et entre eux se forment des touffes de poils qui empêchent le glissement de l'animal sur la glace. Le pelage est très abondant et très long, et cache toute la queue, les oreilles, hormis la pointe, et descend jusqu'au milieu des jambes, en sorte qu'il fait paraître l'animal plus gros qu'il ne l'est en réalité. Les soies sont courtes et crépues au dos et aux lombes; un duvet très fin se forme à la fin de l'été, dure tout l'hiver et tombe en été par gros flocons, pour être bientôt remplacé. Toute cette fourrure lui offre une protection suffisante contre les froids excessifs de sa patrie. La robe est brun foncé, plus claire au printemps; elle est plus noire à la face inférieure qu'en dessus et sur les côtés; au milieu du dos est une tache brun clair; le bout du nez, les lèvres et le menton sont blanchâtres. La teinte des jambes est moins foncée que celle du corps. La taille est plutôt petite et atteint à peu près les deux tiers de celle du Bison, soit 1 mètre au garrot et 2^m,35 de longueur. Le poids peut atteindre 350 kilogrammes. La longueur des cornes mesurée le long de la courbure est de 0^m,65.

Habitat. — Le Bœuf musqué est propre aux régions nues et désolées, les *Barren grounds* de l'Amérique du Nord, là où le sol est à peine dégelé à la surface en été. Son habitat s'étend du 60° au 83° degré de latitude nord, dans la portion comprise entre le fleuve Mackensie, qui sort du grand lac des Esclaves, et l'océan Pacifique, dans l'île Mellville, l'archipel de Parry, la Terre Grinnell (80°) et dans le Groënland où il est fréquent sur les rives orientale et occidentale. En 1770 on le trouvait encore au Fort Churchill, sur la baie d'Hudson, par 58°44′ de latitude. Dans les temps géologiques, il n'était pas rare dans la plus grande partie du nord de l'Amérique et de l'Asie, et, en Europe, il descendait jusqu'aux Alpes et aux Pyrénées. La clémence du climat l'a repoussé vers le nord et fait disparaître de l'Europe, mais pourquoi de l'Asie ?

des
stes
·ein
urs

·) à

ère-
il a

à la
puis
t en
est
ées,
ces
ane.
rnes
ient
iche
des
lité.
1 se
our
ante
: au
tés;
iton
. La
soit
ilo-
,65.
les
sur-
lans
·ves,
rin-

Le Bœuf musqué.

Mœurs. — Les Bœufs musqués vivent par troupeaux de vingt-cinq à trente individus, où il y a rarement plus de deux ou trois mâles.

Le froid leur est nécessaire; aussi, en hiver, n'émigrent-ils pas vers le sud. On les voit toute l'année dans la Terre Grinnell, là où le froid est le plus intense et les amas de neige le plus épais, et dans le nord du Groënland. Ils savent d'ailleurs, en se serrant les uns contre les autres, se protéger contre le froid et contre leur unique ennemi, le Loup occidental. Si celui-ci s'approche, ou si un danger les menace, ces animaux, qui grimpent admirablement, s'enfuient sur la hauteur voisine, se mettent sur un seul rang face à l'ennemi, qu'ils attendent de pied ferme, en formant le cercle si cela est nécessaire, quand l'attaque se produit de plusieurs côtés.

Hearne, Richardson, Parry et Franklin ont fait connaître leurs mœurs. Les steppes désolés où ils se tiennent, interrompus par quelques petites collines, ne sont que des marais immenses, parsemés de petits étangs parcourus de cours d'eau plus ou moins considérables et infestés, en été, par des milliers de moustiques. Les Bœufs se tiennent de préférence sur les monticules qui émergent au milieu des marais, dont ils mangent les herbes, tandis qu'en hiver ils sont forcés de se contenter de lichens. Souvent on en voit de longues files traverser la glace pour se rendre à une île et y paître ; quand ils y ont tout mangé, ils la quittent. En hiver, les troupeaux se réunissent et restent près des cours d'eau, où ils trouvent plus facilement leur maigre pitance.

Quelque lourds qu'ils paraissent, les Ovibos sont cependant lestes et rapides dans leurs mouvements. Ils grimpent sur les rochers comme les Chèvres et sautent adroitement d'une roche à une autre. D'après Ross, ils sont aussi agiles que les Antilopes. Leurs sens paraissent moins développés que ceux des autres Bovidés, toujours est-il qu'ils se montrent bien moins vigilants. Pendant qu'ils paissent, le chasseur peut les approcher sans difficulté, s'il se tient sous leur vent.

Quand deux ou trois chasseurs cernent un troupeau de manière à faire feu de diverses directions, les Ovibos, au lieu de se disperser et de prendre la fuite, se resserrent et donnent ainsi aux assaillants une nouvelle occasion de tirer. Une blessure les rend furieux, et ils se précipitent alors sur le chasseur qui doit se garer de leurs cornes aiguës. Ils savent, en effet, aussi bien s'en servir que les autres Bovidés. Au dire des Indiens, ils tuent souvent des Loups et des Ours.

A l'entrée de l'hiver, ces animaux se vautrent dans la vase pour se débarrasser de leur duvet, et c'est quand il est tombé qu'ils se montrent calmes.

Vers la fin d'août, à la saison des amours, les Taureaux se livrent de terribles combats qui se terminent souvent par la mort du vaincu. La Vache met bas à la fin de mai. Jusqu'à ce qu'ils soient adultes, les jeunes ont une robe beaucoup plus claire que celle de leurs parents.

Chasse. — Les Esquimaux poursuivent avec ardeur les *Umingarak*, comme ils nomment les Ovibos. C'est en automne qu'ils commencent leurs chasses. Ils s'approchent alors hardiment des troupeaux et excitent les animaux pour les amener à se précipiter sur eux, puis, sautant lestement de côté, ils leur enfoncent leur lance dans le flanc. Avec l'arc et les flèches, le succès est moins certain. Le capitaine Ross, rencontrant un Ovibos dans le pays des Esquimaux, le fit poursuivre par ses chiens. L'animal exaspéré tremblait de fureur et cherchait à blesser les assaillants qui savaient lui échapper avec adresse. Un Esquimau présent à la chasse tira plusieurs flèches de très près, mais elles ne purent pénétrer à travers l'épaisse toison de la bête. Mais Ross, ayant fait feu à une faible portée, lui perça le cœur. Alors l'Esquimau se précipita sur l'animal expirant, en ramassa le sang, le mêla à la neige et en étancha sa soif.

Usages et produits. — L'Ovibos musqué justifie son nom. Sa viande, qu'apprécient seuls les Esquimaux, est imprégnée d'une odeur de musc épouvantable. La Vache et le Veau n'ont pas la même odeur, aussi leur viande est-elle mangeable. Mais c'est surtout leur fourrure qui est estimée. On a vendu à Londres, en mars 1902, 300 dépouilles contre 559 l'année précédente.

Moutons et Chèvres

Caractères. — Les Ovinés se reconnaissent à la forme de leurs cornes, généralement de couleur foncée, qui portent des anneaux et qui sont plus ou moins comprimées. La cheville osseuse, ou cornillon, est grande et creuse et naît au-dessus des orbites. Le frontal est assez épais, muni de cellules médiocres. Les incisives sont toutes semblables. D'ordinaire le nombre des mamelles est de deux.

Classification. — Les naturalistes n'admettent généralement dans cette sous-famille que deux genres : les *Moutons* et les *Chèvres*.

LES MOUTONS

Les Moutons (*Ovis* Linné, 1766) se rapprochent des Ovibos et se relient aux Chèvres par divers intermédiaires.

Caractères. — Ils se distinguent des Bœufs par leur petite taille, par la position de leur tête, qui est toujours plus haute que la ligne du dos, et par leurs cornes plus grosses chez les mâles. En effet, les cornes des Béliers, à section plus ou moins triangulaire, sont annelées, latérales, en spirale et ont la pointe dirigée en dehors. Chez quelques-uns, les cornes sont droites, simplement avec les pointes divergentes.

Le museau est pointu et couvert de poils courts. Les larmiers manquent parfois. Les Moutons se distinguent des Chèvres par la présence de glandes interdigitales, et par l'absence de barbe et d'odeur chez le mâle.

Ces animaux sont élancés, à corps mince, à jambes hautes et grêles, à queue courte chez toutes les espèces sauvages, excepté une seule, à oreilles moyennes, à poils laineux ou crépus, parfois longs, mélangés de poils courts et fins.

Habitat. — Ce genre comprend vingt espèces, qui sont presque toutes de l'Asie centrale, à l'exception d'une forme européenne, d'une nord-africaine et d'une américaine présentant plusieurs variétés.

Mœurs. — Les Moutons sauvages sont des animaux montagnards, tandis que dans les plaines on ne rencontre que des Moutons domestiques. Les premiers, qu'on trouve jusqu'à une altitude de 6 600 mètres, se tiennent en petits troupeaux dans les pâturages herbeux, dans les forêts, mais moins souvent au milieu des rochers, des ravins qu'affectionnent tout particulièrement les Chèvres. Le Mouton sauvage est vif, agile, courageux; il aime les combats et il sait reconnaître et éviter les dangers. Rien de tout cela ne se retrouve dans l'animal domestique, que la domestication a réduit au rôle d'esclave sans caractère, sans volonté, sans intelligence, même sans amour maternel.

La femelle met bas deux ou trois petits, bientôt assez forts pour suivre leur mère. Les espèces sauvages témoignent un grand amour à leurs petits et les défendent courageusement.

Captivité. — Les Moutons sauvages peuvent s'apprivoiser facilement, et obéir à l'appel de leur gardien qu'ils reconnaissent et dont ils reçoivent les caresses avec plaisir. Mélangés aux animaux domestiques, on peut les envoyer au pâturage sans qu'ils cherchent à reconquérir leur liberté.

Produits. — Toutes les parties de leur corps ont leur emploi; mais ce sont la viande et la laine qui nous sont le plus utiles.

On se sert volontiers du terme de *Mouflon* pour désigner les espèces sauvages, en réservant le mot de *Mouton* aux animaux domestiques.

LE MOUFLON D'AMÉRIQUE. — Le Mouflon d'Amérique ou du Canada (*O. cervina* Desm. ou *montana* Cuv.) ou *Bighorn* est si voisin de l'Argali, dont il a la taille, qu'on lui donne quelquefois ce nom.

Caractères. — Son corps, ramassé et vigoureux, porte une grande tête sur un cou court. Le nez est droit, l'œil grand, l'oreille large et pointue, et peu poilue; la poitrine est forte et large, la queue courte, les jambes fortes et bien musclées, les sabots courts, tronqués en avant, les pinces larges et obtuses. Les cornes sont massives chez le mâle, carénées au bord externe; la pointe, après avoir fait un tour, se dirige en avant, elle est souvent cassée. Elles sont larges, mais pas comprimées latéralement, couvertes de nombreuses rugosités transversales, à saillies minces. Les cercles annuels sont écartés, les sillons transversaux peu marqués, minces et souvent interrompus. La femelle a des cornes plus courtes et plus minces; la base porte des ornements, elles se recourbent en haut, en arrière et en dehors, avec la pointe acérée.

Le pelage est assez rude avec un duvet laineux blanc. Les Béliers, qui blanchissent en vieillissant, sont en été brun clair, avec des reflets roux, tandis qu'en hiver ils sont d'un gris bleuté. La ligne du dos est assez foncée, la queue est noire; mais la pointe du museau est gris blanc, ainsi que les parties inférieures du corps, de la queue et les membres. Les fesses sont blanches.

La taille atteint 1^m,07, la longueur 2 mètres, dont 0^m,14 pour la queue, et le poids 175 kilogrammes. Les femelles sont un peu plus petites que les mâles (0^m,90). Les cornes des Béliers ont 0^m,92 à 1^m,04, et une circonférence à la base de 0^m,38 à 0^m,45.

Habitat. — La forme type du Bighorn se rencontre dans les montagnes (Wasatch, White, de Laramie, des Bighorns, Belt, etc.) situées entre l'Arizona et la rivière Colorado, jusqu'au sud de la Colombie britannique. La variété de Nelson (*O. c. Nelsoni*) est plus spéciale à la Californie et aux monts Grapevine, près de la Sierra Nevada. Les deux formes du nord qu'on élève parfois au rang d'espèces (*O. Stonei* et *O. Dalli*) ont un crâne plus petit, des cornes moins massives, des oreilles plus poilues avec un toupillon entre elles, ce qui rapproche ces deux formes du Mouflon du Kamtchatka.

Le Mouflon de Stone, qui est gris foncé ou brun noir, vit depuis la rivière de la Paix jusqu'au mont Saint-Élie, tandis que le Mouflon de Dall, qui est blanc ou jaunâtre en toute saison, ne se trouve que dans les monts d'Alaska, la presqu'île Kenaï et les monts avoisinant l'embouchure du fleuve Mackensie. L'aire d'habitat du Mouflon américain s'étend donc du Mexique à l'Alaska, et des chaînes côtières de l'océan Pacifique jusqu'à la plaine du Missouri et du Yellowstone à l'ouest (*Bad Lands* ou Mauvaises Terres).

Mœurs. — Jadis on voyait des troupeaux de plusieurs centaines d'individus là où maintenant on n'en trouverait pas cinquante réunis. Leur nombre a donc beaucoup diminué malgré les grandes difficultés que présente leur chasse. En effet, les Bighorns se tiennent dans les montagnes élevées, déchiquetées, ravinées par les eaux, là où l'ascension est presque impossible à l'homme. On rencontre par places un arbre à l'ombre duquel croît un peu d'herbe et à côté un trou profond où se dépose le sel entraîné par les eaux de pluie. Ils grimpent admirablement sur les glaciers, les rochers, les ravins; leur pied est d'une sûreté incomparable, car ils se frayent un chemin sur le pourtour des rochers, sur les arêtes les plus étroites, surplombant de plusieurs centaines de mètres le fond des précipices. On les y voit courir avec rapidité et faire des sauts de 45 mètres de profondeur. Si quelque chose de suspect les effraye, ils fuient encore plus haut, sur les pics les plus élevés et les plus isolés pour surveiller l'horizon. Un soupir nasillard de l'un d'eux est le signal de la fuite de tout le troupeau. Ils se réfugient aussi dans les cavernes et les grottes où ils trouvent des efflorescences salines qu'ils aiment beaucoup. Quand tout est tranquille, surtout au printemps, ils descendent parfois dans les prairies, dans les ravins, au bord des rivières. Mais depuis qu'ils ont appris à connaître l'homme, ils quittent peu les endroits les plus sauvages. Leurs mouvements sont toujours gracieux et agréables à l'œil. Le premier Bighorn qu'aperçut le prince de Wied était perché au haut d'un rocher, d'où il regardait tranquillement passer le bateau sur lequel se trouvait l'illustre naturaliste.

Les Béliers adultes forment au printemps et en été des troupeaux séparés de trois à vingt têtes, où la paix règne toujours; ce n'est qu'en décembre qu'ils se réunissent aux femelles et se livrent de terribles combats. Les jeunes naissent par un ou par deux, au commencement de juin, et, à peine âgés de quelques jours, ils suivent déjà leurs mères sur les pics les plus inaccessibles.

Chasse. — Dans les endroits où ils sont peu exposés aux poursuites, ils sont moins défiants et moins vigilants. Mais l'expérience augmente leur craintivité, et ils fuient bientôt l'homme autant que le loup. Leur habitat est leur meilleure défense, car le chasseur doit pouvoir supporter mille fatigues et mille privations, sans compter de nombreux dangers, pour pouvoir s'approcher d'eux. Le prince de Wied raconte qu'un M. M'Cenzie promit vainement un bon Cheval à celui qui lui apporterait un jeune Bighorn vivant. Aucun chasseur ne put toucher cette récompense, et pourtant les Indiens, en se mettant sur la tête une paire de leurs cornes, réussissent à les approcher d'assez près. On sait que les chasseurs de Chamois emploient une ruse identique.

Produits. — La chair est très estimée, surtout celle du mâle au moment du rut. Avec la peau, forte, solide, mais douce et souple, les Indiens se font des chemises.

LE MOUFLON NIVICOLE. — Le Mouflon ou Argali nivicole (*O. nivicola* Esch.) ou des neiges, a le corps gris brun avec la tête et le cou gris plus clair, sans ligne foncée dorsale. Ses oreilles et sa queue sont remarquablement courtes, les premières sont arrondies, non tronquées et portent entre elles un pinceau de poils. Il ressemble au Bighorn d'Amérique, par ses faibles anneaux sur ses cornes grosses et massives, qui chez le mâle peuvent atteindre $0^m,96$ de long et $0^m,36$ de pourtour à la base. La crête antérieure est fortement accentuée et coupante, tandis que celle du côté interne est arrondie, deux caractères du Bighorn dont la forme septentrionale est tellement voisine qu'on la regarde parfois comme une variété. Ses cornes sont de même aussi plus minces, avec les pointes dirigées vers l'extérieur, et ses oreilles poilues, arrondies et non tronquées, logent entre elles un pinceau de poils; la tache fessière est plus petite que dans la forme septentrionale du Bighorn, et elle ne dépasse pas la queue.

Habitat. — Son habitat est séparé de celui du Bighorn par le détroit de Béring, car il se tient dans les monts Stanovoï, situés à l'est et au nord de la mer d'Ochotsk. Sur la côte orientale du Kamtchatka, il est si commun qu'une compagnie de voyageurs put tuer quatorze adultes mâles en deux jours; ils étaient couverts d'un pelage long et épais, presque analogue à celui des Rennes, mais il est probable qu'en été il est moins long et moins fourni.

La viande, quand elle est fraîche, est un peu dure, mais elle perd son goût désagréable en deux jours.

Le Mouflon boréal se rencontre à l'est de la Sibérie jusqu'à la Léna.

LE MOUFLON ARGALI. — L'Argali (*O. ammon* L. ou *argali* Pallas), ou Archar des Kirghiz, est le véritable Mouton sauvage de l'Asie et le géant de la famille. Sa stature indique la force et la vigueur; ses jarres longs et raides recouvrent un duvet mou et épais. En été, il est d'un brun gris sombre, plus jaune vers la queue, plus gris à la tête; il est blanc sous le ventre. En hiver, il est roux, avec les cuisses, la queue et le museau blancs. Une raie brune passe par-dessus le sacrum. Ses cornes recouvrent toute la portion postérieure de la tête, car elles sont très voisines l'une de l'autre. Elles se portent de côté et en arrière, puis se recourbent en avant et en dehors, de façon à faire un tour et demi. Leur longueur est de $1^m,15$ à $1^m,30$, leur circonférence de base $0^m,16$ à $0^m,20$, et leur poids de 15 à 20 kilogrammes. Elles sont couvertes de rugosités serrées.

Le mâle atteint $1^m,30$ de haut, $2^m,15$ de long et un poids de 150 kilogrammes. La femelle est plus petite et ses cornes plus minces, peu rugueuses et légères.

Habitat. — L'Argali habite les contrées désertes des montagnes de l'Asie centrale, depuis la Sibérie orientale et méridionale jusqu'à l'Altaï, aux Indes et au fleuve Yang-tse-Kiang, par conséquent dans le Thibet, la Mongolie et la Dzoungarie. Il a disparu de la Daourie russe depuis l'hiver neigeux de 1832, où les six derniers individus furent tués par les Cosaques.

L'Argali a crinière (*O. jubata* Peters) du Petchili et de la Mongolie en paraît assez rapproché, ainsi que celui du Turkestan (*O. nigrimontana* Sev.).

Mœurs. — L'Argali préfère les chaînes qui n'ont que 1 000 mètres d'altitude,

Le Mouflon Argali.

et qui sont séparées par de larges vallées à flancs peu boisés. Il y vit l'été comme l'hiver dans une région restreinte.

L'été, l'Argali se nourrit des plantes des vallées, mais l'hiver il se contente de mousses, de lichens et d'herbes sèches qu'il trouve sur les rochers dont le vent a balayé la neige. Il recherche surtout les endroits où il y a du sel. Il court très vite à travers les passages les plus difficiles et les plus dangereux, et sait grimper là où l'homme ne trouverait pas de quoi poser son pied.

Ce vigoureux animal est difficile à approcher. Il est très craintif et a les sens admirablement développés. Dès qu'il aperçoit un homme, il prend la fuite.

D'ordinaire, on voit les Argalis en troupes de huit à dix individus conduites par le mâle le plus vigoureux. Au moment du rut, les mâles se livrent de violents combats, et si le vaincu ne cherche son salut dans la fuite, le vainqueur le précipite dans l'abîme.

La femelle met bas en mars un ou deux petits, à poils gris et crépus. Dès le premier jour, ils suivent leur mère et restent avec elle un an environ. Les cornes, chez les mâles, se montrent déjà à l'âge de deux mois.

Chasse. — On dit qu'il se laisse enterrer sous la neige, comme le Lièvre dans son gîte, et qu'alors on peut le tuer facilement. Mais pourtant sa chasse est difficile, et aussi échapperait-il facilement aux poursuites sans sa curiosité qui vainc son appréhension du danger. Dans quelques parties de la Sibérie, les chasseurs suspendent des vêtements à une perche, et tandis que l'Argali considère ce mannequin, ils l'approchent par un autre côté. Ailleurs, on met des lacets, des pièges sur son passage habituel, ou bien l'on emploie, surtout en plaine, des Chiens qui savent l'arrêter, et donnent ainsi au chasseur le temps d'approcher. Jamais l'Argali ne cherche à défendre sa vie, il fuit devant les Chiens comme devant l'homme.

Usages. — La viande de l'Argali passe pour excellente; sa peau sert à confectionner des vêtements d'hiver et des couvertures ; de ses cornes on fait des gobelets, des cuillers et d'autres ustensiles de ménage. Au temps de Marco Polo, les Kirghiz tuaient une telle quantité d'Argalis qu'ils pouvaient entourer leurs camps avec leurs cornes.

LE MOUFLON DE HODGSON. — Le Mouflon de Hodgson (*O. Hodgsoni* Blyth), ou *Nyang* des Thibétains, est un des plus grands animaux de ce groupe ($1^m,30$ au garrot). Son pelage est court et rude, ses oreilles et sa queue très courtes. Chez les mâles adultes, les côtés et la face inférieure de la nuque portent une sorte de camail blanc, et il y a jusqu'au garrot une épaisse crinière.

La couleur est gris brun en dessus et plus pâle et blanchâtre en dessous. Chez les mâles, le disque caudal, le tronc, la gorge, la poitrine, le ventre et le côté interne des membres sont blancs, tandis que la crinière et une ligne en avant des membres sont noires.

Les cornes sont massives, à section subtriangulaire, tordues en une spirale qui n'atteint pas un tour ; elles divergent lentement. Chez le mâle, mesurées sur la courbe, elles atteignent 1 mètre de long et $0^m,40$ de circonférence à la base. Chez la femelle, les dimensions sont moitié moindres.

Habitat. — Il habite les hauts plateaux ondulés du Thibet, de Ladak au Sikkim ; en été, il ne descend pas au-dessous de 4 500 mètres, et en hiver au-dessous de 3 500 mètres.

Mœurs. — Ce magnifique animal vit en troupeaux de quatre à quinze individus dans les vallées ouvertes et sur les pentes pierreuses. A cause de sa vigilance, de l'acuité de sa vue et de son odorat, de sa vitesse et de la nudité de son habitat, ce grand Mouflon est des plus difficiles à apercevoir et à tuer.

Le Mouflon de Brooke signalé dans les monts Kouenlun n'est, paraît-il, qu'un hybride sauvage d'un mâle de Nyang et d'une femelle de Mouflon de Vigne.

Le Mouflon de Polo (*O. Poloi* Blyth) ou du Pamir, très proche parent du Nyang, s'en distingue pourtant par la couleur et par les cornes. Il est brun clair ou blanchâtre, plus ou moins lavé de roussâtre; une ligne noire est assez marquée sur le dos par des poils allongés. Les parties inférieures sont blanches, ainsi qu'une tache à la base de la queue et le museau. En plus de la crête foncée sur la nuque, les vieux mâles portent sous la gorge de longs poils blancs hérissés. Les cornes du mâle adulte sont énormes, leur diamètre est moindre que chez le Nyang, mais leur longueur beaucoup plus grande, et leur enroulement dépasse un tour.

Cet animal vit dans le haut Pamir et dans les plateaux de l'ouest et du nord du Turkestan oriental (lac Ossyk-koul, monts Thian-chan), où son habitat s'étend jusqu'à l'Altaï. Au sud, on le trouve jusqu'à Gilgit, dans le Cachemire.

La forme du Thian-chan a été décrite en 1873 par Severtzow sous le nom de Mouflon de Karelin (*O. Karelini*). Ses mœurs sont les mêmes que celles du Nyang.

LE MOUFLON DE VIGNE. — Le Mouflon de Vigne (*O. Vignei* Blyth) porte un pelage grossier, épais et court, ainsi qu'une queue courte. Les Béliers adultes ont une forte crinière; elle naît du menton par deux branches, qui se réunissent et se continuent le long du cou jusqu'à la poitrine. Les cornes sont grossièrement annelées, mais ont une section triangulaire; elles sont très rapprochées à la racine, mais les pointes arrondies s'écartent beaucoup; parfois disposées sur un plan, elles sont d'autres fois spiralées; jamais l'enroulement ne dépasse un tour complet. Celles de la femelle sont courtes et presque droites.

Le pelage d'été est gris roussâtre ou couleur de Chevreuil; en hiver, brun gris clair. Les membres, les parties inférieures, les fesses, ainsi que la queue, sont blanchâtres ou blancs; mais la crinière du cou est souvent noire ou peut montrer quelques poils blancs, tandis que, chez tous les Béliers, elle est blanche en avant, et devient peu à peu noire vers l'arrière. Le museau est blanchâtre chez tous les vieux animaux, et en arrière des épaules se trouve une tache noirâtre; parfois, on voit aussi une ligne latérale qui a la même couleur et des taches sur la face externe des membres. A l'inverse des vieux mâles, les jeunes et les femelles sont uniformément gris brun avec une teinte plus claire en dessous.

La hauteur du corps atteint 0^m,80, sa longueur 1^m,22, sa queue 0^m,10. La longueur des cornes, mesurée sur la convexité, varie entre 0^m,60 et 0^m,96; elle est plus accentuée chez le Cha.

Habitat et variétés. — Dans le sud de la Perse, le Belouchistan et l'Afghanistan, dans les massifs montagneux situés à l'ouest du Sindh et du Pendjab, et dans les montagnes salines du Pendjab, habite une variété appelée *Urial* (*O. cycloceros* Hutton), dont les cornes ne dépassent pas 0^m,25 à 0^m,26 de circonférence à la base.

Une deuxième forme se trouve près de Gilgit et d'Astor, dans le Cachemire, où on l'appelle *Urin*.

Dans l'Afghanistan, près de Ladak et Zanskar, vit une troisième forme, connue sous le nom de *Cha,* qui se tient aussi beaucoup plus à l'est dans le Thibet, sur les sommets de 3600 à 4000 mètres. Sa taille est plus élevée (o^m,90) ; ses cornes ont des arêtes plus arrondies et une base plus épaisse, qui mesure souvent o^m,28 à o^m,31 de circonférence. Sa crinière est plus faible que chez l'Urial.

Enfin, on distingue encore la forme de Kelat, dans le Belouchistan (*O. Blanfordi*), dont les cornes plus écartées forment une spirale nette, plus ouverte, en sorte que les pointes sont plus divergentes.

Mœurs. — Le genre de vie des diverses formes parait être un peu différent. Ainsi, près de Ladak, ces animaux se tiennent dans les vallées ouvertes ; près de Gilgit, ils préfèrent les sols herbeux, sur les collines situées au-dessous des forêts, tandis que, dans les autres régions de l'ouest, ils affectionnent les endroits accidentés, coupés de gorges profondes, et les flancs pierreux des collines. Leurs troupeaux, composés de trois ou quatre, quelquefois trente têtes, comprennent des mâles et des femelles, excepté en été, où les Béliers se séparent de la troupe. Ils sont très vifs et très vigilants ; leur cri d'avertissement est un sifflement aigu, tandis que leur voix ordinaire est une sorte de bêlement. Comme les Chèvres, ils peuvent grimper sur les rochers abrupts, et ils se meuvent au bord des précipices avec la même facilité que le Tahr ou le Bharal.

La période des amours est en septembre dans le Pendjab. Près de Ladak, les petits, au nombre d'un ou deux, naissent en juin. Cet animal se croise avec d'autres Moutons, notamment avec le Nyang. Sa chair est excellente.

Le Mouflon des steppes ou Arkal (*O. arkal* Brandt) est le Kosch des Turcomans. De l'Afghanistan occidental, son aire d'habitat s'étend jusqu'aux steppes aralo-caspiens.

LE MOUFLON DE GMELIN. — Le Mouflon de Gmelin (*O. Gmelini* Blyth) ou

oriental, de Perse ou d'Arménie, appartient bien au groupe des Mouflons, car les cornes du mâle présentent des ornements transversaux peu accentués, le menton ne porte pas de barbe et la queue est foncée ; la femelle est sans cornes. La couleur des mâles est brun rougeâtre en dessus, avec les parties antérieures de la tête blanches, ainsi que le côté interne, les parties inférieures des jambes et une raie sur la croupe, tandis que la couleur est foncée au-dessus des genoux des membres antérieurs, aux poils que porte la gorge et au bout de la queue. Les femelles se distinguent par une tache dorsale blanche, en forme de selle. C'est le plus grand des Mouflons, car sa hauteur atteint o^m,84 au garrot, et ses cornes, dirigées vers l'arrière et en dedans, de telle sorte que les pointes touchent presque la nuque, ont parfois 1 mètre, mais jamais moins de o^m,66.

Il habite l'Asie Mineure, l'Arménie et la Perse orientale, et en particulier il est abondant dans les monts Taurus de la Cilicie et les monts Elbrous. Il est voisin du Mouflon anatolien (*O. anatolica* Val.), qui est plus spécial à l'Asie Mineure occidentale, à la vallée de l'Araxes.

Le Mouflon de Chypre (*O. ophion* Blyth) existe encore dans les monts Troodos (Olympe). C'est le plus petit des Mouflons ; la hauteur du mâle au garrot ne dépasse pas o^m,66, et ses cornes, tout en étant plus minces, atteignent à peine

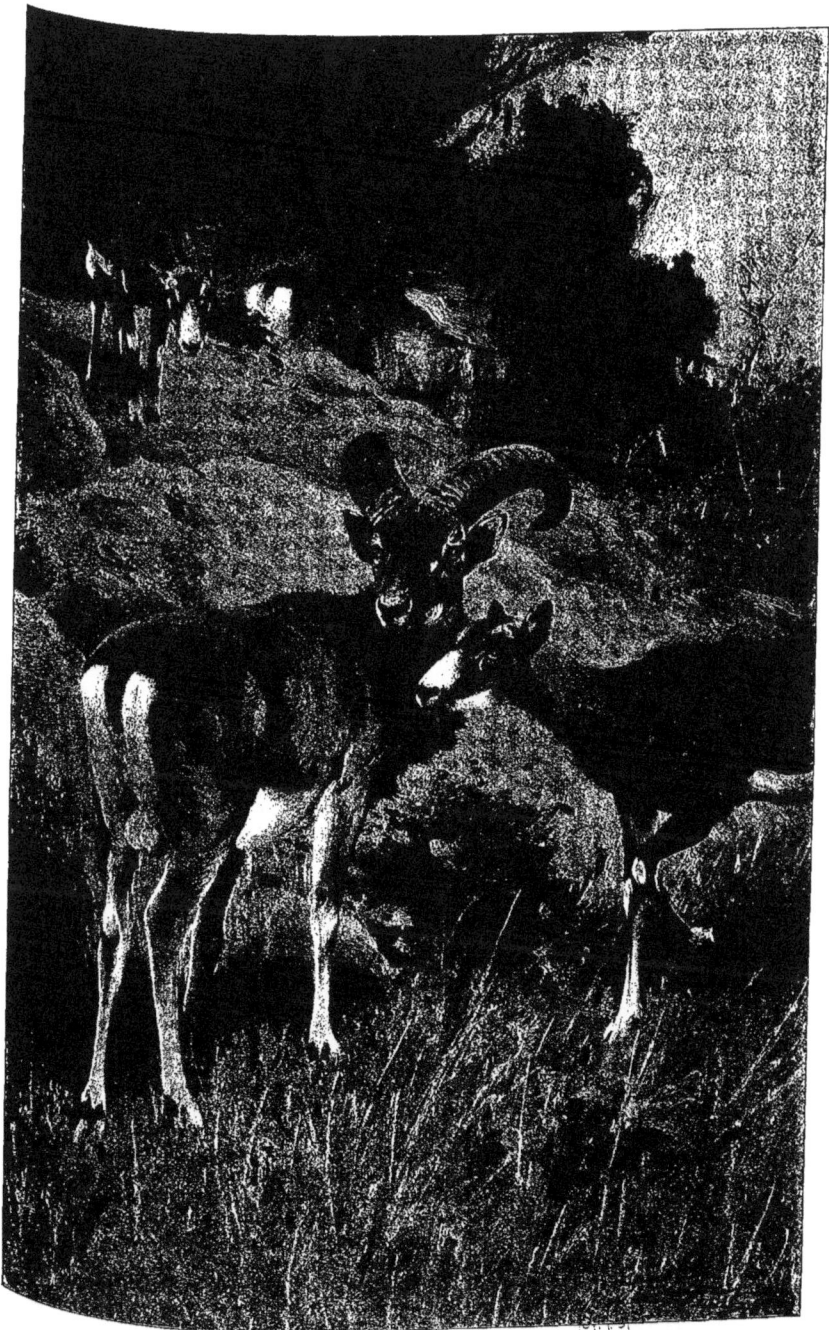

0ᵘ,84. Leur arête extérieure a disparu, et la pointe se dirige vers le haut, comme dans une variété du Mouflon d'Arménie. Les poils portés par la gorge sont aussi moins longs, et la ligne foncée latérale qui sépare le ventre blanc de la couleur des flancs est plus nette. Au moment de l'occupation britannique, en 1878, ils étaient réduits à un troupeau de vingt-cinq individus.

LE MOUFLON D'EUROPE (*). — Le Mouflon d'Europe (*O. musimon* Schreb.) est un vigoureux animal dont le corps est trapu et bien proportionné. Les poils, courts et couchés, sont épais. En hiver, il est revêtu d'un duvet court, épais et crépu. Le menton ne porte pas de barbe; mais les poils de la poitrine sont un peu allongés en forme de crinière. La couleur du Mouflon est un roux qui rappelle la robe du Renard; la tête tire sur le gris cendré; le museau, la croupe, le bord de la queue, les pieds et le ventre sont blancs. La ligne médiane du dos est d'un brun foncé. Le duvet est gris cendré. En hiver, le pelage est brun marron, et présente de chaque côté une grande tache quadrangulaire qui est d'un jaune clair ou blanche.

Les cornes du mâle sont longues et fortes; très épaisses à la base, elles vont en s'amincissant à partir du milieu. A la racine, elles se touchent presque, mais s'écartent bientôt, et se recourbent en forme de faucille obliquement en dehors et en bas. La pointe est portée en bas, en avant et en dedans. Elles portent, jusqu'à la pointe, de trente à quarante rugosités serrées et plus ou moins irrégulières. Les cornes de la femelle, quand elles existent, figurent des pyramides obtuses, ayant au plus de 5 à 8 centimètres de long. La taille est de 0ᵐ,70 au garrot; la longueur 1ᵐ,30, dont 0ᵐ,10 pour la queue. Son poids est de 25 à 40 kilos. Les cornes, qui ont de 0ᵐ,50 à 0ᵐ,75 de long, pèsent de 4 à 6 kilos.

Habitat. — Il n'habite plus aujourd'hui que les hautes montagnes de la Corse et de la Sardaigne (districts d'Iglesias et Teulada). On admet généralement qu'il vivait autrefois dans les Baléares et la Grèce, et peut-être en Espagne.

Mœurs. — Ces animaux ont été très abondants. On dit qu'on en tuait jadis jusqu'à quatre ou cinq mille dans une seule chasse.

Les Mouflons d'Europe vivent en sociétés plus ou moins nombreuses, avec un vieux et fort Bélier pour chef. A l'époque du rut, les troupeaux se divisent en petites familles composées d'un mâle et de quelques femelles que celui-ci a conquises dans les combats, car, autant il est d'ordinaire peureux et craintif, autant il est téméraire quand il s'agit de combattre avec ses pareils. En décembre et en janvier, on entend résonner dans la montagne le cliquetis des cornes frappant l'une contre l'autre, et l'on peut voir des mâles fondre l'un sur l'autre avec une telle violence que l'on comprend à peine qu'ils puissent rester en place. Si l'un d'eux est tué, il est précipité dans l'abîme. C'est en avril ou en mai que la femelle met bas deux petits assez vigoureux pour courir de suite avec leur mère. Au bout de quelques jours, ils s'aventurent avec elle sur les chemins les plus difficiles, et bientôt ils l'égalent en hardiesse et en agilité. A quatre mois, les cornes apparaissent aux jeunes mâles, qui ne sont adultes qu'à trois ans.

(*) Pl. LXII. — Le Mouflon d'Europe.

Le Mouflon ressemble peu au Mouton domestique dans ses mouvements; il est leste, agile, adroit, mais il se fatigue vite; en plaine surtout, un chien en a bientôt raison; il grimpe admirablement et avec la plus grande sûreté.

On dit que le Mouflon est très craintif, qu'au moindre danger il tremble de tous ses membres et prend aussitôt la fuite. Quand un ennemi le presse de trop près et qu'il ne peut plus se sauver, il urine de peur; d'après quelques observateurs, il arroserait de son urine ses ennemis, le Loup et le Lynx; les jeunes deviennent parfois la proie de l'Aigle et du Vautour.

Captivité. — Les Mouflons captifs s'habituent facilement à leur sort, mais conservent toujours leur vivacité et leur agilité. En Sardaigne et en Corse, on en voit parfois errer librement dans les villages. Dans les maisons ils se font un plaisir de parcourir tous les recoins, ils renversent tout, brisent la vaisselle et causent toutes sortes de dégâts. Les vieux mâles deviennent souvent méchants et, perdant toute crainte de l'homme, ils le combattent non seulement pour se défendre, mais encore par plaisir. Comme ils sont bornés, on peut leur dresser des pièges et les attirer en leur tendant des friandises; ils s'y laissent prendre à chaque fois. Pourtant ils montrent une certaine mémoire des lieux, un certain attachement à leurs compagnons d'infortune, et un peu d'amitié aux enfants.

Les Mouflons se croisent facilement avec les autres Moutons et donnent des hybrides féconds. Les croisements avec la Chèvre ne réussissent pas.

LE MOUFLON A MANCHETTES.

— Le Mouflon à manchettes [*O.* (*Ammatragus*) *tragelaphus* Desm.], ou *Aroui* des Arabes, semble faire le passage des Chèvres aux Moutons. Il n'a ni les fossettes lacrymales, ni le chanfrein du Mouton, mais il en a le port et la stature. Le mâle porte une forte crinière qui naît du cou et tombe sur la poitrine jusqu'au canon, ce qui lui a valu le nom de *Mouflon à manchettes*. Les cornes ont environ 0^m,66 de long, celles de la femelle presque autant; elles sont à quatre faces à leur base, comprimées supérieurement et marquées d'un sillon profond à leur face externe; elles se dirigent d'abord en haut, puis se recourbent en arrière. La queue est assez longue. Le poil, semblable à celui des Chèvres, est raide et court, sauf à la crinière et au pinceau qui termine la queue. Sa couleur est appropriée à son habitat. Le dos est roux fauve ou jaune foncé, un peu tacheté; le bout des poils est blanc. Le ventre et la face interne des membres sont blancs; une raie foncée occupe le milieu du dos. Un mâle adulte a 2 mètres de long et 1 mètre de haut.

Habitat. — Il habite les portions escarpées du versant sud de l'Atlas (Djebel Aurès, Amour, Sidi-Cheick), depuis le Maroc jusqu'à Tunis, au Mzab et à Laghouat. Il a été signalé dans les montagnes voisines du Caire et en Nubie (monts Bicharin). Les Arabes du Sud appellent *feschthal* le Bélier, *massa* la Brebis, et *charouf* le petit.

Mœurs. — On trouve le Mouflon de Barbarie parmi les rochers les plus élevés, où l'on ne peut arriver qu'en passant au milieu des éboulis, ce qui en rend la chasse pénible et dangereuse.

« Les Mouflons à manchettes ne vivent pas en troupeaux comme les autres

Ovidés, mais isolés; ce n'est qu'au moment du rut, en novembre, que quelques femelles ayant à leur tête un Bélier se réunissent pour un certain temps.

« Les Béliers, durant cette époque, se livrent des combats acharnés. Au dire des habitants on ne saurait ce qu'il faut le plus admirer, de la persévérance avec laquelle ils restent fort longtemps la tête baissée appuyés l'un contre l'autre, ou de la fureur, de l'élan avec lesquels ils fondent l'un sur l'autre, de la solidité de leurs cornes avec lesquelles ils portent des coups à briser, croirait-on, le crâne d'un Éléphant. Quatre ou cinq mois après, la Brebis met bas un ou deux petits qui restent avec elle pendant quatre mois et qui la quittent avant la nouvelle période des amours. Le Mouflon à manchettes se nourrit comme les Chèvres et les Moutons sauvages, en été de plantes alpines, en hiver de lichens et d'herbes sèches; peut-être broute-t-il les moissons. » (Burry.)

Il peut supporter la privation d'eau pendant plusieurs jours, car il est forcé de se cacher au voisinage des abreuvoirs jusqu'à ce que ceux-ci soient libres; aussi est-il très prudent et sait-il échapper à ses ennemis, comme le bouquetin des Pyrénées, plutôt en se cachant que par la fuite.

Captivité. — On le prend assez souvent dans des lacets; aussi n'est-il pas rare dans les jardins zoologiques d'Europe, et il s'y reproduit parfaitement. L'espèce supporte même le climat de l'Allemagne du Nord.

Les vieux mâles ne craignent pas leur gardien; bien plus, ils le menacent. Ils semblent continuellement sérieux et de mauvaise humeur; ils sont paresseux et n'ont rien de la gaieté des Chèvres. La moindre contrariété les met en fureur; ils montrent qu'ils sont conscients de leur force et ils luttent avec avantage même contre l'homme. Ils vivent par contre dans de bons rapports avec les Moutons, excepté à l'époque du rut. Leur intelligence est bornée.

Le Mouflon à manchettes.

Produits. — Les Arabes aiment beaucoup la viande de Mouflon, car elle a le

goût de celle du Cerf, mais elle est plus délicate. De la toison, ils confectionnent des couvertures et des tapis; ils tannent la peau et en font du maroquin.

Le Mouflon Bharal (*O. nahoor* Hodgson) habite l'Asie centrale et surtout le Thibet, depuis le Baltistan et Yarkend jusqu'au Kansou et au Moupin à l'est, dans les monts Kouen-lun, Altyn, Tagh, Alaschan (var. *Burrhel*), dans le Koukou-Nor, les marais de Lob-Nor. Jamais on ne l'a rencontré au-dessous de 3 000 mètres.

Par sa conformation extérieure, il se rapproche plus des Moutons que des Chèvres, mais par ses mœurs et ses habitudes il est intermédiaire entre les deux, car c'est un merveilleux grimpeur, toujours à l'aise, même sur les bords des précipices, et ses troupeaux, dix à cinquante individus, se réfugient dans les endroits les plus inaccessibles quand ils sont poursuivis.

Sa chair est très bonne en septembre. Les jeunes sont doux en captivité.

LES MOUTONS DOMESTIQUES.

— Le Mouton domestique (*O. aries* L.) formait pour les anciens naturalistes une seule et même espèce dont la souche était le Mouflon d'Europe. Nehring admet que l'Argali et le Mouflon de Vigne sont intervenus, ce dernier surtout, pour les formes asiatiques. Mais ici la solution de la question est très difficile, car on a affaire à des animaux très pétrissables sur lesquels la domestication a imprimé son influence modificatrice. On ne connaît les Moutons nulle part à l'état sauvage. Leur queue assez longue descend ordinairement jusqu'au talon, et les cornillons sont pleins. Les cornes sont plus écartées à leur base et plus en spirale que celles des Mouflons. Certains d'entre eux manquent de cornes, même dans le sexe mâle.

Mœurs. — Le Mouton domestique est le type de la pusillanimité, de la peur et de la lâcheté; sans volonté, il est doux, tranquille et patient. Il est incapable de rien apprendre et il ne sait jamais se tirer d'embarras lui-même. Parfois, pourtant, il répond à l'appel de son maître, et lui obéit un peu. On assure qu'il aime la musique et qu'il écoute avec plaisir le chalumeau du berger. Il pressent les changements de temps. Il aime les endroits secs et élevés, il les préfère aux endroits bas et humides. D'après Linné, 327 plantes de l'Europe centrale entrent dans son alimentation; il en refuse 141, surtout l'euphorbe, les renoncules, les colchiques, les joncs, les prêles. En hiver, il se contente de foin et de plantes sèches; avec les grains, il engraisse trop et la qualité de sa laine diminue. Il adore le sel et l'eau fraîche et limpide; aussi est-il bon de placer à sa disposition une pierre de sel gemme qu'il puisse aller lécher.

La Brebis a un petit par portée, rarement deux; dans les pays chauds, la mise-bas se fait deux fois par an. Les dents de lait apparaissent le premier mois; à six mois perce la première molaire permanente; à deux ans, les incisives tombent et sont remplacées. A cinq ans seulement, la deuxième dentition est complète : l'animal est adulte.

Maladies. — Les maladies les plus communes sont le *tournis*, produit par la présence de la forme cystique (cœnure cérébral) du Ténia cœnure dans le cerveau, et la *cachexie aqueuse* ou *distomatose*, due à la présence dans les canaux biliaires du distome hépatique.

Produits. — On les cultive pour leur toison et leur viande. Les Mouflons ont déjà un léger duvet entre les jarres ; chez les Moutons, les jarres droits et raides ont diminué de nombre sur le corps, et le duvet, fin, souple, long, ondulé ou vrillé, forme la laine, toujours imprégnée du *suint,* produit par la sécrétion de glandes cutanées. Les meilleures parties de la toison se trouvent sur l'épaule et sur la partie supérieure du corps de chaque côté, puis viennent les parties latérales de la poitrine, de l'abdomen et de la base du cou ; enfin la base de la queue, la face externe de la cuisse et la partie inférieure de la poitrine. Les mèches sont formées de brins variables suivant la race. On admet les mèches *courte,* *longue* ou *haute, cylindrique, carrée, conique, pointue, serrée, lâche, brouillée* ou *emmêlée,* dont la présence fournit les toisons *fermées, ouvertes* ou *mécheuses,* *lassées, creuses, vrillées, brouillées* ou *emmêlées.*

On peut classer les laines en trois catégories. La première comprend les laines *fines,* qui ont moins de 0ᵐᵐ,03 de diamètre ; la deuxième, les laines *communes,* qui ont de 0ᵐᵐ,03 à 0ᵐᵐ,04 de diamètre, et la troisième, les laines *gros-sières,* dont le diamètre dépasse 0ᵐᵐ,04. En outre, l'égalité du brin, c'est-à-dire l'égalité du diamètre dans toute sa longueur, est une qualité essentielle, parce qu'elle indique une pousse régulière et une bonne santé chez l'animal.

La résistance que le brin oppose à la rupture s'appelle le *nerf,* la *force* ou *l'élasticité.* La douceur se perçoit en palpant entre le pouce et l'index. Une laine douce, c'est-à-dire comme imprégnée d'huile épurée fine, est toujours forte, nerveuse et élastique, car elle ne se brise pas sous l'effort de la peigneuse, et laisse peu de déchet ou *blousse.* La force de la laine dépend de la qualité du suint et de son abondance. On doit l'enlever pour en permettre l'emploi. La laine lavée à dos est plus chère que celle qui est lavée après la tonte.

Cet élevage est un grand facteur de la richesse nationale, car le nombre des Moutons existant en France au 31 décembre 1901 est évalué, par l'adminis-tration, à 19 669 682 unités. Les départements qui en élèvent le plus sont : l'Aveyron (678 700), la Creuse (544 000), la Haute-Vienne (618 000), les Bouches-du-Rhône (500 006), l'Eure-et-Loir et l'Indre (525 000 chacun).

Plus de 14 millions, ayant été tondus, ont fourni 34 127 000 kilogrammes de laine en suint d'une valeur de 40 millions de francs et 6 819 100 kilogrammes de laine lavée à dos valant près de 14 millions de francs.

Le lait est consommé dans les montagnes. Dans l'Aveyron, il sert à fabriquer le fameux fromage de Roquefort veiné par le *Penicillium glaucum* et dont la fermentation est régularisée dans les magnifiques caves du pays. Les fromages de Saint-Marcellin, de Sassenage, du Mont-d'Or et du mont Cenis sont fabriqués pour une faible part avec le lait de Brebis.

La viande est savoureuse et estimée ; c'est un aliment sain dont la qualité varie avec l'âge, le sexe, la race et l'alimentation. La graisse est le suif ; les cornes, les onglons, les os, les issues sont diversement utilisés. La peau, suivant le procédé de fabrication, sert à préparer la basane, employée pour la reliure et les chaussures légères, la peau blanche qui sert à la confection des gants et à la doublure des souliers, le parchemin et le vélin.

LES RACES DE MOUTONS

Pour Sanson, les Ovidés ariétins se rattachent à onze types primitifs, dont quatre sont brachycéphales : ce sont les Moutons germanique, des Pays-Bas, des dunes anglaises, du Plateau central, et sept dolichocéphales : ce sont les Moutons du Danemark, britannique, du bassin de la Loire, des Pyrénées, mérinos, de Syrie ou à large queue et du Soudan. Ces types diffèrent surtout par le crâne, la courbure des cornes, la finesse et la longueur de la toison, et la queue.

LES RACES OVINES BRACHYCÉPHALES

Le TYPE GERMANIQUE, qui ne porte d'ordinaire pas de cornes, a une tête toujours chauve, souvent tachetée de noir ou de roux sur fond blanc ; les membres longs sont peu musclés, donc la cuisse est plate et le gigot faible. La toison, grossière, à brins (longueur 0^m,3o) épais (0^{mm},o4) et peu ondulés, forme des mèches pointues et tombantes. La taille est forte, ainsi que le poids, mais la viande est peu délicate.

Ce type habite la Westphalie, la Franconie, la Bavière, le Wurtemberg, le Luxembourg. Il a perdu du terrain en Saxe par suite de l'introduction du Mérinos.

Il est représenté en Angleterre par la race de *Leicester* ou de *Dishley* qui eut jadis une grande vogue et qui, introduite en France et en Allemagne, ne s'y est guère répandue, malgré sa précocité et son fort poids (100 kilos). Ces animaux s'accommodent mal de la chaleur et de la sécheresse, mais résistent bien à une atmosphère brumeuse. Toison : 3^{kg},5oo.

Le Mouton de *Lincoln* est un Leicester amplifié ; sa laine, très longue, est estimée pour la fabrication des étoffes légères, dites *alpaga*. Toison : 6 kilogrammes.

On trouve aussi cette race dans les polders de la Hollande.

Les métis *dishley-mérinos,* qui, en produisant de bonne laine, devaient fournir plus de viande, ne forment plus qu'une population restreinte dans la Champagne, la Picardie et la Beauce.

Le TYPE DES PAYS-BAS n'a pas de cornes ; il a une tête forte sans taches, un corps ample (0^m,70), bas sur jambes, une toison à brins moins longs et moins grossiers que dans le type précédent. La chair est grossière, l'aptitude à l'engraissement bonne, ainsi que la résistance à l'humidité atmosphérique.

Ses diverses races, peu nombreuses, habitent la Zélande, l'île de Texel et les comtés de Kent et de Sussex en Angleterre.

Les *New-Kent-berrichons* de la Charmoise paraissent avoir formé une race bien définie et estimée, dont la culture s'étend peu à peu, surtout dans la Nièvre et le Loir-et-Cher.

Le TYPE DES DUNES ANGLAISES a une taille de 0^m,6o, un squelette fin, un corps ample porté par des membres courts, bien musclés. La peau est plus ou moins pigmentée et les oreilles petites. La toison, s'avançant sur le front et les joues, encadre la face et descend jusqu'aux genoux. Les brins sont assez courts, peu épais et frisés irrégulièrement. Ses diverses races sont les plus aptes à l'engraissement; leur chair est fine et savoureuse, bien qu'elles se contentent des sols les plus maigres. Mais l'humidité leur est nuisible et leur occasionne souvent la pituitaire et le coryza.

La *race du Sud*, qui vit sur les dunes calcaires (Southdowns) qui s'étendent depuis le comté de

Les Brebis laitières de la Hollande.

Sussex jusqu'à 100 kilomètres à l'ouest, est connue sous le nom de *race des Southdowns*. Les animaux perfectionnés, qui ont été exposés dans les concours, ont donné à cette race une vogue extraordinaire, et en France, dans les milieux qui lui sont propices, on trouve des bergeries prospères et renommées. Les mâles atteignent 100 kilogrammes et la toison 3 kilogrammes.

Le TYPE DU PLATEAU CENTRAL comprend les plus petites races françaises (0^m,40 à 0^m,60 de haut). Son squelette est fin, ses chevilles osseuses sont à base étroite, toujours en spirale serrée, et absentes chez la femelle; ses membres courts, mais ses masses charnues bien développées. Les brins de la toison sont courts et frisés, secs et cassants. Celle-ci s'étend jusqu'à la nuque, aux genoux et aux jarrets. Elle est blanche, mais peut être aussi noire, brune ou rousse.

Toutes les races sont robustes et rustiques, et pourtant leur engraissement est facile, et elles fournissent une chair fine et savoureuse. Elles se rencontrent dans le Cantal, le Puy-de-Dôme, la Corrèze, la Creuse, la Haute-Vienne, les Charentes, la Vienne et les Deux-Sèvres. Les races *auvergnate, marchoise* et *limousine* ne donnent qu'une faible toison (de 0ᵏᵍ,600 à 0ᵏᵍ,750) pas très fine, dont la valeur commerciale est assez faible. Mais ces Moutons arrivent en grand nombre à la Villette, et leurs petits gigots sont très estimés à Paris.

LES RACES OVINES DOLICHOCÉPHALES

Le TYPE DU DANEMARK à front étroit ne porte que rarement des cornes, et encore sont-elles peu épaisses, courtes et contournées en spirale serrée. La tête est volumineuse, les oreilles longues et plus ou moins pendantes ; la queue est courte, et la toison est frisée, à brins courts et grossiers, d'un diamètre d'au moins 0ᵐᵐ,03.

La chair n'est pas de première qualité ; sa robustesse et sa sobriété lui permettent de s'accommoder aussi bien des climats secs que des climats humides.

Ce type occupe tout le nord de l'Europe (race des landes du Nord, de Lünebourg dans le Hanovre), même l'Islande. Son aire d'habitat diminue au fur et à mesure que les progrès agricoles s'affirment et que les Mérinos augmentent en nombre. En France, il n'est représenté que par les races *flamande, artésienne* et *picarde*, et par la race *poitevine* introduite dans la région (Deux-Sèvres, Vendée, Vienne, Charentes) lors du desséchement des marais vendéens.

Cette dernière comprend une population ovine considérable, divisée en un grand nombre de petits élevages. L'engraissement s'effectue sur les chaumes, après la moisson ; c'est à ce moment que se fait l'envoi sur Paris.

Le TYPE DU BASSIN DE LA LOIRE, à front étroit, sans chevilles osseuses, possède un squelette fin, des oreilles courtes et obliques, une poitrine assez développée, des muscles forts et épais, des membres courts. La tête est blanche et tachetée ou rousse, ainsi que les membres. Les brins de la toison sont courts et frisés.

Leur aptitude à l'engraissement est grande, et ils donnent une viande tendre, fine et exquise.

Cette forme occupe les plaines du centre du bassin de la Loire (Berry et Sologne), l'Allier, la Nièvre et la Saône-et-Loire, jusque dans le Jura français et suisse, dans les Ardennes et dans les landes de Bretagne. Elle a dû céder une partie de son territoire aux Mérinos et aux Southdowns.

On y distingue souvent des races locales sous les noms de *comtoise, suisse, ardennaise, percheronne, berrichonne,* etc. Sous le nom de *berrichons,* on comprend quatre sortes de Moutons : ceux de Crevant, de Champagne (du Berry), du Boischaud et de Brenne. Leur poids ne dépasse pas 40 kilogrammes, et leur toison atteint rarement 3 kilogrammes.

La race *solognote* (*) a une laine moins blanche que les Moutons brennous ; elle est toujours plus rude et plus tassée ; la tête et les membres sont roux. Ces Moutons si rustiques, qui résistent à une mauvaise alimentation et à l'humidité du sol, ne pèsent en vif que 30 kilogrammes, et leur toison ne dépasse pas 1ᵏᵍ,500.

Le Mouton de Lünebourg.

La race comtoise d'Arbois, de Poligny et de Dôle, du Doubs, de la Haute-Saône et des Vosges, est de petite taille, et d'apparence plutôt chétive et misérable. La toison est de couleur rousse, brune ou noire ; elle ne sert qu'à la consommation locale. Il en est de même de la variété *bretonne* (Ille-et-Vilaine, Loire-Inférieure, Morbihan), dont la toison ne donne que 500 à 600 grammes d'une laine brune, noire ou grise.

Le TYPE DES PYRÉNÉES est de taille plus forte que le précédent (0ᵐ,70 à 0ᵐ,80). Son front est étroit ; ses cornes, assez fortes, ont leur pointe effilée, dirigée en bas et le long du cou vers l'arrière. Les oreilles sont pendantes ; les membres sont forts. La toison est blanche et formée de mèches ondulées dont les brins

(*) Pl. LXIII. — *En haut*, le Mouton de Solcgne ; *en bas*, le Mérinos de Rambouillet (texte p. 363).

sont épais, rudes au toucher. Cette race robuste et féconde est souvent exploitée pour son lait.

Son aire d'habitat est très vaste ; elle comprend les hautes vallées des Pyrénées, sur les deux versants, les bassins de l'Adour et de la Garonne, pour s'arrêter au nord, aux monts du Rouergue, aux monts d'Aubrac et au Lot, à l'est à la montagne Noire. Sur ces terrains variés, les modifications ont été nombreuses.

Les races *basquaise* et *béarnaise* sont identiques et ont même genre d'existence. Leurs nombreux troupeaux pâturent en été sur les montagnes, et descendent dans la plaine pour hiverner. Mâles et femelles ont des cornes.

La toison, qui peut être grisâtre, et parfois rousse, est ordinairement d'une grande blancheur. La chair est fine et agréable, mais le développement lent.

Les races *landaise* et *gasconne* n'ont plus de cornes, mais ont un corps plus ample, donc un poids vif plus élevé. La race *churra* est espagnole.

La race *lauraguaise*, qui habite le Lauraguais, la plaine située entre Toulouse et Castelnaudary, est représentée par des troupeaux nombreux, où l'on remarque l'influence ancienne du Mérinos. La taille est de $0^m,65$, et le train antérieur moins développé que le postérieur. La toison est à brins très fins ($0^{mm},025$). L'aptitude laitière est bonne.

La race *des Causses* habite les vastes plateaux calcaires ainsi nommés du Tarn, de l'Aveyron et de la Lozère. Ces Caussinards, parfois appelés *Albigeois*, sont hauts sur jambes, donc bons marcheurs. La toison, grossière et peu longue, n'a guère de valeur.

Après engraissement en Auvergne, dans les Garrigues du Gard, ils fournissent une viande estimée.

La race *du Larzac*, dans l'Aveyron, la Lozère et le nord de l'Hérault, due à une sélection persévérante, est exploitée comme race laitière pour la fabrication du célèbre fromage de Roquefort. La tête est dépourvue de cornes, et la taille oscille entre $0^m,50$ et $0^m,60$. Les mamelles sont toujours volumineuses et rendent parfois la marche difficile. La toison, qui rappelle celle du Mérinos, peut atteindre 3 kilogrammes. Il n'y a donc pas antagonisme entre la production de lait et celle de laine. Chaque Brebis fournit assez de lait pour donner 16 à 20 kilogrammes de fromage.

Le concours annuel établi à la Cavalerie (Aveyron) a produit la plus heureuse influence sur l'élevage. Le rapport brut annuel d'une Brebis peut être estimé à 3o francs et plus pour son lait, sa laine et la viande de ses agneaux.

La race *mérine* ou *mérinos* est la race la plus noble qui forme les vraies bêtes à laine, car sous le rapport de la quantité (1 à 6 kilogrammes), de la qualité, finesse, douceur, résistance, sa toison n'a pas de rivale.

Ces animaux ont le corps ramassé (de $0^m,50$ à $0^m,80$), les jambes basses, mais fortes et solides, la tête grande, le museau obtus, le front plat; les Béliers portent de fortes cornes à deux tours de spire qui atteignent $0^m,66$ de longueur.

La toison couvre le front et les joues, et s'étend jusqu'aux onglons. Les mèches sont tassées, formées de brins fins, dont le nombre atteint quatre-vingts par millimètre carré. La peau, si riche en follicules pileux, présente de nombreux plis poussant sous le cou, et que l'on appelle des *cravates*. Ils sont peu estimés comme animaux de boucherie, car la viande possède un goût de suint désagréable.

Cette race, la plus nombreuse et la plus prospère, est devenue cosmopolite. On admet qu'elle existait déjà en Andalousie au temps des Romains, et dans le nord de l'Afrique. Dès le xviie siècle, sous Colbert, on signale l'introduction de Mérinos pour améliorer les animaux du Roussillon. En 1776, Turgot en importa un troupeau qu'il confia à Daubenton à Montbard; c'est la souche des Mérinos de Bourgogne. En 1786, Louis XVI fit venir de Ségovie trois cent soixante-six individus qu'il installa à la bergerie de Rambouillet : c'est là l'origine du célèbre troupeau dont l'influence a été immense (*). C'est en 1778 seulement que se fit la première importation de Mérinos en Allemagne, dans les bergeries de l'Électeur de Saxe. Ce fut la souche de la race qu'on appelle *électorale*. Peu à peu, la France et l'Allemagne se sont peuplées de cette belle race, cette dernière surtout par l'importation de Rambouillet.

Les formes espagnoles, qui sont transhumantes, ne peuvent plus soutenir la concurrence contre leurs descendants améliorés par des sélections bien comprises. Vivant en hiver dans les plaines de l'Andalousie, de l'Estramadure et de la Nouvelle-Castille, quelques milliers de ces animaux se mettent en marche au printemps pour aller pâturer sur les hauteurs de l'Aragon et de la Vieille-Castille. Le voyage dure un mois à six semaines; aussi les dégâts sur leur passage sont énormes. On croyait jadis que ces voyages étaient utiles à la qualité de la laine. Récemment, certains propriétaires de l'Andalousie ont supprimé la transhumance et, avec leurs troupeaux sédentaires, ont réussi à améliorer le poids et la laine.

Les Mérinos de la Provence ou de la Crau passent l'été dans les Alpes, ceux des Corbières sont sédentaires, ainsi que ceux du Châtillonnais, de la Champagne, de la Brie, du Soissonnais, de la Beauce. Les Mérinos de Mauchamps, ou à laine soyeuse, ne sont plus représentés que par un petit troupeau installé dans une annexe de la bergerie de Rambouillet.

Les races de l'Allemagne, de l'Autriche-Hongrie et de la Russie arrivent en grand nombre sur le marché de Paris, surtout les Négrettis hongrois et russes.

Les Moutons du type de la Syrie sont de taille variable ($0^m,70$ à $0^m,80$). Ils montrent souvent jusqu'à six cornes frontales, par suite de la division des chevilles osseuses. Les cornes sont contournées en spirale très allongée. En outre, ils présentent une particularité qui leur est propre : c'est la présence à la base de la queue de masses graisseuses qui, parfois, sont assez volumineuses pour devenir pendantes, et qui, somme toute, ne sont que l'exagération de la tendance générale à l'engraissement qu'on peut constater chez les Moutons. On admet que des réserves nutritives s'accumulent ainsi, à cause de la fréquence du manque de nourriture dans ces régions.

La toison est blanche, grise, noire ou rousse. La chair est bonne.

On trouve cette forme à grosses fesses en Asie, en Afrique et en Europe, depuis la mer de Chine jusqu'aux bords et aux îles de la Méditerranée, et au sud-

---

(*) Pl. LXIII. — Le Mérinos de Rambouillet (Pl. p. 361).

est de la France, et jusqu'en Hongrie et en Russie; aussi les races sont-elles nombreuses. Ce sont :

Les races *chinoises, de la Perse, de l'Arabie, de l'Yémen,* celles de Russie, de Hongrie, des États danubiens. La stéatopygie diminue à mesure qu'on s'avance vers l'ouest. Les races *d'Anatolie* et *de Grèce* ont des masses adipeuses peu volu-

Le Mouton du Niger.

mineuses, mais celles *d'Arménie* portent parfois une queue tellement épaisse qu'on est forcé de la supporter sur un petit traîneau que l'animal tire après lui. Ce sont les Agneaux qui fournissent ici la fourrure dite *Astrakan.*

La *race barbarine* habite tout le littoral algérien jusqu'à l'Aurès et à l'Atlas. Parfois elle est dépourvue de toison et n'a que du poil. Elle existe aussi dans le sud de la France jusqu'en Savoie. Un grand nombre de ces Moutons arrivent à Marseille et à Paris. En 1901, on en a compté 1 170 086.

Dans l'Hérault et le Gard, on les engraisse avec les marcs de raisins. La viande est bonne, mais la laine (toison, 2 kilos) a besoin d'être améliorée.

Les MOUTONS DU TYPE DU SOUDAN ont un front étroit, fortement incurvé et sans chevilles osseuses. La taille est grande (1 mètre), les membres longs, mais le corps grêle, les oreilles toujours fortes et pendantes.

Les caractères de la toison, quand elle existe, sont très variables et peuvent offrir le passage aux Chèvres. La peau est toujours partiellement pigmentée.

En Afrique, cette forme est à l'état de pureté; en Asie Mineure et en Perse, elle se croise avec les races parmi lesquelles elle vit, et donne des métis se rapprochant tantôt du type asiatique, tantôt du type du Soudan.

On rattache à ce type la race *bergamasque*, très répandue dans la Lombardie et le Piémont. Ces bêtes, très agiles et fortes marcheuses, passent l'été sur les hauteurs et l'hiver dans la plaine. Elles sont connues sur les marchés de Paris, de Lyon et de Marseille sous le nom de *Moutons italiens* ou *piémontais*.

Les Moutons du Niger sont maigres, hauts sur jambes; les cornes, qui n'existent que chez le mâle, sont horizontales, à spire allongée. Par leurs pendeloques, leurs oreilles pendantes et leur face bombée, ils rappellent la Chèvre domestique de ce pays.

LES CHÈVRES

Les Chèvres (*Capra* Linné, 1766) ou *Caprins* se séparent des Moutons par leur crâne étroit, leurs os nasaux longs et peu larges, leur chanfrein droit, la présence d'une barbiche, leur queue courte relevée, nue en dessous, leur pelage rude ou non, qui ne montre jamais de vraie laine. Les larmiers et les sinus biflexes sont absents. Les cornes, souvent grandes, sont divergentes en arrière, comprimées latéralement et marquées de tubérosités transversales sur la face antérieure. Les cornes de la femelle sont toujours plus petites que celles du mâle. La forme d'Afrique établit un passage aux Ovins par la présence de larmiers, d'un canal biflexe et de mamelles globuleuses.

Ces animaux remuants, actifs et grimpeurs, répandent une odeur forte qui est très accentuée et repoussante, odeur de bouc, chez les mâles. Les jeunes sont les Cabris, les Chevreaux, les Chevrettes.

Classification. — On distingue deux sous-genres : les *Chèvres vraies* (*Hircus* L.), dont les cornes sont tranchantes au bord antérieur, les nodosités peu marquées et la cheville osseuse pleine, excepté à sa base où elle est creusée d'une grande cellule; et les *Bouquetins* (*Ibex* Hodgson, 1847), dont les cornes sont fortes, divergentes, avec des tubérosités bien marquées et un axe osseux creusé de nombreuses cellules. On y place parfois aussi le genre Hémitrague, qui fait le passage aux Bovinés.

LA CHÈVRE ÆGAGRE. — La Chèvre ægagre (*C. ægagrus* Gm.) ou à bézoard, dont le mâle est le *Pasang* et la femelle le *Boz* des Perses et que quelques naturalistes regardent comme la souche ou une des souches de la Chèvre domestique, diffère de celle-ci par son allure et par la direction de ses cornes.

Caractères. — Cet animal a le corps allongé, le dos tranchant, les pattes hautes et fortes, la tête courte, le front large, le dos du nez presque droit; la queue courte porte de longs poils. Les cornes du Bouc sont longues (0^m,66 à 1^m,3o) et faibles, car leur circonférence à la base ne dépasse pas 0^m,18. Elles forment un arc concave vers l'arrière, un demi-cercle chez les vieux. Elles sont très rapprochées à leur base, mais elles s'écartent bientôt. Les cornes sont comprimées latéralement, carénées en avant et en arrière, mais arrondies de côté. La face antérieure porte dix à douze bourrelets chez les vieux animaux et de nombreuses rugosités. La femelle porte des cornes plus petites, peu arquées.

Le duvet est court et fin, abondant dans les pays froids, les jarres raides et couchés. La barbe est forte et brun noir. La robe d'hiver est gris brun, celle d'été d'un brun jaunâtre ou roussâtre. Les parties inférieures sont blanches. Le dos et le ventre portent une ligne brun noir foncé bien marquée. Les jambes de devant ont cette même couleur en avant et sur les côtés. Elles sont rayées de blanc au-dessus du pied comme celles de derrière. Un Bouc adulte a 0^m,94 de hauteur au garrot, une longueur de 1^m,5o, tandis que sa queue avec ses poils ne mesure que 0^m,12. La Chèvre est plus petite.

La Chèvre ægagre.

Habitat. — Cette Chèvre habite les montagnes d'une immense région depuis le Caucase jusqu'au Sindh, aux monts Suleiman, au col Bolan et à Quetta où elle est remplacée par le Markhor. Elle est fréquente en Arménie, dans l'Ararat, dans les monts Taurus, dans les îles de Crète et d'Antimelo (Cyclades), et dans l'île de Gioura, sous le nom de Chèvre-Gazelle (*C. Dorcas* Reich), dans les Sporades du Nord. Dans le Sindh et le Bélouchistan, on la trouve au niveau de la mer, mais en Perse elle s'élève jusqu'à 4 ooo mètres.

Mœurs. — Elle est sociable et vit en troupes de dix à vingt individus qui sont conduits par un vieux Bouc expérimenté, et se tiennent dans les montagnes désertes et rocheuses. Elle est très vive, court rapidement et avec sécurité sur les chemins les plus périlleux, saute d'une arête à une autre, grimpe admirablement. Si elle manque son but, on dit qu'elle sait se sauver en tombant sur ses cornes. Sa vue et son odorat sont très aigus et l'avertissent des dangers. Elle se nourrit des feuilles des arbres et des herbes, qu'elle cueille le jour à la limite des glaciers, tandis que la nuit elle se réfugie dans la forêt.

La mise-bas d'un ou deux petits se fait en mai dans le Caucase, mais un mois plus tôt dans le Sud. Les jeunes croissent rapidement, sont très enclins à jouer, s'apprivoisent facilement et si complètement qu'on peut les envoyer au pâturage sans craindre leur fuite.

Produits. — Cette Chèvre doit son nom à une concrétion non digestible que renferme son estomac, qui jadis était fort estimée comme remède et comme contrepoison et qui a encore la vogue en Perse à notre époque.

LES CHÈVRES DOMESTIQUES. — Les Chèvres domestiques (*C. æ. hircus* L.) proviennent d'une souche inconnue ; mais comme elles se croisent facilement avec les sauvages de leur patrie, il en est résulté des races différentes, dont le nombre est bien supérieur à celui des espèces sauvages. Certaines formes, comme la Chèvre domestique du Caucase, rappellent plutôt la Chèvre ægagre par la forme de leurs cornes, tandis que d'autres ont des cornes spéciales dont le Markhor est le type. Les cornes peuvent manquer, ou être multiples ; celles de la Brebis sont plus petites que celles du Bouc ; les oreilles sont parfois pendantes et très longues. La couleur va du blanc pur au noir, et le poil peut être court ou très long.

Mœurs. — Ces animaux se rencontrent chez tous les peuples un peu civilisés. Ils sont façonnés pour la montagne ; aussi ont-ils pris possession de tous les pâturages inaccessibles aux Moutons. Plus une contrée est sauvage et aride, plus la Chèvre s'y trouve à son aise. Elle est gaie, capricieuse, curieuse, encline à jouer, à sauter et à gambader, disposition qui se montre à un si haut degré déjà chez le Cabri. Elle ne connaît pas le vertige.

Les Boucs sont entreprenants, téméraires et même querelleurs ; mais les combats qu'ils livrent ont rarement des résultats sérieux.

La Chèvre montre un certain attachement pour l'homme. Elle est affectueuse et sensible aux caresses. Elle comprend si on la punit avec justice. Dans les Alpes et dans les montagnes de l'Espagne, ce sont elles qui conduisent les grands troupeaux de Moutons dans les pâturages situés à 2 000 ou 3 000 mètres d'altitude, là où le pâtre ne peut atteindre. Elle aime les plantes qui croissent dans les endroits élevés et secs ; elle ne paît point dans les prairies sur lesquelles on a répandu du fumier. Elle aime beaucoup les jeunes feuilles des arbres ; aussi cause-t-elle de grands dommages dans les vergers et les taillis.

La femelle met bas, vers le mois de mars, deux ou trois Cabris qui peuvent déjà courir dès le lendemain de leur naissance et qui, à quatre ou cinq jours, peuvent suivre partout leur mère.

Produits. — La Chèvre est la Vache du pauvre. Son entretien revient à peu de chose en été. Son lait, bien qu'ayant une légère odeur de Bouc, est estimé et, dans certains pays, en Égypte par exemple, les Chèvres circulent dans les rues et se laissent traire sous les yeux de l'acheteur.

Ailleurs, le lait entre dans la composition de certains fromages.

Elle fournit en outre son fumier, ses Chevreaux, puis sa viande et ses cornes. La chair des Cabris est un peu sèche, mais a bon goût ; celle des vieilles Chèvres est un peu dure ; on la conserve par la dessiccation.

Les Chèvres à long poil livrent des toisons de grande valeur. La peau sert à fabriquer le cuir de Cordoue, le maroquin ; avec celle du Bouc on fait des pantalons, des gants, des outres dans lesquelles les Grecs conservent le vin, les Arabes l'eau. Les cornes sont livrées aux tourneurs, et avec les poils on fait des pinceaux. Le nombre qu'on en élève en France indique leur importance économique ; il était de 1 529 280 en 1901.

Au Chili, les produits du Bouc et de la Brebis, désignés sous le nom de Chabins, sont exploités pour leur peau, et jouissent d'une fécondité illimitée ; mais leurs descendants font retour assez rapidement à l'un des types ascendants.

LES RACES DE CHÈVRES

Les RACES D'EUROPE sont brachycéphales ; elles sont disséminées partout, par petits groupes sur les montagnes de l'Europe méridionale, Turquie, Roumanie, Serbie, Grèce, Autriche, Suisse, Italie et Espagne. En France, elles sont surtout nombreuses dans les Alpes et le Lyonnais, dans les Pyrénées et le Poitou.

La race des Alpes est exploitée dans les Balkans, la Grèce, en Suisse, en Tyrol, dans les Apennins et surtout en Corse (249 290 têtes), dans l'Isère (65 060), la Drôme (102 311), l'Ardèche (109 436) et le Mont-d'Or lyonnais. Dans le Mont-d'Or, elle vit en stabulation dans les petites exploitations agricoles, où on la nourrit de tous les déchets. On estime le bénéfice net que peut donner un de ces animaux à plus de 40 francs. Son lait sert à la fabrication des célèbres fromages de Sassenage et du Mont-d'Or.

Les cornes sont toujours présentes et le pelage est d'un brun roux, souvent mélangé de gris, avec de grandes variations de taille.

La race des Pyrénées (*), brune, avec des cornes, vit en grands troupeaux sur les versants nord et sud des Pyrénées, surtout dans les Basses-Pyrénées. Les chevriers basques et béarnais les conduisent en été sur les hauts pâturages et, en hiver, ils les ramènent dans les vallées. Le lait sert à la consommation courante. Ces dociles animaux sont amenés dans les villes du Sud-Ouest et à Paris même par leurs chevriers, reconnaissables à leurs bérets, et qui les trayent devant les clients qu'ils ont appelés avec le chalumeau pyrénéen.

La race du Poitou, qui vit aussi dans les Charentes, a une taille qui dépasse 0m,80. Les cornes sont souvent absentes dans les deux sexes ; la robe est tantôt brune, tantôt grise, tantôt blanche. Elles vivent isolées ou avec des Moutons et sont conduites en laisse au pâturage pour éviter leurs déprédations. Les métayers les exploitent pour leurs Chevreaux et pour leur lait dont elles donnent environ, par semaine, 12 litres qui rendent 2 kilogrammes de fromage.

(*) Pl. LXIV. — En bas, la Chèvre domestique (race des Pyrénées) ; en haut, la Chèvre de Cachemire (texte p. 369).

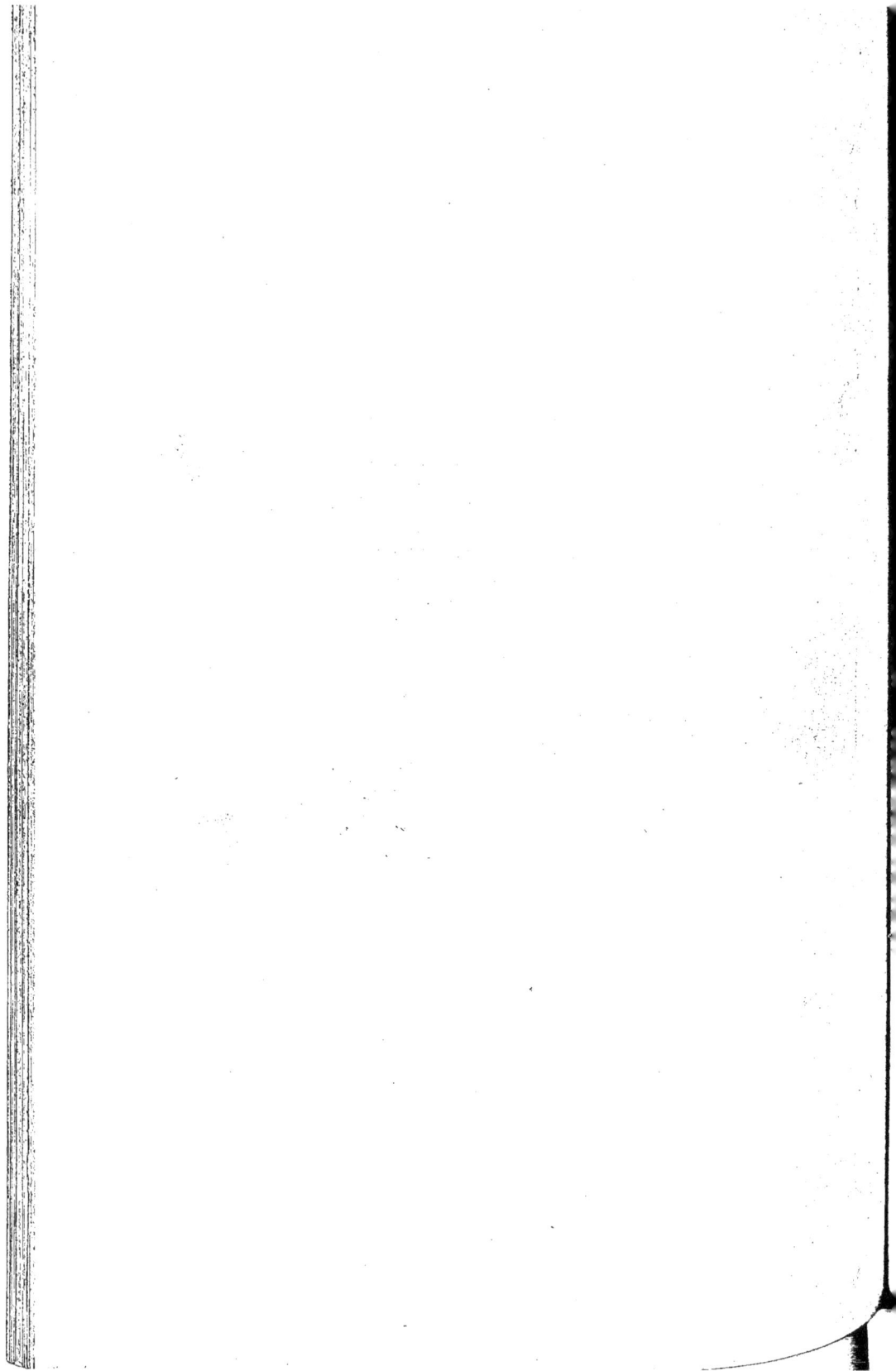

Les RACES D'ASIE sont de taille petite (0^m,70 au plus), à oreilles pendantes, sans barbe au menton, mais avec des poils nombreux disposés par longues mèches ondulées ou vrillées, couvrant tout le corps et descendant jusqu'au milieu des membres. Ces poils cachent un duvet fin, soyeux, abondant, avec lequel on fabrique des étoffes très estimées. Propres, gentilles et familières,

La Chèvre domestique du Caucase.

elles sont d'humeur moins vagabonde que les Chèvres d'Europe. Souvent on les voit dans les jardins publics attelées à des petites voitures d'enfants.

La *Chèvre de Cachemire* (*) se distingue par l'absence constante de cornes (Sanson), par sa taille (0^m,65 à 0^m,70), par sa tête fine et par sa toison dont les jarres abondants sont longs, à peine flexueux et cachent un duvet très court, floconneux (Pachm), peu abondant, mais fin. La face et les oreilles portent seules des poils courts. La couleur est d'ordinaire blanche ou jaunâtre; parfois on en voit de brunes et de noires. Ce bel animal se trouve dans les hauts plateaux de l'Asie centrale. La laine tombant au printemps, à cause des jarres, on peigne les Chèvres tous les deux jours pour l'enlever.

(*) Pl. LXIV. — La Chèvre de Cachemire.

La *race du Thibet* diffère peu de celle de Cachemire, mais le duvet est moins fin. Aussi les châles du Thibet sont-ils moins estimés et moins souples que ceux de Cachemire. Ces derniers sont parfois appelés *châles de l'Inde.*

La *Chèvre d'Angora* est un bel animal (0^m,60), dont le poil est d'une blancheur éclatante, en longues mèches bouclées ou frisées, et d'une finesse moyenne; il est à peine mélangé de brins grossiers et courts. La chute annuelle du duvet se fait au printemps, par flocons; la récolte en est facile, car il n'est plus retenu par les jarres. Elle porte toujours des cornes minces et contournées en spirale.

Le nom vient de la ville d'Angora, dans l'Anatolie, où ces Chèvres sont très nombreuses; elles se sont répandues en Europe sans que leur laine ait perdu ses qualités dans les endroits secs.

L'hiver de leur pays est sec et chaud; lorsque les pâturages de la montagne ne peuvent plus les nourrir, on les ramène dans les étables. Pour conserver la beauté de leurs toisons, on est forcé de les laver et de les peigner plusieurs fois dans la saison chaude. La finesse des brins diminue avec l'âge. C'est à un an qu'ils sont le plus fins et ils ne sont plus utilisables à six ans.

Les essais d'acclimatation des trois races précédentes n'ont pas donné de bons résultats, pas plus dans les Alpes que dans le Jura. Sanson dit que, quelque soin qu'on ait pris, aucune des Chèvres asiatiques n'a pu fournir autre chose que du lait, des Chevreaux et des peaux, comme celles d'Europe. Des essais plus récents paraissent devoir mieux réussir.

La *Chèvre Mambrine* ou *de Syrie* s'est répandue du sud-ouest de l'Asie jusqu'en Europe. Son nez busqué, ses oreilles pendantes rappellent la Chèvre d'Égypte, mais ses oreilles ont une fois et demie la longueur de la tête. Son corps est élevé sur des jambes fortes, sa barbe est courte, ses cornes en demi-cercle et son poil très long, noir, en mèches soyeuses.

Les RACES D'AFRIQUE sont dolichocéphales à nez très busqué. Leur tête est petite, portée par un cou long et mince, les oreilles sont larges et pendantes le long des joues. Les cornes sont courtes, épaisses et arquées. La barbe manque souvent; pied pourvu du canal biflexe; poil ras plus ou moins foncé. A dis-tance, la Chèvre d'Afrique a souvent été confondue avec le Mouton du Soudan, mais sa queue très courte est toujours relevée. Elle est répandue dans la Basse-Égypte, dans l'Afrique centrale, la Nubie, l'Abyssinie, la Haute-Égypte (*Chèvre de la Thébaïde*), dans l'Afrique du Nord et à Malte.

La *race Maltaise* nous intéresse, à cause de ses aptitudes laitières qui la font apprécier en Algérie. Bien nourries et bien soignées, ces Chèvres peuvent donner 3 à 4 litres de lait par jour; leur exploitation est donc lucrative.

La Chèvre du Soudan à poil ras et épais, à cornes pointées en avant, possède une longue et forte barbe; elle est cultivée en troupeaux immenses, du Nil Blanc au Niger. Au Sénégal, on trouve une race naine très prolifique.

Chèvres sauvages. — Les Chèvres-Gazelles de l'île de Gioura proviennent probablement de Chèvres domestiques croisées avec le Pasang des Perses.

On cite encore des Chèvres sauvages de l'île Tavolara, près de la Sar-daigne, de Sainte-Hélène et de Juan Fernandez. A Sainte-Hélène, elles ont détruit une grande partie de la flore et par contre-coup de la faune. A Juan

Fernández, elles ont été introduites par les Espagnols en 1553. Elles s'y multiplièrent tellement qu'on lâcha des chiens qui se chargèrent d'en diminuer le nombre. Mais en 1885 on dut pourtant leur faire une guerre acharnée, pour faire cesser leurs déprédations. Ces Chèvres sont d'un brun rouge, parfois tacheté de blanc.

LE BOUQUETIN DES PYRÉNÉES.

— Le Bouquetin des Pyrénées (*C. pyrenaica* Schinz) se rapproche plus de celui du Caucase que de celui des Alpes. Les cornes, recourbées en haut et en dehors, forment une spire allongée ; plates sur la face antérieure, elles sont carénées en arrière, elles ont donc une section pyriforme ; les côtés sont marqués d'ornements. La barbe, peu fournie, mais longue, est noire. Le corps est brun clair ; le front et la nuque sont plus foncés, ainsi qu'une tache triangulaire sur le dos, une bande sur les flancs et la face antérieure des membres. La lèvre supérieure, les joues, la gorge sont grises, et les parties inférieures blanches. La coloration varie avec la saison et les localités ;

La Chèvre d'Égypte.

le pelage est plus long en hiver qu'en été. La taille est de 0^m,60 à 0^m,65, et les cornes ont de 0^m,60 à 0^m,70.

Habitat. — Cet animal habite les hauts sommets des Pyrénées. La forme de Grenade et de l'Andalousie (Sierra Nevada et de Ronda), du Portugal (Sierra de Gerez), est plus petite que la forme du Nord, bien que ses cornes soient aussi longues (*C. hispanica* Schimp.), tandis que la forme qui habite les sierras du centre de la péninsule fait le passage entre les deux formes susnommées. On l'a trouvé fossile dans les cavernes de Gibraltar.

Mœurs. — Ces Bouquetins vivent en petits troupeaux de mâles ou de femelles. Les Béliers, insensibles au froid et à la neige, se tiennent sur les plus hauts sommets, tandis que les femelles vivent dans les fourrés plus bas, et en hiver s'approchent même des villages. Il n'y a pas de sentinelles, tous veillent au salut commun, et le premier qui aperçoit un danger avertit ses compagnons. Tous se réunissent en nombre à la saison des amours, mais se séparent déjà en décembre, après de terribles combats livrés par les mâles. Les petits naissent en avril et ont toute leur agilité au bout de quelques heures. Les mères recherchent alors les endroits chauds et abrités.

Les Bouquetins du Caucase, connus sous le nom de *Tur*, ressemblent aux Moutons, mais leurs mœurs rappellent celles du Bouquetin des Pyrénées. Ce sont : le *Bouquetin à cornes cylindriques* (*C. cylindricornis* Blyth) ou Tur de Pallas ; le *Bouquetin de Severtzow* (*C. Severtzowi* Menzb.), spécial à l'ouest du Caucase ; le *Bouquetin du Caucase* (*C. caucasica* Güld.), du centre, entre le mont Elbrousz et le Daghestan. Les deux premières formes sont bien distinctes, mais celle du centre, formant le passage de l'une à l'autre, suggère l'idée à Lydekker qu'il n'y a peut-être que trois formes d'une même espèce.

LE BOUQUETIN DES ALPES. — Chez le Bouquetin des Alpes (*C. ibex* L.), tout révèle la force. Il a le corps ramassé et vigoureux, le cou moyen, la tête assez petite, le front fortement bombé, les jambes fortes, les cornes solides, les yeux vifs, à expression intelligente, le poil épais, crépu, terne en hiver, court, fin, brillant en été ; pendant la froide saison, il est mêlé d'un duvet épais qui tombe en été ; chez le mâle seul, les poils de la mâchoire inférieure sont un peu plus allongés (0ᵐ,06), sans former cependant une barbe. La couleur est assez uniforme et varie avec l'âge et les saisons : en été, c'est le gris roux qui domine ; en hiver, le gris jaune ou le fauve. Le dos est moins foncé que le ventre et porte une raie d'un brun clair faiblement marquée ; le front, le sommet de la tête, le nez, la gorge sont d'un brun foncé ; du fauve roux se montre au menton, en avant de l'œil, au-dessous de l'oreille et en arrière des narines. Les oreilles sont d'un brun fauve en dehors, blanchâtres en dedans ; la poitrine, le cou, les flancs sont plus foncés que le reste du corps, les jambes sont d'un brun noir, la ligne médiane inférieure du corps est blanche, la face supérieure de la queue est brune, sa pointe étant d'un brun noir ; une bande fauve clair descend le long des jambes de derrière. La teinte devient de plus en plus uniforme à mesure que l'animal vieillit. Les cornes, qui apparaissent déjà à un mois, existent chez les deux sexes ; elles sont surtout remarquables chez les vieux mâles, où elles se recourbent en arrière en forme d'arc ou de croissant. Très épaisses et très voisines à leur racine, elles vont en s'amincissant et en s'éloignant de plus en plus. Leur section est quadrangulaire. Les cercles d'accroissement forment des nœuds et des saillies très prononcés surtout sur la face antérieure ; ils sont moins marqués sur les faces latérales et vers la pointe. Leur nombre est de vingt-quatre chez les vieux sujets. Les cornes sont à croissance permanente, plus lente cependant chez les vieux que chez les jeunes. Aussi peuvent-elles atteindre une longueur de 0ᵐ,90 à 1ᵐ,15 et un poids de 7 à 15 kilos. Les cornes de la femelle, relativement petites (0ᵐ,16) et presque cylindriques, ressemblent plus à celles de la Chèvre domestique qu'à celles du

Bouquetin mâle. Ce bel animal a 1 mètre de haut, 1ᵐ,5o de long et un poids de 75 à 100 kilos.

Habitat. — Les Bouquetins habitaient autrefois toutes les Alpes suisses et allemandes. Les Romains en exhibaient parfois deux ou trois cents dans les jeux du cirque. En 1809, fut tué le dernier dans le Valais. Ils étaient devenus si rares en Savoie, dans le Faucigny, en 1821, que la chasse en fut interdite sous les peines les plus sévères. En 1860, le roi d'Italie, se réservant des cantons de chasse autour du Grand-Paradis et des glaciers de la haute Isère, donna à l'espèce quelques années de répit. Quelques-uns de ceux qui y vivent sous la protection de gardes (val de Cogne) passent parfois la frontière et viennent se faire tuer en France. Ce sont les derniers de ces nobles animaux.

Mœurs. — Les Bouquetins vivent par petits troupeaux, dont ils éloignent les vieux mâles, méchants et maussades. Ils se tien-

Le Bouquetin des Alpes.

nent sur les pâturages les plus élevés, vers la limite des glaciers. Les mâles recherchent surtout les crêtes escarpées, où ils restent couchés ou debout, immobiles à la même place. Les femelles et les jeunes préfèrent les endroits plus commodes et moins élevés. Pour la nuit, le troupeau descend dans les forêts et en remonte au lever du soleil. En été, les Bouquetins recherchent les versants exposés au nord et le voisinage des glaciers ; en hiver, par contre, ils préfèrent les versants méridionaux. Ils détestent la chaleur brûlante du soleil, comme le froid extrême auquel cependant ils paraissent insensibles. On a vu de vieux Bouquetins demeurer des heures entières sur un rocher dans une immobilité de statue, tandis que la tempête faisait rage autour d'eux; on en a tué qui avaient des oreilles gelées. Tous les mouvements de cet animal sont vifs et faciles. Sa course est rapide et soutenue; il grimpe avec une légèreté incroyable, une aisance et une sécurité extraordinaires. La moindre inégalité, que l'œil de l'homme n'apercevrait même pas, une fente, un trou peuvent lui servir d'échelons.

Ce Bouquetin réussit sans difficulté à se tenir avec ses quatre pieds sur un pieu, sur la tête d'un homme, à grimper à un mur vertical ou en descendre en ne s'aidant que des saillies des moellons dont le mortier s'est détaché. A le voir ainsi bondir, on dirait une balle. Lorsqu'il est poursuivi, il court sur les glaciers plus facilement que le Chamois. Il traverse les abîmes et les précipices; il bondit d'un rocher à un autre et saute des plus grandes hauteurs sans hésiter.

La voix du Bouquetin ressemble à celle du Chamois; elle consiste, comme celle de ce dernier, en un sifflement, mais un peu plus prolongé. Quand il est effrayé, il fait entendre une sorte d'éternuement; s'il est en colère, il souffle avec bruit par ses naseaux. Les jeunes bêlent. L'odorat et la vue sont les sens les plus parfaits de cet animal; l'ouïe est également excellente et il est bien partagé sous le rapport de l'intelligence. Les Bouquetins sont si craintifs et si prudents qu'il est à peu près impossible d'approcher d'un vieux mâle. Ils sont plus calmes que les Chèvres, mais enclins comme elles, dans leur jeunesse, au jeu et à la lutte. En hiver et par le mauvais temps, ils mangent les bourgeons de saules nains, de bouleaux, d'aulnes, de rhododendrons (rose des Alpes). Ils recherchent surtout le fenouil, l'absinthe, divers joncs et roseaux. Ils lèchent avec plaisir les efflorescences salines qui recouvrent certaines roches.

Pendant qu'ils se rendent aux pâturages, ils se rencontrent souvent avec les Chamois et les Chèvres. Ils évitent toujours les premiers, mais s'accouplent avec les Chèvres sans grandes difficultés. La saison du rut a lieu en janvier: les mâles se livrent alors de violents combats, qui souvent deviennent dangereux, et plus d'un jeune mâle y perd la vie. A la fin de juin ou au commencement de juillet, la femelle met bas un seul petit, dont la taille est à peu près celle d'un Cabri. Ce jeune est un animal charmant. Il est couvert d'un poil laineux et ce n'est qu'en automne qu'apparaissent des jarres.

Quelques heures après sa naissance, ce montagnard est aussi hardi que sa mère. Celle-ci le soigne avec tendresse, le tient propre, le lèche, le conduit, ne l'abandonne jamais que lorsque l'homme lui paraît devenir trop dangereux. Elle se réfugie dans les lieux les plus escarpés; le petit, lui, se cache derrière une pierre, dans une fente de rocher, et y reste immobile, l'oreille au guet. Sa robe grise, qui s'harmonise avec la couleur des rochers, le fait échapper aux regards, même à ceux du Faucon. Le danger passé, la mère revient à son petit; tarde-t-elle trop, celui-ci sort de sa retraite, l'appelle et se cache de nouveau. Si sa mère est tuée, il fuit d'abord tout plein d'effroi, mais il revient sur ses pas et demeure longtemps triste et inconsolable à l'endroit où il l'a perdue.

Captivité. — Les jeunes s'apprivoisent facilement. Ils sont confiants, se laissent toucher, caresser et vivent en bonne harmonie avec les Chèvres domestiques qui les allaitent. Ils sont gais, gentils, très amusants, mais avec l'âge ils deviennent désagréables.

LE BOUQUETIN DE SIBÉRIE. — Le Bouquetin de la Sibérie (*C. Sibirica* Meyer) ou de l'Himalaya diffère du Bouquetin des Alpes par une barbe abondante chez le mâle, une sorte de crinière dorsale, une taille plus forte et des cornes plus longues, avec des bourrelets transversaux très accentués. La couleur de l'été est brune, plus pâle en dessous ; celle de l'hiver est blanc jaunâtre plus ou moins teinté de brun ou de gris. Les animaux du Baltistan sont plus foncés, ceux de la Sibérie et des monts Thian Chan ont les parties inférieures tout à fait blanches. La hauteur est de 1 mètre, ainsi que la longueur des cornes.

Habitat. — On le rencontre dans toute la région comprise entre la Sibérie méridionale et occidentale : du lac Baïkal à Kashgar à l'ouest, à Lhassa à l'est et à l'Himalaya (var. *sakin*) au sud. On le trouve aussi dans les monts Paropamisades, dans l'Afghanistan, près d'Hérat et de Koumaon en Perse.

A la forme du Cachemire occidental, Sterndale a donné le nom de BOUQUETIN DE DAUVERGNE, et celle de la Dzoungarie a été appelée BOUQUETIN DE LYDEKKER. Ce dernier est un magnifique animal. Le BOUQUETIN NUBIEN (*C. nubiana* F. Cuv.), que F. Cuvier appelait le *Bouc sauvage de la Haute-Égypte*, est identique à celui du Sinaï et de l'Arabie, connu sous le nom de *Beden*.

Noack a décrit en 1896, sous le nom de BOUQUETIN DE MENGES, celui de l'Arabie méridionale, du plateau de l'Hadramaout, qui réunit les particularités du Bouquetin Walie et du Beden, sans être identique à aucun d'eux.

Le BOUQUETIN D'ABYSSINIE (*C. Walie* Rüpp.) est de petite taille. Il se reconnaît à la courbure de ses cornes et à la présence d'une protubérance sur le front. Il se tient dans les hautes montagnes (monts Lasta, Simen) jusqu'à 3 700 mètres.

LE BOUQUETIN MARKHOR. — Le Markhor, appelé Chèvre de Falconer (*C. Falconeri* Wagn.) ou à cornes en vrille, dépasse tous les Bovidés par la variabilité de la grandeur et de la forme de ses cornes. Chez les vieux mâles, la barbe est longue et fournie, s'étendant du menton à la poitrine, tandis que chez les femelles et les jeunes elle est plus courte et limitée au menton. Le duvet est faible ou n'existe pas. Les cornes du mâle sont contiguës à leur base, aplaties, spiralées et en tire-bouchon. Dans le jeune âge, elles sont carénées en avant et en arrière, puis plus arrondies à leur base. Tout en s'enroulant de l'intérieur vers l'extérieur autour de leur axe, les pointes divergent de plus en plus. Les cornes des femelles sont courtes, comprimées et spiralées.

La coloration est moins variable que les cornes. En été, elle est brun rougeâtre, et en hiver grise. Le carpe et le tarse ont une raie sombre en avant, la queue est brun foncé. Les jeunes, tout à fait gris, portent une bande foncée sur le dos et ont une barbe noire ; plus tard, celle-ci, toujours noire en avant, devient grise en arrière. Les vieux Boucs paraissent lavés de blanc en été. La taille est de 1 mètre et parfois plus, et la longueur de 1 m,35.

Habitat. — Le Markhor, avec ses quatre variétés, habite dans les hautes forêts du Cachemire, de l'Afghanistan et du Belouchistan britannique. Il a été signalé près de Quetta, dans les monts Souleiman, dans les monts Hazara et du Pir Panjal, au sud du Cachemire, tandis qu'au nord il vit dans les monts du Baltistan et de Gilgit ; à l'est, il ne dépasse pas le fleuve Chinab, affluent de l'Indus.

Mœurs. — Ses habitudes varient suivant les régions. Kinloch fait remarquer qu'au contraire du Bouquetin Ibex des Alpes, qui aime à se tenir dans les rochers déchiquetés et dans les ravins abrupts au-dessus de la limite des arbres, le Markhor préfère les forêts rocheuses, où il se cache autant que possible, quoique parfois on le trouve pourtant dans des endroits découverts. Il vit en troupe, comme les autres Chèvres. Dans l'Afghanistan, où les forêts sont rares, il vit dans les défilés rocheux et sur les flancs abrupts des montagnes, à d'assez faibles hauteurs. Quand il habite les hautes montagnes, il est chassé des sommets par les fortes chutes de neige et se rend dans les vallées. Il paraît donc sensible au froid et Biddulph cite même la capture d'un adulte mâle dans son jardin à Gilgit. Malgré sa taille et son poids, le Markhor surpasse les autres espèces en agilité et en assurance, quand il grimpe sur les rochers.

En captivité, la femelle met bas un ou deux petits, qui, dans le Cachemire, naissent en mai ou juin. Cette espèce se croise facilement avec la Chèvre domestique ; aussi l'a-t-on considérée longtemps comme l'une des souches des Chèvres à cornes spiralées. Cette descendance n'est pas improbable pour diverses races ; mais il faut faire remarquer que l'enroulement chez les Chèvres se fait presque toujours en sens inverse de celui du Markhor.

Le Markhor.

Les Antilopes et les Chamois

Les animaux qui constituent la tribu des Antilopinés sont très variés dans leur couleur, dans leurs formes et dans leurs dimensions ; aussi est-il impossible de définir avec précision le groupe qu'ils constituent. On peut même dire que, depuis Pallas, les naturalistes ont rangé dans cette tribu tous les Ruminants cavicornes, qui ne se laissent classer exactement ni avec les vrais Bœufs, ni avec les Moutons ou les Chèvres, en sorte que ce groupe paraît être une agglomération un peu artificielle.

Beaucoup d'espèces ont des molaires qui manquent de la colonnette accessoire caractéristique des Bœufs ; le cornillon, au lieu d'être celluleux comme chez les Bœufs, est compact et plein ; il présente seulement une excavation celluleuse à la base, ce qui rapproche les Antilopes des Chèvres et des Moutons. Les cornes, tout à fait variables comme formes et dimensions, ne sont pas encore fourchues. Souvent elles n'existent que chez les mâles. Les femelles ont deux ou quatre mamelles.

Ces gracieux herbivores, qui comptent près de 150 espèces, sont surtout nombreux en Afrique. L'Europe n'en possède actuellement que deux espèces, le Chamois et le Saïga.

Pour en faciliter l'étude, il est utile de les grouper en sept sections : *Rupicaprins*, *Tragélaphins*, *Hippotragins*, *Antilopins*, *Cervicaprins*, *Céphalophins*, *Alcélophins*.

Section des Rupicaprins. — Ces animaux relient les Antilopes aux Chèvres. Les cornes existent dans les deux sexes et sont rapprochées des yeux ; elles sont courtes, annelées à la base, coniques, parfois comprimées, et à pointe recourbée. Les larmiers sont petits, les sabots sont larges, la queue courte, effilée et poilue en dessus. Molaires comme les Chèvres. Leur taille est petite ou moyenne. Ils habitent les régions paléarctique et orientale. Un seul genre est américain. Les Rupicaprins comprennent les Hémitragues, les Cémas, les Némorrhèdes, les Budorcas, les Oréamnes, les Chamois.

LES HÉMITRAGUES

Les Hémitragues (*Hemitragus* Hodgson, 1841) ou Demi-Chèvres sont souvent placés dans le groupe des Chèvres, dont ils se rapprochent par leurs mœurs, par l'odeur du mâle, mais dont ils s'éloignent par l'absence de barbe, par la présence d'un mufle, par leur crâne plus long et plus étroit et par leurs cornes. Celles-ci sont courtes, comprimées latéralement, carénées en avant, très arquées vers l'arrière et se touchent à la base ; celles des mâles sont beaucoup plus grandes que celles de la femelle. Des callosités aux genoux et parfois à la poitrine.

Ce genre renferme 3 espèces dont 2 habitent l'Inde et la troisième l'Arabie.

L'HÉMITRAGUE JHARAL. — Le Jharal (*H. jemlaicus* H. Smith) ou Tahr a une tête allongée, étroite, un corps de Chèvre sur des pattes sèches et vigoureuses, une queue courte, plate, nue en dessous et quatre mamelles. Les cornes sont striées transversalement, divergentes dès leur base, mais les pointes se rapprochent un peu. Le pelage est court sur la tête, plus long

L'Hémitrague jharal.

sur le corps et, chez les vieux mâles, assez long sur la nuque, les épaules et la poitrine pour former une crinière atteignant les genoux. La coloration, très variable, est ordinairement d'un brun foncé plus ou moins rougeâtre ; les mâles sont plus foncés.

La face et la portion antérieure des membres sont parfois noires, mais ordinairement foncées seulement, comme la ligne médiane du dos. Les jeunes sont gris brun, les cabris sont très pâles.

La hauteur du bouc est de 0ᵐ,80 à 1 mètre, tandis que la longueur du corps est de 1ᵐ,45, celle de la queue de 0ᵐ,08 et celle des cornes de 0ᵐ,30 à 0ᵐ,38. La femelle est plus petite et ses cornes atteignent rarement plus de 0ᵐ,25.

Habitat. — Le Tahr vit dans l'Himalaya, depuis le Pir Panjal, dans le Cachemire, jusqu'au Sikkim.

Mœurs. — Il se tient dans les forêts et parfois visite les sommets rocheux des montagnes inaccessibles. Les femelles ne craignent pas les endroits découverts, tandis que les boucs sont des amis des fourrés épais. Les collines offrant des précipices, des flancs abrupts couverts de chênes, sont les séjours favoris des vieux Tahrs, car ils peuvent se mouvoir avec facilité sur un sol où d'autres animaux ne pourraient poser le pied. Comme les vraies Chèvres, entre autres le Markhor qui vit à côté de lui au Pir Panjal, le Tahr forme des troupeaux; mais les mâles et les femelles sont séparés la plus grande partie de l'année et ne se réunissent qu'en hiver. La femelle met bas un cabri en juin ou en juillet.

La chair des femelles est excellente, tandis que celle des boucs est âpre et n'est estimée que par certaines classes d'indigènes.

L'HÉMITRAGUE WARRYATO (*H. hylocrius* Ogilby), ou *Ibex* des chasseurs européens, porte des cornes qui sont d'abord parallèles, puis qui divergent en s'incurvant vers l'arrière. Il habite par troupeaux, surtout les ravins des Nilghirries et les monts Anamalah au sud de l'Inde, ainsi que les Ghates occidentales au voisinage du cap Comorin. Il se tient dans les hauteurs de 1 200 à 1 800 mètres.

LES CÉMAS

Les Cémas (*Kemas* Ogilby, 1836) sont des Ruminants montagnards qui réunissent aussi les Chèvres aux Antilopes, car, s'ils rappellent les Chèvres par leur structure, leurs dents, leur courte queue, ils n'ont pas de barbe, et les deux genres portent des cornes de même grandeur, coniques, arquées vers l'arrière, présentant un sillon longitudinal et des anneaux rapprochés et assez irréguliers, excepté à la pointe.

Les quatre espèces de ce genre, qu'on inclut parfois dans le genre Némorrhède, sont répandues dans les territoires compris entre le sud de l'Himalaya, la Chine septentrionale et la Mandchourie.

LE CÉMA GORAL. — Le Céma goral (*K. goral* Hardw.) ressemble à une Chèvre, avec des membres vigoureux, des cornes presque parallèles, un peu divergentes vers les pointes. Il est couvert d'un pelage grossier cachant un duvet laineux, et formant sur la nuque et autour des cornes une petite crinière. La coloration est brun rougeâtre ou gris, plus pâle en dessous. La face est pâle et rougeâtre, le pourtour des cornes plus foncé, et la ligne dorsale noire y compris la queue. Une ligne noire descend sur la face antérieure de chaque membre jusqu'au carpe. Au delà la couleur passe au brun roux. La poitrine est blanche, les cornes noires. La hauteur de l'animal atteint $0^m,80$, sa longueur $1^m,25$ sans la queue qui a $0^m,10$. Chez le mâle, les cornes ont $0^m,15$ à $0^m,20$, celles des femelles sont plus petites.

Habitat. — Le Goral se tient du Cachemire au Bhoutan, sur les hauteurs himalayennes allant de 1000 mètres à 2700. D'après Kinloch, il n'est pas commun dans les monts Siwalick. Butler l'a rencontré dans les monts Naga, entre la Birmanie supérieure et l'Assam.

Mœurs. — Le Goral se rencontre ordinairement par troupeaux de quatre à huit individus, sur les collines couvertes d'herbe, mais accidentées, ou bien dans les forêts pierreuses. Il quitte rarement son séjour et ses compagnons, en sorte qu'on en aperçoit rarement un seul isolé, excepté les vieux boucs qui vivent solitaires.

Le Goral paît à toute heure quand le ciel est couvert de nuages, sinon ce n'est que le matin et le soir. Si l'un d'eux est effrayé, il pousse un cri perçant auquel répondent tous ceux qui l'ont entendu.

D'après Hodgson, la gestation dure six mois, et le petit, généralement unique, naît en mai ou en juin.

Cet animal, l'un des mieux connus de l'Himalaya, ne craint pas le voisinage de l'homme, car on le trouve souvent près des stations climatériques.

LES NÉMORRHÈDES

Les Némorrhèdes (*Nemorrhaedus* H. Smith, 1827) ou Antilopes-Chèvres tiennent le milieu entre les Antilopes et les Chèvres. Leur mufle nu, leur queue courte et poilue, leurs quatre mamelles et leurs glandes interdigitales les rapprochent des Cémas, mais ils s'en éloignent par la présence d'une glande sous-orbitaire logée dans une fossette correspondante. Les cornes, peu différentes dans les deux sexes, sont courtes, coniques, avec des sillons longitudinaux qui interrompent des anneaux fins et irréguliers; leur base continue le plan de la face, tandis que la pointe se recourbe légèrement en arrière.

Habitat. — Ce genre habite le sud-est et l'est de l'Asie; une espèce est spéciale à Formose (*N. Swinhoei* Gray) et une autre aux îles Nippon et Sikok du Japon (*N. crispus* Temm.): toutes deux ont à peu près la taille du Goral.

LE NÉMORRHÈDE BUBALIN. — Le Némorrhède bubalin (*N. bubalinus* Hodgs.), ou Serow commun, se reconnaît à son corps massif, sa grosse tête, ses grandes oreilles, son pelage grossier, assez long et peu fourni, sans duvet, qui en outre s'allonge sur la nuque et forme une sorte de crinière jusqu'au garrot. Son corps est noir ou gris foncé en dessus, avec la tête et la nuque noires. La couleur noire passe au roux sur les côtés, les cuisses, les avant-bras, la poitrine et la gorge, et au blanc sale sur le ventre et les côtés internes des membres et des oreilles; le menton est blanc. La ligne dorsale noire n'est pas toujours nette et les cornes sont noires. Son poids est de 100 kilos, sa hauteur de $0^m,93$, sa longueur 1^m,5o sans la queue qui atteint o^m,o8. Les cornes ont de o^m,23 à o^m,25 chez le mâle; celles de la femelle sont plus petites.

Habitat. — On le trouve dans l'Himalaya, depuis le Cachemire jusqu'aux monts Mishmi, à des hauteurs variant de 18oo à 36oo mètres. Anderson affirme son existence au Yunnan.

Mœurs. — Les habitudes de tous les Némorrhèdes sont probablement identiques. Kinloch dit que le Serow a une démarche maladroite, et pourtant il sait se mouvoir avec sûreté sur les sentiers dangereux, et n'est surpassé par aucun animal en agilité pour descendre les montagnes. Il n'est commun nulle part; il vit solitaire dans les bois touffus ou au milieu des rochers, et se repose volontiers à l'ombre des arbres ou dans des grottes dont l'entrée est protégée par des roches surplombantes. Il revient toujours au même endroit.

Il est craintif et difficile à rencontrer, mais il peut devenir dangereux quand il est blessé ou serré de trop près. Son cri tient le milieu entre un ébrouement et un sifflement aigu. Il le fait entendre même lorsqu'il n'y a pas apparence de danger. La femelle ne met bas qu'un petit, d'après Hodgson en septembre, ou d'après Adams en mai.

Sa chair est assez grossière.

Le Némorrhède de Sumatra (*N. Sumatrensis* Shaw) ou Cambing-outan ne diffère du précédent que par sa couleur plus rousse et sa taille plus petite (o^m,85). On le rencontre depuis l'est de l'Himalaya, le Moupin, le Yunnan jusqu'à Sumatra, à travers les collines (depuis 13oo mètres) de l'Assam, de la Birmanie, du Siam, de l'Arrakan (var. *rubida*) et de la presqu'île de Malacca.

Le Père Heude a décrit quatre espèces avec de nombreuses variétés, habitant les hautes montagnes de la Chine et le Tonkin, entre autres le Némorrhède argyrochète (*N. argy-rochaetes*) de grande taille (1^m,10) qui porte sur la nuque et le garrot une épaisse et longue crinière d'un beau blanc.

LES BUDORCAS

Les Budorcas (*Budorcas* Hodgs., 185o) sont des animaux les plus remarquables de la faune thibétaine, qui par leurs caractères mixtes semblent avoir emprunté les particularités de leur mode d'organisation à plusieurs types bien distincts, car ils tiennent à la fois de l'Antilope, du Mouton et du Bœuf. Aussi les zoologistes ont-ils été très embarrassés pour leur donner une place dans la classification mammalogique. Hodgson les range dans les Antilopins, Gray dans les Bovins et Blyth dans les Caprins.

Ce groupe ne renferme que le Budorcas taxicolore (*B. taxicolor* Hodgs.), du Thibet indien, et le Budorcas thibétain, du Moupin, qui n'en est qu'une variété.

LE BUDORCAS TAXICOLORE. — Le Budorcas taxicolore ou Takin n'est pas un animal à forme svelte et élégante, taillé pour la course comme la plupart des Antilopes. Au contraire son corps est gros, massif, trapu, reposant sur des membres bas, mais vigoureux. Son poitrail large n'a pas de fanon, mais le cou est muni d'une sorte de petite crinière médiane. Tout le corps est couvert de longs poils qui rappellent ceux des Yacks et des Chèvres. Le front porte des cornes puissantes, très larges à leur base où elles se touchent ; elles se dirigent

Le Budorcas taxicolore.

d'abord en dehors et un peu en avant, en s'infléchissant, puis en se relevant en arrière. Les cornes de la femelle sont moins fortes et moins courbes. Le chanfrein est très busqué, long, le mufle nu, les lèvres épaisses, les yeux petits, les oreilles courtes, le cou fort, le tronc gros et la queue petite. Les cornillons sont celluleux comme chez les Antilopes. Les particularités du crâne le rapprochent des Bœufs, des Ovibos et des Mouflons à manchettes.

Sa hauteur dépasse 1^m,15 et sa longueur 2^m,15. La queue n'a que 75 centimètres et demi. Les cornes du mâle ont 0^m,5o, tandis que celles de la femelle n'atteignent que 0^m,3o.

Habitat. — On le trouve dans le Thibet, dans l'Assam, dans les monts Mishmi, ainsi que dans le Se-tchuen occidental, et le Moupin où les habitants l'appellent *Ye-mou*.

Mœurs. — Le Takin des Mishmi paraît être organisé pour grimper sur les pentes escarpées et pour fondre sur ses ennemis comme le Buffle du Cap et le Bœuf musqué, plutôt que pour bondir et pour fuir le danger. Il ne s'éloigne des pentes rapides et boisées que la nuit pour pâturer. Il est assez commun sur toutes les grandes montagnes du Thibet oriental et du Se-tchuen occidental et vit généralement isolé ou en petites troupes, excepté au mois de juillet où les rassemblements sont nombreux. En hiver, quand son habitat ordinaire est couvert de neige, il monte sur les sommets déboisés et très élevés où la neige ne tombe pas en cette saison, et où la neige de l'automne et de l'été a été fondue par le soleil et où il peut trouver de longues herbes sèches dont il sait se contenter.

Son cri est un beuglement sourd et profond ; mais, quand il est effrayé, il fait entendre un fort souffle nasal. Ses excréments sont durs et arrondis comme ceux des Moutons et des Chèvres et non diffluents comme ceux du Bœuf.

Les chasseurs assurent qu'il est redoutable à cause de ses cornes ; aussi préfèrent-ils le prendre au piège que de le chasser au fusil.

LES ORÉAMNES OU HAPLOCÈRES

Les Oréamnes ou Haplocères (*Oreamnus* Rafinesque, 1817, ou *Haplocerus* H. Smith, 1827), malgré leurs formes caprines, sont plus proches parents des Némorrhèdes Serow que des Chèvres sauvages. Ils ne comprennent qu'une espèce certaine, la suivante, appelée communément la *Chèvre des montagnes Rocheuses* ou *Chèvre des neiges*.

L'ORÉAMNE MONTAGNARD. — **Caractères.** — L'Oréamne montagnard (O. *montanus* Ord.) est un Cavicorne tout à fait remarquable. Les membres, terminés par des sabots larges et obtus, sont robustes et courts à cause du peu de longueur des canons. Les oreilles sont pointues, les cornes petites, noires, arquées vers l'arrière, annelées dans leur première moitié, puis lisses vers la pointe. Elles ont de 0^m,15 à 0^m,27 de longueur. Le corps, qui a la taille d'un gros Mouton et un poids de 50 kilogrammes environ, est couvert de longs poils rectilignes, tombant sur les côtés et aux jambes, mais dressés sur la ligne médiane du dos. Leur longueur est plus grande aux épaules et aux cuisses, comme s'ils cachaient deux bosses. Seuls de tous les Ruminants, leur couleur reste blanche toute l'année, ainsi que celle du duvet, qui est laineux et serré. Cette couleur, adaptée aux sommets neigeux où ils se tiennent souvent, décèle leur présence au milieu des prairies.

Habitat. — L'Oréamne habite les points culminants des montagnes Rocheuses, depuis le 36e degré de latitude nord jusqu'à l'Alaska et les chaînes parallèles jusqu'à la côte Pacifique. Il est abondant dans la Colombie britannique, mais manque dans les monts Olympic, près de Vancouver. La forme de l'Alaska est appelée par les zoologistes américains l'*Oréamne de Kennedy*.

Mœurs. — Il se plaît au-dessus de la région des arbres, au milieu d'une nature sauvage, cahotique, là où les tempêtes balayent les cañons et les rochers escarpés, au milieu des glaciers bleutés et des amas de neige, là où le silence de mort n'est troublé que par le bruit des torrents, les hurlements de la tempête et les roulements sinistres de l'avalanche, là enfin   où le chasseur ose rarement venir chercher ses traces.

Ces animaux ne se réunissent en trou   peaux qu'en

L'Oréamne montagnard.

novembre et au milieu de l'hiver, à l'époque des amours; aux autres époques, leur vie est solitaire.

Le raccourcissement des pattes laisse supposer que la vitesse de l'Oréamne ne doit pas être très grande. Aussi, quand il est surpris, s'enfuit-il avec une sage lenteur, plus confiant dans les cachettes que lui offrent les rochers que dans sa vitesse. Mais quand la faim le presse, il se rend dans les forêts, et même dans les vallées, pour passer d'une montagne à l'autre. Rarement il descend jusqu'à la mer; on l'a pourtant vu parfois traverser à la nage des fleuves et des estuaires.

Quand le chasseur a vaincu les difficultés pour atteindre son domaine presque inaccessible, il trouve devant lui un gibier qui est peut-être le plus stupide des animaux de montagne, qui se laisse approcher, car il n'est pas peureux, et qui n'exige plus de la part du chasseur aucun effort d'agilité et de tactique. Cette chasse n'est possible qu'en septembre et en octobre, époque à laquelle sa fourrure n'a pas encore toute sa valeur. Les Indiens jadis le poursuivaient avec ardeur, mais maintenant, comme on a cessé de faire des couvertures avec sa laine, sa chasse est presque abandonnée.

LES CHAMOIS

Les Chamois (*Rupicapra* Blainville, 1816) ont aussi le port des Chèvres dont ils se distinguent par leur corps court, ramassé, leurs jambes longues et fortes, leur cou allongé, leurs oreilles pointues, dirigées en avant, et par la forme de leurs cornes ; celles-ci sont lisses, placées immédiatement au-dessus des orbites, droites, brusquement recourbées en hameçon à leur sommet. Elles existent dans les deux sexes ; la queue est courte et les mamelles sont au nombre de deux. Le larmiers manquent. Le poil forme une sorte de crinière sur le dos.

LE CHAMOIS D'EUROPE (*). — *Caractères.* — Le Chamois d'Europe (*R. tragus* Gray) est la seule espèce du genre. Il a une robe qui varie suivant les saisons. En été, elle est d'un brun roux sale, passant au jaune roux clair sous le ventre et au fauve à la gorge ; le milieu du dos porte une ligne foncée, car les poils y sont noirs avec la pointe jaunâtre ; la nuque est blanc jaunâtre ; les épaules, les cuisses, la poitrine et les flancs sont d'un gris brun foncé, tandis que le derrière est blanc. La base et la face supérieure de la queue sont d'un gris roux, mais le bout et la face inférieure sont noirs. Une bande noire nette part de l'oreille et passe au-dessous de l'œil ; à l'angle antérieur de l'œil, au-dessous des narines, sont des taches jaunes presque rousses.

Pendant l'hiver, le Chamois est brun foncé ou noir avec le ventre blanc, et la partie inférieure des membres plus claire que la supérieure ; les pieds sont d'un blanc jaunâtre, ainsi que la tête dont le sommet est plus foncé. Une bande longitudinale d'un noir brun part du museau pour aller à l'oreille.

Le poil d'été n'a que 0ᵐ,03 environ ; il est trois fois moins long que celui d'hiver ; la mue se fait lentement, de telle sorte que l'animal ne se montre que très peu de temps, soit avec son pelage d'été, soit avec sa robe d'hiver. Les poils grisonnent par l'âge, car le Chamois peut atteindre vingt à vingt-cinq ans. Les jeunes sont brun roux, avec un cercle plus clair autour des yeux.

La tête est courte avec un front proéminent et une région nasale rétrécie, surplombée par la lèvre supérieure qui est fendue. Les maxillaires assez faibles portent de fortes dents, capables de brouter le gazon le plus court, de triturer les substances les plus dures et les plus sèches. Le remplacement des dents, qui commence avec la deuxième année, n'est complet qu'avec la cinquième. Avec l'âge, les dents se teintent de jaune brun.

Les cornes ou crochets du Chamois, placées presque verticalement sur la tête, sont ornées de nombreux anneaux jusqu'en leur milieu et de stries longitudinales ; leur pointe est lisse. C'est à trois mois qu'on les voit apparaître ; à un an, ce sont des dagues de 5 à 6 centimètres, et dans la deuxième année la courbure commence à se dessiner ; ensuite la corne ne croît qu'en longueur et en épaisseur. Chez les mâles, elles sont plus fortes que chez les femelles.

(*) Pl. LXV. — Le Chamois d'Europe.

La couverture du crâne est d'autant plus mince que l'animal vit à des altitudes plus élevées; la proportion de phosphore est plus forte que dans le cerveau humain. Les jambes unissent la force à la résistance, grâce à leurs vigoureux muscles et à leurs tendons gros et élastiques; l'agencement des chevilles lui permet aussi bien le saut en descente qu'en hauteur. Les sabots sont noirs, durs, sillonnés, et la pince en est si dure qu'elle peut retenir l'animal sur la plus petite arête rocheuse.

Habitat. — Le Chamois habite presque toutes les montagnes de l'Europe : dans les Pyrénées, en Espagne, en Dalmatie, en Grèce, dans les Alpes suisses et de Transylvanie, dans le Caucase, les monts Taurus en Asie Mineure, et dans les montagnes de la Géorgie. Le Chamois des Pyrénées et d'Espagne (Cantabre, Credos, Almansor, Nevada, de Ronda), connu sous le nom d'*Izar*, est une petite forme avec des cornes plus courtes et une couleur plus fauve que celle du Chamois des Alpes. La forme du Caucase ou *Achi* est une variété locale. Actuellement le Chamois est rare dans les Alpes suisses, moins au val d'Aoste, mais dans les Alpes orientales, en Bavière, Salzbourg, Styrie, Carinthie (Tauern, Gail, Karawanka, Alpes Doriques), il est encore assez abondant, ainsi que sur les sommets escarpés des Carpathes et des Alpes Dinariques, en Dalmatie. Des restes fossiles de cet animal ont été trouvés dans les dépôts pléistocènes des cavernes en France, en Belgique, en Suisse, etc.

Mœurs. — Partout, le Chamois se tient sur les hauteurs, à la limite supérieure des forêts, là où il n'est pas troublé, dans les solitudes rocheuses, et volontiers il vient se reposer dans la forêt. Les chasseurs admettent deux formes, *celle des forêts*, plus foncée et plus grande, et *celle des crêtes*, plus petite et plus rousse et dont les petits naissent à la limite inférieure des névés.

C'est un animal diurne; au lever du jour il descend pour pâturer à un endroit connu, jusqu'à neuf ou dix heures; après une courte sieste il se rend dans la forêt, ou dans les névés, afin de ruminer. A quatre ou cinq heures, il redevient actif et se rend à l'abreuvoir; il y reste jusqu'à la nuit, et parfois jusqu'à dix ou onze heures du soir, s'il y a clair de lune. Pendant la nuit, il se met à l'abri entre les roches, sous les saillies ou dans les grottes. Ces animaux vivent solitaires, sauf au temps du rut où ils se réunissent en troupes de dix à vingt têtes; mais jadis elles atteignaient quatre-vingts à cent individus.

Pour la rapidité des mouvements, le Chamois rivalise avec les Antilopes des montagnes. Lorsqu'il marche lentement, il a quelque chose de lourd, de maladroit, de disgracieux. Mais, dès que son attention est éveillée, sa physionomie change. Il paraît beau, hardi, noble, vigoureux; il bondit avec autant de force que d'élégance. On a vu des Chamois faire des bonds de 7 mètres. Une blessure, une patte cassée ne semblent rien lui ôter de son agilité. « Les Chamois marchent avec précaution, dit Tschudi, sur la neige molle où ils enfoncent, et sur des glaciers dépouillés de neige. Aussi c'est là qu'on les chasse le plus facilement; mais nulle part ils ne cheminent avec plus de prudence que sur les névés ou bien sur la neige fraîche des glaciers qui recouvre les crevasses. On les a vus revenir sur leurs pas dans des endroits où l'homme ne craignait pas d'avancer prudemment. » Sur le flanc des rochers ils marchent avec la même lenteur et la même prudence. Quelques-uns examinent le sentier qu'ils suivent pendant que le reste de la bande veille aux autres dangers.

Le Chamois, qui a une grande mémoire des lieux, reconnaît chaque chemin qu'il a parcouru une fois; chaque pierre de son domaine lui est familière; c'est pourquoi il paraît si à l'aise dans les hautes montagnes et si malheureux quand il les abandonne. L'œil et l'oreille, dit Tschudi, rivalisent avec le mufle, qui aspire l'air par saccades. Lorsque le guide flaire un danger, il émet un son rauque et perçant qui s'entend de loin, frappe le sol de ses pieds de devant et prend la fuite. Les autres le suivent au galop. Dans chacun de ses mouvements on voit trace d'intelligence. Il n'est pas peureux, mais prudent; il examine avant d'agir. Dans les endroits où la chasse est défendue, ces animaux sont hardis et confiants; ailleurs, ils fuient l'homme de loin.

Le Chamois glissant.

" Ils sautent, dit Tschudi, comme des fous sur des arêtes étroites, cherchent à se donner des coups de tête et à se renverser; ils feignent d'attaquer l'un d'eux et se précipitent tout à coup sur un autre qui est pris à l'improviste; en un mot, ils s'agacent et s'amusent de mille manières. Dès qu'ils aperçoivent une forme humaine, même à une grande distance, tous les animaux, depuis le plus vieux bouc jusqu'au plus jeune faon, se mettent aux aguets et fuient. Ils remontent vers les hauteurs, s'arrêtent pour examiner chaque bloc, chaque paroi de rocher, et ne perdent pas un instant de vue l'endroit d'où les menace le danger. D'ordinaire ils ne s'arrêtent que très haut. Tout le troupeau se serre sur le plus élevé des escarpements; chaque animal sonde du regard les profondeurs et balance gravement sa tête blanche. En été il est rare que les

Chamois, qui ont été dérangés sur un pâturage, y reparaissent de toute la journée ; en automne, quand tout est déjà désert dans l'Alpe, au bout d'une heure on les voit redescendre au galop et ils recommencent leurs jeux dans leur endroit favori. »

En été, le Chamois se nourrit de plantes alpines qui croissent près de la limite des neiges persistantes, de roses des Alpes, de jeunes pousses de pins et de sapins ; il engraisse alors, mais en hiver il descend plus bas et doit se contenter des herbes qui percent la neige, des mousses et des lichens. Parfois, en mangeant des lichens en barbe portés par les sapins, un Chamois se prend par les cornes dans les branches et y meurt de faim. Tschudi a vu un squelette de Chamois ainsi retenu. Il ne peut donc être difficile pour sa nourriture, et supporte longtemps la faim. Mais l'eau lui est indispensable et il aime beaucoup le sel. A la fin de l'automne, à l'époque des amours, les vieux mâles, qui vivent solitaires toute l'année, se joignent aux troupeaux où la gaîté est de règle. On les voit tous bondir et courir sur les crêtes les plus escarpées. Les mâles se livrent alors de violents combats dont l'issue est souvent fatale, car l'un des combattants est tantôt précipité du haut d'un rocher, tantôt mortellement blessé d'un coup de corne. Les jeunes, moins belliqueux, ne se livrent que des simulacres de combat ; ils se réservent pour l'avenir.

Vers la fin d'avril ou de mai, la femelle s'isole et met bas un, quelquefois deux petits. Au bout de quelques heures, le jeune suit sa mère et après quelques jours il est presque aussi agile qu'elle. Celle-ci le soigne avec tendresse et l'éduque, tandis que le mâle ne s'en occupe pas. Le jeune Chamois reste avec sa mère environ un an dans le pâturage solitaire qu'elle a choisi. Elle conduit son nourrisson par ses bêlements ; elle' lui apprend ainsi à grimper, à sauter. Le petit, de son côté, rend à sa mère l'amour qu'elle lui témoigne. Plus d'une fois les chasseurs ont vu de jeunes Chamois rester près du cadavre de leur mère, malgré la peur que leur causait la vue de l'homme, et ils se laissaient enlever. Comme cela arrive chez les bouquetins, les jeunes Chamois orphelins sont souvent recueillis et soignés par d'autres femelles. A trois ans, ils sont adultes, les mâles aussi bien que les femelles.

En Suisse, des lois récentes protègent l'existence de cette espèce.

Captivité. — Les jeunes Chamois s'apprivoisent facilement. On les nourrit de lait de chèvre, d'herbes, de choux, de raves et de pain, ou bien on les confie aux soins d'une Chèvre. Leur sobriété rend leur entretien facile. Ils jouent avec les Chevreaux, les Chiens ; ils suivent leur maître, courent à lui pour en recevoir des friandises. On les voit perchés sur les pierres, les pans de murs, et ils y restent des heures entières. Ils deviennent souvent sauvages en vieillissant, et savent alors se servir de leurs cornes. En hiver ils ne demandent qu'un peu de paille sous un toit ; ils ne supportent pas l'écurie, car il leur faut de l'espace et de l'eau fraîche. Les vieux restent toujours timides et craintifs.

Usages et produits. — La chair est bonne à manger ; la peau est ferme et souple, et on l'employait beaucoup autrefois pour les vêtements.

Section des Tragélaphins. — Ce sont des animaux de forte taille, d'où leur nom d'*Antilopes bovines*. Les cornes n'existent ordinairement que chez le mâle ; elles sont carénées en avant et spiralées, la spire étant dirigée vers l'extérieur, ou droites. Quand elles existent chez la femelle, elles sont plus petites. Le mufle est large et humide, les deux narines rapprochées, les larmiers petits. La robe porte souvent des bandes blanches. Ces animaux sont caractéristiques de la région éthiopienne, mais ont un représentant asiatique, le Nilgaut.

Les Tragélaphins comprennent les Oréas, les Strepsicères, les Tragélaphes, les Bosélaphes.

LES ORÉAS

Caractères. — Les Oréas (*Oreas* Desmarest, 1822, ou *Taurotragus* Wagner, 1855), appelés aussi *Antilopes-élans*, sont des animaux de grande taille, à formes lourdes et pesantes, à mufle nu et proéminent, à crinière, à fanon très développé dans les deux sexes, à queue longue et à pinceau, enfin à larmiers petits. Les mâles et les femelles portent des cornes dont la direction prolonge la ligne du front. Elles sont droites, un peu divergentes, avec une crête spiralée et des traces d'anneaux à la base. Celles du mâle sont les plus fortes. Le crâne diffère très peu de celui des Strepsicères. La femelle a quatre mamelles.

Ce genre comprend deux espèces : l'Oréas Canna et l'Oréas de Derby.

L'ORÉAS CANNA (*). — **Caractères**. — L'Oréas canna (*O. canna* Desm.), ou Élan du Cap, appelé *Antilope Oryx* par Pallas, d'après Sclater, d'où le nom de *Taurotragus oryx* qu'il admet pour le désigner, a un pelage variable avec l'âge. Le mâle adulte, qui porte une forte touffe de longs poils bruns sur le front, et une nuque très forte, renflée par de la graisse, a une couleur qui varie du fauve pâle au gris bleuté, chez les vieux individus, car alors la chute de poils nombreux laisse voir la peau à travers le pelage clairsemé.

Les formes du nord du Zambèze, celles du Mashonaland et du district de Beira se distinguent de celles du sud du Kalahari et de la colonie du Cap par la présence de raies transversales blanches, et Sclater a séparé comme sous-espèce cette forme rayée sous le nom d'Oréas de Livingstone.

Sa hauteur au garrot est de 1ᵐ,75 et son poids est de 750 kilogrammes pendant que la queue a 0ᵐ,75, les cornes du mâle 0ᵐ,60, celles de la femelle un peu moins. Certaines cornes, à section triangulaire, décrites récemment, sont regardées comme des cornes bizarres de la femelle.

Habitat. — Jadis l'Élan du Cap était répandu sur la plus grande partie du sud, de l'est et du centre de l'Afrique ; mais il a disparu maintenant de l'Orange, du Griqualand occidental et du Transvaal. Il était, il y a quelques années, fréquent entre le Chobé et le Zambèze et au nord de ce fleuve ; actuellement il n'est pas rare dans les régions montagneuses du Basutoland, du Griqualand oriental, du Natal, du Nyassa et du Kilima-Ndjaro. A l'ouest on le trouve

(*) Pl. LXVI. — L'Oréas canna (planche, p. 392).

jusque dans l'Angola, mais partout il est en voie de disparition à cause de la chasse active qu'on lui fait pour sa chair et sa peau.

L'Oréas, Elan ou Bosélaphe de Derby (*O. derbianus* Gray) est un magnifique animal que l'on rencontre dans l'Angola et la Sénégambie, d'où son nom d'Élan du Sénégal.

Mœurs. — Les mœurs de l'Élan du Cap diffèrent très peu de celles de l'Élan de Derby. Il vit aussi bien dans les contrées désertes, comme le Kalahari, que dans les districts montagneux des frontières du Natal et du Basutoland. Ses endroits favoris sont les forêts entrecoupées de clairières. Il vit en troupes qui comprenaient jadis deux cents individus, mais qui maintenant sont composées de dix à quinze têtes dont un ou deux mâles adultes ; parfois les jeunes mâles vivent isolément. Quand ils sont traqués, ils se réfugient dans les montagnes. A l'approche d'un ennemi, ils s'enfuient, contre le vent, à la file indienne, les jeunes en tête et les mâles formant l'arrière-garde.

La démarche des femelles et des jeunes est vive et agréable, mais les vieux sont tellement gras qu'ils sont lourds et sont bientôt forcés de s'arrêter dans leur fuite, et tombent parfois morts, dit-on. Jadis les chasseurs pouvaient les amener jusqu'à leurs chariots avant de les tuer, pour s'éviter le transport du cadavre. Drummond raconte qu'il put en atteindre un à pied.

Dans le Mashonaland, dans la première partie de l'année, ils vivent par deux ou trois dans les collines couvertes de forêts denses et d'herbes rudes. Ils sont alors difficiles à approcher. Mais en juin les natifs mettent le feu aux herbes des hauts plateaux ; alors les Élans se rassemblent en grands troupeaux et vont brouter la jeune herbe qui pousse immédiatement après. On peut alors les atteindre facilement et les tuer.

Quand c'est possible, ils boivent la nuit ou le matin ; mais, dans le Kalahari et les districts sans eau, ils doivent vivre sans boire, ou peut-être trouvent-ils le liquide qui leur est nécessaire dans les bulbes et les melons d'eau, comme le Gemsbok et le Springbok. La femelle ne met bas qu'un petit, aux mois de juillet ou d'août ; mais dans le Mashonaland souvent en juin.

Chasse. — A cause de leur timidité et de leur craintivité, ils ne défendent jamais-leur vie, et sont très difficiles à approcher, d'autant plus qu'ils sont avertis d'un danger par le Pique-bœuf (*Buphaga*) qui les accompagne toujours. Drummond assure que les femelles défendent, avec leurs cornes, leurs Veaux contre les Chiens. On les chasse à cheval, surtout pendant la chaude saison.

Captivité. — Les Cannas sont devenus fréquents en Europe, dans les jardins zoologiques ; ils proviennent de deux paires introduites en Angleterre, en 1840, par le vicomte de Derby. En captivité la gestation a lieu toutes les années.

Produits. — La chair est regardée comme la meilleure de l'Afrique du Sud ; pourtant celle des vieux mâles est trop infiltrée de graisse. Cette chair, fumée, est exportée au loin. De la peau, on prépare un cuir fort et résistant.

LES STREPSICÈRES

Les Strepsicères (*Strepsiceros* H. Smith, 1827) sont des Antilopes de grande taille, possédant une courte crinière nuquale, et chez le mâle une autre à la gorge, des raies transversales blanches, mais pas de taches sur le tronc. La tête porte de petites taches blanches. Les mâles seuls ont des cornes, qui sont grosses, spiralées en tire-bouchon, allongées et munies d'une carène, surtout accentuée sur le côté antérieur. Les deux espèces habitent le sud du Sahara.

LE STREPSICÈRE COUDOU (*). — Le Strepsicère du Cap ou Coudou (*S. capensis* A. Smith, ou *kudu* Gray) n'est connu que depuis la fin du xviiᵉ siècle.

Caractères. — Ce bel animal est brun jaune ou roux, avec les flancs plus clairs, et la crinière noirâtre; la queue brune en dessus, blanche en dessous, a un pinceau noir. Le tronc porte cinq à neuf raies, qui s'atténuent chez les vieux mâles; entre les yeux un croissant blanc; les jambes sont brun jaunâtre et le milieu du ventre noirâtre. Sa hauteur au garrot est de 1ᵐ,32 et sa longueur totale 3ᵐ,30, dont 0ᵐ,50 pour la queue. Les cornes sont énormes; elles ont 1ᵐ,04 à 1ᵐ,15, en ligne droite, et 1ᵐ,65 en suivant leur courbure. L'écart des pointes est de 1ᵐ,10. Les femelles sont plus petites et chez les jeunes les taches et les raies blanches sont plus nombreuses et plus nettes.

Habitat. — Il habite la plus grande partie du sud et de l'est de l'Afrique australe, en y comprenant l'Angola, le Nyassaland, la Somalie et l'Abyssinie (jusqu'à 2700 mètres d'altitude). Il est déjà très rare dans la colonie du Cap, mais plus commun dans le Griqualand et entre le Limpopo et le Zambèze.

Mœurs. — Le Coudou n'habite que les forêts épaisses ou les fourrés couvrant des collines rocheuses; aussi le voit-on rarement dans les endroits découverts. Ces animaux s'associent en troupeaux de cinq à dix et vingt individus, consistant en un ou deux mâles avec des femelles et des jeunes. Les mâles vivent en petites troupes ou solitaires à certaines époques. Ils s'éloignent alors beaucoup de l'eau, tandis que les femelles sont plus sédentaires et restent près de leur abreuvoir habituel. Son port est aussi fier que celui du cerf, sa marche aussi gracieuse. Tant qu'il n'est pas troublé, il déambule lentement, le long des flancs de la montagne, évitant les buissons épineux et s'arrêtant là où il trouve une nourriture convenable. Il préfère les feuilles et les bourgeons, mais il ne dédaigne pas les herbes. Le soir, on le voit souvent sur les pelouses des clairières. Si quelque chose l'effraie, il pousse un long soupir et prend un trot lourd, mais ce n'est qu'en plaine qu'il peut partir au galop, qui, quelque effort qu'il fasse, est assez lent. Dans les forêts il doit, pour ne pas être arrêté, rabattre ses cornes de telle façon que les pointes touchent presque son dos.

Le Coudou adulte a peu d'ennemis à craindre, car avec ses cornes pointues il est capable de se défendre contre le Léopard et contre les Chiens sauvages,

(*) Pl. LXVII — Le Strepsicère Coudou (planche, p. 392).

La mise-bas a lieu vers la fin d'août, au commencement de la saison des pluies. Seule la femelle élève et défend son petit.

Chasse. — On chasse le Coudou de diverses manières. Tandis que beaucoup d'Antilopinés se contentent de lécher la rosée qui mouille les feuilles, les Coudous ont besoin de beaucoup d'eau, et chaque soir ils descendent de la montagne pour étancher leur soif. En se postant dans un endroit convenable, près d'un de leurs abreuvoirs, ils sont faciles à tuer, malgré leur vigilance et l'acuité de leurs sens. La chasse à l'affût serait aussi fructueuse, puisque le Coudou suit à peu près le même chemin à l'aller et au retour.

Captivité. — Captifs, les Coudous sont charmants, doux et enclins au jeu, et s'ils sont jeunes ils peuvent devenir de vrais animaux domestiques, mais malheureusement ils ne vivent pas longtemps.

Produits. — Les colons hollandais achètent la peau très cher pour en faire des fouets, et surtout les mèches qui les terminent. Ils en fabriquent aussi des courroies, des couvertures de selles, des chaussures, etc. Quant aux cornes, les indigènes s'en servent pour conserver le miel, le sel, le café.

Le PETIT COUDOU (*S. imberbis* Blyth) du Kilima-Ndjaro, de l'Abyssinie et de la Somalie, se distingue du grand Coudou par sa taille plus faible, par l'absence de crinière, par la présence de onze à quinze raies transversales et par des spires plus serrées aux cornes, qui n'ont que $0^m,63$ au plus. Bien qu'il soit fréquent, on l'aperçoit rarement, car il sort peu de son fourré habituel. Dans la Somalie, où le grand Coudou habite le haut des montagnes, lui se tient dans les fourrés de la base.

LES TRAGÉLAPHES

Les Tragélaphes (*Tragelaphus* Blainville, 1816) sont si voisins des Coudous que quelques naturalistes les rassemblent dans le même genre.

Les Tragélaphes ont des cornes placées assez en arrière, et ne présentant qu'un à deux tours de spire, ainsi qu'une carène antérieure peu accentuée. La robe, variable avec le sexe, est toujours de teinte vive et montre des taches blanches sur un fond sombre. La femelle a un pis avec quatre tétines.

Les six espèces sont d'assez grande taille, sauf le Guib, et sont africaines.

LE TRAGÉLAPHE ÉCRIT. — *Caractères.* — Le Tragélaphe écrit (*T. scriptus* Pall.) ou *Guib* se sépare de toutes les autres espèces par la petitesse de sa taille qui ne dépasse pas celle d'une Chèvre, et par ses cornes qui ont de $0^m,30$ à $0^m,41$. Son habitat s'étend sur toute l'Afrique au sud du Sahara, en y comprenant l'Abyssinie, et il est représenté par des formes géographiques dans les diverses régions.

Le GUIB SYLVATIQUE, DU CAP, est très commun dans le Natal et le Zoulou-

Pl. LXVI. — L'Oréas canna (texte, p. 389).
Pl. LXVII. — Le Strepsicère Coudou (texte, p. 391).

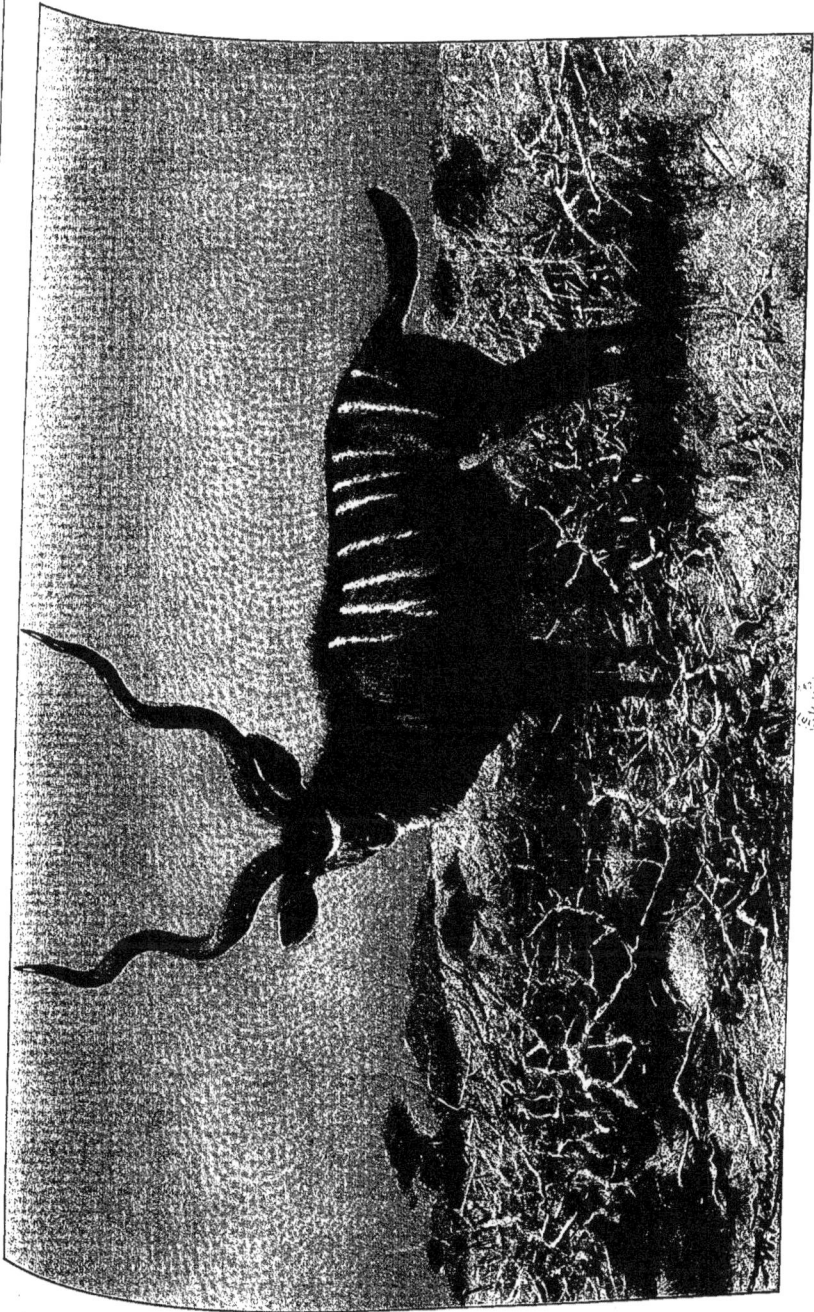

land. Il est brun foncé surtout chez le mâle et ne porte que quelques petites taches sur les hanches, sans indication de raies transversales sur le corps.

Le Guib de Roualeyn, du Limpopo, s'étend dans l'est de la Rhodésie, le Nyassaland jusqu'à Mombaz et au Kilima-Ndjaro. Il est brun foncé, surtout chez le mâle, et il porte deux ou trois raies obscures sur la partie postérieure du corps et des taches sur les hanches plus nombreuses que chez le précédent.

Le Guib typique habite le centre et l'ouest de l'Afrique, à travers le Congo français et l'Ouganda. Le mâle est d'un roux brillant, marqué de nombreuses

Le Tragélaphe écrit.

taches blanches avec des raies longitudinales et transversales, crinière noirâtre à la gorge et ligne dorsale blanche chez le mâle.

Le Guib decula est celui de l'Abyssinie. Il est plus petit et plus ramassé que les autres formes. Sa couleur est plutôt jaunâtre que rousse, sans bandes transversales, mais généralement avec une bande longitudinale et des hanches tachetées. La ligne dorsale est foncée.

Mœurs. — Le Guib n'habite que les fourrés et les forêts sombres, où il se choisit un cantonnement d'où il ne sort que très tôt le matin ou le soir, afin d'aller pâturer sur la lisière ou dans les clairières. C'est une des plus nocturnes des Antilopes africaines. Il vit par familles.

Sa nourriture consiste en feuilles, en bourgeons et en jeunes herbes. On dit qu'il sait déterrer les patates et qu'il fait de fréquentes visites dans les jardins cultivés. La voix du mâle est un cri rauque et bruyant, répété de temps en temps ; celui de la femelle est moins rude. C'est un cri caractéristique des forêts de ces régions. Les sens de ces animaux sont si aigus et leur mobilité si grande, qu'il est difficile de les approcher ; mais quand ils ont quitté leur couvert on peut les tirer, car ils sont assez lourds et peu vifs dans leurs mouvements. S'ils sont poursuivis, ils osent se jeter à l'eau. Le mâle est très combatif, et s'il est blessé il sait se servir de ses cornes pointues. De décembre à février, au moment de la mise-bas, les mâles vivent ensemble et sont rarement visibles.

Captivité. — Près de Port-Élisabeth, on les élève en vue du sport de la chasse. La femelle est très docile, mais le mâle reste sauvage et intraitable.

Produits. — La viande de la femelle et des jeunes est très estimée, moins pourtant que celle du Springbok.

Le TRAGÉLAPHE EURYCÈRE (*T. euryceros* Ogilby) ou *Bongo* est la plus grande des espèces qui habitent les forêts du Libéria, Fantee et le Gabon.

Le TRAGÉLAPHE D'ANGAS (*T. Angasi* Angas) ou *Inyala* habite le sud-est africain, le Zoulouland et les rives de la baie de Sainte-Lucie, le nord du Zambèze, près des bords du lac Mœro.

Le TRAGÉLAPHE DES MARAIS (*T. gratus* Sclat.) habite les montagnes du Cameroun et du Gabon, il a des onglons médians extraordinairement allongés et des onglons latéraux élargis, qui, dans la marche, s'écartent et empêchent l'enlizement dans la vase.

Le TRAGÉLAPHE DE SPEKE (*T. Spekei* Sclat.) ou *Nakong*, du centre de l'Afrique, rappelle le précédent par les particularités de ses sabots.

Le TRAGÉLAPHE DE SELOUS (*T. Selousi* Rotsch.) ou *Sitâtunga* ressemble beaucoup au Nakong. Il se tient dans les marais situés entre le lac Ngami et le Chobé et près des bords des rivières. Au delà du Zambèze, on le signale près des lacs Mœro et Bangueolo. C'est le plus aquatique de tous les Antilopinés.

LES BOSÉLAPHES OU PORTAX

Les Bosélaphes (*Boselaphus* Blainville, 1816, ou *Portax* H. Smith, 1827) sont des Antilopes de grande taille, les représentants asiatiques du groupe des Tragélaphins.

Caractères. — Ils sont caractérisés par des membres antérieurs plus longs que les postérieurs, un garrot élevé, une queue longue à pinceau, des glandes interdigitales et des cornes seulement chez le mâle. Par leur port et leur couleur, ils font en quelque sorte la transition entre les Bœufs et les Cerfs.

Ce genre ne renferme que le BOSÉLAPHE NILGAUT (*T. tragocamelus* Pall., ou *picta*) de l'Inde, qui a un certain aspect de Cheval avec son cou large, comprimé et sa longue queue atteignant l'articulation tibio-tarsienne. Le mufle est large, bovin, et il existe dans les deux sexes une forte crinière sur le cou, tandis que seul le mâle porte une forte touffe de poils sur le poitrail. Les cornes, peu éloignées l'une de l'autre, se dressent juste en arrière des orbites. Elles sont courtes, minces, pointues, dirigées en haut et en avant. Leur section de base est triangulaire, de telle sorte que la face postérieure est plane et la face antérieure carénée. Chez les vieux animaux, les deux carènes viennent presque se

Le Bosélaphe Nilgaut.

toucher. Les molaires supérieures ont une large couronne portant une colon nette accessoire sur leur bord interne. Les poils sont courts, raides et couchés. La coloration générale du mâle est le gris, allant du bleuté au brunâtre ; pourtant la crinière, la touffe de la poitrine, la moitié ultime de l'oreille, deux taches sur le côté interne des oreilles et le pinceau caudal sont noirs, tandis que la couleur blanche se montre sur une tache à la gorge, deux petites sur chaque joue, sur les lèvres, le menton, le côté interne des oreilles à l'exception des deux taches noires, le côté inférieur de la queue, le ventre, et sur un double cercle situé autour des pieds au-dessus des sabots.

La hauteur du Nilgaut est de 1^m,32 à 1^m,42 au garrot, avec une longueur de 2 mètres à 2^m,13 pour le corps et de 0^m,45 à 0^m,63 pour la queue. Les femelles sont plus petites. Les cornes atteignent 0^m,20 à 0^m,23 de longueur et autant de circonférence à leur base.

Habitat. — Son aire d'habitat comprend toute la péninsule de l'Inde depuis le pied de l'Himalaya jusqu'au sud de Mysore, sans atteindre Ceylan, ni les côtes de Malabar et de Madras. Il est commun dans l'est de Pendjab, dans le Gujerat et les provinces centrales. Il ne dépasse pas l'Indus et le golfe du Bengale.

Mœurs. — Cet animal se tient ordinairement dans les taillis peu épais, formés de quelques rares arbres peu élevés, ou bien dans les régions où les fourrés alternent avec des plaines ouvertes et herbeuses. Il vit aussi dans les collines et les montagnes; il n'aime pas les bois touffus, et leur préfère les plaines cultivées où il fait de grands dégâts.

Les mâles vivent souvent isolés ou forment de petits troupeaux d'une douzaine d'individus qui accompagnent parfois les femelles et les jeunes rassemblés par quatre ou par quinze ou vingt têtes.

Cet animal mange toute la journée des herbes et des feuilles d'arbres, entre autres celles du Gingembre (*Zizyphus*) et il dévore, d'après Sterndale, de grandes quantités de fruits âcres d'*Aonla (Phyllanthus)*. Ce dernier affirme que le Nilgaut boit tous les jours, mais Blanford, au contraire, admet que dans la saison froide il ne boit que tous les deux ou trois jours.

Il se tient volontiers et longtemps au même endroit. Quand il est poursuivi, il fuit en un galop lourd aussi rapide que celui d'un Cheval. Seulement la fatigue arrive bientôt et le chasseur peut l'atteindre pour le percer d'un pieu; la femelle est plus rapide. D'ailleurs, les chasseurs européens se préoccupent peu de cet animal. En certaines régions, il est même si confiant qu'il est protégé par les Hindous, qui le regardent comme une espèce de Vache.

Captivité. — On peut apprivoiser les Nilgauts, excepté parfois les mâles, et on a même réussi à leur faire traîner des véhicules et porter des fardeaux ou des cavaliers. Aussi sont-ils très fréquents dans les jardins zoologiques et s'y reproduisent-ils très bien. La femelle met bas deux petits plus souvent qu'un seul.

Produits. — La chair est assez savoureuse, mais moins pourtant que celle de la plupart des autres Bovidés de l'Inde.

Section des Hippotragins. — Les Hippotragins ont, dans les deux sexes, des cornes longues, cylindriques, placées au-dessus et près des yeux, spiralées, droites ou arquées vers l'arrière, un museau poilu, pas de larmiers, une queue longue à pinceau. De plus, ils ont tous les mêmes mœurs, car tous sont des Bœufs animaux du désert. Les molaires supérieures ressemblent à celles des Bœufs avec leur large couronne et leur colonnette supplémentaire située du côté interne. Ils sont spéciaux à l'Afrique et à la Syrie.

Ils comprennent les Addax, les Oryx, les Hippotragues.

LES ADDAX

Les Addax (*Addax* Rafinesque, 1815) ne comprennent qu'une espèce, l'ADDAX A NEZ TACHETÉ (*A. nasomaculata* Blainv.), qu'on désigne encore sous le nom d'Antilope de Mendès, de Nubie, car ses cornes ornaient les têtes des dieux, des prêtres et des rois sur les monuments égyptiens.

Caractères. — L'Addax est lourd et fort; son corps est ramassé, son garrot élevé, sa tête allongée, large à l'occiput; le pelage est épais, court et grossier, avec une touffe sur le front, une rangée de poils longs de l'oreille à l'occiput et une crinière (0ᵐ,08) à la partie antérieure du cou. La robe est blanc jaunâtre, mais la tête, la crinière et le cou sont bruns; au-dessous de l'œil, il est marqué d'une large bande blanche, en arrière et sur la lèvre supérieure de taches blanches; la queue est longue avec une touffe de poils bruns et blancs. Pendant la saison froide, ce pelage passe au gris. Les mâles sont plus foncés que les femelles. Au garrot, il a 0ᵐ,90; ses cornes ont 0ᵐ,50 à 0ᵐ,70 de long, mais 0ᵐ,67 à 0ᵐ,90 mesurées le long de la courbure.

Habitat. — Il ne descend pas au-dessous du 18ᵉ degré de latitude septentrionale dans l'Afrique et l'Arabie. On le trouve au Maroc, dans le Sahara algérien et tunisien, dans la Nubie et en Syrie.

Mœurs. — On le voit ordinairement par petites familles dans les lieux les plus secs, les plus arides, où l'on ne trouve pas une goutte d'eau. Au dire des indigènes, il peut se passer de boire pendant des mois entiers. Il est timide, craintif; sa course est rapide et soutenue. Ses ennemis sont la Cynhyène et le Chacal, mais surtout l'homme.

Chasse. — Les chefs des Bédouins regardent l'Addax comme un de leurs plus nobles gibiers. Ils le chassent pour se procurer sa chair, pour essayer la rapidité de leurs Chevaux et de leurs Lévriers et pour s'emparer des jeunes qu'ils élèvent en captivité.

LES ORYX

Caractères. — Les Oryx (*Oryx* Blainville, 1816) sont des Antilopes de grande taille possédant une courte crinière. La queue est à pinceau noir et assez longue. Le ventre est blanc, et la tête porte une tache noire. Le cou est court et épais; la forme ramassée; les cornes, existant chez les deux sexes, portent dans leur moitié inférieure de forts anneaux et sont droites, comme de longues piques, ou à peine recourbées vers l'arrière, d'où le nom d'*Antilopes à sabre* dont on se sert parfois pour les désigner. La femelle a quatre mamelles.

Habitat. — Les cinq espèces vivent dans les régions désertiques de l'Afrique, de l'Arabie et de la Syrie.

L'ORYX GAZELLE. — **Caractères.** — L'Oryx Gazelle ou Algazelle (*O. Gazella* L.) est le Pasan, le Gemsbok ou l'Oryx du Cap. Il est presque aussi grand qu'un

Cheval. Le pelage est court, grossier et couché, excepté sur la nuque et à la gorge. La couleur est d'un gris fauve marqué de dessins noirs sur la tête, le corps et les jambes. Le ventre est blanc; il est séparé de la couleur du dos par une bande longitudinale noire, qui se continue sur la cuisse et les membres antérieurs. La bande dorsale noire, de forme rhomboïdale en arrière, se prolonge sur la queue et la tête où elle se bifurque en deux branches qui atteignent les oreilles. Les membres portent en avant une bande noire qui descend aux onglons. La poitrine est marquée d'une bande noire qui remonte presque sur les côtés, aux oreilles. La face est richement colorée en brun et blanc; le dessin ressemble à un licol, en sorte que le Pasan paraît bridé. La queue atteint les jarrets; elle est brune en haut et terminée par une longue touffe noire. La femelle n'a pas de touffe à la poitrine et a des cornes plus longues que le mâle. La hauteur au garrot atteint $1^m,15$, la longueur du corps dépasse $2^m,35$, celle de la queue $0^m,38$ et $0^m,70$ avec les poils, celle des cornes oscille entre $0^m,90$ et $1^m,10$.

Habitat. — Le Gemsbok est un animal des déserts les plus arides de l'Afrique du Sud-Ouest. Il est commun au sud du fleuve Orange, dans l'Ouest africain allemand, dans le désert de Kalahari, au sud et à l'ouest du Matabéléland et du Ngamiland. Il remonte dans le Mossamédès et dans l'Afrique occidentale jusqu'en Sénégambie, au Niger et à Tombouctou.

Mœurs. — Il ne se plaît que dans les endroits dénudés, couverts au plus de quelques maigres buissons; il paraît se trouver au mieux dans les endroits si stériles que les sauterelles n'y peuvent vivre. Il peut rester très longtemps sans boire; mais Andersson assure en avoir obtenu plusieurs en empoisonnant les mares où ils viennent s'abreuver. Il est probable qu'il trouve l'eau qui lui est nécessaire dans les melons d'eau sauvages, dans les bulbes juteux de diverses Apocynées et Asclépiadées qu'il peut déterrer avec ses sabots et qui sont abondants dans le désert. Pour les anciens auteurs, sa vitesse était très grande, car ils assuraient qu'il fallait un Cheval au galop pour le rattraper; mais Selous et Nicolls affirment que sa rapidité est beaucoup moindre, et l'on dit même qu'il peut être atteint par un chasseur allant au pas.

S'il peut être rejoint par les gros Carnivores, il sait leur résister et même, d'après les Boers, les transpercer avec ses cornes. C'est ainsi qu'on a vu deux squelettes, l'un de Lion, l'autre d'Oryx, si bien enchevêtrés qu'on a pu reconnaître que l'Oryx, ayant tué le Lion, n'avait pu se débarrasser de son ennemi et était mort à côté de lui. On a trouvé des Chevaux et des Chiens tués ainsi.

L'ORYX BEISA. — *Caractères.* — L'Oryx beïsa (*O. Beïsa* Rüpp) est caractérisé par l'absence de touffe sur la poitrine, par la séparation des taches noires sur la face, par le manque de couleur noire sur les hanches et les cuisses et par la moindre longueur des cornes (mâle $0^m,305$, femelle $0^m,33$).

Habitat. — L'Oryx beïsa, qui est peut-être l'Oryx des anciens Grecs et a donné lieu à la fable de la Licorne, habite la Somalie, l'Abyssinie, les rives de la mer Rouge jusqu'à Souakim, et le Kordofan septentrional. Il s'élève jusqu'à 1000 mètres d'altitude.

Mœurs. — Le Beïsa forme des troupeaux nombreux; le pas et le trot sont rapides; mais il ne prend le galop que lorsqu'il est effrayé; il baisse alors la tête et relève la queue en s'ébrouant avec force.

Dans la Somalie, d'après Swayne, il fréquente surtout les grandes plaines

L'Oryx beïsa.

ouvertes pierreuses ou herbeuses, mais jamais les jungles et les forêts de cèdres. Les troupeaux sont composés de femelles, car les mâles préfèrent errer seuls. On le chasse avec des meutes de Chiens pariahs jaunes.

Captivité. — Ils sont lourds, paresseux et insupportables. Ils s'habituent à leur maître, mais, comme ils sont tentés de faire souvent de leurs cornes un dangereux usage, il est bon de se tenir sur ses gardes. Quand on les enferme avec d'autres animaux, ils les maltraitent cruellement. Même entre eux, ils se livrent de violents combats.

L'Oryx callotide ou a pinceaux (*O. callotis* Thom.) ressemble au Beïsa, mais s'en distingue par sa couleur isabelle.

L'Oryx leucoryx (*O. leucoryx* Pall.) ou de Nubie est un animal lourd. Son pelage court, grossier, épais, couché, est presque uniformément blanchâtre avec une teinte de rouille, plus marquée dans les parties inférieures et à la partie interne des membres. Le cou est plus foncé; la tête est marquée de six taches

d'un brun mat : une entre les cornes, deux entre les oreilles, deux entre les
cornes et les yeux, et enfin la sixième sur le dos du museau. La hauteur des vieux mâles peut atteindre 1^m,30, leur longueur 2 mètres
et celle des cornes 1 mètre (*).

Le Leucoryx est confiné dans les
régions du nord-est de l'Afrique centrale ; il est abondant dans le
Sennaar et le Kordofan, mais
moins fréquent dans le
nord-ouest du Soudan et
dans quelques parties de
la Nubie.

L'Oryx ou An-
tilope Béatrix
(*O. Beatrix*
Gray) de l'Ara-
bie occidentale
et plus spéciale-
ment de l'Oman,
se distingue de
ses congénères
par sa taille
moindre, qui ne
dépasse pas

L'Oryx Béatrix.

0^m,86 de hauteur. Il est blanchâtre, porte sur la face une tache brun noirâtre,
sur la joue une autre qui rejoint par-dessous celle de l'autre côté ; des taches de
même couleur se voient sur les genoux et sur la face antérieure des jambes. La
touffe de la queue est noire ; les cornes n'ont que 0^m,37.

Dans les divers dépôts miocènes et pliocènes de l'Europe, on a trouvé des
restes d'Antilopes voisines, auxquelles M. Gaudry a donné le nom de *Palacoryx*.

LES HIPPOTRAGUES

Caractères. — Les Hippotragues ou Egocères (*Hippotragus* Sundevall, 1844,
ou *Egoceros* Desmarest, 1822), voisins des Oryx, sont des Antilopes de grande
taille avec des cornes un peu plus longues chez le mâle que chez la femelle.
Ces cornes annelées, sauf à la pointe, sont implantées presque verticalement
au-dessus des yeux et très arquées vers l'arrière, mais peu divergentes. Les
oreilles sont énormes, la queue courte mais touffue à son extrémité, la crinière
nuquale est formée de poils souvent recourbés vers l'arrière. Les ergots sont
bien développés et les mamelles au nombre de quatre.

Habitat. — Ce genre, comprenant quatre espèces, est confiné dans l'Afrique

---

(*) Pl. LXVIII. — L'Oryx leucoryx.

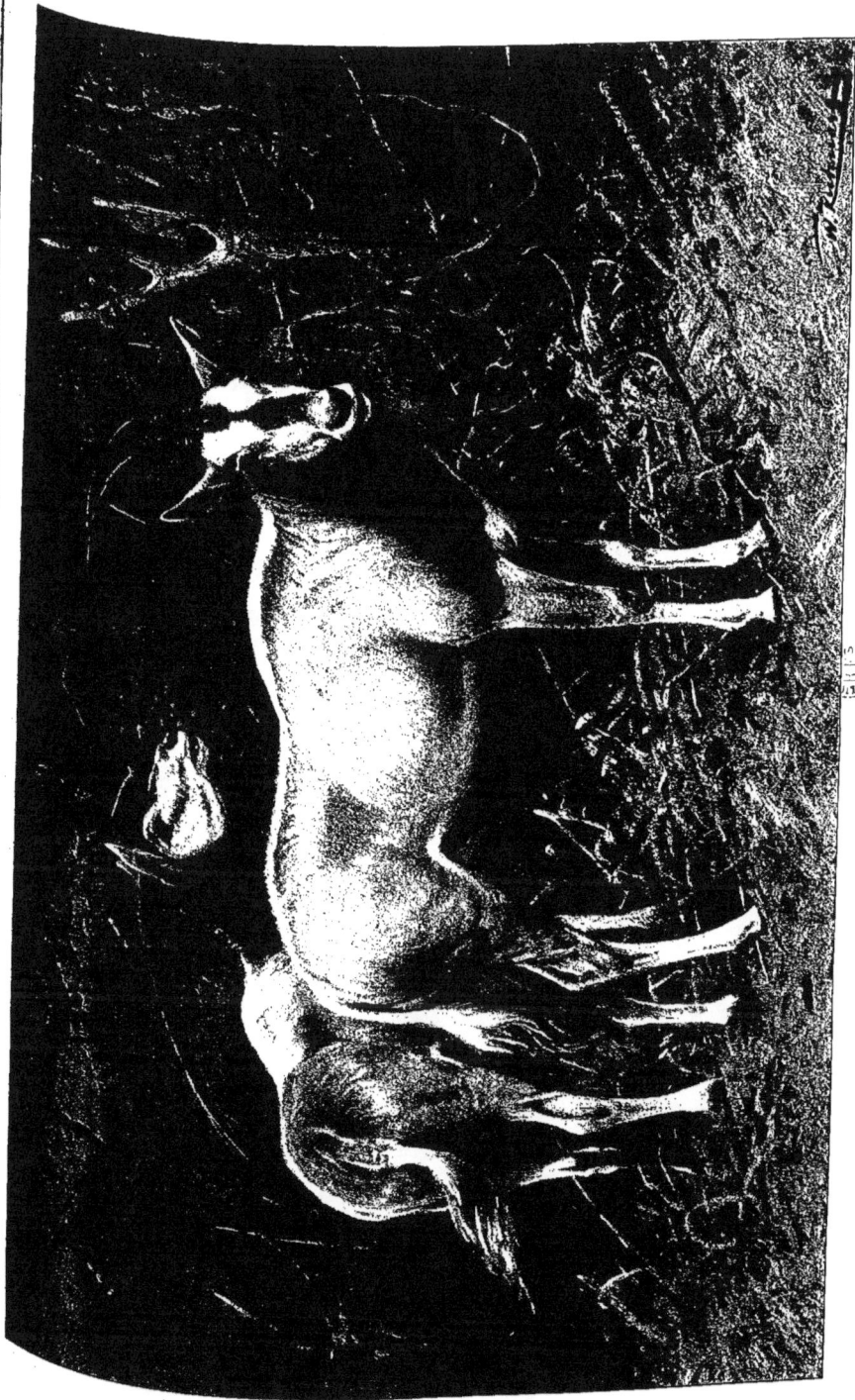

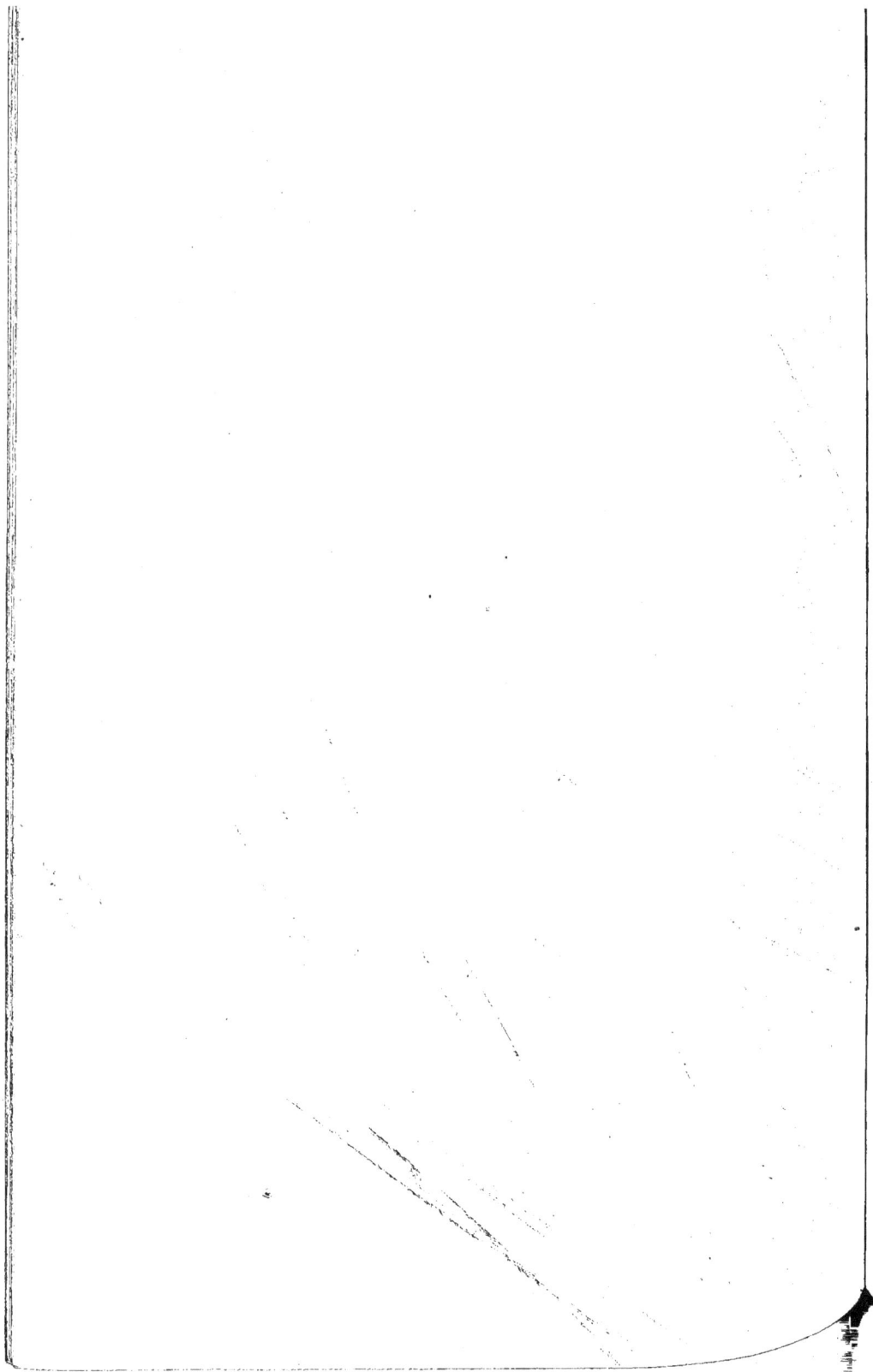

au sud du Sahara; mais jadis, à partir du miocène, ses représentants habitaient les rives de la Méditerranée et l'Inde.

L'HIPPOTRAGUE NOIR. — *Caractères.* — L'Hippotrague noir (*H. niger* Harris), ou Harrisbuck des Anglais, est un superbe animal, d'une riche coloration. Les mâles adultes sont d'un noir brillant, les autres brun foncé, la face porte une bande médiane brun foncé allant des cornes aux narines et bordée d'une ligne blanche latérale, qui part du front, où

L'Hippotrague noir.

les poils sont plus longs et qui atteint la lèvre supérieure. Une autre bande brune et mince part du bord de l'œil pour aller à la commissure. Les lèvres et le menton sont blancs. Le sommet de la tête est de la couleur du corps, les oreilles sont moyennes, très pointues, blanches en dedans, brunes en dehors avec la pointe plus foncée. Les parties inférieures sont d'un blanc pur, la queue est brune avec une touffe noire. La crinière nuquale est noire, allongée et touffue, une partie est même pendante. Les cornes sont plus longues (1 mètre) que la tête et que celles de l'Antilope rouanne. La taille peut dépasser 1m,25 chez les mâles adultes, la queue a 0m,375 de long et 0m,60 avec les poils.

Habitat. — L'Égocère noir se tient dans les montagnes de l'ouest du Transvaal, du sud-ouest de la Rhodésie, ainsi que dans l'est du Transvaal, le Mashonaland et la colonie portugaise. Au nord du Zambèze, on le trouve à travers le Mozambique, le Nyassaland. Il est rare dans l'Est africain allemand où son pelage est plus long, et il vit probablement jusqu'au sud du Kordofan; dans l'ouest on le trouve près des chutes Victoria, dans le pays des Baroté et jusque dans le sud de l'Angola (Mossamedes).

Mœurs. — Cumming parle avec enthousiasme de l'Hippotrague noir; c'est pour lui le plus grand, le plus majestueux animal de l'Afrique.

Il vit dans le haut veld peu boisé, en troupeaux de dix à vingt ou cinquante individus, composés d'un mâle adulte, de quelques jeunes mâles, de femelles et de jeunes. Souvent les vieux mâles vivent solitaires ou par trois ou quatre. Ils sont très rapides, mais moins que le Sassaby ou le Gnou; et, quand ils courent, ils relèvent alors la tête et lancent la queue à droite et à gauche.

Le petit naît dans le Mashonaland en novembre et décembre

L'Hippotrague chevalin.

L'Hippotrague noir est un dangereux animal. Quand il est blessé, il se sert admirablement de ses cornes. Selous en vit un qui lui blessa ses quatre meilleurs Chiens; on dit qu'il arrive alors à tuer le Lion.

Captivité. — Mr. Rhodes en possédait un certain nombre près du Cap. Ils sont bien apprivoisés et doux et lèchent la main des visiteurs par-dessus la balustrade. On en a vu parfois en Europe.

Dans la colonie allemande, les cornes servent à fabriquer des trompettes.

L'HIPPOTRAGUE CHEVALIN. — L'Hippotrague chevalin ou équin (*H. equinus* Is. Geoff.) est l'Antilope rouanne des Anglais, et le Bâtard de Gemsbok ou d'Élan des colons hollandais : c'est la plus grande des espèces du genre.

Caractères. — La coloration est brune, mais devient plus foncée en arrière. Les parties inférieures sont un peu plus pâles que le corps. La tête et les mâchoires sont marquées de brun. Deux bandes blanches devant les yeux sont séparées l'une de l'autre par une large bande noire et du blanc du museau par une bande transversale noire. Les oreilles sont grandes, droites avec le bout noir; la crinière est petite et dressée. La femelle est moins foncée.

La hauteur atteint 1^m,50 au garrot, la longueur du corps 2^m,26, celle de la queue 0^m,76, celle des cornes 0^m,93 et 1^m,12 en suivant la concavité.

Habitat. — Cette espèce a une aire de dispersion très vaste, si l'on y comprend la forme du Sénégal appelée *Koba* par les indigènes iolofs et *Vache brune* par les Européens (Gervais). Sclater considère comme variétés un certain nombre de formes locales : la forme typique du Sud, celle de l'Est ou rouge pâle, celle de la Gambie et celle de Baker (*H. Bakeri* Heuglin) du Soudan qui est caractérisée par des pinceaux aux oreilles, une couleur rouge brun et des stries transversales noires aux épaules.

L'HIPPOTRAGUE LEUCOPHE (*H. leucophæus* Pall.), le Bouc bleu des colons du Cap, était une des plus grandes et des plus belles Antilopes. Il doit être éteint, puisque le dernier paraît avoir été tué en 1799; il était confiné dans les districts de Caledon, Bredasdorp et Swellendam de la colonie du Cap. On n'en connaît que cinq exemplaires montés qui sont au Muséum de Paris, à Leyde, à Vienne, à Stockholm et à Upsal.

Section des Antilopins. — Ce grand groupe ne renferme que des animaux de taille moyenne ou petite. Les cornes sont comprimées et lyriformes, recourbées, cylindriques ou spiralées et annelées à la base. Elles existent souvent dans les deux sexes. Les molaires supérieures, sans colonnette accessoire, rappellent celles des Moutons et des Chèvres. La queue est de longueur moyenne, comprimée et poilue en dessus. Ces animaux habitent les déserts bordant les régions paléarctique, orientale et éthiopienne.

Les Antilopins comprennent les Gazelles, les Lithocrânes, les Pantholops, les Saïgas, les Aepycères, les Antilopes.

LES GAZELLES

Caractères. — Les Gazelles (*Gazella* Blainville, 1816) sont pour nous l'emblème de l'élégance, de la grâce et de l'agilité. Ce genre comprend des animaux de taille moyenne ou même petite, à tête expressive, à yeux gros, à oreilles longues et pointues, à queue courte, à sabots petits, à museau poilu. Le carpe porte ordinairement une touffe de poils, et les deux sexes des cornes, à section ovale, droites, plus ou moins lyriformes, et annelées dans toute leur longueur.

Habitat. — Les vingt-cinq ou vingt-six espèces de ce genre sont répandues sur toute l'Afrique, le sud-ouest de l'Asie jusqu'à l'Inde et sur une grande partie de l'Asie centrale. Les types les plus connus sont l'Euchore et la Gazelle dorcade.

LE SPRINGBOK EUCHORE (*). — **Caractères.** — Les Springboks, que l'on nomme aussi *Antilopes sauteuses*, ont tous les caractères des Gazelles, mais ne portent pas de touffe de poils au niveau du carpe. Mâles et femelles ont des

(*).Pl. LXIX. — Le Springbok euchore (planche, p. 408).

cornes, des ergots et un repli cutané cachant une crinière de poils blancs. On les sépare souvent sous le nom d'*Antidorcade* (*Antidorcas* Sundevall, 1867). Ils n'ont que deux paires de prémolaires inférieures.

Le Springbok euchore (*A. euchora* Zimm.) a un corps élégant porté par des membres fins et grêles à ergots. Les oreilles sont longues, pointues, bordées de blanc; les yeux grands, à cils noirs et longs. Ses cornes sont en forme de lyre, marquées de vingt à quarante anneaux, incomplets, avec la pointe dirigée en dedans et un peu en arrière. Le pelage est fin. Il a le dos d'un brun cannelle vif, avec les flancs plus foncés, la tête blanche avec une tache d'un brun foncé sur le front et une raie descendant des yeux à la commissure des lèvres; les fesses et le ventre sont blancs; la queue, d'abord épaisse et blanche, devient noire et est bordée de longs poils noirs. Une bande de longs poils blancs va le long du dos et se montre surtout lorsque l'animal se meut rapidement; la peau paraît former là un pli qui s'ouvre et se ferme et peut cacher la bande blanche. Cette bande, qui devient ainsi plus ou moins large, change l'aspect de l'animal.

Le Springbok a environ 0^m,76 de haut, près de 1^m,50 de long, et ses cornes atteignent 0^m,25 à 0^m,48.

Habitat. — Cette espèce est abondante dans les régions riches du sud de l'Afrique jusqu'au pays des Matabélés et au Mashonaland exclusivement, ainsi que dans les districts les plus voisins de la région du Cap. Dans l'Orange et le Transvaal, on les élevait dans les enclos des immenses fermes de la région.

Mœurs. — Les Springboks ou Boucs sauteurs, ou Chèvres sautantes de Buffon, se tiennent de préférence dans les plaines sèches et sans eau si caractéristiques de l'Afrique du Sud. Ces animaux méritent bien leur nom, car ils peuvent faire avec facilité des bonds de 2 à 4 mètres de haut et de 4 à 5 mètres d'étendue. Pendant ce temps les pattes sont recourbées et ils laissent flotter leurs longs poils blancs, ce qui leur donne un aspect curieux. Quand ils retombent sur leurs pattes, ils frappent le sol et s'élancent de nouveau. Ils n'avancent ainsi que de quelques pas, puis ils partent au trot, le cou baissé, la tête contre terre. Quand ils arrivent à un endroit où des hommes ou des Lions ont passé quelque temps auparavant, ils le franchissent tous d'un bond, tant ils ont de méfiance à l'égard de leurs ennemis.

Ils peuvent rester longtemps sans boire, mais quand ils ont de l'eau ils boivent tous les deux jours.

Quand ils ne trouvent plus d'eau dans leur patrie, quand toutes les mares sont desséchées, comme cela arrive tous les quatre ou cinq ans, leurs bandes immenses se dirigent vers le sud. Lorsqu'il pleut, et que le sol se couvre d'herbes, ils reviennent vers le nord. Aussi le passage d'un de ces troupeaux était-il pour les Cafres une promesse de longs jours d'abondance. Ce sont surtout des Composées et des Portulaccacées, dont le désert de Koroo est couvert, qui forment le fond de leur nourriture.

Les bandes les plus nombreuses viennent du Namaqualand; elles sont renforcées par celles du nord de l'Orange et du Kalahari. « Elles mangent en quelques heures, dit Cumming, tous les végétaux qu'elles trouvent sur leur passage, et détruisent en une nuit toutes les plantations d'un cultivateur. » Il croit pouvoir affirmer qu'il en a vu plusieurs centaines de mille réunis sous ses yeux. Son récit paraîtrait être un conte de chasseur, s'il n'était confirmé par de nombreux voyageurs. La cohésion de ces légions est telle qu'un troupeau de Moutons, ayant été entraîné par l'une d'elles, ne put être délivré par son berger, et que le Lion même peut se trouver prisonnier au milieu d'eux et être forcé de les suivre, sans pouvoir se dégager. Seuls les traînards ne peuvent échapper aux ennemis affamés qui les guettent : Lions, Léopards, Hyènes, Chacals, Oiseaux de proie, hommes. Le petit naît en novembre ; il est gris jaunâtre avec les côtés faiblement marqués de raies.

Captivité. — Ils s'apprivoisent rapidement lorsqu'ils sont jeunes, et deviennent des êtres charmants. Malheureusement les mâles sont querelleurs et, sans cause connue, ils s'élancent contre les palissades, se tuent quelquefois sur le coup, ou se brisent les pattes.

Produits. — Leur viande est excellente et pendant la saison on la trouve fréquemment dans la ville du Cap.

LA GAZELLE DORCADE (*).

— **Caractères.** — La Gazelle dorcade (*G. dorcas* L.) est plus gracieuse et plus élégante que le Chevreuil ; elle n'en a pas la taille. Son corps est assez ramassé, sur des jambes hautes et grêles, terminées par des sabots élégants. La tête haute, large en arrière et amincie en avant, porte un museau arrondi, des oreilles longues, des yeux vifs, des larmiers moyens. Le cou est long, la croupe plus élevée que le garrot, la queue courte et touffue au bout et noire. Les cornes du mâle sont plus fortes que celles de la femelle et à cercles plus accentués. Elles sont toujours inclinées en haut et en arrière, avec la pointe portée en avant et en dedans. La robe est des plus élégantes. La couleur fondamentale est le jaune de sable, tandis que le ventre est d'un blanc pur, séparé des flancs par une bande foncée. Le dos et les membres sont assez foncés, mais la tête est plus claire ; le dessus du museau, la gorge, les lèvres, le tour de l'œil et une ligne qui longe le museau de chaque côté sont d'un blanc jaune ; une bande brune descend de l'œil à la lèvre supérieure. Les oreilles sont gris jaune, bordées de noir. La hauteur est de 0^m,66, la longueur du corps de 1^m,15 à 1^m,50, et celle des cornes de 0^m,32.

Habitat. — Cette espèce, anciennement connue, habite l'Algérie, l'Égypte, la Palestine, la Syrie, et une partie de l'Asie Mineure. Elle est très commune entre le Nil et la mer Rouge. La variété Kevelle (*G. kevella*) est plus spéciale à la région des hauts plateaux de l'Algérie et du Djebel-Amour.

Mœurs. — Elle habite le désert et les steppes ; elle ne fait que de courtes et rares apparitions dans les vallées herbeuses ; elle est aussi rare au bord des rivières que dans les montagnes. Elle aime les endroits sablonneux, où des collines alternent avec les vallons et où tout est couvert de mimosées buissonneuses. Dans les steppes du Kordofan, on rencontre des troupeaux de quarante à cinquante têtes ; d'autres fois de petites sociétés de deux ou de trois à huit individus ; souvent même on y rencontre des Gazelles isolées, difficiles à

(*) Pl. LXX. — La Gazelle dorcade (planche, p. 408).

voir à cause de la couleur de leur robe qui leur permet d'échapper aux regards.

Les petites familles sont, d'ordinaire, composées d'un mâle, d'une femelle et de leur petit, qui reste avec eux jusqu'à la prochaine saison des amours. Parfois des troupes sont composées de mâles chassés par des rivaux plus forts. Pendant la grande chaleur seulement, de midi à quatre heures, l'animal rumine tranquillement à l'ombre d'un mimosa; le reste du temps il est continuellement en mouvement, mais la sentinelle est toujours aux aguets. Au moindre danger, tous quittent la place. Il en est de même si le vent change. Ils gagnent alors le sommet d'une colline pour voir les points qui leur offriront le meilleur abri.

Cette Gazelle est bien douée sous le rapport des sens. L'ouïe, la vue, l'odorat, la renseignent admirablement. Aucune Antilope n'est plus active. Elle est vive, gracieuse; sa course est légère. Un troupeau en fuite est un spectacle charmant. Les Gazelles semblent se jouer; elles font des bonds de 1ᵐ,50 à 2 mètres de haut, et franchissent, comme pour s'amuser, des buissons, des rochers.

Leurs mœurs sont pacifiques, car elles sont inoffensives, mais cependant les mâles savent montrer du courage dans leurs combats où ils se brisent parfois les cornes. On rencontre souvent avec elles d'autres espèces d'Antilopes.

La saison des amours varie suivant les conditions climatériques. Dans le nord de l'Afrique elle a lieu du mois d'août au mois d'octobre; sous les tropiques, de la fin d'octobre à la fin de décembre. Dans le nord, la femelle met bas à la fin de février ou en mars, tandis que dans le sud c'est de mars à mai. Son petit est très faible pendant les premiers jours de sa vie.

Chasse. — C'est avec passion que l'on fait la chasse à la Gazelle dorcade. Le noble persan, le dignitaire turc la chassent avec autant de plaisir que le chef bédouin ou l'habitant du Soudan. Dans le nord, on tue la Gazelle à coups de fusil; en Perse, on emploie le Faucon ou le Lévrier.

Dans certaines parties de l'Afrique, des cavaliers poursuivent la Gazelle. Mais, quelque légers que soient les Chevaux du désert, il leur est difficile alors de rejoindre un gibier aussi rapide. Après une longue course, et à l'aide de plusieurs relais, les chasseurs parviennent à la fatiguer et à l'atteindre; ils lui lancent alors, avec adresse, de lourds bâtons entre les jambes pour les lui casser. Il est alors facile de s'en emparer.

Captivité. — Les jeunes Gazelles s'apprivoisent rapidement et supportent bien la captivité. Elles sont douces et confiantes et peuvent devenir de véritables animaux domestiques. Elles suivent leur maître, entrent dans les appartements, rôdent autour de la table pour demander des friandises, font des échappées dans les champs, mais rentrent à la maison quand le soir approche, ou quand elles entendent la voix de leur maître.

La GAZELLE DE PERSE, Jairon ou subgoitreuse (*G. subgutturosa* Guldenst.) fait partie avec quelques espèces du groupe des Gazelles dont les femelles sont dépourvues de cornes. Les cornes du mâle sont lyrées.

Chez la GAZELLE DE L'INDE ou de Bennett (*G. Bennetti* Sykes) les cornes existent dans les deux sexes, mais elles n'ont pas la forme de lyre.

Le dernier groupe des vraies Gazelles est caractérisé par un disque fessier blanc non arrondi et s'avançant en pointe dans le pelage brun des hanches, et par la présence chez les deux sexes de cornes plus longues et d'une taille plus élevée que dans les autres groupes. Le plus gracieux type de ce groupe est la Gazelle de Grant (*G. Granti* Brooke) du Kilima-Ndjaro et du Zanzibar, qui vit par troupes de six à vingt individus ; un mâle accompagne d'habitude dix à quinze femelles. Elle se tient, d'après Grant, dans les plaines sablonneuses, parsemées d'Euphorbiacées, d'Acacias, de Baobabs et surtout là où croissent des plantes salines.

L'AMMODORCADE DE CLARKE (*Ammodorcas Clarkei* Thomas), ou *Dibatag*, nouvellement découvert, dans le Somaliland, est proche parent des Gazelles, mais il s'en sépare par son cou long, sa queue fine et allongée, et la forme de ses cornes.

LES LITHOCRANES

Le Lithocrâne de Waller (*Lithocranius Walleri* Brooke) ou Gérénuk doit à sa forme le nom de *Gazelle-Girafe*.

Caractères. — Elle est caractérisée par un cou très long et très mince, une tête petite et étroite et des membres hauts et grêles. Le mâle seul porte des cornes, qui sont d'abord dirigées en arrière et en dehors, puis à partir du milieu en avant et en dedans, pendant que les pointes sont recourbées l'une vers l'autre. La coloration est couleur café au lait, avec une bande dorsale brun foncé nettement délimitée. Le ventre est blanc ; à la base de la queue sont deux étroites bandes blanches ; celle-ci est petite (0ᵐ,21), brune en dessus ; elle se termine par un pinceau foncé. Les touffes situées aux genoux, sur les membres antérieurs, sont brun foncé. La tête est brun foncé, une tache blanche près de l'œil ; le mâle a une tache blanchâtre entre les cornes ; la femelle est noirâtre. Le crâne est très solide et très rétréci en avant. La hauteur est de 1 mètre, la longueur 1ᵐ,65. Les cornes ont 0ᵐ,3o avec un écart des pointes de 0ᵐ,14.

Habitat. — Cette curieuse Antilope vit au pays des Somalis et des Gallas. Son habitat descend jusqu'au Kilima-Ndjaro et à l'Est africain allemand.

Mœurs. — Les Gérénuks ne se rencontrent qu'en petits troupeaux de dix à quinze individus comprenant un ou deux mâles et le reste des femelles et des jeunes. Ils sont très vifs, très craintifs et très prudents. Ils se reposent dans les heures les plus chaudes de la journée et vont d'un endroit à l'autre en broutant. On les a rencontrés dans des régions où il n'y avait pas d'eau aux alentours ; on en conclut qu'ils peuvent se passer de boire pendant plusieurs jours. Ils ne se tiennent ni dans les plaines nues et sans arbres, ni dans les forêts de cèdres de leur patrie, mais ils habitent de préférence dans les plaines pierreuses et rocheuses coupées çà et là de bouquets de mimosées et dans les gorges. En effet, s'ils broutent l'herbe sèche et maigre des vallées, ils préfèrent les feuilles des mimosées et autres arbres, qu'ils prennent en élevant leurs pattes et en les appuyant contre le tronc. Et quand on aperçoit ainsi, entre les arbres, une famille, avec le coù étendu vers le haut pour brouter, on pense tout de suite, d'après Menges, à un troupeau de Girafes. Si, malgré sa circonspection, il est surpris, il élève la tête et, se tenant immobile, il inspecte l'horizon avant de faire disparaître sa tête dans les mimosées, et de s'enfuir en prenant un galop lent, allongé, rappelant celui du Chameau ; puis il s'arrête et se cache derrière un buisson pour regarder à nouveau. On voit les jeunes surtout dans la saison des pluies ; la saison des amours doit donc tomber en octobre ou novembre.

LES PANTHOLOPS

Les Pantholops (*Pantholops* Hodgson, 1834), représentés par une seule espèce, le Pantholops de Hodgson (*P. Hodgsoni* Abel) ou Chiru, sont de curieuses Antilopes du Thibet, ayant un nez très renflé chez le mâle, dont les narines présentent des sacs extensibles, et de longues et élégantes cornes. Ils sont alliés aux Saïgas, où le nez est moins renflé et où les narines s'ouvrent en avant et non en dessous. La queue est courte, les larmiers absents, les glandes interdigitales grosses, les sabots sont pointus.

Le CHIRU ou ANTILOPE THIBÉTAINE a un pelage dense et serré, rigide, laineux à la base. La robe est fauve pâle en dessus et blanche en dessous. Toute la face est brune ou noire chez les mâles, ainsi qu'une bande descendant le long des membres. Les cornes du mâle sont noires, longues, dressées, comprimées latéralement, presque en forme de lyre, avec des ornements qui ne sont proéminents qu'en avant seulement et qui cessent dans le dernier tiers.

La hauteur au garrot est de o^m,80 ; la queue a o^m,22, les cornes o^m,60 de long et o^m,15 de circonférence à la base.

Habitat. — Il ne se trouve que sur le plateau du Thibet, de 4 000 à 6 000 mètres de hauteur. On l'a signalé au nord de Ladak, du Kumaoun et du Sikkim.

Mœurs. — Ce curieux animal est circonspect et même craintif. Il vit isolé, ou par deux ou trois, rarement en troupeaux nombreux ; les sexes sont séparés en été. Il fréquente les plaines ou les larges vallées ouvertes, où il paît le matin et l'après-midi. D'après Kinloch, il se repose et se cache pendant le jour dans des trous creusés dans le sable. Le jeune naît en été.

LES SAÏGAS

Les Saïgas (*Saiga* Gray, 1843) sont des animaux caractéristiques, mais non exclusifs des régions caspiennes, et qui sont des plus curieux avec la forme particulière de la tête du mâle due au renflement énorme de la région nasale. En effet, celle-ci est grande, très arquée, renflée, tronquée en avant, les narines s'ouvrant vers le bas, et le tout porte encore de fortes rides, ce qui donne à l'animal un aspect désagréable, et en fait l'une des Antilopes les plus laides.

Ce genre ne comprend qu'une espèce.

LE SAÏGA TARTARE. — *Caractères.* — Le Saïga tartare (*S. tartarica* L.) a le corps lourd et massif et à peu près la taille du mouton ; le nez très mobile

Pl. LXIX. — Le Springbok euchore (texte, p. 403).
Pl. LXX. -- La Gazelle dorcade (texte, p. 405).

'e
ne c

surplombe la mâchoire inférieure, les oreilles sont courtes, larges et arrondies, la queue est de longueur moyenne; les cornes sont jaune d'ambre, annelées et lyriformes; elles sont courtes et atteignent de 0^m,28 à 0^m,30. Le poil, épais et mou, est un peu plus long à la nuque, au dos et à la gorge. En été, la couleur générale est jaune fauve; mais en hiver, où les poils sont plus longs, elle est plus grise et presque blanche en dehors. La face, les parties inférieures du corps et de la queue sont toujours blanches.

Habitat et mœurs. — Les Saïgas vivent dans les steppes de la Volga et dans l'Asie occidentale près de la mer Caspienne, en troupeaux nombreux comprenant souvent plusieurs centaines d'individus. Des steppes des Kirghiz, ils se rendent en été jusqu'à la région habitée par le Renne, tandis qu'en hiver ils descendent au sud jusqu'à l'habitat de la Gazelle de Perse, et alors les grands troupeaux se dissocient en petites troupes guidées par les vieux mâles. Dans les périodes géologiques, cet animal vivait en Pologne, en Hongrie, et l'on a trouvé ses restes en France (Charente), en Belgique et en Angleterre.

Brehm dit qu'il est très friand de sel, qu'il paît en marchant à reculons, que pour boire il aspire l'eau par la bouche et par le nez comme l'avait vu Strabon. Les jeunes bêlent comme des moutons, mais les vieux sont toujours silencieux. Les mâles se livrent de violents combats en octobre et les femelles mettent bas en mai un petit très peu vif, car il ne peut suivre sa mère.

Le Saïga tartare.

Chasse. — Les nomades chassent le Saïga avec ardeur, à cheval et à l'aide de Chiens. Comme il s'essouffle et se fatigue très vite, la chasse est fructueuse. C'est pour cette raison que les Loups en tuent souvent des troupeaux entiers.

Captivité. — Les Saïgas jeunes s'apprivoisent si bien qu'ils suivent leur maître comme un Chien, prennent la fuite devant leurs semblables restés sauvages et viennent eux-mêmes chaque soir à leur écurie. Cet animal bizarre est assez rare dans les jardins zoologiques.

LES AEPYCÈRES

Les Aepycères (*Aepyceros* Sundeval, 1845) sont d'élégantes Antilopes, de taille moyenne, sans crinière, sans fossettes lacrymales, sans sabots externes.

Le dos porte une bande brun foncé et les pattes postérieures présentent à l'endroit des ergots une tache d'un noir velouté, d'où leur nom d'Antilopes à pieds noirs. Seuls les mâles portent des cornes graciles, annelées dans la moitié basilaire, courbées et lyriformes. La queue assez longue est munie d'un pinceau de poils mous. Ils ne comprennent que deux espèces africaines.

L'AEPYCÈRE A PIEDS NOIRS. — *Caractères.* — L'Aepycère ou Gazelle à pieds noirs (*Ae. melampus* Licht.) ou *Pallah* a un pelage fin, aplati, luisant, d'un brun fauve, plus foncé sur le dos et les flancs, plus pâle vers les parties inférieures où il passe au blanc pur. Les deux narines sont disposées en V. La queue descend (0^m,42) presque sur le jarret, et est parcourue par une bande foncée médiane, atteignant presque le bout, qui est blanc, car les bords passent de la couleur du dos au blanc pur. Les femelles ont quatre mamelles.

La taille est d'environ 0^m,90 ; les cornes ont 0^m,50, tandis que leur longueur mesurée sur la convexité atteint 0^m,65 ; leur divergence varie de 0^m,16 à 0^m,53.

Habitat. — Jamais le Pallah n'a été signalé dans la colonie du Cap, au sud de Kuruman. Actuellement il vit dans le bassin du Limpopo et de ses affluents, dans le Zoulouland et le Transvaal, dans l'Afrique portugaise orientale et dans la Rhodésie. Près du Zambèze, dans le pays des Barotsés (var. *Holubi*), près du lac Nyassa (var. *Johnstoni*, plus petite), dans l'Ouganda, l'Est africain allemand, le Kilima-Ndjaro (var. *Suara*) vivent diverses formes dont les différences sont de peu d'importance; dans la même localité, la couleur et les dimensions peuvent varier dans des proportions considérables.

L'espèce d'Angola se distingue par une tache foncée entre les yeux.

Mœurs. — Le Pallah, qui se tient dans les plaines sablonneuses couvertes de mimosées et de buissons peu élevés, aime tellement le voisinage de l'eau qu'il ne s'en éloigne jamais à plus de 2 ou 3 kilomètres.

C'est un animal sociable vivant en troupes serrées au bord d'une rivière, et qui peuvent comprendre depuis une famille jusqu'à 200 têtes. Ces grands troupeaux sont alors des femelles, quelquefois avec un ou deux mâles; les jeunes mâles vivent entre eux par petites troupes. Quand ils sont tranquilles, on les voit brouter et lever de temps en temps la tête ; mais, quand ils sont effrayés, ils poussent une sorte de sifflement et s'enfuient avec une vitesse supérieure à celle de tout autre animal. Si leur marche est modérée et peut être comparée à celle des Springboks, ils font alors des sauts extraordinaires, même sur un sol mou et glissant. Kirley en a mesuré trois successifs qui avaient respectivement 8^m,7, 5^m,3 et 9^m,3, et qui avaient été effectués sans effort apparent. Seule la Cynhyène pourrait peut-être l'atteindre. Il vit entièrement d'herbe et boit trois fois par jour. Le petit naît en novembre ou décembre.

LES ANTILOPES PROPREMENT DITES

Le genre Antilope (*Antilope* Pallas, 1767) est restreint à une espèce, qu'on désigne par les noms d'Antilope de l'Inde, de Pallas, de Capricorne à bézoard, et qui est l'*Antilope cervicapre* des naturalistes (*A. cervicapra* Pall.) (*).

Caractères. — Cette Antilope est de taille moyenne, élancée, à queue courte, aplatie, comprimée et touffue, à sabots pointus, à grosses glandes interdigitales et à gros larmiers; elle possède une touffe de longs poils sur chaque genou (carpe). Les femelles n'ont que deux mamelles et les mâles seuls portent des cornes. Celles-ci sont presque droites, dirigées en haut, en arrière, divergentes, rondes, contournées en pas de vis et marquées de saillies annulaires dont le nombre augmente avec l'âge, et qui sont plus rapprochées à la base.

Elle ressemble beaucoup au Daim, mais elle est plus gracieuse. Le corps est grêle, allongé, porté par des pattes minces et élancées, celles de derrière un peu plus hautes que celles de devant; la tête assez ronde est haute en arrière, allongée en avant avec un front large, un museau arrondi et des yeux grands et vifs; les oreilles sont grandes et pointues.

La coloration varie avec l'âge et le sexe. Celle des femelles et des jeunes mâles est d'un fauve jaunâtre en dessus et blanche à la face externe des membres et aux parties inférieures, les deux couleurs étant nettement séparées, mais on aperçoit une bande latérale pâle un peu au-dessus de la ligne de séparation. Les vieux mâles sont noir brun en dessus ou noirs (*Schwarzbock* des Allemands), excepté à la nuque qui est brune. Les yeux sont entourés d'un large cercle blanc. Les poils sont courts, lisses, épais, un peu raides et un peu crépus comme chez la plupart des Cervidés. La taille est un peu plus faible que celle du Daim. La hauteur est de 0^m,80, la longueur du corps de 1^m,20, celle de la queue de 0^m,16 ou 0^m,25 avec le pinceau. Les cornes ont 0^m,50 et sont munies de trois à cinq tours de spire avec les extrémités écartées de 0^m,20 et parfois plus. Les cornes des femelles, quand elles existent, sont beaucoup plus petites.

Habitat. — Ces gracieux animaux, dont la beauté est chantée dans de nombreux poèmes et qui jouent un rôle dans la mythologie hindoue, habitent les plaines nues situées depuis le pied de l'Himalaya jusqu'au cap Comorin, et du Pendjab à l'Assam inférieur, mais ils ne vivent ni à Ceylan, ni à l'est du golfe du Bengale, ni sur la côte de Malabar. Dans le Bengale inférieur, ils ne se trouvent pas dans les parties marécageuses du delta du Gange, mais bien dans les plaines de Midnapur, voisines de la côte, et dans celles de l'Orissa. Ils sont particulièrement abondants par endroits, dans diverses régions du Radjpoutana et du Deccan, où leurs cornes sont plus longues (0^m,70).

Mœurs. — L'Antilope des Indes ne se trouve pas dans les pays montagneux, très boisés ou cultivés, mais elle se tient en troupeaux dans les vastes plaines nues et couvertes seulement d'un court gazon. Les rassemblements comprennent parfois plusieurs milliers d'individus des deux sexes et de tout âge, mais ordinairement ils sont de dix à trente et parfois cinquante têtes, accompagnées quelquefois d'un mâle unique. Pourtant, deux ou trois jeunes mâles ayant la coloration des femelles sont tolérés, mais ordinairement ils sont chassés et forcés de former des troupeaux spéciaux.

Jamais cet animal n'entre dans les forêts, ni dans les hautes herbes ou les

---

(*) Pl. LXXI. — L'Antilope cervicapre (planche, p. 416).

fourrés. Là où il est tranquille, il est peu craintif et laisse approcher l'homme jusqu'à cent cinquante pas ; des chariots, des Bœufs et des coolies chargés ont pu arriver jusqu'à la moitié de cette distance sans qu'il s'en inquiétât.

Comme la plupart des animaux des plaines, il se repose au milieu de la journée, mais il paraît ne pas avoir d'heure particulière pour pâturer, et ne recherche le voisinage des eaux qu'à cause des herbes savoureuses, mais non pour boire. Car il peut vivre sans boire, comme le montrent les nombreux troupeaux qui se tiennent entre le lac salé Tchilka, dans l'Orissa, et la mer, et où, sur une pointe de sable de 50 kilomètres, on ne trouve qu'un puits d'eau douce.

Son agilité et son endurance sont bien connues et extraordinaires. Campbell raconte que son frère, monté sur un excellent Cheval arabe, put forcer un vieux mâle et le tuer, mais le fait est rare. Seuls les blessés, même s'il leur manque une jambe, peuvent être atteints avec un bon Cheval.

Jerdon affirme que le Lévrier Greyhound ne réussit pas toujours dans cette chasse quand l'Antilope n'est pas blessée. Pendant la saison des pluies, quand le sol est détrempé, le succès est plus facile ; comme la Gazelle euchore du sud de l'Afrique, l'Antilope de l'Inde a l'habitude de faire des bonds en hauteur qui sont répétés à la suite par tous les membres d'un troupeau. Ce fait se produit quand, rendus attentifs à un danger, les animaux vont se mettre en mouvement pour fuir. Leur galop ressemble à celui des autres animaux. D'autres fois, ils se cachent dans l'herbe, surtout s'ils sont blessés, ou entre les champs cultivés. La femelle, effrayée, fait entendre un cri perçant, tandis que le mâle émet un bêlement particulier quand il est excité.

La saison des amours a lieu en février ou en mars, d'après Elliot ; souvent le mâle isole une femelle et vit avec elle quelque temps sans lui permettre de retourner au troupeau, et sans trop s'éloigner quand même, car en cas de danger tous deux s'y réfugient à nouveau. On voit des petits à toute époque de l'année. La mère cache toujours son jeune dans les buissons pour l'allaiter, puis elle l'amène au troupeau.

Chasse. — Les Hindous pour le chasser se servent d'un mâle apprivoisé auquel ils donnent la liberté après lui avoir attaché aux cornes plusieurs nœuds coulants. Celui-ci cherche à s'adjoindre à un troupeau, mais le guide, pour l'expulser, lui livre un combat auquel prennent part les femelles ; dans l'action, plusieurs arrivent à se prendre aux nœuds coulants et, l'un tirant l'autre, tous finissent par tomber et deviennent ainsi une proie facile.

Les princes préfèrent pour cette chasse le Faucon ou le Guépard.

Captivité. — Lorsqu'elles sont jeunes, ces Antilopes s'apprivoisent parfaitement et vivent longtemps en captivité quand elles ont de l'espace. Elles ont de bons rapports entre elles et avec les autres animaux, et charment par leur douceur et leur attachement. Leur beauté, leur élégance en font le plus bel ornement d'un parc. Elles ne cherchent pas à attaquer leurs gardiens. Il faut pourtant éviter de les agacer. Lorsqu'elles sont habituées à prendre du pain dans la main, elles se dressent comme les Cerfs sur leurs pattes de derrière pour l'atteindre, si on le tient haut ; mais si on les trompe, elles se fâchent, et, tremblantes de colère, elles cherchent à donner des coups de cornes.

Usages. — On trouve dans l'estomac de cette espèce un bézoard, que l'on regardait jadis comme un médicament puissant. La chair est excellente.

Section des Cervicaprins. — Ces animaux, de taille moyenne ou grande, ont un grand mufle et de forts onglons latéraux, mais ils n'ont pas de larmiers. Les cornes, qui n'existent que chez le mâle, sont annelées et recourbées en avant. Ils sont limités à la région éthiopienne.

Les Cervicaprins comprennent les Cervicapres, les Cobes, les Madoquas, les Raphicères, les Ourébis, les Oréotragues.

LES CERVICAPRES

Caractères. — Les Cervicapres (*Cervicapra* Blainville, 1816), Eléotragues ou Antilopes des marais, ressemblent aux Gazelles ; ils ont une taille moyenne, un dos droit, une queue de longueur variable à faible pinceau. Le mâle seul porte des cornes arrondies, annelées à leur base. La femelle a quatre mamelons.

Habitat. — A part une espèce du pléistocène d'Algérie, le genre, qui renferme cinq espèces vivantes, est répandu dans l'Afrique, au sud du Sahara.

LE CERVICAPRE DES ROSEAUX. — ***Caractères.*** — Le Cervicapre des roseaux (*C. arundineum* Bodd.) ou gris ressemble à un Chevreuil, mais il est plus élancé ; la queue est relativement courte, car elle n'atteint pas les jarrets et porte un pinceau ; les sabots latéraux sont très petits, le pelage court et mou, presque laineux. Il est roux pâle sur le dos et blanchâtre sale sur les parties inférieures. La tête, le cou et la face externe des oreilles sont orangés, mais chez les vieux individus, et surtout chez les vieilles femelles, la tête devient presque blanche. La hauteur atteint 0^m,90 au garrot, les cornes ont de 0^m,30 à 0^m,33, avec la pointe courbée vers l'avant et formant un quart de cercle.

Habitat. — Il habite le sud de l'Afrique depuis l'Angola à l'ouest jusqu'au Nyassa et au Mozambique à l'est. Il est déjà rare au Transvaal, mais encore commun sur les bords du Chobé.

Mœurs. — Il se tient dans les vallées herbeuses ou couvertes de roseaux ; d'après Selous, jamais il n'est loin de l'eau, car il est toujours sur le sol ferme, et fait plutôt un détour pour éviter de traverser même un petit ruisseau ; il cherche un refuge soit dans les forêts, soit dans les pays nus, mais secs. Les familles, composées de trois ou quatre individus, dont deux jeunes, paissent ensemble sous la garde du mâle qui, s'il est effrayé, peut faire entendre un cri perçant. Comme ses mouvements sont lents, c'est une des Antilopes les plus faciles à approcher.

L'Afrique du Sud nourrit encore :

Le CERVICAPRE DE LALANDE ou roux fauve (*C. fulvorufula* Afzel) qui est de taille plus petite et qui se distingue par son pelage grossier roux brun en dessus et blanc en dessous ;

Le NAGOR (*C. redunca* Pall.) des forêts du Sénégal et de la Gambie, qui est très voisin de ce dernier. Le Bohor (*C. bohor* Rüpp) qui habite l'Abyssinie et l'est de l'Afrique, a une taille plus grande et une coloration plus vive; à la moindre alerte, il se cache dans les roseaux.

Les Péléas désignés au Cap sous le nom de Rehbok, ou Antilopes-Chevreuils (*Pelea capreola* Bechst.), sont de petite taille et à cornes courtes nettement annelées, peu divergentes et un peu dirigées en avant. Le mufle est nu, la queue courte, large, en éventail et touffue; le pelage est épais et laineux, sa couleur est d'un brun grisâtre en haut, passant au blanc vers le bas. Hauteur 0^m,74, cornes 0^m,14 à 0^m,21.

Cet élégant et gracieux animal habite les districts montagneux du sud et de l'est de l'Afrique, au sud du Limpopo et du Namaqualand. Ses habitudes ressemblent à celles du Chamois d'Europe. Il vit par troupes de six à sept individus dans les montagnes nues, entre les rochers, et de là il ne se rend à son abreuvoir que le soir. Il grimpe et saute à merveille; on ne saurait mieux faire que de le comparer à une balle de

Le Nagor.

caoutchouc rebondissante. Il s'aventure là où un Chat ne pourrait passer. On l'approche difficilement et on ne réussit à le tirer qu'autant qu'on connaît l'endroit où un troupeau s'enfuit; sinon, il faut l'attendre à l'abreuvoir. La femelle met bas deux petits à la fois.

Les Péléas sont rares en captivité et ont une viande peu estimée.

LES COBES

Caractères. — Les Cobes (*Kobus* A. Smith, 1840) sont des animaux de forte taille, un peu massifs; le museau est nu comme chez les Cerfs, d'où leur nom d'Antilopes cervines, le pelage est un peu rude, assez long, particulièrement sur les côtés du cou, la couleur uniforme, et la queue assez longue atteignant les jarrets et garnie d'une touffe de poils. A ces caractères s'ajoutent l'absence de larmiers, la présence d'onglons latéraux bien développés et de cornes chez le mâle seulement. Celles-ci, recourbées d'abord en arrière et en dehors, puis en dedans, sont disposées en forme de lyre et annelées sur la plus grande partie de leur longueur. Les femelles ont quatre mamelles.

Habitat. — Les trois espèces de ce genre sont confinées au sud du Sahara, mais quelques espèces fossiles provenant de l'Algérie, de l'Inde et de la Chine, nous font voir que ce genre avait jadis une aire de dispersion plus considérable.

LE COBE A CROISSANT. — *Caractères.* — Le Cobe à croissant (*C. ellipsiprimnus* Ogilby) est le Waterbok des Boers. La coloration est un brun sépia qui est plus prononcé à la face et aux extrémités des membres. Elle passe au gris foncé suivant l'âge, le sexe, la saison et les localités, car les poils ont leur pointe plus foncée que leur base. Le blanc apparaît autour du nez, au menton, au-dessus des yeux, sur la gorge et la région postérieure du corps où, sur chaque fesse, il est marqué d'une bande blanchâtre oblique. L'espace situé entre les narines est noir. Les oreilles arrondies sont brunes en arrière, avec de longs poils blancs en dedans. Ces animaux, bien charpentés, ont, chez les mâles, plus de 2 mètres de long et $1^m,5o$ au garrot, avec une queue de $o^m,5o$ et des cornes de $o^m,7o$ à $o^m,85$. La femelle est un peu plus petite.

Habitat. — Les domaines de cette espèce s'étendaient jadis sur tout le sud et l'est de l'Afrique, jusqu'au massif du Kilima-Ndjaro. Actuellement elle n'est abondante qu'au nord du Limpopo, le Matabéléland et le Mashonaland, et surtout le long de la rivière Botletli et près du lac Ngami. Elle est commune dans la colonie portugaise, le Zoulouland et l'est du Transvaal. Au nord, les limites de son habitat s'étendent jusque dans le Somaliland.

Mœurs. — Le Waterbok vit en troupes de dix à quinze individus et parfois plus, ne comprenant que quelques vieux mâles, les autres formant des troupeaux spéciaux. Comme l'a observé Millais, quand ils paissent le matin et le soir, ils agitent constamment les oreilles et, de leurs yeux, surveillent les alentours. Leur démarche est rapide malgré leur apparence; s'ils sont blessés ils se réfugient dans les roseaux, ou bien parfois ils chargent leur ennemi et l'attaquent avec leurs cornes. « En dépit de leur nom anglais (*Waterbuck*), dit M. Oustalet, ces Antilopes ne sont point, d'ailleurs, strictement attachées au voisinage des eaux et, si elles cherchent fréquemment un refuge dans les terrains marécageux et couverts de roseaux, on les rencontre souvent à plus d'un mille de distance de toute habitation, sur des terrains arides, rocailleux et accidentés, où elles semblent chez elles, gravissant les pentes rocheuses avec une adresse surprenante. Mais c'est sur un terrain plat qu'elles peuvent développer tous leurs moyens, et, dans de semblables conditions, même grièvement blessées, elles se dérobent, par la rapidité de leur course, à la poursuite du chasseur. »

Les Cobes survivent souvent à leurs blessures, comme l'a constaté M. Foa : « J'ai vu, dit-il, dans des districts où je n'étais jamais venu, des animaux blessés par d'autres chasseurs et qui conduisaient une harde. On les reconnaissait à leur air méfiant, à leur démarche différente des autres, à une légère boiterie, à une empreinte déformée. »

Captivité. — Les Cobes jeunes s'apprivoisent facilement. Il faut les traiter avec douceur ; si on les manie brutalement ou si on les attache par une jambe, ils ne tardent pas à périr.

Produits. — Le Cobe à croissant n'est pas l'objet d'une chasse très active, car sa chair est peu estimée ; elle est dure, souvent imprégnée d'une forte odeur de bouc et sa graisse se fige presque instantanément, comme du suif.

LE COBE ONCTUEUX. — *Caractères.* — Le Cobe onctueux (*C. unctuosus* Laur.) (*) ou Cobe Sing sing de Bennet « est de taille un peu plus faible que le Waterbuck, qu'il rappelle beaucoup par ses formes générales. Sa tête, surmontée, chez les mâles seulement, de cornes élégamment recourbées et ornées de seize à dix-huit anneaux, paraît, lorsque l'animal est vu de face, encadrée d'une sorte de fraise, formée par le développement des poils des côtés du cou. Sans être aussi allongés, les poils du corps le sont cependant davantage que chez la plupart des Antilopes de l'Afrique occidentale et paraissent imprégnés d'une substance grasse qui leur donne un toucher onctueux.

« La longueur du pelage varie du reste suivant les saisons, tandis que la couleur reste à peu près constante chez les individus de même âge et de même sexe. Chez les mâles adultes, la robe est d'un beau brun marron qui passe au blanc jaunâtre sur la région postérieure et la partie interne des membres, au blanc grisâtre sur la gorge et les joues, au brun foncé sur les membres. La queue, blanchâtre en dessous, se termine par une touffe de poils noirs ; les oreilles, ombrées de noir en dehors, sont garnies intérieurement de franges de poils blancs, et des lignes ou des plaques blanches apparaissent au-dessus des sabots, sur les sourcils, la lèvre supérieure et le menton. Les femelles et les jeunes ont des teintes plus claires. » (Oustalet.)

Habitat. — D'après de Rochebrune, les Sing sings sont assez communs dans l'Oualo, le Cayor et le Haut-Sénégal. D'après Gray, on les trouve aussi dans la Gambie anglaise. Pour Sclater et Depousargues, leur aire d'extension irait jusqu'au lac Tchad, à l'Oubanghi et au Congo.

Acclimatation. — Les Cobes supportent bien notre climat, lorsque les hivers ne sont pas trop rudes. A partir de 1880, trois Cobes vécurent plusieurs années à la ménagerie du Muséum et donnèrent naissance à tout un troupeau, qui pourtant ne put résister à l'hiver si long et si rude de 1890 à 1891. D'ailleurs leur acclimatation en Europe ne serait pas bien intéressante au point de vue culinaire, car leur chair n'est pas plus appréciée que celle des Waterboks. Les nègres cherchent à les capturer pour les placer au milieu de leurs troupeaux parce qu'ils croient qu'ils portent bonheur.

Le Cobe Nsamma (*C. defassa* Rüpp) a une teinte rougeâtre mêlée de gris de

---

Pl. LXXI. — L'Antilope cervicapre (texte, p. 411).
(*) Pl. LXXII. — Le Cobe onctueux.

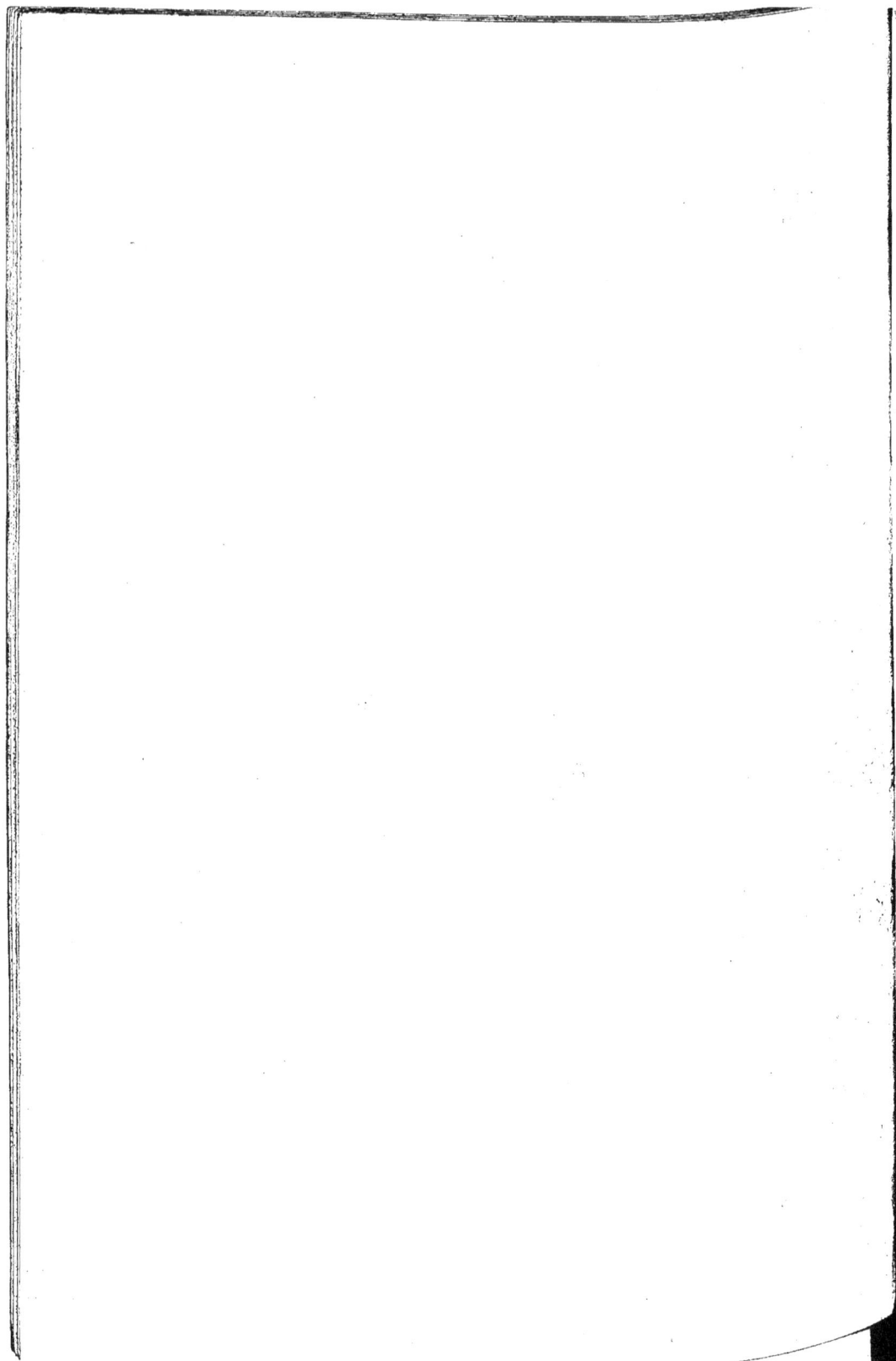

fer dans les parties supérieures, qui portent en outre de longs jarres blancs; le front est rouge.

Ce Cobe remplace le Sing sing dans l'est de l'Afrique, en Abyssinie, dans l'Ouganda, près des lacs Stéphanie, Victoria et Tanganyika.

D'autres espèces sont souvent séparées dans le sous-genre *Adenote* (*Adenota* Gray, 1849), car leur pelage est mou, sans crinière, la queue très poilue, le nez et les narines couverts de poils; les cornes, qui n'existent que chez les mâles, sont fortes, en forme d'S, arquées vers l'arrière, et fortement annelées. C'est dans ce dernier groupe qu'il faut ranger le Poukou et le Léché de Livingstone.

LE COBE POUKOU. — Le Cobe poukou (*C. Vardoni* Livingst.) est l'*Impoakoo* des Masubias, d'après Selous.

Caractères. — Sa coloration est d'un jaune-orange vif, un peu plus pâle autour des yeux, au menton et sur la face inférieure du corps. La face antérieure des quatre membres est marquée d'une tache noire indistincte juste au-dessus des sabots. Les oreilles, à pointe noire, portent de longs poils blancs à l'intérieur; leur face externe est fauve pâle. Les cornes, portées par les mâles seuls, sont gracieusement recourbées en S très ouvert, avec la pointe en avant. Elles sont annelées sur les deux tiers de leur longueur. La hauteur au garrot est de moins d'un mètre, et les cornes ont 0^m,45.

Habitat. — Cette jolie espèce se tient dans le haut bassin du Zambèze et de ses affluents, surtout du Chobé, et s'étend au nord à travers le pays des Barotsés jusqu'au lac Mœro. Le COBE DU SENGA, décrit comme habitant les bords des lacs Mœro et Nyassa, pourrait bien n'en pas être distinct spécifiquement.

Mœurs. — Les Poukous ont des habitudes beaucoup moins aquatiques que les Léchés, et se tiennent sur les pâturages secs, « quoiqu'ils ne s'éloignent jamais à plus de 200 ou 300 mètres des fleuves sur les bords desquels on les voyait il y a quelques années en troupes de trente, quarante ou même cinquante individus, tantôt broutant, tantôt ruminant à l'ombre des arbres et des buissons qui croissent çà et là sur les terrains d'alluvion. Aujourd'hui, ces animaux sont, paraît-il, beaucoup plus clairsemés à la suite de la chasse active qui leur a été faite par les tribus qui avaient franchi la rivière Chobé durant les guerres dont cette contrée fut le théâtre en 1876. »

Pourtant, lorsqu'ils sont poursuivis, ils se jettent à l'eau pour franchir soit les marais, soit les fleuves. Selous affirme que jamais les Poukous et les Léchés ne paissent ensemble, mais A. Sharpe raconte qu'il a vu d'immenses troupeaux constitués par ces deux espèces et qui erraient non loin du lac Mœro.

La chair est moins désagréable que celle du Waterbok.

LE COBE LÉCHÉ. — **Caractères.** — Le Cobe Léché (*C. Leche* Gray) ou *Inyx* des Masubias, dont les cornes ressemblent à celles du Waterbok, est d'un jaune brunâtre clair avec l'abdomen, la poitrine et le tour des yeux blanchâtres, le devant des jambes et les chevilles sont d'un brun foncé. La taille est un peu plus faible que celle du Waterbok.

Habitat. — On le trouve près du lac Ngami et du Zouga et dans le haut bassin du Zambèze et du Chobé, près des lacs Benguélo et Mœro. Souvent les troupeaux ne sont formés que d'animaux de même sexe.

Mœurs. — « Le Léché, dit Livingstone, ne s'éloigne jamais de l'eau ; les îlots et les rivières sont les endroits qu'il habite de préférence ; il est inconnu partout ailleurs que dans le bassin humide du centre de l'Afrique. Doué d'une vive curiosité, il présente un noble aspect, lorsque, debout et la tête levée, il regarde l'étranger qui approche. Quand, ensuite, il se décide à partir, il baisse la tête, met ses cornes sur la même ligne que le garrot, commence par trotter en se dandinant, et finit par galoper et par franchir les halliers en sautant. Il se dirige toujours du côté de la rivière qu'il traverse par des bonds successifs et paraît, à chaque fois, prendre pied au fond de l'eau. Nous nous fatiguâmes bientôt de sa chair qui, d'abord, nous avait semblé bonne. »

Ces détails de mœurs concordent avec ceux que Selous a donnés : « Même quand ils ont de l'eau jusqu'au cou, ils ne nagent point, mais s'avancent par bonds successifs, en faisant rejaillir l'eau avec grand bruit autour d'eux. Parfois, cependant, ils perdent pied, alors ils sont forcés de nager, ce qu'ils font avec une vigueur extraordinaire sans pouvoir cependant lutter de vitesse avec les canots des indigènes, qui les tuent à coups de sagaies. »

Ces animaux, dont les hardes innombrables ont couvert l'Afrique, sont, comme beaucoup d'autres, appelés à disparaître dans un avenir peu éloigné.

LES MADOQUAS

Caractères. — Les Madoquas (*Madoqua* Ogilby, 1836), appelés parfois *Antilopes-lévriers*, sont de jolis petits animaux sans crinière, avec des onglons latéraux bien développés, un gros toupet, de longues oreilles, beaucoup plus longues que la queue qui est courte ; le mufle est poilu jusqu'aux narines, la fossette lacrymale est en avant des yeux. Les cornes, qui n'existent que chez les mâles, sont courtes, aplaties, annelées et sillonnées à la base, puis rondes et lisses vers la pointe. Elles sont rapprochées des yeux, loin l'une de l'autre et dirigées vers l'arrière. Les six espèces ont entre elles de grandes analogies de structure et de coloration.

LE MADOQUA DE SALT. — Le Madoqua ou Céphalophe de Salt (*C. Saltiana* Blainv.) ou de Hemprich, est le Béni-Israël ou Atro des Arabes ; c'est un des Ruminants les plus élégants.

Caractères. — Son corps est ramassé, ses jambes moyennes, sa queue réduite à un moignon à poil ras ; ses cornes, dont la pointe est courbée en avant, sont presque cachées par le toupet. Le pelage est long et fin. La robe est rousse comme celle du Renard ; les poils sont brun gris avec un liséré clair ou roux et une pointe foncée. Le dos est brun roux, le dessus du museau et le front sont roux ; les bras et les cuisses offrent souvent des taches ; les parties inférieures sont blanches. Une large bande de même couleur se trouve au-dessus et au-dessous de l'œil, les oreilles ont leur bord noir, les sabots et les fossettes lacrymales sont noirs ; hauteur de la femelle, 0^m,40.

Habitat. — Il habite le littoral de la mer Rouge et l'Abyssinie jusqu'à l'altitude de 1700 mètres. Dans la Somalie il est remplacé par d'autres espèces ; les Madoquas y sont si abondants que les chasseurs assurent en avoir tué deux ou trois d'un coup de fusil. Une seule espèce habite le Damara.

Mœurs. — Le Béni-Israël aime les fourrés qui seraient impraticables pour d'autres Antilopinés, et surtout ceux qui bordent les torrents et qui sont formés d'euphorbiacées et de mimosées épineuses, reliées par des lacis de lianes. Il ne vit qu'avec sa femelle dans ces retraites sûres. Aussi est-il difficile à approcher et à apercevoir, d'autant plus que la couleur de son pelage se marie très bien avec le milieu et avec la couleur du bois. Son odorat subtil lui permet en outre de percevoir de loin l'approche de l'homme. Au moindre bruit, le mâle se lève, écoute et va vers une place dégarnie pour regarder. La femelle le suit de près, mais seul le mâle veille à la sécurité commune. Il est debout immobile, ses oreilles s'agitent et son toupet se hérisse. Quand le danger s'approche, rien en lui ne bouge plus et, s'il avait levé le pied, il le laisse dans cette position. Puis, dès qu'il croit que le péril est moins grand, il s'éloigne en rampant lentement et silencieusement, rentre dans le fourré pour sortir du côté opposé, décrit un arc de cercle autour de son ennemi et retourne à sa cachette. La femelle suit son mâle pas à pas à peu de distance. Le couple va au petit trot si le chasseur ne tire pas ; immédiatement avant de prendre la fuite, le mâle pousse un fort soupir ; il en pousse six à huit, si on fait feu sur lui sans l'atteindre ou s'il n'est que blessé. Rarement il fuit bien loin ; après quelques bonds, il s'arrête, regarde, fait plusieurs pas, regarde à nouveau et ainsi tous les dix ou vingt pas. Si on le tire, qu'il soit atteint ou non, il parcourt à toute vitesse quelques centaines de mètres, en faisant des bonds énormes, les pattes de devant fléchies contre le tronc, celles de derrière et la tête étendues ; ses mouvements sont alors si rapides qu'on l'a pris parfois pour un Lièvre. Chaque paire de Madoquas paraît ne pas s'éloigner de l'endroit qu'elle s'est choisi, aussi longtemps du moins qu'elle n'en est pas chassée ou qu'elle ne trouve pas aux environs une meilleure cachette.

Les Raphicères (*Raphicerus* H. Smith, 1827) sont des Antilopes de petite taille, sans tache glandulaire au-dessous de l'oreille, et sans touffe au genou, avec une queue courte et deux mamelles. Les cornes, courtes et verticales, n'existent que chez le mâle. Ils sont spéciaux au sud et à l'est de l'Afrique. Ce sont le Raphicère champêtre ou Steenbok, et le Raphicère a oreilles noires ou Grysbok, si détesté des Boers à cause de ses dégâts dans les vignes et les vergers.

Le petit et charmant Nésotrague musqué (*Nesotragus moschatus* von Düb.) habite la côte de Zanzibar et le massif du Kilima-Ndjaro ; les larmiers répandent une odeur de musc très prononcée (Neumann).

Le Nésotrague de Livingstone (*Nesotragus Livingstonianus* Kirk.) vit plus au sud jusqu'au Zoulouland. Il est très commun près de la baie de Delagoa.

Le gracieux Néotrague pygmée (*Neotragus pygmaeus* L.) ou Antilope royale de la côte de Guinée est le plus petit de tous les Ruminants, car il n'a que 0^m,30 de hauteur au garrot. Il est d'un châtain clair, plus foncé sur le dos que sur les flancs, avec les parties inférieures d'un blanc pur.

LES OURÉBIS

Caractères. — Les Ourébis (*Ourebia* Laurillard, 1839), ou Scopophores, sont des Antilopinés de petite taille, sans toupet, mais avec des touffes de poils aux genoux et des onglons latéraux. Le mufle est nu jusqu'au bord postérieur des narines, les oreilles sont plus grandes que la queue et à peu près de la moitié de la longueur de la tête. La queue est courte et pourvue d'un pinceau peu fourni et noir. Au-dessous de l'oreille, une tache arrondie nue et noire. Les sabots sont pointus et triangulaires, l'animal ne reposant jamais sur la pointe. Le mâle porte au-dessus des yeux des cornes courtes, droites, coniques, éloignées l'une de l'autre, annelées à la base et dont la pointe est faiblement dirigée vers l'avant. Les femelles ont quatre mamelles.

Habitat. — Les cinq espèces sont confinées dans les steppes de l'Afrique au sud du Sahara. Une seule, l'Ourébi à queue noire (*O. nigricauda* Brooke) ou du Sénégal, habite notre colonie, dans les champs ; une, l'Ourébi à balais, le sud de l'Afrique ; les autres appartiennent à la faune de l'Afrique orientale.

L'OURÉBI A BALAIS. — **Caractères.** — L'Ourébi à balais (*O. scoparia* Schreb.) a des formes élégantes et régulières. Il est d'un jaune rougeâtre, plus foncé dans la région frontale ; le ventre et la face interne des membres sont d'un blanc pur, nettement séparé de la couleur des côtés ; les lèvres supérieure et inférieure sont blanches, ainsi qu'une tache au-dessus des yeux. Les jambes de devant portent d'assez longues touffes de poils aux genoux. La queue a la même couleur que le corps, mais est terminée par un pinceau noir. Les cornes sont noires, petites, légèrement recourbées en avant et marquées sur leur tiers basilaire d'anneaux serrés et réguliers. La femelle porte les touffes aux genoux, mais n'a pas de cornes. Sa hauteur est de 0^m,62, la longueur du corps et de la tête 1 mètre ; celle de la queue 0^m,10 avec les poils. Les cornes ont de 0^m,10 à 0^m,13.

Habitat. — Cet Ourébi ne se trouve que dans les régions orientales de la colonie du Cap, dans le Natal, le Zoulouland, la vallée du Pungwe, le Basutoland, le Transvaal et le Mashonaland jusqu'aux chutes Victoria du Zambèze. On trouve des Ourébis au nord du fleuve, dans le pays des Barotsés, le Nyassaland et le Mozambique, mais on les rapporte ordinairement à une autre espèce, l'Ourébi hasté (*O. hastata* Peters), qui ne se distingue que par sa queue plus faible, brun noir en dessus et blanche en dessous.

Une autre forme habite les montagnes de l'Abyssinie, c'est l'Ourébi montagnard (*O. montana* Cretzchm.). L'Ourébi de Haggard (*O. Haggardi* Thomas) se tient dans les régions maritimes de la Somalie méridionale.

Mœurs. — Les Ourébis ou Antilopes pâles, à l'inverse des autres Antilopinés, ne fuient pas le voisinage des habitations ; ils se tiennent ordinairement dans les contrées ouvertes et sans arbres.

« Rien n'est plus ravissant, dit Drayson, que de les voir s'enfuir. Ils courent avec une rapidité surprenante, sautent en l'air, reprennent leur course, sautent encore à une grande hauteur, probablement pour mieux pouvoir dominer les environs ; ils sont trop petits en effet pour voir par-dessus les herbes. Aperçoivent-ils quelque objet suspect, ils font plusieurs bonds l'un après l'autre; on dirait qu'ils volent dans l'air. Si un chien est sur la trace d'un Ourébi, celui-ci saute de la sorte plusieurs fois, voit par où vient son ennemi, puis fait tout à coup un crochet et échappe ainsi souvent au poursuivant. Il retombe toujours sur ses pattes de derrière. Dans les premiers instants de sa fuite, l'Ourébi court comme une Bécasse qui va prendre son vol. Il décrit des zigzags, rampe à travers les herbes, franchit les buissons et il est déjà à une centaine de mètres que le chasseur n'a pas encore eu le temps d'épauler. »

Quand l'Ourébi est grièvement blessé, il cherche à se cacher dans les hautes herbes et les buissons. La femelle ne met bas qu'un petit, qui peut être atteint par un bon Chien. Les colons en estiment beaucoup la viande.

LES ORÉOTRAGUES

Caractères. — Les Oréotragues (*Oreotragus* A. Smith, 1834) sont des Antilopes de montagne dont le corps est vigoureux et ramassé, qui ne comprennent qu'une seule espèce, l'Oréotrague sauteur (*O. saltator* Bodde), le *Sassa* des Abyssins, le Klippbok ou Klippspringer des Boers. Ces petits animaux n'ont ni crinière, ni toupet, ni touffe aux genoux, mais des sabots latéraux. La tête est arrondie, les oreilles longues et larges, les fossettes lacrymales bien marquées, le mufle nu jusqu'au bord postérieur des narines. La queue est réduite à un moignon. Le mâle porte seul des cornes; elles sont rapprochées de l'œil et écartées l'une de l'autre, noires, courtes, coniques, verticales et annelées seulement à leur base. Les poils grossiers, creux et cassants, sont très serrés. La couleur, variable avec les saisons, rappelle celle du Chevreuil, car la robe est mêlée de jaune-olive et de noir; le ventre est plus clair, mais la gorge, les lèvres et la face interne des jambes sont blanches; les oreilles portent des poils noirs sur leur bord et des blancs à l'intérieur. La hauteur est de 0^m,56; la longueur des cornes de 0^m,10, celle de la queue 0^m,08.

Habitat. — L'Oréotrague vit en Afrique, depuis le Cap jusqu'au Somaliland et en Abyssinie. Il ne se-trouve que dans les montagnes, à une altitude variant de 2400 à 2700 mètres. Dans la colonie du Cap, il est plus rare et spécial à certains districts, là où les Kopjes abondent.

Mœurs. — Les Klippspringers vivent par petites troupes de trois à huit individus ; ils se tiennent sur les hauteurs, d'où ils descendent dans la plaine. Le soir et le matin, on les voit grimper contre les rochers et rester des heures entières sur leurs quatre jambes ramassées l'une près de l'autre. Ils aiment à se mettre à l'ombre pendant la chaleur du jour, mais recherchent les rochers d'où la vue s'étend au loin. Chaque paire se choisit un domicile auquel elle reste fidèle. Ces animaux paissent le matin et l'après-midi les feuilles de mimosas et les herbes de la montagne. A ce moment, ils disparaissent complètement dans les buissons; ils descendent chaque nuit pour boire. Ils sont extraordinairement vifs et agiles. Ils bondissent de roc en roc et rebondissent comme des balles élastiques et franchissent ainsi les ravins et les précipices. Ils montent, descendent avec légèreté les pentes les plus abruptes. La moindre rugosité, une surface comme une pièce de cinq francs leur suffit pour prendre pied. Leurs mouvements sont sûrs, leurs jarrets paraissent des ressorts d'acier. En un instant ils sont hors de la portée du chasseur. Pourtant leur chasse est attrayante, car au sommet des rochers ils forment de vraies cibles vivantes.

D'après Bryden, les Betchouanas, dans les sécheresses prolongées, tâchent d'attraper un de ces animaux vivant, et le battent, le pincent pour le faire crier, car ils croient que ses cris attirent la pluie. Sa chair et son cuir sont estimés. Son crin, à cause de son élasticité, sert à bourrer des selles.

Section des Céphalophins. — Ce sont des animaux africains et asiatiques de taille petite ou moyenne, avec des cornes généralement chez les mâles seuls, des larmiers allongés et des onglons latéraux bien développés. Les molaires ont une couronne carrée.

Cette section comprend les Céphalophes et les Tétracères.

LES CÉPHALOPHES

Caractères. — Les Céphalophes (*Cephalophus* H. Smith, 1827), dont le nom signifie *tête huppée*, sont d'élégantes Antilopes de petite taille, avec une tête arrondie, un mufle nu, pas de crinière, mais une touffe de poils sur la tête entre les cornes, des oreilles assez courtes et arrondies. La face porte de chaque côté, entre l'œil et le nez, une poche glandulaire s'ouvrant par une boutonnière. La queue est courte ou moyenne, les onglons latéraux existent et les mamelles sont au nombre de quatre. Tous ont des cornes petites, droites, minces, implantées très en arrière et très près l'une de l'autre; elles sont légèrement recourbées en avant avec quelques anneaux à leur base, le reste étant conique et lisse. Les femelles en manquent parfois. Leur couleur est généralement uniforme et leur structure semblable.

Habitat. — Tous vivent au sud du Sahara. Les naturalistes en ont décrit plus de vingt espèces assez voisines les unes des autres. Comme ils se tiennent dans les forêts ou les buissons, on les appelle parfois *Antilopes des buissons.*

LE CÉPHALOPHE GRIMME. — *Caractères.* — Le Céphalophe grimme (*C. grimma* L. ou *mergens* Desm.) ou Duiker, a les jambes élancées, les sabots petits, la queue courte et touffue, les oreilles étroites et longues. La couleur est très variable; elle est d'un brun jaunâtre plus ou moins grisâtre, rougeâtre ou verdâtre, avec les parties inférieures blanches. Le chanfrein est noir, le toupet brun; la queue a la même couleur en dessus, mais est blanche en dessous. La hauteur au garrot est de 0m,56, et la queue a 0m,125 avec les poils terminaux. Les cornes, qui manquent chez la femelle, sont coniques, avec quatre à six anneaux; elles ont de 7 à 10 centimètres et sont moins longues que les oreilles, car elles disparaissent presque au milieu du toupet.

Habitat. — Son aire de dispersion est très vaste; elle s'étend de la colonie du Cap à l'Angola à l'ouest, et à la Somalie à l'est; il est plus fréquent dans les régions côtières. Le Céphalophe madoqua d'Abyssinie en est très voisin. Dans l'Afrique du Sud, on trouve encore le Duiker rouge (*C. natalensis* A. Smith) du Natal, et le Duiker pygmée ou monticole (*C. monticola* Thunb.), qui n'est pas plus grand qu'un Lapin.

Mœurs. — Le Duiker, qui vit solitaire ou par paires, reste caché dans la journée et ne va pâturer que le matin ou pendant le clair de lune. D'après Kirby, il aime les feuilles, les bourgeons, les baies et autres fruits charnus; pourtant, Lindley affirme que l'herbe forme sa principale nourriture. Les chasseurs admettent qu'il n'a pas besoin de boire, puisqu'on le trouve dans des endroits du Kalahari où il n'y a point d'eau. La naissance du petit a lieu en septembre et octobre. On le voit fréquemment en captivité.

Le Céphalophe couronné

« De tous les Antilopinés qui habitent la lisière des forêts, dit le capitaine Drayson, le *raseur* est l'un des plus communs, quoiqu'on ne le rencontre jamais qu'isolé. A l'approche de l'homme ou d'un autre ennemi il n'abandonne pas son gîte, il y demeure immobile jusqu'à ce qu'il croie avoir été aperçu. Alors il s'élance, fait quelques crochets, franchit les buissons, s'y glisse, rase le sol, et, quand il pense avoir échappé, il rampe dans les hautes herbes entre les buissons, d'où son nom boer. On croirait qu'il s'est tapi, mais il continue à avancer sous les feuilles, jusqu'à ce qu'il ait une certaine avance, puis il fuit au plus vite; mais, si on a pu suivre ses allures et découvrir l'endroit où il s'est réfugié, il est facile alors de l'approcher en allant sous le vent. Il faut cependant bien tirer pour l'avoir; quelque petit qu'il soit, il supporte une forte charge de plomb.

Il n'est guère possible de le tirer à balle : ses crochets rapides et irréguliers déroutent le tireur. Souvent, après avoir essuyé un coup de feu, il s'enfuit rapidement, comme s'il n'avait pas été atteint, mais bientôt il s'arrête subitement, ce qui fait reconnaître qu'il a été touché. J'ai vu des Antilopes blessées mortellement courir comme si de rien n'était. Un Chien ordinaire peut atteindre le Céphalophe raseur à la course. Bien souvent un vieux Chien d'arrêt dont je me servais m'en prenait et les maintenait jusqu'à mon arrivée. »

Usages et produits. — Au Cap, on fait des fouets avec sa peau ; sa chair donne un potage excellent ; le foie, comme celui des autres Céphalophes, est exquis. Les Boers piquent la chair du raseur avec du lard de l'Élan ou de l'Hippopotame et préparent ainsi un rôti très apprécié des gourmets.

Les Céphalophes de l'Afrique occidentale sont les plus nombreux.

Le Céphalophe ou Antilope zèbre (*C. Doriae* Ogilby), à l'inverse de tous les Ruminants, est marqué sur le dos de huit ou neuf bandes transversales noires se détachant nettement sur un fond jaune d'or ; ces bandes sont larges en leur milieu, mais se terminent en pointe sur les flancs. Cette coloration rappelle donc celle du Loup à bourse ou Thylacyne d'Australie.

Le Céphalophe des bois (*C. sylvicultor* Alzel.), ou à dos jaune, est brun noirâtre et il est surtout remarquable par une bande médiane blanc jaunâtre en forme de triangle allongé que porte la deuxième moitié du dos ; la hauteur au garrot atteint 0ᵐ,87. Il habite du Sierra-Leone au Gabon et à l'Angola.

Le Céphalophe couronné (*C. coronatus* Gray) habite la Sénégambie.

LES TÉTRACÈRES

Les Tétracères (*Tetracerus* Hardwicke, 1825), qui sont les seuls Ruminants sauvages à quatre cornes, ne comprennent qu'une espèce, représentant en Asie le groupe des Céphalophins ou Duikerboks.

LE TÉTRACÈRE CHOUSINGHA. — **Caractères.** — Le Tétracère Chousingha (*T. quadricornis* Blainv.), auquel, d'après Blanford, on donne par erreur le nom de *Tchikara*, est de taille assez petite ; son museau est large et nu, ses jambes minces et terminées par de petits sabots arrondis ; les oreilles sont grandes et arrondies, la queue courte, les fossettes lacrymales allongées, les glandes interdigitales présentes aux membres postérieurs seulement. Mais ce qui caractérise surtout cet élégant animal, c'est la présence de quatre cornes, droites, parallèles, lisses, acuminées, sans rides ; les antérieures naissent au-dessus de l'angle antérieur de l'œil et sont un peu inclinées en arrière ; les postérieures ont leur moitié inférieure dirigée fortement en arrière, et leur moitié supérieure en avant. Elles sont annelées à leur base, mais leur pointe est lisse. Les antérieures, souvent réduites à de simples tubercules, peuvent manquer.

Le pelage est clairsemé, rude et court, un peu plus long à la queue. Le dos est d'un brun clair plus ou moins lavé de roux, et cette couleur s'atténue graduellement sur les côtés et les membres pour passer au blanc au ventre. La face antérieure des quatre membres porte une ligne foncée plus accentuée aux membres de devant. Le museau et la face extérieure des oreilles sont foncés. On trouve parfois de jeunes individus avec une ligne dorsale foncée. La hauteur du mâle, au garrot, est d'environ 0ᵐ,65, tandis que la croupe a 0ᵐ,70. Sa queue atteint 0ᵐ,13 de long, son corps 1ᵐ,20 ; ses cornes ont respectivement 3 à 4 centimètres et 7 à 11 centimètres. Les femelles sont beaucoup plus petites.

Habitat. — Son aire d'habitat s'étend le long de l'Himalaya, du Pendjab au Népaul, et dans les régions boisées et montagneuses de l'Inde : Radjpoutana, Bombay, provinces centrales au nord de Madras ; il est plus rare vers l'est dans le Chatisgarh, le Chutia-Nagpur, le Bengale, l'Orissa et près de Mysore, dans le sud ; mais il n'existe ni près de la côte de Malabar et à Ceylan, ni dans la plaine du Gange et à l'est du golfe du Bengale. Pourtant, on l'a signalé parfois dans les Nilghirries et les monts Palni. Peut-être l'a-t-on confondu avec le Cerf-Cochon qui vit dans les jungles. Dans la province de Madras, les cornes antérieures sont si rares qu'on est convenu de regarder cette forme comme une variété.

Le Tétracère Chousingha.

Mœurs. — Ses mœurs distinguent le Chousingha de toutes les autres Antilopes de l'Inde. Il ne vit pas en société, on voit rarement plus de deux individus à la fois ; il se tient dans les forêts et les jungles peu épaisses des pays ondulés. Jamais il ne s'éloigne de l'eau, car il doit boire tous les jours. Très craintif, il se meut par saccades quand il marche ou qu'il court. Le rut a lieu pendant la saison des pluies ; les petits naissent en janvier ou en février. La femelle a quatre mamelles.

Les jeunes s'apprivoisent facilement, mais deviennent méchants en vieillissant. La chair, quoique un peu sèche, est plus appréciée que celle des Cerfs de l'Inde et se rapproche de celle de l'Antilope et de la Gazelle.

Section des Bubalins ou Alcélaphins. — Les Bubalins sont des Antilopes de grande taille, à corps allongé, dont le garrot est plus élevé que la croupe et qui ont par conséquent le dos incliné ; la queue, moyenne, est touffue à son extrémité, les sabots latéraux sont grands, les larmiers petits ; les narines, grandes et

valvulaires, ont un espace nù entre elles. Les cornes existent dans les deux sexes et présentent une double courbure; elles sont plus ou moins lyriformes et rapprochées à leur base. Les femelles ont deux mamelles.

Ces animaux sont spéciaux à l'Afrique, à la Syrie et à l'Arabie septentrionale. Les Bubalins comprennent les Gnous, les Bubales, les Damalisques.

LES GNOUS

Caractères. — Les Gnous (*Connochaetes* Lichtenstein, 1814) forment un des plus curieux genres de Ruminants : les Wildebeest des colons du Cap. En effet, cet animal est un mélange d'Antilope, de Bœuf, de Cheval, qui déconcerte à première vue; on dirait un Cheval à sabot fendu et à tête de taureau. Le corps est grand, vigoureux, le garrot élevé, la tête massive à mufle élargi, portant des soies, à narines larges, bien séparées et à vibrisses; la nuque porte une crinière, le fanon est bien développé, la queue est longue, munie de crins sur toute sa longueur; les cornes existent chez les deux sexes, elles sont larges et aplaties à leur base, elles descendent obliquement, puis se relèvent brusquement vers le haut. Le nombre des mamelles est de deux (W. L. Sclater).

Habitat. — Ce genre est spécial au sud et à l'est de l'Afrique.

LE GNOU A QUEUE BLANCHE. — Le Gnou à queue blanche (*C. gnou* Zimm.), auquel on donne encore parfois le nom d'Antilope Gnou, paraît être le *Catoblephas* de Pline.

Caractères. — Il rappelle les Bœufs par la largeur de sa face et la forme de ses cornes, mais s'en sépare par la forme de ses molaires supérieures. Les glandes lacrymales sont indiquées par un pinceau de poils, les yeux surmontés par des sourcils blancs; une touffe de longs poils noirs, dirigés en haut, occupe le milieu de la face; une même touffe existe de chaque côté du cou, sur la gorge et entre les membres antérieurs; la crinière de la nuque est formée de poils, noirs au milieu et blanc jaunâtre aux bords. Les membres sont assez grêles, avec des ergots et des sabots étroits et pointus. La queue longue atteint les jarrets et porte des crins blancs. La robe est brun-chocolat, parfois plus foncée sur la face et la nuque, surtout chez les mâles. La femelle est moins forte que le mâle, ainsi que ses cornes.

Les cornes sont larges, aplaties, sans anneaux; sur la moitié de leur longueur elles sont dirigées en dehors et en bas, au-dessus des yeux, puis leur seconde moitié remonte brusquement vers le haut. Chez le jeune, les cornes naissent loin l'une de l'autre au sommet du crâne et ressemblent à des dagues, car elles sont divergentes et dirigées vers le haut. Puis la base se forme ensuite, s'agrandit et s'élargit de telle sorte que chez les vieux mâles la touffe de poils intermédiaire disparaît et qu'elles viennent se toucher. Les nouveau-nés n'ont point de cornes, mais possèdent déjà la crinière et la touffe du cou. La hauteur au garrot est de 1^m,33, celle de la femelle ne dépasse pas 1 mètre; la queue mesure 0^m,45 et 0^m,82 avec les poils. Le corps avec la tête a 2^m,50.

Habitat. — Ce Gnou, qui n'a jamais dépassé aū nord le Waal et le milieu du Transvaal, était jadis très abondant dans le haut veld de l'État libre d'Orange et dans la partie nord de la colonie du Cap ; mais il y a disparu en tant qu'animal vraiment sauvage ; quelques petits troupeaux sont soignés dans les fermes de cette région. Au sud de l'Orange, il a sûrement disparu depuis 1878, à moins que quelques rares spé-

Le Gnou à queue blanche.

cimens n'aient réussi à échapper aux chasseurs et à vivre dans le désert de Kalahari et dans la colonie allemande adjacente.

Mœurs. — Le Gnou était un habitant des larges plaines, où il se tenait par groupes de 8 à 50 individus, fréquemment en compagnie de l'Autruche et du Couagga ; mais à certaines époques de l'année les mâles étaient solitaires.

Le cri est un beuglement sonore, métallique, ressemblant au nom hottentot *t'gnu*. Le cri du jeune est une sorte de bêlement nasonnant, correspondant à certains sons hollandais, que nous pourrions traduire par : *Mademoiselle, bonsoir*. Les colons assurent s'y être trompés souvent. La vue, l'odorat et l'ouïe sont bien développés.

L'allure de ces animaux est rapide. Ils vont toujours l'amble, même quand ils galopent, mais les avantages qu'ils retirent de leur rapidité sont considérablement diminués par leur excessive curiosité. On voit parfois de vieux Gnous solitaires, ou réunis par quatre ou par cinq, rester immobiles des heures entières à considérer les mouvements d'autres animaux en faisant entendre des soupirs alternativement prolongés et saccadés. Si un chasseur s'approche d'eux, ils remuent la queue, sautent en l'air, et s'enfuient rapidement en bondissant. Puis ils s'arrêtent et souvent deux d'entre eux se livrent un combat. Ils se précipitent l'un sur l'autre, tombent à genoux, se relèvent, décrivent de nombreux cercles, agitent leur queue, et courent dans la plaine comme des déments, en sorte qu'ils sont bientôt entourés d'un nuage de poussière. Il est possible que ces mouvements désordonnés et grotesques soient dus aux efforts qu'ils font pour se débarrasser des larves d'œstres qui sont toujours en abondance dans leurs narines et leurs sinus frontaux. Fréquemment dans le veld on les voit paître à genoux.

Leurs habitudes sont donc aussi singulières que leurs formes ; c'est pourquoi ils sont devenus pour les indigènes et les chasseurs les héros des aventures les plus étranges.

Dans la saison des amours, les mâles deviennent sauvages et querelleurs. Dans les combats, la femelle montre autant de courage que le mâle. Elle met bas un seul petit, ordinairement en décembre. Elle l'allaite de sept à huit mois, quoiqu'il commence déjà à brouter après une semaine.

Chasse. — La chasse du Gnou est très difficile, à cause de sa résistance à la fatigue et de la rapidité de sa course. On dit qu'il fond sur le chasseur et cherche à le tuer à coups de cornes et à coups de pied, quand il est serré de trop près ; que, s'il est blessé, il se jette à l'eau ou dans un précipice pour mettre fin à ses douleurs. Les Hottentots le tuent avec des flèches empoisonnées ; les Cafres le guettent et lui percent le cœur d'un coup de lance ou d'une flèche.

Captivité. — Les Gnous peuvent vivre en captivité même en Europe. Seuls les jeunes perdent un peu de leur sauvagerie, mais les vieux mâles restent indomptables, indifférents à tout, aux caresses comme à la perte de leur liberté. Blaauw, dans son parc d'Hilversum, en Hollande, avait réussi, en 1894, à élever seize jeunes, provenant d'un couple capturé en 1886.

Produits et Usages. — La viande est bonne ; la peau sert à faire du cuir et les cornes peuvent être utilisées pour manches de couteaux. Comme cette forme est très caractéristique de l'Afrique australe, la colonie du Cap l'a choisie pour en mettre la figure dans ses armes.

Le Gnou Taurin ou rayé (*G. taurinus* Burch., ou *gorgon* H. Smith) est le Kokon ou Cocun des Béchouanas et l'Ikokoni des Basoutos. On le trouve partout entre le fleuve Orange et le Zambèze. Leurs troupeaux de 15 à 60 individus comprennent souvent des Zèbres de Burchell, des Pallahs, des Girafes et des Autruches. Ils sont plus gauches, plus lourds et plus stupides que leurs congénères. Les petits naissent, près de Beira, entre novembre et janvier. La mère les cache dans des touffes d'herbe et les surveille avec soin. Sa chair est bonne, quoique un peu dure et sèche.

LE GNOU A BARBE BLANCHE. — *Caractères.* — Le Gnou à barbe blanche

(*C. albojubatus* Thos.) ou Nyombo des indigènes, est d'un brun gris clair avec une barbe blanche et un pinceau aux commissures. La figure est brun foncé, ainsi que les crins de la queue, qui pourtant sont plus roux. La crinière nuquale est brun noir avec quelques poils blancs. Les vieux mâles ont des stries transversales noires sur la région antérieure du corps. Les jeunes ont une bande noire médiane et dorsale qui atteint la queue. Sa longueur est de 1^m,95 et celle de la queue 0^m,85, l'envergure des cornes est de 0^m,75.

Habitat. — Il habite l'Ouganda et l'Afrique orientale. Matschie dit que dans la colonie allemande il existe deux formes de Gnous, celle à barbe blanche, qui est de couleur claire, et une deuxième, à barbe noire, qui est foncée de couleur.

Le Gnou à barbe blanche.

Neumann vit ces deux formes dans les montagnes du Guirui, paissant séparément. Ces Gnous paissent par troupeaux de vingt à soixante individus, sous la conduite d'un vieux mâle. Ils préfèrent les plaines ouvertes, mais Neumann en a trouvé dans les montagnes situées entre l'Océan et le lac Victoria. Comme son frère du sud de l'Afrique, il paraît effectuer des migrations. En tout cas, Gedge, n'ayant vu que des exemplaires à barbe noire à un endroit, ne retrouva que des formes à barbe blanche en décembre. Neumann ne tua que cette forme d'octobre à janvier. Les limites de son habitat ne sont donc pas fixées.

LES BUBALES

Les Bubales (*Bubalis* Lichtenstein, 1814, *Alcelaphus* Blainville, ou *Acronotus* H. Smith) ont une grande taille, un garrot plus élevé que la croupe, donc un dos incliné. La tête, longue et étroite, porte entre les narines un espace nu et semi-lunaire limité par des jarres, les oreilles sont grandes. La queue est assez longue pour dépasser les jarrets; les genoux ne portent pas de touffes de poils. Le poil est court, la coloration de la robe généralement uniforme, et la touffe terminant la queue noire.

LE BUBALE CAAMA. — Le Bubale Caama (*B. caama* F. Cuv.) est le *Harte-beest* des colons du Cap et l'espèce la plus connue du sud de l'Afrique.

Caractères. — Il a à peu près la même taille, mais il est plus lourd que le Cerf, avec une tête plus laide, aussi Blainville a-t-il proposé de l'appeler *Alcélaphe*, c'est-à-dire *tête d'Élan*. Son dos est incliné, car le garrot est surmonté d'une bosse; les cornes sont droites, recourbées en forme de lyre dans leur tiers inférieur; elles s'infléchissent en arrière, à angle aigu. La couleur fonda-mentale de la robe est le brun roux assez vif; le front est noir; la partie posté-rieure du ventre, la face interne des cuisses et les fesses sont plus pâles, souvent blanches; une raie noire va de l'occiput au garrot; deux autres descendent du front au museau. Les jambes sont, en avant, marquées d'une raie noire. Les mâles adultes ont près de 1m,30 de hauteur au garrot et 2m,30 de longueur sans compter la queue qui a environ 55 centimètres. Les cornes, mesurées le long du bord antérieur, ont 0m,50.

La femelle a la même taille que le mâle, mais sa robe est plus pâle, ses cornes sont plus minces et plus courtes (0m,47). Les petits ressemblent à la femelle, mais n'ont pas de taches noires.

Habitat. — Jadis les Caamas étaient nombreux, même au voisinage de la ville du Cap. Actuellement, on ne trouve que quelques rares survivants dans les déserts du Namaqualand et au sud du fleuve Orange; mais, au nord, ils sont abondants dans le Gordonia et le Griqualand, et sur les bords du Kalahari jus-qu'au lac Ngami. On les rencontre rarement dans le pays des Basoutos, dans l'Orange et l'est du Transvaal. Ils ne dépassent pas le Zambèze au nord. Dans les environs des lacs Victoria et Baringo, ils sont remplacés par le BUBALE DE JACKSON (*B. Jacksoni* Thomas) dont la face est pâle et uniforme, et dont les poils de la face ne sont remontants, à partir du nez, que sur une longueur de 10 centimètres.

Rothschild a appelé *Bubale de Neumann* la forme des bords du lac Rodolphe.

Mœurs. — Le Caama vit dans les contrées nues et les déserts, en troupes d'environ dix individus. Il est agité et craintif, et quand il est poursuivi il a la curieuse habitude de se retourner souvent pour regarder le chasseur, en sorte qu'il devient facilement sa proie. Il est rapide, quoique sa démarche paraisse lourde; sa vitesse dépasse celle du Sassaby. C'est à peine si une meute de Lévriers peut l'atteindre.

Durant la saison des amours, les mâles se livrent des combats acharnés en se tenant sur leurs genoux. La femelle n'a qu'un petit à la fois.

En plus de l'Homme, ses ennemis les plus terribles sont les Lions, les Chiens sauvages et les Mouches. Les larves de ces dernières se développent dans ses naseaux et dans ses sinus frontaux et le font beaucoup souffrir. Il cherche à s'en débarrasser par des éternuements fréquents.

Sa viande est sèche et peu savoureuse, mais sert à faire des conserves.

Le Bubale de Lichtenstein (*B. Lichtensteini* Peters) ou Konzi, qui habite la région du Zambèze, depuis

Le Bubale de Lichtenstein.

les chutes Victoria, et le Nyassaland, est une forme tout à fait spéciale, car ses cornes sont courtes, très élargies et aplaties à la base. Le premier tiers est dirigé en haut et en dehors, le deuxième en dedans, et enfin le troisième en arrière en demeurant horizontal, dè telle sorte qu'elles circonscrivent un espace ressemblant à un vase. La tête, assez courte, ne porte pas de dessins foncés. La couleur est gris brun, avec la queue, les genoux et la face antérieure des membres noirs. Le ventre est jaunâtre, ainsi qu'une tache fessière. Hauteur au garrot 1^m,25 ; cornes, le long de leur face antérieure, 0^m,31.

Le Konzi préfère les régions boisées, entrecoupées de clairières, et ondulées. On le rencontre pourtant dans les montagnes ni trop abruptes, ni trop rocheuses, en troupeaux de cinq à vingt têtes, en compagnie de Cobes, d'Impalas et de Zèbres. Il boit le matin et le soir et aime les bains de boue.

LES DAMALISQUES

Les Damalisques (*Damaliscus* Sclater et Thomas, 1894) ressemblent aux Bubales, mais leur tête n'est pas allongée, et leurs cornes ne présentent une courbure que dans une seule direction, sans être déjetées de côté.

Ces animaux, tous africains, manquent dans la région du Congo.

Le Damalisque de Hunter (*D. Hunteri* Sclater), ou Herota, est un bel animal du sud du Somaliland, près de la rivière Tana, où il vit en troupes de quinze à vingt individus dans les pays boisés et herbeux. On le distingue facilement à cause du chevron blanc qu'il porte sur le front, au-dessus des yeux, et de la forme particulière de ses longues cornes. Hauteur au garrot 1ᵐ,20.

Le Damalisque du Sénégal (*D. korrigum* Ogilby ou *senegalensis* Children), ou Korrigum, a une tête courte et des cornes lyriformes et annelées presque jusqu'à l'extrémité. La face présente une large bande allant depuis la racine des cornes jusqu'au nez. On connaît peu de chose sur ses mœurs. Il vit depuis le Sénégal et la Gambie jusqu'au Bornou.

Le Damalisque sassaby (*D. lunatus* Burch.) du sud de l'Afrique se rencontre à l'ouest du lac Ngami à l'Ovampoland, et au sud-est dans la colonie portugaise et le Swaziland. Il vit aussi au nord du Zambèze, puisqu'on l'a trouvé dans le pays des Barotsés. Il se tient dans les dépressions nues et sans forêts, et dans les endroits découverts, en troupeaux de huit à dix têtes, mais dans le Matabéléland ceux-ci comprennent souvent plusieurs centaines d'individus associés à des Zèbres et à des Gnous. D'après Kirby et Selous, c'est l'Antilope la plus rapide et la plus résistante du sud de l'Afrique. Quoique très vigilante, elle se laisse facilement approcher et tirer. Les petits naissent en septembre et en novembre. Sa chair est estimée.

Le Damalisque a front blanc (*D. albifrons* Burch.) ou Blesbok, est une petite espèce (0ᵐ,97) ressemblant au Bontebok par sa couleur, et qui vit dans le haut veld de l'État d'Orange, du Transvaal, et dans l'est du Bechouanaland ; il ne dépasse pas le Limpopo au nord. Il est d'un rouge brun bleuâtre et porte une tache claire sur le front. Il rappelle le Springbok. Il vit en troupeaux nombreux, dont les individus, d'après Cumming, courent toujours contre le vent en tenant le nez près du sol. Très craintifs, ils se laissent difficilement approcher, surtout lorsqu'ils ont des jeunes, et si à ce moment un troupeau est troublé, tous s'enfuient contre le vent, suivis par tous ceux qui voient cette fuite, ou auxquels le vent en apporte le bruit. Il s'ensuit que le chasseur peut voir d'immenses masses de ces animaux dévaler comme des torrents dans le paysage.

Les Cerfs
et les Chevreuils

LES ANTILOCAPRIDÉS

Les Antilocapres (*Antilocapra* Ord, 1818), ou Antilopes-Chèvres américaines, forment le passage des Cavicornes aux Cervidés. En effet, les cornes, présentes dans les deux sexes, sont formées sur le type des Cavicornes, avec un cornillon osseux et un étui corné peu épais. Ce sont, chez les jeunes, de simples dagues, qui, d'après Caton, sont remplacées chaque année par chute de l'étui, seulement soulevé et rejeté peu à peu par l'étui de remplacement qui se forme à la base. En même temps, la dague s'accroît, et la corne de l'adulte, avec son andouiller antérieur, rappelle celle du Muntjac, mais elle est large, aplatie, courbée avec élégance en dehors. Par sa pointe fortement arquée vers l'arrière, elle rappelle celle des Chamois. Ce sont les seuls Cavicornes qui portent un andouiller, tous les autres ont des cornes simples. Aussi constituent-ils à eux seuls une famille spéciale, celle des Antilocapridés.

L'ANTILOPE AMÉRICAINE. — *Caractères*. — L'unique espèce du genre, de la taille d'un petit Daim, porte le nom d'ANTILOPE AMÉRICAINE OU A FOURCHES (*A. americana* Ord, ou *furcifer* Gray).

Sa tête est expressive et portée haut; ses oreilles longues rappellent les Cerfs; le museau est poilu; le cou long, arrondi, le corps élégant et svelte; les jambes assez hautes et grêles ne portent pas trace de sabots latéraux, et ont des onglons médians étroits et pointus. La queue est courte. Le poil est serré, long, ondulé et cassant, un peu allongé en crinière sur la nuque et le cou. Sa robe est magnifique. Elle est d'une teinte isabelle, plus foncée sur la ligne médiane du dos, sur la face, autour des yeux. Le blanc apparaît sur le menton, les joues, le sommet de la tête, les oreilles, le ventre et les fesses, ainsi que sur la face antérieure du cou et du poitrail où il forme quelques taches. Sa hauteur au garrot atteint $0^m,87$, tandis que la croupe est plus élevée de $0^m,07$ à $0^m,08$. Les cornes sont noires et ont de $0^m,30$ à $0^m,43$ de long; celles de la femelle sont plus petites. Le cornillon n'atteint que la bifurcation.

Les nouveau-nés femelles ne présentent aucune trace de cornes, mais, chez les mâles, on peut déjà les sentir sous la peau, et vers quatre mois elles apparaissent à l'extérieur. Elles ne tombent qu'en janvier, tandis que chez les adultes, la chute se fait déjà en octobre. L'andouiller n'est formé qu'au printemps.

Ce mode de formation des cornes est tout à fait spécial dans la série des Ruminants.

Habitat. — L'habitat de cette Antilope est limité aux régions tempérées et occidentales de l'Amérique situées entre le tropique du Cancer et le 54ᵉ degré de latitude nord. Elle ne se trouve que dans le haut Missouri, et à l'est, elle n'a jamais dépassé ce fleuve. Jadis, en exceptant les forêts vierges et les hautes montagnes, elle se rencontrait partout, à l'ouest du Mississipi, dans les États-Unis. Ainsi, en 1855, elle était encore fréquente en Californie et dans l'Orégon, d'où elle a maintenant disparu.

Mœurs. — Ses mœurs tiennent le milieu entre celles des Antilopins par les Chamois, et celles des Cervidés par les Chevreuils. En effet, comme les premiers, elle préfère les plaines ouvertes, les prairies aux forêts épaisses, et comme les seconds elle évite les régions montagneuses nues.

L'Antilope, comme on dit en Amérique, ne mange que de l'herbe, mais à son défaut des feuilles. A cause de son habitat, c'est un très médiocre sauteur et grimpeur; mais, par contre, c'est le coureur le plus rapide des Ongulés du nord de l'Amérique. Seulement son souffle court ne lui permet pas de soutenir la course pendant longtemps. On dit même qu'on en a vu souvent qui essayaient de lutter de vitesse avec un train en marche.

C'est un animal prudent, craintif et peureux, qui sait avec habileté échapper à ses ennemis, mais sa curiosité insatiable lui fait souvent négliger les dangers. Quand il est effrayé ou excité par des jeux ou des combats avec ses semblables, Caton assure que les poils blancs de son disque fessier se hérissent comme ceux des Chevreuils dans les mêmes circonstances. On les voit sur chaque fesse s'irradier dans toutes les directions à partir d'un point fixe. Ceci doit probablement servir d'avertissement aux compagnons, car c'est un animal sociable, qui vivait jadis en hardes, comptant des centaines et même des milliers d'individus. Les troupeaux restent à l'endroit où sont nés ceux qui les constituent, et ne s'en éloignent jamais de plus que quelques kilomètres. Les deux sexes se réunissent du commencement de septembre à la fin de février. A ce moment les femelles s'isolent pour mettre bas leurs deux petits, mais elles reviennent bientôt à la société pour chercher une protection contre le Coyote. Pourtant, quand il s'agit de leurs petits, elles sont très courageuses et savent les défendre avec leurs cornes et leurs sabots. Pour l'été, les vieilles femelles, les jeunes mâles et les jeunes femelles forment des troupeaux spéciaux, et les vieux mâles viennent aussi s'y adjoindre en septembre, mais après la saison des amours, fatigués de la société de leurs congénères, les mâles se mettent à errer au loin, isolément ou par deux, pendant un mois ou deux, et à visiter les régions boisées pour chercher le repos. En effet, au moment de la saison des amours, les boucs se livrent des combats violents. Si un mâle en voit un autre s'approcher, il s'élance tête baissée, furieux, sur son ennemi, et ses yeux lancent des éclairs. L'adversaire en faisant autant, le choc des têtes et des cornes peut être dangereux ; on voit parfois les cornes s'enchevêtrer aussi et de la sorte les adversaires essayer leur force : ceci rappelle les combats de Chamois.

Chasse. — C'est un animal difficile à chasser. On l'attend à l'affût ou on le poursuit avec des Greyhounds. Vers le nord-ouest, ce sont les mois de septembre, d'octobre et de novembre qui sont les plus favorables, tandis que

L'Antilope américaine.

vers le sud-ouest, cette période s'étend encore en décembre. Là où il n'est pas pourchassé, il est assez confiant et se laisse approcher d'assez près ; sinon, il devient rusé et méfiant, et sait déjouer les embûches du chasseur mieux que l'Autruche et la Girafe, car sa vue est très bonne. Un chasseur peu expérimenté ne peut l'approcher à plus de 600 mètres, et encore l'Antilope l'a-t-elle déjà aperçu et sait-elle lui échapper. Pour une chasse à courre, il faut choisir les Chiens et les Chevaux les plus rapides, quoique sa vitesse ne soit que de peu de durée, même sur un terrain propice.

Usages et produits. — La peau ne peut servir à préparer ni un bon cuir, ni une bonne fourrure. La chair est excellente.

LES CERVIDÉS

Les Cervidés ont des prolongements frontaux caducs, appelés *bois*, qui sont des apophyses dont le développement et la complication varient suivant les espèces et l'âge et dont la tige osseuse est pleine dans toute son étendue, mais recouverte par une peau velue dans les premiers temps de son développement. Les mâles seuls les possèdent, excepté chez les Rennes. Chez le Cerf d'Europe, les bois apparaissent sous la forme d'une simple pointe à laquelle on donne le nom de *dague*, et qui surmonte une apophyse du frontal dont elle est séparée par un cercle de tubérosités osseuses appelé par les chasseurs *meule* ou *cercle de pierrures*. La peau se détache ensuite et l'animal en fait tomber les lambeaux sur un frayoir. Le bois mis à nu persiste sur la tête de l'animal pendant quelques mois, puis l'étranglement des vaisseaux de la meule diminuant la nutrition, il se produit une sorte de carie sèche qui en amène la chute à la fin de la seconde année. A la troisième année, une ramification ou andouiller apparaissant, la dague devient un véritable bois. Les andouillers deviennent plus forts après chaque chute périodique, ou bien leur nombre augmente d'un.

Développement des bois.

Ceci souffre de nombreuses exceptions. La tige commune des ramifications s'appelle le *merrain*, et les points de départ des derniers embranchements, les *empaumures*. Le nombre des andouillers, la direction des bois, la forme des empaumures sont autant de particularités qui servent à déterminer les genres, les espèces et les âges des individus.

Le corps, ordinairement assez allongé et couvert de poils rudes, serrés et cassants, est porté par des jambes sveltes et élancées. Les ergots existent ainsi qu'une brosse de poils raides entre les sabots des pieds postérieurs. La queue est courte; les fossettes lacrymales sont situées au-dessous de l'œil, et laissent suinter un liquide huileux, qui prend une odeur spéciale et accentuée à l'époque des amours.

La dentition comprend : $i\frac{0}{3}$, $c\frac{0(1)}{1}$, $pm\frac{3}{3}$, $M\frac{3}{3}$.

La première molaire dans les deux mâchoires n'a qu'une petite couronne ; les canines sont ordinairement présentes dans les deux sexes, mais chez les mâles elles peuvent atteindre un développement considérable.

Les femelles, quoique ayant quatre mamelles, ont rarement plus d'un seul petit à la fois. Les mâles sont très batailleurs à certaines époques.

Habitat et mœurs. — Ces animaux sont des bêtes de chasse. Répartis en Europe, en Afrique, en Asie et en Amérique, ils vivent dans les forêts, les grandes plaines ou les régions montagneuses, dans les pays les plus froids ou dans les contrées les plus chaudes du globe. Ils n'ont fourni qu'une espèce domestique, mais pour l'ornementation des parcs on a réussi à acclimater plusieurs espèces très loin de leur pays d'origine, car leur beauté, l'excellence de leur chair et la singularité de leurs mœurs les ont rendus intéressants. La polygamie paraît être la règle dans leurs sociétés. Actuellement, si notre pays ne nourrit plus que le Chevreuil, le Cerf élaphe et le Daim,

Malformations ou bois bizards du Cerf ordinaire.

on sait que dans les temps tertiaires et quaternaires, l'Europe était bien plus riche en espèces de Cervidés.

Classification. — Cette famille contient dix genres d'inégale importance zoologique répartis en deux sous-familles : celle des *Cervinés* et celle des *Moschinés*, cette dernière réduite au seul genre Porte-musc.

LES CERFS

Les Cerfs (*Cervus* Linné, 1766), de taille variable, ont une face allongée, un museau nu, des oreilles généralement grandes et une queue moyenne ou courte. Les fossettes lacrymales sont apparentes. Les onglons médians sont longs et pointus, les latéraux sont portés par des métatarsiens incomplets. Il existe une glande métatarsienne, et une touffe de poils, excepté chez le Barasingha, se trouve du côté externe du métatarse. Les bois n'existent que chez les mâles. Ils sont à pédicelle court et portent des andouillers arrondis en nombre variable, et sont parfois réduits à de simples dagues. La robe peut être uniforme pendant toute la vie ou mouchetée de blanc sur fond fauve, ou ne présenter ce dernier caractère que pendant le jeune âge. Les saisons apportent aussi quelques variations dans le mode de coloration. Chez les vieux individus, les canines sont assez fréquentes, surtout chez les mâles.

Habitat. — Ce genre est surtout répandu dans les régions paléarctique et orientale ; dans le nouveau monde, il n'est représenté que par une forme néarctique, le Wapiti.

Classification. — Les auteurs ne sont pas d'accord sur les limites à assigner à ce genre. En éliminant les Élaphures, Lydekker le divise, d'après les bois, en cinq sections représentées par les sous-genres suivants : *Cerfs vrais*, *Pseudaxis*, *Daims*, *Rusas* et *Rucerves*.

LES CERFS VRAIS

LE CERF ÉLAPHE. — Les Cerfs vrais ont pour type le Cerf élaphe (*C. elaphus* L.), Cerf rouge ou Cerf d'Europe. Son port noble, majestueux et fier, sa taille élevée et élégante en font l'un des plus beaux animaux de la famille, des forêts européennes, et un objet de haute chasse.

Il a le corps allongé, bien proportionné, porté par des jambes fines et vigoureuses, la poitrine large, les épaules saillantes, le dos droit et plat, le garrot un peu surélevé, la tête longue, amincie au museau, large à l'occiput, les yeux expressifs, le cou long et mince. Les fossettes lacrymales sont dirigées obliquement vers les commissures buccales ; leur cavité étroite, allongée, sécrète un sébum graisseux, que l'animal expulse par des frictions contre les arbres. La queue est courte et amincie au bout. Les bois sont portés par de courts pivots. La tige arrondie, sillonnée et perlée, est recourbée en arrière et en dehors. Elle porte le premier andouiller (ou d'œil) qui se dirige en avant et en haut, le deuxième (ou andouiller de fer) un peu moins long, l'andouiller moyen ; puis elle s'aplatit et s'évase en une sorte de coupe qui est l'empaumure d'où partent divers rameaux dirigés vers l'avant et variant suivant l'âge et l'état de l'animal. Les extrémités des andouillers sont lisses.

Le duvet est fin et les jarres sont grossiers et épais. Le poil, plus long et plus serré en hiver, s'allonge sous le cou en une sorte de crinière. La lèvre supérieure porte trois rangées de soies longues et minces; de semblables se trouvent au-dessous de l'œil. La couleur varie suivant la saison, l'âge et le sexe. En été, les soies sont d'un roux brun, et en hiver d'un gris brun; les poils de duvet sont gris cendré avec la pointe rousse. Autour de la bouche ils sont noirâtres, et la queue est jaune roux sur fond jaune pâle. Les faons, dans les premiers mois, ont une livrée roux pâle, marquée de taches blanches. La robe des adultes est tantôt plus noire, tantôt plus fauve; aussi les variations sont-elles nombreuses. La taille atteint 1^m,33 et souvent moins en Écosse, la longueur du corps 2^m,30, celle de la queue 0^m,15; son poids est de 150 à 200 kilos. Les bois de la forme typique d'Europe dépassent rarement 0^m,75. Leur poids varie de 7 kilos à 18 chez les animaux vigoureux.

Habitat. — On trouve ce Cerf avec ses quatre variétés en Europe, dans le nord de l'Afrique, l'Asie Mineure et le nord de la Perse. La forme typique habite encore toutes les forêts de l'Europe centrale. En Scandinavie, on la trouve jusqu'au 65ᵉ degré de latitude nord, dans quelques grandes forêts. En Suisse, en France et en Allemagne le Cerf a disparu, excepté dans quelques chasses gardées. Il est assez abondant en Hongrie, en Serbie, en Transylvanie, en Pologne et dans les États du Danube.

Dans les îles Britanniques, les Cerfs sont assez nombreux, à l'état complètement sauvage, au nord de la Clyde et du Forth dans les Highlands d'Écosse. On en trouve aussi dans les marais du Sommerset et du Devon, en Irlande, dans les districts de Killarney et de Connemara et dans les Hébrides. Dans le sud, en Italie, en Grèce, sa taille est plus petite, ainsi qu'en Corse et en Sardaigne (var. *corsicus*).

En Espagne, il se rapproche du Cerf de Barbarie. Cette forme (var. *barbarus*) plus grande que la forme corse, mais plus petite que la forme typique, habite l'Algérie et la Tunisie, surtout les forêts situées entre Bône et La Calle et celles de Tébessa. Les Arabes l'appellent *Alwassi*.

En tout cas, les progrès de la culture et l'extension du droit de chasse lui ont été préjudiciables et l'ont fait disparaître d'un grand nombre de ses cantonnements. Ainsi, dans une chasse royale faite en Prusse en 1619, il fut tué 672 mâles, 614 biches et jeunes mâles, 179 faons. Un vingt cors pesait même 360 kilogrammes.

Mœurs. — Le Cerf préfère les régions montagneuses aux vastes plaines; par-dessus tout il affectionne les forêts épaisses. Il y vit en hardes plus ou moins nombreuses : les biches, les faons et les daguets restent ensemble; les mâles plus âgés forment de petites troupes et les vieux mâles vivent seuls, sauf au moment des amours, mais dans les endroits plus élevés que les précédents. En général, ils restent fidèles à leur canton, s'ils y sont tranquilles; ils ne le quittent que si la nourriture vient à manquer, à la chute des bois, et à la saison des amours. L'hiver les chasse dans la zone inférieure des montagnes, et leur bois encore mou les oblige à se terrer dans les buissons peu élevés où ils ne s'accrochent pas aux branches. Ils s'y choisissent des endroits abrités contre le vent, et au printemps ils retournent à leurs anciens quartiers d'été.

Le Cerf fait toute sa journée dans son gîte, et le soir, il sort au trot pour aller pâturer pendant toute la nuit dans les prairies, les clairières et même dans les moissons. Il ne quitte ces endroits qu'à l'aurore et s'arrête quelques instants dans les taillis avant de réintégrer lentement son domicile. Il est très peureux et aussi très prudent, car dans les endroits

Cerf faisant souille.

où il se sent parfaitement en sûreté il paît aussi le jour. Il change sa nourriture avec les saisons. En automne, il mange les faînes et les glands; en hiver, il se contente des écorces, des bourgeons, des bruyères et des mousses. On a constaté, dans le nord de l'Allemagne, qu'il recherche les pommes de terre qu'il dédaignait jadis. Tous ses mouvements sont légers, gracieux, élégants. Il marche lentement, trotte rapidement le cou allongé, et galope avec une vitesse presque incroyable, le cou rejeté en arrière. Il se joue des obstacles, fait des bonds prodigieux et traverse sans hésiter de larges fleuves et des bras de mer. Toutes ses allures ont été bien étudiées, et le chasseur expérimenté reconnaît, à l'examen d'une piste, des allures, des fumées ou fientes, s'il s'agit d'un Cerf ou d'une Biche, et quel âge avait le Cerf. Les anciens reconnaissaient soixante-douze signes que de Winckell croit pouvoir réduire à vingt-sept. Malgré cela, c'est ce qu'il y a de plus difficile à enseigner et surtout à apprendre.

La vue, l'ouïe et l'odorat sont excellents. En effet, un Cerf peut sentir un homme à six cents pas, et il entend le moindre bruit dans la forêt. On a même remarqué que les sons de la trompe, de la flûte et du chalumeau paraissent le charmer et qu'il reste en place pour les écouter (*).

(*) Pl. LXXIII. — Le Cerf élaphe.

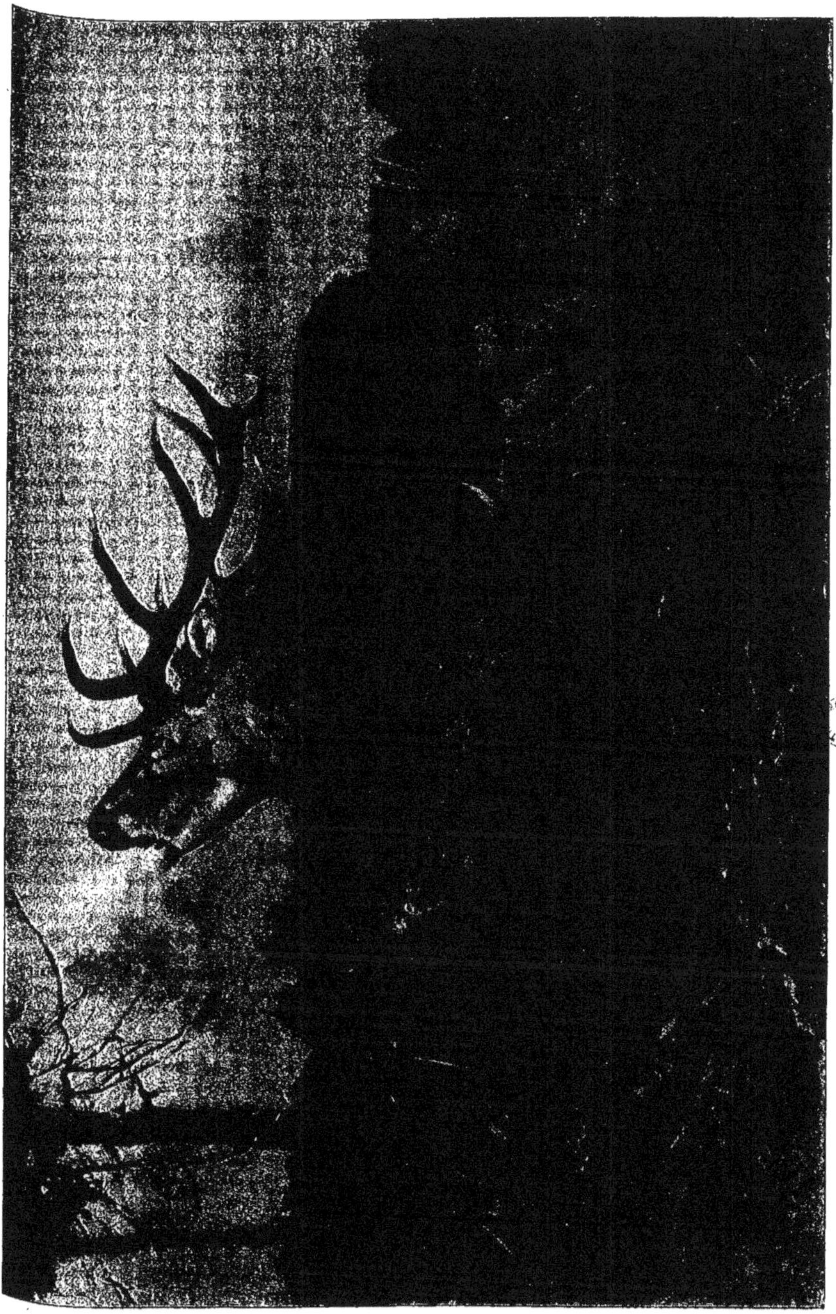

La Biche, d'humeur égale et douce, ne le cède pas en prudence au Cerf, car c'est toujours une Biche qui conduit le troupeau, même pendant la saison des amours, jusqu'à ce que les vieux mâles s'y soient joints.

C'est en septembre que commence la saison du rut, elle finit à la mi-octobre. Les Cerfs se réunissent toujours là où ils ont été en rut pour la première fois, tant que les arbres n'y ont pas été coupés ou qu'ils n'y sont pas inquiétés. Autour de ces places de rut, on voit de petits troupeaux de Biches, comprenant six à douze têtes. Si avec elles il y a des daguets, le mâle les chasse et devient le maître du troupeau : aucune des femelles ne peut s'écarter même à une trentaine de pas.

Les bois retentissent alors matin et soir des bramements stridents des

Une harde de Cerfs avec son guide.

Cerfs ; à peine prennent-ils le temps de manger et de se désaltérer dans le ruisseau voisin, où les Biches doivent d'ailleurs les accompagner. Dès que le Cerf aperçoit un rival, il se précipite sur lui en bramant avec force.

« Un combat, dit de Winckell, se livre, qui se terminera par la mort de l'un des combattants, et peut-être par celle des deux. Les cornes baissées, ils se précipitent l'un sur l'autre, ils s'attaquent et se défendent avec une agilité surprenante. La forêt retentit du choc de leurs bois. Malheur à celui qui se découvre! L'autre s'élance et le blesse avec l'extrémité de son premier andouil-

ler. On a vu des Cerfs qui avaient entrelacé leurs bois de telle façon qu'ils moururent sans pouvoir se dégager. Après leur mort, toute la force humaine fut même insuffisante pour séparer les bois sans couper les andouil-

Une Biche avec son faon.

lers. Ce n'est que complètement épuisé que le plus faible se retire, le vainqueur reste sur le champ de bataille. »

La Biche, malgré tout peu fidèle, faonne en mai ou juin dans les fourrés solitaires et tranquilles. Le faon, pendant les trois premiers jours, ne peut bouger de place et se laisse prendre à la main. La mère le quitte peu, elle se tient sous le vent, et cherche à éloigner tout danger en dépistant les ennemis et en attirant sur elle leur attention. A une semaine, il suit sa mère partout, et se tapit dans les herbes dès que celle-ci pousse un cri d'effroi, ou frappe le sol de ses pieds de devant. La Biche est adulte à trois ans ; chez le mâle, les bois commencent à pousser à sept mois.

Ennemis. — Les ennemis du Cerf sont : le Loup, qui le suit en meutes par les temps de neige ; le Lynx, qui s'élance sur lui du haut d'une branche ; le Glouton et l'Ours. Mais le plus redoutable est sans contredit l'homme.

Chasse. — Le Cerf est l'animal de vénerie par excellence. Actuellement sa

Deux Cerfs combattant.

chasse est surtout un exercice d'équitation, car il est de bon ton de ne le chasser qu'à courre. La veille d'une chasse est pour les valets de limiers ou les veneurs une journée bien remplie, car ils doivent reconnaître par les abattures, les demeures et les gagnages les plus fréquentés, afin de diriger la quête du lendemain par l'inspection des allures, des foulées et des fumées.

La meute doit être composée de Chiens de choix qui sauront déjouer les ruses du Cerf, reconnaître le change pendant la courre, et éviter les for-longés ou avances du Cerf. Lorsque le Cerf est aux abois, il fait face aux

Chiens et le veneur le sert pour mettre fin à la lutte, c'est-à-dire qu'il lui plante la dague au défaut de l'épaule, ou lui loge adroitement une balle. Puis le Cerf bas, on le laisse fouler aux Chiens et on sert la curée en sonnant les honneurs. D'ailleurs on a eu soin d'indiquer les diverses phases de la chasse par des sonneries de trompe spéciales : le lancer, le débûcher, le Cerf à l'eau, l'hallali debout, l'hallali par terre (mort du Cerf) et la curée.

Les chasseurs comptent les andouillers d'une manière spéciale. Quand, dans chaque bois, le nombre des ramifications est le même, ils ajoutent les deux nombres : les andouillers sont bien semés. Mais si, comme l'on dit, l'un des bois est plus chevillé que l'autre, on multiplie par deux son nombre de ramifications, de façon à avoir toujours un nombre pair au total. Quatre d'un côté et cinq de l'autre s'énoncent dix mal semés.

Jusqu'à un an, la tête du Cerf ne porte que des bosses, c'est le *hère*; à deux ans, il est *daguet*, à trois ans *seconde tête*, car il a toujours un an de plus que ne l'indique sa tête. A partir de six ans, il est appelé *dix-cors jeunement*, puis *dix-cors* et enfin *grand dix-cors, grand vieux Cerf*. La tête ne marque plus au delà. Souvent ces stades ne sont pas réguliers et un daguet peut rester ainsi plusieurs années ou passer sans transition à sa troisième ou à sa quatrième tête. On obtient des indications plus précises sur l'âge en examinant la profondeur des sillons, la grosseur des meules et la hauteur des pivots, car ces derniers s'aplatissent et s'élargissent par l'âge. Dans nos pays la chute des bois se fait déjà en février pour les vieux, en mai pour les jeunes, et le Cerf refait sa tête quelques mois après, en juin ou en août suivant l'âge : c'est la mue. Pendant ce temps, il fraye ou touche au bois pour enlever la peau superficielle.

Daguet du Cerf élaphe.

On tue aussi le Cerf la nuit à l'affût, dans des traques, ou on le prend dans des pièges.

Captivité. — Les Cerfs jeunes se familiarisent très vite avec l'homme. Les Biches sont toujours douces et charmantes, et ordinairement aussi les mâles quand ils sont dans des parcs étendus et en dehors de la saison des amours. « Il en est tout autrement, dit de Winckell, quand le Cerf est enfermé dans un petit espace ou qu'il est en rut. La moindre chose l'irrite et il peut devenir dangereux. Il fronce la lèvre supérieure et son œil étincelle; il baisse subitement la tête, dirige la pointe des andouillers droit contre son ennemi, et fond sur lui avec une rapidité telle qu'il est bien difficile d'échapper. » On en a vu se précipiter sur leur gardien et le blesser.

Produits. — Les dégâts que cause le Cerf sont loin d'être compensés par son utilité pour l'homme. Les bois, qui sont de magnifiques trophées, servent pour fabriquer des manches de couteau et d'autres instruments ; son cuir est souple et résistant, on l'employait jadis pour ensevelir les grands seigneurs. D'ailleurs toutes les parties de son corps étaient réputées efficaces pour telle ou telle maladie. Avec les pinces, on faisait des bagues contre les crampes, et les chasseurs portaient comme amulettes des dents de Cerf enchâssées dans l'or et l'argent.

Le Cerf maral (*C. maral* Ogilby) est un proche parent de notre Cerf, auquel on le réunit parfois, mais il s'en différencie par sa taille plus haute (1^m,50), son cou plus épais, sa tête plus allongée et plus pointue. Le pelage en été est rouge, fréquemment marqué de taches jaunâtres ; en hiver, il est ardoisé avec un disque fessier jaune. Le nombre des andouillers dépasse rarement huit et n'est souvent que de six. De l'empaumure partent toujours plus de deux branches. Bois, 1^m,20. Il est fréquent dans les forêts de la région caspienne du nord de la Perse. On le trouve aussi en Crimée, dans le Caucase et, dit-on, en Asie Mineure.

Brooke rapporte que des Marals qui vécurent plusieurs années dans son parc avec le Cerf ordinaire, se sont isolés complètement entre eux. Un vieux mâle même, de forte taille, craignait beaucoup les Cerfs mâles plus petits et ceux-ci, bien que bramant et recherchant les femelles de leur espèce, dédaignèrent en tout temps les femelles marals.

Le Cerf xanthopyge (*C. xanthopygus* A. M.-Edw.), à fesses jaunes, ou Cerf du duc de Bedford, qui habite du Caucase et des monts Altaï à la Mandchourie et au nord de la Chine, est aussi très voisin du Cerf européen. Pourtant son premier andouiller est trois fois plus long que le deuxième, sa queue est plus courte et son disque fessier très étendu et orangé en hiver. Le pelage d'été est d'un roux brillant dans les parties supérieures et extérieures et bleuté à la face, à la gorge et aux côtés internes des membres. En hiver, il est gris brun. Pas de blanc au museau.

Le Cerf de Cachemire (*C. cashmerensis* Gray) ou Hangul est encore très voisin du Cerf élaphe. Sa hauteur atteint 1^m,40, sa queue 0^m,12 et ses bois 1 mètre. Le deuxième andouiller est plus long que le premier. Son cri, d'après Brooke, ressemble à celui du Wapiti. Il vit isolé, ou par petites sociétés en été, et en grandes hardes en hiver dans les forêts du Cachemire.

Quant au Cerf du Thibet (*C. affinis* Hodg.) ou Shou, il a une taille bien supérieure à celle du Hangul. Il se trouve surtout dans les contrées montagneuses situées au nord du Bhoutan et du Sikkim, et de Darjiling à Lhassa.

Le Cerf a museau blanc (*C. albirostris* Przevalsky) ou de Thorold a à peu près la taille du Hangul. Le deuxième andouiller n'existe pas, la queue est courte et le disque fessier embrasse même la racine de la queue. C'est le Cerf de l'Asie centrale, du nord de Lhassa jusqu'au Koukou-Nor.

LE CERF DU CANADA. — Le Cerf du Canada (*C. canadensis* Erxl.) ou Wapiti, que les chasseurs de sa patrie appellent *Elan*, est le représentant américain du Cerf d'Europe. Il se distingue de son cousin du vieux monde par la forme et la grandeur de ses bois (1^m,60). La tige, qui se recourbe fortement vers l'arrière, porte plus de cinq andouillers, elle est plus aplatie dans sa moitié ultime. Le premier andouiller est placé très bas, et le quatrième est plus long que tous les autres; il forme avec le cinquième, moins long, une sorte de fourche. L'empaumure ne s'évase pas en une coupe comme dans le Cerf rouge. Les vingt-cors ne sont pas rares. Le Wapiti, dont les poils sont courts, fins et soyeux, est brun foncé à la tête et au cou, gris jaune sur le dos, les flancs et les cuisses, noirâtre en dessous, brun aux jambes; le large disque fessier est limité en bas par une bordure noire. Quand le pelage d'été apparaît, il est couleur paille, mais à la fin de la saison, il est devenu presque blanc.

Sa taille est très grande; il atteint $1^m,70$ au garrot, et un poids de 350 et même 500 kilos. Les femelles sont plus petites, ne dépassant pas 200 kilos.

Habitat. — Le Wapiti habite le nord de l'Amérique, le centre et le nord-est de l'Asie. La forme typique est confinée à l'est des montagnes Rocheuses, au sud du 57e degré de latitude nord, à travers le Labrador, les Alleghanys de Pensylvanie et de Virginie, le nord du Viscousin, le Minnesota, le Dakota, le Nebraska, le Wyoming et le Montana. Elle a disparu depuis longtemps des monts Adirondack. Seules les sociétés réfugiées dans le Parc national ont prospéré, puisque la chasse y est interdite.

La forme occidentale, à membres plus longs et à couleur plus foncée, habite à l'ouest des montagnes Rocheuses, les régions isolées et montagneuses situées depuis l'île de Vancouver jusqu'au nord de la Californie et au nord-ouest du Mexique. Elle a disparu de la Colombie britannique.

D'ailleurs, les progrès du défrichement ont restreint leur territoire, et la chasse a diminué le nombre des individus. Là où on voyait, il n'y a guère que quinze ans, des troupeaux de plusieurs milliers d'individus, on en trouverait aujourd'hui à peine quelques centaines. Les plus grandes sociétés se rencontrent encore dans les monts Olympic de l'État de Washington et les monts Victoria de l'île de Vancouver, tandis que dans les montagnes Rocheuses et du Canada, les hardes sont devenues très faibles.

Mœurs — Les habitudes du Wapiti ont beaucoup d'analogie avec celles du Cerf d'Europe. Il se distingue de la plupart des Cerfs par ce fait qu'il ne paît pas la nuit. Mais dès l'aurore il est réveillé et se met à manger jusqu'à huit heures; il se livre alors au repos jusqu'à quatre heures pour aller paître ensuite; la nuit interrompt son repas. Pour sa nourriture, il est peu difficile, car il dévore l'herbe, les feuilles, les bourgeons, les ramilles en été, et en hiver il se contente des aliments les plus grossiers. Quand la neige est épaisse, chaque harde se tient dans un petit cantonnement où les pieds des animaux compriment la neige et où tout est dévoré, même l'écorce des arbres. Sa marche est, comme celle de l'Élan, un trot allongé qu'il peut soutenir longtemps, mais au galop il se fatigue très vite.

D'après Caton, les bois tombent en mars, et la nouvelle paire n'est complète qu'à la fin d'août ou au commencement de septembre. Ce sont les troncs de trembles et de sapins qui leur servent de frottoirs pour débarrasser les bois de leur peau. Les Wapitis sont sociables en tout temps, mais en mai et juin, au moment de la naissance des petits, les mâles se tiennent plus ou moins séparés des femelles ; réunis en petites troupes, ils s'élèvent dans les montagnes jusqu'à la ligne des neiges, et y restent durant l'été. En août, les groupements épars se rassemblent pour la saison des amours qui dure encore en septembre. C'est la loi du plus fort qui domine ; aussi les mâles adultes peuvent-ils se constituer de

Le Cerf du Canada.

vrais harems en chassant les jeunes après des combats acharnés et répétés, pendant lesquels ils font entendre leurs cris stridents, qui finissent toujours par un son guttural rauque. Les têtes et les bois se choquent avec tant de force qu'on peut percevoir le bruit d'assez loin. Puis les combattants s'éloignent à reculons en bramant et en grinçant des dents, et se précipitent à nouveau l'un contre l'autre, et ceci jusqu'à ce que l'un des deux se reconnaisse le plus faible et s'éloigne en grognant. Dans ces combats singuliers les blessures peuvent être graves, mais s'ils y laissent fréquemment des andouillers, les adversaires y laissent rarement la vie.

Après la saison des amours, les Wapitis, réunis en grands troupeaux atteignant jadis plusieurs centaines d'individus, émigrent pour se rendre dans leurs quartiers d'hiver. Ce sont généralement des collines nues, balayées par le vent, où le sol est plus ou moins libre de neige, et où ils peuvent trouver une maigre nourriture avec le moindre effort. Pendant les chaleurs, quand ils sont tourmentés par les Mouches et les Moustiques, les Wapitis se plongent dans l'eau pendant des heures, et pendant la saison des amours les vieux mâles sont souvent trouvés dans les marais fangeux, d'où ils sortent couverts de vase et ont un aspect tout à fait rébarbatif. Ils ont un naturel timide et n'attaquent jamais l'homme, dit-on.

Les petits naissent généralement au nombre de deux, rarement par trois ou par un. Les faons sont très vifs et ont une très belle livrée tachetée. Peu après leur naissance, ils rejoignent le troupeau avec leur mère. Celle-ci, pour les défendre, déploie un grand courage et ne recule pas devant le Puma, l'Ours et le Loup. Quand elle fait entendre son cri d'appel, les Wapitis qui sont dans le voisinage arrivent toujours à son secours pour combattre l'ennemi.

Chasse. — Jadis les Indiens cernaient un certain nombre d'animaux et les poursuivaient jusqu'à leur épuisement, ou bien les affolaient pour les forcer à se tuer dans un précipice. Actuellement, on préfère les poursuivre à cheval ; une légère blessure amène leur mort.

Captivité. — On les a domestiqués et bien acclimatés en Angleterre. A Woburn Abbey, on peut facilement les attirer près de la clôture en leur présentant une branche feuillée. Malheureusement, les mâles sont dangereux pendant la saison des amours, et se précipitent sur toute personne qui approche. En Amérique, Herrick assure qu'on les utilise pour le trait.

Produits. — La viande est très estimée et, dit-on, très nutritive.

Lydekker rattache à l'espèce américaine du Wapiti les deux formes asiatiques suivantes sous les noms de WAPITI DU NORD DE LA MANDCHOURIE (*C. c. luehdorfi* Bolau) ou Isubra, et de WAPITI DE L'ALTAI (*C. c. asiaticus* Severtz.). Hauteur, 1 m,70. Ce dernier habite aussi les forêts des monts Thian-Shan de la Mongolie occidentale. Il l'identifie avec le Cerf *eustephanus* de Blanford.

De grands troupeaux de ces animaux sont conservés en captivité pour leurs bois qui sont exportés en Chine, car ils entrent dans la pharmacopée chinoise. Les beaux spécimens peuvent atteindre le prix de 250 francs l'un. Le cri est intermédiaire entre celui du Cerf ordinaire et celui du Wapiti.

LES PSEUDAXIS

Les Cerfs Pseudaxis (*Pseudaxis* Gray, 1872) ont des bois avec quatre branches, quelquefois cinq, donc plus simples que chez les Cerfs d'Europe. Le pelage est tacheté de blanc, au moins en été, et présente un disque fessier de cette couleur, bordé de noir. Une touffe métatarsienne est généralement blanche ;

les faons sont plus ou moins indistinctement tachetés. La taille est plutôt faible. Ils appartiennent au sud-est de la région paléarctique et aux portions adjacentes de la région orientale; mais pendant la dernière partie de la période pliocène, ils étaient représentés en France et en Italie.

LE SICA COMMUN (C. [P.] sika Temm. et Schleg.) du Japon est le type le plus connu de ce groupe, avec sa coloration marron tachetée de blanc en été et uniforme en hiver. Les côtés de la lèvre supérieure, la lèvre inférieure, la plus grande partie de la queue et le disque fessier sont blancs. La forme typique, de petite taille, est abondante dans le nord du Japon et de la Chine, dans les contrées montagneuses couvertes de forêts denses. Elle a bien réussi dans les parcs de l'Islam et de l'Angleterre, où on l'a croisée avec le Cerf indigène.

LE SICA DE MANDCHOURIE est de taille un peu plus grande, mais fort semblable au précédent. LE CERF DE FORMOSE (C. [P.] taëvanus Blyth), celui de Pékin (C. [P.] hortulorum Swinhoe), le SICA MANDARIN (C. [P.] mandarinus A. M.-Edw.) du nord de la Chine, font partie de ce groupe, tandis [que la place du CERF CASPIEN (C. [P.] caspicus Brooke) des monts Talych, du nord de la Perse, n'a pu être encore précisée.

LES DAIMS

Les Daims (Dama H. Smith, 1827) sont caractérisés par des bois dont la tige est ronde avec un andouiller basilaire pointu. Les andouillers marginaux sont en nombre variable; ceux du sommet sont réunis par une empaumure unique aplatie et allongée. Le pelage est tacheté de blanc à tous les âges en été et uniforme en hiver, avec un disque caudal blanc bordé de noir. Pas de canines.

Habitat. — Ils vivent dans les régions méditerranéennes, mais aux époques pliocène et pléistocène, leur aire d'habitat s'étendait sur presque toute l'Europe. Je ne citerai que le Cerf mégacère ou des tourbières, si connu par ses bois énormes.

LE DAIM VULGAIRE. — Le Daim vulgaire (C. [D.] dama L.) ou platycerque diffère du Cerf par ses jambes plus courtes et moins fortes, par sa robustesse moindre, par son cou court, ses oreilles et sa queue moins longues. Le pelage des parties supérieures, ainsi que les cuisses et le bout de la queue, sont d'un roux brillant avec de larges taches blanches irrégulièrement distribuées sur le dos, les côtés et les hanches. Une ligne noirâtre court des côtés jusqu'à la queue. Disque anal blanc bordé de noir. Les parties inférieures sont blanches. La bouche et les yeux sont entourés de cercles noirs; les poils du dos sont blancs à leur racine, d'un brun roux au milieu, noirs au bout. En hiver, la tête, le cou et les oreilles sont d'un gris brun, le dos et les flancs étant noirs, le ventre gris cendré tirant parfois sur le roux. Les poils sont plus longs en hiver qu'en été. Les races albines ou noires ne sont pas rares. Le Daim a 0ᵐ,95 de haut et une longueur totale de 1ᵐ,5o, dont 0ᵐ,o2 pour la queue.

Habitat. — On le trouve à l'état sauvage dans le sud de l'Europe, surtout dans les forêts de la Grèce, de l'Espagne, du Portugal, en Sardaigne, à Rhodes ainsi que dans quelques parties de l'Asie Mineure, en Anatolie, dans le nord de la Palestine et dans le nord-ouest de l'Afrique (Tunisie, Algérie). Il vit à l'état de semi-domesticité en Grande-Bretagne, dans le sud de la Suède, dans l'Europe moyenne, en Italie et en Tasmanie. Forêt de Compiègne, bois de Boulogne.

Déjà en 1465, il y avait des Daims foncés dans le parc de Windsor.

Le Daim de la Mésopotamie (*C. [D.] mesopotamicus* Brook), qui est de couleur plus vive, a des bois élargis dès leur base.

Mœurs. — Le Daim, qui, dit-on, doit son nom à ce qu'il est le gibier favori des dames, préfère les pays à collines et à vallons, bruyères et forêts peu épaisses, couvertes d'un court gazon. Son genre de vie rappelle celui du Cerf; il lui cède à peine en rapidité et en agilité. Il porte la queue ordinairement relevée. Son allure est gracieuse et son trot léger. Il peut sauter par-dessus des barrières de 2 mètres de haut, et nage très bien. Il se couche sur le ventre, jamais sur le flanc. Il vit de feuilles et de bourgeons, mais ronge aussi les écorces des arbres, ce qui le rend très nuisible. Il aime les champignons et provoque ainsi parfois sa mort.

A l'âge de six mois, les saillies frontales se montrent chez le jeune mâle; au mois de février suivant, les bois apparaissent; au mois d'août, ils sont dépouillés de leur peau et ont une longueur de 14 centimètres. A ce moment, l'animal prend le nom de *Daguet*. Dans le cours de la troisième année, apparaissent de petits andouillers d'œil, et si l'animal est bien nourri, une ou deux ramifications obtuses, qui augmentent l'année suivante, se montrent aussi. Ce sont les bêtes de seconde et de troisième tête. Vers cinq ans apparaît l'empaumure, dont la grandeur et le nombre des prolongements augmentent dans la suite; l'animal est dit *Paumier*. Le bois d'un vieux Daim pèse de 7 à 9 kilogrammes. Les Paumiers perdent leurs bois en mai, les Daguets en juin. D'ordinaire, les bois tombent l'un après l'autre, à quelques jours d'intervalle.

Chasse — On chasse le Daim à la traque, à l'affût, ou on le poursuit dans la forêt. Dans tous les cas, il faut agir avec une extrême prudence, car c'est un gibier des plus vigilants.

« Il m'est arrivé une fois, dit de Winckell, de tromper des Daims qui paissaient dans un vaste endroit découvert. Impossible de les aborder sans être vu. Otant alors mon habit et mon gilet, je laissai ma chemise pendre comme une blouse de voiturier par-dessus mon pantalon, et m'avançai la carabine à la main. Le gibier, en m'apercevant, parut inquiet. Je fis un nouvel essai; je tentai de m'approcher en sautant et en dansant : les Daims firent plusieurs gambades, sans fuir, jusqu'à ce que j'en eusse abattu un d'un coup de feu. »

Si l'on se met sous le vent, on peut assez facilement s'approcher d'un Daim isolé et en train de paître. Les Chevaux et les voitures n'effrayent d'ordinaire pas ces animaux; mais lorsqu'ils sont inquiets, ils fuient au moindre danger.

Captivité. — Ce sont d'excellents animaux de parc. Ils ne sont ni rusés, ni méchants; ils sont toujours gais, enclins à jouer; le mauvais temps les rend inquiets. Ils paraissent beaucoup aimer la musique. On a même remarqué que le Daim sauvage approche quand on sonne de la trompe.

Produits. — La peau molle et souple du Daim est préférée à celle du Cerf. La

19

viande est très bonne, surtout depuis le mois de juillet jusqu'au milieu de septembre. Elle prend une forte odeur de bouc pendant la saison des amours, aussi ne faut-il tuer aucun Daim à ce moment.

LES RUSAS OU SAMBARS

Le sous-genre Rusa (*Rusa* H. Smith, 1827), de la région orientale, est caractérisé par des bois dont les tiges, un peu recourbées en dehors et en arrière, ne portent qu'un andouiller d'œil et une enfourchure terminale. Le pelage est variable avec la saison et l'âge, la queue est assez longue et les oreilles petites.

LE CERF UNICOLORE DE L'INDE (*). — Le Cerf unicolore (*C.* [*Rusa*] *unicolor* Bechst., ou *Aristotelis* Cuv.), Cerf d'Aristote ou Sambar des Hindous, a des bois qui n'ont que trois andouillers, rarement plus, et qui sont moins sujets à des malformations que chez les autres Cervidés. Le premier andouiller, situé très près de la base, est fort et long; recourbé en arrière et en dedans, il forme un angle aigu avec la perche; les deux branches de la fourche terminale ont à peu près les mêmes dimensions dans l'espèce type de l'Inde. La surface de la tige et des ramifications est sillonnée et perlée.

Le Daim mâle.

Son corps est vigoureux, sa tête courte, son mufle large, ses oreilles grandes

(*) Pl. LXXIV. — Le Cerf unicolore de l'Inde (Planche, p. 456).

et ses fossettes lacrymales très développées. Le pelage est grossier, peu serré, formant au cou et au menton une sorte de crinière érectile chez le mâle adulte. La couleur est d'un brun foncé uniforme, rarement grisâtre, parfois lavée de jaune pâle. Les femelles et les faons sont plus pâles et moins roux, sans taches. Le menton, parfois le ventre, les parties internes des membres et les régions voisines du tronc, le dessous de la queue sont plus jaunâtres ou blanc jaunâtre. Les vieux mâles sont souvent très foncés, gris ardoisé ou noirs.

La hauteur au garrot atteint 1^m,22 à 1^m,32, la longueur du corps 2^m,10, celle de la queue 0^m,30. Les femelles sont de plus petite taille. Les bois, de dimensions très variables, dépassent rarement 0^m,88 en dehors de l'Inde. Les plus grands connus mesuraient 1^m,22.

Habitat. — Il est répandu dans la région orientale sur une aire beaucoup plus grande que tout autre Cerf, et il représente le Cerf des forêts du sud-est de l'Asie. On le trouve partout où des collines et des montagnes sont couvertes de forêts. Sur les flancs de l'Himalaya, il s'élève jusqu'à 3300 mètres et, dans le sud de l'Inde et à Ceylan, il est fréquent sur les principaux sommets. Par contre, il est rare dans les plaines alluviales, quoique pourtant on l'y ait parfois rencontré très loin des montagnes. Il manque dans les plaines dénudées du Pendjab, du Sindh et du Radjpoutana occidental.

Les variations qu'on observe dans les diverses régions de son habitat sont de nature telle que Lydekker a été·amené à regarder comme des variétés des formes qui, jadis, avaient été admises au rang d'espèces. Il distingue la forme typique (*typicus*) de l'Inde, le Sambar malais (*equinus* et *Brookei*) qu'on trouve dans l'Assam, la Birmanie, le Siam, la presqu'île Malaise, à Haïnan, à Bornéo et peut-être à Sumatra; le Sambar de Formose (*Swinhoei*); le Sambar du Se-Tchouan (*Dejeani*) et du nord-ouest de la Chine; le Sambar de Luçon (*philippinus* et *marianus*); le Sambar de Basilan (*nigricans* et *Steeri*) du sud des Philippines.

Mœurs. — Quoiqu'il ne fuie pas le voisinage de l'homme autant que le Gaur, il n'est commun que dans les districts déserts, et dès qu'il est poursuivi, il cherche toujours un abri dans les forêts, car il les quitte parfois pour aller pâturer des herbes. Rarement les hardes sont nombreuses : quatre à douze individus au plus; les mâles et les femelles vivent souvent isolés.

C'est un animal nocturne, qu'on peut encore rencontrer au pâturage le matin et le soir, mais qui paît surtout la nuit. Il visite alors les petites cultures dans les clairières peu déboisées, de façon à pouvoir, dès le lever du soleil, retourner dans les fourrés sauvages. Il aime à grimper sur les collines pour se chercher et se choisir un lieu de repos herbeux, bien protégé contre les rayons du soleil. Il préfère l'herbe qui croît au bord des eaux et certains fruits sauvages, mais il broute aussi les bourgeons et les feuilles des arbres. On ne sait s'il boit tous les jours, mais souvent il parcourt des distances considérables pour retrouver son abreuvoir habituel. Il est très prudent et très vigilant.

Le cri du mâle est une sorte d'aboiement fort et métallique, celui de la femelle est comparable à un grognement faible et profond. Mais si l'animal voit un Tigre ou un Léopard ou aperçoit un homme, il pousse un cri d'alarme aigu.

Sa démarche est noble et élégante ; sa vitesse assez faible pour qu'un cavalier monté sur un Cheval médiocre puisse atteindre et le mâle et la femelle.

Ses ennemis sont surtout le Tigre, les Chiens sauvages et ses semblables, car pendant la saison des amours, qui tombe en octobre et novembre dans l'Inde, au printemps dans l'Himalaya, les mâles sont très combatifs et se font des blessures mortelles avec leurs andouillers d'œil. A cette époque, les Sambars se rassemblent en grandes troupes en faisant entendre des cris le matin, le soir et la nuit. La mise-bas ne donne qu'un jeune vers le mois de juin. Les bois tombent en mars dans l'Inde, seulement en avril dans l'Himalaya ; pourtant cette règle n'est pas très précise, et on trouve même des individus isolés qui ne perdent pas leurs bois toutes les années.

Chasse. — On le chasse à courre ou à l'affût, et à Ceylan, on l'achevait jadis au couteau de chasse. Il a la vie très dure, car il peut recevoir plusieurs balles avant de tomber.

Captivité. — On a parfaitement réussi à l'acclimater en Europe, et il s'y reproduit couramment.

Produits. — Sa chair est grossière, mais elle a bon goût. La moelle et la langue sont des morceaux de choix que le chasseur garde pour lui. Beaucoup d'Hindous mangent volontiers sa chair, quoiqu'ils méprisent celle des Bœufs sauvages et des Porcs.

Le CERF HIPPÉLAPHE (*C. [R.] hippelaphus* Cuv.) ou Sambar de Java a la forme générale, le pelage et la coloration du Cerf unicolore, mais la taille et ses oreilles sont plus petites, la queue plus mince et les poils du dos portent des anneaux de diverses couleurs. En outre, les parties inférieures sont plus blanchâtres, les bois plus graciles et les deux derniers andouillers très inégaux. La forme typique habite Java, elle a été introduite à l'île Maurice et, dit-on, à Bornéo par le sultan Soërianse, qui en lâcha une paire dans les steppes de Boulou-Lampeï. La forme des Moluques (*moluccensis*), de petite taille et sans crinière, se trouve à Célèbes et dans les îles Borou, Batchian et Amboine, toutes ces îles situées entre Bornéo et la Nouvelle-Guinée ayant une faune avec un certain nombre de types australiens. La race de Timor vit aussi à Semao et à Kambing.

Ce groupe des Rusas est représenté dans les îles de l'Insulinde qui ont des relations géographiques si étroites avec le continent asiatique, par le CERF TACHETÉ (0^m,70) des îles Philippines, Samar et Leyte (*C. [R.] Alfredi* Sclater), le CERF DES CALAMIANES (*C. [R.] culionensis* Elliot), et le CERF DE BAVEAN (*C. [R.] Kuhli* Müll. et Schleg.), qui a une coloration uniforme.

LE CERF AXIS

LE CERF AXIS. — Le Cerf axis (*C. [R.] axis* Erxl.), Chital ou Cerf tacheté de l'Inde, est le plus beau de tous les Cervidés par son pelage. Le premier andouiller naît immédiatement au-dessus de la tête et se dirige en avant, en dehors et en haut, en formant un angle aigu avec la tige ; l'enfourchure se montre à peu près au milieu de la tige et s'incline en dedans et un peu en arrière.

Sa coloration fondamentale est un joli roux plus ou moins gris, qui à tout âge et en toute saison est marqué de taches blanches. La gorge, le ventre, la face inférieure de la queue, la face interne des jambes sont d'un blanc jaunâtre, la face externe est jaune brun. Les côtés sont marqués de taches blanches disposées irrégulièrement, tandis que la ligne foncée du dos et de la queue, qui est presque noire au garrot, est bordée d'une ou de deux rangées de taches blanches. La tête, à museau large, est brun uniforme avec la face plus foncée. Les oreilles sont brunes en dehors et blanches en dedans. On trouve parfois une variété mélanique indistinctement tachetée. La femelle et les jeunes sont plus pâles. La queue est longue et pointue, la glande lacrymale peu développée et la crinière absente. La hauteur au garrot, chez le mâle, atteint $0^m,90$ à $0^m,96$ dans le nord et le centre de l'Inde. La femelle est plus petite ($0^m,76$). Les bois peuvent avoir $0^m,98$, mais ne dépassent pas ordinairement $0^m,75$. Les formes du sud ont une taille plus faible et des bois plus courts.

Habitat. — L'Axis tacheté vit dans l'Inde tout entière et à Ceylan, depuis les dernières ramifications de l'Himalaya. Il ne se trouve pas dans les plaines du Pendjab, du sud et de l'est du Radjpoutana ainsi que dans l'Assam et l'est de la baie du Bengale, mais il est commun dans les Sanderbans jusqu'à Mymensing à l'est, et dans le Bengale, l'Orissa, les provinces centrales, Mysore, le Malabar et Ceylan. Dans les montagnes du sud, il ne s'élève pas au-dessus de 1 000 à 1 200 mètres.

Mœurs. — Les fourrés situés au voisinage de l'eau, les jungles de bambous forment le séjour de prédilection de ce bel animal, qu'ils soient situés dans les vallées ou les districts montagneux. Jamais il ne s'éloigne de son abreuvoir et s'inquiète peu du voisinage de l'homme tant qu'il peut chercher un abri dans des fourrés ou des ravins. Il anime souvent de sa présence les paysages les plus beaux des plaines et des collines de l'Inde, là où de grands arbres croissent près de ruisseaux bouillonnants ou bien là où des clairières herbeuses alternent avec des taillis de bambous. Son extrême sociabilité le pousse à se rassembler par troupes comptant plusieurs centaines d'individus. Ses habitudes sont moins nocturnes que celles du Sambar, quoiqu'on puisse le trouver paissant deux ou trois heures après le coucher du soleil et une heure ou deux avant son lever. Pendant le jour il repose à l'ombre ou paît des herbes, des feuilles, des bourgeons et ordinairement, entre huit et dix heures, il se rend à l'abreuvoir. Il se met volontiers à l'eau et nage bien pour se rendre d'un rivage à l'autre.

La saison des amours est variable; elle commence, d'après Hodgson, en septembre, dans la saison froide, dans le nord de l'Inde. Les faons naissent à toute époque de l'année. Le rejet des bois est très irrégulier, car on trouve des mâles munis de leurs bois en toute saison. Le cri habituel du Chital est très particulier, facile à reconnaître, mais difficile à décrire. C'est une sorte d'aboiement sourd, profond et rauque. Son cri d'alarme est plus strident.

C'est un des gibiers les plus chassés par les indigènes et les princes hindous, aussi dans certains endroits est-il devenu très craintif. Sa chair, d'abord sèche, devient excellente lorsqu'elle est faisandée. En captivité ils prospèrent très bien, même sous le climat froid et humide de l'Angleterre. Un des obstacles à leur propagation est l'irrégularité dans la naissance des jeunes.

LE CERF COCHON. — Le Cerf cochon (*C.* [*P.*] *porcinus* Zimm.) ou Para, connu aussi sous le nom d'Hyélaphe, est assez disgracieux, mais c'est l'un des animaux les plus communs de l'Inde. Son corps, lourd et gros, est porté par des jambes courtes.

La tête est courte ainsi que le cou, la queue est assez longue. Il n'a pas de canines supérieures. Les bois sont portés par de longs pédicelles et ils ont chacun trois andouillers, le premier assez près de la base et à angle aigu avec la tige ; le supérieur et extérieur est petit, plus court que l'intérieur. Le pelage, dur et cassant, est brun en dessus, plus ou moins rougeâtre, et paraît moucheté à cause de la pointe pâle des poils. Les parties inférieures sont pâles, les oreilles en dedans et la queue en dessous sont blanches. Le pelage d'été est plus pâle ou plus roux avec des taches brun pâle ou blanches qui disparaissent bientôt pour ne persister que sur une ou deux rangées le long de la ligne dorsale foncée. Elles sont plus visibles chez ceux à pelage clair. Les jeunes jusqu'à six mois sont tachetés sur tout le tronc. Sa hauteur au garrot est de 0^m,60 tandis que sa longueur atteint 1^m,12. La queue a 0^m,20 et les bois de 0^m,30 à 0^m,50.

Habitat. — On trouve le Para dans toute la plaine indogangétique depuis le Sindh et le Pendjab jusqu'à l'Assam. Il est commun dans le Teraï, mais s'élève peu dans les montagnes. Il vit aussi dans les plaines alluviales de la Birmanie et du Tenasserim. On ne sait s'il se tient dans les Provinces centrales. On dit que son existence n'est pas certaine dans les provinces de Bombay et de Madras, car on y désigne par son nom le Tragule Meminna et peut-être le Muntjac à cause de leurs fortes canines. A Ceylan, il a été introduit dans les districts situés entre les rivières Matura et Kaltura.

Mœurs. — Il ne se tient presque que dans les plaines alluviales, et parfois en grand nombre dans les fourrés peu élevés de tamarix et autres arbres, plutôt que dans les jungles herbeuses dont la hauteur varie de 3^m,50 à 9 mètres qui, elles, sont les retraites que préfèrent le Buffle et le Rhinocéros. Rarement on le trouve sous les arbres élevés. Comme il est peu sociable, on en voit rarement plus de deux ou trois vivant ensemble, quoique le même fourré puisse en cacher un grand nombre. Ordinairement les individus des deux sexes vivent isolés. Ses mouvements sont peu gracieux ; pendant sa course il tient la tête penchée vers la terre ; mais ceci n'empêche pas une vitesse telle qu'il peut difficilement être atteint par un javelot, le pays où il vit se prêtant bien à cette chasse à courre. Souvent on le tire de dessus un Éléphant.

La saison des amours tombe en septembre et octobre, et les faons naissent en mai ; les mâles perdent leurs bois en avril.

LES RUCERVES

Les Rucerves (*Rucervus* Hodgson, 1838) ont des bois avec un seul andouiller à la base, le deuxième et le troisième manquent. La tige, avec une courbe antérieure très prononcée, se divise en deux ainsi que l'une des branches ou les deux. Le pelage est de couleur à peu près uniforme, sans disque caudal ; les jeunes sont tachetés. La nuque porte une crinière, la face est longue, les oreilles grandes et la queue courte. Les canines supérieures sont petites et les molaires supérieures portent une petite colonnette additionnelle du côté interne.

Ils n'habitent que les continents de la région orientale, excepté l'île Haïnan.

LE CERF DE DUVAUCEL. — Le Cerf ou Rucerve de Duvaucel (*C.* [*R.*] *Duvauceli* Cuv.)

ou Barasingha possède un corps ramassé et fort, un museau allongé, un pelage fin et plus ou moins laineux, un peu plus allongé sur la nuque. Sa couleur est en été d'un brun noir brillant avec une ligne foncée le long du dos, celle-ci étant bordée de chaque côté d'une série de taches blanchâtres et d'autres plus ou moins indistinctes. La gorge, les parties inférieures, la face interne des membres, la face inférieure de la queue sont blanchâtres ou blanches. En hiver, les parties supérieures sont brun jaunâtre, les inférieures plus pâles. Les oreilles renferment de longs poils blancs. Les jeunes sont complètement tachetés de blanc. Les bois sont particuliers. Ils sont unis, aplatis, et portent en avant, près de la meule, un long andouiller d'œil simple faisant un angle droit avec la perche. Celle-ci se bifurque vers son extrémité et ses branches peuvent elles-mêmes être divisées en deux ou trois ramifications.

Sa hauteur au garrot est de 1^m,20 à 1^m,25 ; sa longueur totale est de 1^m,60 et sa queue atteint 0^m,12. La perche varie de 0^m,76 à 0^m,96.

Habitat. — Il habite l'Inde, sans atteindre ni le golfe du Bengale, ni Ceylan. Il se rencontre au pied de l'Himalaya depuis l'Assam supérieur jusqu'au Kyarda-Dun situé à l'ouest du Jumma, et par endroits depuis les Sanderbands jusqu'à Bahawalpor et Rohri dans le Sind supérieur et depuis le Gange à Mandla et jusqu'au Godaweri. L'espèce est abondante dans la haute vallée du Narbada et jusqu'au Bastar au sud. Ce qu'il y a de curieux, c'est que son aire de dispersion coïncide avec celle du Sâl (*Shorea robusta*) et du Coq de Bankhiva (*Jungle fowl*). Un îlot de forêt de Sâl situé à 250 kilomètres à l'ouest près de Pachmarhi, dans la vallée du Denwa, nourrit ces animaux qui d'ailleurs ne vivent pas à Ceylan, puisque leur arbre ne s'y trouve pas.

Mœurs. — Le Barasingha n'aime pas les forêts sombres, mais il se tient sur la lisière des bois et dans les futaies dont le sol plan ou ondulé est plus ou moins couvert d'herbes. Il mérite à peine le nom de Cerf des marais qu'on lui donne dans quelques parties du nord-est du Bengale. En hiver, époque à laquelle il se rend parfois dans les forêts, il est très sociable et vit par théories de trente à cinquante individus comprenant des mâles, des Biches et des faons, et même de plusieurs centaines près de Mandla, surtout en septembre et octobre a la saison des amours. Au printemps, à la fin de mars dans l'Assam, on en voit d'isolés, et leurs bois, encore couverts de la peau, sont déjà en partie développés, car les anciens bois sont rejetés en février. Il vit d'herbe. Forsyth affirme que ses habitudes sont moins nocturnes que celles du Sambar et aussi le trouve-t-on paissant déjà tard le matin et tôt l'après-midi. Il se repose et rumine vers midi. Anderson affirme qu'il va volontiers au bain pendant la saison chaude.

Pl. LXXIV. — Le Cerf unicolore de l'Inde (texte p. 451).

D'après Jerdon, quand ils sont réunis en troupes, leurs bois ressemblent à une vraie forêt mouvante, et le bruit de leurs sabots sur le sol quand ils galopent est comparable à celui d'un escadron de cavalerie.

LE CERF D'ELD. — Le Cerf d'Eld (*C.* [*R.*] *Eldi* Guthric) ou Thameng des Birmans est couvert d'un pelage rude, floconneux en hiver, qui, chez le mâle, devient épais et long autour du cou. La queue est courte et le crâne allongé. Les mâles sont brun foncé, presque noirs en hiver, tandis qu'en été ils ont la couleur du Chevreuil. Les femelles sont plus petites. Les parties inférieures sont blanches en été et brun pâle en hiver. Une tache blanche existe au-dessus des yeux ; pas de disque fessier. Les faons sont tachetés.

Les bois, dont la perche dépasse souvent 1 mètre, portent des andouillers d'œil, insérés verticalement sur la base, et incurvés de telle façon que leur courbe continue vers le bas celle de la perche. Leur surface porte fréquemment de petites pointes et toujours une plus grosse à leur point de jonction avec la perche. Cette dernière, non branchue sur sa moitié inférieure, est dirigée en arrière, puis en dehors et enfin en avant. La deuxième moitié porte un nombre variable de petits andouillers qui peut aller de un à dix ou plus et qui augmente vers la pointe. Les courbures des deux bois sont rarement

Le Cerf d'Eld.

symétriques, et Blyth assure que les animaux des îles Mergui et de la péninsule Malaise ont des bois plus courts et deux ou trois ramifications au premier andouiller. Dans le Siam, la perche, aplatie à son extrémité, porte un certain nombre de petites pointes à son bord postérieur (*C. platyceros*). La hauteur du mâle au garrot est de 1ᵐ,14, celle de la femelle 1ᵐ,07.

Habitat. — Il a été découvert par Eld dans les districts alluviaux situés à l'est de la baie du Bengale, dans la vallée de Manipur, dans la Birmanie (var. *typicus*). On le trouve aussi dans la presqu'île Malaise, dans le Cambodge, le Siam, et l'île Haïnan.

Mœurs. — Le Thameng se tient par troupes de dix à cinquante individus et plus dans les plaines herbeuses, basses et marécageuses.

Pendant le jour il se met à l'ombre au bord des forêts, mais il préfère les plaines nues. Il broute le riz sauvage et d'autres plantes aquatiques. Il ne recherche pas les marais à cause de l'eau, car dans les deltas de l'Iraouaddy et du Salouen (près de Martaban), on le rencontre dans des plaines où il est impossible de trouver de l'eau douce pendant la saison sèche.

Le cri du mâle, fréquent dans la saison des amours, est bas et prolongé, tandis que celui de la femelle est un grognement, un bêlement court.

La chute des bois commence en juin près de Manipur, mais en septembre dans la Birmanie inférieure. Ici la saison des amours a lieu de mars à mai, et les faons, généralement un par mise-bas, naissent en octobre et novembre. Les jeunes mâles poussent leur bois dans la dernière année, et ceux-ci atteignent leur maximum de complication dans la septième année.

Le CERF ou RUCERVE DE SCHOMBURGK (*C.* [*R.*] *Schomburgki* Blyth) est très voisin du Cerf de Duvaucel. Ses bois sont grands et unis; le premier andouiller très long, souvent bifurqué, forme un angle droit avec la tige. Celle-ci, plus courte que cet andouiller et comprimée latéralement, se dichotomise deux ou trois fois, les ramifications internes étant les plus longues. Il peut donc y avoir dix-huit andouillers. Ce Cerf est très rare dans les collections. Les galeries du Muséum en possèdent un exemplaire en peau provenant du Siam.

LES CERVULES

Les CERVULES (*Cervulus* Blainville, 1816), à part leur petite taille, sont caractérisés par leurs bois, dont la tige n'a pas une demi-longueur de tête et est portée sur des pédicelles osseux aussi grands ou plus grands qu'elle. Elle ne porte qu'un seul andouiller latéral, et sa pointe est recourbée en bas et en dedans. Ces bois sont remplacés chez la femelle par des pinceaux de poils portés par des éminences faibles. De la base du pédicelle ou du pinceau part une forte gouttière qui descend le long de la joue. Les canines du mâle sont fortes, celles de la femelle petites. Le mufle est gros; les pinceaux de longs poils qu'on trouve sur les métatarsiens des Cerfs n'existent pas ici. Les sabots latéraux n'ont pas de phalanges.

Ce genre est limité à la région orientale : Inde, Indo-Chine, Chine et Insulinde.

LE CERVULE MUNTJAC. — Le Cervule Muntjac (*C. muntjac* Zimm.), le Kakar des Hindoustanis, le Kidang des Malais, ou Cerf aboyeur, est le type le plus connu de ce groupe. Son pelage est court, lisse et luisant. Il est coloré en brun châtain, plus foncé sur le dos, plus clair et plus mat en dessous. Sa face

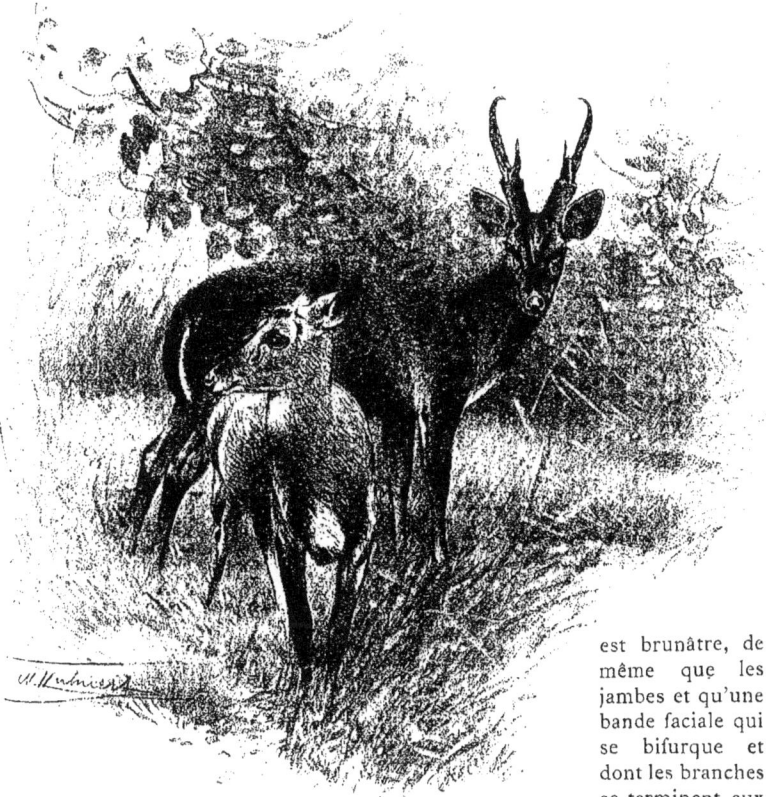

est brunâtre, de même que les jambes et qu'une bande faciale qui se bifurque et dont les branches se terminent aux pédicelles ou aux pinceaux.

Le Cervule Muntjac.

Le menton, la gorge, la partie postérieure du ventre, le dessous de la queue et une partie des cuisses sont de couleur blanche. Chaque pied, au-dessus du sabot, porte une tache de même couleur ; les épaules sont blanchâtres. Près de Darjilling on en trouve de plus foncés. Les jeunes sont tachetés.

La hauteur au garrot est de 0^m,50 à 0^m,56, la longueur du corps 0^m,88, et celle de la queue, y compris les poils, 0^m,17. La tige du bois mesure rarement plus de 0^m,12, ordinairement elle a 0^m,05 à 0^m,075, tandis que les saillies osseuses ont de 7,5 à 12 centimètres. Son poids est de 20 kilogrammes environ.

Habitat. — Le Muntjac habite depuis le Cachemire, le Népaul et les monts Himalaya jusqu'au cap Comorin et à Ceylan, et à travers l'Indo-Chine jusqu'au Yunnam et à l'île Haïnan. Au sud il se rencontre dans la presqu'île de Malacca et dans l'Insulinde : Sumatra, Java, Bornéo et Banka. Dans le Moupin, il est remplacé par le Cervule pleureur (*C. lacrymans* A. M.-Edw.) ; dans la Chine méridionale par les Cervules de Reeves et à toupet (*C. crinifrons*), et dans la Birmanie et le Tenassérim il vit côte à côte avec le Cervule de Fea (*C. Feæ* Thos. et Doria), qui est couleur brun sépia avec une touffe de poils entre les cornes.

Mœurs. — C'est un animal qui vit solitaire ou par paires dans les jungles épaisses ou les forêts, qu'il ne quitte que pour aller pâturer sur la lisière des bois ou dans les endroits défrichés et abandonnés. Il se meut avec aisance et agilité dans les fourrés les plus épais, car il s'y glisse en baissant la tête en avant et en élevant la croupe. Quand il n'est pas troublé, Hamilton dit qu'il marche avec élégance et mesure, en posant délicatement le pied sur les feuilles et sur l'herbe.

Pour sa grosseur, son cri est remarquablement élevé, et ressemble, ouï à quelque distance, au glapissement d'un Chien, d'où son nom d'Aboyeur. Il est répété par intervalles, surtout le matin et le soir, mais plus tard ou plus tôt à l'époque des amours, qui tombe dans la saison froide. Ce cri est aussi bien un cri d'avertissement que de rassemblement. Elliot et Jerdon disent que sa langue est tellement longue et extensible qu'il peut se lécher toute la figure. Les canines du mâle sont aussi remarquables et assez acérées pour qu'il puisse s'en servir d'armes défensives contre les Chiens et les blesser grièvement ; elles sont implantées de telle sorte que l'animal peut les faire mouvoir à volonté. Aussi est-ce à elles qu'Hamilton attribue le bruit de castagnettes que fait entendre le Muntjac quand il trotte. Pourtant Adam admet que ce bruit est dû aux pieds, et Kinloch, qui l'a perçu des femelles, le croit produit par la bouche, sinon par les dents.

A Java, il se tient dans les étendues recouvertes de hautes herbes, de buissons et d'arbres de moyenne grandeur. Dans ces fourrés, entrecoupés de parcelles cultivées, il trouve en grand nombre les Malvacées qu'il affectionne.

La saison des amours est en janvier et en février dans le nord de l'Inde, et le ou les deux jeunes naissent ordinairement en juin ou juillet. Les cornes des mâles tombent en mai, et les nouvelles ont leur taille en août.

Chasse. — Sa chasse est un sport très apprécié. Quand on le poursuit, il ne fuit pas loin, comme le Cerf ordinaire, mais il ralentit bientôt sa course, et, faisant un grand cercle, il revient à son point de départ. Puis, quand il est fatigué, on dit qu'il se cache la tête dans les buissons et attend l'arrivée du chasseur.

Les Javanais le chassent avec leurs Chiens, ou à traque. Les cavaliers le poursuivent avec ardeur jusqu'à ce qu'ils aient pu le tuer d'un coup de sabre. A Banca, on le prend avec des lacets placés entre les arbres.

Captivité. — Son caractère est impatient ; il ne supporte bien la captivité que s'il a un grand espace et une nourriture assez choisie. La chair est excellente et plus estimée que celle de la plupart des autres Cerfs de l'Inde. Les indigènes considèrent, dit-on, la femelle comme impure, et ils croient qu'en en mangeant ils s'exposeraient à certaines maladies.

Les ÉLAPHODES (*Elaphodus* A. M.-Edw., 1871) comprennent deux petites espèces de la Chine. Ils tirent leur nom d'un fort toupet de crins longs, et ils ont un pelage très grossier. Les mâles ont de fortes canines supérieures dont la pointe n'est pas dirigée en dehors, et ils se distinguent des Muntjacs par leurs bois courts, non branchus, suppor-tés par des saillies osseuses longues et inclinées l'une contre l'autre, et par l'absence de bourrelets sur la face.

L'ÉLAPHODE DE MI-CHIE (*E. michianus* Swinh.), qui vit dans les roseaux avoisinant les fleuves des envi-rons de Ningpo et dans l'est de la Chine, a une robe gris noi-râtre, car les poils sont blancs à leur base et ont la pointe noire. Il a la face unifor-mément gris brun, comme le cou, mais le toupet et les oreilles partiellement brun foncé.

L'ÉLAPHODE CÉPHA-LOPHE (*E. cephalophus* A. M.-Edw.) est spé-cial au Moupin.

L'Élaphode de Michie.

Les HYDROPOTES (*Hydropotes* Swinhoe, 1870), ou Cerfs d'eau, sont intermédiaires entre les Cerfs et les Porte-musc. Le mâle, aussi bien que la femelle, est totalement dépourvu de cornes. Ils ne comprennent qu'une espèce, l'HYDROPOTE INERME (*H. inermis* Swinh.), qui a à peu près la taille du Muntjac, avec un corps allongé, des jambes courtes, et une robe d'un brun rougeâtre plus ou moins clair, marquée de taches indistinctes en séries longitudinales. Comme le Porte-musc, il a de fortes canines supérieures recourbées.

Il vit surtout dans les hauts roseaux qui avoisinent les rives du Yang-tse-Kiang, et par conséquent dans la Chine orientale. Le père Heude a signalé en Corée une variété à pieds blancs.

Mœurs. — Ce qu'il y a de particulier chez cette espèce, c'est que la femelle met bas de trois à six faons à chaque fois, tandis que les autres Cervidés ne dépassent pas deux. L'Hydropote vit par paires ou en petites sociétés.

On le tue ordinairement avec des chevrotines; quand il s'enfuit, il arque le dos et procède par séries de bonds rapides.

C'est probablement le survivant d'un très ancien type de Cervidés, car dans le Tertiaire les mâles n'avaient pas de bois, mais possédaient de fortes canines.

LES RENNES

Les Rennes (*Rangifer* H. Smith, 1827) sont des Cervidés du Nord qui se distinguent de tous les autres par la forme et la position de leurs bois existant chez les deux sexes. Ils sont jaunes, insérés sur la partie supérieure du crâne, loin et en arrière des yeux sur une courte saillie. Leur tige est recourbée en arc d'arrière en avant, et terminée par une empaumure palmée et faiblement fourchue. Les andouillers d'œil sont obliques vers le bas, et s'élargissent en une paumure qui arrive parfois à toucher le nez. D'ailleurs, les variations individuelles sont énormes, et les deux andouillers ne sont généralement pas semblables chez le même animal. Le second andouiller est aussi long et compliqué. Le bois de la femelle est plus petit que celui du mâle. Le Renne a une forme assez lourde, une tête disgracieuse, une queue très courte, des pattes relativement courtes et épaisses, terminées par des sabots noirs très larges, avec des pinces longues et obtuses. Les sabots latéraux sont portés par des métacarpiens latéraux. Les vieux mâles ont de petites canines à la mâchoire supérieure.

Habitat. — Ils sont exclusivement propres aux régions froides de l'hémisphère boréal, et d'après Lydekker ne comprennent que l'espèce suivante :

LE RENNE COMMUN. — Le Renne commun (*R. tarandus* L.) est l'animal le plus utile de la famille, par les services qu'il rend à l'état de domesticité aux peuplades septentrionales.

Caractères. — La tête, amincie en avant, porte un museau lourd et poilu, ce qui indique une adaptation au froid ; le cou est court, et les oreilles plus petites que chez les autres Cervidés. Les yeux sont grands, les fossettes lacrymales petites, recouvertes de poils ; la lèvre supérieure est saillante et la bouche largement fendue. Les poils sont épais, ondulés, serrés, plus longs et flexibles à la tête, au cou et aux membres. Au cou et au poitrail, ils forment une longue crinière. En hiver, les jarres ont 0^m,07 de long avec un sous-poil de 0^m,04. Le Renne sauvage change de robe deux fois par an. La couleur fondamentale de la tête et des parties supérieures est brun de girofle, avec plus ou moins de blanc ou de gris blanchâtre dans les parties inférieures et à la face interne des membres, ainsi qu'au-dessus des sabots, au museau, et parfois autour des yeux. Le disque caudal est blanc, mais la face supérieure et la queue restent brunes. Des formes albines se rencontrent fréquemment.

La hauteur du Renne d'Europe et d'Asie ne dépasse pas 1^m,10 et sa queue 0^m,14 de long. Son bois, plus petit que celui d'Amérique, mesure 1^m,15.

Habitat. — L'aire d'habitat des deux variétés de l'ancien monde, scandinave et du Spitzberg, s'étend jusqu'aux côtes de la mer Glaciale et de la Scandinavie à l'ouest, jusqu'à l'extrême Sibérie à l'est. En Scandinavie, les Rennes sauvages sont rares : le nombre de ceux qui furent tués en 1891 a été de 468 dont 143 dans la province de Romsdal. En Russie, dans le gouvernement de Kasan, ils se trouvent jusqu'au 54e degré de latitude méridionale, et près de l'Oural, ils descendent jusqu'au 52e degré, dans les steppes de Kirghiz; ils sont encore à l'état sauvage près d'Orenbourg. Ils vivent aussi dans les îles du nord jusqu'au 81e degré : Nouvelle-Zemble, Spitzberg, excepté dans les îles François-Joseph.

Les dépôts pleistocènes de l'Europe en renferment des restes jusqu'aux Alpes et aux Pyrénées.

Mœurs. — En Norvège, le Renne habite les hauteurs nues que l'on nomme Fields, jamais il ne descend dans les forêts. Il vit dans les dépressions où la neige persiste même en été, et où ne croissent que de rares plantes et des lichens. Les troupes des plus hauts plateaux sont constituées par 95 p. 100 de femelles, d'après Buxton, et cet auteur en conclut que les mâles, ayant la peau plus épaisse, n'ont pas besoin de monter si haut pour échapper aux moustiques. En automne, tous descendent au-dessous des glaciers et y restent jusqu'au printemps.

Au Spitzberg, où ils sont encore nombreux malgré la chasse active qu'on leur fait, leur genre de vie a été étudié par Nordenskiold. En été ils se tiennent dans les plaines herbeuses des vallées, tandis qu'à la fin de l'automne, ils se rendent au bord de la mer pour se nourrir des varechs ; en hiver ils retournent dans l'intérieur, dans les montagnes couvertes du lichen dit des Rennes. Et là, quoique l'hiver y soit terrible, ils s'y engraissent, et cet état dure jusqu'à leur retour à la côte, où ils deviennent maigres et ont une viande alors peu comestible.

Pallas et Wrangel nous apprennent que le Renne vit parfois dans les forêts et qu'il entreprend des émigrations en masses nombreuses, partagées en troupeaux de deux à trois cents individus conduits par une femelle de grande taille. Ils quittent les forêts où ils ont cherché un abri contre le froid (40 à 50° centigrades) et où ils ont dévoré les bourgeons du bouleau nain, ils s'avancent vers le nord pour y trouver plus de nourriture et peut-être pour fuir aussi les moustiques et les mouches. Ils sont alors maigres, mais à leur retour en août ils sont gras.

Ces animaux sont donc aussi sociables que les Antilopes; les Rennes isolés sont rares.

Leurs sens sont bien développés; ils sont craintifs, méfiants et même rusés. Leur marche consiste en un pas allongé ou en un trot précipité pendant lequel on entend à chaque pas un bruit particulier, comparable à celui que produit une étincelle électrique. Ce bruit ne provient pas du choc des pinces, mais des articulations, ou, d'après Gervais, des tendons des muscles fléchisseurs. Quand ils traversent les marais, leurs sabots s'élargissent et alors ils nagent fort bien et longtemps. Les troupeaux pris de panique savent franchir tous les obstacles.

La saison des amours a lieu en septembre; les mâles se livrent des combats violents et pendant des heures restent avec leurs ramures entrelacées. La femelle est unipare, elle aime tendrement son petit qui est fort gracieux et elle veille à sa sûreté. Le Loup est le plus grand ennemi des Rennes.

Leur chasse est très difficile dans les endroits nus et désolés où ils vivent.

Domesticité. — Le Renne est domestiqué en Norvège, en Laponie, dans le gouvernement de Perm et en Sibérie. En Europe, sa taille est assez petite, c'est surtout un animal de trait, tandis qu'en Sibérie, où il est plus grand, il sert pour la course. Près de Kasan, ces animaux atteignent une très forte taille, et l'on dit que les femelles n'y portent pas de bois. Ils prospèrent en Islande depuis 1870, l'année de leur introduction, et dans l'Alaska depuis 1892, ils ont rendu de grands services, le Renne américain n'ayant pu y être domestiqué.

Le Renne domestique est l'orgueil, le soutien et la richesse de son maître; aussi le vol des Rennes est-il très répandu en Laponie. Vivant, il donne sa force et son lait, mais mort, toutes les parties de son corps sont utilisées, aussi bien par les Lapons que par les Indiens de l'Amérique.

Les boyaux et les os servent à confectionner des arcs, des lignes et des hameçons; le cuir est tanné avec du bois pourri pour les tentes; les tendons deviennent des fils; la fourrure molle des faons, des vêtements. Le chyme fermenté est un mets exquis et le sang cuit fait une soupe appréciée. Enveloppés dans trois peaux de Renne, les habitants peuvent s'enfouir dans la neige et résister au froid terrible de ces régions (*).

LES RENNES AMÉRICAINS. — Les Rennes américains constituent quatre variétés du Renne typique, qui se distinguent par un plus grand développement et par l'aplatissement d'un andouiller d'œil ainsi que par le recourbement de l'autre. Ce sont : le *Caribou arctique* (*R. t. arcticus* Rich.), ou des Barren grounds, qui vit au nord du fort Churchill jusqu'à la mer polaire; le *Caribou du Groënland* (*R. t. groënlandicus* Gm.); le *Caribou de Terre-Neuve* (*R. t. terræ-novæ* Bangs), et le *Caribou des Bois* (*R. t. caribou* Gm.) qui est de taille un peu plus grande que le Renne d'Europe. Son garrot atteint 1^m,35 à 1^m,40 et son poids 175 à 200 kilogrammes. Il se distingue du Caribou des Barren grounds par des bois plus petits, et il habite la ceinture septentrionale des forêts. On le trouve du Labrador et du nord du Canada jusqu'à la Nouvelle-Écosse, au Nouveau-Brunswick, à Terre-Neuve et à l'État du Maine. Il se tient sur les deux rives du Saint-Laurent et atteint à l'intérieur jusqu'au nord de Québec et au lac Supérieur.

Le Caribou des bois aime les feuilles, les herbes et les plantes aquatiques, mais surtout les lichens; il vit de préférence dans les endroits marécageux, plus que les autres Cervidés. La femelle met bas en mai, un ou deux jeunes; la saison des amours est en septembre, et les bois du mâle tombent en décembre, tandis que ceux de la femelle ne tombent qu'au printemps. Obalski assure que tous les Rennes d'une région se rendent à des endroits déterminés, qu'on appelle « cimetières de Caribous », pour y jeter leur *tête*.

En troupeaux de cinq cents individus, il entreprend des migrations vers le sud en été, et en automne il revient vers le nord, d'après Caton et Richardson, tandis que le Caribou des Barren grounds émigre en hiver vers le sud pour habiter les forêts que fréquente le Caribou des bois.

(*) Pl. LXXV. — Le Renne commun.

Il est difficile à atteindre, car il est craintif et prudent; et de plus il est remarquable par une grande résistance et une vitesse telle qu'il peut lutter avec le meilleur Cheval. A l'instant où les Caribous perçoivent un danger on les voit disparaître comme des ombres avec la rapidité de l'éclair. C'est surtout sur la glace que leur vitesse est grande, et ce fait est si connu que le chasseur abandonne la poursuite dès que le Caribou y a mis le pied. Sur la neige fraîche, il distance les meilleurs Chiens, grâce à ses larges pieds. On le tue le plus facilement en mars ou en avril, quand la neige est couverte d'une croûte trop faible pour le porter, qui, se brisant à chaque pas, entrave sa fuite, tandis que le chasseur, avec ses souliers à neige, l'atteint facilement.

Comme on a pratiqué cette chasse en toute saison, le nombre en a bien diminué, et à Terre-Neuve même, des lois sont intervenues pour protéger la variété de ce pays.

LES ÉLANS

Les Élans (*Alces* H. Smith, 1827) sont les plus grands des Cervidés. Ils ne comprennent qu'une seule espèce, l'ÉLAN COMMUN (*A. machlis* Ogil.), en regardant la forme américaine ou *Orignal* comme une variété.

L'ÉLAN COMMUN OU A CRINIÈRE (*). — C'est un animal lourd et fort, dont le corps est court et gros, la poitrine large, le garrot élevé; les membres sont très hauts et très forts, terminés par des sabots minces, droits, profondément fendus, réunis à leur origine par une membrane extensible, ce qui leur permet de s'élargir et de se poser sur un sol humide; les sabots latéraux sont pourvus d'os métacarpiens comme chez les Rennes.

La tête est allongée, amincie au niveau de l'œil et portée par un cou fort, vigoureux et court; le museau est long, épais et large, le nez cartilagineux; la lèvre supérieure est épaisse, longue, mobile, saillante et très poilue à l'exception d'une plage antérieure; les fossettes lacrymales petites; les oreilles larges et longues, pointues, penchées en dehors et insérées très en arrière, peuvent être inclinées l'une vers l'autre.

Le pelage est court et épais, avec des poils minces et cassants cachant un fin duvet. Les jarres, sur la nuque, s'allongent en une crinière épaisse se prolongeant sur le cou et la poitrine et atteignant 0ᵐ,20. Cette crinière est plus courte chez la femelle. Les poils du ventre sont assez longs et inclinés vers l'avant. La couleur est d'un brun roux assez uniforme, passant au brun noir à la crinière et sur les côtés de la tête, et au gris sur le museau. Les membres sont d'un gris cendré clair, ainsi que le tour des yeux. En hiver, d'octobre à mars, cette couleur se mélange de gris et devient plus claire.

Le bois du mâle adulte, dont l'envergure atteint plus de 2 mètres, est formé par une tige simple qui s'élargit en une grande pelle triangulaire, profondément dentelée sur les bords. La tige courte et épaisse, dont la base porte peu

---

(*) Pl. LXXVI. — L'Élan commun.

de perles, repose sur une saillie osseuse qui apparaît dans le courant du premier automne. Dans le second, il pousse une dague d'environ 0^m,3o.

Les daguets perdent leurs bois à la fin d'avril de la troisième année et poussent une fourche. Après la troisième année, la barbe se montre et la chute des bois se fait aussi à la fin d'avril. C'est à la fin de la cinquième année que l'empaumure s'élargit et les bois tombent au commencement de mars; à la sixième année, ils tombent déjà en février puis en janvier et même en décembre. Le nombre des dentelures augmente avec les années et peut atteindre vingt; un tel bois adulte pèse de 15 à 20 kilos; il reparaît, suivant l'âge, en septembre, août, juillet et juin. En automne, l'Elan engraisse jusqu'à la saison des amours. Le poids de l'adulte varie de 3oo à 1ooo kilos. Il n'atteint ce dernier chiffre que s'il est très âgé. Le faon pèse 1o à 12^{kg},5. Quant à la taille, elle atteint 2 mètres à 2^m,15 au garrot. La longueur du corps varie de 2^m,6o à 2^m,8o, et celle de la queue est de 0^m,10. La femelle est un peu plus petite que le mâle et n'a pas de bois; ses sabots sont plus longs et plus minces. Sa tête ressemble à celle de l'âne et du mulet.

Habitat. — L'Élan ne vit plus actuellement qu'en Scandinavie, en de rares endroits. En Allemagne, la seule forêt d'Ibenhorst, dans la Prusse orientale, près de Tilsitt, est renommée depuis longtemps pour les Élans qu'elle nourrit.

En Russie, on le trouve encore depuis la Lithuanie jusqu'à l'Oural, en des régions circonscrites. On assure que depuis 185o son aire d'habitat s'y est étendue vers le sud. En Asie, il se rencontre par endroits depuis l'Oural jusqu'à la mer d'Ochotsk et au golfe de Mandchourie, et au sud depuis les monts Altaï et le fleuve Oussouri jusqu'au cercle polaire en Sibérie. Il est abondant dans la vallée de la Léna, près du lac Baïkal, et dans l'Amourland.

Jadis, son aire d'habitat était bien plus considérable et comprenait la Grande-Bretagne, la France et l'Italie. Il disparut en France vers l'an 25o.

En Bavière, deux seigneurs de la cour de Pépin le Bref, en 764, tuèrent un Élan dans la forêt de Viergrund, près de Nordlingen. Dans les Flandres, il est signalé jusqu'au xe siècle, jusqu'au xive en Bohême et au xvie dans le Mecklembourg. On pense que celui qui fut tué en 1744, en Saxe, était un individu isolé de ceux qui, de 172o à 173o, avaient été introduits en Saxe, dans le Brandebourg et à Dessau. En Galicie, les derniers furent tués en 176o, tandis qu'en Pologne ils se maintinrent jusqu'en 1828, et en Hongrie seulement jusqu'à la fin du xviiie siècle. Dans la Prusse occidentale, il ne paraît avoir disparu qu'au commencement du xixe siècle. Au temps de Jules César, les Élans étaient encore abondants dans la Forêt Noire.

En 189o, le nombre des Élans tués en Norvège a été de 85o, dont 515 mâles et 335 femelles. Parmi les onze provinces qui en renferment, celle de Trondhjem du Nord en nourrissait 3o3. En Suède, le nombre des tués a été de 1792, tandis qu'il atteignait 2097 et 2178 dans les deux années précédentes. Leur nombre y diminue donc régulièrement.

Mœurs. — L'Élan diffère beaucoup du Cerf par ses mœurs. Il vit en sociétés de quinze à vingt individus; celles-ci, au moment de la mise-bas, ne sont plus composées que des femelles et des jeunes mâles. Il se plaît dans les forêts, solitaires et accidentées, de saules, peupliers et bouleaux. D'avril à octobre il habite les bas-fonds, puis en hiver il cherche les lieux plus élevés, plus secs, non exposés aux inondations et non couverts de glace. Par la pluie, la neige et le brouillard, il préfère les forêts de sapins et de pins, tandis que par le beau temps, il erre dans les forêts de bouleaux et de saules. Il ne change d'habitation que poussé par la nécessité, s'il est inquiété ou s'il manque de nourriture.

D'après Wangenheim, dans les marais, quand le sol ne peut plus le porter, il s'assied sur son arrière-train, étend en avant les pattes antérieures et, se poussant avec son derrière, glisse ainsi à la surface de la vase; si celle-ci cède davantage, il se couche sur le côté et se pousse avec ses pattes. Quand il court, ses pinces frappent l'une contre l'autre et produisent un bruit distinct à quelque distance. « L'Élan tonne », disent les chasseurs. En pleine course, il couche son bois presque horizontalement en arrière, en levant le museau; aussi trébuche-t-il et tombe-t-il à chaque instant. Pour se relever, il agite ses pattes, et porte surtout celles de derrière très en avant. De là vient la fable qu'il est sujet à l'épilepsie et qu'il s'en guérit en se frottant l'oreille jusqu'au sang. Rien ne l'arrête dans sa course : il traverse les fourrés les plus impénétrables, les lacs, les rivières et les marais, car il nage fort bien. Il est moins gracieux, moins agile que le Cerf, aussi est-il moins rapide, mais sa résistance est assez grande. Certains auteurs affirment même qu'il peut parcourir 400 kilomètres en un jour, et qu'il franchit facilement une barrière de 2 mètres de haut.

Dans les forêts où il vit en paix, il rôde nuit et jour, surtout avant le coucher et après le lever du soleil. Il se couche dans l'intervalle pour ruminer ou prend des bains. D'après Wangenheim, il se nourrit de feuilles, de jeunes pousses de saule, de bouleau, de frêne, de peuplier, de sorbier, d'érable, de tilleul, de chêne, de pin, de sapin, de bruyère, de romarin, de roseau, de céréales et de lin. Les jeunes pousses et les écorces forment la base de sa nourriture, ce qui le rend très nuisible. Il enfonce ses incisives dans l'écorce, comme un couteau, en arrache un morceau, le saisit entre ses lèvres et ses dents et le détache alors sous forme de lanière. Avec sa tête, malgré son cou court, il courbe les arbres, en casse la cime et en mange les jeunes branches. Dans les champs de blé, de pois, de sarrasin, il écrase plus qu'il ne mange. Il est incapable, à cause de sa lèvre supérieure longue et touffue, et du peu de longueur de son cou, de brouter les herbes du sol. Il aime les choux et les cerises.

Son ouïe et sa vue sont excellentes, mais son odorat est moins fin. Son caractère n'est ni agressif ni querelleur.

Il est moins craintif que le Cerf et un coup de feu l'effraye peu, et avant de s'enfuir, il laisse souvent au chasseur le temps de recommencer. Mais quand il est blessé, il devient colère et par suite dangereux, car son bois est une arme terrible, ainsi que ses pattes de devant. Il attaque l'homme parfois sans provocation. Ainsi, en 1900, sur les bords du Haff de Courlande, la voiture des dépêches fut attaquée par un Élan qui, placé sur une étroite digue, refusait absolument le passage et se précipita sur la voiture et le Cheval. Celui-ci, s'enfuyant affolé, évita un plus grand malheur. Immédiatement après, un passant fut attaqué et dut, dans la forêt voisine, chercher un refuge sur un arbre où il resta longtemps.

C'est surtout à la saison des amours que les mâles sont excitables et combatifs. C'est vers la fin d'août sur les bords de la Baltique, et en septembre et en octobre en Sibérie. A ce moment, ils se joignent aux troupeaux ou aux familles composées de deux adultes, de deux jeunes et de deux faons. Les mâles brament comme des Cerfs, et émettent des sons entrecoupés comme ceux du Daim, mais beaucoup plus bas. On n'en a jamais entendu pousser un cri de douleur ou d'effroi.

La première portée de la femelle est d'un seul petit, les autres sont de deux, le plus souvent de sexes différents. Il est rare qu'elle mette bas trois faons. Aussitôt après leur naissance, les petits se lèvent, agitent la tête à droite et à gauche, et essayent leur force en présence de leur mère. Le troisième jour ils la suivent déjà. Ils continuent à teter jusqu'à la mise-bas suivante. La mère les soigne avec amour et défend même leur cadavre.

Ennemis et parasites. — L'Élan est exposé aux attaques du Loup, du Lynx, de l'Ours et du Glouton. Le Loup le chasse en bandes par les fortes neiges; l'Ours ne s'en prend qu'aux animaux isolés, le Lynx qu'aux jeunes. Le Glouton s'élance du haut d'une branche sur l'Élan qui passe au-dessous de lui, se cramponne à son cou et lui coupe les carotides. Quant au Loup isolé et à l'Ours, l'Élan peut se défendre contre leurs attaques : un seul coup de ses pattes de devant suffit pour tuer un Loup. Lorsqu'un Élan est saisi à la gorge par un Carnassier, il cherche à l'entraîner dans les fourrés et à lui faire lâcher prise en le pressant contre les arbres. Mais ses pires ennemis sont ses parasites : les Diptères qui en été le tourmentent d'une façon extraordinaire. Pour leur échapper et diminuer ses démangeaisons, il se plonge dans la vase et se couvre ainsi d'une couche protectrice; parfois même il doit changer de quartier. Les larves d'un Hypoderme (*H. alcis*) vivent sous sa peau; celles d'un Diptère voisin (*Cephenomyia Ulrichi*) s'attachent à ses narines et à sa gorge. Il héberge encore celle du Lipoptène du Cerf.

Chasse. — On tire l'Élan à l'affût; on le chasse à la traque. En Laponie, on le prend dans des filets. Ailleurs, les chasseurs munis de souliers de neige en hiver cherchent à le forcer ou à le pousser sur la glace, où ils s'en rendent facilement maîtres.

Captivité. — De jeunes Élans s'apprivoisent facilement, mais, chez nous, ils ne supportent jamais longtemps la captivité. En Suède, paraît-il, on a pu en dresser à tirer des traîneaux. Mais une loi défendit de se servir de tels animaux de trait, car leur rapidité et leur résistance à la fatigue auraient rendu impossible la poursuite des criminels qui les auraient employés. On a essayé, mais en vain, de faire de l'Élan un animal domestique. Les jeunes ne tardent pas à maigrir et ils périssent tous au bout de peu de temps.

Usages et produits. — Sa viande est plus tendre que celle du Cerf. Son nez cartilagineux, ses oreilles et sa langue sont des friandises. Les tendons des jambes servent aux mêmes usages que ceux du Renne. On estime beaucoup ses os qui sont durs et d'une blancheur éclatante, sa peau résistante et ses bois. Autrefois, l'Élan entrait dans la composition d'une foule de remèdes, avec lesquels on prétendait obtenir des cures merveilleuses ; aussi les Germains en faisaient-ils presque une divinité.

L'ÉLAN D'AMÉRIQUE. — L'Élan d'Amérique (*A. m. americanus*) est appelé *Orignal* dans son pays. Il se distingue de la forme balto-sibérienne, surtout par ses bois retombants et par sa taille plus grande et plus forte. Il était répandu jadis du 43e au 70e degré de latitude nord, sans dépasser la limite des forêts. Pourtant on en a signalé encore sur les bords du fleuve Mackensie et de l'Ohio.

En 1865, il vivait encore de la Colombie britannique jusqu'aux Barren Grounds. Dans l'Alaska et jusqu'au détroit de Bering, on les dit assez nombreux (*A. gigas* Miller). Ils diminuent dans l'Ontario : on ne peut s'en étonner, si l'on pense qu'il y a quelques années, dans le Nouveau-Brunswick, on en tua plusieurs centaines en une chasse, rien que pour avoir leurs peaux. En 1861, les derniers ont disparu des monts Adirondack, et en 1881 de l'île de Terre-Neuve. Le Labrador en nourrit encore beaucoup, mais ils se retirent de plus en plus dans les endroits les plus inaccessibles.

Mœurs. — Le séjour estival préféré de l'Orignal est le voisinage des marais, des lacs et des fleuves, là où pousse une herbe longue et abondante. En hiver, il recherche pourtant les forêts vierges plus élevées. Il forme alors souvent des petits troupeaux composés d'un mâle, d'une femelle et des jeunes de deux années successives, qui s'établissent dans une « cour » d'Élans, où de jeunes arbres, bouleaux, peupliers, érables, frênes, poussant à côté de thuyas et de pins baumiers, offrent aux animaux une nourriture abondante. Les très vieux mâles ont une « cour » pour eux seuls et paraissent vivre solitaires en hiver.

Quand l'Élan se repose, il est toujours préoccupé de sa sécurité et se place de façon à observer le voisinage et avoir le vent de face. Ses oreilles sont constamment en mouvement. Il commence à paître le matin au lever du soleil, puis rumine jusqu'à dix ou onze heures ; il paît à nouveau jusqu'à deux heures, se repose jusqu'à quatre ou cinq heures, puis fait un troisième repas à la chute du jour. Il appuie ses pattes antérieures contre les jeunes arbres et les fait plier sous son poids pour en brouter les bourgeons. Il s'entretient ainsi, même en hiver, en bonne santé, et sa viande est encore comestible à une époque où celle des Cerfs ne l'est déjà plus.

Les bois tombent en janvier pour les adultes et sont repoussés en août. Pendant qu'ils sont encore recouverts par la peau, l'Élan passe la plus grande partie de son temps dans les marais, soit pour dévorer les nénuphars jaunes, soit pour se garantir des mouches en se plongeant dans l'eau jusqu'au cou.

On n'entend les mugissements qu'à la saison des amours, qui commence en octobre. De nombreux combats ont alors lieu et se terminent souvent par la mort des deux adversaires. Les femelles s'isolent au moment de la mise-bas, en mai, dans des îles ou des endroits submergés, où elles seront le moins exposées aux attaques des Loups. Les deux jeunes sont protégés par la mère, qui prend alors des allures et des mouvements de Cheval.

Chasse. — On prend l'Élan au filet, dans la Colombie britannique, et jadis on le chassait avec des souliers de neige, surtout en octobre et en novembre. Il est défendu de détruire les troupeaux dans leur « cour ». On le chasse encore à la trace, à l'affût, au flambeau et, dans la région du nord, par l'appel du mâle, en imitant le cri de la femelle au moyen d'une trompette faite d'écorce de bouleau.

LES CHEVREUILS

Les Chevreuils (*Capreolus* H. Smith, 1827) sont d'élégants petits animaux, portant des bois droits, petits, pourvus de deux andouillers, l'un antérieur et l'autre postérieur; la pointe de la perche reste droite. Leurs pattes sont constituées comme celles des Rennes, avec des métacarpiens latéraux. Le museau

Chevreuils encornés.

porte un large espace nu, les oreilles sont grandes et la queue rudimentaire. Ils ont de petits larmiers; les canines manquent.

Le pelage de l'adulte est uniforme, avec une grosse tache blanche près de la base de la queue en hiver. Les petits sont tachetés.

Habitat. — Ce genre est limité à l'Europe, à l'ouest de l'Asie et aux régions situées au nord des monts Himalaya.

LE CHEVREUIL COMMUN. — Le Chevreuil (*C. caprea* Gray) diffère du Cerf par sa plus petite taille, sa tête courte et obtuse. Il a le corps peu élancé, l'arrière-train moins fort que l'avant-train, le dos presque droit, les jambes hautes et minces, les sabots pointus et minces, les yeux grands et vifs. Le bois est porté sur des saillies larges ; les tiges sont fortes, à perles très saillantes.

Le poil du Chevreuil est épais, lisse, couché et cassant. En été, il est court ; en hiver, il est plus long, surtout dans les parties inférieures. On compte de huit à dix soies longues près de l'œil. Sa couleur est d'un roux foncé en été, gris brun en hiver ; le ventre et la face interne des membres sont toujours de couleur plus claire ; le front et le dessus du museau sont d'un brun noir ; le menton, la mâchoire inférieure, blancs. Une petite tache blanche existe de

Chevreuils dans la saison des amours.

chaque côté de la lèvre supérieure. La face interne des oreilles est couverte de poils blanc jaunâtre. Le derrière est jaunâtre en été, blanc en hiver. Le faon est roux, finement tacheté de blanc ou de jaune. Le Chevreuil offre des variations de couleur, dont quelques-unes sont héréditaires. On en voit fréquemment noir d'encre, blancs, ou parfois tachetés. La hauteur au garrot est de 0^m,74, la longueur totale 1^m,15, dont 0^m,02 pour la queue.

Habitat. — Il habite la plus grande partie de l'Europe, depuis le 58e degré de latitude septentrionale jusqu'à la Méditerranée. Il existe au Caucase, en Angleterre et en Écosse, mais il est inconnu en Irlande. Les limites de son habitat en Asie Mineure ne sont pas bien connues. Les dépôts géologiques à partir du Pliocène en renferment de nombreuses espèces.

La forme qui habite le sud de la Sibérie est le Chevreuil Pygargue ou Ahu (*C. pygargus* Pall.), qui se différencie du Chevreuil d'Europe par une taille plus grande, des oreilles plus poilues et un disque fessier plus large, tandis que les bois sont plus divergents et plus rugueux. L'animal qui vit en Mandchourie, et qui reste roux en hiver, est regardé par Noak comme une troisième espèce.

Mœurs. — C'est un des

La Chevrette avec son faon.

plus charmants habitants de nos bois et de toutes nos forêts, où il passe le jour, au repos, sur un lit de feuilles sèches (*).

Il a beaucoup des habitudes du Cerf. Ses mouvements sont vifs et gracieux. Il fait des bonds énormes, franchit sans effort apparent les haies et les fossés, il grimpe très bien et nage à merveille. Il entend, voit et sent très bien; il est prudent, rusé, méfiant, et tellement peureux que, s'il est surpris, il pousse un cri de terreur et ne peut même plus prendre la fuite, paralysé par la frayeur. Il trottine dans un petit espace et devient ainsi la proie de ses ennemis.

Dans les endroits où les Chevreuils sont tranquilles et ne sont pas chassés, la

(*) Pl. LXXVII. — Le Chevreuil commun.

vue de l'homme ne leur inspire pas beaucoup de crainte, ils se laissent approcher jusqu'à trente pas sans se déranger de leur pâture. Au gîte, on les surprend
facilement, car ils se croient cachés par les buissons et les hautes herbes.

La voix du broquart est un cri bas, saccadé, que rendent les syllabes *bé, bé*;
il *appelle*, disent les chasseurs. Celle de la chevrette est plus criarde, plus
élevée, tandis que le faon fait entendre une sorte de piaulement difficile à déter-

Chevreuil à tête bizarre (*Kreuzbock*).

miner. La douleur arrache au Chevreuil un cri semblable à celui du faon;
lorsqu'il est effrayé, sa voix devient rauque et criarde.

Les Chevreuils ne se réunissent jamais en troupes aussi nombreuses que les
Cerfs. La plus grande partie de l'année, ils vivent en petites familles composées
d'un broquart, qui est le guide, le gardien et le défenseur, d'une et rarement de
deux ou trois chevrettes avec leurs petits; ce n'est que là où les broquarts ne
sont pas assez nombreux qu'on voit des troupes de douze à quinze individus.
Sa nourriture est à peu près la même que celle du Cerf. Il se nourrit principalement des feuilles et des bourgeons des différents arbres, même de sapins, de
céréales encore vertes des bords de la forêt, de pommes de terre qu'il déterre
avec ses pattes. Il aime le sel et a besoin d'eau pure, mais la pluie et la rosée

qui recouvrent les feuilles paraissent lui suffire. Il pénètre cependant parfois dans les jardins.

La saison des amours a lieu en juillet ou en août, et les petits faons naissent en mai. La chevrette s'isole du broquart pour mettre bas dans un endroit bien tranquille, caché, solitaire. Les jeunes chevrettes n'ont ordinairement qu'un petit ; les vieilles, deux. Au moindre signe de danger, la mère avertit sa progéniture en frappant le sol du pied ou en poussant un cri particulier. Les faons jeunes se tapissent à terre ; plus tard, ils fuient

Chevreuil à tête bizarde dite perruque.

avec leur mère. Lorsqu'ils ne peuvent l'accompagner, elle cherche à détourner l'ennemi en l'attirant sur elle, comme le font les autres Cervidés. Si on lui enlève son petit, elle est inquiète, car elle suit longtemps le ravisseur, court de côté et d'autre en appelant.

« Cette tendresse maternelle, dit de Winckell, m'a plus d'une fois touché, et m'a fait remettre en liberté le faon que j'avais enlevé; la mère, pour me récompenser, examinait soigneusement si rien n'était arrivé à son nourrisson; elle témoignait par ses caresses et ses gambades toute la joie qu'elle éprouvait à le retrouver sain et sauf. »

A huit jours, les petits accompagnent leur mère au pâturage ; à dix ou douze jours, ils sont assez forts pour la suivre. Elle retourne alors avec eux à son ancien canton; elle appelle le mâle, et les faons l'accompagnent de leurs bêlements; quand il arrive, elle le caresse tendrement pour témoigner le plaisir qu'elle éprouve à le revoir. Le broquart reprend alors la direction de la famille.

Les faons tettent jusqu'en août ou septembre; à deux mois cependant ils commencent à manger les herbes que leur mère leur apprend à choisir. C'est à quatre mois que le frontal du jeune Chevreuil commence à se bomber ; le mois suivant apparaissent des saillies qui s'accroissent de plus en plus, et en hiver se montrent les bois dits *broches*, longs de 0^m,08 à 0^m,10. En mars, le jeune chevrillard se dépouille de leur peau, en décembre il les perd. En trois mois, le bois de seconde tête se développe, il a un andouiller. Il tombe en automne, puis l'animal devient six-cors. Les vieux broquarts jettent leur tête en novembre.

Les malformations du bois sont très communes et extraordinaires : andouillers nombreux, empaumures à andouillers latéraux, etc. Il y en a à trois saillies et à trois branches, d'autres à saillie et à branche uniques, très rugueuses, etc. De vieilles Chèvres ont quelquefois de courtes cornes. Ces têtes sont alors dites *bizardes*.

Chasse. — La douceur et la gentillesse de cette petite bête n'ont pu inspirer de la pitié au féroce chasseur. Aussi la chasse-t-on à tir et à courre. Dans le premier cas, c'est la battue, on a recours aux Chiens d'arrêt ou courants. La chasse à courre est très appréciée à cause des difficultés qu'elle présente et dont il faut savoir triompher.

Captivité. — Les faonnes s'apprivoisent très bien, mais les mâles en vieillissant deviennent méchants et dangereux pour les enfants.

Produits. — Il fournit sa chair. Il est moins détesté que le Cerf, car ses dégâts sont peu importants, et sa présence orne agréablement les prés et les clairières des parcs.

LES ÉLAPHURES

Les Élaphures ne comprennent que le CERF DU PÈRE DAVID (*Elaphurus Davidianus* A. M.-Edw., 1866) ou Milou, qui diffère assez des Cerfs pour qu'on en ait fait un genre spécial. Sa tête est courte avec des petites oreilles et un museau long et étroit; les membres sont vigoureux. La queue est longue et noire. Son pelage est court, avec des poils plus longs, noirs, sur le dos et à la gorge, où ils forment même une crinière chez le mâle. La couleur générale est le brun foncé plus ou moins lavé de gris, suivant les régions. Les jeunes sont roussâtres avec de nombreuses taches blanches. Mais ce qui caractérise surtout cet animal, ce sont les bois qui n'ont pas de premier andouiller ou andouiller d'œil. Au-dessus de la meule, il s'échappe une grande et mince branche qui se dirige vers l'arrière, puis vers le haut. La tige se bifurque ensuite plus haut. Ces bois ont été comparés à ceux du Barasingha. La taille au garrot est de 1ᵐ,20, les bois atteignent 0ᵐ,80.

Habitat. — Le Milou, originaire du nord de la Chine ou de la Mandchourie, n'est connu qu'en captivité dans le parc impérial de Pékin. Le premier échantillon qu'on vit à Paris et qui est conservé aux Galeries du Muséum en provient justement.

D'autres ont vécu au Jardin zoologique de Londres et s'y sont reproduits.

Mœurs. — On ne sait rien sur ses mœurs à l'état sauvage. Sclater les a étudiés à Woburn Abbey. Sa marche ressemble à un trot allongé plus semblable à celui de la Mule qu'à celui du Cerf; toute sa démarche, impossible à décrire, l'éloigne des Cerfs. Ses larges sabots font supposer qu'il vit dans les marais ; il nage très bien. Il se nourrit surtout de joncs et d'autres plantes aquatiques. Son cri est une sorte de braiment, fréquent surtout en juin et juillet.

Les bois tombent en novembre et décembre.

LES ODOCOÏLÉES

A l'exception du Wapiti, du Renne et de l'Élan, qui sont très voisins des types de l'ancien monde ou leur sont identiques, tous les autres Cerfs du nouveau monde diffèrent essentiellement de ceux de l'ancien. Ils étaient rapportés, si l'on en excepte les Poudous, au seul genre *Mazama* ou Cariacou avec différentes sections d'importance inégale.

Ils habitent tous les parties chaudes et tempérées de l'Amérique.

On y distingue actuellement quatre genres : les *Odocoïlées*, les *Blastocères*, les *Guémals* et les *Mazamas*.

Les Odocoïlées (*Odocoïleus* Rafinesque, 1832) ou Dorcélaphes, de taille assez grande, possèdent des bois grands et compliqués, portant une tubérosité subbasilaire et un andouiller antérieur au moins aussi déve-

Le Cerf de David.

loppé que le postérieur. La glande et la touffe métatarsiennes existent. La queue est longue ou moyenne, et poilue en dessous. La face est très allongée et étroite. Les canines supérieures manquent, et les faons sont tachetés. Ils habitent la partie occidentale de la région paléarctique, la Sonora et le nord de la région néotropicale.

LE CERF DE VIRGINIE OU DORCÉLAPHE AMÉRICAIN. — Le Dorcélaphe américain (*O. americana* Erxl.), appelé encore Cerf de la Louisiane, est le Cariacou de Buffon. C'est le type le plus connu et le plus grand de ce genre.

Ces gracieux animaux ont une robe qui varie suivant les saisons, l'âge et les localités. Elle est toujours teintée de blanc à la gorge, autour du museau, au-dessus et au-dessous des yeux, à l'intérieur des pavillons, au côté interne des membres, au ventre et à la face inférieure de la queue, mais en été les parties supérieures sont d'un brun rougeâtre plus foncé sur le dos, tandis qu'en hiver, ces mêmes parties sont plus grisâtres, mais pourtant le pelage paraît plus ou moins lavé de roux. La face supérieure de la queue est foncée, excepté pour ceux qui vivent le plus au nord ; il leur manque aussi sur la face les taches foncées que possèdent les formes du sud et de l'est. Les Cariacous qui habitent les districts montagneux de l'ouest et du nord (Illinois, Visconsin et Nebraska) se reconnaissent par une plus forte proportion de blanc sur la queue et le corps, aussi en a-t-on fait une variété spéciale, les Cariacous à queue blanche (*leucurus*) ou à longue queue des chasseurs (*macrura*). Leur taille est plus petite que celle du Cariacou typique. Il en est de même de la forme de la Floride (*osceola*), de la Sonora (*Couesi*), du Texas, du Mexique, du Yucatan (*tolteca*), des bois de l'Amérique centrale (*nemoralis*), de la Colombie (*gymnotis*), des savanes de l'Amérique et de la Guyane, ainsi que celle qui habite le Pérou et la Bolivie. Les formes du Mexique et du Yucatan sont les plus petites. Cette diversité dans les caractères avait engagé les naturalistes à regarder ces formes comme des espèces spéciales. L'espèce type du nord a une hauteur de 1 mètre au garrot, un poids de 100 kilogrammes et une queue qui atteint 0^m,33. La Biche est plus petite. Le faon se reconnaît à la robe brun foncé tachetée de blanc plus ou moins jaunâtre.

Habitat. — L'espèce, ainsi comprise, a une aire d'habitat qui s'étend des États-Unis à la Guyane, à la Bolivie et au Pérou.

Mœurs. — Les mœurs du Cerf de Virginie ont été bien étudiées par Merriam dans les monts Adirondack, près de New-York. Là il se tient sur les montagnes élevées aussi bien que dans les vallées profondes ; dans les fourrés les plus impénétrables comme dans les prairies de Castor et dans les parties déboisées. La mise en culture le chasse rapidement de ses cantonnements, mais bientôt il reprend confiance et revient à son séjour habituel. Il est toujours extrêmement craintif et peureux, et sait fuir avec la plus grande rapidité à la course ou à la nage. Les jeunes, naissant en mai, conservent leur livrée tachetée jusqu'en septembre. A cette époque, un peu plus tôt ou un peu plus tard suivant la température et la latitude, la robe prend sa teinte grise d'hiver et les bois tombent. Chez les Cerfs d'un an, ce sont de simples dagues ; chez ceux de deux ans il y a deux pointes non bifurquées, mais la tubérosité subbasilaire apparaît. Les adultes ont les bois complets à la saison des amours, en octobre.

Celle-ci dure jusqu'en décembre, et est caractérisée par de nombreux combats entre les mâles.

Là où la neige couvre longtemps le sol, les Cariacous se réunissent en troupeaux nombreux en des endroits déterminés, secs et abrités, comme l'Orignal, où ils trouvent de la faîne qu'ils déterrent avec leurs

sabots et qui constitue dans le nord le principal de leur nourriture. Ils mangent aussi des ramilles et des bourgeons des arbustes, des cyprès, des sapins hemlocks, du pin baumier, des mousses et des lichens. Mais du commencement de mai au mois de novembre, sa nourriture est beaucoup plus variée, car à côté des feuilles d'arbustes, il mange toute sorte d'herbes, même celles des marais, et plus

Le Cerf de Virginie.

tard les framboises, les myrtilles et autres fruits juteux suivant les localités.

C'est un animal nocturne, mais quand il se croit en sécurité, il sort aussi le matin et l'après-midi pour chercher sa nourriture, et il se repose au milieu du jour et parfois une partie de la nuit dans les fourrés épais toujours verts.

Comme il est tourmenté par les mouches, il reste volontiers immergé dans l'eau de telle façon que le museau et les bois seuls sont visibles.

La Biche ne met bas qu'à deux ans. Les primipares n'ont qu'un seul petit, plus tard deux par portée. La mère cache ses nouveau-nés dans un buisson épais ou dans des herbes élevées. Elle les aime beaucoup, arrive aussitôt à leur appel et vient les visiter plusieurs fois par jour, surtout le matin, le soir et pendant la nuit. Bientôt elle les emmène avec elle. Les jeunes faons, âgés de quelques jours, dorment si profondément qu'on peut souvent les prendre dans la main sans les réveiller. Ils s'apprivoisent facilement et s'attachent à leur maître. On peut les faire allaiter par une Chèvre ou une Vache.

« Dans les pays, dit Wied, où cet animal est l'objet de poursuites incessantes, il laisse le chasseur approcher de son gîte plus près que là où il est peu chassé. Il reste couché, non pas qu'il dorme, mais par crainte de se montrer. J'en ai vu qui étaient couchés les jambes de derrière ramassées, prêts à sauter, les oreilles rabattues sur la nuque, les yeux ne quittant pas l'importun. Dans ces cas, le chasseur ne peut espérer un succès qu'en tournant lentement l'animal sans faire semblant de l'apercevoir et en tirant subitement pendant qu'il est encore dans son gîte. Avant d'avoir été poursuivi, le Cerf cherche, à l'approche du chasseur, à s'échapper en glissant dans le fourré.

« Surpris, le Cerf saute deux ou trois fois en l'air et retombe avec une sorte de maladresse apparente sur trois jambes, se retourne vers l'endroit suspect, lève sa queue blanche et l'agite. Puis il fait quelques bonds, tourne la tête de côté et d'autre et cherche ce qui a pu le troubler. Tout cela s'exécute avec une élégance qu'on ne peut assez admirer. Si par contre l'animal aperçoit, étant dans son gîte, un objet de terreur, il s'élance rapidement, la tête et la queue étendues dans la même ligne que le reste du corps, et parcourt ainsi plusieurs centaines de pas, mais il ne soutient pas cette allure. »

Chasse. — La chasse du Cerf de Virginie met en jeu toute la ruse et toute la patience des Indiens. Ils attirent la proie en imitant le bêlement du faon ou le cri du mâle, ou bien, revêtus d'une peau de Cerf avec la ramure sur la tête, ils parviennent au milieu du troupeau, et deux ou trois victimes sont déjà tombées sous les flèches avant que les autres songent à fuir.

Bien qu'il ait remplacé l'arc par le fusil, l'Indien actuel s'approche assez près pour ne tirer qu'à vingt-cinq ou trente pas.

En Virginie, on dispose des pièges d'acier très solides au bord de l'eau ; on plante le long des haies des pieux pointus sur lesquels les Cerfs viennent se blesser, et même dans quelques localités on les chasse en canot. D'autres fois, deux chasseurs s'associent, l'un porte un vase dans lequel il fait brûler du bois résineux ; le second, qui le suit de près, tient le fusil. Cette lumière inaccoutumée au milieu de la forêt surprend le gibier ; il s'arrête immobile, ses yeux reflétant la lumière de la flamme. Le chasseur peut alors viser et faire feu.

En captivité, ce sont les animaux les plus gracieux qu'on puisse voir.

Les Blastocères (*Blastoceros* Wagner, 1844) forment le groupe des Gouazous caractérisés par leurs bois dichotomiques avec l'andouiller supérieur plus grand que l'antérieur. Ce sont le B. dichotome et le B. à bézoard.

Le Poudou humble.

Les Guémals ou Guémuls (*Hippocamelus* Leuckart, 1816, ou *Furcifer* Sundewall, 1844) ont des bois simplement bifurqués dont l'andouiller antérieur est plus court et plus arqué que l'autre. Ils ne comprennent que deux espèces du Chili et du Pérou.

Les Daguets (*Mazama* Rafinesque, 1817) sont ainsi nommés parce que leurs petits bois sont de simples dagues. Ces Cerfs ont au plus la taille de notre Chevreuil d'Europe, et comprennent sept espèces toutes spéciales à l'Amérique du Sud.

Le Daguet roux (*M. rufus* Ill.) ou Biche rouge de Buffon est un gracieux animal, qu'on trouve depuis la Guyane jusqu'au Paraguay.

Les Poudous (*Pudua* Gray, 1850) sont les plus remarquables Cervidés de l'Amérique. Ils sont alliés aux Guémals et aux Daguets, mais sont si différents de tous les autres, par leurs caractères ostéologiques et externes, qu'on en a fait un genre spécial.

Le Poudou humble (*P. humilis* Bennet), des Andes du Chili et des îles Chiloë, n'est pas plus gros qu'un Lièvre ; sa tête est arrondie et ses oreilles larges ; entre elles se trouve, chez les mâles, une paire de petites dagues, très rapprochées l'une de l'autre. La robe est d'un brun rougeâtre, avec les parties inférieures plus pâles. Le mâle n'a pas de canines supérieures. Le crâne se rapproche de celui des Guémals, et les os du tarse présentent des coalescences inconnues ailleurs dans la famille.

Les *Chameaux* et les *Girafes*

LES PORTE-MUSC

Les Porte-Musc (*Moschus* Linné, 1768) de l'Asie orientale forment à eux seuls la deuxième sous-famille des Cervidés. Rapprochés jadis des Camélidés, à cause de l'absence de bois dans les deux sexes, ils sont pourtant plus voisins des Cerfs par leur organisation, quoiqu'ils aient la dentition des Tragules ; les canines existent dans les deux sexes, mais les supérieures du mâle sont longues et sortent de la bouche. La glande lacrymale ne présente qu'un orifice, situé au-dessous du bord antérieur de l'orbite. Le crâne ressemble à celui des Cerfs. Les métatarsiens extérieurs manquent seuls complètement. La vésicule biliaire existe ici comme chez les Bovidés. L'estomac, de même que celui des Ruminants ordinaires, se compose de quatre poches bien développées.

Outre les particularités indiquées, ils sont caractérisés par la présence, chez le mâle, d'une poche à musc placée tout près et en arrière de l'ombilic et par leur ressemblance avec de petits Faons ou avec certaines jeunes Gazelles.

LE PORTE-MUSC COMMUN. — Le Porte-Musc commun (*M. moschiferus* L.), désigné souvent sous le nom de Chevrotain porte-musc, est un élégant Ruminant, dont tous les membres sont allongés, les postérieurs plus que les antérieurs, les sabots médians étroits et pointus, les latéraux ayant une grandeur inusitée et touchant le sol. Les oreilles sont grandes, la queue courte, épaisse, triangulaire, poilue chez la femelle, nue chez le mâle, sauf une touffe de poils à l'extrémité. Le pelage est serré, dur, cassant, assez semblable à celui du Chevreuil ; la gorge est velue ainsi que la face postérieure des tarses ; les poils sont droits ou courbés, ondulés dans leur partie moyenne ; ils sont plus gros au cou ; sur le dos et les flancs, ils sont gros et longs, tandis qu'autour de l'ombilic, ils sont plus grêles, mais s'allongent encore plus et forment une touffe pendante au-devant des cuisses. La coloration est un rouge brun vif, plus ou moins tacheté et moucheté de gris et de fauve. Chaque poil est blanc à la base sur les trois quarts de sa longueur, tandis que sa pointe est noire avec un anneau blanc. Le menton, le bord interne des oreilles et la face intérieure des membres sont plus clairs. Il n'est pas rare de trouver une tache blanchâtre de chaque côté de la poitrine. Les jeunes sont tachetés. Leurs taches, blanches ou jaunâtres, sont plus pâles dans le Cachemire que dans l'Himalaya oriental ; on en trouve même qui

Le Porte-Musc commun.

ont des rangées de taches grises sur le dos. Hodgson, pour désigner les races plus pâles, plus jaunâtres ou plus foncées, s'est servi de noms spéciaux.

Le mâle, au garrot, n'a que 0ᵐ,50, tandis que sa croupe atteint 0ᵐ,55 ; la longueur du corps est 0ᵐ,90 et celle de la queue 3ᶜᵐ,5 à 5.

Habitat. — Le Porte-Musc commun se rencontre depuis Gilgit, à l'ouest, à travers l'Asie centrale et la Sibérie, sur une longueur de 1 600 lieues géographiques. On le trouve donc dans le Cachemire, le Népaul, le Bouthan, le Pégou, le Tonkin, même dans la portion montagneuse de la Cochinchine, et dans les monts de la Chine qui avoisinent la Mongolie et le Thibet. Assez fréquent dans les monts Altaï et dans les régions adjacentes de la Sibérie : bords de l'Obi, Irtisch et Toungouska, il est encore plus commun près du lac Baïkal, de la Léna supérieure et de Verkhoïansk, le point le plus froid de la Sibérie, où la température descend, dit-on, en hiver, à 53° C. au-dessous de zéro. On le trouve aussi dans le bassin de l'Amour et dans les monts Stanovoï Khrebel. La forme de la Sibérie a été décrite par Pallas sous le nom de Sibérienne (*Sibiricus*) et plus récemment Büchner a trouvé des caractères suffisants pour élever au rang d'espèce (*M. sifanicus*) la forme du Kansou. Dans l'Himalaya occidental, en été, on le trouve rarement au-dessous de 2400 mètres ; dans le Sikkim, il vit au-dessous de 4 000 mètres.

Mœurs. — Le Porte-Musc vit solitaire, car rarement on en trouve plus de deux ensemble. Il se tient sur les pentes les plus raides et les plus sauvages, sur les éboulis, à la limite supérieure des forêts de bouleaux et de pins. C'est qu'il vit tout le jour, comme le Lièvre, caché dans un gîte qu'il creuse lui-même à son usage et que de là il part, matin et soir, pour errer à la recherche de sa nourriture. Ses mouvements sont aussi rapides que sûrs. S'il a la légèreté de l'Antilope, il a l'adresse du Bouquetin, l'agilité et l'intrépidité du Chamois. Il saute sans se blesser au bas de très grands précipices, court le long des parois des rochers, où il trouve à peine de quoi poser son pied, ou bien n'hésite pas à traverser des torrents à la nage. Sur les champs de névé, où le Chien et l'homme se meuvent avec difficulté, le Porte-Musc court aisément, presque sans laisser de traces. A ces hautes altitudes, sa fourrure est très efficace contre le froid.

D'après Adams, il se nourrit d'herbes et de lichens, et d'après Kinloch, de feuilles et de fleurs. La qualité du musc paraît être en rapport avec l'alimentation. En Sibérie, il se nourrit de racines, qu'il déterre avec ses sabots, de plantes aquatiques, de feuilles d'arbousier, de rhododendrons et de lichens. Dans le Thibet, il mange des plantes plus aromatiques, aussi son musc est-il plus estimé que celui de Sibérie.

Chasse. — La chasse de cet animal est très difficile, car il se laisse difficilement approcher à portée de fusil, tant est grande sa méfiance. On a recours à des lacets que l'on tend sur ses chemins préférés. On dit qu'il est peu timide là où on ne le pourchasse pas.

En Sibérie, d'après Pallas, on le prend, en hiver, dans des pièges amorcés avec des lichens. « Les chasseurs, dit Radde, savent profiter de la constance du Chevrotain à revenir au lieu de repos pour le tirer. Lorsqu'il est effrayé, il se dérobe rapidement en sautant de rocher en rocher. Mais le chasseur n'a qu'à se cacher, car il est assuré qu'après avoir rôdé autour de la montagne où il a fixé sa demeure, le Porte-Musc reviendra à sa place habituelle. »

C'est aussi en mettant à profit cette habitude qu'on réussit à prendre ces animaux vivants. Les Toungouses les attirent en imitant leur bêlement au moyen d'un appeau en écorce de bouleau.

En Sibérie, souvent les Carnivores, Mammifères et Oiseaux, mangent les animaux pris aux lacets, si le chasseur ne peut arriver à temps.

Mac Intyre décrit la façon de faire des Indigènes de la manière suivante : Ils établissent le long d'une colline une palissade, d'une longueur de un mille et plus. De distance en distance, à 150 mètres, sont ménagées des ouvertures ; le Porte-Musc, changeant de vallée, suit la palissade pour s'éviter la peine de sauter par-dessus et pénètre par les ouvertures qu'on a munies d'un lacet placé sur le sol et attaché à un jeune arbre. Ce lacet se détend lorsque l'animal vient à monter dessus et l'animal est pris par les pattes.

On visite ces ouvertures tous les deux ou trois jours. On s'empare des Porte-Musc captifs, des mâles seulement, et on répare les dégâts qu'ils y ont faits.

Malgré la poursuite effrénée à laquelle on les soumet, il y en a encore beaucoup dans l'Himalaya, où on le connaît sous le nom de *Kastura.*

Captivité. — Le Porte-Musc peut vivre assez longtemps en captivité. En

1772, on en eut un à Paris et qui, nourri avec du riz, du lichen, des branches de chêne, vécut trois ans et resta vif, inoffensif, mais craintif et méfiant. Son odeur de musc était telle qu'on n'avait qu'à se laisser guider par l'odorat pour le retrouver à la ménagerie du Muséum.

Produits. — A l'état frais, le musc a la consistance du miel et sa couleur est d'un brun rougeâtre, mais par la dessiccation, il devient brun noirâtre, solide et granuleux. Pur, il ne doit présenter aucun corps étranger sous le doigt et se dissoudre aux trois quarts dans l'eau. L'odeur qu'il répand est très intense et dépend de la diffusibilité extrême de la matière odorante non isolable. Toutes les parties du corps de l'animal sont imprégnées de cette odeur. L'analyse chimique n'a jeté que peu de lumière sur les propriétés si curieuses du musc et sur sa composition.

La chimie a réussi à produire des corps qui jouissent d'une odeur identique et aussi prononcée : ce sont des carbures comme l'isobutyltoluène et ses homologues supérieurs, dans lesquels on incorpore trois molécules d'un radical azotique. Le musc artificiel est donc le trinitrobutyltoluène, soluble dans l'alcool, insoluble dans l'eau, qui peut cristalliser en belles aiguilles blanches.

Le commerce nous fournit le musc *en poche* ou *en vessie,* c'est-à-dire contenu dans son appareil glandulaire, et le musc *hors vessie* ou en grain. A cause des sophistications, la première forme est préférée. Les principales variétés sont le musc du Tonkin, de la Chine ou du Thibet, qui nous vient en Europe par le port de Canton ; le musc de l'Assam, qui arrive par Calcutta, et le musc cabardin ou de la Sibérie, le moins estimé, qui nous arrive par la Baltique.

On évalue la consommation annuelle à plusieurs centaines de mille poches. Le musc a toujours un prix élevé, 2 000 à 3 000 francs actuellement le kilogramme. Le poids moyen d'une poche est de 32 grammes, dont les 45 centièmes seuls sont du musc. On le falsifie de multiples façons. Son emploi en thérapeutique était jadis fort apprécié; maintenant il est laissé de côté à peu près complètement pour les usages médicaux, mais encore fort apprécié pour la toilette. L'impératrice Joséphine aimait passionnément les parfums et le musc en particulier. On raconte que quarante ans après sa mort, son cabinet de toilette était encore imprégné de cette odeur, malgré les lixiviations, les grattages et les peintures dont le propriétaire avait usé.

Le musc sert à parfumer les savons, les sachets et à mêler dans les cosmétiques liquides. Le savon dit de Windsor, bien que fabriqué à Paris, lui doit son odeur agréable.

La peau sert à fabriquer des bonnets, des vêtements, des couvertures. Le cuir vaut mieux que celui du Chevreau.

LES TRAGULIDÉS OU CHEVROTAINS

Les Tragulidés, auxquels on réserve souvent le nom de *Chevrotains,* sont des Ruminants de petite taille se rapprochant plutôt des Suidés que des vrais Cerfs. Leur estomac n'est composé que de trois compartiments, car il leur manque le feuillet. Ils ont 4 doigts (2, **3**, **4**, 5) dont les phalanges sont bien développées ; les métatarsiens des doigts 3 et 4 ne sont soudés que dans le genre Tragule. Les deux sexes sont sans cornes ; les canines existent aux deux mâchoires, plus fortes au maxillaire supérieur, mais toujours plus faibles que chez les Porte-Musc. La dentition est celle de la plupart des Cervidés ; les molaires ont le caractère sélénodonte.

$$i \frac{0}{3}, c \frac{1}{1}, pm \frac{3}{3}, M \frac{3}{3} = 34 \text{ dents.}$$

Ils n'ont pas de bourse à musc, bien qu'on les ait longtemps réunis au groupe des Porte-Musc.

Habitat. — Deux genres : les Tragules, spéciaux à la région indienne et insulindienne, et les Dorcathériums, vivant sur la côte occidentale d'Afrique.

LES TRAGULES

Les Tragules (*Tragulus* Pallas, 1779), dont le nom signifie *petites Chèvres*, ont un corps petit, des membres grêles et minces, un mufle large qui occupe toute la portion terminale du museau. Ils n'ont ni glande infraorbitaire, ni interdigitale. Les canines, longues et en crocs chez les mâles, sont courtes chez la femelle. Celle-ci a quatre mamelles. Les poils dans toutes les espèces sont fins, lisses et couchés, le bord du métatarse est nu et calleux ; la queue est courte, mais à poils assez longs. En somme, ils ont plus l'aspect et les mœurs de Rongeurs, comme les Agoutis, que des animaux de leur ordre.

LE TRAGULE MÉMINNA. — Le Méminna (*T. meminna* Exrl.) a le menton et la poitrine entièrement couverts de poils ; les tarses sont poilus, excepté tout près des jarrets. La queue est courte. Il diffère de ses congénères par sa coloration. Les parties supérieures, en effet, sont d'un brun pâle ou foncé, finement moucheté de jaune, car les poils, bruns à la base, sont noirs vers la pointe avec un anneau jaune. Sur les côtés, les taches sont allongées et forment des bandes blanches ou fauves. Les parties inférieures sont blanches ; la poitrine porte trois bandes divergentes de cette couleur. Sa hauteur ne dépasse pas 0^m,25, la longueur de son corps 0^m,50 et celle de sa queue 0^m,025 à 0^m,037.

Habitat. — Il vit à Ceylan, ainsi que dans les forêts et les collines ne dépassant pas 700 mètres du sud de l'Inde. Vers le nord, son habitat s'étend jusqu'à l'Orissa, le Chutia-Nagpur, l'est des Provinces centrales et aussi le long des Ghâtes occidentales jusqu'à Bombay. Il ne se rencontre pas plus au nord.

Mœurs. — Tickell dit qu'on ne le voit pas souvent à cause de la vie retirée qu'il mène. Jamais il n'ose s'aventurer dans les endroits découverts, mais il se tient entre les rochers, dont les anfractuosités lui offrent un abri contre la clarté du jour et contre ses ennemis.

Il erre au crépuscule et, comme tous les Tragulidés, il a une démarche toute spéciale, car il se tient sur la pointe des onglons et ses jambes paraissent si raides, qu'on croit dans l'Inde que ses membres antérieurs manquent de genoux.

Il est très peureux, très doux et émet un cri qui ressemble à un faible bêlement.

Les mâles vivent solitaires, hormis pendant le temps des amours en juin et juillet. La femelle met bas deux petits, entre les rochers, à la fin de la saison des pluies, donc au commencement de la saison froide.

Captivité. — On l'apprivoise facilement. Comme il se reproduit en captivité, il est fréquent dans les jardins zoologiques.

LE TRAGULE JAVANAIS. — Le Tragule javanais (*T. javanicus* Gm. ou *Kantchil* Raff), nain, ou Kantchil, a une tête élégante et bien prise, des pattes grêles et minces, à sabots délicats, une queue longue et gracieuse. Le menton porte un espace glandulaire sans poil, les tarses sont nus, les carpes à peu près nus en arrière. Le poil est fin. Il est sur le dos d'un brun plus ou moins rougeâtre, plus clair sur les côtés et presque blanc en dessous. Chez les vieux animaux, le dos devient plus noir avec une teinte toujours nette de rougeâtre ou de jaune. La nuque et le cou sont noirâtres ou noirs. Une raie jaune se trouve souvent sur la poitrine. Une bande blanche partant de la mâchoire inférieure descend sur les côtés du cou jusqu'à l'épaule ; à cette bande s'en joint une autre noire, et entre les deux bandes noires, une blanche au milieu du cou. La croupe est rougeâtre, la queue blanche en dessous. Après l'Antilope royale, c'est le plus petit des Ongulés, car sa hauteur n'est que $0^m,22$, la longueur de son corps $0^m,47$, sa queue a $0^m,076$. Les mâles ont des canines de 3 centimètres recourbées, dirigées en dehors et en arrière.

Le Tragule javanais.

Habitat. — Il est très fréquent dans les fourrés de mangliers de la côte du Ténasserim et de Malacca, dans le Cambodge, la Cochinchine, et dans les îles Mergui, Natuna, Sumatra et Java.

Mœurs. — Ses mœurs sont celles du précédent ; comme il est timide et craintif, il se laisse facilement apprivoiser. Il se reproduit en captivité, la femelle mettant

bas un ou deux petits. Il sait employer tant de ruses pour échapper aux poursuites que les Malais disent : « rusé comme un Kantchil ».

Le GRAND CHEVROTAIN MALAIS (*T. napu* F. Cuv.) ou Napu est de taille plus
grande (hauteur o^m,33, longueur du corps o^m,70). Il habite à peu près les mêmes
régions, en y ajoutant Bornéo, tandis que le CHEVROTAIN DE STANLEY (*T. stan-
leyanus* Gray) est spécial à la presqu'île malaise, à Java, et le CHEVROTAIN
NOIRÂTRE (*T. nigricans* Thos.), à l'île Balabac, dans les Philippines.

LES DORCATHÉRIUMS

Les Dorcathériums (*Dorcatherium* Kaup, 1836) sont reconnaissables à leurs
pattes courtes et fortes, à leurs doigts latéraux bien développés, au défaut de
soudure des métacarpiens médians aux deux membres antérieurs et à une soudure tardive des deux métatarsiens aux deux membres postérieurs.

Ils ne comprennent qu'une espèce vivante, qui a été décrite, après les fossiles,
sous le nom d'Hyomosque ou Hyœmosque (*Hyomoschus* Gray, 1845), c'est
l'HYOMOSQUE ou CHEVROTAIN AQUATIQUE (*H. aquaticus* Ogilby)
de l'Afrique occidentale. L'étude de son squelette a offert
un intérêt tout particulier, parce que ce Ruminant sans canon a un
pied qui offre une
grande ressemblance
avec celui des Porcs
et de nombreux Ar-
tiodactyles fossiles
(*Gelocus, Prodremo-
therium, Hypertragu-
lus*), qui ont habité
l'Europe et l'Améri-
que pendant les épo-
ques éocène et mio-
cène. Il relie donc ces
divers animaux aux
Ruminants. On peut
dire que ce Chevrotain
est le seul survivant
d'une très ancienne
forme (*D. Naui* Kaup),
apparue dans le Mio-
cène et le Pliocène de
l'Europe centrale et
qui avait quatre pré-

Le Dorcathérium ou Chevrotain aquatique.

molaires. Il est intéressant de faire remarquer que des espèces du même genre
ont été trouvées dans le Miocène de l'Inde.

Ce Chevrotain aquatique a une taille à peine supérieure à celle des plus grandes espèces asiatiques, et par sa livrée il ressemble au Tragule méminna. La couleur fondamentale de son pelage est le brun vif, portant des taches blanches sur les parties supérieures, une grande raie longitudinale blanche sur chaque flanc, et en dessous d'elles deux autres irrégulières. Le devant du cou est marqué de blanc disposé longitudinalement, la poitrine est blanche et le dessous de la queue. Sa formule dentaire est celle du Tragule :

$$i\,\frac{0}{3},\; c\,\frac{1}{1},\; pm\,\frac{3}{3},\; M\,\frac{3}{3} = 34 \text{ dents.}$$

Les canines sont faibles. Son crâne diffère de celui des Porte-Musc et des Tragules.

Il se tient ordinairement sur le bord des fleuves et des lacs, de la Sénégambie au Congo. Ses mœurs rappellent celles des Porcs.

LES CAMÉLIDÉS

Les Camélidés sont de grands Ruminants sans cornes, à cou long, à tête allongée, à lèvre fendue, à flancs rentrés, à poil long, crépu, plus ou moins laineux. Ils ont la plante des pieds large, bombée, calleuse, d'où le nom de *Tylopodes* ; les deux sabots sont petits et ressemblent à des ongles. Pas de traces d'ergots. Par leur dentition, ils diffèrent de tous les autres Ruminants, car ils ont, à la mâchoire supérieure, trois incisives de chaque côté dans la dentition de lait, et une seule, la troisième, grande, conique, pointue chez l'adulte, plus petite que la canine dont elle est séparée par une lacune. La mâchoire inférieure porte trois paires d'incisives disposées en arc ; à la dernière s'adosse la canine ; aussi ses morsures sont-elles plus dangereuses que celles des autres Ruminants. Souvent en arrière se trouve une prémolaire caniniforme, fréquemment caduque et qui est séparée des autres molaires par une barre. La formule dentaire est la suivante :

$$i\,\frac{1}{3},\; c\,\frac{1}{1},\; pm\,\frac{3}{2},\; M\,\frac{3}{3\,(2)} = 34 \text{ dents.}$$

Le canon présente à sa partie inférieure des traces évidentes de séparation en deux ; l'estomac n'est composé que de trois parties, le feuillet étant très petit. Particularité curieuse, les globules sanguins sont elliptiques, comme ceux des Vertébrés ovipares.

Peu de groupes de Mammifères offrent autant d'intérêt, soit au point de vue de l'organisation, soit par les qualités physiologiques. Leurs mœurs douces et leurs goûts sociables semblent prouver que la domesticité est leur condition naturelle. Ils rendent les services les plus divers, en fournissant leur travail comme bêtes de somme, de trait et de monture, leur toison, leur cuir, leur viande et leur lait.

Cette famille naturelle ne renferme que deux genres, les Chameaux de l'ancien monde et les Lamas du nouveau, dont les habitats sont séparés par les Océans.

LES CHAMEAUX

Les Chameaux (*Camelus* Linné, 1766) ont la face étroite et busquée, le dessus de la tête large, les orbites saillantes, les narines allongées, sans mufle, la lèvre inférieure pendante. Leur cou est long et fortement recourbé; leur dos présente une ou deux bosses graisseuses. Ils ont des callosités à la poitrine, aux coudes et aux chevilles. Les jambes sont fortes, les postérieures paraissent même comme déhanchées. Ils appuient sur le sol par toute la semelle calleuse du pied, ce qui les rend propres à marcher avec assurance dans les endroits sablonneux, d'où le nom de « navires du désert » qu'on leur donne parfois.

En somme, leur aspect a quelque chose d'étrange, de disgracieux et même de difforme, si on les compare aux Bœufs et aux Chevaux. Tout est pourtant harmoniquement combiné pour leur permettre un séjour prolongé dans les endroits les plus stériles. En effet, leurs lèvres épaisses ne craignent pas le contact des végétaux les plus grossiers, leurs bosses emmagasinent des réserves nutritives dans les oasis quand la nourriture est abondante et le repos possible, car les bosses sont d'autant plus grandes que l'animal est mieux nourri ; elles peuvent presque disparaître si le régime est insuffisant ou si l'animal est malade, mal soigné ; aussi le poids de la bosse du Dromadaire varie-t-il de 15 kilogrammes à 2 ou 3.

« La structure de l'estomac est fort remarquable. La panse est énorme, et on y remarque deux grands amas de bosselures constitués par des fonds de grandes cellules au nombre de plus de huit cents qui sont disposées en séries parallèles et séparées par des cloisons membraneuses, où le tissu musculaire est si bien développé qu'il forme de véritables sphincters capables de fermer les orifices de ces cellules toujours plus ou moins remplies d'eau. » (Vogt.) Ils ont ainsi une provision d'eau qui les rend capables de rester sans boire pendant plusieurs jours, malgré la chaleur torride du désert. Pour cette raison, ils peuvent ingurgiter une quantité d'eau considérable.

Les deux espèces actuelles sont domestiques.

LE CHAMEAU DROMADAIRE. — Le Dromadaire (*C. dromedarius* L.) n'a qu'une bosse, et est très haut sur jambes. Son poil est doux, laineux, assez court, sur presque tout le corps, mais il est plus fourni et plus allongé sur la bosse, le cou et les membres. Sa couleur ordinaire est le fauve jaunâtre ou brunâtre, ou parfois isabelle. Jamais la robe n'est tachetée. Les Arabes regardent les Chameaux noirs comme mauvais et les tuent de bonne heure. Les jeunes Chameaux ont un poil laineux sur tout le corps et des formes arrondies plus agréables à l'œil. Ce Ruminant est de forte taille, il a de 1^m,50 à 2^m,20 de haut et 3 mètres de long. Deux glandes, situées à l'occiput, sécrètent un liquide noir, à odeur repoussante, surtout abondant à l'époque du rut.

Habitat. — On ne trouve plus de Dromadaires qu'à l'état domestique. D'après Brehm, son aire de dispersion se confond avec celle des Arabes : de l'Arabie et le nord-ouest de l'Afrique, elle s'étend d'une part à travers la Syrie, l'Asie

Mineure et la Perse jusqu'en Boukharie et en Afghanistan où se trouve son frère à deux bosses, et d'autre part, à travers le Sahara jusqu'aux rives de l'Atlantique au 12ᵉ degré de latitude nord. Dans la Somalie, il descend jusqu'au 5ᵉ degré.

Cet animal, dont Pline a parlé sous le nom de *Camelus Arabiae*, vient d'Arabie. Pourtant, en Égypte, un papyrus du xivᵉ siècle avant Jésus-Christ en fait mention. La Bible en parle souvent sous le nom de *Gamal*. On l'a découvert fossile

Le Chameau dromadaire.

dans le Pleistocène de l'Algérie, et Regalia, dans la grotte préhistorique de Zachito près de Salerne, a trouvé des ossements de *Camelus* au milieu de débris d'animaux domestiques. C'est le seul point de l'Europe où l'on ait prouvé son existence dans ces conditions. Près des monts Siwalik, dans l'Inde, ont vécu des espèces très voisines.

Le Dromadaire ne prospère que dans les districts secs et déserts ; aussi les essais d'acclimatation n'ont-ils réussi que là où les conditions climatériques lui étaient favorables ; les tentatives ont échoué dans le sud de l'Inde et dans l'Afrique équatoriale. Ils ont été introduits aux îles Canaries, en Australie, en Italie, dans le sud de l'Espagne, à Zanzibar et dans le nord de l'Amérique.

Importés en Toscane en 1622 et en 1738, dans la plaine sèche de San Rossore, près de Pise, où l'on fonda une chamellerie, ils étaient 40 en 1810, et 171 en 1840, et plus tard plus de deux cents. C'est de là que se peuplent tous les jardins zoologiques et les ménageries.

Dans l'Asie Mineure et le Khorassan, les femelles produisent en liberté, avec le Chameau à deux bosses, des hybrides appelés Chameaux Boghdi, en Perse, qui ont les longues jambes du Dromadaire et ordinairement les deux bosses du père, et qu'on préfère aux animaux de race pure.

En 1856, le gouvernement des États-Unis fit venir soixante-quinze Dromadaires, qui furent envoyés dans les États du Texas, de l'Arizona et du Nouveau-Mexique. Pour diverses raisons, l'essai ne réussit pas, et l'on assure que quelques-uns de leurs rares descendants vivent encore à l'état sauvage dans les parties les plus arides de la Californie et de l'Arizona, et y effectuent des migrations annuelles.

En Australie, l'acclimatation a réussi et le Dromadaire rend de grands services dans les déserts de l'intérieur.

Mœurs. — Le Dromadaire, plus ou moins sobre suivant son éducation, peut se contenter des fourrages les plus mauvais, des plantes les plus sèches, de branches de Mimosées épineuses qui ne le blessent pas; au besoin, il est satisfait d'un vieux panier, d'une natte tressée avec des feuilles de palmier, de matériaux des huttes indigènes. Si on le nourrit de graines, il faut y ajouter des fourrages verts pour le maintenir en bonne santé.

Quand le Dromadaire est forcé de travailler avec une nourriture insuffisante, il s'épuise vite, et s'il ne mange pas de plantes vertes, il lui est impossible de supporter la soif aussi longtemps qu'on le croyait. Brehm affirme qu'au bout de quatre jours, il lui faut de l'eau et qu'au sixième ou septième jour de privation, les Dromadaires sont tellement épuisés qu'ils ne peuvent plus porter leur charge. Ils sont alors capables d'absorber une quantité considérable de liquide dans leurs cellules stomacales. Je n'ai pas besoin de dire que cette eau, après avoir séjourné en cet endroit, est absolument imbuvable, même pour un homme à demi mort de soif. Leur résistance à la soif dépend de leur éducation. Le sel augmente leur appétit et la bosse croît rapidement.

Quoiqu'il fournisse moins de races que le Cheval, le Dromadaire présente de nombreuses variétés. L'Arabe en reconnaît bien vingt différentes, dit Brehm. C'est une science comme la science des Chevaux; on parle de Chameaux nobles et ignobles. Au point de vue de l'usage, on en distingue deux : l'une servant au bât, le *Djmel*; l'autre propre à la course, le *Mehari*; le nom de *Dromadaire* est d'ailleurs complètement inconnu des peuples africains et les Européens se servent toujours du nom de *Chameau* pour le désigner. Le *Djmel* (au pluriel *Djmal*), bête de somme de l'Algérie, y présente la variété du Tell, et celle du Sahara, plus forte et plus grande. La Chamelle est le *Naga* (pl. *Niag*).

Quant au mot de *Dromadaire* (*Camelus droma*), il servait aux Romains de la décadence à désigner les races de course, telles que le *Mehari* du Sahara, le *Bischarin* du Soudan oriental, l'*Hedjihn* ou Chameau de pèlerin de l'Égypte. C'est encore le sens que lui attribue Ben Sedira dans son dictionnaire (*mehri*, pl. *mehara*).

Un Chameau, avec une charge de 150 à 200 kilos, peut parcourir 24 kilomètres en cinq heures, et peut marcher sans s'arrêter de cinq heures du matin à dix heures du soir. Un bon Chameau de selle parcourt facilement un espace triple. Brehm cite deux cas où la distance a été de 200 kilomètres. Avec une halte au milieu du jour, on peut, avec un bon Chameau, faire 640 kilomètres en quatre jours. C'est cette vitesse qui avait donné aux Touareg une si grande mobilité à travers le Sahara, de telle sorte que ces effrontés pillards étaient insaisissables, jusqu'à ce qu'un décret intervenu le 9 décembre 1894 eût créé une compagnie de méharistes qui sut rétablir la sécurité sur ces vastes espaces.

Le Chameau marche à l'amble; aussi le cavalier est-il ballotté de droite à gauche et d'avant en arrière, d'une telle façon qu'il se croirait sur une coquille de noix ballottée par les flots. Le galop est insupportable, comme le pas. Mais au trot, si l'on sait bien se tenir en selle, on n'est pas plus secoué, dit-on, que sur un Cheval.

« On ne peut nier que le Chameau ne soit admirablement doué pour mettre l'homme continuellement en colère. A côté de lui, un Bœuf est une créature charmante, un Mulet, un animal on ne peut plus doux, un Mouton est prudent, un Ane est aimable. Bêtise et méchanceté vont ordinairement ensemble; si l'on y ajoute la paresse, la stupidité, une mauvaise humeur continuelle, l'entêtement et l'obstination, la répugnance à toute chose raisonnable, la haine ou l'indifférence vis-à-vis de son gardien et de son bienfaiteur, et mille autres défauts encore; si on les réunit tous, développés à leur maximum chez une même créature, l'homme qui a affaire à elle peut à bon droit devenir furieux. L'Arabe soigne ses animaux domestiques comme ses enfants, mais le Chameau le met souvent en colère. On le comprend bien quand on a été soi-même jeté à bas d'un Chameau, trépigné, battu, abandonné dans les steppes; quand, des semaines entières, l'animal vous a continuellement excité avec une persévérance et une patience remarquables, quand on a essayé tous les moyens de dressage et d'amélioration et qu'on a dépensé en vain tous les jurons qui peuvent rafraîchir la tension électrique de l'âme. » (Brehm.)

Le Chameau répand en outre une odeur auprès de laquelle celle du Bouc est un parfum; il écorche l'oreille par ses hurlements, il blesse par son esthétique et son intelligence bornée. Sa seule qualité, c'est sa sobriété.

Au temps du rut, le mâle devient si méchant qu'on est forcé de le maintenir avec un anneau à la cloison nasale et de lui mettre une muselière.

Le Chamelon est une charmante créature. Il a un poil laineux, une petite bosse et des callosités à peine indiquées. Sa mère lui témoigne beaucoup d'amour. Il a la taille d'un poulain, 0^m,80 au garrot.

Il est allaité à peu près un an; puis, suivant qu'il est plus ou moins beau, on le dresse pour le bât ou la selle. C'est à la fin de la quatrième année que le dressage est fini et qu'on l'emploie pour les longs voyages.

Le prix est très variable suivant les localités. Au Soudan, un Méhari peut valoir de 250 à 375 francs, tandis qu'un Djmel ne vaut guère plus de 100 francs. Un jeune vaut à peine 40 francs.

Les Arabes du Soudan font paître des troupeaux de plusieurs milliers d'individus, ainsi que les indigènes du nord-ouest de l'Inde. Si les jeunes Chamelons sont trop faibles, on les suspend aux adultes dans des filets.

Produits. — Outre son travail, l'animal fournit sa viande, ses poils pour tisser des couvertures, ses os, qui à cause de leur blancheur et de leur compacité servent à faire des objets au tour dans l'Inde, et son lait qui est épais et très gras, et qu'on ne peut mélanger au café et au thé. Moïse avait mis la viande des Chameaux au nombre des viandes impures.

LE CHAMEAU DE LA BACTRIANE. — Le Chameau de la Bactriane (*C. Bactrianus* L.) a deux bosses, placées l'une au garrot, l'autre sur le sacrum,

Le Chameau de la Bactriane.

ce qui le distingue facilement du Dromadaire. Il est de taille plus faible avec un corps plus gros et des jambes plus courtes, ce qui accentue sa laideur. Le pelage est plus épais, plus foncé, et d'un brun sombre ou roux en été. Le poil est plus abondant et plus long sur la tête, le cou, les épaules, la partie supérieure des jambes, ainsi que sur les deux bosses.

Habitat. — Il vit dans l'Asie centrale et orientale, entre l'Afghanistan, le Turkestan, la Chine et la Sibérie méridionale. Sa structure est mieux adaptée aux contrées rocheuses et montagneuses que celle de son frère à une bosse, où ses membres forts et courts lui permettent d'éviter les chutes dans les précipices.

A l'est d'Yarkand, depuis le Khotan Darja jusqu'au lac Lob-Nor, dans le désert de Gobi, on a rencontré des Chameaux sauvages, mais leur origine est obscure. Il est possible que ces animaux qui, d'après Pjevalski, diffèrent de l'animal domestique par des bosses plus petites, des callosités plus accentuées aux genoux, et des particularités craniennes, dérivent de Chameaux, dont la plupart périrent dans une tempête de sable qui ravagea le district de Takla Makan, il y a environ deux siècles. Toutes les personnes périrent, mais quelques-uns des ces animaux, ainsi que des Chevaux, ont pu échapper à la mort.

Ces Chameaux sauvages sont peureux, craintifs et si rapides que les Chevaux ne peuvent les atteindre à la course. Tant que la neige couvre le sol, ils se tiennent près des fleuves Yarkand et Tarim où se trouvent çà et là des mares d'eau saumâtre, puis, quand la neige est fondue, ils se retournent dans le désert.

Ils paraissent donc indépendants de la présence de l'eau. Ils préfèrent probablement la neige parce qu'elle est moins salée.

Ils se nourrissent uniquement des plantes désertiques, salées et amères, que dédaignent tous les autres animaux, mais quand ils sont talonnés par la faim, d'après Pjevalski, ils mangent tout, même la viande et le poisson, les os, les peaux et les couvertures.

Pendant la saison des amours qui a lieu en février, mars, avril, les mâles sont très combatifs. Les jeunes Chamelons naissent dans un état de grande faiblesse et ont besoin de beaucoup de soins. A huit jours, ils peuvent déjà manger un peu, et comme le lait des Chamelles est très apprécié, on les sèvre en partie. De deux à trois ans, on les monte déjà, et de quatre à cinq ils atteignent toute leur grosseur et toute leur force. Si on les ménage, ils sont utilisables jusqu'à vingt-cinq ans.

Produits. — Un pareil animal si bien adapté au climat de l'Asie centrale a une valeur inappréciable pour les Turcomans, les Mongols et les Khirghiz qui ne pourraient pas plus s'en passer que les Arabes du Dromadaire.

Quoique d'allure assez lente, il sert au commerce de l'intérieur de l'Asie et surtout entre la Chine et la Russie; il peut même être employé en hiver, car son pelage épais lui permet de résister au froid. Il donne en outre son lait, sa viande, sa peau et sa laine. Les Persans ont un corps d'artilleurs spéciaux, dont les canons sont transportés à dos de Chameaux.

LES LAMAS

Les Lamas (*Lama* G. Cuvier, 1800, ou *Auchenia* Illiger, 1811) sont les Camélidés d'Amérique; ils diffèrent des Chameaux par leur taille plus faible, leur corps moins massif, leur tête plus longue, terminée par un museau pointu, leur cou long et mince, leur dos sans bosse, leur queue courte, leurs jambes hautes, élancées, à doigts bien séparés et à callosités faibles, et enfin par leur poil long et laineux. La formule dentaire de l'adulte est la suivante :

$$i\frac{1}{3}, c\frac{1}{1}, pm\frac{2}{2}, M\frac{3}{3} = 32 \text{ dents}$$

car la première prémolaire disparaît dès le jeune âge.

Ils sont spéciaux à l'Amérique méridionale ; on les trouve surtout dans les régions froides de la chaîne des Andes, de 4000 à 5000 mètres d'altitude, ou dans les plaines de la froide Patagonie.

Ils vivent en sociétés plus ou moins nombreuses, et ont tous un singulier moyen de défense, à part les morsures et les coups de pieds. Quand ils sont en colère, ils rabattent leurs oreilles en arrière et lancent avec sûreté à leur adversaire soit leur salive, soit les herbes qu'ils ont dans la bouche.

LE LAMA VIGOGNE. — Le Lama vigogne (*L. vicugna* Molina) est plus petit et plus gracieux que le Lama domestique. Il se distingue de ce dernier et de l'Alpaca par son poil très fin, plus court et plus crépu. Le sommet de la tête,

Le Lama vigogne.

le cou, le tronc et les cuisses sont d'un jaune roux particulier appelé *roux vigogne* ; la partie inférieure du cou et la face interne des membres sont ocre clair. Le poitrail et le ventre portent des poils longs (0^m,14). Les pattes postérieures n'ont pas de callosités, et la tête est assez courte. La face inférieure de la queue est presque nue. Sa taille est celle du Mouton ; elle tient le milieu entre celle du Lama et celle de l'Alpaca.

Habitat. — La Vigogne habite jusqu'à 4 300 mètres les sommets des Andes situées au sud de l'Équateur, au Pérou, et jusqu'au sud de la Bolivie.

Mœurs. — C'est Tschudi qui nous a renseignés sur les mœurs de ces animaux. Pendant la saison humide, ils se tiennent près des cimes où ne poussent que quelques rares plantes; à cause de la mollesse et de la sensibilité de leurs pieds, ils demeurent sur les gazons et non sur les rochers, les glaciers ou les champs de névé. Pourtant, pendant les chaleurs, quand le soleil a desséché les gazons, ils descendent dans les vallées humides pour chercher de la nourriture dont ils consomment beaucoup, car ils mangent toute la journée, et il est rare d'en voir se reposer.

Dans la plaine, leur galop n'est pas assez rapide pour qu'un bon Cheval ne puisse les atteindre, mais le long des pentes leur vitesse est bien supérieure.

Ils vivent en troupes composées de six à quinze femelles sous la direction d'un seul mâle, qui veille à leur sécurité. A son sifflement aigu, toute la bande se réunit, chacun tourne la tête du côté d'où vient le danger, puis prend la fuite. Le mâle forme l'arrière-garde et souvent il s'arrête pour observer l'ennemi. La suprématie sur ces troupeaux n'est obtenue qu'après des combats acharnés entre mâles. Les femelles montrent à leur seigneur une fidélité et un attachement rares. Elles restent autour de lui en sifflant sans prendre la fuite. S'il vient à être blessé, s'il est tué, elles se dispersent bientôt. Quand c'est une femelle qui est atteinte, toute la bande décampe.

La femelle met bas en février un petit, qui, deux ou trois heures après sa naissance, peut suivre sa mère; il montre donc une rapidité et une résistance à la fatigue extraordinaires. Ces jeunes restent avec leur mère jusqu'à ce qu'ils soient adultes; alors les mères les chassent à coups de pieds et à coups de dents. Ils se réunissent par vingt ou trente individus sans chefs. Tous sont défiants, vigilants et par conséquent difficiles à approcher. Ils se battent et se mordent en poussant des cris désagréables.

Chasse. — On chasse les Vigognes pour leur viande et leur laine. Cette dernière, quoique en faible quantité, est si fine et si estimée que les Incas avaient interdit la chasse des Vigognes. Après l'arrivée des Espagnols, le nombre de ces animaux ayant considérablement diminué, Bolivar, en 1827, renouvela cette interdiction. On ne devait que les prendre et les tondre. Mais à cause de la sauvagerie des animaux, cette loi ne put être appliquée.

Du temps des Incas, les chasses se pratiquaient sur une vaste échelle; 2 500 à 3 000 Indiens étaient rassemblés pour rabattre tout le gibier dans une étendue de 20 à 25 milles, sur une place immense entourée de cordes portant des banderoles de diverses couleurs et laissant une ouverture large de quelques centaines de pas. Le cercle des rabatteurs se resserrant, on rassemblait ainsi jusqu'à 40 000 têtes de gibier. Les animaux nuisibles, Ours, Couguars, Renards étaient détruits; et on ne tuait qu'une partie des Cerfs et des Vigognes. Quant aux Guanacos, on évitait de les faire entrer dans l'enceinte, car l'agitation des banderoles par le vent ne les effrayait pas, et ils s'enfuyaient suivis par les Vigognes. Les Vigognes étaient prises au moyen de bolas à trois boules. La chasse durait une semaine, car on déplaçait la clôture. Tschudi en cinq jours en vit prendre 225 et du prix de leurs peaux, on construisit un nouvel autel dans l'église, car les chasseurs ne se partageaient que la chair, les toisons étant réservées aux prêtres.

Captivité. — Prises jeunes, les Vigognes sont faciles à apprivoiser; elles deviennent confiantes, et suivent leur maître pas à pas avec le plus grand attachement, mais quand elles vieillissent, elles deviennent insupportables à cause de leurs crachats.

Usages. — La laine des Vigognes sert à fabriquer des couvertures très chaudes, des étoffes fines et durables ainsi que des chapeaux mous. Leurs bézoards ont perdu toute valeur.

LE LAMA GUANACO. — Le Guanaco (*L. huanacus* Molina) est le plus grand des Mammifères sauvages de l'Amérique du Sud. Son port est intermédiaire entre celui du Mouton et du Chameau. Le corps, court et ramassé, est porté par des jambes hautes et minces, à pieds allongés, bien fendus, à sole large et calleuse. Les articulations sont dépourvues de callosités, les genoux sont nus, la queue est courte et touffue à son extrémité. Le pelage est court à la tête, aux jambes, au ventre et aux côtés intérieurs des cuisses. Le reste est couvert d'une toison laineuse, moins molle que celle du Lama. La couleur générale est le roux brun sale, plus clair en dessous. La femelle a quatre mamelons. La hauteur au garrot est de 1^m,22, celle de la tête dépasse 1^m,60, la longueur du corps varie de 2^m,13 à 2^m,43.

Habitat. — Il se tient dans les Andes, depuis la Colombie jusqu'aux plaines de la Patagonie, au détroit de Magellan et à la Terre de Feu.

Mœurs. — Ses mœurs sont les mêmes que celles de la Vigogne. Il grimpe aussi admirablement et sa curiosité est encore plus accentuée. Meyen raconte avoir vu des troupes de Guanacos s'approcher des Chevaux, les regarder, puis s'enfuir au galop. Goering dit qu'en traversant les vallées des Andes, il entendait souvent un hennissement particulier, et qu'il voyait alors en haut d'un rocher un guide, entouré de sa troupe, qui le considérait. Quand il voulait s'en approcher, tous s'enfuyaient avec la plus grande agilité sur les parois les plus escarpées, puis, prenant position, ils regardaient à nouveau.

Ils ont la curieuse habitude de déposer leurs excréments en un tas toujours au même endroit, et d'aller mourir en des lieux connus et choisis d'avance. Ainsi sur les bords du Santa Cruz, Darwin a trouvé de nombreux ossements blanchis provenant de Guanacos blessés qui sont venus y mourir. Certaines observations faites près de Bahia Blanca feraient croire qu'ils effectuent des déplacements et font des voyages de découvertes.

La saison des amours a lieu en août et septembre; le jeune naît en juin ou juillet.

Leur apprivoisement facile et leur multiplication en captivité font comprendre que des animaux domestiques comme le Lama et l'Alpaca puissent en dériver. Pourtant, en vieillissant, leur attachement pour l'homme diminue.

LE LAMA DOMESTIQUE (*). — Le Lama domestique (*L. glama* L.) n'est

---

(*) Pl. LXXVIII. — Le Lama domestique.

pour les auteurs qu'une variété de Guanaco modifiée par une longue domesticité. Son cou et ses membres sont longs. Aux genoux il porte des callosités, ainsi qu'à la poitrine. La couleur varie beaucoup. On en rencontre rarement qui soient entièrement bruns ou noirs ; ils sont ordinairement tachetés de blanc ou tout à fait blancs. Le crâne rappelle celui du Guanaco.

Le Lama se trouve sur le haut plateau du Pérou, où son utilité est cotée aussi haut que celle du Renne par les Lapons.

Des troupeaux immenses sont enfermés pendant la nuit dans des enclos de pierre et, le matin, on les laisse sortir pour aller à leurs pâturages, sans bergers, et ils rentrent le soir. Les mâles seuls servent de bêtes de somme.

Rien de plus beau, dit Stevenson, qu'une bande de ces animaux chargés d'environ un quintal, marchant à la queue leu leu derrière le Lama guide qui, orné d'un harnais superbe, porte une clochette au cou et un drapeau à la tête. Ils vont ainsi le long des Cordillères, le long des flancs de la montagne, par des chemins où passeraient à peine Chevaux et Mulets ; ils sont si obéissants que leurs conducteurs n'ont besoin ni de fouet ni d'aiguillon pour les pousser. Tranquilles, sans s'arrêter, ils marchent vers leur but. Pendant plusieurs jours de suite, ils peuvent parcourir dix lieues, mais ils doivent se reposer le quatrième ou le

Le Lama alpaca.

cinquième jour. Ils sont si doux qu'il est à peine besoin d'attacher leur charge, et qu'au moment de la halte, ils ont soin de se mettre à genoux pour en éviter la chute. Ils sont très curieux. On raconte que jadis plus de 3oo ooo étaient employés à transporter aux bocards les barres d'argent des mines de Potosi. L'introduction des Chevaux a beaucoup diminué leur importance.

Ils vivent et se reproduisent fort bien dans les jardins zoologiques

LE LAMA ALPACA. — *Caractères*. — Le Lama alpaca (*L. pacas* L.) est plus petit que le Lama. Sa toison, luxuriante, est longue et molle, surtout sur les flancs, où les poils atteignent o^m,14. Sa couleur est le noir ou le blanc ; quelques-uns sont mouchetés. Son crâne et sa dentition rappellent ceux du Guanaco, mais les parties nues qu'on observe sur les jambes de celui-ci sont, chez l'Alpaca, souvent couvertes de poils. Les soles sont nues.

Habitat. — Leurs troupeaux immenses vivent sur les plateaux de la Bolivie et du Pérou méridional ; ils ne sont amenés dans les villages que pour la tonte. La laine grossière et la laine fine, comme celle du Lama, servaient aux Incas à fabriquer des manteaux et des couvertures, des tapis de table, recommandés pour leur beauté et leur durée et teints de couleurs variées. Les meilleurs tisserands habitaient les bords du lac Titicaca. On tisse cette laine en Europe, aussi a-t-on fait beaucoup d'essais d'acclimatement.

Les Lamas et les Alpacas dérivent donc probablement des Guanacos. Les Péruviens ayant domestiqué jadis cette espèce sauvage, surent fabriquer deux rameaux descendants ayant des aptitudes différentes, l'un plus fort, plus résistant, pour le transport des fardeaux, et l'autre de taille plus petite, pour la production de la laine.

LES GIRAFIDÉS

Les Girafes sont des Ruminants curieux qui, avec des êtres fossiles, les Sivathériums, les Helladothériums, etc., ayant vécu dans la période tertiaire, forment une famille spéciale des Ongulés, celle des *Girafidés*. « Malgré les affinités qui les relient aux Cerfs et aux Antilopes, dit Gervais, on ne saurait les associer ni aux uns ni aux autres. Le principal caractère qui les en distingue n'est pas tant la singularité de leurs formes extérieures, que la nature de leurs cornes qui ont un axe osseux formé par une épiphyse osseuse appliquée sur l'os frontal et sont recouvertes par une peau velue. Les cornes répondent pour ainsi dire à la partie du bois des Cerfs qui est inférieure à la portion pédonculaire. »

LES GIRAFES

Les Girafes (*Giraffa* Zimmermann, 1760), sont de grande taille, avec un cou très allongé, mais qui pourtant n'a que le même nombre de vertèbres que les autres Vertébrés, c'est-à-dire sept.

Les jambes antérieures sont plus élevées que les postérieures, le garrot est très haut ; les cornes sont courtes, osseuses, placées à la jonction du frontal et des pariétaux, recouvertes par la peau. En avant, entre les deux yeux, s'élève une éminence osseuse, médiane, couverte de peau et de poils, moins développée dans les formes du nord que dans celles du sud et qui est ordinairement connue sous le nom de *troisième corne*. Il n'y a aucune trace de doigts et d'onglons latéraux aux quatre membres. Leur formule dentaire est la suivante :

$$i\frac{0}{3},\ c\frac{0}{1},\ pm\frac{3}{3},\ M\frac{3}{3} = 32 \text{ dents.}$$

Donc, elles n'ont ni canines, ni incisives supérieures, mais les canines inférieures ressemblent aux incisives placées en avant d'elles. Pas de vésicule biliaire. La Girafe morte à la Ménagerie en 1845, et qui avait été donnée à Charles X en 1826 par le pacha d'Égypte, avait un intestin grêle de 48 mètres et un gros intestin de 28.

Ces animaux sont spéciaux à l'Afrique. En tenant compte de la forme des taches, de la couleur des membres, de la grandeur de la troisième corne, on a voulu établir deux et même plusieurs espèces avec diverses variétés à habitat très limité. Ces différences n'ayant qu'une importance relative, et les mœurs étant les mêmes, nous ne considérerons que l'espèce suivante :

LA GIRAFE COMMUNE. — La Girafe commune (*G. camelopardalis L.*) était pour Horace un mélange de Panthère et de Chameau.

D'après Brehm, elle a la tête et le corps du Cheval, le cou et les épaules du Chameau, les oreilles du Bœuf, la queue de l'Ane, les jambes de l'Antilope, le pelage de la Panthère.

Ce mélange est mal proportionné et étrange, sinon disgracieux.

La tête effilée paraît plus allongée qu'elle ne l'est en réalité, à cause de la minceur du museau ; les lèvres sont longues et minces, de même que la langue qui est très extensible ; les narines sont obturables à volonté par l'animal ; les yeux sont doux et intelligents, les oreilles grandes, très mobiles (0m,15). Le cou, qui a la longueur des jambes de devant, est étroit, comprimé latéralement, avec une élégante crinière. La poitrine est large, l'arrière-train étroit. La queue, qui descend jusqu'au talon, porte une forte touffe terminale de crins noirs. La peau est épaisse et les poils, excepté ceux des cornes, de la crinière et de la queue, sont d'égale longueur sur tout le corps.

Sa couleur fondamentale est le jaune fauve, couleur de sable, plus foncé sur le dos, passant au blanchâtre sous le ventre. Elle est marquée en dessus, sur le cou, les épaules et les cuisses, et parfois les jambes, de grandes taches pleines, irrégulières, anguleuses et brun roux ou foncé. La crinière porte des bandes fauves et brunes ; la face antérieure et la racine des oreilles sont blanches, tandis que la face postérieure est brune. Les taches sont déjà marquées au moment de la naissance.

La hauteur totale, du sommet de la tête aux sabots, dépasse 6 mètres ; celle de l'épaule, 3m,30. La femelle compte environ 1 mètre de moins. La queue a 1m,30 avec les poils. L'arrière-train a 60 centimètres de moins que l'avant-train. Les cornes ont environ 15 centimètres. Le poids, 500 kilogrammes.

Habitat. — La Girafe appartient aux contrées ouvertes de l'Afrique, au sud du Sahara, elle ne vit pas dans les contrées boisées de l'ouest. Pourtant on trouve une forme dans l'Angola et dans la Nigerie. Son habitat s'est beaucoup restreint dans le centre et le sud. La forme du Cap ou australe diffère de celle du nord par l'excroissance médiane du front beaucoup plus développée.

Jadis, la Girafe du sud ou du Cap était commune sur les rives de l'Orange, du Chobé, du Zambèze ; actuellement on ne la signale plus que dans le nord du Kalahari, près du lac Ngami, donc au nord du Zambèze et aussi dans l'ouest du

Matabéléland. Elle était fréquente sur les bords du fleuve Sabi, où elle se main-

La Girafe commune.

tient grâce à des mesures de protection. Elle a disparu au sud du Limpopo.

On ne la signale ni dans le Nyassaland et le Mozambique, ni dans le Congo, mais elle est abondante dans les colonies britannique et allemande de l'est, et persiste encore dans les déserts du Kordofan et du Soudan.

Mœurs. — On a beaucoup écrit sur la Girafe, car son aspect étrange a toujours surpris et saisi. Jules César en fit déjà paraître dans le cirque au grand ébahissement des Romains de l'époque.

Ce curieux animal se tient dans les contrées sèches, là où il y a des dunes couvertes de Mimosées, en particulier de l'acacia des Girafes (*Acacia girafae*), de copahiers et autres arbres et buissons.

Elle vit en petites troupes de sept à huit individus, comprenant un seul vieux mâle, le reste étant des femelles et des jeunes.

Cumming parle de troupeaux de trente à quarante têtes.

Elle pâture très tôt le matin, très tard le soir, et elle se repose pour ruminer pendant la chaleur du jour. Elle est très difficile à distinguer, car l'ensemble ressemble à de vieux troncs sans branches, et ceci d'autant plus que ces animaux sont parfois longtemps et parfaitement immobiles, sans que les mouvements de leurs oreilles et de leur queue trahissent leur présence comme chez les autres animaux.

Les vieux mâles sont souvent solitaires et leurs troupeaux s'associent fréquemment à des Zèbres, des Gnous, des Autruches, et sont accompagnés de Textors à bec rouge qui sont constamment autour de la Girafe, perchés sur le garrot, ou volent à côté d'elle quand elle court.

Sa démarche est singulière, car elle va l'amble. Son pas est lent, digne et mesuré, mais sa course est un galop lourd, et pourtant très rapide par suite des dimensions de chaque bond. Il dépasse celui du Cheval et dure longtemps.

Pendant ce temps, sa tête est constamment en mouvement pour déplacer son centre de gravité. Quand elle veut soulever les membres antérieurs, sa tête se penche en arrière, et elle s'incline en avant quand l'animal veut soulever le train de derrière. La queue est aussi en continuel mouvement. Quand l'animal boit ou ramasse quelque chose sur le sol, il écarte ses jambes de devant et se baisse ainsi jusqu'à ce que ses lèvres puissent atteindre le sol. Il lui serait donc difficile de paître.

Sa haute taille et sa longue langue, flexible et très mobile, lui permettent de cueillir les feuilles, les bourgeons au sommet des Mimosées épineuses du pays; dans le nord, elle y ajoute les lianes.

Quand elle a des aliments frais en abondance, elle peut rester plusieurs mois sans boire. On en a vu résister huit mois à la privation d'eau.

Si elle est muette, sa vue, son ouïe sont bien développées, ainsi que son intelligence. Elle est très douce et pacifique et n'a qu'une arme, ses sabots, dont elle sait très bien faire usage contre le Lion, qui, avec l'homme, est son seul ennemi. C'est ainsi que les mâles combattent entre eux et que les femelles défendent leurs Girafons.

Chasse. — La chasse de ces animaux ne réussit pas facilement, car il est difficile de les voir, de les approcher et de les atteindre, même avec un Cheval. « Celui qui voit sans en être émerveillé, dit Cumming, un troupeau de Girafes au milieu des belles Mimosées qui ornent leur patrie, et dont elles rongent les dernières branches, n'a aucun sentiment des beautés de la nature. » On chasse les Girafes surtout dans le but de capturer les jeunes ; on doit alors emmener des Vaches pour les allaiter.

Captivité. — Les Girafes deviennent rares dans les jardins zoologiques à cause du prix élevé qu'elles atteignent — plus de 6 000 francs, — et des difficultés qu'on éprouve à les conserver.

Elles supportent assez mal la captivité en Europe, mais s'y sont pourtant bien reproduites.

Produits. — On utilise la chair, la peau, la corne, les sabots et la queue qu'on transforme en chasse-mouches. La peau vaut, dit-on, de 100 à 125 francs.

LES OKAPIS

Les Okapis (*Okapia* Ray Lankaster, 1900), ainsi nommés par les indigènes, sont des animaux curieux, découverts par sir Johnston dans la grande forêt équatoriale du Congo, sur la rive occidentale du fleuve Semliki, rivière sinueuse et trouble qui sépare l'État indépendant du Congo de l'Ouganda anglais, et qui déverse dans le lac Albert les eaux du lac Albert-Édouard.

Ces animaux ont des rapports craniens avec la Girafe, dont ils s'éloignent par la petitesse relative de leur cou, par l'égalité de longueur des quatre membres, par la coloration des poils et par l'absence de cornes chez la femelle.

On a décrit déjà deux formes, mais la mieux connue est la suivante :

L'OKAPI DE JOHNSTON. — L'Okapi de Johnston (*O. Johnstoni* Sclater) a une tête assez large, un mufle long et fusiforme, portant deux narines en fente longitudinale complètement couvertes de poils et ressemblant à celles de la Girafe. Les lèvres s'effilent en pointe et le chanfrein est busqué. Le garrot est assez élevé, plus que le train postérieur, mais le cou est loin de rappeler celui de la Girafe ; il n'est pas plus long que celui d'une Antilope.

La peau est à poil court avec une crinière nuquale. Elle présente des colorations remarquablement vives. Les joues sont d'un blanc jaunâtre, le mufle est brun noirâtre ; le front rouge vif, tandis qu'une ligne noire médiane descend jusqu'aux narines. Les oreilles sont plus grandes et plus étalées que celles de l'Ane ; elles sont d'un rouge brun et portent sur leur bord des poils noirs soyeux. Le cou, les épaules, le thorax et le dos sont d'un brun rouge foncé, qui parfois a des reflets cramoisis ou noirs. Les cuisses et les jambes sont striées d'un noir pourpré et d'un blanc offrant çà et là des reflets orangés.

A partir des genoux et des jarrets, les membres sont couleur crème; seulement les antérieurs présentent en avant une ligne noire longitudinale. Les sabots sont d'un beau noir.

Quant à la queue, elle porte à son extrémité une touffe de longs crins, comme celle de la Girafe.

Le crâne a la forme générale de celui de la Girafe, mais les cornes, qui n'existent que chez le mâle, présentent cette particularité unique, c'est qu'après avoir été recouvertes de la peau sur les neuf dixièmes de leur longueur, leur extrémité porte un petit bois d'environ 1 centimètre.

Cet animal fait donc le passage des Cervidés aux Girafidés.

La dentition comprend :

$$i\,\frac{0}{3},\, c\,\frac{0}{1},\, M\,\frac{6}{6} = 32 \text{ dents.}$$

Les quatrièmes dents qu'on assimile aux canines touchent les incisives et sont donc très loin des molaires. Elles sont bilobées comme chez les Girafes et l'Helladothérium.

Comme chez les Girafes, il n'y a aucune trace de sabots latéraux.

La hauteur de l'Okapi au garrot atteint 1^m,50. Sa longueur, mesurée du bout du museau à la racine de la queue, 2^m,10 ; la queue, 0^m,40 et 0^m,55 avec les crins.

Ces dimensions sont prises sur l'animal qu'on est en train de monter dans l'atelier de taxidermie du laboratoire de mammalogie du Muséum.

Mœurs. — L'Okapi vit dans les parties les plus profondes et les plus impénétrables des vastes forêts de la région accidentée du Semliki, car ce fleuve à l'ouest est dominé par une falaise de 1200 mètres, tandis qu'à l'est, dans l'Ouganda, s'étend un grand plateau ayant 4000 mètres d'altitude, qui culmine à 6000 mètres avec le Kouvenzori.

Il est tout à fait inoffensif et se laisse tuer facilement.

Il vit par paires dans ces régions, tandis que la Girafe, dont l'aire d'habitat est beaucoup plus étendue, ne se tient jamais ni dans les montagnes, ni dans les épaisses forêts vierges.

Le mâle est plus lourd et plus grand que la femelle ; celle-ci, plus légère de forme, a un crâne beaucoup plus petit, mais les dessins et les colorations du pelage sont les mêmes.

Les indigènes le capturent dans des fosses.

Produits. — La chair est très estimée des divers postes établis dans la région. Aussi est-il à craindre que cette espèce animale, présentant d'aussi faibles moyens de défense, ne soit rapidement détruite si l'État du Congo ne prend des mesures conservatrices.

Les Marsupiaux

Les Marsupiaux représentent une sous-classe de Mammifères, formée de types disparates, qui se réunissent en séries plus ou moins parallèles à celles qu'on peut établir chez les Mammifères supérieurs. En effet, on y trouve des Carnivores, des Rongeurs, des Insectivores et des Herbivores, tous très nettement caractérisés. « Cette multiplicité des types, dit Vogt, ne peut se concevoir que lorsqu'on regarde les Marsupiaux actuels comme les restes d'un ancien ordre de choses, où toute la classe des Mammifères n'était représentée, sur le globe entier, que par les Marsupiaux. Ces Marsupiaux étaient, comme le démontre la paléontologie, le groupe souche dont sont issus les Mammifères placentaires, et les descendants moins modifiés de ce groupe souche constituent les Marsupiaux actuels. On ne peut donc pas s'étonner si ces descendants ont conservé une foule de caractères anciens dénotant une infériorité vis-à-vis de la plupart des Mammifères placentaires. »

Les Marsupiaux, qui tirent leur nom de la bourse (*marsupium*) qu'ils portent sous le ventre, sont des Aplacentaires, c'est-à-dire qu'il n'y a pas de placenta mettant en relations de nutrition le petit et la mère.

La bourse ou poche marsupiale est un simple repli cutané sans relation avec la cavité ventrale et qui protège les tétons très allongés et très nombreux. La bourse peut être incomplète et réduite à deux plis longitudinaux, ou bien complète, profonde et s'ouvrir en avant, ou en arrière, comme chez les Péramèles. La mère reçoit le petit à sa naissance dans sa bouche et le fixe à un téton, auquel il restera accroché un temps variable avec les espèces. Même plus tard, en cas de danger, il saura encore longtemps chercher un refuge dans la bourse de la mère. Quand les animaux sont sur leurs pattes, les os marsupiaux soutiennent la paroi abdominale et garantissent les petits contre la pression des intestins. Le jeune naît à un état très inférieur et il a une petitesse extrême; ainsi celui du grand Kangourou mesure à peine $0^m,02$ à sa naissance. Ce n'est qu'une masse informe dont la faiblesse est telle qu'elle ne pourrait pas opérer de succion. Aussi le lait, grâce à des muscles comprimant les glandes, est-il injecté dans le cou du petit où une disposition anatomique analogue à celle qu'on constate chez les Cétacés, l'empêche de pénétrer dans les poumons. En effet, le larynx, allongé en tube, remonte assez loin dans les fosses nasales pour que le lait, passant de chaque côté, ne tombe que dans l'œsophage et que l'air puisse arriver en même temps dans les organes respiratoires. Cette disposition se modifie par réduction du larynx dès que les jeunes, dont le nombre est ordinairement plus petit que celui des mamelons, peuvent téter par eux-mêmes. Les tétines ayant servi se reconnaissent à leur plus grande longueur.

La petitesse et la faiblesse du jeune tiennent à l'absence de communication entre le jeune et l'organisme de la mère. Chez les Mammifères supérieurs, les œufs formés dans l'ovaire sont microscopiques et avec peu de réserves nutritives ; ils se fixent dans l'utérus où leur présence amène la formation du placenta, dans lequel la circulation est très active et qui nourrit l'embryon. Mais chez les Marsupiaux l'œuf possède, comme chez les Amphibiens, assez de réserves nutritives pour produire les premières phases du développement. L'embryon est donc toujours libre dans la cavité utérine et est expulsé au dehors au bout de peu de jours.

Il est impossible de donner une description générale de la forme de ces animaux, leurs différences sont trop grandes et trop tranchées. Seuls les dents et les membres présentent des variations intéressantes à étudier.

En général, le nombre des dents est bien plus grand que chez les Mammifères placentaires. Les Marsupiaux peuvent avoir plus de trois paires d'incisives à la mâchoire supérieure et dans ce cas, il y en a toujours une paire de moins en bas. Ces dents, et celles qui précèdent les grosses molaires, ne paraissent pas être remplacées et elles répondent par conséquent aux dents de lait des Placentaires. Seule une paire de prémolaires, en haut et en bas, peut être remplacée et devient alors la seule paire de l'adulte ou se trouve au plus après deux autres paires. Les molaires sont toujours ici au nombre de quatre. Une dentition de Marsupial peut donc se reconnaître facilement.

Les pattes subissent aussi des modifications intéressantes. La plupart des Marsupiaux ont des pieds primitifs à cinq doigts onguiculés, et quelques groupes, comme les Phalangers et les Sarigues, ont le pouce opposable. Mais quand certains membres éprouvent une réduction de grandeur, la réduction se fait suivant une règle différente que chez les Mammifères supérieurs. Nous avons vu que, dans ce dernier groupe, l'ordre est le suivant : pouce, cinquième, deuxième, quatrième, et il peut ne rester que le doigt médian, comme chez les Chevaux, ou le troisième et le quatrième, comme chez les Ruminants. Mais chez les Marsupiaux la réduction se fait régulièrement de dedans en dehors. C'est le pouce qui commence, puis l'index et le troisième doigt qui diminuent, en sorte que ces animaux, les Kangourous par exemple, sautent avec le quatrième et le cinquième, seuls bien développés. Tous sont coureurs, grimpeurs, sauteurs ou fouisseurs ; un seul, le Chironecte Yapock, a des pieds palmés.

Le corps est toujours couvert de poils doux et serrés, rarement ils sont rudes.

Le squelette présente deux os en V supplémentaires, supportés par la symphyse du pubis et qui soutiennent la face ventrale.

Le cerveau est réduit ; les hémisphères sont petits, avec un corps calleux ne comprenant que quelques fibres. Le cervelet reste à découvert, et souvent même les tubercules quadrijumeaux.

Habitat. — L'ancien monde, qui nourrissait jadis de nombreux Marsupiaux, n'en montre plus depuis le Miocène. Actuellement ce groupe étrange n'est plus représenté qu'en Amérique, surtout dans le sud, et dans la région australienne. La plupart sont spéciaux au continent ; les autres habitent quelques îles voisines, la Nouvelle-Guinée, Célèbes, Lombok et les îles voisines. « Sauf le Dingo, quelques Rongeurs, quelques Chauves-Souris et les Monotrèmes, la faune mammalogique de l'Australie n'était composée, au moment de la découverte, que de Marsupiaux qui constituent la souche la plus ancienne de la classe des Mammifères. » (Vogt.)

Mœurs. — Leurs mœurs sont si diverses qu'il est difficile d'en faire un tableau général. Les uns sont carnassiers, les autres rongeurs ; les uns sont terrestres, les autres arboricoles ou aquatiques ; les uns diurnes, les autres nocturnes et vivent dans les forêts, les buissons et, parfois, dans les plaines découvertes.

Leur intelligence est médiocre. En captivité, ils ne sont pas éducables ; ils ne s'attachent ni aux choses, ni aux personnes, ni à leurs compagnons.

Ils montrent tous une grande ténacité de vie. Pour les Sarigues d'Amérique, cette résistance est devenue proverbiale.

Le nombre des petits varie dans les diverses espèces de un à quatorze.

Classification. — On a scindé ce groupe en deux ordres, celui des *Diprotodontes*, dont les représentants sont herbivores et ont au plus trois paires d'incisives à chaque mâchoire, et celui des *Polyprotodontes*, qui renferme des animaux carnivores et insectivores ayant quatre ou cinq paires d'incisives à la mâchoire supérieure et une ou deux au plus à la mâchoire inférieure.

LES DIPROTODONTES OU HERBIVORES A BOURSE

Les Diprotodontes sont les Marsupiaux herbivores, dont les incisives ne dépassent jamais trois paires à chaque mâchoire ; les incisives médianes sont grandes et proclives ; les canines supérieures manquent parfois ; les inférieures toujours. Les molaires ont une couronne tuberculée ou à sillons transversaux.

Les pattes ont deux orteils petits et réunis par le tégument, le fait étant moins marqué chez les Wombats que chez les Kangourous et les Phalangers.

Ces animaux habitent tous la région australienne, hormis un seul genre, celui des Cœnolestes, qui est sud-américain. Ils comprennent les *Phalangéridés*, les *Phascolomyidés*, les *Macropodidés* et les *Cœnolestidés*.

LES PHALANGÉRIDÉS OU GRIMPEURS

Les Phalangéridés sont des Marsupiaux arboricoles de taille moyenne ou petite, à pelage épais et mou, qui par le Kangourou musqué sont reliés si étroitement aux Sauteurs, qu'il est difficile de fixer une limite entre les deux groupes. Comme lui, ils ont cinq doigts et cinq orteils. Le gros orteil est sans ongle, opposable; le deuxième et le troisième orteil, minces et réunis ensemble par le tégument. Mais le quatrième ne dépasse pas énormément la grandeur du cinquième. Les pattes antérieures ont à peu près les mêmes dimensions que les postérieures avec leurs cinq doigts onguiculés presque égaux. Comme les Sauteurs, les Grimpeurs ont aussi, à une exception près, une longue queue, qui peut devenir un organe de préhension. La poche est bien développée.

Ces animaux sont frugivores ou plus ou moins omnivores; aussi leur denture est-elle variable. Des six incisives supérieures, les deux médianes sont plus longues ainsi que les deux inférieures, comme celles des Rongeurs. Ces deux dernières, quoique grandes et pointues, ne peuvent faire ciseaux comme c'est parfois le cas chez les Sauteurs. La canine est forte, la prémolaire restante est coupante. On trouve aussi la barre occupée par un certain nombre de petites dents non fonctionnelles. On compte seize molaires.

Cette famille, dont les représentants se rencontrent en Australie et en Papouasie, se divise en trois sous-familles, celles des *Tarsipédinés* et des *Phascolarctinés*, qui ne comprennent chacune qu'un genre, celle des *Phalangérinés* à laquelle on rattache les dix autres genres, avec leurs nombreuses espèces. Certaines formes ont une membrane aliforme, tendue sur les côtés entre les membres antérieurs et les postérieurs. Mais la possession de cette membrane n'implique aucune parenté avec les Écureuils volants, car les caractères du crâne et des dents les rattachent nettement aux types non volants de cette famille.

Le Koala cendré.

LES KOALAS

Les Koalas ou Phascolarctes (*Phascolarctus* Blainville, 1816) ne comprennent qu'une seule espèce de l'Australie orientale, le Koala cendré (*P. cinereus* Gold.) appelé en Australie *native Bear*, c'est-à-dire Ours indigène, qui ne se laisse comparer à aucun des Mammifères ordinaires. Il semble reproduire certaines particularités rappelant les Ours, d'où son nom d'Ours à bourse, les Édentés, les Damans et les Loris; aussi est-il devenu le type d'une sous-famille voisine de celle des

Wombats, d'après Forbes, ce qui lui a fait donner le nom de Wombat de Flinders.

Son corps est trapu, porté par des jambes courtes. Sa tête épaisse, son museau large et obtus, ses yeux brillants, ses oreilles larges et très velues lui donnent un faciès tout particulier qu'accentuent encore l'absence de queue et la forme des pieds qui ont cinq doigts dont les deux internes en avant sont réunis et opposables aux trois autres. Les ongles acérés sont longs et recourbés; aux pattes postérieures le pouce est grand et large, le deuxième et le troisième doigts réunis. Les plantes sont granuleuses.

La dentition est toute spéciale. Elle comprend trois paires d'incisives supérieures, inégales, et une paire d'inférieures. Les deux canines supérieures seules existent et sont petites. Les molaires, précédées d'une large barre, sont au nombre de cinq en haut et en bas, parfois avec une sixième additionnelle en bas.

$$i\,\frac{3}{1},\ c\,\frac{1}{0}, pm\,\frac{1}{1},\ \mathrm{M}\,\frac{4}{4\,(5)}$$

Le pelage est fin, mou, épais et laineux. Le nez et le museau sont nus; mais les parties supérieures du corps sont d'un gris cendré, lavé de roux, et les parties inférieures d'un blanc jaunâtre. Le côté externe des oreilles est gris noir. Sa taille est à peu près celle du Glouton : garrot o^m,33, corps o^m,50.

Mœurs. — Le Koala, qui est le *Goribun* des indigènes, est un animal à demi nocturne, dormant sans souci à la cime des gommiers les plus élevés, dont il paît les feuilles et les bourgeons (*Eucalyptus globulus*). Le soir, il descend parfois à terre, soit pour changer d'arbre, soit pour déterrer des racines, qu'il accumule, dit-on, dans ses abajoues pour retourner les savourer sur un arbre. Sur le sol, il marche lentement et maladroitement; sa lenteur excessive en grimpant l'a fait nommer *Paresseux d'Australie*, mais son peu de rapidité est racheté par une grande circonspection et une prudence extrême, qui lui permettent de grimper sur les branches les plus minces.

Ce stupide animal, malgré son apparence farouche, est doux et paisible. Il se met rarement en colère ; il prend alors un aspect menaçant, ses yeux brillent de méchanceté, son cri devient perçant, mais c'est à cela seulement que se borne sa manifestation, il ne pense ni à mordre ni à griffer.

Le petit, après être sorti de la bourse, est porté sur le dos de la mère qui lui témoigne beaucoup de tendresse. Quand, le soir et la nuit, elle erre lentement sur les branches, il se cramponne à son cou, sans se soucier de ce qui l'environne.

Les indigènes chassent le Koala avec ardeur et ne craignent pas de grimper sur les arbres et de le poursuivre dans les branches pour le jeter à terre.

Il supporte bien la captivité.

LES PHALANGERS OU COUSCOUS

Les Phalangers (*Phalanger* Storr, 1780) ou Couscous d'Amboine sont des animaux assez lourds, de la taille d'un Chat, dont le museau est pointu, la tête arrondie, les oreilles courtes et souvent non apparentes, la queue velue à la racine, mais nue ensuite et préhensile; les soles sont nues et les cinq doigts antérieurs sont armés de fortes griffes; le pouce et l'index sont presque opposables et assez mobiles pour que l'animal puisse saisir. La pupille est verticale; le pelage épais et laineux. Quatre mamelles.

Tous ces animaux sont nocturnes, lents et paresseux. Roulés sur eux-mêmes, la tête entre leurs pattes pendant le jour, ce n'est que la nuit qu'ils sont assez vifs, quand ils cherchent leur nourriture. Ils habitent les forêts formées d'arbres élevés, où ils ne se tiennent qu'à la cime. En se balançant avec la queue, ils savent, comme certains Singes sud-américains, atteindre une branche éloignée et changer d'arbre. On dit qu'on peut les faire tomber à terre rien qu'en les fixant.

A côté de fruits, ils consomment beaucoup de feuilles et une telle quantité d'Oiseaux et de petits animaux, qu'on les regarde comme les plus carnivores parmi les Grimpeurs.

Chasse. — On les chasse à cause de leur chair et de leur fourrure. Les indigènes les capturent sur leurs arbres. Comme ils ont la vie très dure, ils sont difficiles à tuer : les blessures les plus graves n'amènent leur mort que lentement, et leur épaisse fourrure leur fournit une protection efficace contre les plombs.

Captivité. — En captivité ils sont indolents, silencieux et maussades. Ils vivent en mauvais rapports avec leurs semblables, s'attaquent en poussant de grands cris, en soufflant comme des Chats, et se mordent de telle façon qu'ils s'arrachent de grands lambeaux de peau.

Le Couscous maculé.

Le Couscous MACULÉ OU TACHETÉ (*P. maculatus* Et. Geoff.), le type de ce genre, a un pelage agréablement tacheté et très variable. Le mâle n'est ordinairement roux ou gris qu'à la tête et aux jambes, tandis que sur le corps, sur un fond blanc jaunâtre sale il porte de nombreuses taches, irrégulières, brunes, rousses ou noires; les genoux et les parties inférieures sont blancs, souvent lavés de roux ou de jaune. Les vieux mâles peuvent être uniformément gris ou roux, les femelles sont souvent colorées en gris noir en dessus et en blanc en dessous, quelquefois en roux. Ce Couscous, qui a la taille du Chat, la femelle étant plus petite, habite les îles d'Amboine, de Ceram, de Banda, de Waigiou, d'Arou, la Nouvelle-Guinée et le nord du continent australien.

C'est le Couscous oriental (*P. orientalis* Pallas) ou gris qui a été le premier connu en Europe. Ses nombreuses variétés habitent les îles de Timor, de Bourou, de Soula, d'Amboine, de Ceram, de Waigiou, d'Arou et quelques autres et la Nouvelle-Guinée septentrionale.

Le Couscous ourson (*P. ursinus* Temm.) est limité à la partie nord de l'île de Célèbes, tandis que le Couscous de Célèbes (*P. celebensis* Gray) se trouve au sud et au nord de l'île, près de Macassar et de Menado.

LES TRICHOSURES

Les Trichosures (*Trichosurus* Lesson, 1828) ou Kousous sont très voisins des précédents et surtout différenciés par leur queue entièrement poilue, sauf sur le tiers ultime de la face inférieure. En outre, les oreilles sont visibles, les pieds postérieurs poilus en arrière des talons, et la poitrine porte une glande cutanée. Les doigts antérieurs ont la disposition ordinaire.

Les deux espèces sont australiennes : ce sont le Kousou renard ou vulpin avec une variété *fuligineuse* de la Tasmanie, à pelage allongé, et le Kousou canin (*T. caninus* Ogilby) du Queensland, à oreilles courtes et arrondies.

Le Kousou ou Trichosure renard (*T. vulpecula* Kerr) est un des animaux les plus communs d'Australie. Il a la taille du Chat sauvage, le port du Renard avec la gracieuseté de l'Écureuil. Le pelage est moins épais ; la partie supérieure est gris brun avec reflets fauve roux ; en dessous il est blanc jaunâtre. Les oreilles, plus longues que larges, sont blanches et la queue noire.

On le trouve dans toute l'Australie, excepté dans la presqu'île d'York. Il habite dans les forêts les arbres les plus élevés, où il se meut avec facilité et sûreté, grâce à sa queue. Jamais il ne fait un pas sans s'être auparavant bien fixé avec cet organe ; ses mouvements sont donc lents. Sur le sol sa marche est encore plus lente. Sa lenteur est telle qu'un bon grimpeur peut facilement l'attraper. En cas de danger, il se suspend à une branche par sa queue, et se dérobe ainsi souvent aux regards en restant complètement immobile.

Pendant le jour, il est blotti, enroulé sur lui-même dans un creux d'eucalyptus, et il ne quitte sa retraite que deux ou trois heures après le coucher du soleil, pour y rentrer à l'aurore. Sa nourriture consiste surtout en feuilles, celles de l'eucalyptus ou gommier poivré sont les préférées et, parfois, il ajoute quelque Oiseau à ce menu monotone.

Pendant la saison des amours, dans les forêts silencieuses de l'Australie, on entend souvent son cri aigu, *coue, coue, coue*. La femelle met bas un ou deux petits, qu'elle porte longtemps dans sa bourse et, plus tard, sur son dos.

Captivité. — Les Phalangers renards sont faciles à apprivoiser, car ils sont doux et paisibles et ne cherchent pas à mordre. Ils se cachent et dorment toute la journée, et se montrent maussades si on les réveille. Il faut les mettre dans une cage assez spacieuse et assez forte, si on ne veut pas qu'ils en rongent les barreaux ou le plancher. Ils sont très communs dans les jardins zoologiques.

Leur chair, malgré la forte odeur de camphre qu'elle répand, est un mets délicieux pour les indigènes, et leur fourrure, séchée puis raclée avec une coquille pour lui donner la souplesse voulue, sert à fabriquer des manteaux dont les indigènes se revêtent avec fierté.

Les Pseudochires (*Pseudochirus* Ogilby, 1836), ou Demi-Kousous, sont des

Le Trichosure ou Kousou renard.

Phalangéridés associant au système dentaire, à la queue et à la pupille ronde des Trichosures la disposition des doigts des Phalangers chez lesquels le pouce et l'index sont opposables aux trois autres. Ils ne portent pas la glande pectorale des vrais Kousous. Quatre mamelles. Leurs treize espèces sont répandues, celles qui ont la pointe de la queue blanche en Australie et en Tasmanie, les autres en Nouvelle-Guinée.

En Australie, le Pseudochire du fleuve Herbert, celui du fleuve des Cygnes, le Pseudochire d'Archer, en Nouvelle-Guinée, et le Pseudochire grisonnant sont les plus connus, ainsi que le Pseudochire de Cook, qui vit en Tasmanie.

LES PÉTAUROÏDES

Les Pétauroïdes (*Petauroïdes* Thomas, 1889), sont des Demi-Kousous avec membrane aliforme, car le crâne, les dents et la queue sont identiques dans ces deux genres. On n'y distingue qu'une espèce, le Pétauroïde volant (*P. volans* Kerr) ou Taguanoïde, ainsi nommé à cause de sa ressemblance avec un Écureuil volant, le Taguan. Sa membrane ne s'étend que du carpe au tarse, mais elle est très étroite le long du bras et de la jambe. Son pelage, doux et soyeux, est brun, noir en dessus, blanc en dessous; ses oreilles sont grandes, velues en dehors. Cet animal est le plus grand des Marsupiaux volants, car son corps atteint 0ᵐ,51 et la queue autant.

Habitat. — Il habite les forêts du Queensland, de Victoria et de la Nouvelle-Galles du Sud. Dans le Queensland central, se trouve une variété plus petite.

Mœurs. — C'est un animal nocturne, qui se tient le jour dans le creux d'un arbre. Il est beaucoup plus leste et agile que les autres Phalangéridés. Il grimpe rapidement, fait des bonds prodigieux, grâce à son parachute, et peut ainsi voyager de cime en cime. Il est réellement magnifique dans ses bonds quand la lune vient éclairer son poil long et lustré.

Il descend rarement à terre, car il ne mange que des feuilles et des jeunes pousses. Les indigènes, qui savent reconnaître l'arbre sur lequel le Pétauroïde a fait sa demeure, vont le saisir au gîte pendant son sommeil et le tuent rapidement pour éviter ses morsures. La chair est estimée.

A côté des Pétauroïdes, on place les deux genres Dactylopsiles et les Gymnobélidées qui n'ont pas de trace de parachute.

Les Dactylopsiles, dont le corps est rayé de blanc et de noir, sont arboricoles et vivent de feuilles. Ils ont la particularité curieuse d'avoir un quatrième doigt long et mince, comme l'Aye-Aye, et ils s'en servent aussi probablement pour aller chercher les Insectes dans les fentes et dans les crevasses. Le Dactylopsile a trois raies (*D. trivirgata* Gray) habite le nord de l'Australie et la Papouasie, tandis que le Dactylopsile palpeur (*D. palpator* A. M.-Edw.) seulement le sud de cette dernière île.

Le Gymnobélidée de Leadbeater (*Gymnobelideus Leadbeateri* Mac Coy) est un petit animal (0ᵐ,15) sans membrane, vivant dans la colonie de Victoria et que Thomas regarde comme la forme primitive des Pétaures, tant il est voisin de ceux-ci. Ses oreilles sont nues.

LES PÉTAURES

Les Pétaures (*Petaurus* Shaw, 1791) ou Bélidées sont des Marsupiaux volants, dont les oreilles sont grandes, nues, et la membrane étendue depuis le côté externe du petit doigt de la main jusqu'au tarse. La formule dentaire comprend:

$$i\ \frac{3}{2},\ c\ \frac{1}{1},\ pm\ \frac{3}{3},\ M\ \frac{4}{4}.$$

Les quatre paires de molaires inférieures sont gemmiformes. La fourrure est très fine, très épaisse et très molle. La queue est longue, touffue à l'extrémité. Leur taille rappelle celle de l'Écureuil d'Europe.

Ce genre comprend trois espèces : le Pétaure austral (*P. australis* Shaw), qui correspond au Pétaure à ventre jaune de Desmarest et qui habite le littoral du sud de l'Australie ; le Pétaure sciurien (*P. sciureus* Shaw), appelé Écureuil des sucres par les colons, qui vit au Queensland ou Victoria et qui, sur un fond cendré, présente des taches blanches ou noires ; le Pétaure a tête courte (*P. breviceps* Waterh.), qui se trouve dans les mêmes régions, et qui a été introduit en Tasmanie. La variété papouasienne (*papuanus*) habite la Nouvelle Guinée et nombre d'îles voisines.

Mœurs. — Ils se nourrissent de feuilles, du nectar des fleurs des eucalyptus et d'Insectes. Leurs mœurs sont les mêmes que celles des Pétauroïdes. Cachés dans la cime des arbres touffus, ils ne s'éveillent que le soir. Leurs mouvements sont alors lestes et rapides comme ceux de l'Écureuil. Ils font des bonds énormes et peuvent changer leur direction à volonté. En partant d'une hauteur de 10 mètres, ils peuvent atteindre un arbre éloigné de 25 ou 30 mètres.

Leur agilité est attestée par le récit suivant que fait Brehm :

« Sur un navire revenant d'Australie se trouvait un Pétaure sciurien, qui faisait la joie de l'équipage par ses gambades sur le pont ou ses poses sur le grand mât. Pendant une tempête, comme il était monté sur le grand mât, sa place favorite, on eut peur que le vent ne l'enlevât pendant qu'il exécuterait un de ses sauts et qu'il ne l'entraînât dans la mer. Un matelot se décida à aller le chercher. Au moment où il allait le saisir, l'animal chercha à s'échapper et voulut sauter sur le pont. Mais à ce moment le navire s'inclinait et le Pétaure allait tomber à l'eau et se noyer quand, changeant de direction avec sa queue faisant office de gouvernail, on le vit se détourner, décrire une grande courbe et atteindre heureusement le pont. »

Chasse. — On capture les Pétaures pendant leur sommeil à la cime des arbres.

Captivité. — Ce sont d'aimables compagnons, inoffensifs et doux, vifs, gais, éveillés la nuit quoique toujours un peu craintifs. Ils vivent en bonne harmonie avec les animaux qui partagent leur captivité et s'attachent à l'homme.

On en trouve souvent dans les maisons des colons. Ils aiment beaucoup les fruits et dévastent volontiers les pêchers et les orangers.

Les Dromicies (*Dromicia* Gray, 1841) sont de jolis animaux qui rappellent les Myoxidés et, en particulier, les Loirs et les Muscardins, d'où leur nom de Phalangers-Loirs. Leur queue ressemble à celle des Souris, elle est cylindrique, poilue à la base, puis écailleuse, nue à la pointe et prenante. Les oreilles sont grandes et les ongles petits.

La plus petite des quatre espèces du genre est le Dromicie nain (*D. nana* Desm.) de la Tasmanie et qu'on a qualifié de gliriforme, à cause de sa ressemblance avec le Loir. Le corps, gris en dessus et blanc en dessous, a 0^m,06 à 0^m,07 et la queue autant. Le Dromicie mignon (*D. concinna* Gould) se rencontre depuis la Nouvelle-Galles du Sud jusqu'à la rivière des Cygnes. Le Dromicie a queue (*D. caudatus* A. M.-Edw.) appartient aux monts Arfak dans la Nouvelle-Guinée.

Ces gracieux petits animaux ont des habitudes nocturnes et se cachent le jour sous l'écorce des eucalyptus ou dans les creux des arbres. Ils vivent du nectar des fleurs, de jeunes herbes et peut-être d'Insectes.

Les Distoechures (*Distoechurus* Peters, 1874) ne renferment que le Distoechure penné (*D. pennatus* Pet.) de la Nouvelle-Guinée méridionale, qui, vis-à-vis des Acrobates, est dans le même rapport que les Gymnobélidées vis-à-vis des Pétaures, et que les Pétauroïdes vis-à-vis des Pseudochires. C'est donc un Acrobate sans parachute. Il est gris brun avec la tête marquée de lignes longitudinales blanches et brun foncé ; aussi ressemble-t-il beaucoup à un Loir. Le nom indique l'arrangement des poils sur la queue.

LES ACROBATES

Les Acrobates (*Acrobates* Desmarest, 1817), ou Voltigeurs ou Souris volantes, sont des animaux de petite taille comme les Dromicies ; mais ils ont une membrane aliforme, et les poils de la queue sont distiques, c'est-à-dire qu'ils sont sur deux lignes. On en cite deux espèces : l'un l'Acrobate pulchelle (*A. pulchellus* Rotsch.) de la Nouvelle-Guinée allemande, et l'autre, la seule connue pendant longtemps, l'Acrobate pygmée (*A. pygmæus* Shaw), qui n'est guère plus grande que le Muscardin, dont elle aurait l'apparence extérieure, sans les membranes aliformes que portent ses flancs.

L'Acrobate pygmée est un gracieux et élégant animal, dont la poche est bien développée, et dont le pelage long, mou et soyeux est gris brun en dessus et blanc en dessous jusqu'au bord de la membrane aliforme. Celle-ci va du coude au genou et est très réduite sur les flancs ; quand l'animal est au repos, elle tombe des deux côtés en formant des plis, qui des-

L'Acrobate pygmée.

sinent, avec le bord blanc, comme un manteau jeté sur les épaules. La femelle a quatre mamelles.

Les griffes sont pointues, quoique cachées parfois par un bourrelet terminal.

Les dents acérées, au nombre de dix paires à la mâchoire supérieure et de huit à l'inférieure. Le corps à 0^m,07 à 0^m,08 de long et la queue autant.

Habitat. — Il se trouve dans le Queensland, le Victoria et la Nouvelle-Galles du Sud.

Mœurs. — Merveilleusement vif et agile, il peut, grâce à sa membrane, parcourir des espaces considérables. Il se nourrit de feuilles, de fruits (Brehm), du miel des fleurs et d'Insectes. Aux environs de Port-Jackson et du port de Sydney, où il est commun, on le trouve souvent apprivoisé.

LES TARSIPÈDES

Les Tarsipèdes (*Tarsipes* Gervais et Verreaux, 1842) sont de petits Marsupiaux qui présentent une combinaison de caractères assez remarquable pour qu'on les ait séparés en une sous-famille spéciale, dont l'unique espèce, le Tarsipède rostré (*T. rostratus* Gerv. et Verr.), est limitée à l'Australie occidentale comme le Myrmécobie.

Le second et le troisième orteil sont soudés, le gros orteil est opposable et sans ongle, les autres orteils et les doigts de devant sont arrondis et protégés par des ongles courts, aplatis et plus ou moins cachés sous la peau. Le museau est allongé en rostre, la bouche petite, et la dentition variable. La mâchoire inférieure porte une paire de longues incisives, coupantes et projetées en avant; mais toutes les autres dents sont petites, et séparées les unes des autres par de longs intervalles; en outre, leur nombre est assez variable (ordinairement vingt-deux) :

Le Tarsipède rostré.

$$i\ \frac{2}{1},\ c\ \frac{1}{0},\ pm\ \frac{1}{0},\ M\ \frac{3}{3}$$

Ces faits, corroborés par le régime, impliquent l'idée que ces dents ont très peu d'utilité pour l'animal. Le maxillaire inférieur diffère notablement par sa forme de celui des autres Marsupiaux, pour ressembler à la fois, d'après Gervais, à ce que l'on voit chez certains Édentés et chez les Monotrèmes. La queue plus longue que le corps, apointie au bout, est peu poilue et préhensile. Les oreilles sont arrondies.

En somme, le Tarsipède, abstraction faite de la poche de la femelle, ressemble

assez à une Musaraigne. Pourtant son pelage assez grossier, court et épais, présente une coloration moins uniforme. La couleur fondamentale est le gris roussâtre en haut, jaunâtre en bas, avec la tête brune au-dessus et jaune roux sur les côtés. Le dos porte jusqu'à la queue une bande médiane noire, limitée par deux bandes grises dont la couleur est rousse à l'extérieur.

Sa longueur totale est de 0^m,175 sur lesquels la queue a 0^m,10.

Mœurs. — Ce joli petit animal, parfois assez commun et dont le premier a été capturé sur les bords de la rivière des Cygnes, a une démarche fort élégante. Il vit sur les arbrisseaux, y construit son nid et grimpe pendant la nuit dans les branches pour chercher des fleurs, surtout celles de Mélaleuque, dont il sait extraire le nectar au moyen de sa langue longue et pointue, qu'il fait saillir hors de sa bouche. Peut-être capture-t-il aussi les petits Insectes inclus dans la corolle; en tout cas, en captivité, il est prouvé qu'il est insectivore. Gould en vit un qui mangeait des Mouches.

Ses griffes ne rappellent pas celles des Grimpeurs, car il ne s'en sert pas pour les implanter dans l'écorce des gros arbres, mais ses mains servent plutôt à saisir les petites branches des arbustes où il vit.

LES PHASCOLOMYIDÉS

Cette famille n'est représentée que par les PHASCOLOMES (*Phascolomys* Owen) ou Wombats. Ils ont plus ou moins l'aspect d'une grosse et lourde Marmotte, avec, à chaque mâchoire, une paire d'incisives coupantes ne portant de l'émail que sur les faces antérieure et latérales, à peu près comme chez les Rongeurs. Il y a en outre après les incisives, dont elles sont séparées par une large barre, une prémolaire et quatre molaires formées chacune de deux colonnes accolées. Donc vingt-quatre dents en tout, toutes sans racines. Les membres sont égaux, forts et courts; ils sont terminés par cinq doigts onguiculés, le premier et le

Le Wombat ourson.

cinquième étant remontés vers le haut. Les pattes postérieures ont un pouce

court et sans ongle; le deuxième, le troisième et le quatrième orteil présentent un commencement de syndactylisme; le cinquième doigt est le plus court et les quatre autres sont munis d'ongles longs, forts et recourbés. La queue n'est qu'un moignon presque nu.

Ce genre renferme trois espèces : le Wombat commun (*P. Mitchelli* Owen), qui a o^m,76 de long, un pelage jaune, souvent mélangé de noir, et parfois même tout noir; il habite l'Australie du Sud, Victoria et la Nouvelle-Galles du Sud. Le plus petit est le Wombat ourson (*P. ursinus* Shaw) ou mineur, qui habite la Tasmanie et les îles semées dans le détroit de Bass. Le Wombat a front large (*P. latifrons* Owen), à pelage très mou et à museau poilu, habite le sud du continent.

Mœurs. — Les Wombats sont des animaux nocturnes qui vivent dans les forêts épaisses et dorment pendant le jour dans des terriers profonds qu'ils ont creusés eux-mêmes ou dans des fentes de rochers. Ce n'est que le soir qu'ils sortent pour chercher leur nourriture, consistant en herbes, en feuilles et en racines. Craintifs et pacifiques, ils se laissent prendre et emporter par les colons sans témoigner ni inquiétude ni mécontentement. Mais s'ils sont en colère, ils peuvent faire des morsures dangereuses. Leurs mouvements sont lents et maladroits. Les indigènes racontent que si, dans une excursion nocturne, ils roulent dans la rivière dont ils parcourent les bords, ils ne se troublent pas pour si peu, ils poursuivent leur chemin sur le lit du fleuve, et gagnent ainsi l'autre rive.

Captivité. — Dans la Tasmanie, le Wombat mineur est l'hôte des cabanes de pêcheurs, autour desquelles il rôde comme un Chien. Mais son maître lui est parfaitement indifférent, il ne tient qu'à sa nourriture.

Il se reproduit en captivité en Europe.

LES MACROPODIDÉS OU SAUTEURS

Les Macropodidés ou Kangourous forment une famille bien délimitée, dont les représentants se reconnaissent aisément de tous les autres par leur conformation générale, par les particularités de structure de leurs pieds, de leurs dents, et de leurs autres organes. La tête est petite proportionnellement et allongée en pointe; les épaules sont faiblement développées ainsi que les pattes antérieures qui ont cinq doigts armés d'ongles forts, tandis que les pattes postérieures ont une longueur disproportionnée avec la taille, ce qui leur donne un aspect maladroit quand ils marchent à quatre pattes ou qu'ils paissent. Ici le quatrième doigt est le plus long, ainsi que son ongle; le gros orteil est toujours absent, excepté chez les Hypsiprymnodontes. Le deuxième et le troisième sont très réduits et réunis par le tégument jusqu'aux griffes exclusivement; le cinquième doigt est assez développé.

La queue est grande et poilue, mais diffère dans chaque genre; l'estomac complexe; la poche marsupiale, large, s'ouvre en avant et est soutenue par deux grands os marsupiaux.

La formule dentaire de l'adulte est la suivante :

$$i\ \frac{3}{1},\ c\ \frac{1(0)}{0},\ pm\ \frac{2}{2},\ M\ \frac{4}{4}.$$

Les incisives sont coupantes ; les canines, quand elles existent, sont petites. Les molaires sont larges, à collines transversales ou à tubercules mousses. Leur taille est très variable : certaines espèces ont $1^m,60$ de haut, d'autres sont à peine plus grandes qu'un Rat.

La plupart habitent l'Australie, quelques-unes la Nouvelle-Guinée et les îles adjacentes.

Mœurs. — Cette famille comprend plus de cinquante-six espèces, qui se répartissent en douze genres et trois sous-familles : les *Macropodinés*, les *Potoroïnés* et les *Hypsiprymnodontinés*. Tous sont terrestres, hormis les Dendrolagues qui sont arboricoles. Ce sont des animaux herbivores, timides et inoffensifs ; leur marche est une série de sauts qu'ils effectuent en s'appuyant sur leurs deux membres postérieurs et sur leur queue sans utiliser leurs membres antérieurs.

LES KANGOUROUS

Les Kangourous (*Macropus* Shaw, 1790) renferment les espèces dont les membres sont les plus disproportionnés. Leur nez est ordinairement nu, excepté dans les trois espèces, gigantesque, agile et dorsale ; leur queue épaisse, longue, forte, parfois velue, et leurs mâchoires dépourvues de canines. Ils ont quatre mamelles. Leur taille varie de celle d'un homme à celle d'un Lapin.

Ils habitent le continent australien, la Tasmanie, la Nouvelle-Guinée et quelques îles avoisinantes.

Leurs vingt-cinq espèces se répartissent en trois sections : celle des *vrais Kangourous*, qui comprend les géants de la famille, celle des *Halmatures* ou *Wallabies*, et celle des *Thylogales* ou *petits Wallabies*.

Parmi les vrais Kangourous, l'espèce la plus connue est le Kangourou gigantesque (*M. giganteus* Zimm.) ou *Boomer* des colons, dont le corps élégant et gracieux est couvert d'un poil mou, gris brun en haut, blanc dans les parties inférieures. Son museau est poilu au milieu et sa prémolaire très courte. Le mâle a un corps d'une longueur de $1^m,60$, une queue de $1^m,30$, et son poids atteint 100 kilos. C'est un habitant des plaines ouvertes de l'Australie et de la Tasmanie (var. *fuliginosus*).

Le Kangourou antilopin (*M. antilopinus* Gould) a le corps lourd, la tête massive ; son pelage est court et grossier.

Le Kangourou robuste (*M. robustus* Gould), ou *Wallaruh*, a la même structure. Il vit au Queensland et dans la Nouvelle-Galles du Sud.

Le Kangourou roux (*M. rufus* Desm.) aime les contrées rocheuses du sud et de l'est de l'Australie. Son museau est partiellement poilu, sa prémolaire assez grande. Son pelage très doux, laineux, correspondant au duvet d'autres

Kangourous, est roux chez le mâle, gris bleuté chez la femelle. La face présente des dessins clairs et foncés (*).

Les Halmatures, Wallabies ou Kangourous des buissons, vivent dans les fourrés épais ; ils sautent presque aussi bien que les Kangourous, mais sont plus petits et ont un pelage plus vivement coloré. Parmi eux je citerai le WALLABIE A COU ROUGE (*M. ruficollis* Desm.), de la Nouvelle-Galles du Sud et de Victoria (monts Gambier) (taille 1ᵐ,05, queue 0ᵐ,80), qui est représenté par une variété, le WALLABIE DE BENNETT, vivant en Tasmanie.

Une deuxième espèce de grande taille, le WALLABIE A QUEUE NOIRE (*M. ualabalus* Less. et Garn.), habite l'Australie occidentale et méridionale (monts Liverpool et fleuve Hunter), tandis que le WALLABIE DE PARRY se tient dans les montagnes du Queensland et des environs de Port-Stephenson.

Le WALLABIE AGILE (*M. agilis* Gould), qui se distingue par le pelage court, par la couleur isabelle du dos, et par une bande blanche sur les hanches, se trouve dans le nord de l'Australie et dans la Nouvelle-Guinée méridionale.

Les Thylogales sont des Wallabies qui se reconnaissent à leur taille plus petite et plus légère, à leurs jambes plus courtes, et à leur queue nue. Aussi sautent-ils moins bien ; ils se contentent de racines. Leur aire de dispersion est beaucoup plus grande que celle des deux groupes précédents, et s'étend jusqu'aux îles Arou et Key (*M. Brunii* Schreb.). Ce sont le WALLABIE A VENTRE ROUGE (*M. Billardieri* Desm.) de l'Australie du Sud, de Victoria et de la Tasmanie ; le WALLABIE A QUEUE COURTE (*M. brachyurus* Quoy et Gaym.) de l'Australie occidentale, et le WALLABIE THÉTIS (*M. Eugeni* Desm.) ou Padamelon de la Nouvelle-Galles du Sud et de Victoria.

Mœurs. — Tout, chez les Kangourous, est curieux. Leur allure, quand ils vont paître, est un saut lourd et maladroit, l'animal appuie toute la main sur le sol et place ses pattes de derrière tout près de celles de devant ou même entre elles, en arc-boutant sa queue. Pour arracher les plantes, il s'assied sur les pattes de derrière et sur la queue et laisse retomber les pattes de devant ; il se redresse ensuite pour manger en restant assis sur une sorte de trépied formé par la queue et les membres postérieurs. On ne le voit appuyé sur trois pattes et sur la queue que lorsqu'il a quelque chose à faire sur le sol avec une de ses mains. Quand il est rassasié, il se couche à terre, les jambes de derrière étendues. Pour dormir, les petites espèces prennent la même position que le Lièvre au gîte, c'est-à-dire que ces animaux sont assis sur leurs quatre pattes avec la queue étendue ; ils peuvent donc prendre la fuite au moindre danger.

C'est dans la fuite que le Kangourou montre toute son agilité et fait des bonds rapides comme nul autre animal. Il s'appuie sur ses jambes postérieures, tandis qu'il ramène ses jambes de devant contre sa poitrine et étend sa queue en arrière. Il étend alors ses membres postérieurs et file dans l'air comme une flèche en décrivant une courbe et en tenant le corps, soit horizontal, soit oblique, avec les oreilles couchées. Ses petits bonds n'ont que 2 mètres et demi de long, tandis que, dans la frayeur, ses sauts atteignent deux ou trois fois plus, et même

(*) Pl. LXXIX. — Le Kangourou roux.

10 mètres de long, et une hauteur de 2 à 3 mètres, en sorte qu'ils passent par-dessus les arbustes et les buissons. Le pied droit précède un peu le pied gauche; la queue s'élève et s'abaisse à chaque fois, et cela d'autant plus que le bond est plus énergique. Les changements de direction se font au moyen de deux ou trois petits bonds; il s'ensuit que la queue ne paraît pas lui servir de gouvernail. Jamais il ne se sert alors de ses pattes de. devant, certaines espèces les portent même le long du corps. Il peut soutenir une pareille allure pendant plus de deux heures. Mais, sur un sol incliné, il lui est difficile de descendre sans culbuter.

Le Kangourou est méfiant sans prudence, timide sans mémoire, mais très curieux. Quand même il est en proie à la plus grande frayeur, quand il a les Chiens sur les talons, il ne peut s'empêcher de se retourner pour regarder ses ennemis. Dès qu'il est excité, ses inspirations deviennent plus rapides et sa salivation abondante. Son ouïe est très fine, aussi le voit-on remuer constamment les pavillons. Sa vue paraît moins aiguë et son odorat obtus.

Son régime est varié. Il se nourrit d'herbes et en particulier de celle appelée *herbe à Kangourou*, de racines, de feuilles et de bourgeons. La nuit il se rend parfois dans les cultures pour chercher du blé vert ou de l'orge en herbe. La plupart vivent solitaires, mais quand la nourriture est abondante, on les voit parfois réunis en troupeaux de quatre-vingts individus; seulement ces rassemblements ne sont que temporaires, car au bout de quelques heures la dissociation est complète et il est fréquent de voir même des individus se réunir à une nouvelle troupe sans se préoccuper de l'ancienne. Les mâles se livrent de terribles combats avec leurs pattes postérieures et antérieures. Les petites espèces même s'arrachent les poils et se dénudent des parties entières.

Les grands Kangourous ont rarement plus d'un petit par portée, après une courte gestation, trente-neuf jours chez l'espèce géante. Le jeune n'a pas la moindre ressemblance avec la mère : c'est une masse molle, transparente, vermiforme, dont les yeux sont fermés et le nez et les oreilles à peine indiqués. Il reste alors huit à neuf mois suspendu à une tétine. Lorsqu'il a atteint une certaine taille, la mère le soigne avec tendresse, et chaque fois qu'elle veut se déplacer, elle lui donne de petits coups pour l'inviter à se réfugier au fond de la poche. Weinland affirme que la mère peut allaiter à la fois deux petits de portées différentes, dont sa fille allaitant déjà elle-même.

Chasse. — Les Kangourous sont le gros gibier de l'Australie que poursuivent avec ardeur colons et indigènes. Ces derniers emploient des lacets ou des pièges de diverses sortes. Dans les grandes chasses, les uns se cachent, les autres rabattent le gibier et, dès qu'ils sont tout près, ils se lèvent subitement en poussant des cris. Les animaux effrayés s'enfuient à portée des chasseurs cachés.

Les colons emploient à cette chasse un Chien spécial, obtenu par croisement du Braque anglais et du Bouledogue, race remarquable par sa force, son courage et sa persévérance. Quatre Chiens suffisent pour amener le Kangourou à portée du fusil du chasseur. Les grandes espèces savent se défendre avec leurs pieds de derrière et résister aux Chiens et à l'homme. Si le gibier peut trouver un cours d'eau, il s'y réfugie et y attend ses ennemis, là où il peut prendre pied.

Il laisse alors tranquillement les Chiens arriver jusqu'à lui, et, l'un après l'autre, il sait s'en débarrasser en les maintenant sous l'eau pour les asphyxier. S'il est à terre, il s'adosse à un arbre pour couvrir ses derrières et n'est vaincu que si les Chiens savent se précipiter sur lui, tous à la fois et de tous les côtés en même temps.

Captivité. — Les grands Kangourous sont difficiles à apprivoiser, car ils ne s'attachent pas à leur maître, mais ils supportent très facilement la captivité. On les nourrit de fourrages verts, de feuilles, de racines, de grains et de pain. S'ils sont bien soignés, ils se multiplient alors rapidement. Aussi en trouve-t-on dans tous les jardins zoologiques.

Produits. — Leur chair est savoureuse et abondante, et leur peau fournit de bonnes pelleteries. Les dégâts qu'ils peuvent causer aux plantations sont à peu près nuls.

LES PÉTROGALES

Les Pétrogales (*Petrogale* Gray, 1837) sont des Kangourous de montagne ou de rochers, qui se distinguent par leur museau dénudé en forme de mufle, par leur queue longue, cylindrique, plus mince et moins forte que celle du Kangourou gigantesque, poilue et plus ou moins pénicillée. La griffe du quatrième doigt est très courte. Pas de canines supérieures. La dentition est celle des Wallabies.

Habitat. — Les six espèces sont spéciales au continent australien.

Le Pétrogale a queue pénicillée (*P. penicillata* Gray) vit dans l'est de l'Australie en grandes troupes qui se meuvent dans des sentiers bien tracés (corps 0^m,72, queue 0^m,61). Le Pétrogale a pieds jaunes (*P. xanthopus* Gray) des monts Flinders est de taille plus forte; il porte au-dessus de chaque œil une tache jaune orangé et au-dessous une bande blanche allant du mufle à l'oreille; les flancs portent une bande blanche.

Le Pétrogale brachyote (*P. brachyotis* Gould) du nord-ouest (bords des fleuves Victoria et Daly) se reconnaît à ses courtes oreilles.

Mœurs. — Ces animaux passent leurs journées dans les cavernes ou les anfractuosités obscures; ils préfèrent, dit-on, les cavernes qui ont plusieurs orifices. Leur agilité sur les rochers les plus à pic et les plus dangereux, leur facilité pour grimper sur les sommets les plus inaccessibles ne sont comparables qu'à celles des singes; ces qualités leur permettent d'échapper à l'homme et au Dingo : en quelques bonds ils sont hors d'atteinte. Il faut toute la patience et la ruse des indigènes pour réussir à les surprendre dans leur gite.

Les Onychogales (*Onychogale* Gray, 1841) sont des Wallabies à queue éperonnée, et font partie des animaux les plus gracieux de la famille. Le museau est poilu, le quatrième orteil très long et très mince; leur queue extraordinairement longue, couverte de poils courts, est pointue vers le bout et terminée, comme chez le Lion, par un éperon corné dont la signification physiologique est inconnue. L'Onychogale unguifère (*O. unguifera* Gould), dont le corps a 0^m,66 de long, la queue 0^m,69, a un pelage couleur Chevreuil et habite le nord-ouest et le nord du continent australien ; l'Onychogale bridé et l'Onychogale a croissant (*O. frenata* Gould et *lunata* Gould), de la taille du Lapin, habitent l'ouest et le sud.

LES LAGORCHESTES

Les Lagorchestes (*Lagorchestes* Gould, 1841) sont des sauteurs qui rappellent les Lièvres par leur taille, leur extérieur et même leur genre de vie. Leur museau est couvert de petits poils veloutés, leurs pattes antérieures courtes et leurs postérieures longues et grêles. Ils ont des canines supérieures.

Le Lagorcheste léporoïde (*L. leporoïdes* Gould) est commun dans les contrées nues de l'Australie du Sud et de la Nouvelle-Galles, et surtout près des bords du fleuve Murray ; le Lagorcheste hirsute est de l'ouest et le Lagorcheste a lunettes du nord. Ce dernier porte un cercle rouge autour des yeux, ce qui lui a valu son nom (*L. conspicillatus* Gould).

Mœurs. — Ces animaux sont nocturnes et passent le jour dans un gîte qu'ils creusent profondément. Dans les poursuites, ils déroutent les Chiens par leurs crochets et leurs zigzags. « Dans une plaine de l'Australie du Sud, raconte Gould, je chassais un Lagorcheste avec l'aide de deux bons Chiens. Après un quart de mille environ, il se détourna subitement et vint vers moi ; les Chiens le suivaient de près. Comme je restais tranquille, l'animal arriva à 6 ou 7 mètres de moi sans me voir. A ma grande surprise, il ne se détourna ni à droite ni à gauche, mais d'un bond vigoureux me passa par-dessus la tête. Je n'eus pas le temps de le tuer. »

Les Dorcopsis (*Dorcopsis* Schlegel et Müller, 1839) sont des animaux qui tiennent le milieu entre les vrais Kangourous et les Dendrolagues. La différence de longueur entre les pattes antérieures et les postérieures n'est pas grande, le poil de la nuque est dirigé vers l'avant, le mufle est long, large et nu, les oreilles petites et la queue est à peu près nue à sa pointe. Des canines bien développées ; la première incisive est petite.

Le type du genre, comprenant quatre espèces, est le Dorcopsis de Muller (*D. Mülleri* Schl.) de la Nouvelle-Guinée, qui est très semblable au Wallabie des îles Arou, par sa couleur chocolat, par ses jambes antérieures blanches, ainsi que par ses pieds. Il porte aussi une bande blanche sur les reins.

LES DENDROLAGUES

Les Dendrolagues (*Dendrolagus* Schlegel et Müller, 1839) sont des Kangou-rous arboricoles, dont trois espèces habitent la Nouvelle-Guinée (Ourson, brûlé, de Doria) et deux le nord du continent australien (de Lumholtz et de Bennett). Ils ont tous un large museau, et des pattes antérieures à peine plus courtes que les postérieures. Les doigts intérieurs sont soudés entre eux aux pattes posté-rieures et portent des griffes aussi fortes que tous les autres doigts.

Le Dendrolague de Lumholtz, ou Bungári, comme on l'appelle dans son

Le Dendrolague de Bennett.

pays, le Queensland, vit dans les forêts les plus impénétrables. Il ne se tient que sur une espèce d'arbre, devenant très haut, dont il mange les bourgeons et les feuilles en compagnie de deux ou trois compagnons. Ses griffes aidées de sa queue, qui pourtant n'est pas préhensile, lui permettent de se fixer si fortement aux arbres qu'on ne peut l'enlever qu'avec peine. Bien qu'il passe sa vie sur les arbres, il est plutôt maladroit et ne peut se mouvoir que lentement. Par les temps de pluie, il recherche les arbres plus bas. Les indigènes le chassent avec le Dingo pour manger sa chair.

Les Lagostrophes (*Lagostrophus* Thomas, 1886) sont des Wallabies à pattes de Lièvre ; celles-ci sont couvertes de poils longs, jarreux, cachant complètement les griffes. Ils ne comprennent qu'une espèce, le Lagostrophe a bandes (*L. fasciatus* Péron et Lesueur), dont le museau est nu, les oreilles petites et rondes, et le dos marqué en arrière de bandes foncées. Il est de la grosseur du Lièvre. Mais il est curieux de constater que ce joli sauteur mène, dans les iles avoisinant la côte, où il se construit de vrais tunnels sous les fourrés épais, une vie différente de celle qu'il mène sur le continent où il vit près des marais.

LES POTOROUS

Les Potoroïnés, appelés aussi Rats-Kangourous ou Kangourous-Rats, constituent une sous-famille des Sauteurs, dont les individus se distinguent peu extérieurement des petits Kangourous à oreilles courtes. Ils comprennent quatre genres, avec neuf espèces limitées à l'Australie et à la Tasmanie.

Ils rappellent les Rats par leur taille, leur queue, bien qu'elle soit poilue, et par leurs oreilles courtes, arrondies, mais on peut les considérer comme représentant en Australie le groupe des Lapins, dont ils ne dépassent jamais la taille, car les incisives médianes supérieures descendent notablement au-dessous du niveau des autres et avec les inférieures elles ressemblent à celles des Rongeurs. Pourtant les canines supérieures rappellent celles des Dendrolagues, les molaires sont à quatre tubercules et les prémolaires ont une couronne allongée, comprimée, presque coupante et marquée sur ses deux faces de sillons parallèles. Cette forme est en rapport avec leur régime.

Ce sont les Potorous vrais (*Potorous* Desmarest, 1804), à tête longue, à museau nu, à tarses courts, à oreilles moyennes, dont les prémolaires ne montrent que trois ou quatre sillons latéraux. Le Potorou tridactyle est l'espèce la plus connue et la plus grande (corps o^m,38), qui habite l'est du continent et la Tasmanie.

Dans l'ouest vivent le Potorou de Gilbert et le Potorou platyops.

Le Caloprymne champêtre (*Caloprymnus campestris* Gould) habite l'Australie, le Potorou ou Aepyprymne roux (*Aepyprymnus rufescens* Gray), la Nouvelle-Galles du Sud. Il se distingue par un museau en partie poilu, une queue poilue, un pelage long et doux, une couleur rousse sur le dos, plus ou moins tiquetée de blanc et blanc sale en dessous, et par ses oreilles noires. Sept à huit sillons aux prémolaires.

Les Bettongies (*Bettongia* Gray, 1837) ont une queue très velue, les poils sont plus longs en dessus qu'en dessous et les tarses sont encore longs.

L'espèce la plus connue est le Bettongie pénicillé (*B. penicillata* Gray), qui a la taille du Lapin (corps o^m,36, queue o^m,3o) et habite à peu près tout le continent australien. En Tasmanie vit le Bettongie Lapin (*B. cuniculus* Ogilby) avec un faible pinceau caudal ; le Bettongie de Lesueur se trouve dans le sud et l'ouest.

Mœurs des Rats-Kangourous. — En Australie, ces animaux nocturnes habitent les plaines sèches et les collines couvertes d'arbres et de buissons espacés. Ils ne vivent pas en bandes, bien qu'on en trouve toujours un certain nombre réunis aux mêmes endroits.

Ils ne se contentent pas des herbes et des feuilles, ils savent déterrer les rhizomes et les bulbes au moyen de leurs pattes antérieures, dont les trois doigts médians sont plus longs que les deux latéraux et munis de griffes longues, étroites et peu arquées, tandis que dans la sous-famille des Kangourous les cinq griffes sont très arquées et à peu près de même longueur.

Les terriers creusés autour des buissons révèlent leur présence aux chasseurs. Quand ils sont troublés pendant le jour, ils courent avec une vitesse surprenante vers le premier trou, la première crevasse, le premier tronc d'arbre creux qu'ils voient, et s'y cachent. Leur marche rappelle assez celle des Lapins et des Lièvres, leurs pattes postérieures relativement courtes indiquant une faible aptitude au saut.

Tous ces Kangourous-Rats se creusent dans le sol une cavité où ils construisent leur nid, qui se confond si bien avec le milieu environnant que l'on ne peut l'apercevoir si l'on n'y prête une grande attention. Pour la construction de ce nid ils choisissent une place entre les touffes d'herbes, auprès d'un buisson. Il est très curieux de les voir y apporter l'herbe nécessaire qu'ils ont recueillie avec leur queue, car celle-ci étant prenante, ils peuvent saisir avec elle une touffe d'herbe et la transporter à l'endroit convenable. Tout le jour, l'animal y reste couché, seul ou avec sa femelle, complètement caché aux regards, car il a en plus la précaution de fermer l'ouverture qui y conduit. Les indigènes ne s'y laissent pourtant pas tromper.

En captivité, ils conservent cette habitude d'emporter à leur gîte divers matériaux, comme le faisaient quelques Bettongies que lord Derby avait dans son parc à Knowsely, dans des conditions se rapprochant le plus possible de celles dans lesquelles ils vivent en liberté.

Ces animaux n'ont qu'un petit à la fois par an.

L'Hypsiprymnodonte ou Kangourou musqué (*Hypsiprymnus moschatus* Ramsay) fait le lien entre les Sauteurs et les Grimpeurs, entre les Kangourous et les Phalangéridés. Sa mâchoire inférieure est identique à celle du Kangourou, mais par ses pattes postérieures il se place à côté des Grimpeurs, aussi fait-on de cette seule espèce une sous-famille. En effet, ici, le gros orteil, quoique assez gros, est sans ongle, surélevé, près du talon, et opposable. Les deuxième et troisième orteils ont toutes les phalanges soudées ensemble et sont petits ; le quatrième est le plus long, comme chez les Sauteurs. Les cinq doigts des pattes de devant sont séparés et ont des ongles moins forts que les postérieurs. Sa dentition le rapproche aussi des Sauteurs et des Grimpeurs ; les canines supérieures manquent. Il a presque la taille et l'allure d'un Rat à queue écailleuse. Il est d'un brun clair sur le dos.

Mœurs. — Il habite près des fleuves, les fourrés épais et humides du Queensland où il est commun. Il se creuse un trou entre les touffes d'herbes, qu'il tapisse de feuilles sèches, et il s'y établit souvent avec quelques compagnons pour dormir pendant le jour. Ce gîte échappe aux regards, excepté à ceux des indigènes, tant il est disposé avec habileté.

Ramsay dit que son régime consiste en racines, en tubercules qu'il déterre, en baies de palmiers et aussi en Insectes et Vers, qu'il dévore en les tenant dans la main comme les Phalangers, et assis sur le train de derrière comme les Bandicoots. Il progresse à la façon des Kangourous-Rats. Les deux petits viennent au monde dans la saison des pluies, de février à mai.

Les CAENOLESTES (*Caenolestes* Thomas, 1860) rappellent les Rats par leur longue queue presque nue et par leurs incisives antérieures, et s'éloignent des Kangourous par leur absence de syndactylie; le deuxième et le troisième orteil ne sont pas soudés. La poche est rudimentaire. Le nombre de leurs dents est de quarante-six et leur forme rappelle celle des Dromicies d'Australie.

Le CAENOLESTE FULIGINEUX de l'Amérique centrale et de l'Équateur, et le CAENOLESTE OBSCUR de la Colombie (ce dernier est le « raton runcho » des indigènes) vivent d'œufs et de petits Oiseaux et, d'après des recherches plus récentes, de plantes. Ce sont donc des Diprotodontes, mais les seuls représentants vivants américains des Marsupiaux herbivores et de la famille des *Epanorthidés*.

LES POLYPROTODONTES OU CARNASSIERS A BOURSE

Ce sous-ordre comprend des carnivores, des insectivores et quelques omnivores, chez lesquels le nombre des incisives est de quatre ou de cinq de chaque côté sur la mâchoire supérieure et de une ou deux de moins sur l'inférieure. Les canines des Carnivores sont fortes et pointues, de même que les molaires qui sont cuspidées. A part l'exception des Péramélidés, on ne trouve pas de soudure entre les orteils des pattes postérieures.

Ces animaux appartiennent à l'Australie et à l'Amérique.

Les familles incluses dans cet ordre sont les suivantes : les *Péramélidés*, les *Dasyuridés*, les *Notoryctidés* et les *Didelphyidés*.

LES PÉRAMÉLIDÉS

Les Péramélidés, dont le nom signifie *Blaireaux à bourse* et qu'on nomme *Bandicoots* en Australie, forment une famille de Carnivores, dont les pattes ont la même structure que celles des Kangourous, qui sont des Herbivores. Le premier orteil manque ou est excessivement réduit, le deuxième et le troisième sont minces et soudés ensemble; seules les petites griffes sont libres; le quatrième orteil est plus grand que le cinquième. Cette similitude de structure des pattes postérieures est d'autant plus remarquable qu'elle se complète par la même différence de grandeur entre les pattes antérieures et les postérieures. Et pourtant, abstraction faite de leur bourse, il n'y a aucune parenté entre ces deux groupes. Aux pattes antérieures, ce sont les trois griffes médianes ou deux seulement qui sont les plus développées et fonctionnelles. J'ajouterai qu'aux pattes postérieures la phalange unguéale des grands orteils est divisée en deux, comme chez les Pangolins, Édentés d'Afrique et d'Asie. La queue est longue, poilue et non préhensile. Le museau est toujours pointu, la poche complète, s'ouvrant en arrière, et seuls de tous les Marsupiaux, ils n'ont pas de clavicules. La dentition est donnée par la formule :

$$i\,\frac{5}{3},\ c\,\frac{1}{1},\ pm\,\frac{3}{3},\ \mathrm{M}\,\frac{4}{4} = 48 \text{ dents};$$

parfois il manque une paire d'incisives supérieures.

Les Bandicoots sont donc intermédiaires entre les Carnivores Dasyuridés et les Herbivores Macropodidés.

On les divise en quatre genres.

Les Péragales (*Peragale* Gray, 1841) ont les oreilles les plus longues de toute la famille, aussi les naturalistes leur donnent-ils le nom de *Lièvre à bourse*, et les colons celui de *Bandicoot Rabbit*. La poche s'ouvre en arrière et les mamelles sont au nombre de huit. La queue porte une crête de longs poils à sa face supérieure; les pattes postérieures sont très longues et il leur manque le gros orteil. Le Péragale lagotis (*P. lagotis* Reid), dont le pelage est fin, long et soyeux, est d'un beau gris en dessus, rougeâtre sur les flancs et blanc aux

Le Péragale lagotis.

pieds, au ventre et à l'extrémité de la queue. Il a la taille du Lapin et habite toute l'Australie, à part le nord.

LES PÉRAMÈLES

Les Péramèles (*Perameles* Et. Geoffroy, 1803) ou Bandicoots des indigènes, se reconnaissent à la conformation de leurs pieds. Aux membres antérieurs, les trois doigts médians sont bien développés et armés d'ongles puissants; le premier et le cinquième existent, mais sont petits et sans ongle. Les pattes postérieures n'ont pas de trace extérieure de pouce; les deux doigts internes sont très petits et soudés. En outre, la différence de longueur entre les membres antérieurs et les postérieurs est plus faible que dans.les autres genres de la famille. La queue est peu longue, pointue et velue, le corps ramassé et assez lourd.

Ils habitent l'Australasie, la Tasmanie et la Nouvelle-Guinée.

D'après la longueur des oreilles, le pelage et la structure des pattes, on divise en trois sections les douze espèces connues. Celles dont les oreilles sont courtes et rondes, les jarres épineux et les soles tout à fait nues sont représentées par le Péramèle grassouillet (*P. obesula* Shaw) de l'Australie et de la Tasmanie.

Le deuxième groupe, allié au premier et au troisième, ne comprend que des animaux de la Nouvelle-Guinée.

Dans le troisième groupe, les soles des pattes postérieures sont poilues et les oreilles si longues qu'elles atteignent la queue si on les abaisse.

Le Péramèle de Gunn (*P. Gunni* Gray) de la Tasmanie représente ce groupe (corps 0^m,40, queue à peu près 0^m,10) ainsi que le Péramèle rayé (*P. fasciata* Gray) du sud de l'Australie, qui porte quelques bandes peu foncées, larges, sur son train postérieur.

LE PÉRAMÈLE NASIQUE. — Le Péramèle nasique (*P. nasuta* Et. Geoff.) est un animal très curieux qui ressemble à la fois au Lapin et à la Musaraigne, à cause de son museau très pointu et de ses oreilles. La partie supérieure du corps est mêlée de brun fauve et de noir, tandis que le ventre est blanc jaunâtre sale. Les adultes ont 0^m,60, dont 0^m,16 pour la queue. Le garrot a 0^m,10.

Habitat. — Il habite l'Australie orientale, la Nouvelle-Galles du Sud et surtout les Alpes australiennes.

Mœurs. — Ses mœurs sont celles de ses congénères. C'est un fouisseur; il se creuse de longs couloirs enchevêtrés pour se faire un logement ou pour chercher sa nourriture, qui, à côté d'Insectes, de Vers, comprend aussi des bulbes, des racines, des baies et des fruits. Il occasionne ainsi de grands dommages dans les champs, même de pommes de terre, et les jardins des colons, qui le détestent cordialement. Il est aussi nuisible que les Rats et les Souris, car il pénètre dans les greniers à céréales, si les fermetures sont insuffisantes. On peut s'en garer en faisant des murs assez profonds pour qu'il lui soit impossible de pénétrer par-dessous.

Sa marche tient de la course et du saut, car il pose alternativement sur le sol ses pattes de devant puis celles de derrière, au lieu de se soutenir sur celles-ci comme le Kangourou. Il s'assied et porte ses aliments à la bouche avec ses pattes antérieures. La femelle met bas trois à six petits qu'elle porte longtemps dans sa poche.

Captivité. — Il est très facile à nourrir et se montre doux, confiant et familier. Les colons l'ont en horreur comme le Rat et l'appellent même de ce nom.

LES CHÉROPES

Les Chéropes (*Chœropus* Ogilby, 1838) ont un corps élancé, reposant sur des pattes minces et élevées, les postérieures plus longues que les antérieures. Aux pattes antérieures, le premier et le cinquième doigt ont disparu, le quatrième tout à fait réduit, et seuls les deuxième et troisième sont bien développés avec leurs métatarsiens intimement accolés, d'où leur nom de *Chœropus*, qui veut dire *pied de Porc*. Les pattes postérieures devraient plutôt être comparées à celles des Chevaux. Le premier orteil manque, le cinquième a presque disparu, le deuxième et le troisième, très petits, sont soudés, et le quatrième est très long, fort, et muni d'un ongle conique.

Le Chérope chatain (*C. castanotis* Gray), appelé jadis par erreur sans queue, est un animal élégant, à longues oreilles, avec un museau court, mais pointu et nu à l'extrémité, avec une queue moyenne et peu poilue. Le pelage est long, grossier et lâche, gris brun sur le dos et blanc jaunâtre au menton, à la poitrine, au ventre et aux pieds.

Son corps atteint 0ᵐ,25 à 0ᵐ,30 et sa queue 0ᵐ,14. Celle-ci est noire à la face dorsale et d'un blanc brunâtre à son extrémité et à la face inférieure. La poche s'ouvre en arrière et cache huit mamelles.

Habitat. — Il habite la Nouvelle-Galles du Sud, le Victoria, le centre et l'ouest de l'Australie.

Mœurs. — Ses mœurs rappellent celles des Péramèles. Il aime à vivre dans les plaines couvertes de hautes herbes, et il s'y construit un nid artificiel avec des feuilles et des herbes sèches ; il le cache en creusant sous les buissons, les touffes d'herbes, si bien qu'un chasseur, même expérimenté, a de la peine à le découvrir. Il est insectivore.

LES DASYURIDÉS

Les Dasyuridés ont la structure interne et l'apparence des Carnivores supérieurs. Leurs membres sont égaux, les antérieurs ayant cinq doigts presque égaux terminés par des griffes, tandis que les postérieurs ont un gros orteil sans ongle ou manquant et les quatre autres doigts bien développés, séparés et munis de grosses griffes. Ils n'ont pas de cæcum et leur estomac est simple. La queue est longue, mais non préhensile. La poche existe ou non. Leur dentition comprend des incisives petites, quatre paires en haut, trois en bas, des canines fortes et bien développées, des prémolaires et des molaires nombreuses, pointues, et en nombre variable avec les genres.

Ce sont des animaux carnivores et insectivores, confinés en Australie et en Tasmanie, dans le sud de la Nouvelle-Guinée et dans la plupart des îles avoisinantes.

Vifs et agiles, ils s'attaquent à tous les animaux qu'ils peuvent vaincre et même aux charognes. Ils sont détestés à cause de leurs dégâts dans les poulaillers ou les troupeaux de Moutons.

LES THYLACINES

Les Thylacines (*Thylacynus* Temminck, 1827) sont les plus grands repré-sentants de la famille des Dasyuridés, qui ne comprennent qu'une seule espèce vivante, le THYLACINE CYNOCÉPHALE (*T. cynocephalus* Harris), de la Tasmanie.

Le Thylacine cynocéphale.

On trouve sur le continent australien ¦des restes fossiles d'espèces très voisines.

C'est le plus remarquable des Marsupiaux carnassiers qu'on prendrait, à première vue, pour un Chien ou un Loup, si ce n'était chez la femelle la pré-sence d'une poche marsupiale. Dans les deux sexes, les os marsupiaux sont carti-lagineux et rudimentaires. Aussi lui donne-t-on les noms de Chien ou de Loup à bourse, de Loup zébré, de Marsupial à tête de Chien.

Son corps est allongé, sa tête élargie, ses yeux grands, sa queue relevée, mais ses jambes sont courtes et sa dentition spéciale. En effet, ses maxillaires portent quarante-six dents : quatorze incisives, dont huit en haut et six en bas ; quatre canines et vingt-huit molaires :

$$i\ \frac{4}{3},\ c\ \frac{1}{1}\ pm\ \frac{3}{3},\ \text{M}\ \frac{4}{4}.$$

Le pelage est court, lâche et laineux ; la queue est couverte de poils mous dans sa première moitié et de poils raides dans sa partie ultime. Le poil est gris brun, marqué sur le dos de douze à quatorze bandes transversales, larges en leur milieu et qui vont s'amincissant aux extrémités. Elles sont maxima sur la croupe. Sa taille est plus faible que celle du Loup. Le Thylacine mesure 1 mètre de long, 0^m,80 de haut ; sa queue a 0^m,50. On admet que les très vieux animaux peuvent atteindre une longueur totale de 2 mètres.

Mœurs. — Il habite les cavernes et les crevasses, dans les gorges les plus sombres et les plus inaccessibles de la Tasmanie, car il craint la lumière. Mais la nuit il est éveillé, vif, sauvage et même dangereux, car il est fort hardi et ne craint pas les Chiens. Il est très sanguinaire, aussi fait-il de grands dégâts dans les troupeaux de Moutons. Tout ce qui vit lui convient, même les Coquillages, les Poissons rejetés sur le rivage, les Insectes, les Kangourous et, dit-on, aussi l'Échidné, dont les piquants ne l'arrêtent pas quand il est affamé.

Les colons le détestent, aussi a-t-il disparu des régions les plus peuplées. On le prend dans des pièges, ou on le chasse avec des Chiens, contre lesquels d'ailleurs il combat en désespéré.

LES DIABLES

Les Diables ou Sarcophiles (*Sarcophilus* F. Cuvier, 1837), qui ont mérité leur nom à cause de leur caractère farouche, indomptable, et de leurs appétits carnassiers, ne comptent qu'une espèce de la Tasmanie, le Diable ourson (*S. ursinus* Harris) : c'est le *Devil* (Diable) des Émigrants dont Gray avait tiré le nom de *Diabolus*. Par ses formes générales, il est intermédiaire entre un Ursidé et un Mustélidé, et pourrait être comparé à un Glouton, quoiqu'il ait une queue plus longue. A cause de son aspect il mériterait donc, plutôt que le Koala, le nom d'Ours à bourse.

Son corps est lourd, ramassé ; sa tête large à museau épais et court ; ses oreilles courtes et larges, un peu pointues ; la queue épaisse, de la moitié de la longueur du corps, est couverte de poils d'égale longueur. Les pattes sont courtes et épaisses ; les antérieures ont cinq doigts et sont plus robustes que les postérieures qui n'ont pas de pouce. Les ongles sont longs, recourbés en faux ; le train de devant plus élevé que celui d'arrière. Son maintien, sa démarche et tous ses mouvements rappellent l'Ours. Ses dents, au nombre de quarante-deux, avec quatre prémolaires en moins, sont plus serrées et plus épaisses que chez les Thylacines ; ses canines sont très fortes.

Son pelage est grossier et épais, les jarres à peine plus longs que la bourre, et rappelle encore les Ours par sa coloration. En effet, il est noir ou brun noir, avec un collier blanc, et il porte en outre à la nuque, sur les épaules et la racine de la queue, des taches blanches de dimensions variables. Sa taille est à peu près celle du Blaireau ; son corps a 0^m,60 de long et sa queue 0^m,30.

Mœurs. — Les mœurs du Diable rappellent celles de l'Ours, mais il a des habitudes plus nocturnes, il craint plus la lumière, car le soleil l'aveugle, aussi passe-t-il ses journées à dormir dans les cavernes ou les fentes des rochers. S'il est troublé dans son repos, il fait entendre des grognements vraiment diaboliques, les mêmes qu'on perçoit dans un jardin zoologique quand deux de ces animaux se disputent un morceau de viande.

Il se montre moins agile et moins rapide que les Civettes et les Martes. Il marche comme l'Ours, en plaçant toute la plante du pied sur le sol, mais il s'assied comme un Chien, et porte sa nourriture à sa bouche avec ses pattes de devant. On ne peut voir un animal plus méchant et plus colère. La moindre contrariété l'irrite et le rend furieux. Il se précipite avec rage sur tous les animaux, et dévore tout, car sa voracité est sans bornes. Le nombre des petits est de trois à cinq.

Le Diable ourson de Tasmanie.

Chasse. — A cause de sa voracité il est facile à prendre à l'appât ; mais contre les Chiens, il se défend jusqu'à la mort avec une rage incroyable. Il est assez rare actuellement, car les colons en ont détruit beaucoup pour faire cesser ses ravages dans les basses-cours et les troupeaux de Moutons.

La captivité ne modifie pas son caractère. Il attaque aussi bien son gardien que les étrangers avec haine et fureur.

Sa chair est comestible et a, dit-on, le goût de celle du Veau.

LES DASYURES

Les Dasyures (*Dasyurus* Et. Geoffroy, 1796) sont des Viverridés à bourse, tant leur apparence extérieure, leur organisation et leurs mœurs rappellent les animaux de cette famille. Ils ont en effet le corps allongé ainsi que le cou, le museau effilé avec un petit mufle nu, la queue longue, touffue, non préhensile, les jambes basses, celles de derrière un peu plus longues que celles de devant ; ils ont cinq doigts en avant et en arrière, avec un gros orteil rudimentaire. Leurs mâchoires sont armées de quarante-deux dents, dont vingt-quatre molaires avec de nombreuses pointes aiguës, qui rappellent le type insectivore.

Leur pelage, fourni et doux, est généralement moucheté. Ils ont la taille et les mœurs des Genettes. Les colons leur donnent le nom de *Chats.*

Quatre de leurs espèces habitent l'Australie et la Tasmanie.

Ce sont le Dasyure maculé (*D. maculatus* Kerr) ou Macroure, qui vit du Queensland à la Tasmanie et dont la robe et même la queue sont tachetées de blanc sur fond sombre. C'est le plus grand des Dasyures, car il a la taille d'un Chat domestique. Le Dasyure viverrin (*D. viverrinus* Shaw) ou de Maugé, qui se trouve dans le sud de l'Australie et la Tasmanie, est l'espèce la plus connue. Son dos est brun fauve avec des taches blanches et son ventre blanc. Le Dasyure hallux (*D. halucatus* Gould), de l'Australie septentrionale, se reconnaît au grand développement de son gros orteil.

Le Dasyure a points blancs (*D. albopunctatus* Schleg.) a été trouvé dans les monts Arfak, dans la Nouvelle-Guinée.

Mœurs. — Les Dasyures, appelés *Martes à bourse* par les naturalistes allemands, jouent en effet en Australie le rôle des Martes. Ils se tiennent surtout sur les arbres; quand ils sont sur le sol, ils se cachent dans les trous, les crevasses. Ils sont plantigrades et leur marche est traînante; mais leurs autres mouvements sont vifs. Ils se nourrissent de petits Mammifères, d'Oiseaux, d'œufs, et même d'Insectes. Ils dévastent les poulaillers et pénètrent même dans les habitations pour voler la graisse et la viande.

Les petits, au nombre de quatre à six, naissent très imparfaits, et restent longtemps dans la poche de leur mère qui porte six ou huit mamelles.

On les prend dans des pièges en fer amorcés avec un animal.

Captivité. — Ils sont ennuyeux en captivité, car ils n'ont aucune vivacité, peu d'intelligence et aucun attachement pour leur gardien. Ils se tiennent tout le jour dans le coin le plus sombre de la cage. Ils préfèrent à tout la viande crue ou cuite; aussi peut-on les conserver longtemps.

Ni la chair ni la peau ne sont utilisées.

LES PHASCOLOGALES

Les Phascologales (*Phascologale* Temminck, 1827), dont le nom signifie Belettes à bourse, sont de petits Dasyuridés arboricoles, qui ne dépassent pas la taille du Rat. Ils ont une ligne dorsale, mais pas de taches. Leur dentition est celle des Dasyures, avec quatre prémolaires en plus, d'où quarante-six dents (Lydekker). Le gros orteil est petit, dépourvu d'ongle; la poche représentée par deux replis lâches de la peau où sont les mamelles, quatre à dix. La queue peut être presque nue, pectinée ou à pinceau.

Comme le fait remarquer Thomas, ces animaux tiennent évidemment la place des Toupaïes de la région orientale et des petites Sarigues du nouveau monde.

Les quatorze espèces du genre habitent l'Australie, la Tasmanie, la Nouvelle-Guinée et les îles Arou. Les espèces de la Papouasie ont seules une ligne dorsale.

Le Phascologale tafa ou a pinceau (*P. penicillata* Shaw), que les indigènes appellent Tapoa-Tafa, a la taille de l'Écureuil. Ses oreilles sont grandes. Il est brun cendré en dessus et gris cendré en dessous avec les deux tiers de la queue noirs. Il habite le continent australien, excepté le nord. Le Phascologale calure (*P. calura* Gould), de la côte ouest et sud, a à peu près la taille du Lérot. Le Phascologale a pieds jaunes (*P. flavipes* Waterh.) a une queue couverte de poils courts et une coloration qui varie avec les régions ; la variété de l'ouest et du nord a le ventre et les pieds d'un blanc plus ou moins pur ; celle de l'est et du sud est rousse avec le ventre et les pieds jaunes.

Mœurs. — Les Phascologales se construisent leurs nids dans les arbres creux et cherchent leur nourriture le long des branches de la cime où on les voit bondir et sauter de branche en branche. Le Tafa est un carnassier sauvage et féroce qui s'enivre de sang. Sa forme allongée lui permet de passer par la plus légère fente ; il grimpe sur les murs, saute par-dessus et pénètre partout. Malheur aux poulaillers et aux colombiers si les portes ne s'ajustent pas bien. Heureusement que sa dentition ne lui permet pas d'élargir les fentes et que sa taille n'est pas en rapport avec sa férocité ; sans cela, il deviendrait le plus terrible de tous les Carnassiers. Quand on l'attaque, il se défend avec acharnement et fait des blessures douloureuses et dangereuses. On le redoute donc à tel point que même les indigènes osent à peine entrer en lutte avec lui.

Le Dasyuroïde de Byrne (*Dasyuroïdes Byrnei* Spencer) est un Marsupial insectivore, nocturne, fouisseur, de la taille du Rat, qui est intermédiaire entre les Sminthopsis et les Phascologales. Il a six mamelles dans deux plis de la peau.

$$i\,\frac{4}{3},\ c\,\frac{1}{1},\ pm\,\frac{4}{3},\ \text{M}\,\frac{4}{4} = 48.$$

Il vit au centre de l'Australie, près de Charlotten Water.

Le genre Sminthopsis (*Sminthopsis* Thomas, 1887), du continent australien et de la Tasmanie, renferme de petites espèces (huit) alliées aux Phascologales, dont les pattes postérieures sont petites, avec des soles poilues ou granuleuses. Le pouce et la poche sont bien développés. Ils ont quarante-six dents comme les Dasyures, et les mamelles sont au nombre de huit ou de dix. Les plus grandes espèces sont le Sminthopsis de Virginia (0^m,125) et le Sminthopsis murin qui vivent à la façon des Musaraignes.

Les Antechynomes (*Antechinomys* Krefft, 1866) ne comprennent qu'une seule espèce, l'Antechinome lanigère (*A. laniger* Gould) du Queensland méridional et de la Nouvelle-Galles du Sud, qui rappelle les Macroscélidés africains. Son museau est allongé, ses oreilles très longues ainsi que ses membres ; le gros orteil n'existe pas. Il est assez rare et tient dans les plaines ouvertes, sablonneuses, à côté des Hapalotides au Rats sauteurs d'Australie. Sa queue est touffue, son pelage très mou et sa couleur grise en dessus, plus blanche en dessous, avec la queue jaune roux.

Cet élégant animal ne se tient que sur le sol où il progresse par bonds, tout au moins quand il est pressé. Spencer pense que ce mode de progression embarrasse plus ses ennemis, les Perroquets, qu'une course rapide.

LES MYRMÉCOBIES

Les Myrmécobies (*Myrmecobius* Waterhouse, 1836) ou Fourmiliers à bourse sont, parmi les Marsupiaux, les plus curieux, et sont si différents des autres Carnivores qu'on en fait une sous-famille spéciale, bien que le genre ne com-

Le Myrmécobie à bandes.

prenne qu'une espèce, le Myrmécobie a bandes (*M. fasciatus* Waterh.). Son corps est allongé et gros comme celui d'une Hermine, et bas sur jambes ; son museau allongé, sa queue moyenne, touffue, sa langue longue et extensible ; ses pattes portent cinq doigts armés de fortes griffes. Son caractère principal est tiré de ses dents qui sont petites, séparées par des lacunes et dont le nombre atteint cinquante à cinquante-quatre :

$$i\,\frac{4}{3\,(4)},\ c\,\frac{1}{1},\ pm\,\frac{3}{3},\ M\,\frac{5}{6},$$

ce qui le rapproche de certains Marsupiaux du Jurassique. Il peut être regardé comme un survivant de l'époque mésozoïque ayant vécu bien avant que les Didelphyidés, les Péramélidés et les Dasyuridés ne soient différenciés.

Son pelage, grossier et jarreux, est châtain foncé, mais marqué sur le dos depuis les épaules de larges bandes transversales blanches. Les poils du ventre sont blancs et assez longs pour cacher les petits suspendus aux mamelles, au nombre de quatre, la poche n'étant indiquée que par un simple repli de la peau.

Habitat et Mœurs. — Ces animaux, découverts près de la rivière des Cygnes, dans l'Australie occidentale, se rencontrent aussi dans l'Australie du Sud. Ils sont vifs, agiles, rusés, courent en faisant de petits sauts et en tenant leur queue comme l'Écureuil. Ils sont très inoffensifs et ne cherchent pas à résister si on les capture, tout au plus font-ils entendre un petit grognement. Ils se cachent et se blottissent dans les cavités, les troncs d'arbres et y restent avec obstination si un danger les menace. Ils plongent leur langue extensible dans les fourmilières et les termitières, et quand elle est suffisamment chargée, ils la retirent rapidement dans leur bouche. Ils ne dédaignent pas les autres Insectes et, dit-on, la manne d'eucalyptus.

La captivité, c'est pour eux la mort à courte échéance, car il est impossible de leur fournir la quantité de Fourmis dont ils ont besoin pour vivre.

LES NOTORYCTIDÉS

Les Notoryctidés ne comprennent que le seul genre Notorycte (*Notoryctes* Stirling, 1891) avec une seule espèce, le Notorycte ou Taupe a bourse (*N. typhlops* Stirl.) ou Urquamata des indigènes.

Le Notorycte rappelle les Taupes dorées du Cap par les reflets roux du pelage, ses poils longs et mous et par ses molaires à trois pointes. Il montre des adaptations curieuses à son habitat. Les pavillons manquent complètement, les yeux sont petits, enfoncés dans la peau ; les membres, égaux, mais courts, sont tout à fait particuliers, comme l'écusson basané qui protège le nez et la lèvre supérieure. En effet, les deuxième et troisième doigts sont très développés et munis de griffes larges, triangulaires, assez grosses pour cacher les trois autres doigts. Les pattes postérieures portent cinq doigts : le premier est le plus petit, le deuxième le plus long. Les poils couvrent les quatre pieds jusqu'aux ongles. La poche, de faible dimension, s'ouvre vers l'arrière et cache deux petites tétines. Elle est rudimentaire chez les mâles.

Habitat. — Il se tient dans les sables arides du centre de l'Australie où il a été découvert par Stirling en 1891, au nord du lac Eyre, là où la pluie ne tombe que pendant un temps très court en été, sur un sable rouge, formant des plaines et des collines couvertes d'une herbe épineuse (*Triodia*) et d'acacias.

Mœurs. — Sa démarche est lente; sur le sol il appuie le bord interne des pattes et sa courte queue dure et annelée. Il laisse ainsi après lui trois séries de traces en zigzag, dont les plus externes sont interrompues et qui ne sont visibles, même pour les indigènes, qu'après les pluies, car le sol, dans les régions où il habite, est trop sec et trop meuble. Comme il est rare et se tient surtout dans le sol, vers $0^m,08$ de profondeur, il n'est donc pas étonnant que la découverte de ce curieux animal ait tardé si longtemps. Ses galeries sont ondulées comme un chemin de fer dans une contrée montagneuse. Quand il est à la surface, il parcourt comme en rampant une petite distance, lentement et en serpentant, puis il s'enfonce dans le sol pour réapparaître quelques décimètres ou quelques mètres plus loin et ainsi de suite.

LES DIDELPHYIDÉS

Les Didelphyidés sont des Marsupiaux américains apparentés aux Marsupiaux carnivores australiens, les Dasyuridés. La tête allongée et pointue se termine par un museau muni de fortes vibrisses; les oreilles sont assez grandes et presque nues; le corps est bas sur jambes, allongé; les pieds sont pentadactyles, les postérieurs sont glabres et le pouce est sans ongle quoique de dimension normale, il est opposable aux autres doigts, ce qui en fait une main postérieure, d'où le nom de *Pédimanes* qu'on leur a donné jadis. Les autres doigts sont armés de griffes crochues. Dans la marche, la plante entière appuie sur le sol. La queue est unie, en partie écailleuse, longue et préhensile. Le cæcum est petit, la poche généralement absente. Les dents sont au nombre de cinquante :

$$i\,\frac{5}{4},\ c\,\frac{1}{1},\ pm\,\frac{3}{3},\ M\,\frac{4}{4}.$$

Habitat. — Ce sont des animaux nocturnes dont la taille varie de celle du Chat à celle des Souris, avec lesquelles ils ont une certaine ressemblance d'allure, et qui sont répandus depuis les États-Unis jusqu'à la Patagonie. Ils y remplacent les Insectivores qui sont peu ou pas représentés dans ces régions, comme nous l'avons vu.

Cette famille ne comprend que deux genres, les *Sarigues* qui ont des habitudes terrestres, et les *Chironectes* qui ont des mœurs aquatiques.

LES SARIGUES

Les Sarigues (*Didelphys* Linné, 1760) sont les Opossums des Américains. Le premier nom, francisé par Buffon, est emprunté à la langue des Guaranais, le second à celle des Peaux-Rouges.

Leur ressemblance avec les Rats est assez grande, pourtant leur museau est plus allongé et le corps des grosses espèces plus ramassé. Leur queue, longue, nue dans sa partie visible, est écailleuse et préhensile.

A part la Sarigue de Virginie, qui est le type le plus grand et le plus connu de ce groupe, les quarante espèces de ce genre sont spéciales à l'Amérique du Centre et du Sud. On les divise en cinq sous-genres, les *Sarigues proprement dites* ne comprenant que la Sarigue marsupiale avec ses nombreuses formes, les *Métachires*, les *Philanders*, les *Marmoses* et les *Péramys*. De nombreuses espèces fossiles sont à signaler dans l'Éocène et le Miocène d'Europe.

Mœurs. — Ces animaux sont arboricoles et ont un régime insectivore, mais les grosses espèces mangent les Reptiles, les Oiseaux et les œufs. La plupart des espèces avec ou sans poche transportent leurs petits, quand ils sont capables de quitter la poche, sur leur dos, la queue enroulée autour de celle de la mère. Les mamelles sont au nombre de sept à vingt-cinq. La Sarigue d'Azara, de la taille d'un Chat, porte sur son dos ses douze petits, gros comme des Rats, quoi-qu'ils ne se tiennent que par les pieds, et avec ce cher fardeau, elle peut grimper avec une agilité surprenante. C'est à l'une de ces espèces que Florian fait allusion dans sa fable de *la Mère, l'Enfant et la Sarigue,* quand il dit :

> L'asile le plus sûr est le sein d'une mère.

LA SARIGUE MARSUPIALE. — La Sarigue marsupiale (*D. marsupialis* L.) a le corps peu allongé et lourd, le cou épais, la tête longue, le museau long et pointu, les jambes courtes, les cinq doigts d'égale longueur et un pouce oppo-sable aux pattes de derrière. La queue est épaisse, poilue à la racine, puis amincie, écailleuse et prenante.

L'animal la porte enroulée et s'en sert pour grimper. La femelle a une bourse complète pour loger de six à seize petits. Le pelage est grossier et le duvet mélangé de gros jarres allongés. Les variations de couleur sont très nombreuses : du blanc au noir, on trouve presque tous les intermédiaires. Les Sarigues du nord ont la figure presque blanche ; celles du sud, ou cancrivores, présentent une coloration foncée, presque noire sur la face.

Les plus grands exemplaires, qui peuvent être jusqu'à cinq fois plus grands que les plus petits, atteignent à peu près la taille du Chat domestique avec une longueur pour le corps de o^m,56 et pour la queue de o^m,38.

Habitat. — L'aire d'habitat de cette espèce est immense. Elle s'étend non seulement sur tous les pays tempérés du nord de l'Amérique, mais encore sur l'Amérique centrale et l'Amérique du Sud jusqu'au tropique du Capricorne. Dans ces vastes régions elle est représentée par des formes spéciales dont on a fait des variétés. Ce sont : la Sarigue de la Virginie, des Illinois, à longs poils ou à oreilles bicolores, dont l'aire d'habitat s'étend le plus au nord, jusqu'au sud du Canada ; la Sarigue de Californie ; la Sarigue oreillarde (*aurita*), qui vit dans l'Amérique centrale et méridionale ; la Sarigue d'Azara, dont parle d'Azara sous le nom de Micouré premier, et qui se trouve dans l'Amérique occidentale et méridionale ; la Sarigue cancrivore ou crabière qui est plus spéciale au Brésil, à l'État de Mina Geraës.

Mœurs. — L'Opossum est un animal arboricole qui grimpe avec agilité à la cime des arbres grâce à son pouce opposable et à sa queue prenante. Il se suspend parfois par la queue et reste des heures entières dans cette position. Sur le sol, où il appuie toute la plante du pied, il est lent et maladroit. Sa course, qui consiste en une série de bonds, est peu rapide.

Son odorat très développé lui permet de suivre une piste, mais il craint la lumière. Aussi, quand il se tient dans les villes, se cache-t-il dans les égouts, pour, de là, partir la nuit porter la dévastation dans les basses-cours.

Dans les forêts, il n'a pas de demeure fixe et se réfugie le matin dans la première cachette venue. Il mange tous les petits animaux vivants : Mammifères, Oiseaux, Reptiles, Insectes, larves, Crabes, Écrevisses, Vers, et même les œufs, les charognes ou les racines et les fruits quand il y est forcé.

On le pourchasse à cause de ses déprédations dans les poulaillers, où, dit-on, il égorge tout, s'enivre de sang et parfois s'endort, malgré sa prudence, au milieu de ses victimes. Il a la vie très dure. Quand on le frappe, il se roule en boule et la gueule ouverte, la langue pendante, les yeux fermés, il ne donne plus signe de vie, jusqu'à ce que son bourreau, le croyant mort, s'en aille. On le voit alors se relever lentement et s'enfuir dans la forêt.

Au bout de vingt-quatre jours, la femelle met bas de quatre à seize petits qui ne paraissent être

La Sarigue marsupiale.

qu'une masse gélatineuse informe. Ils ont la grosseur d'un pois et ne pèsent que 25 centigrammes. Sans yeux et sans oreilles, ils ont déjà une bouche qui leur permet de se fixer aux mamelons. La bourse, dont la mère peut à volonté dilater ou contracter les bords, s'ouvre au bout de quinze jours, mais ce n'est qu'après cinquante jours que les petits sont bien formés, leur taille est alors celle d'une Souris, leurs yeux sont ouverts et ils sont couverts de poils. Ils ne quittent définitivement leur poche que lorsqu'ils ont la taille d'un Rat, et pendant quelque temps ils s'y réfugient encore en cas de danger, la mère continuant à les soigner et à chasser pour eux.

Usages. — Sa chair est mangeable et estimée aux États-Unis, où l'on a même fondé des fermes à Opossums pour un élevage en demi-domesticité.

La peau sert, d'après Delessert, à faire des manteaux excellents, précieux pour les bergers qui vivent continuellement exposés aux intempéries.

Dans le deuxième groupe, les *Métachires*, où la queue est longue et les poils d'une seule sorte, on peut citer la Sarigue a queue épaisse (*D. crassicaudala* Desm.) dont la queue est poilue presque jusqu'au bout, la Sarigue nudicaude (*D. nudicaudata* Et. Geoff.) qui n'a pas de poche marsupiale, la Sarigue opossum (*D. opossum* Seba) ou Quiça des Brésiliens, dont la queue est nue et la poche bien développée. C'est la Sarigue quatre-œil de Cayenne, ainsi nommée à cause de deux taches blanches que porte son front. Tous ces animaux sont de taille moyenne et répandus du Mexique à l'Argentine.

Le troisième groupe, les *Philanders*, dont le pelage est doux et laineux (corps 0,24 à 0,29, queue 0,31 à 0,38), comprend la Sarigue philander (*D. philander* L.) ou *Cayopollin*, la Sarigue lanigère, et celle de l'île Trinidad, qui ont une bande longitudinale brune sur la face. La poche n'est représentée que par deux plis ventraux ; aussi les femelles portent-elles les petits, quelquefois douze sur leur dos, fardeau qui ne les empêche pas de grimper avec la plus grande agilité.

Le quatrième groupe, les *Marmoses*, ne comprend que des animaux de petite taille, certainement insectivores, n'ayant pas de bourse, mais possédant une très longue queue, et un pelage court et épais. Parmi les vingt espèces, je signalerai les plus connues, la Marmose murine (*D. murinus*) ou Dorsiger qui vit du Mexique au sud du Brésil, la Marmose cendrée et la Marmose naine ou Micouré nain d'Azara.

Quant au dernier groupe, qui ne comprend pas moins de douze espèces, il est formé d'animaux petits, rappelant les Musaraignes, avec une queue non préhensile et courte, n'atteignant pas la moitié de la longueur du corps. Le plus petit représentant (moins de 0m,08) est la Sarigue ou Péramys musaraigne (*D. sorex* Hensel) du Rio Grande do Sul. Le Péramys américain (*D. americana* Müll.) ou tristrié du Brésil, qui est rougeâtre, porte trois raies longitudinales noires sur le dos et rappelle la Souris striée d'Afrique ; le Péramys unistrié (*D. unistriatus* Wagn.) n'a qu'une bande, tandis que la plupart des autres espèces ont un pelage uniforme.

Le Dromiciops gliroïde (*Dromiciops gliroïdes* Thom.), de l'Amérique méridionale et des îles Chiloë, a une queue fortement poilue comme chez les Loirs, ce qui le distingue de toutes les autres Sarigues.

LES CHIRONECTES

Les Chironectes (*Chironectes* Illiger, 1811) sont des Sarigues aquatiques. Ils ne renferment qu'une seule espèce, le Chironecte minime (*C. minimus* Zimm. ou *variegatus* Illig.) ou Oyapock, qui a la taille d'un gros Rat et un pelage très doux et fin. Son ventre est d'un blanc pur ; le côté externe des jambes est foncé, comme la face qui est marquée d'un croissant gris blanc sur le front. Le dos, châtain, présente une ligne médiane foncée qui s'étale vers le bas sur les épaules, le milieu du dos, sur les cuisses et près de la queue.

Les pattes antérieures ont cinq doigts ; le pouce est fort ; derrière lui se trouve une apophyse du pisiforme formant comme un sixième doigt ; les postérieurs sont forts et palmés, et les soles non tuberculées.

La longueur de son corps est de 0m,33 à 0m,36. Sa queue a 0m,40 et est couverte en grande partie de squames. 0m,10 de haut.

Habitat. — Il vit dans tous les ruisseaux qui parcourent les forêts, depuis le Brésil jusqu'au Guatémala et se cache dans les trous du rivage.

Mœurs. — Cet animal nocturne a été, à cause de sa forme et de ses mœurs, longtemps considéré comme la plus petite espèce de Loutre, d'où son nom de petite Loutre de la Guyane ou Loutre du Demerara. En effet, c'est un bon nageur et plongeur, qui vit de Poissons, de Crustacés et autres animaux aquatiques. Il se prend rarement dans les filets des pêcheurs. La femelle a une poche bien développée. On peut conclure de ce fait que les poches marsupiales ne sont pas, comme on l'a dit, des organes développés par l'adaptation à la vie dans les contrées sèches et arides.

Les Monotrèmes

Les Mammifères australiens, connus sous les noms d'Ornithorhynques et d'Échidnés, représentent le degré le plus inférieur du type Mammifère. Ils diffèrent de tous les autres, non seulement par quelques particularités anatomiques, mais surtout parce qu'ils pondent des œufs. Par leur structure et par leur mode de reproduction, ils rappellent les Reptiles, mais ils s'en éloignent parce que les petits, faibles et informes, qui sortent des œufs sont nourris avec du lait. Ces animaux, associés à quelques fossiles, constituent la sous-classe des *Protothériens*, Monotrèmes ou Ornithodelphes, par opposition aux *Métathériens*, Implacentaires, Didelphes ou Marsupiaux et aux *Euthériens* ou Mammifères placentaires.

Les Monotrèmes ont une bouche en forme de bec corné, aplatie ou allongée et, par conséquent, cette bouche n'est pas entourée par des lèvres charnues. Les yeux sont petits, les pavillons absents. Les pattes sont fortes, ordinairement à cinq doigts avec de fortes griffes ; les postérieures portent un éperon corné et pointu, rudimentaire chez les femelles. Il est creusé d'un canal et sert à déverser le produit d'une glande qu'on regardait jadis comme venimeuse.

Comme chez les Oiseaux, les os du crâne se soudent de bonne heure et les dents osseuses font défaut chez les adultes. L'encéphale est petit avec un corps calleux rudimentaire. Le bassin porte des os marsupiaux ou épipubiens.

La ceinture scapulaire possède un coracoïde, une clavicule et un interclaviculaire. Le ventricule droit a une valvule auriculo-ventriculaire incomplète et charnue. Le diaphragme si caractéristique des Mammifères est parfaitement développé chez les Monotrèmes.

Les ovaires produisent des œufs méroblastiques à gros vitellus, enfermés dans un follicule formé de deux rangées de cellules. L'ovaire droit est presque toujours stérile, et les oviductes débouchent avec les deux uretères dans un élargissement du tube digestif analogue au cloaque des Oiseaux, des Reptiles et des Batraciens, d'où le nom de Monotrème qu'on emploie. Ce caractère n'est pas exclusif à ce groupe, puisqu'on le retrouve jusqu'à un certain point chez les Marsupiaux et quelques Euthériens.

De plus, les glandes mammaires s'ouvrent à la surface de la peau, dans une poche marsupiale temporaire, mais les conduits excréteurs ne se réunissent pas pour former un téton saillant. D'après Gegenbaur, elles appartiennent au type de structure des glandes sudoripares et non à celui des glandes sébacées. Le fait que ces animaux pondent des œufs, connu depuis longtemps et affirmé par les indigènes, fut nié pendant près de cent ans; ce n'est que lorsqu'il fut redécouvert en 1884 par Caldwell, qu'on voulut bien y croire. Par une curieuse coïncidence, il fut annoncé le même jour, le 2 septembre, à Adelaïde à la Société royale du sud de l'Australie, et à Montréal par un télégramme de Sydney.

Des trois genres qui constituent ce groupe deux sont si différents qu'il faut les regarder comme les représentants de deux familles distinctes.

LES ÉCHIDNÉS

Les Échidnés (*Echidna* Cuvier, 1798), dont l'importance zoologique est considérée comme assez grande pour qu'en les associant aux Proéchnidés on en fasse une famille spéciale, celle des *Échidnidés*, sont des animaux singuliers présentant rassemblées un certain nombre de particularités empruntées à d'autres et qui sont bien adaptés au milieu où ils passent leur existence. Comme les Hérissons, ils sont couverts de piquants, mais ceux-ci sont plus forts, plus épais et plus longs, et ils peuvent se rouler en boule en face d'un danger, grâce à leurs puissants muscles peauciers. Ces animaux inoffensifs n'ont donc pour se défendre que leurs piquants et leur carapace musculaire. On a voulu dire que l'éperon, que portent les mâles seuls, est un moyen de défense; il sert peut-être d'arme pour les combats entre mâles, mais le liquide qu'il laisse couler dans la plaie est tout à fait inoffensif. Et même les fortes pattes fouisseuses à grosses griffes que possède ce pacifique animal ne sont pas employées comme armes défensives. Elles lui servent à s'enfoncer dans la terre avec la rapidité de l'éclair, quand un danger le menace, et surtout à fouiller les fourmilières et les termitières ainsi que la terre pour y chercher des Vers, des Larves. Il s'empare des proies vivantes à la façon des Pics, des Fourmiliers, des Oryctéropes et des Pangolins, c'est-à-dire qu'il utilise sa langue, longue, mince, protractile et visqueuse; les proies vivantes restent collées à la surface et, en ramenant la langue en arrière, il les introduit dans sa cavité buccale malgré la petitesse de sa bouche, car ses petites mâchoires sont soudées et immobiles, et grâce à leur revêtement corné, elles ne forment qu'un tube dont le petit orifice externe est obturable par une valvule cornée fixée au maxillaire inférieur. Il ne possède aucunes dents; celles-ci d'ailleurs lui seraient inutiles.

Habitat. — Ce curieux animal vit non seulement en Tasmanie, mais encore sur le continent australien et la Nouvelle-Guinée. Il est représenté dans chacune de ces régions par une forme spéciale.

L'Échidné de Tasmanie (*E. setosa* Et. Geoff.), qui atteint une taille assez grande (longueur 0ᵐ,48) et a un bec plus court que celui des autres variétés, porte sur le dos des piquants plus courts, presque complètement cachés dans le poil, lequel forme souvent sur la poitrine une tache blanche. En effet, il a beaucoup plus de poils et de soies entre les piquants que les autres formes. Le

W. Kuhnert

sommet de la tête est pourvu de piquants, tandis que les parties inférieures et les jambes n'ont que des poils.

L'Échidné de Papouasie (*E. Lawesi* Rams.) n'a été trouvé qu'aux environs de Port-Moresby. Ses piquants sont courts sur le dos, et sa taille est faible (0ᵐ,36).

L'Échidné épineux ou Hérisson d'Australie (*E. aculeata* Shaw ou *hystrix*) ('), par sa taille, tient le milieu entre les deux formes précédentes et a de plus longs piquants qu'elles.

Toutes les trois formes, dont la troisième a été connue la première, ont cinq doigts et cinq orteils, avec des griffes antérieures larges et des postérieures étroites et arquées, un bec courbé vers le bas et dépassant la moitié de la tête.

Mœurs. — Sa vie est essentiellement nocturne. Le soir il commence ses courses pour chercher des Vers, des Larves dans les arbres creux, ainsi que des fourmilières et des termitières. A l'aurore, il cesse ses divagations pour réintégrer le gîte qu'il s'est préparé et se soustraire à la clarté et à la chaleur du jour. Ainsi à moitié enfoui, il est alors difficile à découvrir, car sa robe, d'un brun foncé mélangé de clair, se confond avec le sol si sec et si aride des forêts australiennes.

Il est extraordinairement résistant à la privation de nourriture, et, en cas de nécessité absolue, il remplit son tube digestif de sable. Cette résistance à l'inanition lui permet de passer dans le sommeil estival le temps le plus chaud et le plus sec de l'année australienne. Et alors, quand en avril ou mai des pluies longues et bienfaisantes provoquent en quelques jours la formation d'une végétation luxuriante sortie du sol desséché, on voit l'Échidné, qui jusque-là avait vécu solitaire, rechercher la société des femelles. Ce n'est qu'au commencement d'août que se fait la ponte de l'œuf, unique pour une période. Peu avant la ponte, il se forme sous le ventre, par invagination de la peau, une poche où la femelle place son œuf, au moyen de sa bouche. Il est certain que la température élevée qui règne dans la poche, bien supérieure à celle du corps (28° C.), et qui probablement est une conséquence de l'inflammation des tissus, couve et mûrit l'œuf en peu de temps. Le jeune brise la coquille au moyen d'un tubercule que porte son museau, et il sort tout petit, faible et nu; sa seule occupation est de lécher le lait qui s'écoule des glandes mammaires. La mère rejette au dehors les débris de la coquille. La poche s'ouvre en arrière et se continue en avant par deux plis qui abritent chacun l'orifice d'une glande et sont couverts de soies courtes et assez raides qui, mouillées par le lait, se réunissent en pinceaux que suce le jeune. Le petit, mangeant et dormant, arrive à avoir la grosseur du poing et distend beaucoup la bourse maternelle. Dès que les piquants sortent de la peau, la mère, de temps en temps, s'en débarrasse pour effectuer ses divagations. Semon a constaté qu'elle le dépose dans un trou creusé à cet effet et qu'elle revient le chercher après. Il y a donc là un acte d'intelligence intéressant à signaler. Enfin elle l'abandonne à son sort et la poche marsupiale temporaire se résorbe pour réapparaître l'année suivante.

(') Pl. LXXX. — L'Échidné d'Australie.
Pl. LXXXI. — L'Ornithorhynque anatin ou paradoxal (texte, p. 547).

Chasse. — Les indigènes les chassent en utilisant des Chiens dressés à cet effet, et ils peuvent ainsi en capturer trois ou quatre dans une journée, rarement plus. On peut les laisser pendant plusieurs semaines sans nourriture.

Les adultes ont peu d'ennemis à redouter; pourtant le Thylacine de Tasmanie sait s'en emparer.

Captivité. — Quoique son intelligence ne soit pas très développée, il sait exécuter des tours de force dont on le croirait à peine capable. On constata un jour qu'un mâle placé dans un tonneau avait disparu, et ce en grimpant contre les parois. Quelques jours après on le retrouva dans le tonneau à côté de sa femelle. Comme le tonneau était tout près d'un mur, on fut forcé d'admettre que l'Échidné n'avait pu revenir qu'en grimpant.

Un autre Échidné, conservé dans une caisse renversée, se trouvait gêné dans ses mouvements, car il faisait constamment des efforts pour fuir et explorait les environs en passant sa langue sous les bords de la caisse. Une nuit il réussit à soulever la caisse et à fuir; on le retrouva le lendemain dans une autre caisse de 0m,50 de haut remplie de fragments de quartz aurifère enveloppés dans du papier, et il s'y était fait un gîte où il dormait tranquille. On cite encore le cas d'un Échidné vivant en liberté, qu'on vit grimper dans un arbre creux.

Son allure est très lente. Comme j'ai pu le voir sur des dessins faits d'après nature à la ménagerie par M. Terrier, le chef des travaux taxidermiques du laboratoire de Mammalogie, quand l'Échidné marche, il pose la plante des quatre pieds sur le sol. Seulement les griffes antérieures sont dirigées en dedans, les unes contre les autres, tandis que les griffes postérieures sont non seulement divergentes, mais dirigées vers l'arrière.

Le Proéchidné de Bruijn.

Récemment de nombreux Échidnés ont été importés en Europe; on réussit très bien dans leur entretien en leur donnant de la viande hachée finement et des bouillies. Les indigènes le cuisent comme les Bohémiens le Hérisson, c'est-à-dire qu'ils l'entourent de terre glaise avant de le faire rôtir au feu. Mais ses plus grands ennemis sont le naturaliste et la mise en culture des terres.

La peau sert aux indigènes à fabriquer des coiffures, et en Nouvelle-Guinée on trouve des flèches faites de leurs piquants.

Les PROÉCHIDNÉS (*Proechidna* Gervais, 1877) n'ont été trouvés que dans la

Nouvelle-Guinée septentrionale et occidentale. Ils sont caractérisés par trois doigts seulement à chaque patte, mais les rudiments des phalanges sont parfois assez développés et munis de petites griffes, en sorte qu'on cite un animal qui avait cinq griffes aux pattes antérieures et quatre aux postérieures. Le bec, arqué vers le bas, atteint souvent le double de la longueur du crâne et le dos est voûté. Son squelette possède une paire de côtes et une vertèbre lombaire de plus que celui des Échidnés. La tête et le corps sont couverts d'un pelage laineux d'où émergent sur le dos un certain nombre de courts piquants, qui sont moins nombreux que dans la forme typique. Le pelage est brun noir ou noir, avec la tête plus ou moins blanche. Les piquants sont tout à fait blancs, parfois avec la base brune.

L'espèce la plus anciennement connue est le Proéchidné de Bruijn (*P. Bruijni* Pet. et Doria) trouvé au nord-ouest de la Nouvelle-Guinée, et qui est de taille plus forte que les Échidnés. Il habite les contrées rocheuses et montagneuses. Le premier spécimen connu provenait des montagnes situées à environ 1 200 mètres de hauteur. Les Papous le capturent en ouvrant des tranchées profondes d'un mètre dans lesquelles l'animal tombe dans ses courses nocturnes.

Plus récemment, Rothschild en a décrit une deuxième espèce, l'Échidné à piquants noirs (*E. nigro-aculeata* Roth.) des monts Charles Lewis, de l'ouest de la Nouvelle-Guinée.

Les habitudes des Proéchidnés sont les mêmes que celles des Échidnés et leur marche se fait probablement de la même façon.

LES ORNITHORHYNQUES

Les Ornithorhynques (*Ornithorhynchus* Blumenbach, 1800) sont des êtres étranges qui ne comprennent qu'une espèce, bien connue sous le nom d'Ornithorhynque anatin, a bec de Canard (*O. anatinus* Shaw) ou paradoxal (*O. paradoxus* Blum.) et que Shaw avait décrit en 1799 sous la dénomination de *Platypode*(*). Mais ce nom ne peut être conservé, malgré la loi de priorité, car Herbert, en 1793, l'avait déjà employé pour désigner un genre de Coléoptère. Les colons australiens le désignent par l'appellation de *Taupe de rivière*, malgré la faible ressemblance, même superficielle, qui existe entre ces animaux.

Caractères. — Son corps allongé, cylindrique, dodu, est porté par quatre membres assez courts pour que l'animal traîne presque le ventre à terre en marchant.

La tête est terminée par un large bec, ressemblant à celui d'un Canard, et porte un duvet fin dans lequel sont presque cachés de petits yeux bruns, et les orifices des pavillons que l'animal peut incliner à volonté. Le bec, séparé de la partie postérieure par un rebord corné plus ou moins saillant, porte les deux petites narines à son extrémité; il recouvre les mâchoires qui sont allongées, et il est muni à son bord libre d'une expansion membraneuse nue et très sen-

---

(*) Pl LXXXI. — L'Ornithorhynque anatin ou paradoxal (Planche, p. 545).

sible qui continue la membrane superficielle, noirâtre. La mandibule inférieure est moins large.

La queue est courte, large, aplatie et couverte de poils rares, qui sont usés chez les vieux animaux à la face inférieure; elle lui sert probablement de gouvernail.

Les pattes antérieures sont larges et ont des doigts courts réunis par une palmature qui déborde en avant, de telle sorte que ses larges ongles paraissent posés sur la face supérieure et qu'elle doit se replier quand l'animal veut fouir. La patte postérieure porte aussi cinq doigts à griffes fortes et incurvées, et en outre au-dessus du talon un éperon corné assez grand, courbé en arrière. Il est parcouru par un conduit par où s'échappe une sécrétion qu'on croyait jadis venimeuse et qui provient d'une glande située le long de la cuisse. Le conduit excréteur sous-cutané, large, à parois épaisses, s'étend le long de la jambe en arrière et s'élargit à la base de l'éperon en une vésicule, puis il se rétrécit et se termine dans une fente dont l'éperon est pourvu. La glande existe à l'état rudimentaire chez les jeunes femelles, mais disparaît bientôt.

Le pelage, court, épais, comme celui de la Loutre marine, est formé d'un duvet gris, soyeux et de jarres bruns et longs, élargis en leur milieu, qui s'allongent et grossissent sur le dos. Au ventre, le tout devient plus doux et plus soyeux, et le mélange des deux couleurs produit des reflets chatoyants.

Lorsque la bouche, dont les parois forment des abajoues, est ouverte, on aperçoit au fond une langue petite et non préhensile, couverte de papilles cornées, et sur les côtés, des sortes de dents ou odontoïdes, dont la structure est remarquable et tout à fait différente de celles de tous les autres Mammifères vivants. Ce sont quatre paires de plaques cornées, dont les antérieures sont étroites et portent des sillons longitudinaux à bords coupants, tandis que les postérieures sont larges, aplaties et en forme de molaires.

Les vraies dents ont été découvertes par Poulton, en 1888, sur un embryon, et la même année, O. Thomas put montrer que les dents persistent pendant une période assez longue de la vie de l'animal et qu'elles ne tombent, comme les dents de lait des autres Mammifères, que lorsqu'elles ont été usées par la nourriture et le sable. Ces dents ont une grande analogie avec celles d'anciens Mammifères et de Reptiles rappelant les Mammifères. Ce sont toutes des molaires au nombre de huit à dix. Elles sont remplacées, chez l'adulte, par les plaques cornées dont le mode de formation est curieux. Elles sont produites par l'épithélium buccal placé au-dessous et autour de la dent calcaire, puis elles en provoquent probablement la chute en s'accroissant. Les dépressions que présente leur couronne sont les vestiges des cavités alvéolaires.

L'Ornithorhynque possède dix-sept paires de côtes et seulement deux vertèbres lombaires. Les os marsupiaux sont représentés par deux petits cartilages fixés sur le pubis. Le cerveau est petit. Sa longueur atteint $0^m,45$ à $0^m,51$ depuis le bout du bec jusqu'à l'extrémité de la queue.

Le premier qu'on vit en Europe fut regardé comme un animal truqué, analogue aux Sirènes fantastiques qu'on obtenait en cousant ensemble la partie antérieure d'un Singe et la queue d'un Saumon.

Habitat et Mœurs. — Il vit dans toute l'Australie, excepté le nord, et dans la Tasmanie, de préférence sur le bord des fleuves à cours lent de son pays ou près des eaux stagnantes couvertes de plantes. Il se creuse, surtout avec ses pattes de devant, pour lui-même et sa femelle, un terrier oblique qui a une longueur de 7 à 10 mètres et qui est muni de deux ouvertures, l'une placée au-dessous de l'eau, l'autre sur la rive, cachée dans les broussailles.

Il s'y construit au milieu un gîte en y apportant avec son bec de l'herbe et des feuilles, et c'est là qu'il dort, roulé en boule.

Il se nourrit de viande et principalement de Vers, d'Escargots et autres Mollusques qu'il emmagasine dans ses énormes abajoues avant de les manger en se promenant lentement le long de la rive.

Le Dr Semon, qui parle de ses mœurs, admet que l'explication de l'absence de dents nous est donnée par la nature de sa nourriture. Il pense que pour briser les coquilles épaisses des Corbicules (*Corbicula nepeanensis*) dont il fait surtout sa nourriture, les plaques cornées sont préférables aux dents osseuses. Son ouïe et sa vue très aiguës lui viennent en aide dans ses chasses sous l'eau, au milieu des herbes aquatiques, mais on ne sait pas combien de temps il peut plonger.

C'est dans le gîte du couple que la femelle pond deux œufs à gros vitellus entourés par une forte coquille flexible, blanche, et qui ont 2 centimètres de long sur 1,7. Il en sort des petits aveugles, mais dont le bec est court et dont la bouche est entourée par un rebord charnu. Ils savent recueillir, à la surface de l'eau, le lait s'écoulant des glandes galactogènes de la mère, grâce aux muscles qui entourent ces glandes. On trouve parfois alors ces animaux réunis en troupes.

Il est très difficile d'observer leurs habitudes, car ils sont extraordinairement peureux et ne sortent que le soir de leurs terriers. Pourtant, dans un endroit favorable, en ayant la précaution de ne faire aucun bruit, on peut les voir se mouvant avec facilité à la surface de l'eau, comme des bouteilles vides. Ils mordent alors facilement à l'hameçon ou sont faciles à tirer. Mais le moindre bruit, la moindre alerte les amène à plonger. C'est pourquoi il est préférable de les capturer à la façon des indigènes australiens qui, avec des bâtons, creusent des trous assez profonds pour atteindre le gîte et s'emparer des habitants, bien qu'ils ne mangent pas sa chair, parce qu'elle est dure et qu'elle a un goût de poisson très prononcé.

TABLE DES PLANCHES

TABLE DES MATIÈRES

TABLE ALPHABÉTIQUE

CORBEIL. — IMPRIMERIE ÉD. CRÉTÉ.

VIE des Animaux

IX

Écureuils

Marmottes, Castors

LIBRAIRIE

ÉDMOND PERRIER
DE L'INSTITUT

LA
Vie des Animaux
ILLUSTRÉE

XI

Lièvres
Porcs-épics

A. MÉNÉGAUX

LIBRAIRIE J.-B. BAILLIÈRE ET FILS
19, Rue Hautefeuille, 19

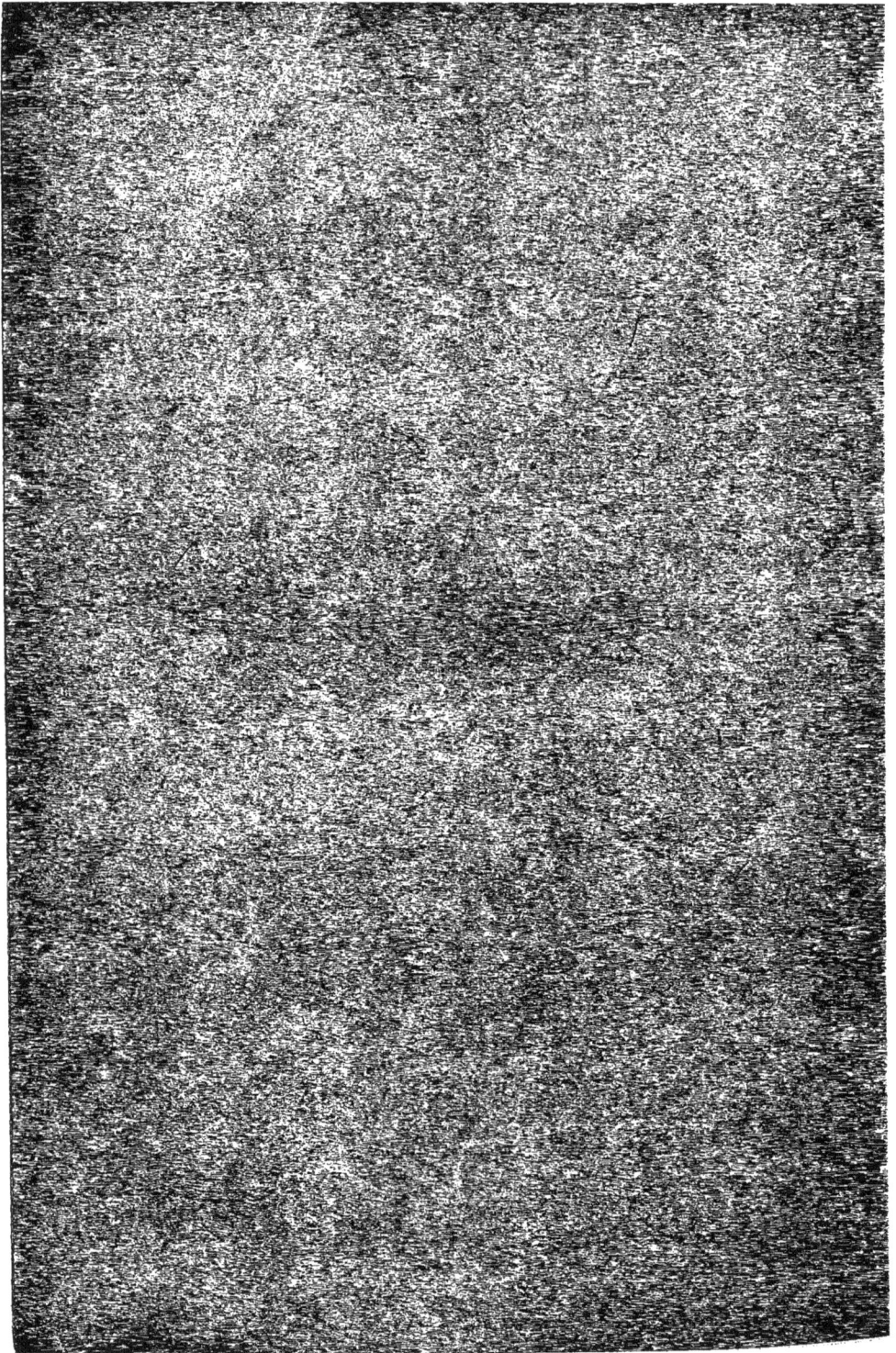

EDMOND PERRIER
de l'Institut

LA Vie des Animaux ILLUSTRÉE

Chevaux
Anes, Mulets

LIBRAIRIE J.-B. BAILLIÈRE ET FILS
19, Rue Hautefeuille, 19

EDMOND PERRIER

LA

Vie des Animaux
ILLUSTRÉE

XIII

Éléphants
Rhinocéros, Tapirs

PAR

A. MÉNÉGAUX

LIBRAIRIE J.-B. BAILLIÈRE ET FILS
19, rue Hautefeuille, 19

EDMOND PERRIER
DE L'INSTITUT

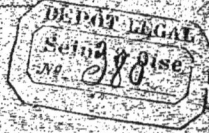
LA

Vie des Animaux

ILLUSTRÉE

XVI

Moutons
Chèvres

PAR

A. MENEGAUX

LIBRAIRIE J.-B. BAILLIÈRE ET FILS
19, Rue Hautefeuille, 19

EDMOND PERRIER

DE L'INSTITUT

DÉPOT LÉGAL

La
Vie des Animaux
ILLUSTRÉE

XVII

Antilopes
Chamois

PAR

A. MENEGAUX

LIBRAIRIE J.-B. BAILLIÈRE ET FILS

19, Rue Hautefeuille, 19

XVIII

Cerfs
Chevreuils

PAR

A. MENEGAUX

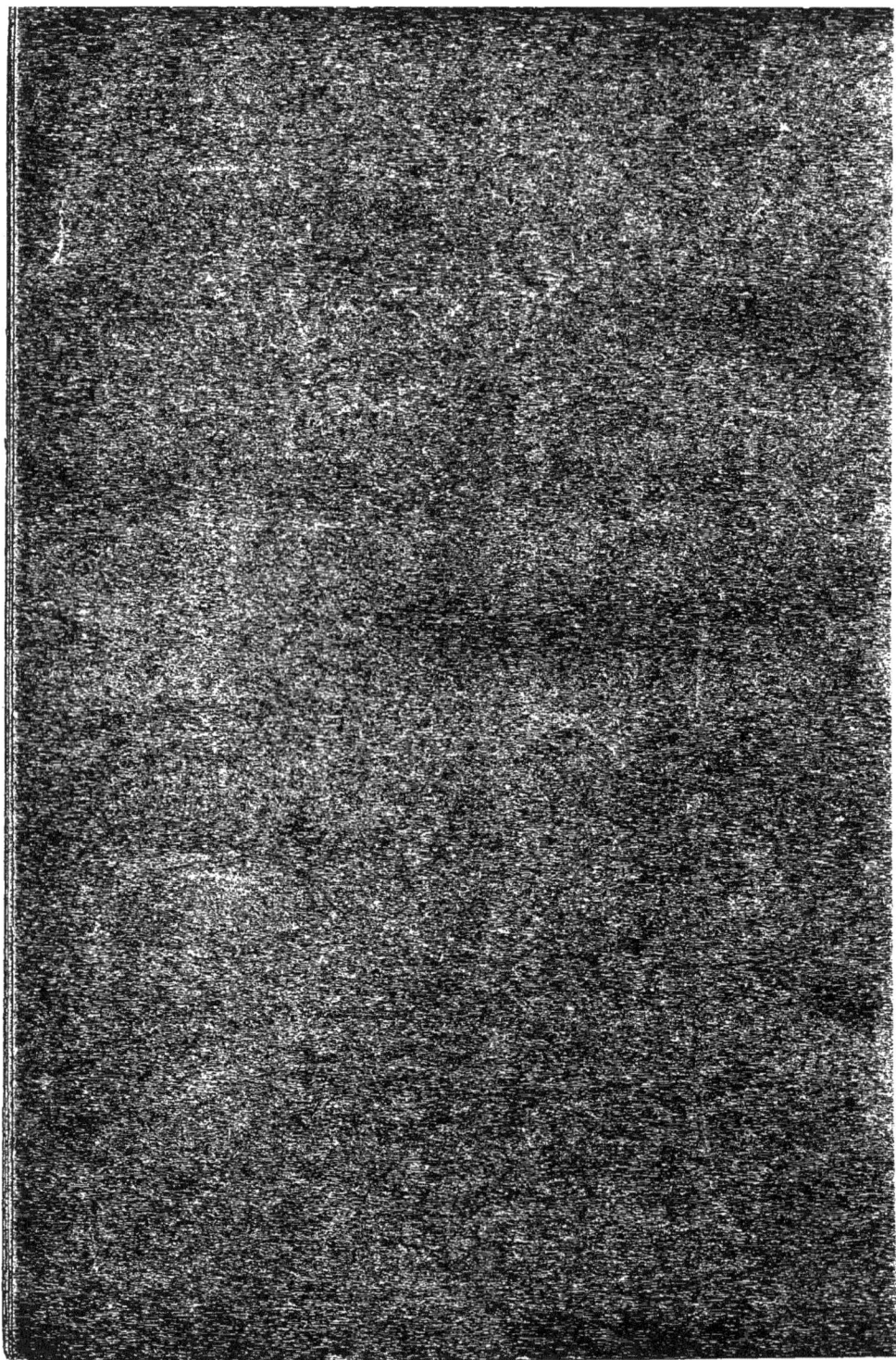

XIX

Chameaux
Girafes

PAR

A. MENEGAUX

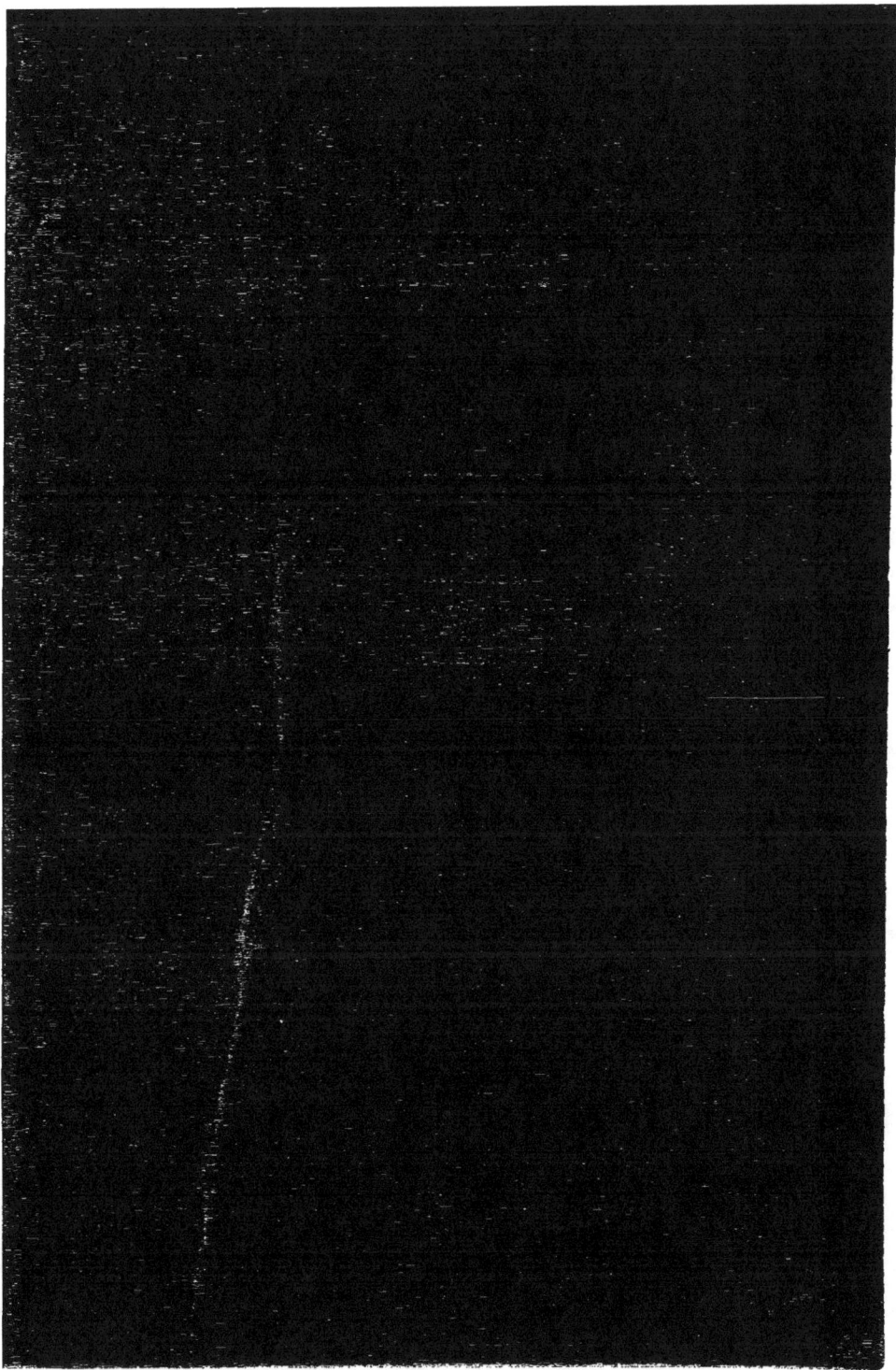

La Vie des Animaux illustrée

Les Mammifères formeront 2 volumes avec de planches en couleurs
et de nombreuses photogravures et compositions

PRIX ET SOUSCRIPTION